Elektrische Kontakte

Elektrische Kontakte

Ausgewählte Beiträge

von einem Autorenkollektiv unter der Leitung von

Prof. Dr.-Ing. habil. Herbert Höft
(federführender Autor)

und

Prof. Dr. rer. nat. habil. Helmut Günther Schneider

Technische Hochschule Karl-Marx-Stadt
Sektion Physik — Elektronische Bauelemente

Mit 329 Bildern und 27 Tabellen

AKADEMIE-VERLAG · BERLIN

1980

Studienmaterial für die Weiterbildung
Herausgegeben von **H. G. Schneider**, Technische Hochschule Karl-Marx-Stadt

Sachwortverzeichnis: **H. Wiegand,** Technische Hochschule Karl-Marx-Stadt

Redaktionsschluß: 31. Januar 1978

Erschienen im Akademie-Verlag, DDR-1080 Berlin, Leipziger Straße 3–4

Lizenznummer: 202 · 100/545/80
Gesamtherstellung: VEB Druckhaus „Maxim Gorki", 7400 Altenburg
Bestellnummer: 762627 0 (6514) · LSV 3554
Printed in GDR
DDR 52,– M

Inhaltsverzeichnis

Einleitende Bemerkungen

von *H. Höft* und *H. G. Schneider*

Die zunehmende Bedeutung der Elektronik in allen Bereichen der Technik macht die Bereitstellung zuverlässiger, ökonomisch in großen Stückzahlen gefertigter Bauelemente erforderlich.
Die Zuverlässigkeit einer Schaltung wird immer durch ihr schwächstes Glied bestimmt. Mit der Entwicklung hochintegrierter Schaltkreise konnten große Fortschritte bezüglich der Zuverlässigkeit erzielt werden. Der elektrische Kontakt konnte dieser Entwicklung nicht folgen. Obwohl durch die höheren Integrationsgrade der relative Anteil von Verbindungen und Kontaktstellen herkömmlicher Art erheblich abgesenkt werden konnte, stieg jedoch der Absolutbedarf an Steckverbindern infolge der Gruppenbauweise und der Schalter und Tasten als Kommunikationshilfsmittel zwischen Mensch und Anlage mit dem zunehmenden Eindringen der Elektronik in alle gesellschaftlichen Bereiche kontinuierlich an.
Der elektrische Kontakt bedarf also einer verstärkten wissenschaftlichen Durchdringung nach verschiedensten Gesichtspunkten, für den Schwachstromkontakt besonders hinsichtlich seiner Zuverlässigkeit. Da das elektromechanische Kontaktbauelement bezüglich seiner Anpassung an die Mikroelektronik natürlichen Grenzen unterworfen ist, sind auch kontaktstücklose Lösungen für niedere Leistungen stärker in Betracht zu ziehen.
Beim Starkstromkontakt sind insbesondere Fragen der Energiedichte und der Lichtbogenbeständigkeit zu bearbeiten.
Deshalb wurde es für notwendig erachtet, sich im November 1976 im Rahmen der V. Kontakttagung der DDR in Karl-Marx-Stadt erneut umfassend mit dieser Problematik auseinanderzusetzen. Der vorliegende Band der Reihe „Studienmaterial für die Weiterbildung" beinhaltet eine aktuelle Darstellung der Probleme elektrischer Kontakte anhand ausgewählter Beiträge auf der Grundlage der inhaltlichen Gestaltung dieser Tagung.
Ausgehend von einer Darstellung grundsätzlicher Aspekte (*H. Höft*) werden im Teil I unter 1.1. allgemeine Grundlagen zur Physik des elektrischen Kontaktes behandelt.
Für die Praxis sind die Auswirkungen der Schaltkreise auf die Energieumsetzung an den Kontakten genauso von Bedeutung (*Tholl*) wie das Fremdschichtwachstum im ruhenden Zustand (*Urbig*) oder die Fragen der Zeitraffung der Korrosion durch höhere Schadstoffkonzentrationen (*Krauss*). Vor einigen Jahren war es noch möglich, für hohe Zuverlässigkeitsforderungen teure Edelmetalle einzusetzen. Heute steht die Optimierung des Werkstoffeinsatzes im Vordergrund. Dies sowohl nach Größe der Kontaktstücke wie auch nach Edelmetallanteil (*Rühlicke, Hensel, Bär*). Mit der Verminderung der Edelmetallschichtdicken von veredelten Kontakten stehen verstärkt die Fragen, welche Rolle das Grundmetall im Zusammenhang mit der atmosphärischen Schadstoffkonzentration spielt. Die Erfahrung zeigt, daß die Diffusion mit ihren verschiedenen Stadien zu beachten ist (*Höft, Häßner*). Diese Prozesse beeinflussen die Auswahl der Werkstoffe und der Schichtstrukturen sowie die Zuverlässigkeit in Verbindung mit den Schadstoffkonzentrationen (*Kaiser*). Mit entsprechendem ökonomischen Aufwand können Schutz-

rohrkontakte realisiert werden, die auch in ungünstigen Klimaten arbeiten können. Diesen Problemen wird in den RGW-Ländern entsprechende Aufmerksamkeit geschenkt (*Chomitzki*, *Piątkowski*, *Medźinski* u. a.). Die wesentlichen Größen des elektrischen Kontaktes haben statistischen Charakter. Deshalb muß der automatischen Meßtechnik besondere Aufmerksamkeit geschenkt werden. Die digitale Meßtechnik bietet effektive Mittel für die Prüfung und Forschung (*Tholl*, *Lange*, *Klaus*, *Müller*). Diese Meßtechniken, in entsprechender Breite angewendet, können schneller und umfangreicher zu brauchbaren Aussagen und Entscheidungen führen.

Neben den elektromechanischen Kontakten haben auch die kontaktstücklosen Verbindungselemente in Form von optoelektronischen Kopplern (*Wedell*, *Voigt*, *Schwarz*, *Emich* u. a.) wie auch die Schaltelemente auf der Basis von Si- oder Glashalbleitern Eingang in die Praxis gefunden. Die Möglichkeiten der Halbleitertechnik bieten große Vorteile im elektrisch gesteuerten Kreis (*Ebest*). Die Möglichkeiten der Glashalbleiter und ihre technische Bedeutung müssen noch weiter untersucht werden (*Dippmann*, *Wierzba*).

Damit gibt der erste Teil des Bandes eine gute Einführung in die Probleme der Schwachstromkontakte aus der Sicht der physikalischen Grundlagen, der Werkstoffe, der Deck- oder Fremdschichten, der Zuverlässigkeit sowie der Meßtechnik und der elektronischen Schalt- und Koppelprinzipien.

Im zweiten Teil des Bandes werden Einzelprobleme der Starkstromkontakte behandelt. Hier dominieren Fragen der Erwärmung (*Molnár*), der Energieumsetzung im geschlossenen Kontakt (*Walczuk*), der Wiederverfestigung (*Moschekov*) und des Vergleichs von Kontaktwerkstoffen unter verschiedenen Einsatzbedingungen (*Tschalakov* u. a.).

Es ist nicht zu verkennen, daß die Forschungsarbeiten innerhalb der RGW-Länder gewisse abgestimmte Schwerpunktbildungen erfahren haben. Für die industrielle Praxis sind die Probleme der Starkstromkontakte genauso von Bedeutung wie die der Schwachstromkontakte. Deshalb waren wir bestrebt, die Auswahl der Beiträge im vorliegenden Band möglichst breit zu gestalten. Die Kontaktproblematik ist natürlich noch viel breiter als hier dargestellt. Es war nicht die Absicht, das Gebiet vollständig und erschöpfend darzustellen. Der vorliegende Band soll mit seiner Themenauswahl und Beschränkung auf einige Schwerpunkte Fachleute der Elektrotechnik und Elektronik, sowohl Hersteller als auch Anwender von Kontaktbauelementen und Schaltgeräten, ansprechen und beitragen, bessere und ökonomischere Lösungen zu finden.

Teil I.
Probleme an Kontakten der Schwachstromtechnik

1. Grundlagen

1.1. Wissenschaftliche Grundlagen des Kontaktverhaltens

von *H. Höft*

Technische Hochschule Karl-Marx-Stadt

1.1.1. Einleitung

Kontaktbauelemente bestehen aus mehreren Einzelteilen (Isolierteile, Abstandshalter, Federn, Kontaktstücke). Bei konstruktiv ausgereiften Schaltern, Tasten, Relais, HF- und NF-Steckverbindern verbleiben in der Regel die ruhenden oder schaltenden Kontaktstellen als die eigentlichen Schwachstellen der Kontaktbauelemente.
Das Verhalten der Kontaktstelle ist durch zahlreiche Parameter bestimmt, die in der industriellen Praxis in der Regel nicht vollständig oder nicht genügend exakt erfaßt sind und z. T. auch aus Gründen des dafür notwendigen Aufwandes und der oft unzureichenden Meßtechnik schwer erfaßt werden können. Brauchbare Aussagen sind jedoch nur durch exakte Analysen möglich, die einen angemessenen Aufwand an Untersuchungen und den Einsatz von modernen Meßmittel erfordern.
Im folgenden soll eine Übersicht über den gegenwärtigen Stand der Kentnisse des Kontaktverhaltens gegeben werden.

1.1.2. Kontaktwiderstand

Der elektrische Widerstand eines Leiters ist gegeben durch

$$R = \int_{l_1}^{l} \frac{\varrho \, \mathrm{d}l}{A(l)}. \tag{1}$$

Ist der spezifische Widerstand ϱ eine Konstante und der Querschnitt A unabhängig von der Länge l, so folgt daraus

$$R = \varrho \frac{l}{A}. \tag{2}$$

Für $\frac{\partial A}{\partial l} \neq 0$ wird bei festen Formen ein Formfaktor

$$f = \int_{0}^{l_2} \frac{\mathrm{d}l}{A(l)} \tag{3}$$

angegeben, und es gilt

$$R = \varrho f. \tag{4}$$

Ein Kontaktstück ist ein elektrischer Leiter mit einer bestimmten geometrischen Form, der eine Stromenge darstellt.
Der Formfaktor kann bei bekannter wahrer Berührungsfläche für verschiedene Modelle errechnet werden.

Tabelle 1 zeigt einen Überblick für verschiedene Modelle. Man erkennt, daß der Zusammenhang für den Stromengewiderstand

$$R_E \sim \frac{1}{r_k} \tag{5}$$

von entscheidender Bedeutung ist, während der Proportionalitätsfaktor für technische Belange nur unerheblich variiert. In der Schwachstromtechnik (kleine Kontaktkraft F_k) ergibt das Kugelmodell schon ausreichend gute Ergebnisse, während in der Starkstromtechnik das Ellipsoidmodell bevorzugt wird. Die wahre Berührungsfläche hängt von der Kontaktkraft F_k ab. Obwohl die wahre Berührungsfläche infolge der Rauhigkeit meistens aus mehreren kleineren Berührungsstellen besteht, wie die Bilder 1 und 2 zeigen, ist es für Berechnungen der Kontaktstelle zulässig, die wahre Berührungsfläche als geschlossene Kreisfläche

Tabelle 1. Formfaktor verschiedener Kontaktmodelle

Lfd. Nr.	Modell	f	Bemerkung
1	Kugelmodell	$\frac{1}{\pi r_k}$	r_k — Radius der wahren Berührungsstelle
2	Ellipsoidmodell	$\frac{1}{2r_k}$	r_0 — Zylinderradius des Leiters
3	Kegelmodell	$\frac{2}{\pi r_k}\frac{l_0}{r_0}$	l_0 — Länge der Stromenge

$$A = \pi r_k^2 \tag{6}$$

anzusehen.

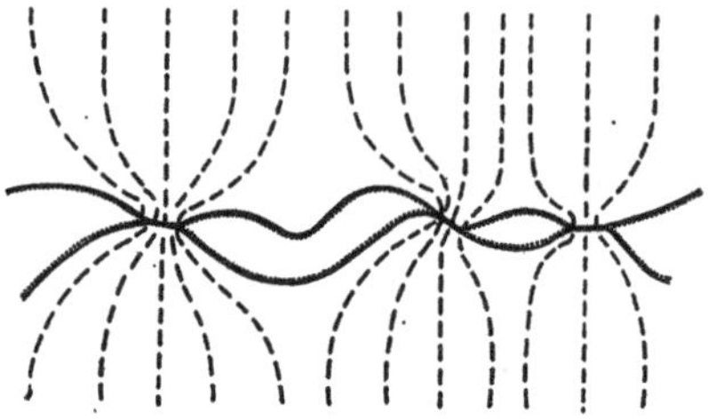

Bild 1. Mehrfache Berührung zweier Kontaktstücke und dadurch bedingte Stromdichteverteilung

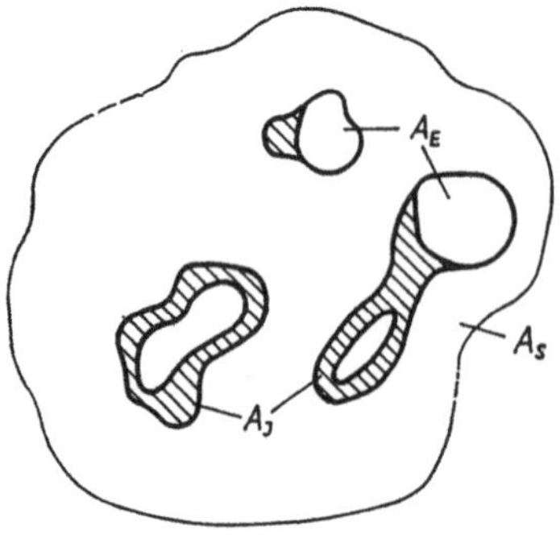

Bild 2. Scheinbare Berührungsfläche A_S, wahre Berührungsfläche $A_W = A_E + A_J$, elektrisch leitende Berührungsfläche A_E, isolierende wahre Berührungsfläche A_J

Da die Rauhigkeitsspitzen gegenüber dem Mittelwert einer höheren mechanischen Belastung unterliegen und daher auch plastisch verformt werden, setzt sich die wahre Berührungsfläche aus einem elastischen und einem plastischen Anteil zusammen. Nach [2] kann angesetzt werden

$$A = A_{\text{elast.}} + A_{\text{plast.}}. \tag{7}$$

Für technische Aussagen mit ausreichender Genauigkeit kann der Radius der wahren Berührungsfläche berechnet werden [3]. Es gilt bei

$$\text{elastischer Verformung} \quad r_{ke} = \sqrt[3]{\frac{F_k r_0}{E}} \pm 12\%, \tag{8}$$

$$\text{plastischer Verformung} \quad r_{kp} = \sqrt{\frac{F_k}{\pi H}}, \tag{9}$$

wobei H die Härte und E der Elastizitätsmodul sind. Wegen (7) muß aus beiden Werten der quadratische Mittelwert der Radien gebildet werden, und man erhält

$$r_k = \sqrt{r_{ke}^2 + r_{kp}^2} \tag{10}$$

oder

$$r_k = \sqrt[3]{\frac{F_k r_0}{E}} \sqrt{1 + \left(\frac{F_k}{F_{\text{krit}}}\right)^{1/3}}. \tag{11}$$

Als kritische Kontaktkraft F_{krit} ist hier diejenige definiert, bei der elastische und plastische Verformung im Verhältnis 1:1 auftritt. Sie wird näherungsweise bestimmt durch

$$F_{\text{krit}} = \frac{\pi^3 H^3 r_0^2}{E^2} \tag{12}$$

und stellt eine form- und werkstoffspezifische Größe dar. Mit dieser Formel für den Radius der wahren Berührungsfläche läßt sich der gesamte Kraftbereich des Kontaktwiderstandes einheitlich erfassen.
Für $F_k \ll F_{\text{krit}}$ gilt (8) und die Kontaktstelle wird nur elastisch verformt, d. h. Fremdschichten können mechanisch kaum zerstört werden. Eine sichere Fremdschichtzerstörung tritt auf bei $F_k \gg F_{\text{krit}}$. In diesem Fall gilt für den Radius der wahren Berührungsfläche (9).
Große Kontaktkräfte sind insbesondere für hohe Zuverlässigkeitsforderung und seltene Betätigungen notwendig.
Für $F_k \leqq F_{\text{krit}}$ ist ebenfalls ein plastischer Verformungsanteil vorhanden, der nur an ausgeprägten Rauhigkeitsspitzen eine mechanische Fremdschichtzerstörung bewirkt.
Wird die Betätigung mehrfach nacheinander wiederholt, ändert sich der Ausgangsradius r_{00} mit der maximal erreichten Kontaktkraft $F_k > F_{\text{krit}}$ nach dem Gesetz [4]

$$r_0 = r_{00} + \frac{2(F_k^{1/2} - F_{\text{krit}}^{1/2})}{2{,}15 \cdot 10^{-3}\,\frac{\text{mm}}{\text{cN}^{1/2}}\,E - 13\,\frac{\text{cN}^{1/2}}{\text{mm}}}. \tag{13}$$

Damit wird die Abflachung der Kontaktstücke durch plastische Deformation erfaßt.
Der Kontaktwiderstand setzt sich aus dem Stromengewiderstand R_E, der durch die Volumenleitfähigkeit des Kontaktwerkstoffes mit bestimmt wird, und dem Fremd- oder Deckschichtwiderstand R_F, der durch Oberflächeneffekte bestimmt wird, zusammen.

$$R_k = R_E + R_F. \tag{14}$$

Der Fremdschichtwiderstand wird in guter Näherung als ein Widerstand eines Scheibchens zwischen den Kontaktstücken aufgefaßt.

$$R_F = \frac{\varrho_F d}{\pi r_k^2}. \tag{15}$$

Da jedoch der spezifische Widerstand ϱ_F einer dünnen Schicht von der Schichtdicke d(t) abhängt, definiert man zweckmäßig den spezifischen Hautwiderstand

$$\sigma = \varrho_F d = \sigma(F_k, t, T). \tag{16}$$

Für den Kontaktwiderstand folgt dann aus dem Kugelmodell

$$R_k = \frac{\varrho}{\pi r_k} + \frac{\sigma}{\pi r_k^2} = R_E \left(1 + \frac{\sigma}{\varrho r_k}\right). \tag{17}$$

Setzt man $r_k(F_k)$ ein, so kann man zusammenfassend schreiben

$$R_k = K F_k^{-m}. \tag{18}$$

Der Exponent m dürfte bei konstantem σ theoretisch im Bereich $m = \frac{1}{3}$ bis 1 liegen. Wegen $\sigma(F_k)$ findet man praktisch $m = \frac{1}{3}$ bis 3. Bei starker Fremdschichtzerstörung findet man noch größere Werte.
Bild 3 veranschaulicht diesen Sachverhalt.

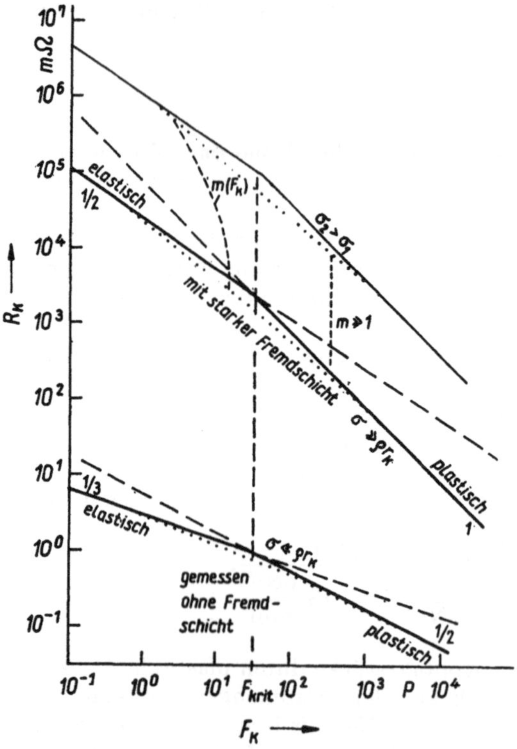

Bild 3. Kontaktwiderstand ohne und mit Fremdschicht bei elastischer und plastischer Verformung

Bild 4 zeigt den Verlauf des Schichtwachstums mit der Zeit, wie er aus Korrosionsuntersuchungen bekannt ist.

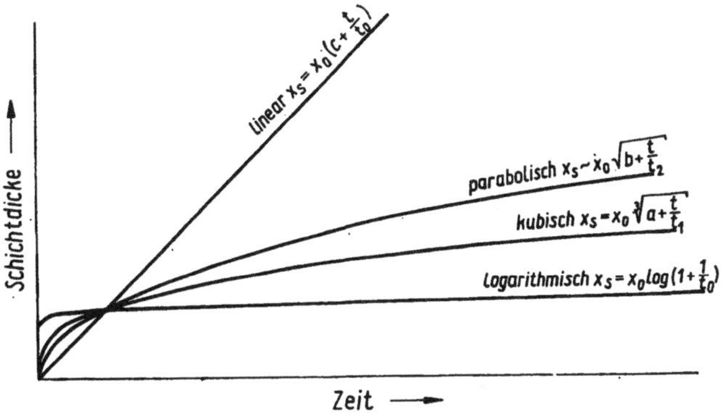

Bild 4. Dickenwachstum von Anlaufschichten nach verschiedenen Zeitgesetzen (schematisch)

Der spezifische Hautwiderstand durchläuft über der Kontaktkraft ein Maximum, das sich mit der Beanspruchungsdauer nach höheren Kontaktkräften verschiebt (Bild 5). Die Lage des Maximums des spezifischen Hautwiderstandes ist mit der kritischen Kontaktkraft in Beziehung zu setzen. Aus den Untersuchungen in [5] und [6] kann als vorläufige Tendenz angegeben werden

$$F_k(\sigma_{\max}) \geqq 5{,}6 \text{ cN}^{1/2} \sqrt{F_{\text{krit}}} \sqrt[3]{\frac{t}{600d}} \tag{19}$$

mit $t > 30d$.
Diese Kontaktkraft sollte bei stark korrosionsbeanspruchten Kontakten auf keinen Fall unterschritten werden.

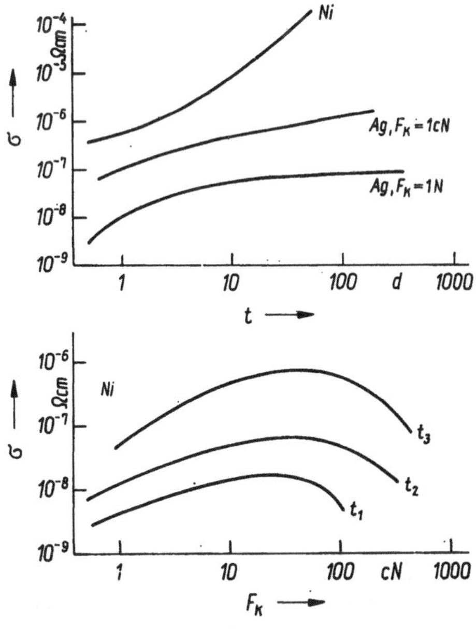

Bild 5. Spezifischer Hautwiderstand in Abhängigkeit von der Zeit und der Kontaktkraft (σ in Ω cm²)

In Abhängigkeit von der Zeit gilt nach Bild 6 für Leiterwerkstoffe und Edelmetalle als einhüllende Kurve

$$\sigma_{max} \approx \sigma_{0max} \cdot \left(\frac{t}{t_0}\right)^n \tag{20}$$

$t_0 \approx 1$ Tag.

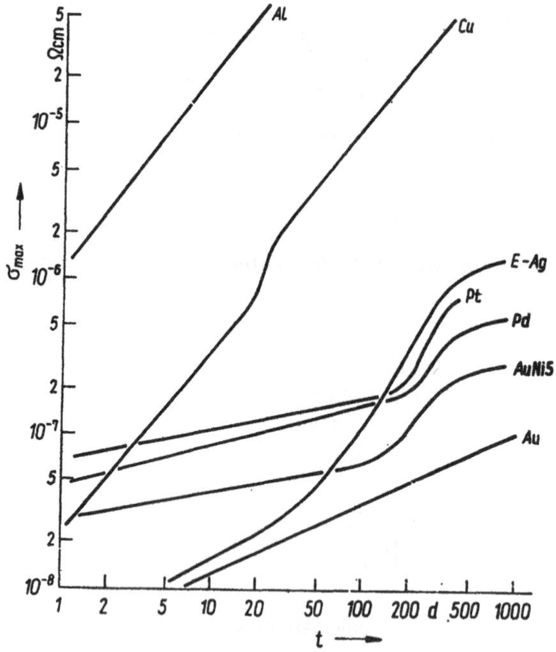

Bild. 6. Maximaler spezifischer Hautwiderstand verschiedener Metalle in Laboratmosphäre in Abhängigkeit von der Zeit (σ_{max} in Ω cm²)

Je nach Schadstoffkonzentration in der Industrieatmosphäre und Werkstoff gilt

$n = 0{,}2$ bis 5.

Grobe Richtwerte für normale Laboratmosphäre bei Zimmertemperatur sind in Tabelle 2 enthalten.

Tabelle 2. Konstanten des maximalen spezifischen Hautwiderstandes

Metall	Au	Pd	Pt	Ag	Cu	Al
σ_{0max} in Ω cm²	$5 \cdot 10^{-9}$	$5 \cdot 10^{-8}$	$5 \cdot 10^{-8}$	$5 \cdot 10^{-9}$	$2 \cdot 10^{-8}$	10^{-6}
n	0,3	0,35	0,4	0,7	1,2	1,3

Der spezifische Hautwiderstand ist eine Funktion der chemischen Oberflächenreaktionen und somit von Kontaktwerkstoff, den korrosiven Schadstoffen in der Atmosphäre und der Einflußdauer abhängig. Die Kontaktkraft wirkt für $F_k \gg F_{krit}$ fremdschichtzerstörend und für $F_k \ll F_{krit}$ fremdschichtverfestigend und damit widerstandserhöhend.

Für die Bedingungen $\sigma \ll \varrho r_k$ sind keine Kontaktstörungen durch Fremdschichten möglich. Diese Bedingung ist bei vorgegebenem Korrosionseinfluß durch große Radien der wahren Berührungsfläche erfüllbar, was jedoch auch technische Grenzen zeigt. Tabelle 3 enthält die Maßnahmen und Grenzen für das genannte Ziel. Die zweite Möglichkeit ist σ klein zu halten. Dies erfordert:

1. Edelmetalle mit geringer Deckschichtbildung Au, Pt, Pd, Ag (außer in S-haltigen Atmosphären) und ihre Legierungen.

2. Bedingungen für die chemische Reaktionsgeschwindigkeit $\leqq 0$ (siehe 1.1.8.1.).

Tabelle 3. Maßnahmen und Grenzen für kleine Fremdschichtwiderstände

Lfd. Nr.	Maßnahme für großes r_k	Technische Grenzen durch:
1	großer Kugelradius r_0	Oberflächenrauhigkeit
2	große Kontaktkraft F_k	hohen mechanischen Verschleiß
3	kleine Härte H	große Deformation der Kontaktstücke und Vergrößerung von r_0
4	kleiner Elastizitätsmodul E	großen mechanischen Verschleiß

Für $\sigma \gg \varrho r_k$ wird der Kontaktwiderstand durch die Fremdschicht bestimmt. Der mittlere Kontaktwiderstand $\bar{R}_k$ ist dann hoch und streut sehr stark. Aus zahlreichen Messungen unter verschiedenen Bedingungen kann geschlossen werden [5]

$$\bar{R}_k = K S_{RK}^n \approx S_{RK}\,, \tag{21}$$

d. h. große Kontaktwiderstände zeigen auch große Standardabweichungen S_{RK}. Dies ist eine der Begründungen für die Forderung nach niederen Kontaktwiderständen auch in relativ hochohmigen Schaltkreisen.

In der Technik wird vorwiegend der Durchgangswiderstand gemessen und angegeben. Er wird im wesentlichen durch den Leitungswiderstand von Anschlußstelle zu Anschlußstelle bestimmt. Sind die Federn veredelt, so gilt für den Leitungswiderstand

$$R_L = \varrho_1 \frac{l_1}{A_1} \cdot \frac{1}{1 + \dfrac{\varrho_1 A_2}{\varrho_2 A_1}} . \tag{22}$$

Index 1 — Grundmetall,

Index 2 — Edelmetall auf der Oberfläche.

Für den Durchgangswiderstand gilt

$$R_D = R_L + R_E + R_F$$

$\approx R_L$ für saubere, richtig dimensionierte neue Kontaktbauelemente,

$\approx R_L + R_F$ mit $R_L > R_F \gg R_E$ für leicht gestörte Kontaktbauelemente,

$\approx R_F$ mit $R_F \gg R_L \gg R_E$ für gestörte Kontakte.

1.1.3. Übertemperatur mit Fremdschicht

Die Fremdschichtbildung ist eine Funktion der Temperatur. Die Gerätetemperatur stellt die Umgebungstemperatur des Kontaktbauelementes dar. Zusätzlich bewirkt die umgesetzte Leistung eine Eigenerwärmung der Kontaktstelle, die auch die chemische Reaktion an der Kontaktstelle verändern kann. Für die instationäre Übertemperatur gilt [12]

$$\Delta T = \frac{h}{1 - \frac{2}{3}\alpha h}\left(1 - \exp\left(-a\left(1 - \frac{2}{3}\alpha h\right)t\right)\right) \tag{23}$$

α — Temperaturkoeffizient von ϱ,

$a = \frac{\lambda_L A_0}{c\delta V}$ — Wärmeabgabewert,

$h = \frac{R_k I^2}{\lambda_L A_0}$ — Aufheizwert,

$R_k = K F_k^{-m}\left(1 + \frac{2}{3}\alpha\Delta T\right)$,

λ_L — Wärmeübergangszahl,
A_0 — Oberfläche,
c — spezifische Wärme,
δ — Dichte,
V — Volumen,
R_k — Kontaktwiderstand,
F_k — Kontaktkraft.

Für $\alpha h \geqq \frac{3}{2}$ ist die Kontaktkraft der elektrischen Belastung nicht gewachsen. Das Kontaktmaterial spratzt weg. Richtig dimensionierte Kontaktbauelemente müssen die Bedingung $\alpha h \ll 1$ erfüllen, dann gilt

$$\Delta T = h\left(1 - \exp(-at)\right), \tag{24}$$

$$\Delta T_{\max} = h. \tag{25}$$

Aus der *Kohlrausch*differentialgleichung folgt unter Beachtung des *Kohler*effektes [7, 8]

$$\Delta T_{\max} = \frac{U_k^2 - U_F^2}{8\gamma_0 T_0} = \frac{U_E^2}{8\gamma_0 T_0}, \qquad \text{wobei gilt:} \tag{26}$$

U_E — Engespannung,

$\gamma_0 = 2{,}44 \cdot 10^{-8}\ V^2/K^2$ — *Lorenz*konstante.

Diese Beziehung ist in Japan experimentell geprüft und bestätigt worden [9].
Aus der Gleichsetzung von (25) und (26) ist die Trennung von Enge- und Fremdschichtspannung über der Kontaktstelle möglich. Es gilt

$$U_F = U_K \sqrt{1 - \frac{8\gamma_0 T_0}{\lambda_L A_0 R_K}} \tag{27}$$

mit $R_k = K F_K^{-m}$.
In der Praxis muß erfüllt werden $U_F \ll U_k$ und R_k möglichst klein. Bild 7 zeigt den Einfluß der Kontaktkraft auf die Übertemperatur. Für Diffusions- und Reaktionsgeschwindigkeiten gilt in erster Näherung das *Arrhenius*gesetz

$$D = D_0 \exp\left(-\frac{Q}{RT}\right), \tag{28}$$

R — Gaskonstante, Q — Aktivierungsenergie.
Bezieht man es auf Zimmertemperatur (T_0, D_{00}), so erhält man für $\Delta T \ll T_0$

$$D \approx D_{00} \exp\frac{Q\,\Delta T}{R T_0^2}. \tag{29}$$

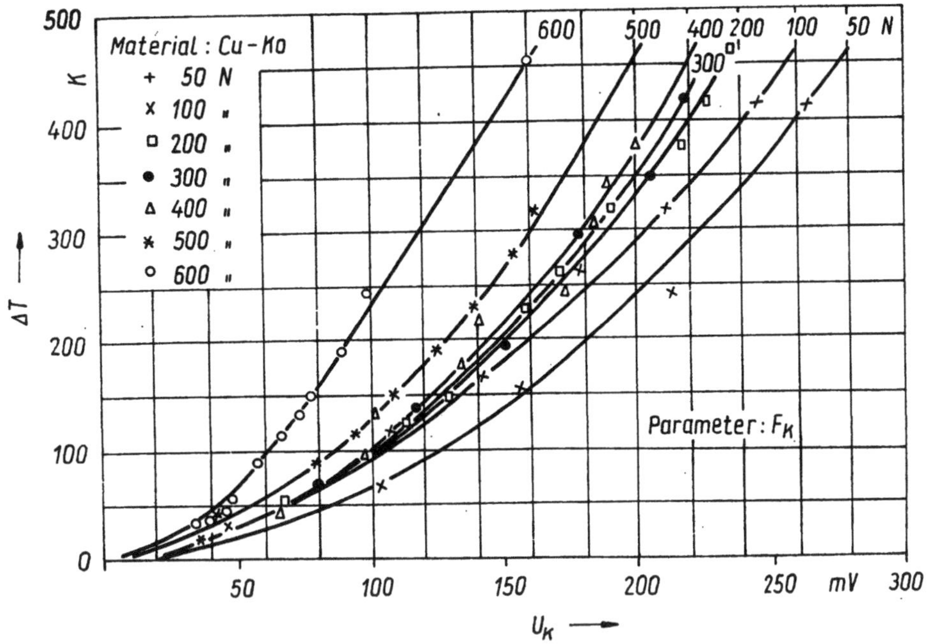

Bild 7. Übertemperatur in Abhängigkeit von der Kontaktspannung bei verschiedenen Kontaktkräften

In allen praktischen Fällen gilt $Q > RT_0 \approx 0{,}6 \frac{\text{kcal}}{\text{Mol}}$. Für $Q\Delta T \leqq RT_0^2 = 174$ kcal K/Mol stellt die Diffusion noch kein wesentliches technisches Problem dar. Für $Q\Delta T \gg RT_0^2$ tritt aber eine „Diffusions-Explosion" auf, in deren Folge nach einer bestimmten Zeit eine „Oberflächenreaktions-Explosion" einsetzt, die insbesondere bei porigen Schichtveredelungen zu Kontaktstörungen führt. Da der Diffusionskoeffizient sehr klein ist, erstreckt sich diese „Explosion" über mehrere Jahre, bis ihre Wirkung merkbar wird.
Bild 8 zeigt diesen Verlauf.
An der Kontaktstelle ist dieser Vorgang gegenüber der Umgebung um den Faktor

$$\frac{D}{D_{00}} = \exp \frac{QU_E^2}{8\gamma_0 RT_0^3} \tag{30}$$

stärker. Diffusion und Korrosion in der unmittelbaren wahren Berührungsstelle steigen bei Dauerbelastung mit der Engespannung bzw. dem Strom zum Quadrat.
Die elektrische Belastung hat also erheblichen Einfluß auf das Kontaktverhalten im Sinne der lokalen Vorgänge in der wahren Berührungsstelle. Diese Problematik ist hier wenig untersucht.

1.1.4. Elektrische Belastbarkeit

Belastbarkeit, Lebensdauer und Zuverlässigkeit stehen in einem sehr engen, aber nichtlinearen Verhältnis, das von den Parametern des Kontaktbauelementes weitgehend bestimmt wird. Da trotz zahlreicher Festlegungen immer noch keine wissenschaftlich begründeten Werte der Belastbarkeit vorliegen, soll das nachfolgende als Empfehlung gelten.

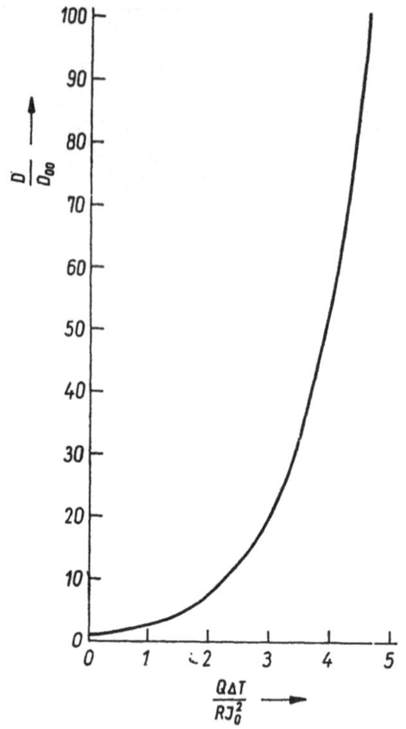

Bild 8. Diffusion in Abhängigkeit von der Temperatur (Abszissennenner RT_0^2)

Aus der Gleichsetzung von umgesetzter elektrischer Energie und Wärmekonvektion folgt pro Zeiteinheit

$$\dot{W} = RI^2 = \varrho \frac{l}{A} I^2 = \lambda_L A_0 \,\Delta T = \dot{W}_{\text{konv.}} \tag{31}$$

und daraus die mittlere zulässige Stromdichte

$$S = \frac{I}{A} = \sqrt{\frac{\lambda_L}{\varrho} \frac{A_0}{Al} \,\Delta T}. \tag{32}$$

Daraus kann ein maximal zulässiger Ruhestrom abgeleitet werden:

$$I_R = SA = \sqrt{\frac{\lambda_L}{\varrho} uA \,\Delta T}. \tag{33}$$

$u = \frac{A_0}{l}$ = mittlerer Umfang des Leiterstückes.

Damit sind Temperatur, Isoliermaterial, Kontaktmaterial und konstruktive Form physikalisch mit der Strombelastung verknüpft.
Für den Konstrukteur wird deshalb folgender Weg vorgeschlagen:

1. Auswahl des Nennstromes I_N nach TGL.
2. Auswahl der zulässigen Übertemperatur
   a) Ermittlung der Geräteerwärmung an der Stelle der Kontakte,
   b) Ermittlung der zulässigen Dauertemperatur des Isolationswerkstoffes oder sonstige Temperaturbegrenzungen;
   daraus wird $\Delta T = T - T_0$ festgelegt.
3. Auswahl des Kontaktmaterials mit ϱ ohne Veredlung.

4. Abschätzung der Konstruktionsgruppe mit der Wärmeübergangszahl.
Gruppe 1: mehradrige Leitungen im Gehäuse gut isoliert

$\lambda_L \approx 10$ bis $12\ \mathrm{VA/m^2K}$.

Gruppe 2: mehradrige Leitungen mit guter Luftabfuhr

$\lambda_L \approx 18$ bis $23\ \mathrm{VA/m^2K}$.

Gruppe 3: Einzelleistungen

$\lambda_L \approx 28$ bis $34\mathrm{VA/m^2K}$.

5. Auswahl des Kontaktprinzips und Bestimmung des geometrischen Faktors A; u.
Dazu wird folgendes vorgeschlagen:
Die größte Energieumsetzung erfolgt an den kleinsten Querschnitten. Die Betrachtungen sind deshalb um diese Stelle durchzuführen.
Beispiel: aufgerollte Buchse nach Bild 9.
Dabei gilt für die einzelnen Teilbereiche

Bereich i	A_i	A_{0i}	l_i
1	$b\,h_1$	$2(b + h_1)$	l_1
2	$b\,h_2$	$2(b + h_2)$	l_2
3	$b\,h_3$	$2(b + h_3)$	l_3

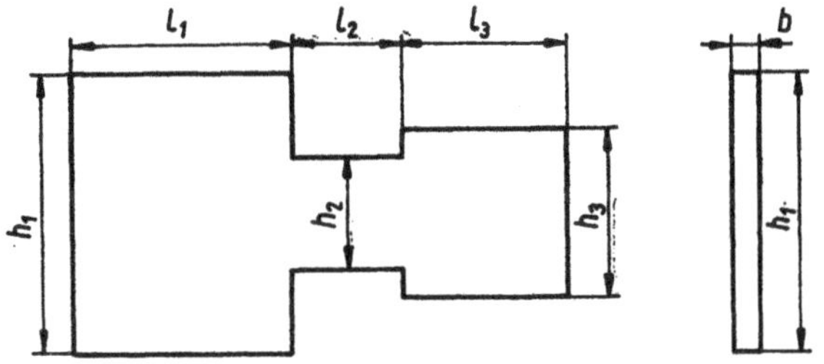

Bild 9. Beispiel für die Dimensionierung einer Federbuchse und ihre elektrische Belastbarkeit

Für den mittleren Widerstand gilt dann grob

$$R = \varrho\,\frac{l}{A} \approx \varrho\left(\frac{l_1}{A_1} + \frac{l_2}{A_2} + \frac{l_3}{A_3}\right). \tag{34}$$

Daraus folgt die Abschätzung für den mittleren Querschnitt

$$A \approx \frac{1}{\dfrac{l_1}{A_1 l} + \dfrac{l_2}{A_2 l} + \dfrac{l_3}{A_3 l}}. \tag{35}$$

Für den Fall einer langen engsten Stelle gilt

$$\frac{l_2}{A_2} \gg \frac{l_1}{A_1} \quad \text{und} \quad \frac{l_3}{A_3}.$$

Daraus folgt $A \approx A_2$, d.h., es braucht nur die lange enge Stelle (l_2, A_2) betrachtet zu werden.
Liegt nur ein Einschnitt $l_2 \ll l_1$, l_3 vor, so muß berücksichtigt werden, daß der Strom die äußeren Ecken der Flächen A_1 und A_3 nur wenig durchfließt.
In diesem Fall denkt man sich die Ecken weggeschnitten, wie es Bild 10 zeigt und ermittelt die mittlere Fläche ohne Ecken. An den mittleren Querschnitt A wird je nach

der Querschnittsform (Kreis, Rechteck) der mittlere Umfang $u = \frac{A_0}{l}$ berechnet. Damit sind alle Daten für den Ruhestrom bestimmt.
Als obere Bezugsgrenze der Spannung kann die Durchschlagsspannung U_D herangezogen werden. Das Kontaktbauelement muß für diesen Wert dimensioniert werden. Aus beiden Größen I_R und U_D kann man sinnvolle Festlegungen für die Begrenzung von Strom, Spannung und Leistung bei brauchbaren Lebensdauer- und Zuverlässigkeitsbereichen ableiten, nämlich:

Prüfspannung	$U_p \leqq \frac{2}{3} U_D,$
Nennspannung	$U_N = \frac{1}{s} U_p,$
Betriebsspannung	$U_B \leqq U_N,$
Dauerstrom	$I_D = \frac{2}{3} I_R,$
Nennstrom	$I_N = \frac{1}{2} I_D,$
Schaltstrom	$I_s \leqq I_N,$
Nennleistung	$P_N = aU_N I_N.$

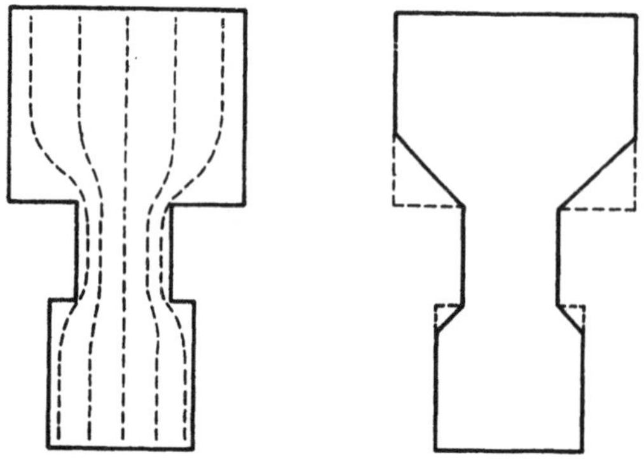
Bild 10. Querschnittsbestimmung nach der Stromdichteverteilung

Aus der Überprüfung zahlreicher technischer Festlegungen folgt $a \approx 0{,}1$ bis $0{,}2$ je nach Lebensdauer. Der Sicherheitsfaktor s wird für Starkstromanlagen und menschengefährdende Spannungen meist mit dem Wert $s = 3$ fixiert. Er ist maximal auf $s = 1$ reduzierbar, was jedoch der Anwender als verminderte Zuverlässigkeit in Kauf nehmen muß. Analoges gilt für den oberen Grenzwert des Faktors a.
Mit diesen sinnvollen Festlegungen könnte eine ziemlich einheitliche Dimensionierung von Kontaktbauelementen erfolgen, die auch dem Konstrukteur ausreichende Sicherheit geben würde.

1.1.5. Kontakthaften

Elektrische Kontakte haben nicht nur die Aufgabe, sicher einzuschalten, sondern auch genau so sicher auszuschalten. Sind die Rückstellkraft zu klein und die Übertemperatur entsprechend hoch, so können Versinterungen oder Verschweißungen in der wahren Berührungsstelle auftreten. Bei Spitzenbildungen infolge Materialwanderung sind Verhakungen nicht ausgeschlossen.

Geringe Reibung mit intensiver Fremdschichtzerstörung kann an den Oberflächen in der wahren Berührungsstelle die Gitterbindekräfte wirksam machen und so ein Kleben der Kontaktstücke auf kaltem Wege verursachen. Während bei Kontaktbauelementen für hohe Leistungen das Kontakt-Warmpreßschweißen für die Zuverlässigkeit von Bedeutung ist, sind bei niederen Leistungen insbesondere bei Reedkontakten in reduzierender Atmosphäre bei weichen Kontaktwerkstoffen wie reinem Gold und Silber Kaltpreß- oder Reibschweißungen aufgetreten. Die Umstellung auf harte Kontaktwerkstoffe und die Minderung der reduzierenden Wirkung, d. h. die gezielte Zugabe von Sauerstoff in das Mikroklima, haben meistens eine ausreichende Verbesserung bewirkt.
Prellerscheinungen führen infolge der Gasentladung und der damit verbundenen Aufschmelzung der Kontaktstücke zum dynamischen Verschweißen und Haften. Die Gesetzmäßigkeiten dieser dynamischen Haftung unterscheiden sich von denen der statischen Haftung [3].

1.1.6. Elektrischer Verschleiß

Jeder Abschaltvorgang mit einer resultierenden induktiven Zeitkonstanten $\tau > 0$ ist mit einer Gasentladung verbunden, die mehr oder weniger stark und differenziert auf Anode und Katode wirkt.
Bild 11 zeigt den prinzipiellen *U-I*-Verlauf von verschiedenen Gasentladungstypen (logaritmische Stromdarstellung). Bild 12 zeigt den U-I-Verlauf im linearen Maßstab. Man kann verschiedene Bereiche unterscheiden. Die Mindestspannung liegt im Bereich $U_{\min} = 8$ bis 20 V und der Mindeststrom im Bereich 0,3 bis 1 A.

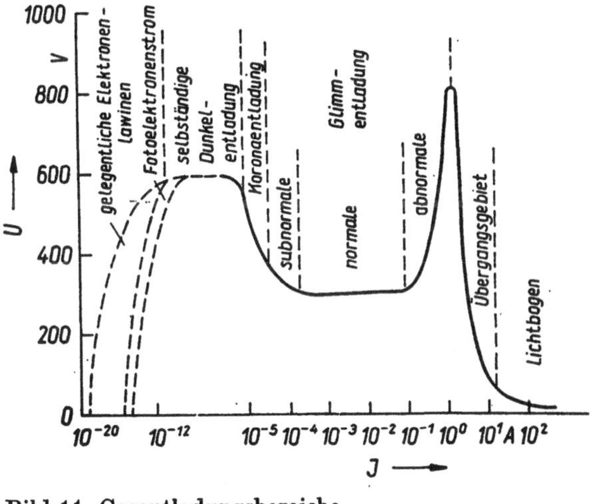

Bild 11. Gasentladungsbereiche

1.1.6.1. Unterschiedliche Wirkungen verschiedener *U-I*-Bereiche

Aus Bild 12 erkennt man 4 charakteristische Bereiche:

1. $U \ll U_{\min}$, $I \ll I_{\min}$.

Diese Beanspruchung nennt man quasi-trocken.
Elektrischer Verschleiß tritt an den Kontakten kaum auf. Die in diesem Gebiet eingesetzten Minikontakte können auch keine großen Kontaktkräfte aufnehmen. Der Kontaktwiderstand wird vorwiegend durch die Oberflächenkorrosion im ruhenden Zustand

bestimmt. Die Zuverlässigkeit wird bevorzugt durch sehr edle Kontaktwerkstoffe und Klimatisierung gewährleistet.

2. $U \geqq U_{\min}$, $\quad I \leqq I_{\min}$.

In diesem Gebiet bestimmt der elektrische Schaltkreis den Charakter der Gasentladung sehr wesentlich.
Für $I \ll I_{\min}$ (einschließlich eventueller Kondensatorenentladung) tritt Glimmentladung auf (Bild 11). Die dazu notwendige Spannung kann aus der Quelle U_0 oder auch aus $L \frac{dI}{dt}$ geliefert werden.

Kann sich in die Glimmentladung noch ein Kondensator entladen, so daß vorübergehend $I > I_{\min}$ werden kann, so treten sogenannte Schauer (Wechsel zwischen Glimm- und zeitbegrenzter Bogenentladung) auf.
Der elektrische Verschleiß kann nach Größe und Richtung unterschiedlich sein, da die Glimmentladung eine bevorzugte Katoden-„Zerstäubung", die Bogenentladung aber eine bevorzugte Anoden-Erosion bewirkt. Welcher Teil überwiegt, hängt von vielen Einflußparametern ab.

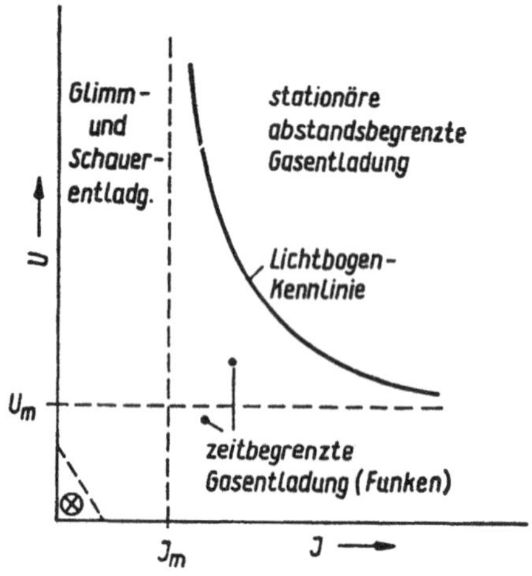

Bild 12. Bereiche unterschiedlicher Gasentladung

Der elektrische Verschleiß ist vorhanden, aber gegenüber den Veränderungen des Kontaktwiderstandes im Ruhezustand technisch nicht dominierend.
Ein geringer Verschleiß ist sogar für die Regenerierung der Kontaktoberfläche günstig, da er Fremdschichten z. T. zerstört.

3. $U_0 < U_{\min} + RI_{\min}$, $\quad I_0 > I_{\min}$.

In diesem Bereich liegt eine zeitbegrenzte Gasentladung vor. Für einen induktiven Schaltkreis ($\tau = \frac{L}{R}$) gilt für die Dauer der Gasentladung bei quasikonstanter Bogenspannung

$$t_p = \tau \ln \frac{U_{\min} - U_0 \exp\left(-\frac{t_k}{\tau}\right)}{U_{\min} + RI_{\min} - U_0}, \tag{36}$$

t_k — Kurzschlußzeit
und für die umgesetzte Energie

$$W = \frac{1}{2} LI_0^2\psi = (1 \ldots 2)\, W_L, \tag{37}$$

$\psi = 1$ bis 2.

Diese Energie wird während des Abschaltens zwischen den Kontakten umgesetzt und bewirkt je nach dem Wirkungsgrad η, der von dem Gasdruck und der Abschaltgeschwindigkeit abhängt, eine Materialwanderung

$$\Delta V = \frac{\eta_p W}{w_v \delta} \; (\eta_A A - \eta_K K), \tag{38}$$

$\eta_p = 1 - \frac{W_p}{W}$ — Wirkungsgrad der Energieumsetzung auf den Elektroden,

W_p — Energieabgabe durch das Plasma an die Umgebung,

$w_v\delta$ — spez. Verdampfungswärme,

η_A — Wirkungsgrad der Anodenverdampfung,

η_K — Wirkungsgrad der Katodenverdampfung,

A, K — Energieanteile der Anode und Katode.

Dabei treten auf:

- Anodenverlust $\Delta V > 0$ für $\eta_A A > \eta_K K$,
- Katodenverlust $\Delta V < 0$ für $\eta_A A < \eta_K K$,
- kompensierte Materialwanderung $\Delta V \approx 0$ für $\eta_A A \approx \eta_K K$.

Im letzten Fall tritt trotz hoher Energieumsetzung auf beiden Elektroden etwa der gleiche geringe Materialverlust nach außen auf, der für diese Bedingungen sogar meist vernachlässigbar ist.
Bild 13 zeigt die Materialwanderung in Abhängigkeit von der Induktivität, und Bild 14 veranschaulicht den Einfluß der Kapazität, die im wesentlichen das Plateau vor dem Maximum der Materialwanderung bestimmt.
Die Materialwanderung ist in diesem Bereich nicht das einzige Problem. Von großer Bedeutung sind auch die plasmachemischen Reaktionen in und um die Gasentladung, wie sie in 1.1.8.2. genannt werden.

4. $U_0 > U_{\min} + RI_{\min}$, $\quad I_0 > I_{\min}$.

Dies ist der typische Bereich des Lichtbogens, der nur durch eine Verlängerung der Bogensäule zum Verlöschen gebracht werden kann (abstandsbegrenzte Gasentladung).

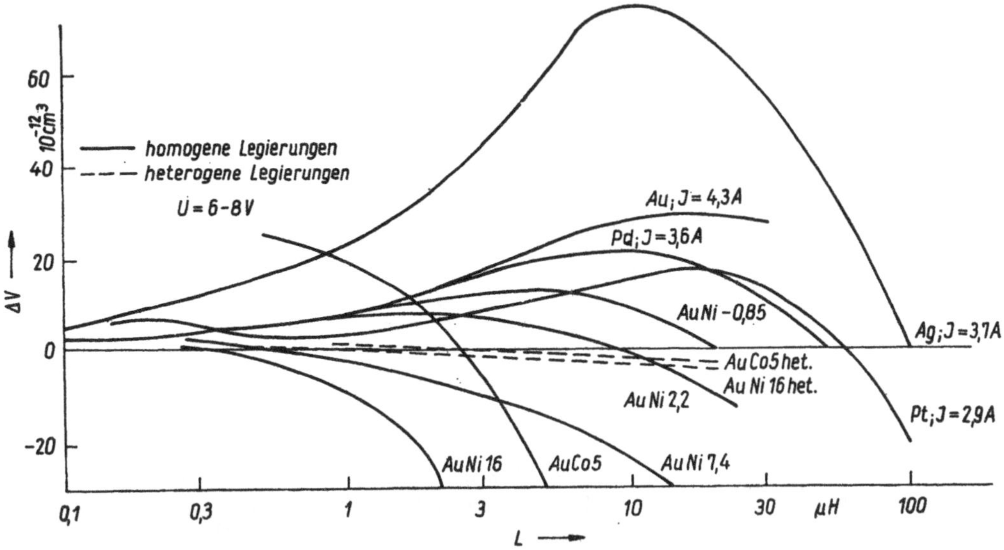

Bild 13. Materialwanderung in Abhängigkeit von der Induktivität

Die Bogenspannung ist eine Funktion des Abstandes l.

$$U_B = a + bl^\alpha + \frac{c + dl^\beta}{I + I_c}. \tag{39}$$

Einfachere Formeln dieser Bogenspannung sind in der Literatur in verschiedenen Varianten vorhanden.
Graphische Lösungen erlauben über Lichtbogenlänge und -energie Aussagen zu machen. Ein durchgängiger Rechenweg ist noch nicht erschlossen. In diesem Bereich ist vorwiegend die Erosion auf beiden Elektroden insbesondere durch Materialverlust an die Umgebung (Abbrand) das lebensdauerbegrenzende Kriterium.

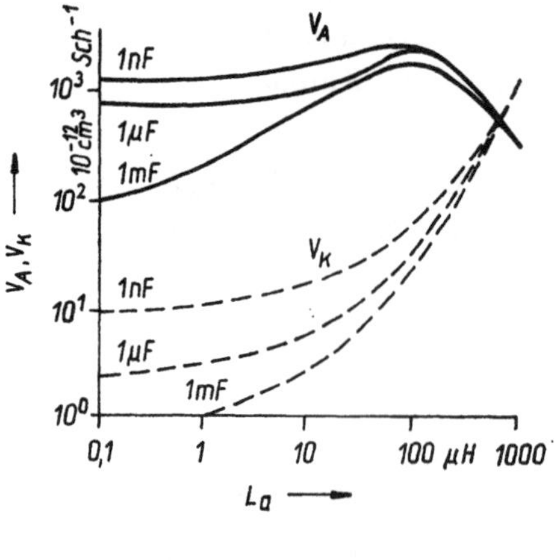

Bild 14. Materialwanderung in Abhängigkeit von der äußeren Induktivität bei verschiedenen Kapazitäten

1.1.6.2. Wiederschließungen und Prellungen

Untersucht man einzelne Abschaltvorgänge im Bereich $I > I_{min}$, so kann man feststellen, daß der Bogen mehrmals unterbrochen wird. Die Anzahl der Unterbrechungen ist z. T. zufälliger Natur. Sie zeigt eine Häufigkeitsverteilung, die sich mit der Induktivität, dem Werkstoff, der Abschaltgeschwindigkeit und mit dem Strom verschieden stark ändert.
Die Wiederschließungsdauer liegt bei 10^{-1} bis 10^3 μs. Bild 15 zeigt einen typischen Ver-

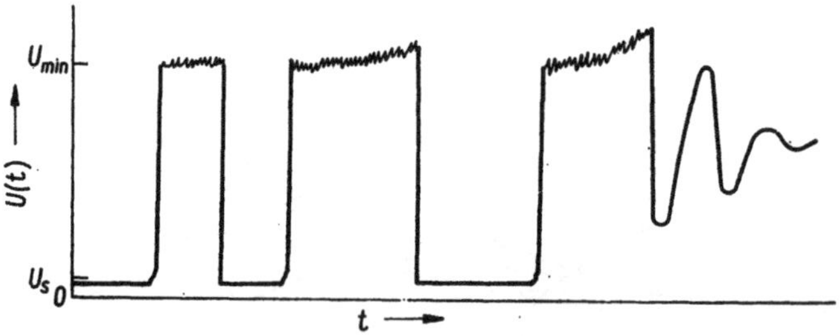

Bild 15. Wiederschließungen bei einem Abschaltvorgang

lauf mit zwei Wiederschließungen. Bild 16 zeigt Häufigkeitsverteilungen bei verschiedenen Abschaltgeschwindigkeiten, die sich bei anderen Parametern (L, C, I) ändern. Mit größeren Induktivitäten L verschieben sich die Kurven nach rechts und mit höherschmelzenden Metallen nach links.

Als theoretische Erklärung kommen in Frage:

1. Lokale Volumenausdehnung, die die Abstandsvergrößerung überholt.
2. Elektrodynamische und liquido-dynamische Kräfte infolge der starken lokalen Erhitzung und der Dynamik elektromagnetischer Felder.
3. Influenzdoppelladungen an Flüssigkeitströpfchen.

Endgültige Klärungen liegen noch nicht vor.

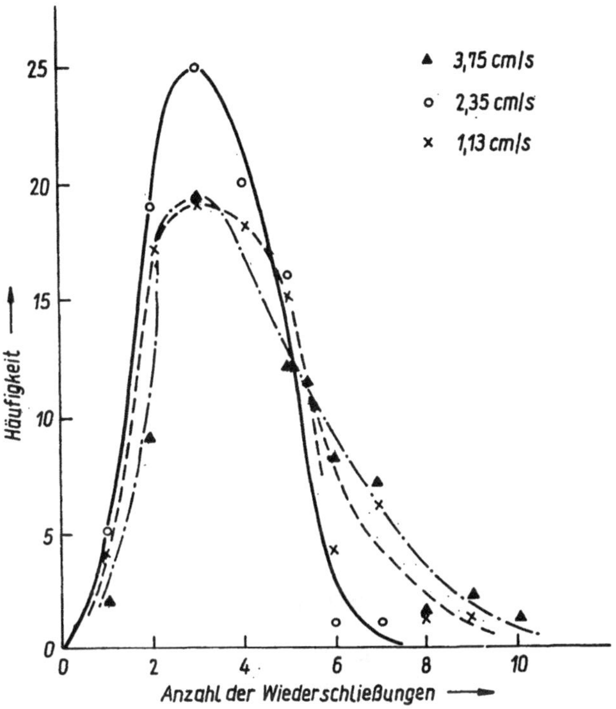

Bild 16. Häufigkeit der Wiederschließungen bei einem Abschaltvorgang

1.1.7. Lebensdauer unter korrosionsfreien Bedingungen

Unter Bedingungen, die keine wirksame Fremdschicht zulassen, sind Materialwanderung und Erosion die entscheidenden lebensdauerbegrenzenden Kriterien. Die größte Materialwanderung tritt auf bei (Bilder 13, 14)

$$\Delta V_{\max} = \Delta V\,(L_{\max}).$$

Es ist gegenwärtig noch nicht vollständig bekannt, unter welchen Bedingungen flache und spitze Materialwanderungskegel auf der Katode entstehen. Die Gasentladungsdauer scheint dabei eine bedeutende Rolle zu spielen.
Gibt man ein zulässiges Volumen V_z für die Materialwanderung vor, so gilt für eine garantierbare dynamische Lebensdauer (Schaltzahl)

$$N = \frac{V_z}{\Delta V_{\max}} \sim \frac{1}{I^2}. \tag{40}$$

Die Begrenzung dieser Kurve erfolgt für den Strom bei I_N (Nennstrom) und für $I = 0$ durch die mechanische Lebensdauer des Kontaktbauelements, die gemessen werden muß.

Im Bereich mittlerer Ströme tritt mechanischer und elektrischer Verschleiß auf. Die wahre Lebensdauerkurve folgt dann aus der theoretischen nach einem Algorithmus, wie er im Bild 17 veranschaulicht ist.

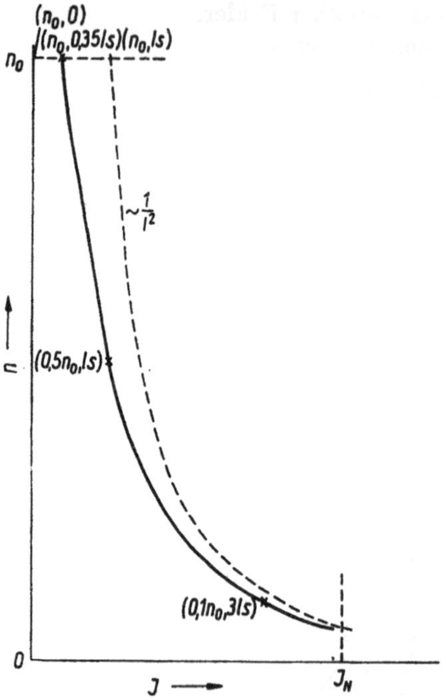

Bild 17. Lebensdauer-Strom-Diagramm (lineare Darstellung)

1.1.8. Fremdschichten auf Kontaktwerkstoffen

Der spezifische Hautwiderstand ist ein Ergebnis der Oberflächenreaktionen, die bisher noch ungenügend theoretisch erfaßt sind. Die nachfolgenden Gesichtspunkte sollen deshalb nur qualitative Tendenzergebnisse an einem Beispiel wiederspiegeln, die anhand einer homogenen Reaktion erläutert werden.

1.1.8.1. Chemisches Gleichgewicht, Reaktion, Reduktion

Für das chemische Potential einer kondensierten, d. h. festen Phase gilt

$$\mu_{fi}(T, p_0) = h_i(T_0, p_0) + \int_{T_0}^{T} c_{pi}(T)\,\mathrm{d}T - T\left[s_i(T_0, p_0) + \int_{T_0}^{T} \frac{c_{pi}(T)}{T}\,\mathrm{d}T\right], \tag{41}$$

und für ein ideales Gas gilt analog

$$\mu_{gi}(T, p_i) = \mu_{fi}(T, p_0 \to p_i) + RT \ln \frac{p_i}{p_0}, \tag{42}$$

mit h_i — Standard-Enthalpie,
s_i — Standard-Entropie,
c_p — Molwärme bei $p = \text{const.}$,
R — Gaskonstante,
p_i — Partialdruck.

Jede chemische Reaktion verläuft so, daß das chemische Potential einem Minimum zustrebt. Für die Reaktionskomponenten gilt dann:

$$a_1\mu_{A_1} + a_2\mu_{A_2} + \cdots \lesseqgtr z_1\mu_{Z1} + z_2\mu_{Z2} + \cdots \tag{43}$$

mit der Bedeutung

$<$ — Reaktion führt zur Bildung von A_i (Reduktion),

$=$ — Reaktion liegt im Gleichgewicht der Komponenten,

$>$ — Reaktion führt zur Bildung von Z_i (Korrosion).

Für die Sulfidierung von Silberkontakten gilt

$$2Ag + H_2S \rightleftharpoons Ag_2S + H_2. \tag{44}$$

Daraus folgt für das chemische Potential

$$2\mu_{Ag} + \mu_{H_2S} \lesseqgtr \mu_{Ag_2S} + \mu_{H_2}. \tag{45}$$

Bild 18 zeigt die chemischen Potentiale dieser Reaktionskomponenten und Bild 19 die Gleichgewichtskurve mit einem Streubereich. Oberhalb dieser Kurve wird Ag_2S gebildet (Korrosion). Unterhalb der Kurve ist der Bereich der Reduktion (Zerfall von Ag_2S).

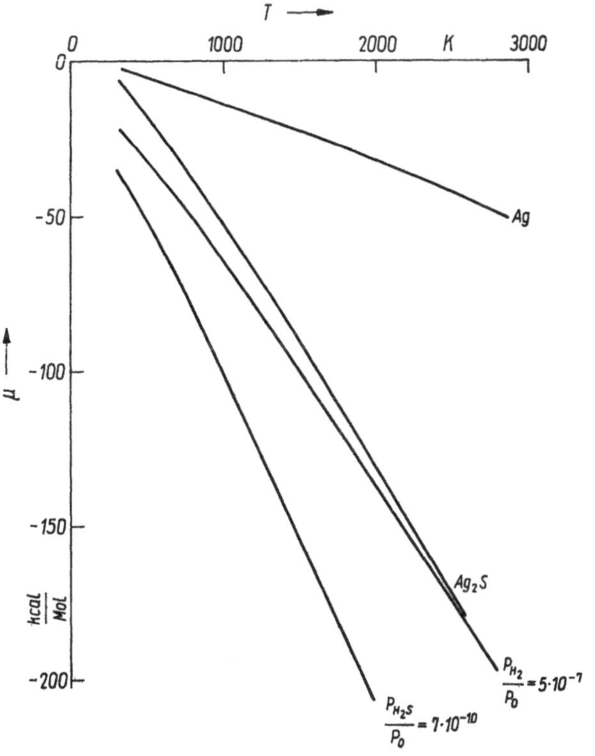

Bild 18. Chemische Potentiale der Reaktionskomponenten $2\,Ag + H_2S \rightleftharpoons Ag_2S + H_2$

Eine Oberflächenreaktion ist eine inhomogene Reaktion mit nicht genau bestimmbarer Reaktion- und Reduktionsgeschwindigkeit. Der Begriff „Konzentrationen der festen Phasen" ist dann nicht exakt definierbar.

Nimmt man den Mechanismus einer homogenen Reaktion als grobes Modell an, so erhalten die Konzentrationen c des Massenwirkungsgesetzes nur symbolischen Charakter für unser Oberflächenproblem als inhomogene Reaktion. Trotzdem sind daraus richtige Tendenzen zu erkennen. Das Massenwirkungsgesetz für eine völlige Durchmischung würde lauten

$$\frac{C_{H_2}C_{Ag_2S}}{C_{H_2S}C_{Ag}} = \frac{K_1}{K_2} = K_c = K_x \left(\frac{RT}{\sum p_i}\right)^{\Delta n}, \tag{46}$$

$\Delta n = \sum a_i = 2 + 1 - 1 - 1 = 1.$

Als Reaktionsgeschwindigkeit wird bei homogenen Reaktionen die Konzentrationsänderung angesetzt.

$$v_R = \frac{dC_{Ag_2S}}{dt} = K_1 C_{Ag} C_{H_2S} - K_2 C_{H_2} C_{Ag_2S}. \tag{47}$$

Dies ist eine inhomogene lineare Differentialgleichung ersten Grades.

Nimmt man am Anfang $C_{Ag_2S}(t = t_0) = C_0$ und am Ende der Reaktion $C_{Ag_2S}(t \to \infty) = C_\infty$ an, so erhält man als Lösung

$$C_{Ag_2S}(t) = C_0 \exp\left(-a(t - t_0)\right) + \frac{b}{a}\left(1 - \exp(-a(t - t_0))\right). \tag{48}$$

Für die homogene Reaktion wären dann

$$\begin{aligned} a &= K_2 C_{H_2}, \\ b &= K_1 C_{Ag} C_{H_2S}, \\ C_\infty &= C_{Ag} \frac{C_{H_2S}}{C_{H_2}} K_x \cdot \frac{RT}{p_{H_2S} + p_{H_2}}. \end{aligned} \tag{49}$$

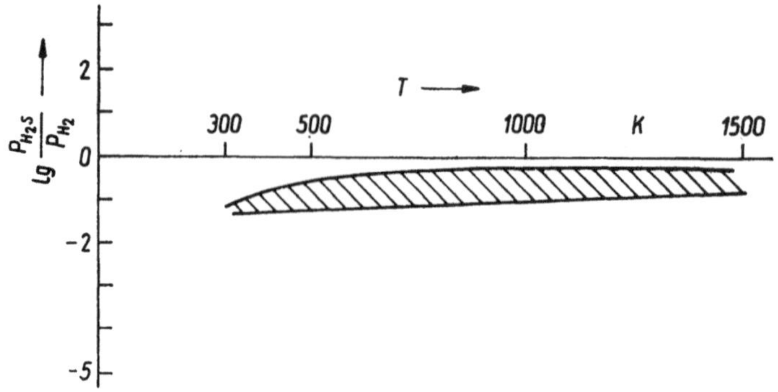

Bild 19. Gleichgewichtskurve der Reaktion 2 Ag + $H_2S \rightleftharpoons Ag_2S + H_2$

Die Konzentration der Gaskomponenten kann man sicherlich auch für die inhomogene Oberflächenreaktion mit dem Partialdruck gleichsetzen. Die symbolische Konzentration der Festkomponenten muß noch unter Beachtung der Diffusion und der Reaktionskomponenten (S, Ag) in der sich bildenden Fremdschicht Ag_2S für praktische Verhältnisse interpretiert werden. Die Gleichungen (48) bis (50) dürften den Verhältnissen einer ideal molekular rissigen Schicht und unendlich hohen Diffusionskoeffizienten der Reaktionspartner entsprechen. Das Ergebnis gestattet trotzdem qualitative Interpretationen für die physikochemische Oberflächenreaktion

$$C_{Ag_2S} = C_0 \exp(-K_2 p_{H_2} t) + C_\infty\left(1 - \exp(-K_2 p_{H_2} t)\right) \tag{50}$$

mit $t_0 = 0$.

1. $C_\infty \sim \frac{p_{H_2S}}{p_{H_2}}$ besagt, daß das Partialdruckverhältnis die Menge des Ag_2S, d. h. die Schichtdicke stark beeinflußt.

2. C_0, die Ausgangsmenge Ag_2S bei $t_0 = 0$ bestimmt den weiteren Verlauf der Reaktion. Ist $C_\infty < C_0$, d. h. ist für $t \to \infty$ eine höhere H_2-Konzentration als vor der Entstehung von C_0 vorhanden, so wird die Schicht reduziert. Bei ausreichender Reduktionsgeschwindigkeit müssen die angelaufenen Kontakte wieder blank werden. Über diese Reaktions- bzw. Reduktionsgeschwindigkeit ist allerdings noch zu wenig bekannt. Eine höhere H_2-Konzentration in einem Kleinklima könnte also den Aufwand an Klimatisierung vermindern. Allerdings ist dabei zu beachten, daß die Explosionsgrenze des H_2 in Luft bei ca. 4 Volumenprozent liegt.
3. Die tatsächlichen Mengen Ag_2S müssen wegen der die Reaktion störenden Ag_2S-Schicht niedriger liegen als bei den hier betrachteten homogenen Reaktionen. Für das Schichtwachstum gilt das Gesetz

$$d = \sqrt{2Kt}. \tag{51}$$

Im Anfangsstadium $t \ll \frac{1}{p_{H_2}K_2}$ und $C_0 = 0$ muß gelten

$$C_{Ag_2S} = K_2 C_\infty p_{H_2} t. \tag{52}$$

Für $p_{H_2} = 0$ (was in der Praxis der Bedingung $p_{H_2} \ll p_{H_2S}$ nahe kommt) erhält man eine linear wachsende Ag_2S-Menge

$$C_{Ag_2S} = C_0 + \frac{K_2^2}{K_1} p_{H_2S} C_{Ag}(t - t_0), \tag{53}$$

die aber bei der inhomogenen Oberflächenreaktion dem parabolischen Gesetz (51) entsprechen dürfte.

Zu dieser Gesamtproblematik hat die physikalische Chemie noch eine Reihe von grundlegenden Problemen zu klären.
Dieser Abschnitt hatte das Ziel, die Problematik aufzuwerfen und einzugrenzen. Sie ist für zahlreiche Reaktionen an Kontaktwerkstoffen und sehr vielen Korrosionsproblemen von praktischer Bedeutung.
Der Zusammenhang C, d, σ bedarf ebenfalls noch einer weiteren Klärung.

1.1.8.2. Plasmachemische Reaktionen

Die in 1.1.8.1. dargestellten Mechanismen geben nicht nur die Tendenz für die Oberflächenkorrosion wieder, sie ermöglichen auch zahlreiche spezifische chemische Reaktionen, die durch die Gasentladung (Funken, Lichtbogen) zusätzlich entstehen. Der hohe Ionisierungsgrad und der extreme Temperaturgradient ermöglichen fast beliebige chemische Reaktionen in bestimmten Bereichen des Kontaktspaltes. So ist die Reaktion

$$4O_2 + N_2 + H_2O \to O_3 + 2HNO_3, \tag{54}$$

$$6Ag + O_3 \to 3Ag_2O, \tag{55}$$

$$3Ag + O_3 \to 3AgO$$

als sicher anzusehen. Beide Oxide sind gute Isolatoren. Nicht unwahrscheinlich erscheint auch aus dem geringen Anteil CO_2 in Luft die Reaktion

$$CO_2 + \text{Energie} \to CO + O, \tag{56}$$

$$Ag + O \to AgO, \tag{57}$$

$$CO + \text{Energie} \to C + O, \tag{58}$$

was den oft festgestellten Kohlenstoffanteil bei Fremdschichten an schaltenden Kontakten erklären könnte.

1.1.8.3. Fremdschichtbildung auf beschichteten Kontaktstücken

Für das unveredelte Kontaktstück würde der spezifische Fremdschichtwiderstand $\sigma_K(t)$ entstehen. Das kompakte Edelmetall würde $\sigma_s(t)$ bilden. Liegt ein beschichteter Kontakt mit der Schichtdicke s vor, so muß gelten

$$\sigma_s \leqq \sigma \leqq \sigma_k \tag{59}$$

mit $\quad \sigma = \sigma_s \quad$ für $\quad s \gg x = \sqrt{2Dt} \quad$ (60)

und $\quad \sigma = \sigma_k \quad$ für $\quad s = 0 \quad$ oder $\quad x \gg s$.

Diese Bedingungen lassen sich realisieren durch den Ansatz

$$\sigma = \sigma_k - \frac{\sigma_k - \sigma_s}{1 + \left(\dfrac{x}{s}\right)^n} = \sigma_s \frac{1 + \dfrac{\sigma_k}{\sigma_s}\left(\dfrac{x}{s}\right)^n}{1 + \left(\dfrac{x}{s}\right)^n}\,. \tag{61}$$

Die Veredlung muß die Bedingung erfüllen $\sigma_s \leqq \sigma \ll \sigma_k$. Dies erfordert $x \ll s$, was für praktische Zwecke die Näherung ermöglicht

$$\sigma \approx \sigma_s\left(1 + \frac{\sigma_k}{\sigma_s}\frac{(2Dt)^{n/2}}{s^n}\right) = \sigma_s(1 + g). \tag{62}$$

Als Brauchbarkeitsdauer der Schicht kann man z. B. die Bedingung als Grenzwert g definieren,

$$\frac{\sigma_k}{\sigma_s}\left(\frac{\sqrt{2Dt}}{s}\right)^n \approx g. \tag{63}$$

Der Wert g ist aus der zulässigen Widerstandserhöhung im Einsatzfall festzulegen. Dabei ist zu beachten, daß σ_s und σ_k Funktionen der Zeit sind und man auf die zulässigen Werte Bezug nehmen muß. Unter Beachtung der Temperaturabhängigkeit des Diffusionskoeffizienten folgt daraus

$$t_B = \frac{s^2}{2D_{00}}\left(g\frac{\sigma_s}{\sigma_k}\right)^{2/n} \exp\left(-\frac{Q\,\Delta T}{RT_0^2}\right) = t_{B0} \exp\left(-\frac{Q\,\Delta T}{RT_0^2}\right). \tag{64}$$

Das praktische Problem dabei ist, den effektiven Diffusionskoeffizienten und die Aktivierungsenergie genügend genau zu ermitteln.
Für eine schärfere Bedingung $w < g$ könnte ähnlich eine wartungsfreie Zeit t_w definiert werden. Zwischen beiden besteht dann der Zusammenhang

$$t_w = t_B\left(\frac{w}{g}\right)^{2/n}. \tag{65}$$

Ein Beispiel soll dies veranschaulichen:

$T = T_0 \approx 295$ K,
$n = 1$ als Erfahrungswert, im allgemeinen $n \leqq 2$,
$\sigma_s = 10^{-7}\,\Omega\,\text{cm}^2$ auf Au, Pt, Pd,
$\sigma_k = 10^{-3}\,\Omega\,\text{cm}^2$ auf Ms bei ca. 100 cN Kontaktkraft,
$s = 4\,\mu\text{m} = 4 \cdot 10^{-4}$ cm,
$w = 5$, $g = 10$ } als Festlegung,
$D_{00} = 3 \cdot 10^{-22}\,\text{cm}^2 \cdot \text{s}^{-1}$, $Q = 22\,\text{kcal} \cdot \text{Mol}^{-1}$ } für Cu-Pd.

Als Ergebnis erhält man

$$t_{B0} \approx 8{,}5 \text{ Jahre},$$

$$t_{w0} \approx 2{,}1 \text{ Jahre}.$$

Diese Werte entsprechen durchaus praktischen Erfahrungen mit Schichtkontakten.
Für den Einfluß der Temperatur ergibt sich

$$t_B = t_{B0} \exp\left(-0{,}13 \frac{\Delta T}{K}\right). \tag{66}$$

Tabelle 4 zeigt einige Zahlenwerte dazu.
Man erkennt, daß die Betriebsbrauchbarkeitsdauer bemerkenswert mit der Temperatur absinkt. Für höhere Temperaturdifferenzen darf die Näherungsgleichung nicht mehr verwendet werden.

Tabelle 4. Relative Betriebsbrauchbarkeitsdauer in Abhängigkeit von der Übertemperatur

$\frac{\Delta T}{K}$	10	20	30	50
$\frac{t_B}{t_{B0}}$	0,273	0,074	0,020	0,0015

1.1.9. Zuverlässigkeit und Werkstoffeinsatz

Die Zuverlässigkeit ist eine sehr komplexe Funktion mehrerer Parameter. DemParameter Kontaktwerkstoff wird oft die größte Bedeutung beigemessen. Im Zuge der verstärkten Edelmetallverknappung ist jedoch den fremdschichtverhindernden und fremdschichtzerstörenden Einflüssen eine breitere Aufmerksamkeit zu schenken.
Tabelle 5 zeigt einige Möglichkeiten der Zuverlässigkeitserhöhung. Man sieht, daß neben dem Einsatz von edleren Werkstoffen noch eine Reihe weiterer Möglichkeiten vorliegen, die jedoch alle ihre technischen und ökonomischen Grenzen haben, Bisher wurde die Zuverlässigkeit im wesentlichen durch den Kontaktwerkstoff variiert, z. B.:

höchste Zuverlässigkeit: Au, Rh, Pt, AuCo3, AuNi5,
mittlere Zuverlässigkeit: Pd, AgPd20 bis 40,
ausreichende Zuverlässigkeit: Ag, Ms, Cu, PbSn, SnBz6.

Die Edelmetallverteuerung und -verknappung hat in fast allen Industrieländern ein Forschungsprogramm ausgelöst, das als Ziel die Zuverlässigkeitsoptimierung bei minimalem Edelmetalleinsatz verfolgt. Dieses Programm kann nicht nur auf die Metallforschung und ihre Realstruktur in dünnen Schichten begrenzt bleiben, sondern komplexer z. B. nach den Aspekten der Tabelle 5 angesetzt werden.
Die Zuverlässigkeit ist aber nicht nur durch eine einzige Zahl, z. B. die Ausfallsrate λ, voll zu charakterisieren, denn die Einflußfaktoren sind sehr mannigfaltig.
Bild 20 zeigt den Verlauf der Ausfallrate in Abhängigkeit von der Spannung, dem Strom, der Schalthäufigkeit, dem Ausfallkriterium, der Kontaktkraft und einigen Werkstoffen. Der Verlauf ist qualitativ erklärbar. Diese Aussagen sind jedoch ziemlich globaler Natur. Vom physikalischen Mechanismus sind zu unterscheiden:

a) Einschaltzuverlässigkeit als Fremdschichtproblem (λ_E),
b) Ausschaltzuverlässigkeit als Hafterscheinung (λ_A),

Tabelle 5. Möglichkeiten der Zuverlässigkeitserhöhung von Kontaktbauelementen

Zuverlässigkeitserhöhung durch	Realisierungsbedingungen	Bemerkungen
Verhinderung von Fremdschichtentstehung	Edlere Werkstoffe gegen O und S	teuer, optimale Zuordnung Werkstoff-Einsatzbedingung-Zuverlässigkeit noch unbekannt
	Klimatisierung mit Schadstoffreduzierung	teure Klimatisierung mit Überwachung notwendig
	Verschiebung des chem. Gleichgewichts durch Erhöhung der reduzierenden Komponente (H_2)	wegen Explosionsgefahr auf Kleinklimatas beschränkt (Reed-Kontakte)
	plast. Deformation der Kontaktoberfläche ($F_k > F_{krit}$)	bei seltenen Betätigungen geeignet
Zerstörung entstandener Fremdschichten	elektr. Durchschlag ($E > E_F \approx 10^6\ V \cdot cm^{-1}$), Fritten	hohe Spannungen notwendig
	Verschleiß der Kontaktoberfläche durch Materialwanderung, Abbrand / mech. Abrieb	häufige Betätigung notwendig, dadurch Verminderung der Lebensdauer, d. h. für kurzfristigen Einsatz geeignet

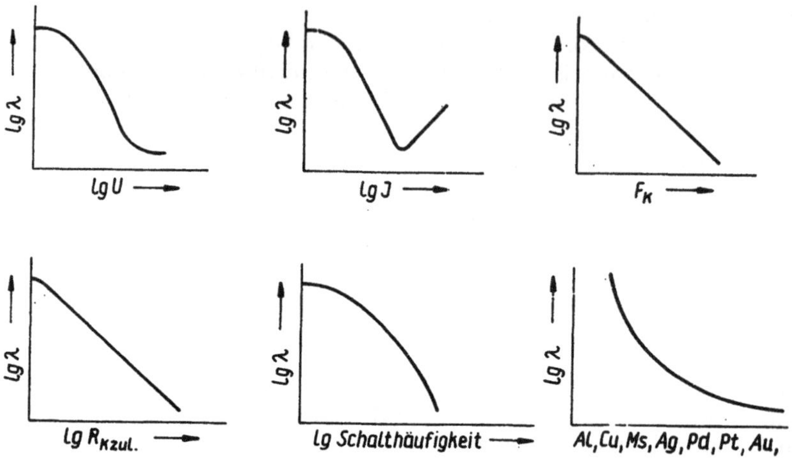

Bild 20. Ausfallrate in Abhängigkeit von verschiedenen Parametern (schematisch)

c) statische Zuverlässigkeit als Korrosionsproblem (λ_s),

d) dynamische Zuverlässigkeit als Problem der Materialwanderung, der Erosion und der plasmachemischen Reaktionen (λ_D).

Schließlich kann ein Kontaktbauelement auch noch andere Schwachstellen als die Kontaktstelle haben. Man sieht, daß den gegenwärtigen Angaben von Prüfausfallraten nur sehr begrenzte Bedeutung beigemessen werden kann und daß sie auch so gewertet werden müssen. Außerdem ist in keiner Weise gesichert, daß die Kontaktausfälle nur den Gesetzen des Zufalls folgen, was noch die Früh-(λ_F) und die Verschleiß- bzw. Alterungsausfallrate (λ_V) zu berücksichtigen erfordern würde. Im allgemeinen würde bei Gültigkeit der Exponentialfunktion im interessierenden Zeitintervall bis zum verstärkten Verschleißeinsatz gelten

$$\lambda_E = \lambda_s + H\lambda_D, \qquad \text{hierbei ist}$$

H — Schalthäufigkeit

und $$\lambda = \lambda_F + \lambda_s + H\lambda_D + \lambda_V.$$

Diese Unterscheidung ist für die Ermittlung von Ausfallgesetzen notwendig, würde jedoch den Aufwand für technische Belange unvertretbar steigern.

Literaturverzeichnis

[1] *Höft, H.:* Elektrische Kontakte — Physikalische Grundlagen. VEB Verlag Technik, Berlin 1977

[2] *Nicolaus, G.:* Lebensdauerverhalten ruhender Kontakte unter den Einsatzbedingungen der Nachrichtenvermittlungstechnik. Dissertation, THK 1974

[3] *Höft, H.:* Wissenschaftliche Grundlagen elektrischer Kontakte. Nachrichtentechnik — Elektronik **24** (1974) 282—285

[4] *Höft, H.:* Untersuchungen an Kontaktbauelementen der Schwachstromtechnik. F-Bericht AF 5—18/5, 1965

[5] *Urbig, J.:* Über den Fremdschichtwiderstand und den statistischen Charakter des Kontaktwiderstandes. Dissertation, THK 1977

[6] *Höft, H.:* Kontaktwiderstand verschiedener Werkstoffe. Nachrichtentechnik — Elektronik **25**, 1 (1975) 25—27

[7] *Höft, H.:* Die Übertemperatur an elektrischen Kontakten mit Fremdschicht. WZ/THI **12**, 2 (1966) 155—158

[8] *Höft, H.:* Temperaturmessung an wahren Berührungsflächen elektrischer Kontakte. WZE **7** (1966) 172—188

[9] *Tamai:* Persönliche Mitteilung auf der 8. Internationalen Kontakt-Tagung. Tokio, August 1976

[10] *Fritsche, V.:* Theoretische Betrachtungen zur Fremdschichtbildung und Messung der Ozonentstehung an elektrischen Kontakten. Dissertation, TH Karl-Marx-Stadt 1977

[11] *Tholl, H.-J.:* Beitrag zum Bogendauer-Induktivitätsverlauf und zur Materialwanderung bei Abschaltvorgängen an Edelmetallkontakten im *RCL*-Kreis bei niedrigen Spannungen. Dissertation, TH Karl-Marx-Stadt 1979

[12] *Wollenek, A.:* Über die Schweißneigung ruhender Starkstromkontakte. Dissertation, TH Graz 1957

[13] *Peter, J.:* Über das Verschweißen einschaltender Starkstromkontaktstücke. Dissertation, TH Ilmenau 1972

1.2. Beitrag zur Bestimmung von Bogendauer und Schaltenergie in *RCL*-Schaltkreisen

Von *H.-J. Tholl*

Technische Hochschule Karl-Marx-Stadt

1.2.1. Einleitung und Problemstellung

Für die Berechnung der Materialwanderung von Schwachstromkontakten liegt z. Zt. noch keine geschlossene physikalisch-mathematische Theorie vor, die alle Einflußgrößen umfaßt und ohne Einschränkung gültig ist.
In [1,2,3] wurden bisher bekanntgewordene Theorien und Berechnungsverfahren des Lichtbogenabbrandes und der Materialwanderung analysiert, zusammengefaßt und er-

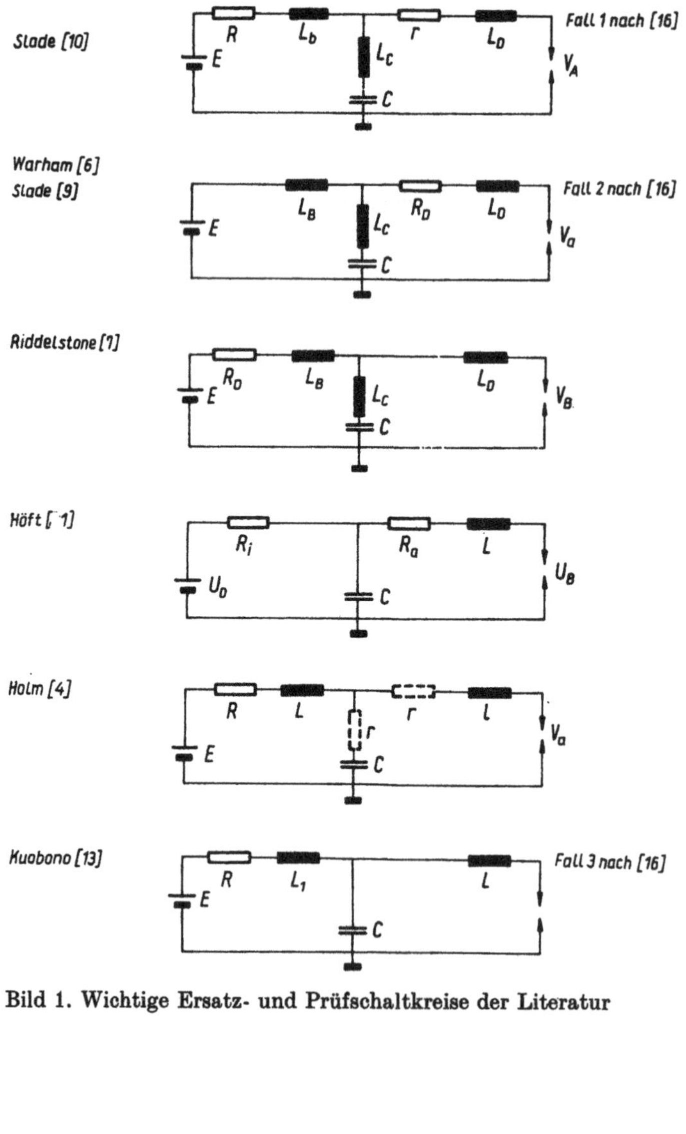

Bild 1. Wichtige Ersatz- und Prüfschaltkreise der Literatur

Bild 2. Verwendeter *RCL*-Schaltkreis

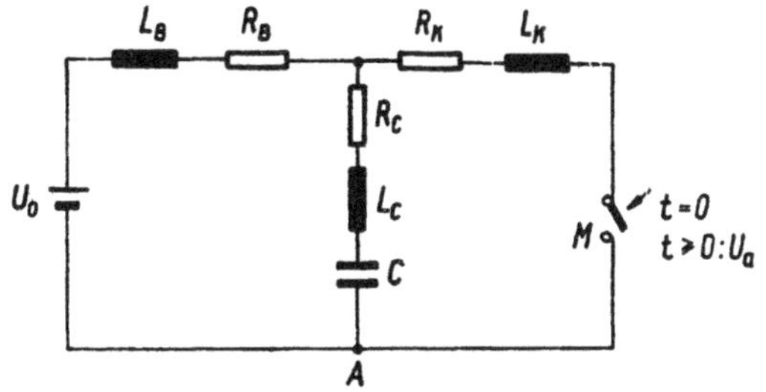

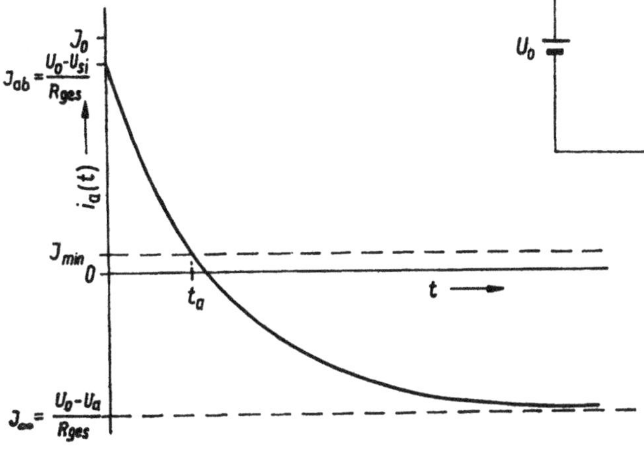

Bild 3. Allgemein angenommener Bogenstrom-Zeitverlauf ($i_a(t)$) (Korrekte Bezeichnung der obigen Widerstände: L_{Bges}, R_{Bges}, R_{Kges}, L_{Kges})

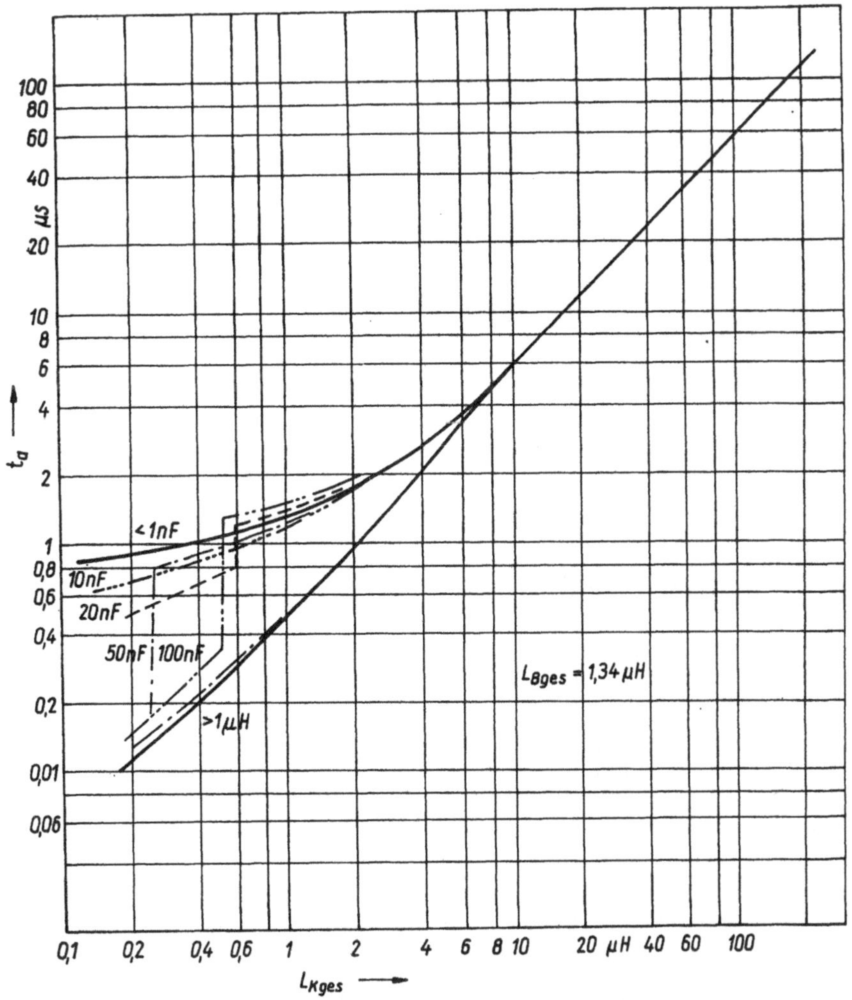

Bild 4. Bogendauer-Induktivitätsverlauf $L_{\mathrm{Bges}} = 1{,}34\ \mu\mathrm{H}$; *C*-Parameter

weitert. Als einen wesentlichen Punkt zur Berechnung der Materialwanderung setzen sowohl das Verdampfungsmodell als auch die Schmelztröpfchenmodelle die Kenntnis der in dem Kontakt umgesetzten Energie voraus.
Das Verdampfungsmodell geht von einer Energieasymmetrie in der Gasentladung aus. Das Schmelztröpfchenmodell erklärt die Materialwanderung des kurzen Bogens und Abrißbogens durch den Auswurf und Abriß größerer Schmelzklumpen, z. B. durch Spratzen beim Anodenbogen-Typ und durch kleinste Tröpfchen beim Katodenbogen-Typ.
Zur Berechnung dieser Bogenenergie W_{arc} werden verschiedene Prüf- und Ersatzschaltkreise herangezogen [3 bis 16]. Das Ergebnis ist in der Regel ein modifizierter *RL*-

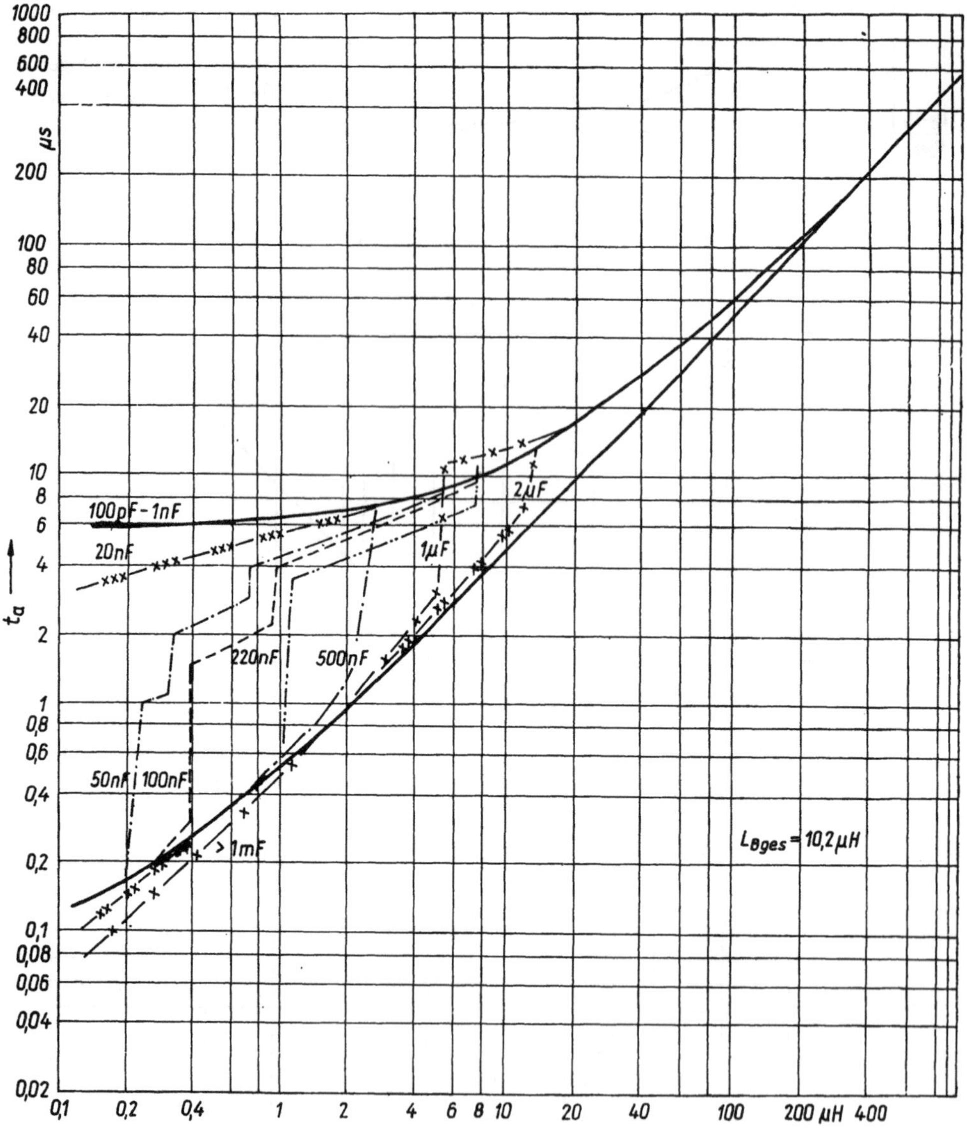

Bild 5. $t_a = t_a(L_{Kges})$ für $L_{Bges} = 10{,}2\ \mu H$; C-Parameter

Schaltkreis. Die genannten Ersatzschaltkreise (Bild 1) lassen sich zu einem allgemeinen RCL-Schaltkreis (Bild 2) zusammenfassen (s. a. [17]). Die Berechnung der Bogenenergie erfolgt über die Bogendauer und den Bogenstrom:

$$W_{\text{arc}} = \int_0^{t_a} u_a(t)\, i_a(t)\, \mathrm{d}t \approx U_a \int_0^{t_a} i_a(t)\, \mathrm{d}t. \tag{1}$$

Für den Strom-Zeitverlauf wird entsprechend dem modifizierten RL-Kreis ein exponentieller Abfall angesetzt, s. Bild 3. Eine Analyse der Materialwanderungs- sowie Bogendauer-Induktivitätsverläufe zeigt jedoch Unstetigkeitsstellen, die nicht ohne weiteres verständlich sind (siehe z. B. Bilder 4 bis 6). Zur Klärung dieser Unstimmigkeitsstellen wird auf die der Messung zugängliche Bogendauer des Abrißbogens = Bogendauer t_a ($t_a \equiv t_{\text{arc}}$) zurückgegriffen.

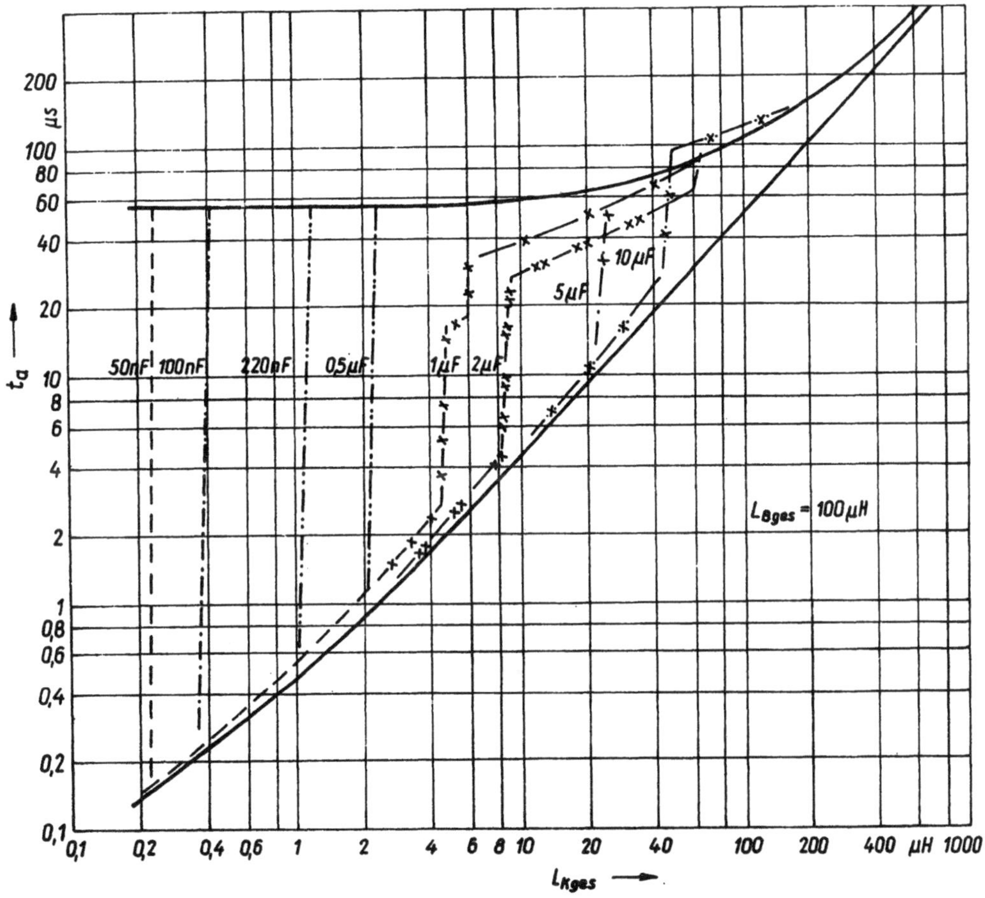

Bild 6. $t_a = t_a(L_{\text{Kges}})$ für $L_{\text{Bges}} = 100\,\mu\text{H}$; C-Parameter

1.2.2. Berechnung der Bogendauer

Die Berechnung der Bogendauer t_a erfolgt, wie in [17] und [18] ausführlich dargestellt, über die Aufstellung und Lösung der Differentialgleichung des Kreises (Bild 2). Je nach dem Wert einer sich ergebenden charakteristischen Diskriminante D ergeben sich für das im allgemeinen schwingungsfähige System:

Fall 1: $D > 0$, Schwingfall

$$i_a(t) = K_0 + K_1 \exp \lambda_1 t + K_4 \exp \alpha t \sin (\beta t + \delta), \tag{2}$$

$D = 0$ aperiodischer Grenzfall.

Fall 2: $D = 0$, $p^3 = -q^2 \neq 0$

$$i_a(t) = K_0 + K_1 \exp \lambda_1 t + (K_2 + K_3 t) \exp \lambda_2 t.$$

Fall 3: $D = 0 = p = q$

$$i_a(t) = K_0 + (K_1 + K_2 t + K_3 t^2) \exp \lambda t.$$

Fall 4: $D < 0$, aperiodischer Fall

$$i_a(t) = K_0 + K_1 \exp \lambda_1 t + K_2 \exp \lambda_2 t + K_3 \exp \lambda_3 t.$$

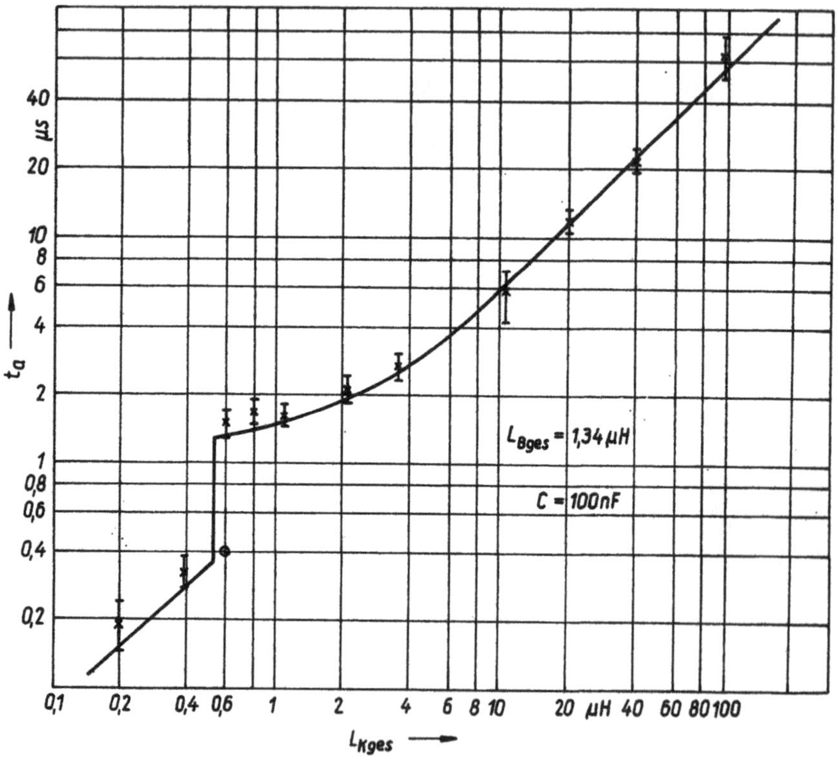

Bild 7. Bogendauer-Induktivitätsverlauf. Theoretische Kurven sowie experimentelle Messungen ($x \pm s$). Parameter: $L_{Bges} = 1{,}34\,\mu H$, $C = 100\,nF$

Zum Teil ist die Bedeutung der einzelnen Größen nicht sofort verständlich und ihre Berechnung sehr umständlich. Die Bogendauern t_a ergeben sich aus den Gleichungen (2), wenn für den Bogenstrom der Bogenmindeststrom $I_{\min}$ eingesetzt wird:

$$i_a(t) = I_{\min} = i_a(t_a). \tag{3}$$

Die Berechnung von t_a muß iterativ erfolgen, da sich die Gleichungen (2) nicht mehr explizit nach t_a auflösen lassen. Mit Hilfe eines Rechnerprogramms wurde die Bogendauer über ein Iterationsverfahren bestimmt. Die Ergebnisse sind in den Bildern 4, 5 und 6 dargestellt.

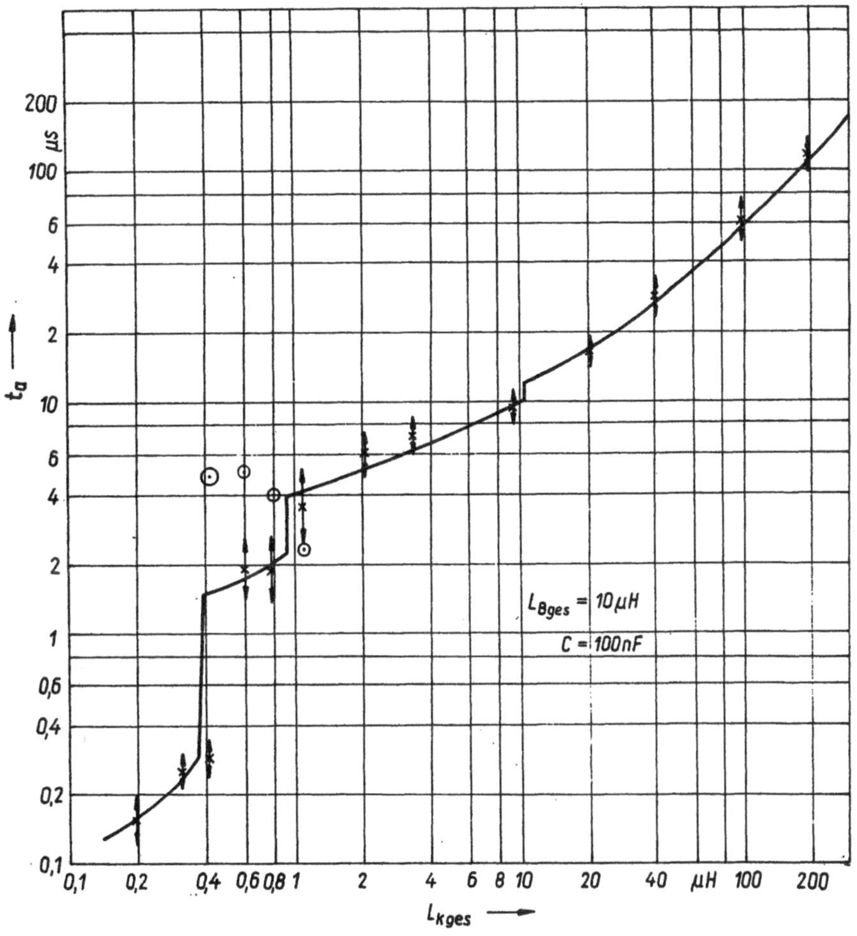

Bild 8. Bogendauer-Induktivitäts-Verlauf. Theoretische Kurven sowie experimentelle Messungen ($x \pm s$). Parameter: $L_{\text{Bges}} = 10\ \mu\text{H}$, $C = 100\ \text{nF}$

Parallel dazu wurden die Bodendauerwerte experimentell ermittelt. Die Messungen erfolgten mit Hilfe eines Bogen- und Impulsdauermeßgerätes [19], [20] und eines Speicheroszillografen OG2-31 A4. Es zeigte sich, daß für die kritischen und interessanten Bereiche nur die oszillografischen Messungen verwertbar waren.

Durch das Rebridging-Phänomen kommt es zum Teil zu sehr kurzen letzten Sekundärschmelzbrücken vor dem letzten Abrißbogen. Da die Rechnung den eingeschwungenen Zustand voraussetzt, wurde die dafür mindestens notwendige Kurzschlußdauer t_k errechnet. Für jeden Meßpunkt wurden etwa 20—50 Messungen durchgeführt. Die Bilder 7—10 zeigen die theoretischen Kurven und die experimentellen Ergebnisse, den Mittelwert aus ca. 10—20 Messungen einschließlich Standardabweichung je Meßpunkt, für die die oben genannten Bedingungen erfüllt waren bzw. kein Rebridging auftrat. Die Übereinstimmung von Rechnung und Experiment ist überraschend gut.

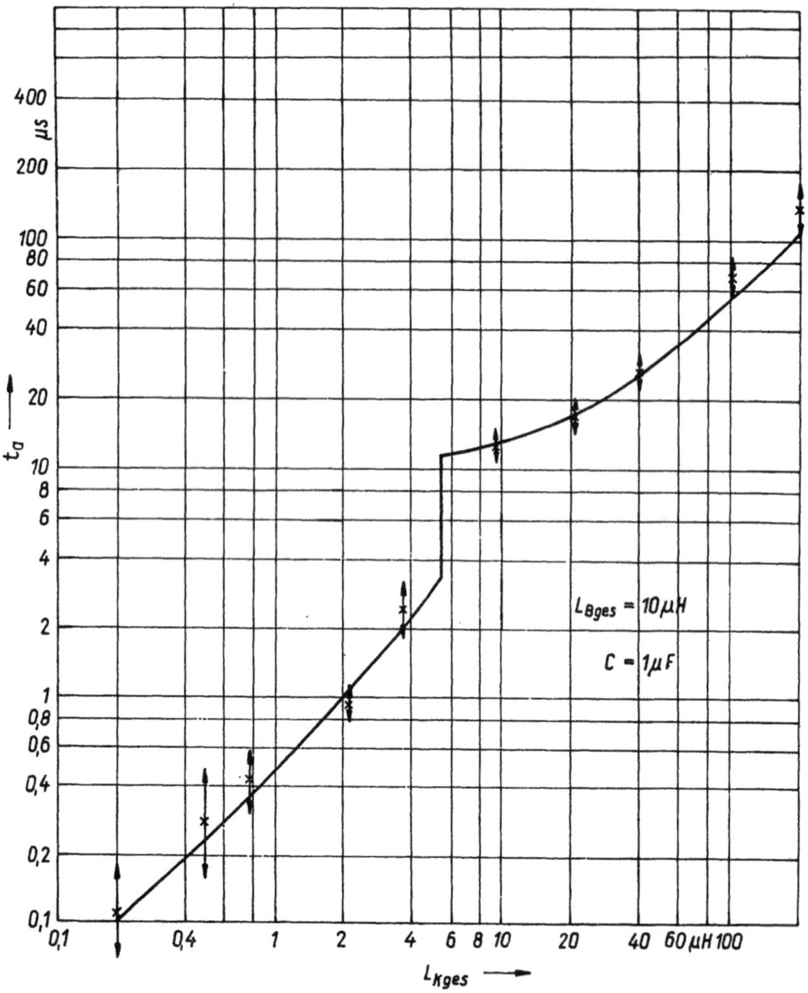

Bild 9. Bogendauer-Induktivitäts-Verlauf. Theoretische Kurven sowie experimentelle Messungen ($x \pm s$). Parameter: $L_{\mathrm{Bges}} = 10\ \mu\mathrm{H}$, $C = 1\ \mu\mathrm{F}$

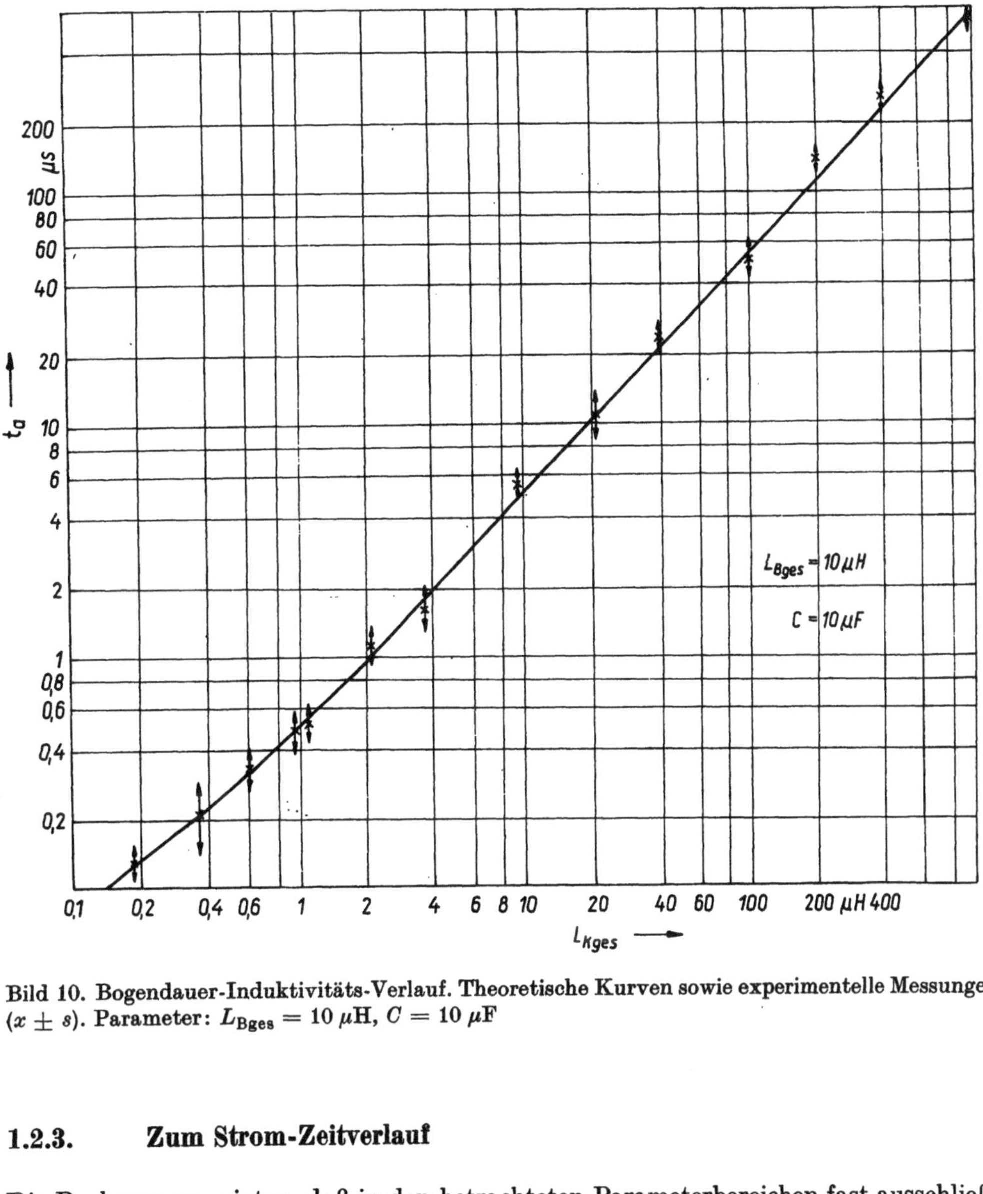

Bild 10. Bogendauer-Induktivitäts-Verlauf. Theoretische Kurven sowie experimentelle Messungen ($x \pm s$). Parameter: $L_{\text{Bges}} = 10\ \mu\text{H}$, $C = 10\ \mu\text{F}$

1.2.3. Zum Strom-Zeitverlauf

Die Rechnungen zeigten, daß in den betrachteten Parameterbereichen fast ausschließlich Fall 1, also $D > 0$, d. h. Schwingfall, vorliegt.
$D < 0$, d. h. Kriechfall, tritt nur bei sehr kleinen Kontaktkreisinduktivitäten $L_{\text{Kges}} \leqq 1\ \mu\text{H}$ und bei sehr großen $L_{\text{Kges}} \geqq 200\ \mu\text{H}$ jeweils für sehr große Kapazitäten $C \geqq 64 \mu\text{F}$ auf. Bei allen anderen betrachteten Parameterkombinationen lag Fall 1, d. h. Schwingfall vor.
Der Strom-Zeitverlauf erfolgt, wie Gleichung (2) Fall 1 zeigt, nach einer gedämpften Schwingung, der eine Exponentialfunktion überlagert ist. In den Bildern 11 und 12 sind die zwei typischen Formen des Strom-Zeitverlaufes dargestellt. In den Parameterbereichen, in denen das Maximum der Schwingungsamplituden $I_{a,\text{SA}}$ bei $t = 0$ gleich

$$I_{a,\text{SA}}(t = 0) = K_0 + K_1 - K_4 \leqq I_{\min} \tag{4}$$

ist, wird der Strom im wesentlichen nach einer Sinusfunktion abklingen und die Periodendauer ist etwa ein Viertel der Periodendauer T der Schwingung (Bild 11 und 13):

$$T = \frac{2\pi}{\beta}. \tag{5}$$

Diese Konstellation ist in der Regel bei kleinen Kontaktkreisinduktivitäten sowie bei großen Kapazitäten der Fall.

Wird die Kontaktkreiskapazität größer, so wird die Schwingungsamplitude ebenfalls größer, und die Periodendauer wächst rasch an, siehe z. B. Bild 14.

Der Verlauf der Exponentialfunktion $K_0 + K_1 \exp(\lambda_1 t)$ (6) bestimmt bei kleinen Kapazitäten und größerem L_{Kges} eindeutig den Strom-Zeitverlauf.

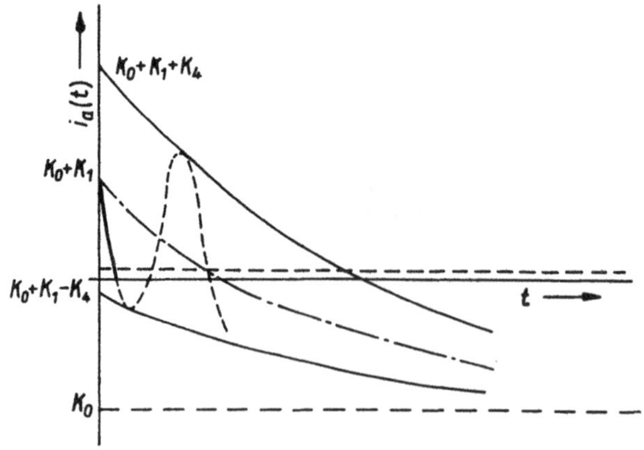

Bild 11. Typischer Strom-Zeitverlauf eines Abrißbogens für $D > 0$ und $K_0 + K_1 - K_4 \leq I_{\min}$

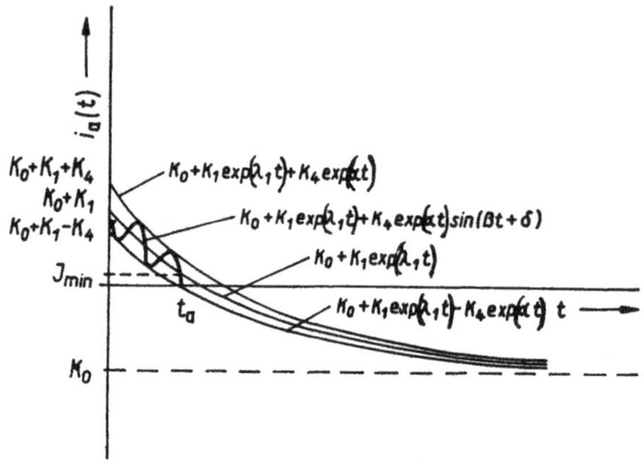

Bild 12. Typischer Strom-Zeitverlauf eines Abrißbogens für $D > 0$ und $K_0 + K_1 - K_4 > I_{\min}$

Bild 13. Strom-Zeit-Verlauf von Abrißbögen unterhalb und oberhalb von Sprungstellen im Bogendauer-Induktivitäts-Verlauf entsprechend Bild 4. $L_{\mathrm{Bges}} = 1{,}34\ \mu\mathrm{H}$
—— $C = 50$ nF, $L_{\mathrm{K}} = 2{,}4\ \mu$H und $3{,}0\ \mu$H
– – – $C = 100$ nF, $L_{\mathrm{K}} = 0{,}5\ \mu$H und $0{,}55\ \mu$H

Bild 14. Periodendauer T der Stromschwingungen in Abhängigkeit von der Kontaktkreisinduktivität L_{Kges}

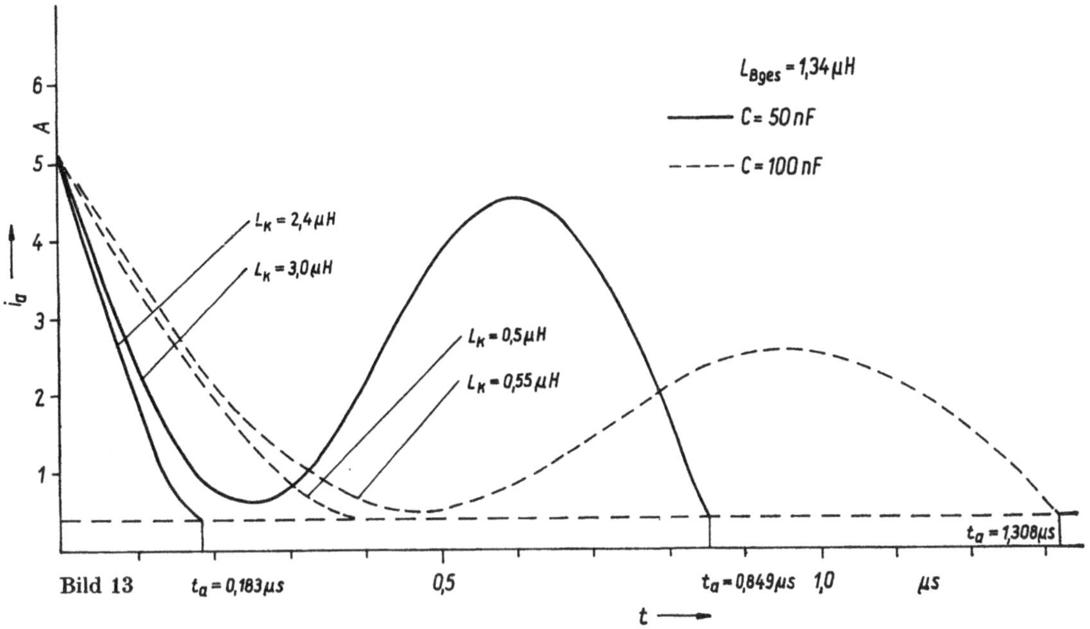

Bild 13

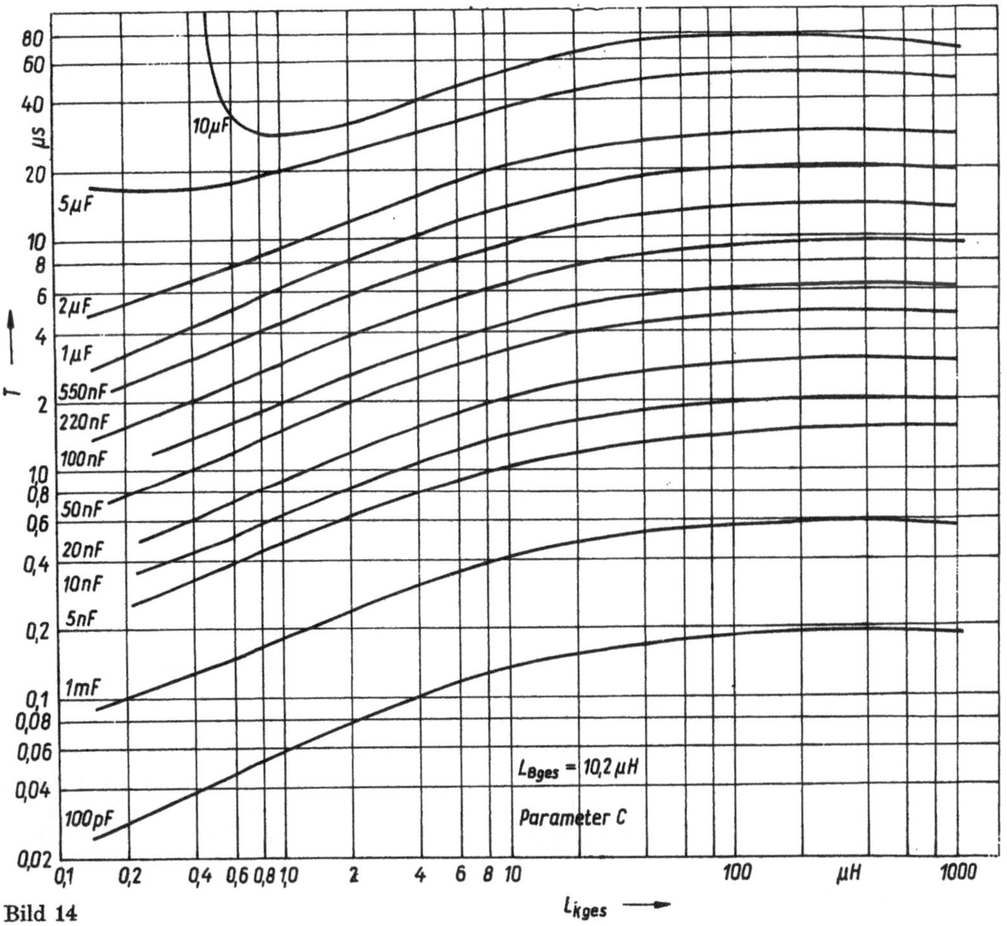

Bild 14

Die Unstetigkeitsstellen im Bogendauer-Induktivitätsverlauf (z. B. Bilder 4—10) treten im Übergangsgebiet auf. Die Schwingungsamplitude der ersten Schwingung reicht gerade nicht mehr aus, den Lichtbogenmindeststrom zu unterbrechen, dieser wird erst bei der zweiten Schwingung erreicht. Die Bogendauer vergrößert sich so bei kleinsten Änderungen der Kontaktkreisinduktivität um die Periodendauer, d. h. sie springt auf etwa den fünffachen Wert, siehe Bild 13. Bei weiterer L_{Kges}-Vergrößerung wächst die Bogendauer langsam mit der Änderung der Periodendauer, bis eventuell ein neuer Periodendauersprung eintritt (z. B. Bild 8).
Bei großen Batteriekreisinduktivitäten und nicht zu großen Kapazitäten (z. B. $L_{\text{Bges}} = 100\,\mu\text{H}$, $C = (50-500)$ nF) tritt eine Besonderheit auf. Die untere Hüllkurve der Stromschwingunge hat hier nicht den sonst üblichen, stetig abfallenden Verlauf sondern besitzt ein schwaches Maximum. Die Exponentialfunktion $K_1 \exp(\lambda_1 t)$ klingt langsamer ab als die Schwingung $K_4 \exp(\alpha t) \sin(\beta t + \delta)$.
Wird unter diesen Bedingungen bei der ersten Schwingung der Bogenmindeststrom gerade nicht mehr erreicht, so liegt aber das zweite Schwingungsmaximum im Anfangsbereich höher als das erste. Der Bogen verlischt erst, nachdem die Exponentialfunktion auf fast den Bogenmindeststrom abgeklungen ist. Der Wert der Bogendauer t_a kann in diesen Bereichen auf fast das 150fache springen, siehe Bild 6 und [18].

1.2.4. Zur Messung des Strom-Zeitverlaufes

Der Strom-Zeitverlauf wurde ebenfalls experimentell ermittelt. Die Übereinstimmungen mit den theoretischen Kurven sind ebenfalls gut. Die Messung selbst ist kompliziert. Die Meßergebnisse erfordern noch eine Umrechnung, die Begründung dafür wird nachstehend angedeutet.
Um die Verhältnisse im Kontaktkreis nicht zu verändern, wurde von dem Einbau eines speziellen Meßwiderstandes abgesehen. Als Meßwiderstand wurde die notwendige Verbindungsleitung zwischen den Punkten A—M, siehe Bild 2, benutzt. Es ergab sich ein Widerstandwert $R_{\text{M}} = (1{,}0 \pm 0{,}2)\ \text{m}\Omega$. Als Eigeninduktivität dieses „Meßwiderstandes" wurden $L_{\text{M}} \approx 50\,\mu\text{H}$ ermittelt. Der Spannungsabfall U_{M} über dem „Meßwiderstand" ergibt sich aus

$$U_{\text{M}} = R_{\text{M}} i_a(t) + L_{\text{M}} \dot{i}_a(t).$$

Da es sich bei den auszumessenden Vorgängen um Ausgleichsvorgänge handelt, darf der induktive Anteil auf keinen Fall vernachlässigt werden, er überwiegt in der Regel um ein Vielfaches.

1.2.5. Zusammenfassung

Eine Analyse der Bogendauer-Induktivitätsverläufe in einem allgemeinen *RCL*-Schaltkreis, der die wesentlichsten Ersatzschaltkreise der Literatur einschließt, zeigt, daß fast bei allen Parameterkombinationen Bedingungen eines Schwingfalles vorliegen und die Annahme, der Bogenstrom klinge nach einer Exponentialfunktion ab, im allgemeinen Fall bedenklich ist. Die durchgeführte Analyse klärt Herkunft und Größe der Unstetigkeitsstellen in den Bogendauer- Induktivitätsverläufen. Sie zeigt, daß selbst bei großen Batteriekreisinduktivitäten schon kleine Kapazitäten ausreichen, wenn auf kleinste Kontaktkreisinduktivitäten geachtet wird, um den Bogenstrom nach seiner ersten viertel Schwingungsperiode soweit abklingen zu lassen, daß der Bogen erlischt. Diese Tatsache könnte vielleicht für das Problem der Lichtbogenlöschung bei Schwachstromkontakten interessant sein.

An dieser Stelle möchte ich mich bei Herrn Prof. *Höft* und meinen Arbeitskollegen für die vielen anregenden Diskussionen, bei Herrn Dipl.-Ing. *Meier* für die Durchführung von Programmier- und rechentechnischen Arbeiten sowie bei meinen ehemaligen Diplomanden Fr. Dipl.-Ing. *S. Eckardt* und Herrn Dipl.-Ing. *J. Müller* für zum Teil wesentliche Experimente bedanken.

Literaturverzeichnis

[1] *Höft, H.:* Das Verhalten elektrischer Schwachstromkontakte unter verschiedenen Bedingungen und die technische Ausnutzung der Abschaltvorgänge. Habilitationsschrift, TH Karl-Marx-Stadt 1969

[2] *Höft, H.:* Theoretische Aspekte des Abbrandes und der Materialwanderung bei Abschaltvorgängen. II. Int. Symp. Lódź, VR Polen, Sept. 1973, Switching Arc Phenomena, Teil II, S. 9—18

[3] *Liegmann, K.:* Zum Erosionsmechanismus des kurzen Niederstrombogens geringer Dauer an Edelmetallkontakten. Dissertationsschrift, TH Karl-Marx-Stadt 1976/77

[4] *Holm, R.:* Electrical contacts. 4. Aufl. Springer-Verlag, Berlin, Heidelberg, New York 1967

[5] *Holm, E.*, *Holm, R.:* Die Stoffwanderung in Abhebekontakten aus Silber und Platin. Z. f. angewandte Physik **6**, 8 (1954) 352—361

[6] *Warham, J.:* The effect of inductance on fine transfer between Platinum contacts. Proc. IEE Nr. 1504, **100**, 7 (1953) 163—168, Teil I

[7] *Riddlestone, J.:* The variation with current and inductance of metal transfer between Platinum contacts. Proc. IEE, Monograph Nr. 103, **102**, 7 (1954) C 29—34

[8] *Cooper, R. I. B.*, und *Riddlestone, J.:* The variation with current and inductance of metal transfer between contacts of Palladium and Silver. Proc. IEE **105**, 105 (1958) 212—217

[9] *Slade, P. G.:* An investigation of current interruption in low-voltage circuits. Trans. IEE P.M.P. **5**, 1 (1969) 56—61

[10] *Slade, P. G.:* The micro-arc between separating contact electrodes in low-voltage circuits. 5. Int. Kont. Tag., München 1970, S. 289—292

[11] *Hopkins, M. R.* und *Jones, R. H.:* Transients, bridges, micro-arcs and metal transfer in low-voltage electrical contacts. Vorträge der 5. IKT, München 1970, S. 399—406

[12] *Llewllyn-Jones, F.*, *Hopkins, M. R.*, und *Jones, C. R.:* Measurement of metal transfer in electrical contacts by the radioactive isotope method. Brit. J. Appl. Phys. **12**, 9 (1961) 485 bis 489

[13] *Kubono, R.*, und *Mano, K.:* An investigation of metal transfer by short arc. Proc, 6th Intern. Conf. El. Cort. Phen., Chikago 1972, S. 1—13

[14] *Höft, H.:* Nichtgalvanische Oberflächen — funkenelektrisches Beschichten. Forschungsbericht AF 5/20/5 Gonsdorf 1965—68

[15] *Ittner, W. B.:* Bridge and short arc erosion of Copper, Silver and Palladium contacts on break. J. Appl. Phys. **27**, 4 (1956) 382—388

[16] *Höft, H.*, *Liegmann, K.:* Erosionserscheinungen an Anode und Katode nach einmaligen Abschaltungen. Nachrichtentechnik — Elektronik, **25**, 10 (1974)

[17] *Höft, H.*, *Tholl, H. J.:* Zur Materialwanderung in *RCL*-Schaltkreisen. Nachrichtentechnik — Elektronik **24**, 8 (1974) 287—290

[18] *Tholl, H. J.:* Beitrag zum Bogendauer-Induktivitätsverlauf und zur Materialwanderung bei Abschaltvorgängen an Edelmetallkontakten im *RCL*-Kreis bei niederen Spannungen. Dissertationsschrift, TH Karl-Marx-Stadt 1979

[19] *Lange, D.*, *Zückmantel, K.-D.:* Ein Meßverfahren für statistische Zeitmessungen an schaltenden Kontakten. Vortrag auf der 5. Kontakttagung der DDR, Karl-Marx-Stadt 1976

[20] *Cron:* Aufbau und Erprobung eines digitalen Bogen- und Brückendauermeßgerätes. Diplomarbeit, TH Karl-Marx-Stadt, Sektion PEB 1975

1.3. Rauschen ruhender Kontakte

Von *K. Tanneberger*

Zentralinstitut für Elektronenphysik der Akademie der Wissenschaften der DDR

1.3.1. Einleitung

Charakteristische Meßgrößen am ruhenden Kontakt sind der Kontaktwiderstand, bestehend aus Engewiderstand, Leiterbahn- und Fremdschichtwiderstand, die Übertemperatur in der Stromenge und die Kontaktkraft. In der Praxis wird nur die erste Größe zur Charakterisierung des Kontaktes herangezogen.
Rauschuntersuchungen sind deshalb aus folgenden Gründen interessant:

1. Die Bestimmung des Rauschens kann eine weitere Möglichkeit zur Charakterisierung eines Kontaktes sein.
2. Es kann erwartet werden, daß aus der gleichzeitigen Messung von Kontaktwiderstand und dem Rauschen Aussagen über prinzipielle Eigenschaften des Kontaktes möglich sind.
3. Untersuchungen des Zusammenhanges zwischen Rauschen, Kontaktmaterial, Fremdschicht und Kontaktkraft sind selten durchgeführt worden.
4. Das Rauschen ist eine in der Praxis nicht erwünschte Eigenschaft. Es macht sich besonders in der Übertragung von Analogsignalen, speziell in der Nachrichtentechnik und Meßtechnik, bei niedrigen Frequenzen störend bemerkbar.

Unter dem Rauschen eines Kontaktes wird hier die bei konstantem Stromfluß durch den Kontakt entstehende Spannungsschwankung verstanden. Dieses Rauschen ist streng vom sogenannten Kontaktbeben (Mikrofoneffekt) zu trennen, das auf mechanische Erschütterungen des Kontaktes zurückgeführt werden kann. Bei solchen äußeren Einflüssen treten Druckschwankungen am Kontakt auf, die über lokale Temperaturschwankungen oder elastische und plastische Verformung der Oberfläche zu Spannungsschwankungen am Kontakt führen können [1,2]. Die Frequenzabhängigkeit dieses Bebens ist vom mechanischen Aufbau des Kontaktes abhängig und weist meistens Resonanzstellen auf. Das Rauschen eines Kontaktes läßt sich deshalb nur am erschütterungsfreien Kontakt messen.

1.3.2. Die Widerstandsabhängigkeit des Rauschens

Die erste Arbeit über systematische Untersuchungen des Kontaktrauschens wurde von *Theunissen* durchgeführt [3]. Er drückte Metallkugeln aus Stahl, Kupfer und Gold zusammen und betrachtete sie als Modell für einen Kontakt. Das Stromrauschen dieser metallischen Kontakte wurde breitbandig in Abhängigkeit vom Widerstand, von der Kontaktkraft und der Temperatur gemessen. Folgende Schlußfolgerungen wurden von *Theunissen* gezogen:

a) Das Rauschen wird von Widerstandsschwankungen verursacht. Die Rauschspannung ist proportional R_k^a, wobei a zwischen 1 und 3 liegt.
b) Die im Kontakt entwickelte Wärme beeinflußt das Rauschen.
c) Die Fremdschicht auf dem Kontakt ist nicht die Hauptquelle des Rauschens.

Von diesen Ergebnissen muß aus heutiger Sicht die Annahme verworfen werden, daß die im Kontakt entwickelte Wärme das Rauschen erhöht, da die Temperaturen am Kontakt selbst bei den fließenden Strömen nur relativ gering sind. Wesentlich ist die schon von *Theunissen* getroffene Schlußfolgerung, daß nicht die Fremdschicht die Hauptursache des Rauschens ist.

Systematische Untersuchungen zur Aufklärung des sogenannten $1/f$-Rauschens werden seit etwa 10 Jahren von *Hooge* und Mitarbeitern durchgeführt. Da auch das Kontaktrauschen eine $1/f$-Frequenzabhängigkeit hat, beziehen sich alle Ergebnisse auch auf Kontakte. Zunächst wurde durch Vergleich vieler vorhandener Meßwerte anderer Autoren und zusätzlicher Experimente Gleichung (1) sichergestellt [4]:

$$\left\langle \left(\frac{\Delta R}{R_k} \right)^2 \right\rangle = C \frac{\Delta f}{f} = \frac{\alpha}{N} \frac{\Delta f}{f}, \quad \text{wobei} \qquad (1)$$

R_k — Kontaktwiderstand, ΔR — Widerstandsschwankung,

f — Frequenz, Δf — Bandbreite,

N — Zahl der Ladungsträger α — dimensionslose Konstante $2 \cdot 10^{-3}$ sind.

Danach ist das Rauschen um so größer, je kleiner die Zahl der Ladungsträger ist. Für Metalle kann man N abschätzen, wenn man Daten für die Nachweisgrenze rauscharmer empfindlicher Eingangsverstärker benutzt. Man erhält höchstens 10^{13} Ladungsträger, was auf Metallvolumen von maximal 10^{-10} cm^3 führt. Sind die Volumina größer, kann auch das Rauschen der Leiterbahn vernachlässigt werden. Die Quelle des Rauschens kann also nur die Engestelle und die Fremdschicht sein.

Stehen sich an der Engestelle zwei kugelförmige Flächen gegenüber und wendet man (1) auf diese Geometrie an, erhält man (2).

$$\left\langle \left(\frac{\Delta R}{R_k} \right)^2 \right\rangle = \frac{\alpha \pi^2 R_k^3}{20 \varrho^3 n} \frac{\Delta f}{f} = C \frac{\Delta f}{f}, \quad \text{wobei} \qquad (2)$$

ϱ — spez. Widerstand, n — Ladungsträgerdichte sind.

Dabei ist vorausgesetzt, daß der Radius des Kontaktstückes sehr groß gegenüber dem Radius der Berührungsstelle ist und die Äquipotentialflächen Halbkugeln sind (Bild 1).

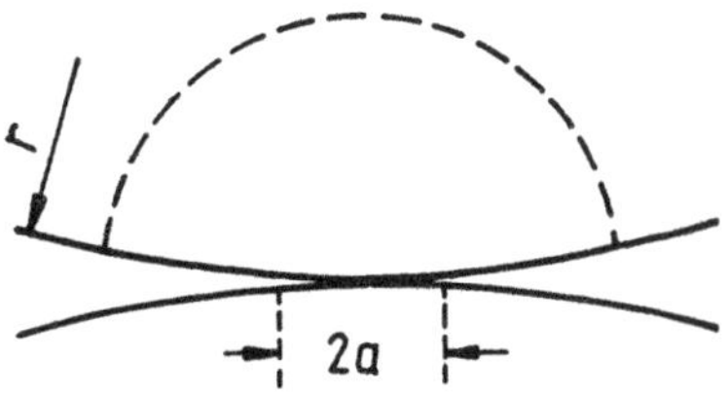

Bild 1. Kontakt mit kugelförmigen Äquipotentialflächen (*Hooge* [4])

Bild 2 zeigt Messungen von *Hooge*, die die Widerstandsabhängigkeit der Konstanten C darstellen. Für die Metalle Ag, Cu, Au, Al, Messing, Pt, Sn, Cr, Stahl, Pb konnte (2) relativ gut nachgewiesen werden. Experimentelle Abweichungen von Formel (2) treten durch drei verschiedene Effekte auf:

1. Die Geometrie der Engestelle hat eine andere Form.
2. Der Kontakt hat mehrere Berührungsstellen.
3. Am Kontakt ist eine Fremdschicht vorhanden.

Erst das Zusammenwirken aller drei Effekte liefert das Verhalten des Gesamtkontaktes. Zu allen drei Problemen wurden Untersuchungen angestellt.

Vandamme [5] berechnete die C-R_k-Abhängigkeit für verschiedene Formen der Engestelle und verglich sie mit Formel (2). Als Beispiel sei die C-R_k-Abhängigkeit für eine langgestreckte Kontaktberührungsstelle angegeben, bei der die Äquipotentialflächen Zylinderflächen mit aufgesetzten Halbkugeln sind.

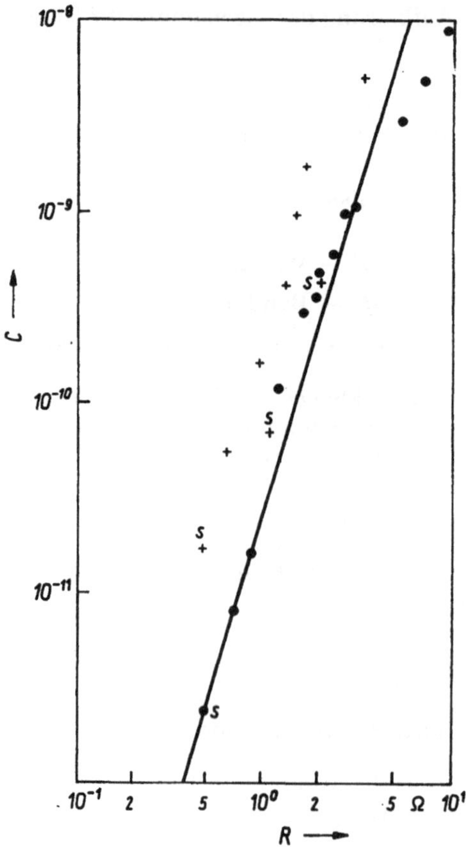

Bild 2. Rauschen in Abhängigkeit vom Widerstand für Ms [4]

• kugelförmige Kontakte,
+ gekreuzte zylinderförmige Kontakte
Abszisse korrekt R_k

Bild 3 gibt die Geometrie der Berührungsstelle und Bild 4 die Abweichungen von Formel (2) an.

Gibt es am Kontakt viele Berührungsstellen, wie es üblicherweise der Fall ist, muß das in (2) berücksichtigt werden. Man erhält

$$\left\langle\left(\frac{\Delta R}{R_k}\right)^2\right\rangle = \frac{k^2 \alpha \pi^2 R_k^3}{20 \varrho^3 n} \frac{\Delta f}{f} = C \frac{\Delta f}{f}, \quad \text{mit} \tag{3}$$

k — Zahl der Berührungsstellen.

Dabei ist wieder für jede Berührungsstelle die Bild 1 entsprechende Geometrie angenommen. Außerdem werden alle Berührungsstellen als gleichförmig vorausgesetzt. Das wird aber in den meisten Fällen nicht richtig sein, da elastische und plastische Verformungen der Berührungsstellen zu anderen geometrischen Formen führen. Setzt man trotzdem die Gültigkeit von (3) voraus, so kann der Widerstand des Kontaktes nach (4) berechnet werden:

$$R_k = \frac{\varrho}{\pi k a}, \tag{4}$$

a — Radius einer Berührungsstelle.
Aus (3) und (4) kann k und a berechnet werden:

$$k^2 = \frac{20 n \varrho^3}{\alpha \pi^2} \frac{C}{R_k^3}, \tag{5}$$

$$a^2 = \frac{\alpha}{20 n \varrho} \frac{Rk}{C}. \tag{6}$$

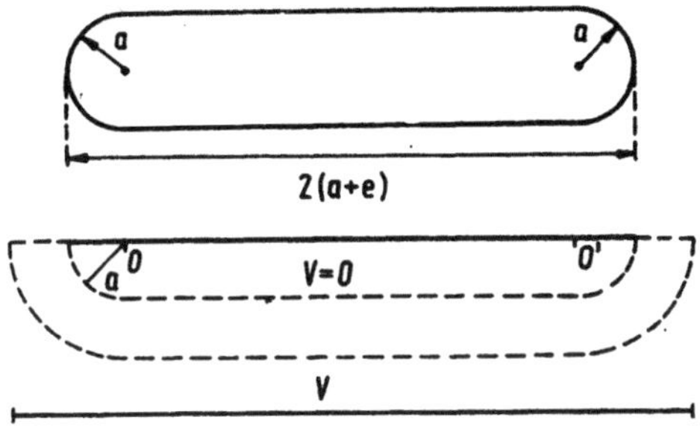

Bild 3. Kontakt mit zylinderförmigen Äquipotentialflächen (*Vandamme* [5])

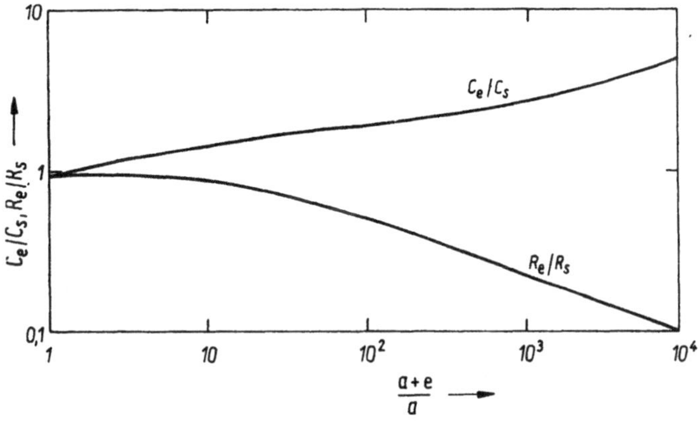

Bild 4. Verhältnis des Engewiderstandes und des Rauschens (R_e, C_e) einer langgestreckten Berührungsfläche (Bild 3) zu denen (R_s, C_s) einer kreisförmigen Berührungsfläche (Bild 1) als Funktion der Geometrie [5] (Kontaktfläche Fs=Fe=const.)

Unter den angegebenen Einschränkungen kann die Zahl der Berührungsstellen und der Radius einer Berührungsstelle abgeschätzt werden. Da ein Nachweis dieser Zusammenhänge an Metallkontakten sehr schwer ist, wurden in [6] an speziellen Metall-Halbleiterkontakten aus p-GaAs Untersuchungen durchgeführt. Dabei wurden an Kontaktstükken mit vielen Berührungsstellen durch gezielte Kondensatorentladungen Frittungen des Kontaktes herbeigeführt. Als A-Frittung wird die Erhöhung der Zahl der Berührungsstellen und als B-Frittung die Vergrößerung der Radien der vorhandenen Berührungsstellen verstanden. Nach jeder Entladung wurde der Kontaktwiderstand und das Rauschen bestimmt.

Bild 5 zeigt die Abhängigkeit des Radius der Einzelberührungsstelle von der Zahl der Berührungsstellen. Im waagerechten Teil der Kurven liegt offenbar A-Frittung vor. Im rechten ansteigenden Teil finden sowohl A- als auch B-Frittungen statt. Mikroskopische Untersuchungen und Auszählungen der Berührungsspitzen stimmten mit der gemessenen Zahl der Berührungsspitzen überein, d. h. das durch (3) vorausgesetzte Modell liefert im Mittel die richtige Abhängigkeit. Betrachtet man die Abhängigkeit der Konstanten C von k und a, so erhält man für A-Frittungen:

$$C = \frac{\alpha k^2 R_k^3 \pi^2}{20 n \varrho^3} \tag{7}$$

und für B-Frittungen:

$$C = \frac{\alpha R_k}{20 n a^2 \varrho}. \tag{8}$$

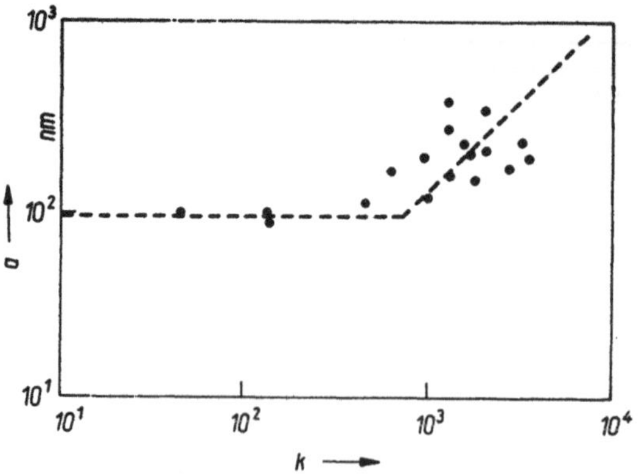

Bild 5. Abhängigkeit des mittleren Radius einer Berührungsstelle (a) von der Anzahl der Berührungsspitzen (k) bei fortlaufenden Frittungen eines p-GaAs-Metall-Kontaktes (p-GaAs: $\varrho = 7{,}7 \cdot 10^{-2}$ cm, $p = 3{,}7 \cdot 10^{17}$ cm^{-3}) [6]

Bei A-Frittungen (k = konstant) sinkt das Rauschen also mit der 3. Potenz des Widerstandes, bei B-Frittungen (a = konstant) nur mit der 1. Potenz des Widerstandes.
Als weitere Ursache für eine Abweichung der C-R_k-Abhängigkeit aus (2) kann eine Fremdschicht wirken. Bild 6 zeigt das Modell eines kugelförmigen Kontaktes mit einer Fremdschicht. Für dieses Modell erhält man bei Gültigkeit von (1) für das Rauschen:

$$\left\langle \left(\frac{\Delta R}{R_k}\right)^2 \right\rangle = \alpha \left(\frac{\varrho_M}{\pi a} + \frac{t \varrho_F}{\pi a^2}\right)^{-2} \left(\frac{\varrho_M^2}{20 \pi^2 n_M a^5} + \frac{\varrho_F^2 t}{\pi^3 n_F a^6}\right) \frac{\Delta f}{f}, \tag{9}$$

t — Fremdschichtdicke.

Der Index M bezieht sich auf das Metall, der Index F auf die Fremdschicht. Betrachtet man die beiden Grenzfälle $R_E \gg R_F$ und $R_E \ll R_F$, so liegt im ersten Fall ein Kontakt vor, der von der Fremdschicht nicht beeinflußt wird, (9) geht in (2) über. Im zweiten Fall liegt ein Kontakt vor, bei dem die Fremdschicht wesentlich das Verhalten des Kontaktes bestimmt. Man erhält

$$\left\langle \left(\frac{\Delta R}{R_k}\right)^2 \right\rangle = \frac{\alpha e \mu_F R_F}{t^2} \frac{\Delta f}{f}, \tag{10}$$

μ_F — Beweglichkeit der Ladungsträger in der Fremdschicht,
e — Elektronenladung.

Vandamme [7] hat die Unterschiede zwischen Kontakten mit dominierender Engestelle (2) und dominierender Fremdschicht (10) an InSb-Kontakten nachgewiesen. Durch Absenken der Temperatur von 300 °K auf 77 °K wächst ϱ_F um einen Faktor 10^3. Bei 300 °K liegt ein Kontakt mit dominierender Engestelle, bei 77 °K ein Kontakt mit dominierender Fremdschicht vor. Wenn man über die Fremdschichtdicke Angaben machen kann, läßt sich aus Gl. (10) auf die Beweglichkeit der Ladungsträger in der Fremdschicht schließen.

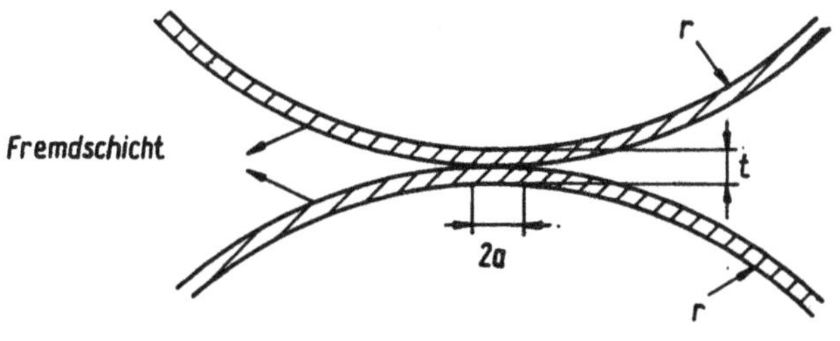

Bild 6. Kugelförmiger Kontakt mit Fremdschicht

Zusammenfassend läßt sich sagen, daß die Widerstandsabhängigkeit des Rauschens durch Fremdschicht, Kontaktgeometrie und Zahl der Berührungsstellen bestimmt wird. Der Exponent der C-R_k-Abhängigkeit muß zwischen 1 und 3 liegen. Das stimmt mit den Ergebnissen der Messungen von *Theunissen* überein.

1.3.3. Die Frequenzabhängigkeit des Kontaktrauschens

Die Frequenzabhängigkeit des Kontaktrauschens ist durch das $1/f$-Gesetz gekennzeichnet, d. h., die Rauschleistungsdichte nimmt mit $1/f^\alpha$ ab, wobei $\alpha \approx 1$ ist.
Es gibt zwei unterschiedliche Auffassungen über die Ursachen des $1/f$-Rauschens. Eindeutige physikalische Modelle fehlen allerdings. Einerseits wird das Kontaktrauschen als Volumeneffekt angesehen, d. h., jedes Volumenelement, das vom Strom durchflossen wird, liefert einen Beitrag zum Rauschen. (1) ist die Grundlage dieser Volumentheorie.
Das $1/f$-Rauschen tritt andererseits nicht nur am Kontakt auf, es wurde bei Kohleschichtwiderständen, Metallfilmen, Halbleitereinkristallen, Dioden, Transistoren, Metall-Halbleiterübergängen, Vakuumverstärkerröhren, bei der Feldemission im Vakuum, Photoleitern, Supraleitern und am Neutronenfluß in Kernreaktoren beobachtet.
Viele experimentelle Ergebnisse aus der Halbleitertechnik, besonders Messungen an MOS-Strukturen, bei denen die Oberflächenzustände bestimmbar sind, deuten auf einen Oberflächeneffekt hin. Man darf beide Auffassungen nicht als sich ausschließend betrachten, sondern es wird im konkreten Fall meistens einen dominierenden Effekt geben. Das Kontaktrauschen scheint wegen der guten Gültigkeit der unter 1.3.2. dargestellten Abhängigkeiten dominierend durch einen Volumeneffekt gekennzeichnet zu sein.

1.3.4. Meßplatz

Es sei unter diesem Abschnitt nur auf eine Schwierigkeit bei der Messung des Kontaktrauschens hingewiesen.
Das beim Stromfluß durch den Kontakt hervorgerufene Rauschen müßte prinzipiell meßbar sein, wenn es in der Größenordnung des thermischen Rauschens des Kontaktes

liegt oder größer ist. Das thermische Rauschen von Kontakten ist aber wegen des sehr kleinen Widerstandes unmeßbar klein. Z. B. beträgt das thermische Rauschen eines Kontaktes von 0,1 Ω bei einer Bandbreite von 10 Hz und 0 °C etwa 10^{-10} V. Eine solche kleine Rauschspannung ist mit den besten Verstärkern nicht nachweisbar.
Bild 7 zeigt die Größe des Eingangsrauschens des rauscharmen Verstärkers Modell 113 von PAR in Abhängigkeit vom Eingangswiderstand. Es ist außerdem das thermische Rauschen bei 10 Hz Bandbreite eingetragen. Man erkennt, daß z. B. bei einem Eingangswiderstand von 100 mΩ das Eingangsrauschen zwei bis drei Größenordnungen größer als das thermische Rauschen ist. Das Stromrauschen des Kontaktes ist deshalb erst meßbar, wenn es 100- bis 1000 fach größer als das thermische Rauschen des Kontaktes ist. Man kann dieses Ergebnis etwas verbessern, wenn das Signal gleichzeitig auf zwei

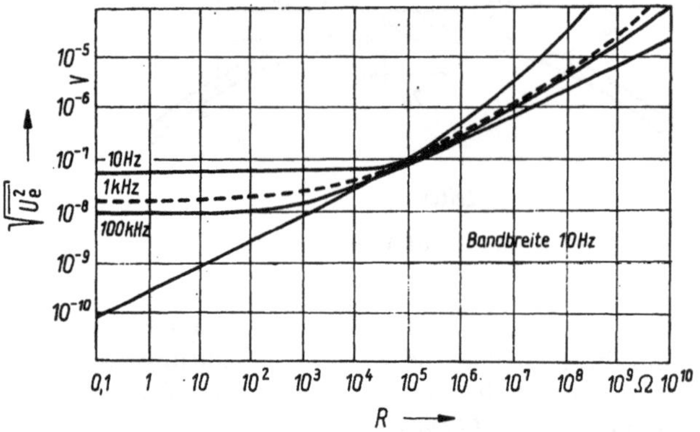

Bild 7. Eingangsrauschen des rauscharmen Verstärkers Modell 113 von Princton Applied Research für 3 verschiedene Frequenzen (Bandbreite 10 Hz)

gleiche Verstärker gegeben wird, aus deren Ausgangssignalen die Kreuzkorrelationsfunktion berechnet wird. Da das Eingangsrauschen zweier hochohmiger Verstärker nicht korreliert ist, muß es sich bei Bildung der Kreuzkorrelationsfunktion herausmitteln. Voraussetzung ist, daß beide Verstärker im Frequenzgang völlig gleich sind. Man erreicht allerdings nur eine Verbesserung des Verhältnisses Eingangsrauschen/thermisches Rauschen um den Faktor 10 wegen systematischer Fehler des Korrelators. Bei 100 m Ω Kontaktwiderstand bleibt deshalb ein Verhältnis von 10 bis 100, bei 10 mΩ Kontaktwiderstand liegt das Verhältnis bei 50 bis 500.
Da das $1/f$-Rauschen besonders bei kleinen Frequenzen gemessen wird, ist das Verhältnis Eingangsrauschen/thermisches Rauschen in der Größenordnung von 100 bis 500.

1.3.5. Messungen

Da bei Metallen die Ladungsträgerdichte n sehr hoch und die spezifischen Widerstände sehr klein sind, ist es bisher noch nicht gelungen, alle unter 1.3.2. dargestellten Abhängigkeiten an Metallkontakten nachzuweisen.
Zur Klärung des Zusammenhanges zwischen Stromstärke, Spannung, Widerstand und Rauschen von Kontakten wurde jeweils die U-I-Kennlinie des Kontaktes und das $1/f$-Rauschen gemessen. Die Messungen erfolgten an gekreuzten Zylinderstäbchen (⌀ 1,5 mm) aus AgPd 30, Ag mit einer Sulfidoberfläche, Messingkontakten und an einem in Telefonzentralen verwendeten Drehwähler mit MS und Bronzekontakten. Bei der Aufnahme der Kennlinie und des Rauschens wurde der Strom stufenweise gesteigert und die Kontaktspannung und das Rauschen punktweise gemessen. Es wurde mit kleinen

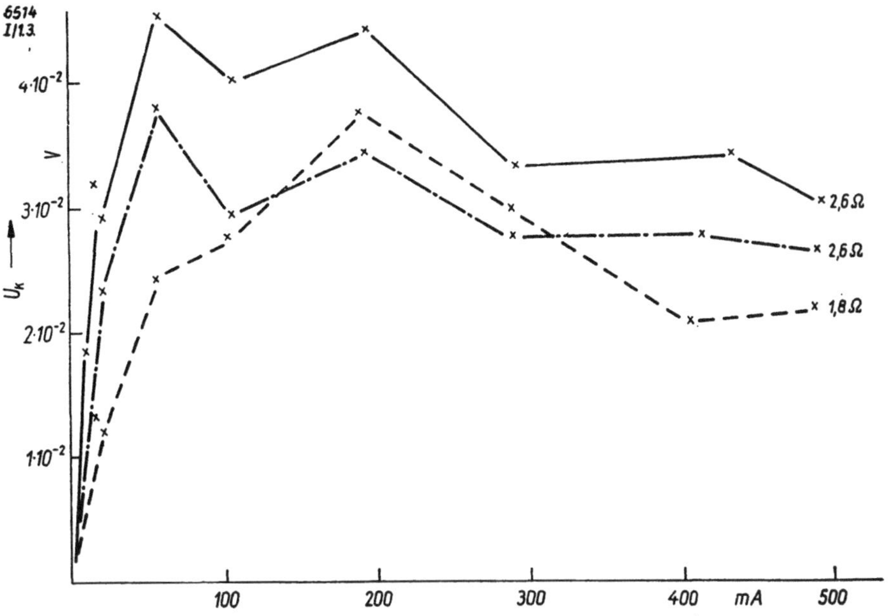

Bild 8. Kennlinie von Silberkontakten mit Sulfidschicht (Widerstand bei 1 mA gemessen $P < 20$ p)

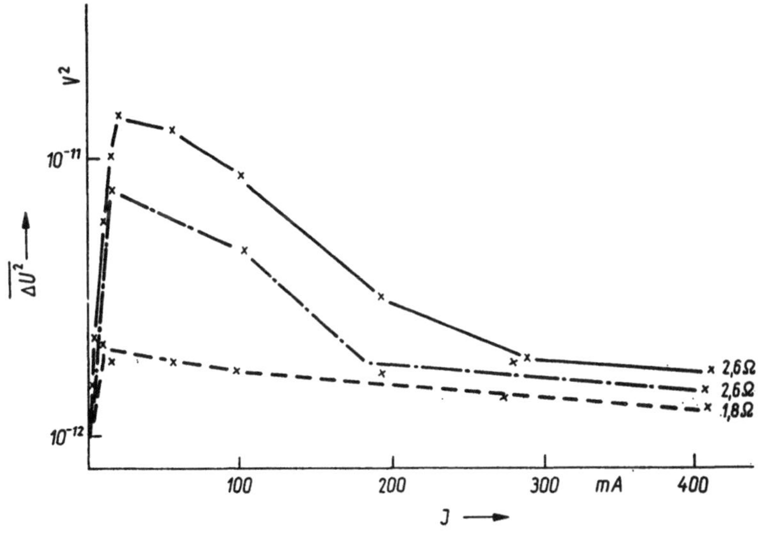

Bild 9. Rauschen von Silberkontakten mit Sulfidschicht

Stromstärken begonnen, um die Fremdschichten nicht von vornherein zu zerstören. Die Rauschmessungen wurden im Frequenzbereich von 1—450 Hz durchgeführt.

Eine interessante Darstellung erhält man, wenn man die Kontakt- und Rauschspannungen von sulfidiertem Ag vergrößert zeichnet (s. Bilder 8 und 9). Man erkennt eine Abhängigkeit vom Widerstand (gemessen bei 1 mA). Ab etwa 20 mA kann man bei den hochohmigen Kontakten ein Absinken der Rauschspannung beobachten. Der Kontakt besteht offenbar aus mehreren Berührungsstellen. Mit steigendem Strom kann sich die Zahl der Berührungsstellen erhöhen. Damit muß der Strom pro Berührungsstelle sin-

ken. Das aber müßte zu einem Absinken des Rauschens am Kontakt führen. Es sind also zwei gegenläufige Effekte vorhanden. Die Erhöhung des Stromes erhöht das Rauschen pro Berührungsstelle, die Erhöhung der Zahl der Berührungsstellen senkt das Rauschen pro Berührungsstelle. Das Gesamtrauschen zeigt, solche Tendenz überwiegt. Offenbar tritt bei 20—30 mA eine Erhöhung der Zahl der Berührungsstellen ein.
Für die genannten Materialien sei an Beispielen die C-R_k-Abhängigkeit, entsprechend (2) oder (10), geprüft. Bild 10 zeigt die C-R_k-Relation für AgPd 30 und sulfidiertes Silber. Unter den in 1.3.2. gemachten Voraussetzungen kann man hier ablesen, daß die AgPd-30-Kontakte wesentlich durch die Engestelle ($C \approx R_k^3$), die sulfidierten Ag-Kontakte wesentlich durch die Fremdschicht gekennzeichnet sind ($C \approx R_k$). Eine ähnliche Darstellung für die Drehwählerkontakte ist nicht möglich, da die starken Frittungen, die möglicherweise durch äußere Erschütterungen hervorgerufen wurden, keine Entscheidung zulassen, ob der Kontakt wesentlich durch Engestelle oder Fremdschicht gekennzeichnet ist. Das Modell von (2) und (10) ist hier nicht anwendbar.

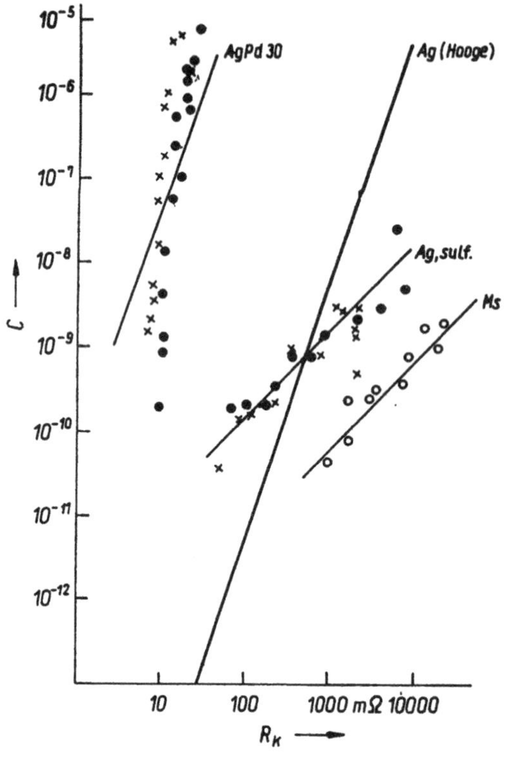

Bild 10. C-R_k-Abhängigkeit für AgPd 30-Kontakte ($P < 20$ cN), Ag-Kontakte mit Sulfidschicht ($P < 20$ cN) und Ms-Kontakte ($P \approx 37$ cN)

Da die bisher gezeigten Resultate punktweise aufgenommen wurden und deshalb keine Korrelationen zwischen Frittungen und Rauschen festgestellt werden konnten, wurde die Kennlinie an den Messing-Kontakten kontinuierlich durchfahren und an markanten Punkten das Rauschen gemessen. Bild 11 zeigt eine aufgenommene Kennlinie für einen Messing-Kontakt und die entsprechenden Rauschspannungen. Das Rauschen folgt der Kennlinie. Bei Frittungen sinkt auch das Rauschen stark ab. Für diese Messung ist in Bild 10 die C-R_k-Abhängigkeit mit eingetragen, und man erkennt, daß der Kontakt wesentlich durch die bei Messing natürlich vorhandene Fremdschicht gekennzeichnet ist.

Daraus kann geschlußfolgert werden, daß ein Unterschied zwischen Kontakten mit dominierender Fremdschicht und solchen mit dominierender Engestelle im Rauschen auch bei Metallkontakten vorliegt. Aus der C-R_k-Abhängigkeit für Kontakte, die wesentlich durch die Fremdschicht charakterisiert sind, kann entsprechend (10) eine Aussage über die Ladungsträgerbeweglichkeit getroffen werden, wenn die Fremdschichtdicke geschätzt oder anderweitig bestimmt wird.
Wesentlich schwieriger ist die Bestimmung der Zahl der Berührungsstellen und des mittleren Radius einer Berührungsstelle, da diese Messungen nur an fremdschichtfreien Kontakten durchgeführt werden können, dort aber das Rauschen so klein ist, daß es an der Empfindlichkeitsgrenze der Meßgeräte liegt.

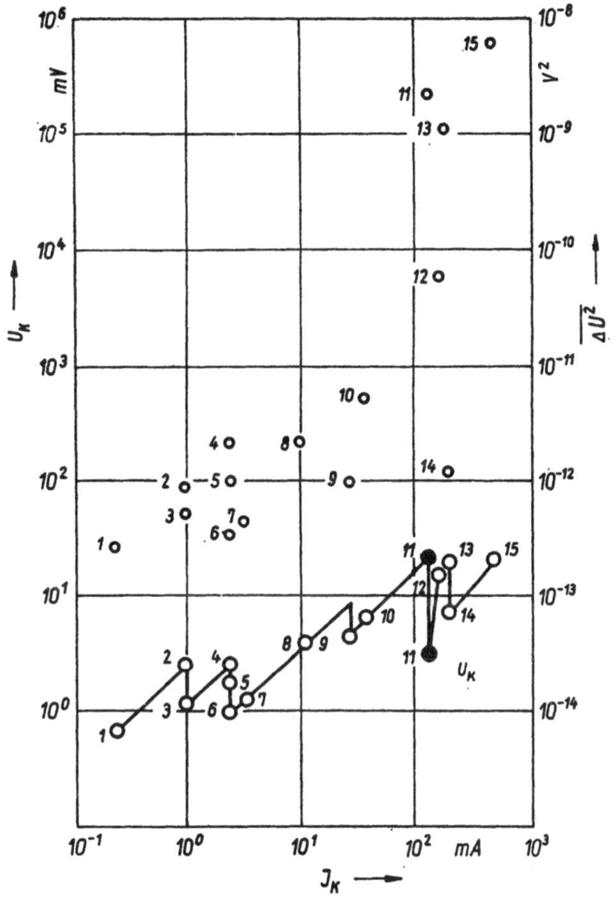

Bild 11. Kennlinie und Rauschen für einen Ms-Kontakt ($P \approx 37$ cN) mit Frittungen

Zur Überprüfung des Modells nach (3) bis (6) wurden trotzdem die Messungen an MS herangezogen. Bild 12 zeigt die Abhängigkeit des mittleren Radius einer Berührungsspitze von der Zahl der Berührungsspitzen. Mit steigendem Strom entstehen mehr Berührungsspitzen. Offenbar kommen aber sehr kleine Berührungsspitzen hinzu, so daß der mittlere Radius der Berührungsspitzen abnimmt. Man muß berücksichtigen, daß hier ein Modell (fremdschichtfreier Kontakt mit mehreren Berührungsstellen) auf ein anderes System (Kontakt mit Fremdschicht) angewendet wurde. Trotzdem scheinen die ermittelten Werte größenordnungsmäßig zu stimmen.

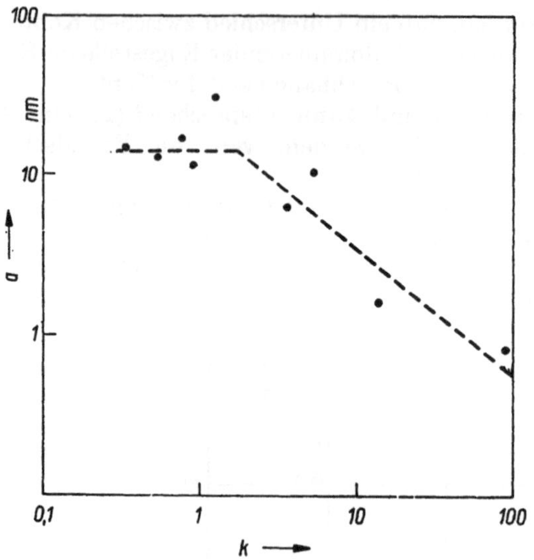

Bild 12. Abhängigkeit des mittleren Radius einer Berührungsspitze von der Zahl der Berührungsstellen des Kontaktes aus Bild 11

1.3.6. Zusammenfassung

Rauschmessungen an Kontakten sind sehr erschütterungsempfindlich. Sie liefern jedoch neben der Widerstandsmessung zusätzliche Informationen über den Kontakt. Es lassen sich Kontakte, die wesentlich durch die Engestelle bestimmt werden, trennen von solchen, die wesentlich durch die Fremdschicht bestimmt werden. Für Kontakte ohne wesentliche Fremdschichten kann die Zahl der Berührungsspitzen abgeschätzt werden. Unter bestimmten Voraussetzungen über Fremdschichtdicke kann bei Kontakten mit Fremdschicht die Ladungsträgerbeweglichkeit abgeschätzt werden.
Der neueste Stand zum Thema „Kontaktrauschen“ ist in [8] enthalten.

Literaturverzeichnis

[1] *Brandmüller, J.*, und *Heumann, H.*: Zeitschrift für angew. Physik **1**, 139 (1948)
[2] *Rothgordt, U.*: Zeitschrift für angew. Physik **11**, 496 (1957)
[3] *Theunissen, F. A. P. M.*: Appl. sci. Res. B. **3**, 201 (1954)
[4] *Hooge, F. N.*: Physica **60**, 130 (1972)
[5] *Vandamme, L. K. J.*: Electronics letters **12**, 109 (1976)
[6] *Ortmans, L. H. F.*, *Vandamme, L. K. J.*: Appl. Phys. **9**, 147 (1976)
[7] *Vandamme, L. K. J.*: 5. International conference on physical aspects of noise in solid state devices. Noordwijkerhout 1975
[8] *Tanneberger, K.*: Theoretische und experimentelle Untersuchungen von Abhebekontakten, Dissertation A, TH Karl-Marx-Stadt, 1979

1.4. Instabilitätsuntersuchung an Kontakten der Schwachstromtechnik

Von *A. Krauß*

Ingenieur-Hochschule Wismar

Der Beitrag beinhaltet die meßtechnische Erfassung von Kontaktveränderungen, die durch klimatische und korrosive Einflüsse hervorgerufen worden sind.
Dabei soll untersucht werden, inwieweit das „Elektronische Rauschen“ neben dem Kontaktdurchgangswiderstand geeignet ist, die sich in der Deckschicht vollziehenden Veränderungen darzustellen.
Die Untersuchungen wurden an blanken Silberflächenkontakten von 2 cm² Größe und einer noch verbleibenden Grundrauhigkeit von 0,7 μm durchgeführt.
Als korrosives Medium wurde H_2S in den Konzentrationen von 0,4 ppm bis 10 ppm eingesetzt.
Die Probenherstellung erfolgte in einer an der IH Wismar entwickelten Sulfidierungsanlage, die die reproduzierbare Herstellung mit fest einstellbaren Klimaparametern gestattet. Als Parameter können gewählt werden:

H_2S-Konzentration 0,2 ppm bis 1.000 ppm,
Feuchte 0,2 bis 100%,
Reaktionskammertemperatur 20—60 °C.

Die von uns durchgeführten Meßreihen hatten das Ziel, das Schichtwachstum bei Variation der relativen Feuchte, der H_2S-Konzentration, der Reaktionskammertemperatur, der Sulfidierungszeit und der Kontaktrauhigkeit festzustellen.
Bild 1 zeigt die Wachstumsreihe unter Variation der H_2S-Konzentration, Bild 2 die Darstellung einer sulfidierten Silberplatte.

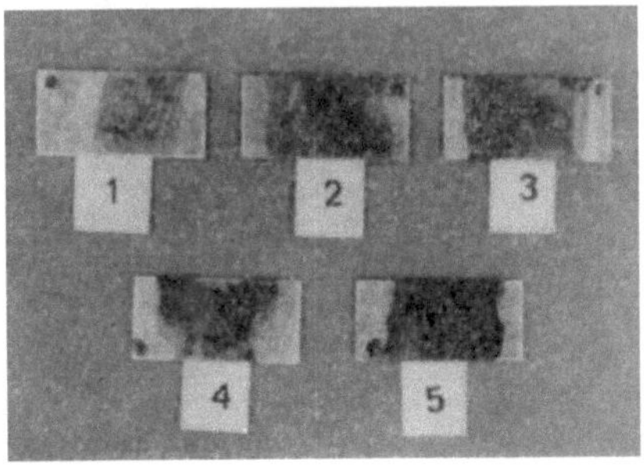

Bild 1. Wachstumsreihe unter Variation der H_2S-Konzentration

In der Vergangenheit wurde in der Regel mit sehr großen H_2S-Prüfkonzentrationen gearbeitet, die in keiner Weise einen Vergleich zu natürlich gewachsenen Fremdschichten gestatten (z. B. TGL 25 117 besagt 50 ppm bzw. 1.000 ppm).
Natürliche Schichten wachsen je nach Auslagerungsstelle mit einer H_2S-Konzentration von 20 bis 200 ppb.
Die Bilder 3 bis 7 belegen, daß Fremdschichten, die in einer H_2S-Konzentration von

400 ppb bis 10 ppm aufgewachsen sind, den natürlichen Schichten weitestgehend entsprechen. Es handelt sich hierbei ausschließlich um elektronenmikroskopische Aufnahmen mit einer 20000-fachen Vergrößerung. Bild 4 stellt nadelförmige und igelähnliche Gebilde, die aus der Oberfläche herausgewachsen sind, dar. Die Oberfläche ist brüchig und sehr porös. Die Bilder 5 und 6 zeigen eine außerordentlich ähnliche Oberflächen-

Bild 2

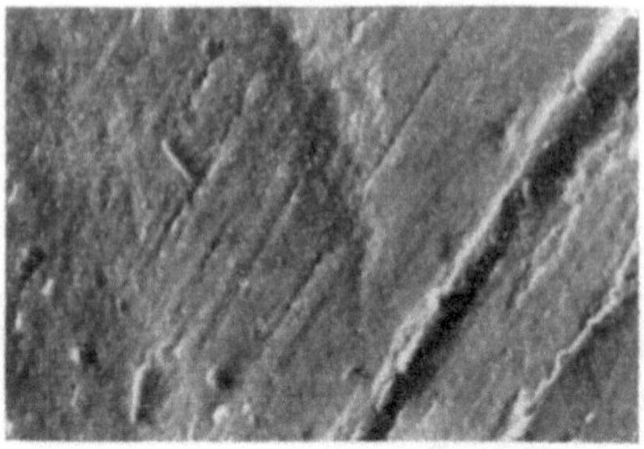

Bild 3

Bild 4

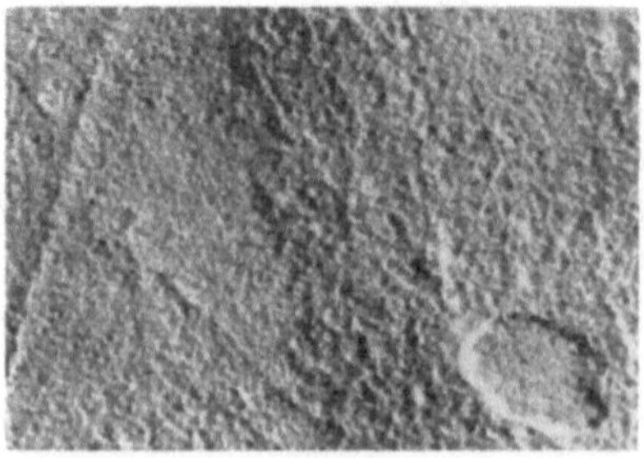

Bild 5

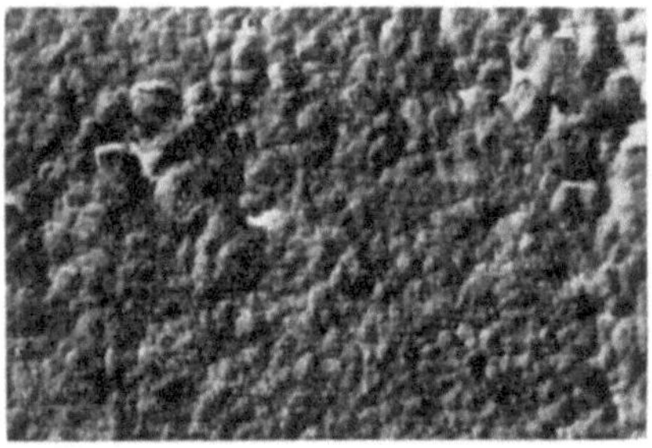

Bild 6

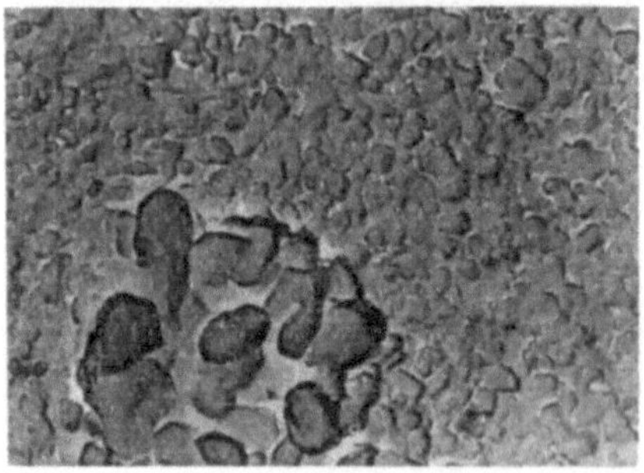

Bild 7

Bild 2. Darstellung einer sulfidierten Silberplatte

Bild 3. Oberfläche einer gereinigten Silberplatte mit einer Grundrauhigkeit von 0,7 μm

Bild 4. Oberfläche einer Silberplatte, die einer H_2S-Konzentration von 500 ppm 10 Stunden ausgesetzt worden ist

Bild 5. Oberfläche einer Silberplatte, die in natürlicher Umgebung — in einem Wählerraum der Deutschen Post — 5 Monate ausgelagert worden ist

Bild 6. Oberfläche einer Silberplatte, die einer H_2S-Konzentration von 5 ppm 90 Stunden ausgesetzt worden ist

Bild 7. Oberfläche einer Silberplatte, die einer SO_2-Konzentration von 10 mg/m^3 500 Stunden ausgesetzt worden ist

struktur, die den Schluß zuläßt, Fremdschichtuntersuchungen an Silberkontakten bis zu einer H_2S-Konzentration von 10 ppm auszuführen.
Bild 7 zeigt eine völlig andersartige Oberflächenstruktur, die Oberfläche ist weitestgehend eben, wobei deutlich eine Schuppenstruktur zu erkennen ist.
Zur meßtechnischen Erfassung der sich vollziehenden morphologischen Veränderungen wurden neben der Schichtstärkemessung, der elektronenoptischen Untersuchung zur Gewinnung von Strukturparametern, der Kontaktdurchgangswiderstand und im Vergleich dazu die Rauschleistung sowie die spektrale Rauschleistungsdichte gemessen.
Voraussetzung zur Instabilitätsuntersuchung an Schwachstromkontakten ist eine universell einsetzbare Abtasteinrichtung (Bild 8), die gestattet, die Rauschspannung sowie den Kontaktdurchgangswiderstand parallel unter Variation der elektrischen Kennwerte, der Kontaktkraft und des Klimas zu ermitteln. Sie muß folgenden Forderungen genügen [2]:

— Möglichkeit der Kontaktkoordinatenverschiebung zur Meßwertreproduktion,
— erschütterungsfreie, kontinuierliche Kontaktkraftsteigerung,
— Fernsteuerbarkeit aller Parameter,
— Ausführung der Messungen unter wählbaren klimatischen Bedingungen,
— Absorption von Umgebungserschütterungen.

Bild 8. Abtasteinrichtung

Zur Bestimmung der Rauschgrößen wurde ein Meßplatz (s. Bild 9) mit einem Frequenzspektrometer FSP 80 als Selektionsgerät benutzt. Zwecks Realisierung eines off-line-Betriebes zwischen dem Meßplatz und dem Rechner R 300 wurden einige Veränderungen am FSP 80 vorgenommen, wie automatische Ergebnisübernahme, Integrationszeitverlängerung, Veränderung der Spannungsverdopplerschaltung zur Ausgabe des quadratischen Mittelwertes der Meßgröße und Sicherung einer Mehrfachabtastung, da es sich bei dem Meßobjekt um eine stochastische Größe handelt ([3]).

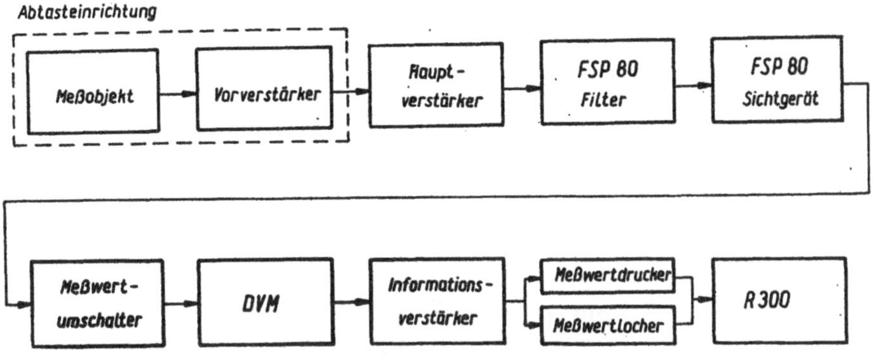

Bild 9. Blockschaltbild des Rauschmeßplatzes

Der am Meßplatz erzeugte Lochstreifen kann direkt in den Rechner R 300 eingelassen werden. Hierdurch ist eine Meßwertverarbeitung zu folgenden Kontaktkenngrößen möglich:

- Eingangsdatenreduzierung,
- Berechnung der Kontaktrauschleistung,
- Berechnung der spektralen Rauschleistungsdichte,
- Berechnung der Autokorrelationsfunktion,
- Darstellung statistischer Zusammenhänge zum Kontaktdurchgangswiderstand mittels Regressionsanalysen und Korrelationskoeffizientenbestimmung.

Rauschgrößenbewertung

Grundbeziehung: Rauschleistung

$$P_R = \frac{\sum_{i=1\,\mathrm{Hz}}^{5\,\mathrm{kHz}} U_i^2}{R_K}$$

$\Rightarrow$ angewandte Beziehung: nominelle Rauschleistung

$$P_{n_R} = \frac{\sum_{i=1\,\mathrm{Hz}}^{5\,\mathrm{kHz}} U_i^2}{R_K}.$$

$$R_K = 1\,\Omega$$

Spektrale Leistungsdichte

$$S(f_i) = \frac{\overline{U_i^2}}{f_i R_K}$$

$\Rightarrow$ nominelle spektrale Leistungsdichte

$$S_n(f_i) = \frac{\overline{U_i^2}}{f_i R_K}.$$

$$R_K = 1\,\Omega$$

Strom- und Frequenzabhängigkeit des Rauschens:

$$S(f) = K\,\frac{I^\alpha}{f^\beta}, \quad K \text{ für Ag-Kontakt } 0{,}7 \cdot 10^{-12}.$$

Oberflächenstrukturbewertung

Bei den vorliegenden Probematerialien wird die Wechselwirkung rauher Oberflächen mit einem glatten Abtastkontakt sowie die Wechselwirkung eines starren glatten Körpers mit elastisch deformierbaren Erhebungen betrachtet, die die Form von Kugelabschnitten haben.

Die Bewertung der Oberflächenmerkmale erfolgt mit Hilfe der Theorie von *Kragelski*, die die Oberfläche als einen Satz von Sphären (Kugelabschnitten) modelliert ([1]). Aus der Oberflächenstruktur sind hierzu folgende Größen zu erfassen:

d — Durchmesser einer sphärischen Erhebung,
h — Höhe einer sphärischen Erhebung,
L — Länge einer sphärischen Welle.

Aus diesen Oberflächenparametern lassen sich in Abhängigkeit von der Kontaktkraft folgende Oberflächenkontaktparameter bestimmen:

Konturenfläche A_c:

$$A_c = \frac{2{,}44\, F^{2/3}\, R_W{}^{2/3}\, n_W{}^{1/3}}{E^{2/3}}.$$

Tatsächliche Kontaktfläche A_r:

$$A_r = A_c \left[\frac{0{,}75\, b^{1/2v}\, \pi\, R^{1/2}\, (1-\mu^2)}{2^{1/2v}\, K_2\, v\, h_{\max}(v-1)}\right]^{\frac{2v}{2v+1}} \left(\frac{q_c}{E}\right)^{\frac{2v}{2v+1}}.$$

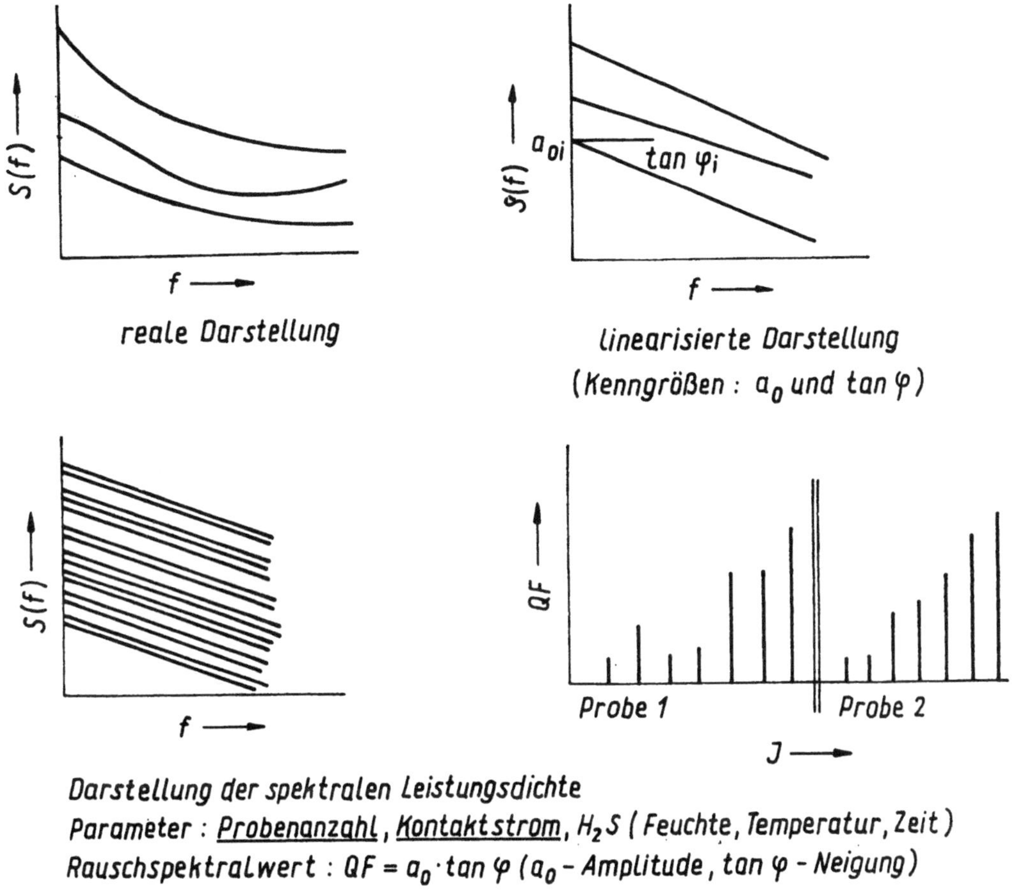

Bild 10. Rauschgrößenbewertung

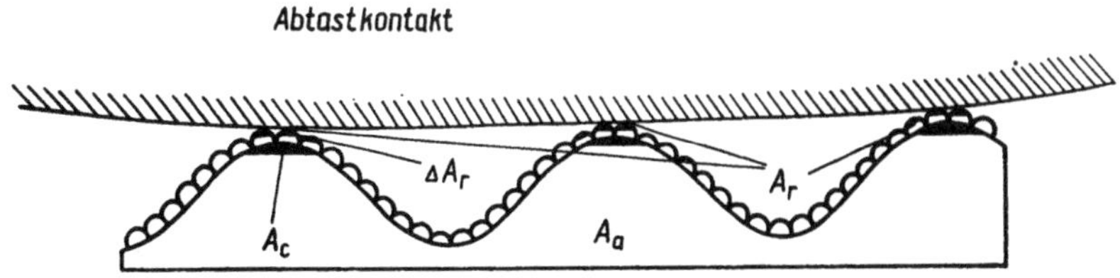

Bild 11. Modell der Welligkeit von rauhen Oberflächen.

A_a — nominelle Kontaktfläche (nach den Formeln von *Holm* berechenbar),

A_c — Konturenfläche (sie ist bedingt durch die Welligkeit der Oberfläche),

A_r — Summe aller tatsächlichen Berührungsflächen,

ΔA_r — mittlere Größe einer einzelnen Kontaktberührungsfläche.

Die auf den Silberplatten entstandene Fremdschicht kann (s. Bild 6) in Form einer sphärischen Erhebung dargestellt werden.

Mittlere Größe einer einzelnen Kontaktberührungsfläche ΔA_r:

$$\Delta A_r = \frac{\pi R h_{\max}}{v} \left(\frac{R}{h_{\max}}\right)^{\frac{1}{2v+1}} \left(\frac{q_c}{E}\right)^{\frac{1}{2v+1}} \left[\frac{1{,}5(1-\mu^2)\,\pi}{K_2 v b (v-1)}\right]^{\frac{2}{2v+1}}.$$

Durchmesser einer einzelnen Berührungsfläche (kreisförmig) d:

$$d = \left(\frac{4\,\Delta A_r}{\pi}\right)^{1/2}.$$

Anzahl der Kontaktberührungspunkte n:

$$n = \frac{A_r}{\Delta A_r}.$$

Als Beispiel zu den dargelegten Grundüberlegungen soll die Veränderung des Kontaktwiderstandes, der Morphologie und der Rauschgrößen in Abhängigkeit von der H_2S-Konzentration gezeigt werden (s. Bild 12).

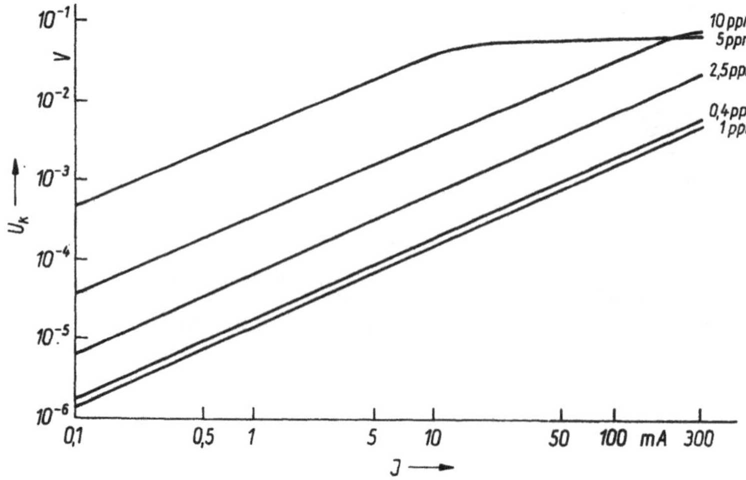

Bild 12. Kontaktspannung in Abhängigkeit vom Kontaktstrom für unterschiedliche H_2S-Konzentrationen (Zeit = konst., F = 1 p)

Die Kurven in Bild 13 zeigen, daß geringfügige Kontaktwiderstandsänderungen durch die Rauschspannung nicht oder nur geringfügig wiedergegeben werden. Anders verhält es sich mit qualitativen Veränderungen innerhalb des Kontaktes, diese werden wesentlich deutlicher als bei der Kontaktwiderstandsmessung angezeigt.
Die Einflußparameter in Bild 14, wie Kontaktdruck, Sulfidierungszeit, relative Feuchte und Reaktionstemperatur, wurden für alle Proben konstant gehalten. Hierbei zeigte sich, daß bis 2,5 ppm der Kontaktwiderstand annähernd konstant bleibt. Bei 5 ppm tritt bei 150 mA und bei 10 ppm bereits ab 10 mA eine Kontaktwiderstandserniedrigung ein. Diese Erscheinung erklärt sich durch Leitfähigkeitsveränderungen innerhalb der Deckschicht, die durch die Wärmewirkung des Stromes hervorgerufen wird.
Die Rauschgrößen zeigen tendenziell den gleichen Verlauf, wobei ein besonders starker Anstieg des Rauschens zwischen 2,5 und 5 ppm festzustellen ist. Die Anstiegsverminderung zwischen 5 und 10 ppm kann durch Morphologieveränderungen in quantitativer und qualitativer Hinsicht erklärt werden.

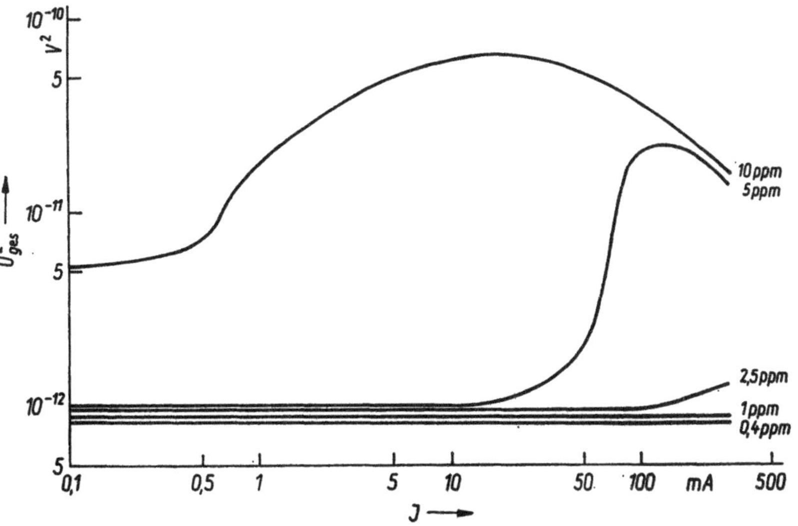

Bild 13. Mittlere quadratische Rauschspannung in Abhängigkeit vom Kontaktstrom für unterschiedliche H_2S-Konzentrationen (Zeit = konst., $F = 1$ p)

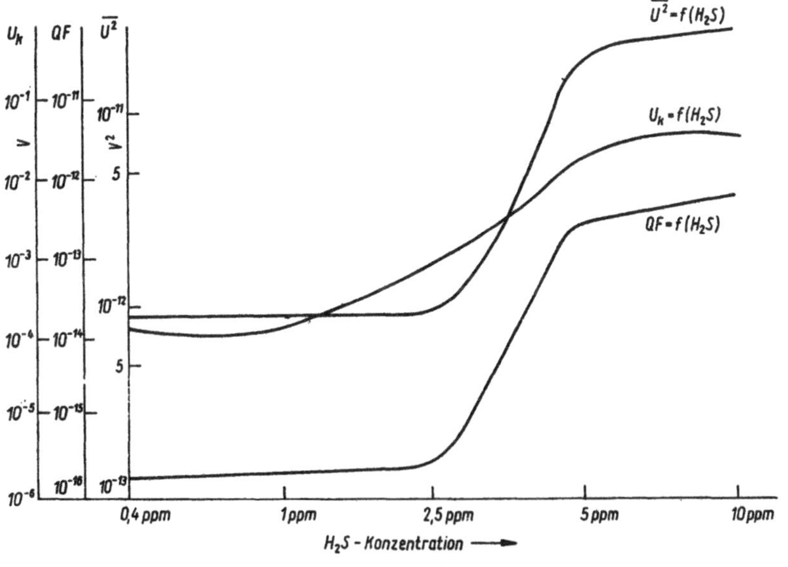

Bild 14. Vergleich zwischen den Meßwerten für die Kontaktspannung, die Kontaktrauschspannung und den Rauschspektralwert für unterschiedliche H_2S-Konzentrationen bei einem Kontaktstrom von 100 mA und einer Frequenz von 1000 Hz

Die Darstellung in Bild 15 zeigt ein kontinuierliches Ansteigen der Rauschgrößen in Abhängigkeit vom Kontaktstrom und von der H_2S-Konzentration.
Gleichzeitig wird dargestellt, welche qualitative Kontaktveränderung durch die Ausmessung des Rauschspektralwertes erkannt werden kann.
Die bisher erfolgten Rauschuntersuchungen an Ag-Kontaktstücken zeigten, daß zwischen dem Kontaktwiderstand und der Rauschgröße solange Proportionalität besteht, wie keinerlei qualitative Veränderungen in der Kontaktgabe auftreten.

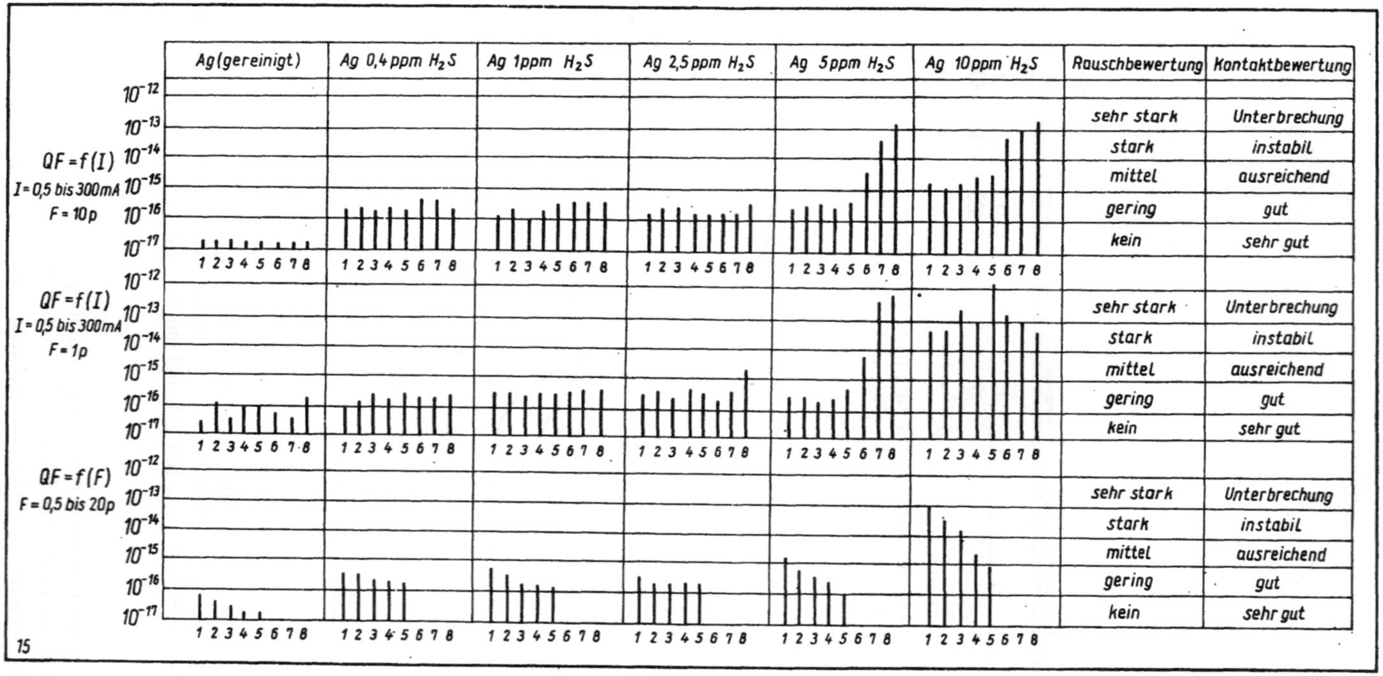

Bild 15. Abhängigkeit des Rauschspektralwertes von der H_2S-Konzentration, dem Kontaktstrom und der Kontaktkraft.

$QF = f(I)$: 1 ≙ 0,1 mA, 2 ≙ 0,5 mA, 3 ≙ 1,0 mA, 4 ≙ 5,0 mA, 5 ≙ 10 mA, 6 ≙ 50 mA, 7 ≙ 100 mA, 8 ≙ 300 mA

$QF = f(F)$: 1 ≙ 0,5 p, 2 ≙ 2,0 p, 3 ≙ 5,0 p, 4 ≙ 10 p, 5 ≙ 20 p

Literaturverzeichnis

[1] *Kragelski, I. W.:* Reibung und Verschleiß. Verlag Technik, Berlin 1971

[2] *Krauß, A.:* Universelle Abtasteinrichtung. Feingerätetechnik **1** (1977)

[3] *Krauß, A.:* Einsatz des Spektrometers FSP 80 als Selektionsgerät bei Rauschmessungen an niederohmigen Quellen. Nachrichtentechnik **2** (1977)

[4] *Tanneberger, K.:* Rauschen lösbarer Kontakte. Forschungsbericht G-1, Studie 1974

[5] *Bittel, H.* und *Storm, L.:* Untersuchung des Stromrauschens von Widerständen. Zeitschrift für angewandte Physik **1** (1955)

[6] *Hoppenbrouwers, M. H.*, und *Hooge, F. M.:* $1/f$ noise of spreading restistances. Philips Research Report **4**, 25 (1970)

1.5. Statistische Untersuchungen des Kontaktwiderstandes

Von *J. Urbig*

Technische Hochschule Karl-Marx-Stadt

1.5.1. Einleitung

Führt man Messungen des Kontakt- bzw. Übergangswiderstandes an einem Kollektiv von Kontaktbauelementen oder an verschiedenen Oberflächenpunkten eines Modellkontaktes durch, so ergeben sich mehr oder weniger stark streuende Werte, aus denen sich eine statistische Verteilung ermitteln läßt. Der Kontaktwiderstand ist also eine Zufallsgröße mit, wie die Meßergebnisse zeigten, relativ großer Streuung.
Auf den Kontaktwiderstand wirken viele Einflußgrößen komplex ein. Aus Bild 1 ist eine vereinfachte Darstellung für den Fall ruhender Kontakte zu entnehmen ([1]). Die Wirkung der einzelnen Größen ist mathematisch nur schwer oder gar nicht erfaßbar. Am einfachsten stellt sich das Problem noch bei Modellkontakten, da hier folgende Parameter relativ gut erfaßbar sind:

— Spezifischer Widerstand, Härte, Elastizitätsmodul und Poissonzahl des Kontaktwerkstoffes (Werkstoffkenngrößen),
— Kontaktkraft und Zylinder- bzw. Kugelradius der Kontaktstücke (konstruktive Größen),
— spezifischer Hautwiderstand (Fremdschichteinfluß).

Diese bestimmen über die Beziehungen

$$R_K = \frac{\varrho}{2r_k} + \frac{\sigma}{\pi r_k^2} = kF_k^{-m} \qquad \text{und} \tag{1}$$

$$r_k = \sqrt{\sqrt[3]{\left[\frac{3}{2}\frac{F_k r_0}{E}(1-\mu^2)\right]^2} + \frac{F_k}{\pi H}} \tag{2}$$

die Größe des Kontaktwiderstandes.

1.5.2. Die Abhängigkeit der statistischen Verteilung des Kontaktwiderstandes von Kontaktkraft und Zeit

1.5.2.1. Der Charakter der Verteilung

Zur Ermittlung des Verhaltens der statistischen Verteilung des Kontaktwiderstandes als Funktion von Kontaktkraft und Zeit führten wir Messungen an gekreuzten Zylindern aus Kupfer und AgCu3 [2] auf die auch in [3] beschriebene Weise in Laboratmosphäre über einen Zeitraum von 60 Tagen durch. Dabei wurde der Kontaktkraftbereich von 1 bis 400 cN jeweils 200 mal durchlaufen. Da beide untersuchten Werkstoffe keine wesentlichen Unterschiede im Verhalten aufweisen, konzentrieren wir uns

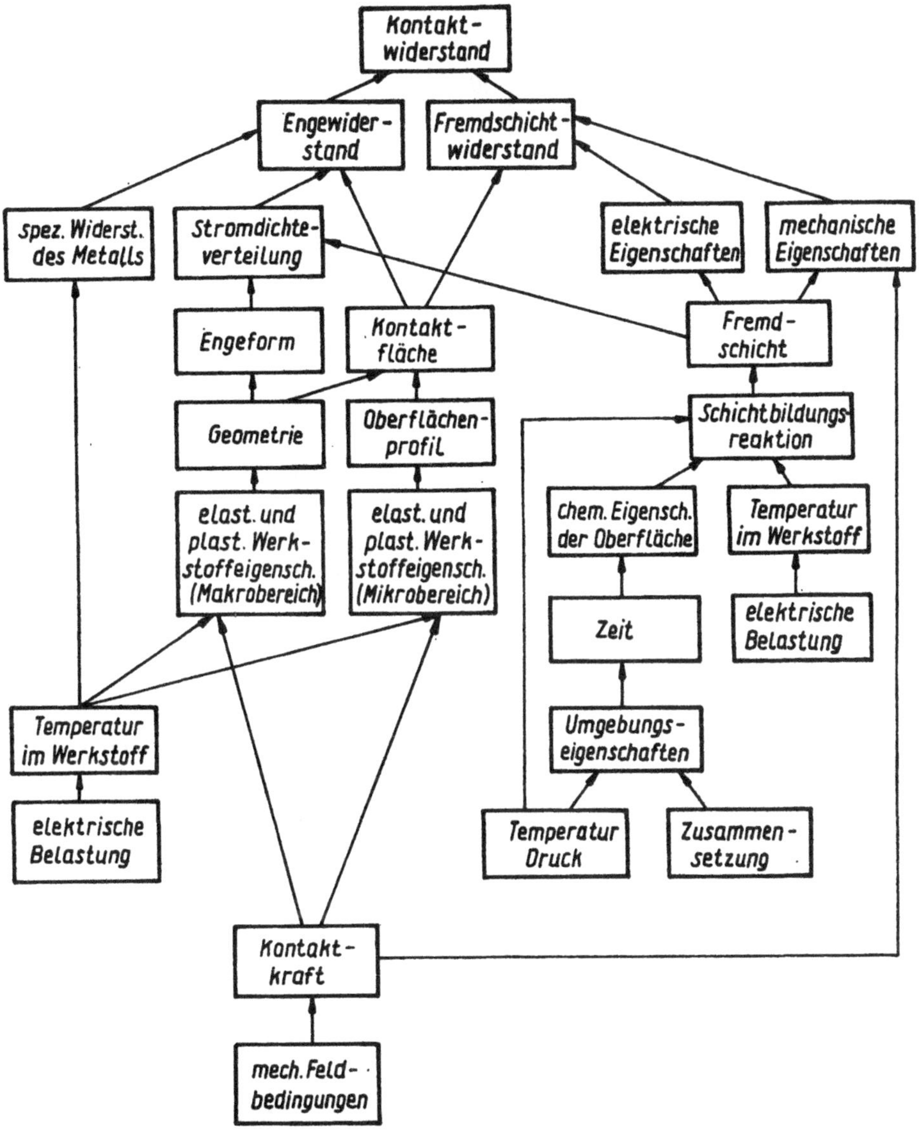

Bild 1. Einflußfaktoren auf den Kontaktwiderstand ruhender Kontakte

bei den folgenden Betrachtungen in der Hauptsache auf die an Kupfer erzielten Resultate.

Wie die Meßergebnisse zeigten, gehorcht die statistische Verteilung des Kontaktwiderstandes einem Weibullgesetz [4], dessen Summenhäufigkeitsfunktion wie folgt lautet:

$$F(x) = 1 - \exp\left[-\left(\frac{x}{\beta}\right)^{\alpha}\right]. \tag{3}$$

Die Ausdrücke für Mittelwert und Streuung sind in [5] und [6] angegeben. Um die Rechnung mit Gammafunktionen zu umgehen, entwickelten wir das in Bild 2 dargestellte Nomogramm, welches die Bestimmung von Mittelwert, Streuung und Variationskoeffizient der Weibullverteilung aus den Parametern α und β gestattet. Letztere können

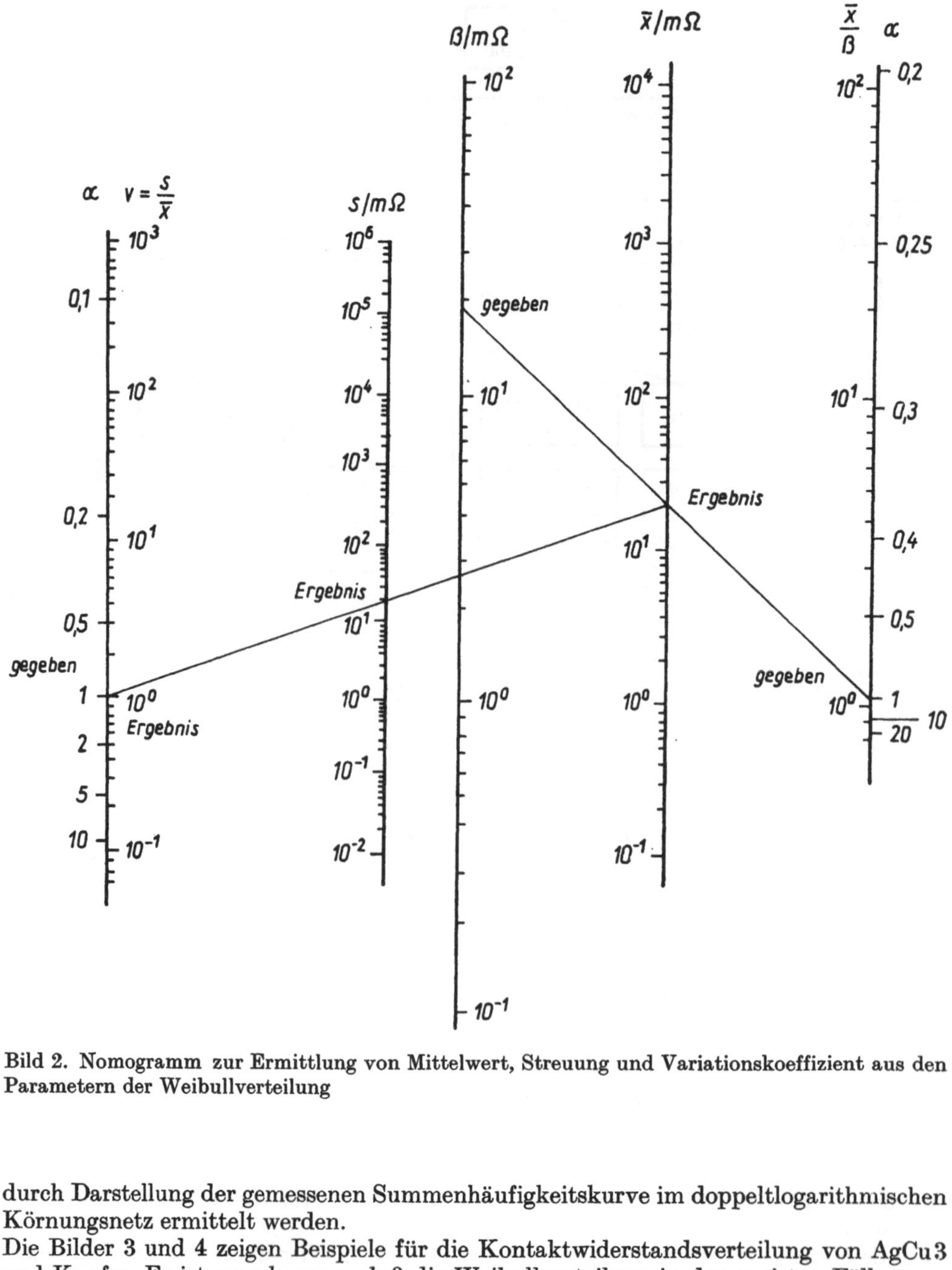

Bild 2. Nomogramm zur Ermittlung von Mittelwert, Streuung und Variationskoeffizient aus den Parametern der Weibullverteilung

durch Darstellung der gemessenen Summenhäufigkeitskurve im doppeltlogarithmischen Körnungsnetz ermittelt werden.

Die Bilder 3 und 4 zeigen Beispiele für die Kontaktwiderstandsverteilung von AgCu3 und Kupfer. Es ist zu erkennen, daß die Weibullverteilung in den meisten Fällen aus zwei Ästen mit unterschiedlicher Steilheit besteht, wobei einem steilen stets ein flacher Ast folgt. Nur in wenigen Fällen trat ein einheitliches Weibullgesetz auf. Dies war bei Kupfer nach 8 Tagen bei 1 und 2 cN und bei Silber nach 15 Tagen für alle Kontaktkräfte der Fall. In der Literatur wurden darüber hinaus auch noch dreikomponentige Weibullverteilungen beobachtet.

Das Auftreten mehrerer Äste hat unserer Meinung nach folgende Ursache: Auf der Kontaktoberfläche existieren zwei (oder mehrere) Grundgesamtheiten, die sich durch

ihre elektrischen Eigenschaften voneinander unterscheiden. Jede Metalloberfläche enthält ausgezeichnete Punkte und Gebiete, die besonders gute Voraussetzungen für den Beginn der Fremdschichtbildung bieten. Dies sind alle Stellen mit erhöhter freier Energie, wie z. B. Bereiche mit erhöhtem mechanischem Verformungsgrad, Punktdefekte, Korngrenzen usw.
Von derartigen Punkten breitet sich die Fremdschicht nach und nach lateral über die Oberfläche des Kontaktes aus, wobei ein scharfer Übergang zwischen quasimetallischen,

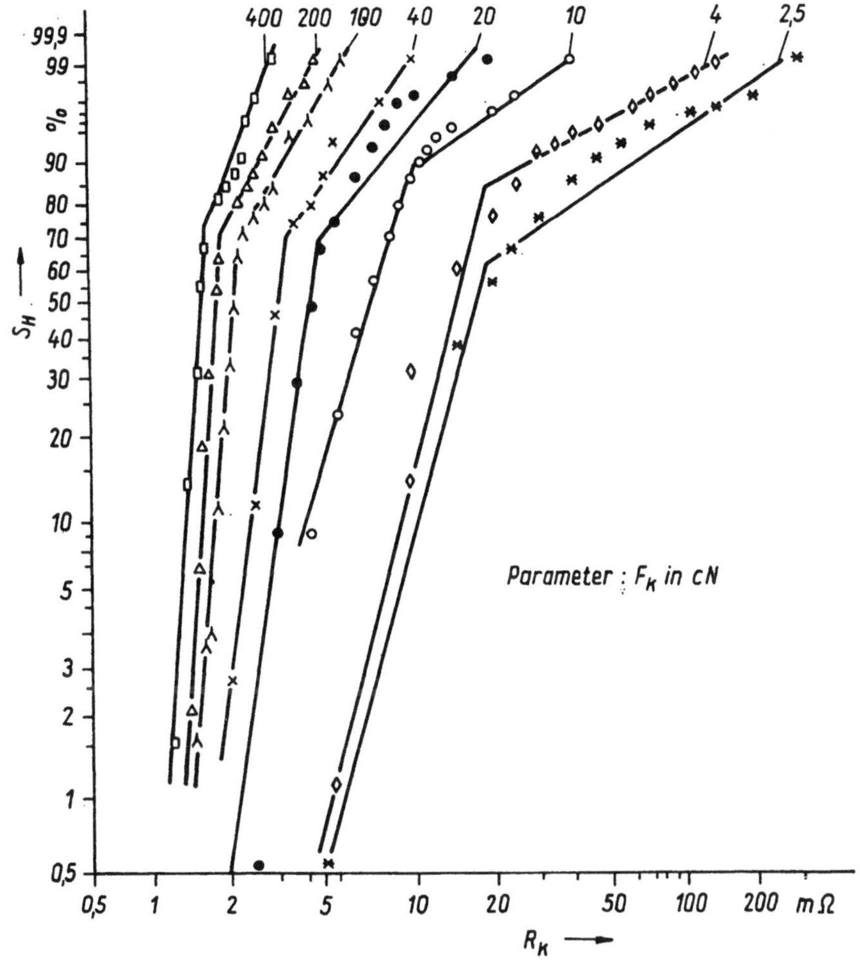

Bild 3. Statistische Verteilung des Kontaktwiderstandes von AgCu3 nach 30 Tagen Lagerung in Laboratmosphäre. Parameter: Kontaktkraft (2,5 bis 400 cN)

halbleitenden und isolierenden Gebieten besteht. Durch den Einfluß der Umgebungsatmosphäre (also der Zeit) und der Kontaktkraft ist es möglich, daß Oberflächenpunkte ihr elektrisches Verhalten ändern und demzufolge von einer Grundgesamtheit zur anderen übergehen. Die gemessenen Änderungen der Anteile der beiden Verteilungsäste an der Gesamtverteilung als Funktion von Kontaktkraft und Zeit bestätigten diese Vermutung. Untersuchungen an Kontaktbauelementen [7] zeigten, daß dort prinzipiell der gleiche Verteilungscharakter vorliegt.

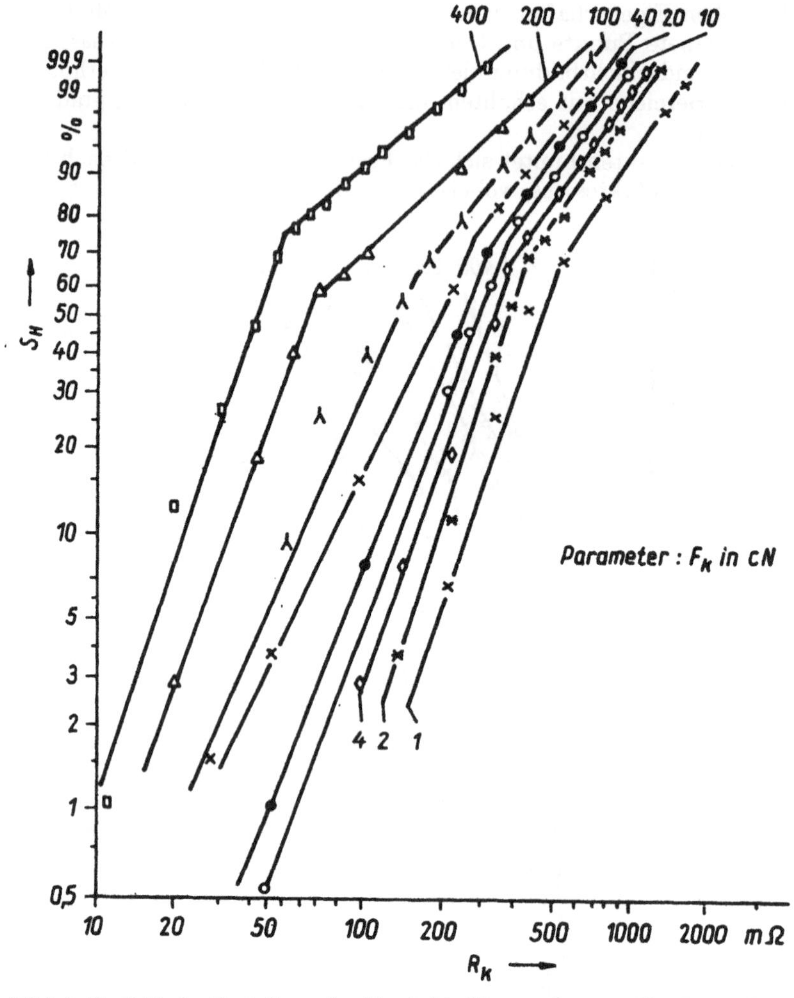

Bild 4. Statistische Verteilung des Kontaktwiderstandes von Kupfer nach 30 Tagen Lagerung in Laboratmosphäre. Parameter: Kontaktkraft (1 bis 400 cN)

1.5.2.2. Kraftabhängigkeiten

Auf Grund der bekannten R_k/F_k-Beziehung (Formeln (1) und (2)) beobachteten wir mit steigender Kontaktkraft eine Verschiebung der Verteilungskurven zu niedrigeren Widerstandswerten, wobei der Charakter der Verteilung prinzipiell unverändert blieb (vgl. Bilder 3 und 4). Vor allem nach 30 und 60 Tagen rücken die Kurven sowohl bei AgCu3 als auch bei Kupfer näher zusammen, da die R_k/F_k-Beziehung mit zunehmender Zeit flacher verläuft.

Bild 5. Prozentualer Anteil der sekundären Weibullverteilung des Kontaktwiderstandes von Kupfer als Funktion der Kontaktkraft. Parameter: Zeit (0 bis 60 Tage)

Bild 6. Formparameter der Weibullverteilung des Kontaktwiderstandes von Kupfer als Funktion der Kontaktkraft. Parameter: Zeit (0 bis 60 Tage)

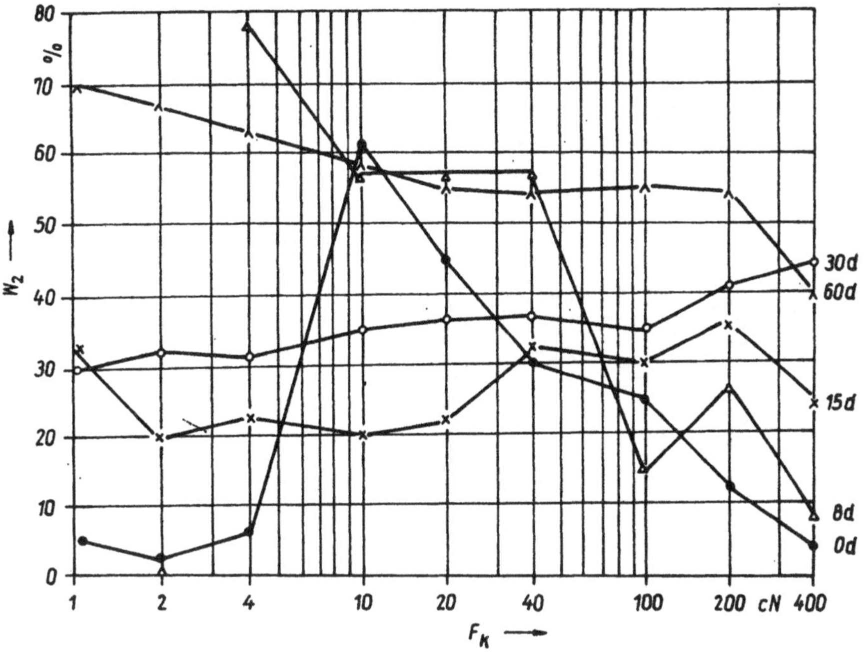

80
70
60
50
40
30
20
10
0
%
W_2
1
2
4
10
20
40
100
200 cN 400
F_K
30d
60d
15d
8d
0d

Bild 5

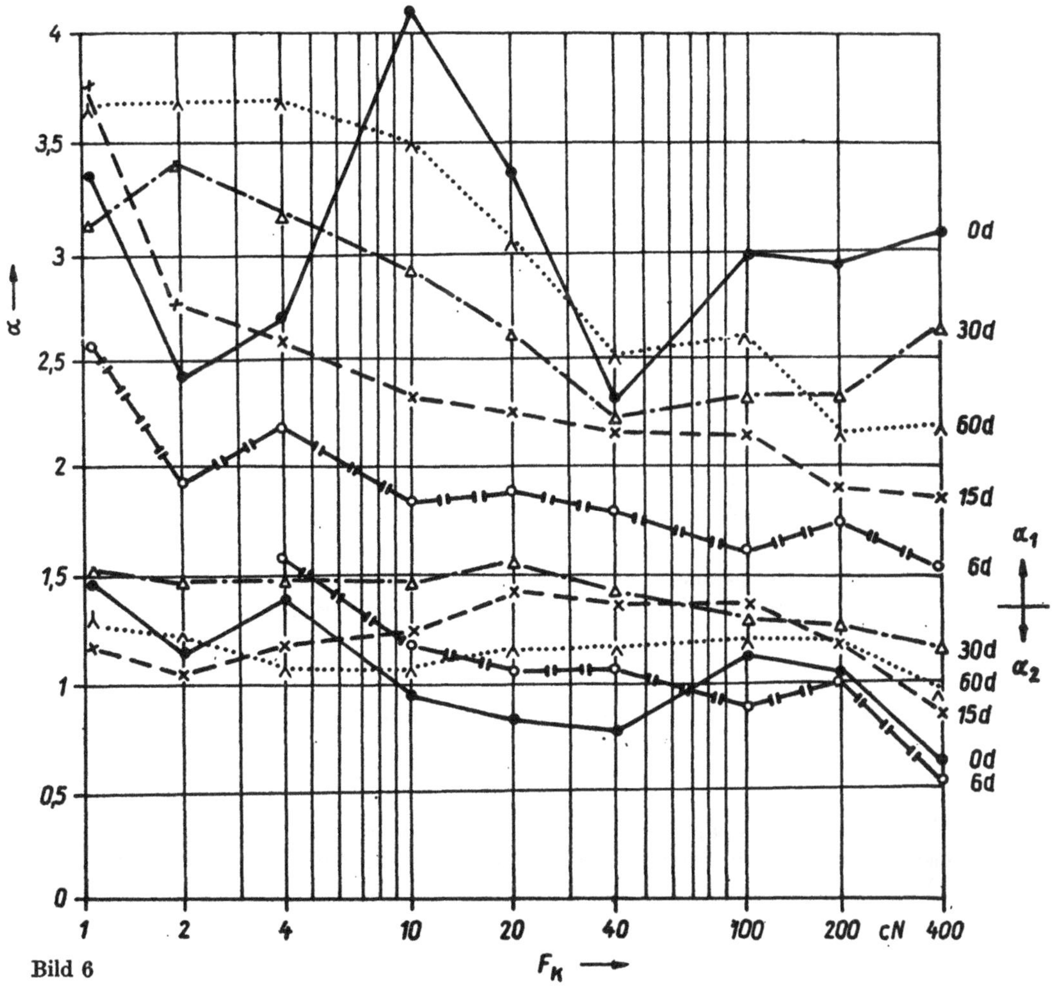

4
3,5
3
2,5
2
1,5
1
0,5
0
α
1
2
4
10
20
40
100
200 cN 400
F_K
0d
30d
60d
15d
6d
30d
60d
15d
0d
6d
α_1
α_2

Bild 6

Bei beiden Werkstoffen zeigte der Anteil der oberen Weibullverteilung eine mit steigender Kraft fallende Tendenz (Bild 5), die wir auf die Zerstörung der Fremdschicht mit zunehmender mechanischer Belastung zurückführen. Dieses Verhalten war besonders bei Kupfer nach 0,8 und 60 Tagen ausgeprägt.
Die Kraftabhängigkeit des Formparameters der beiden Verteilungsäste wies schwer interpretierbare Verläufe auf und war starken Schwankungen unterworfen. Als Beispiel

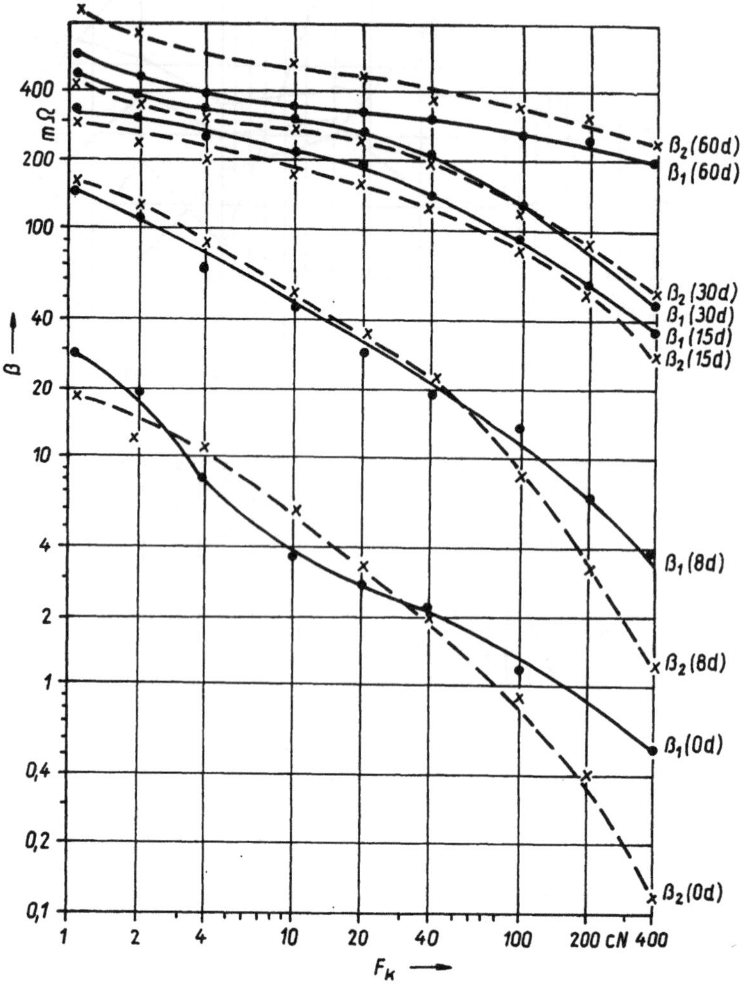

Bild 7. Lageparameter der Weibullverteilung des Kontaktwiderstandes von Kupfer als Funktion der Kontaktkraft. Parameter: Zeit (0 bis 60 Tage)

geben wir hier die an Kupfer gewonnenen Ergebnisse an (Bild 6). Hier lag α_1 bei Werten von 1,5 bis 4 und α_2 zwischen 0,5 und 1,5. Bei AgCu3 ermittelten wir α_1 zu 1 bis 5 und α_2 zu 0,3 bis 1,1. Global können wir also aussagen, daß α_1 oberhalb und α_2 unterhalb von 1 bis 1,5 liegt.
Das Verhalten der Lageparameter (Bild 7) entspricht etwa dem der $\bar{R}_k/F_k$-Beziehung, da zwischen β und $\bar{R}_k$ eine relativ enge Beziehung besteht. Meist ist der Unterschied zwischen beiden Parametern gering, fast immer gilt: $\beta_1 < \beta_2$.

1.5.2.3. Zeitabhängigkeiten

Mit der Zeit steigt der prozentuale Anteil der oberen Weibullverteilung bei Kupfer eindeutig an (Bild 8). Dabei werden Werte bis zu 60% erreicht. Bei AgCu3 war dies innerhalb des Meßzeitraumes von 60 Tagen noch nicht in dieser Form eindeutig erkennbar. Dies liegt an der langsameren Bildung der Fremdschicht unter den im Labor herrschenden klimatischen Bedingungen und ihrer geringeren mechanischen Festigkeit.
Die Formparameter (Bild 9) zeigen, wie dies auch schon bei der Kraftabhängigkeit der Fall war, hier ebenfalls schwer deutbare Verläufe, bei denen eine eindeutige Tendenz nicht feststellbar ist. α_1 scheint bei Kupfer nach 8 Tagen leicht anzusteigen. Das gleiche

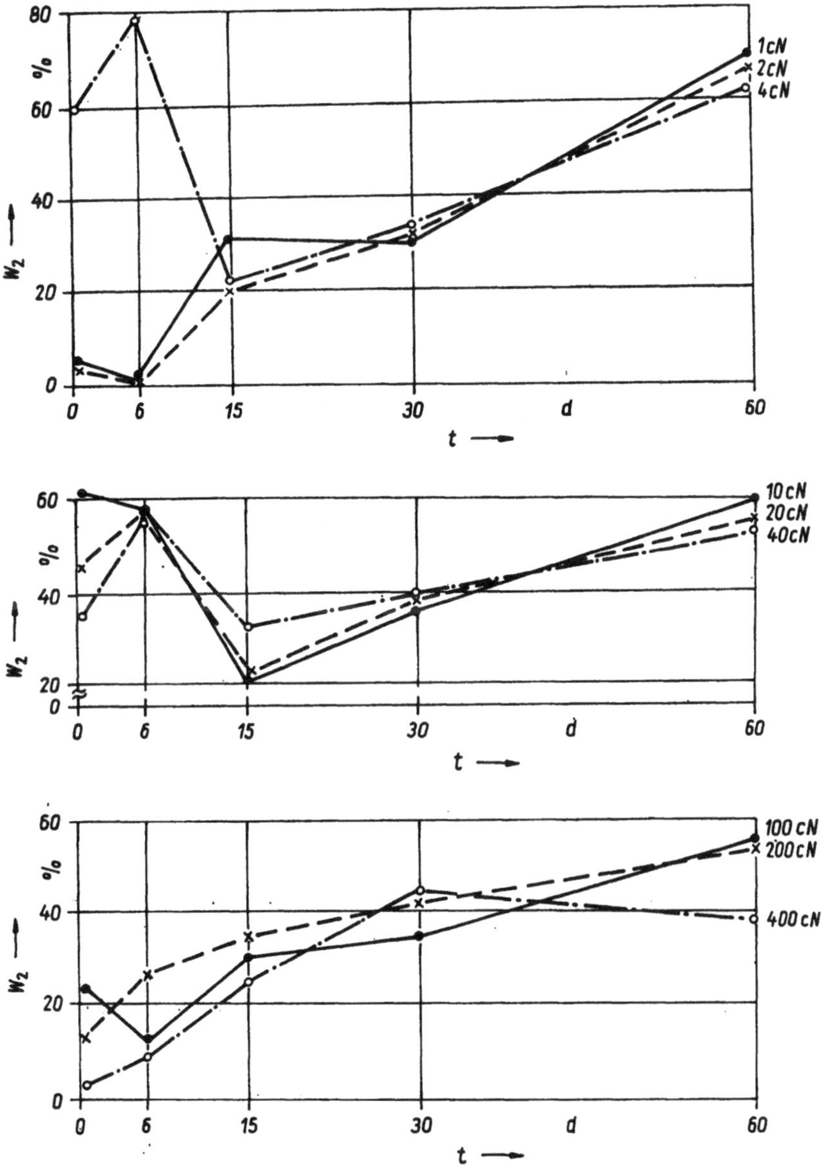

Bild 8. Prozentualer Anteil der sekundären Weibullverteilung des Kontaktwiderstandes von Kupfer als Funktion der Zeit. Parameter: Kontaktkraft (1 bis 400 cN)

konnten wir an AgCu3 beobachten, nur wird hier nach 30 Tagen ein Maximum durchlaufen, das besonders für Kontaktkräfte oberhalb von 20 cN ausgeprägt ist. α_2 von Kupfer steigt ebenfalls leicht an und durchläuft nach 30 Tagen ein Maximum.
Eine exakte Kenntnis der Kraft- und Zeitabhängigkeiten der Parameter der Weibullverteilung würde es gestatten, die Ausfallwahrscheinlichkeit elektrischer Kontakte als Funktion von Kontaktkraft und Zeit darzustellen. Wie unsere Messungen zeigten, ergaben sich keine formelmäßig formulierbaren Zusammenhänge. Aus diesem Grund müssen zur Ermittlung der Ausfallwahrscheinlichkeit andere Wege beschritten werden.

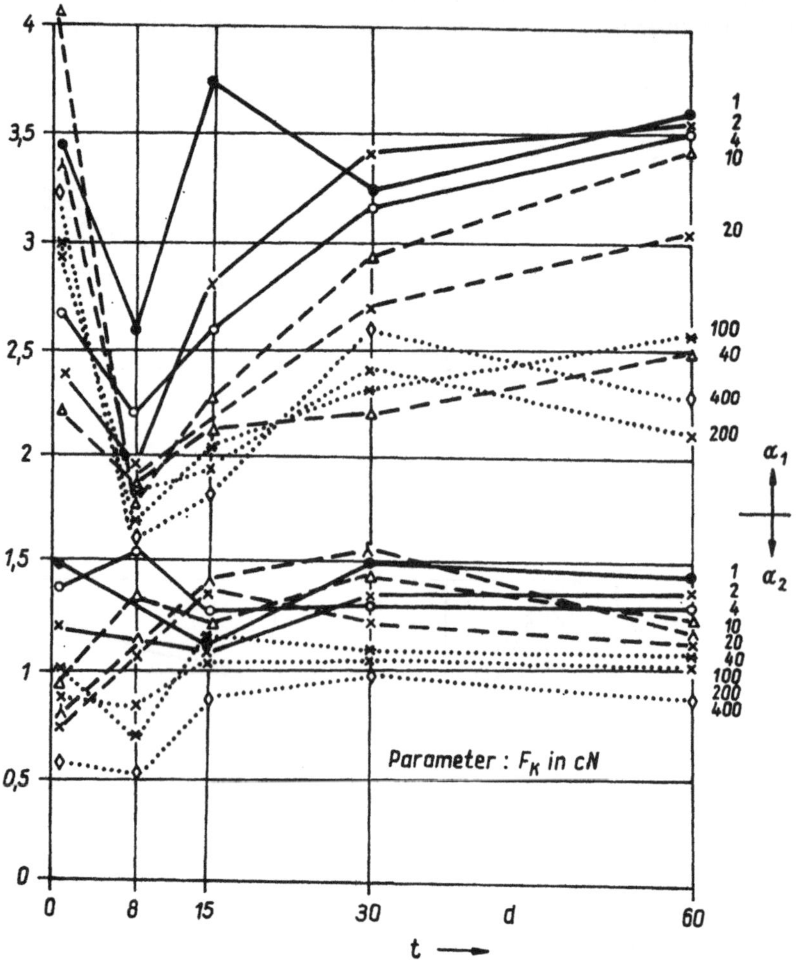

Bild 9. Formparameter der *Weibull*verteilung des Kontaktwiderstandes von Kupfer als Funktion der Zeit. Parameter: Kontaktkraft (1 bis 400 cN)

1.5.3. Zusammenhang zwischen dem Kontaktwiderstand und seiner Streuung

Aus Langzeitmessungen des Kontaktwiderstandes über 700 Tage an 18 verschiedenen Kontaktwerkstoffen sowie den Ergebnissen von [2] und [8] ermittelten wir, daß zwischen dem Kontaktwiderstandsmittelwert und der Streuung des Kontaktwiderstandes ein relativ fester Zusammenhang besteht, der sich durch die Gleichung

$$s_R = k_R \cdot \bar{R}_k^{m_R} \tag{4}$$

beschreiben läßt.

Wie die in Bild 10 dargestellten Ergebnisse für AgCu 10 zeigen, gilt dieser Zusammenhang über mehrere Größenordnungen. Die Werte für k_R und m_R wurden für sämtliche durchgemessenen edlen und unedlen Werkstoffe ermittelt und sind in Tabelle 1 zusammengestellt. Dabei ermittelten wir k_R getrennt für die mittlere und die maximal aufgetretene Streuung. Der Mittelwert über alle Messungen ergibt sich zu:

$m_R = 1{,}25 \pm 0{,}2$,

$k_R = 0{,}15 \pm 0{,}1$ (mittlere Streuung),

$k_R = 0{,}50 \pm 0{,}3$ (maximale Streuung).

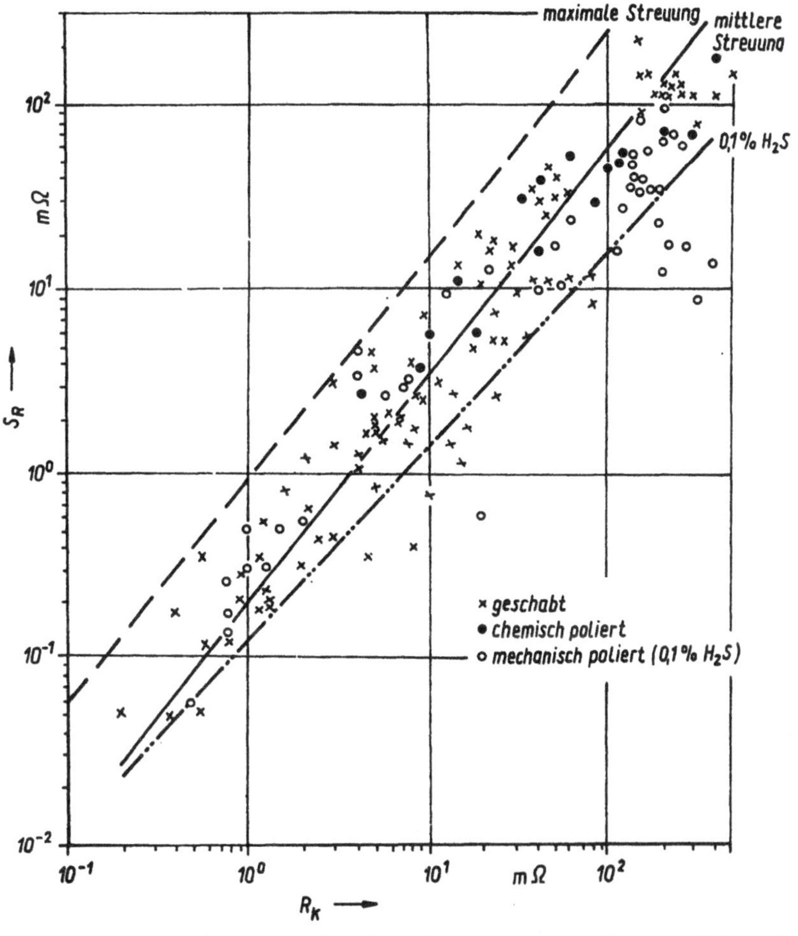

Bild 10. Zusammenhang zwischen dem Kontaktwiderstand von AgCu10 und seiner Streuung

Dieser Zusammenhang scheint also unabhängig vom Werkstoff gültig zu sein, und wir können also aus der Größe des Kontaktwiderstandes unmittelbar auf die Streuung schließen. Dies machen wir uns bei der Abschätzung der Ausfallwahrscheinlichkeit zunutze.
In Bild 10 sind auch Werte, die an chemisch polierten Kontakten und solchen, die einer 0,1%igen H_2S-Atmosphäre ausgesetzt waren (bis zu 72 h), mit eingetragen (letztere mechanisch poliert). Es ist zu erkennen, daß die Werte für die chemisch polierten Kontakte dem gleichen Gesetz unterliegen wie die der geschabten, während die Gerade für

Tabelle 1. Konstanten der Beziehung zwischen dem Kontaktwiderstand und seiner Streuung

Werkstoff	k_R	$k_{R\max}$	m_R	Bemerkungen
Au	0,22	0,48	1,39	Laboratmosphäre, geschabt
AuNi5	0,06	0,22	1,45	
AuAg 20	0,12	0,30	1,20	
AuAg 40	0,17	0,36	1,18	
AgPd 30	0,10	0,70	1,33	
AgCd 15	0,15	0,50	1,22	
PtIr 5	0,10	0,30	1,27	
PtIr 20	0,10	0,38	1,26	
PtIr 40	0,10	0,40	1,24	
Pd	0,10	0,26	1,29	
Pt	0,10	0,26	1,32	
AgCu 10	0,18	0,40	1,26	
AgCu 8	0,18	0,47	1,23	
AgCu 3	0,25	0,90	1,17	
AgCu 3	0,60	1,00	1,05	
	0,22	0,70	1,15	
AgCu 10	0,13	—	1,06	H_2S-Atmosphäre, poliert
AgCu 8	0,09	—	1,06	
AgCu 3	0,07	—	1,10	
E-Ag	0,09	—	1,13	
Cu	0,35	1,00	1,10	Laboratmosphäre, geschabt
Messing	0,20	0,50	1,22	
Al	0,70	1,50	1,00	
Cu/Ag	0,51	0,90	0,97	Labor-atm., 0,2 μm Ag-Schicht [8]
Cu/Ag	0,36	0,60	1,07	0,65 μm Ag-Schicht [8]
Cu/Ag	0,29	0,35	1,11	1,0 μm Ag-Schicht [8]
Cu/Ag	0,21	0,30	1,07	0,45 μm Ag-Schicht [8]
Cu/Ag	0,44	0,55	0,95	geschabt [8]
Cu/Ag	0,24	0,30	1,19	poliert [8]
Cu	0,60	0,80	0,19	unbearbeitet [8]

mit H_2S behandelte Kontakte einen etwas geringeren Anstieg aufweist und unterhalb der Kurven für geschabte oder chemisch polierte Kontakte liegt. Sie weist demzufolge geringere Streuungswerte aus. Ihre Konstanten liegen bei:

$$m_R = 1{,}1 \quad \text{und} \quad k_R = 0{,}09.$$

Vermutlich ist unter den zeitraffenden Bedingungen des Klimatests auf der glatteren Kontaktoberfläche eine gleichmäßigere Fremdschicht entstanden, die Ursache der etwas geringeren Streuung ist.

1.5.4. Ermittlung der Ausfallwahrscheinlichkeit aus der Kenntnis des Kontaktwiderstandsmittelwertes

Wenn wir voraussetzen, daß die durch Fremdschichtbildung verursachte Kontaktwiderstandserhöhung über das zulässige Maß hinaus die dominierende Ausfallursache elektrischer Kontakte darstellt, so können wir die Wahrscheinlichkeit, mit der ein bestimmter vorgegebener Kontaktwiderstandswert R_{k0} (Ausfallkriterium) überschritten wird, als Ausfallwahrscheinlichkeit bezeichnen, die z. B. mit Hilfe der *Tschebyscheff*-

schen Ungleichung abgeschätzt werden kann. Sie erfordert lediglich die Kenntnis von Mittelwert und Streuung und lautet:

$$P(/R_k - \bar{R}_k/ > \lambda\, s_R) \leqq \frac{1}{\lambda^2}. \tag{5}$$

Setzen wir weiterhin an:

$$R_{k0} = \bar{R}_k + \lambda\, s_R, \tag{6}$$

so erhalten wir unter Verwendung des Zusammenhangs zwischen Mittelwert und Streuung des Kontaktwiderstandes (Formel (4)) für die Ausfallwahrscheinlichkeit:

$$P_A \leqq \left(\frac{k_R \bar{R}_k^{m_R}}{R_{k0} - \bar{R}_k}\right)^2. \tag{7}$$

Da für hohe Zuverlässigkeit gefordert wird: $R_{k0} \gg \bar{R}_k$, können wir an Stelle von (7) auch schreiben:

$$P_A \leqq \left(\frac{k_R}{R_{k0}}\right)^2 \bar{R}_k^{2m_R}. \tag{8}$$

Wenden wir hierauf die R_k/F_k-Beziehung (Formel (1)) an, so erhalten wir:

$$P_A \leqq \left(\frac{k_R k^{m_R}}{R_{k0}}\right)^2 F_k^{-2m \cdot m_R}. \tag{9}$$

Diese Beziehung ist geeignet, die zur Gewährleistung einer bestimmten Mindestzuverlässigkeit erforderliche Mindestkontaktkraft bei gegebenem Ausfallkriterium abzuschätzen. Aus (9) ergibt sich dann:

$$F_{k\min} = \left[\frac{1}{\sqrt{P_A}} \frac{k_R k^{m_R}}{R_{k0}}\right]^{1/m \cdot m_R}. \tag{10}$$

Mit den ermittelten Werten für k_R (mittlere bis maximale Streuung) und m_R erhalten wir bei $m = 1/2$ (elastische Verformung mit Fremdschicht) die Beziehung:

$$F_{k\min} = (0{,}05 \ldots 0{,}29) \frac{k^2}{R_{k0}^{1,6} \cdot P_A^{0,8}}. \tag{11}$$

Dabei ist der Wert von k (Kontaktwiderstand bei $F_k = 1$ cN) in mΩ am Ende der Lebensdauer einzusetzen. Wird R_{k0} ebenfalls in mΩ eingesetzt, dann ergibt sich $F_{k\min}$ in cN. Zur Veranschaulichung betrachten wir noch ein Zahlenbeispiel. Mit $P_A = 10^{-4}$, $R_{k0} = 1\ \Omega$ und $k = 100$ mΩ erhalten wir eine erforderliche Mindestkontaktkraft von 1,2 bis 7,3 cN.

Literaturverzeichnis

[1] *Urbig, J.:* Untersuchung von Fremdschichtwiderständen an elektrischen Kontakten. Diplomarbeit, TH Karl-Marx-Stadt 1974

[2] *Hempelmann, C.:* Statistische Messungen des Kontaktwiderstandes an gekreuzten Zylindern. Diplomarbeit, TH Karl-Marx-Stadt 1976

[3] *Urbig, J.:* Hautwiderstände an ruhenden Kontakten in Abhängigkeit von der Kontaktkraft und der Zeit. Nachrichtentechnik — Elektronik 24, 8 (1974) 305—307

[4] *Weibull, W.:* A statistical distribution function for wide applicability. Journal of Applied Mechanics 18 (1951) 293—297

[5] *Höft, H.:* Zuverlässigkeit von Bauelementen. Lehrbriefe für das Hochschulfernstudium, VEB Verlag Technik, Berlin 1973

[6] *Bär, G.:* Ermittlung und Aussagekraft statistischer Kontaktwiderstands-Kennwerte. Elektrie 28, 7 (1974) 375–377

[7] *Urbig, J.:* Untersuchungsbericht „Übergangswiderstandsmessungen an Koordinatenschaltern des Typs 20/71-112/20-101 vom VEB Fernmeldewerk Arnstadt." TH Karl-Marx-Stadt 1975 (unveröffentlicht)

[8] *Grimmer, G.:* Erprobung eines Kontaktwiderstandsmeßplatzes für geschichtete Kontaktsysteme. Diplomarbeit, TH Karl-Marx-Stadt 1976

2. Werkstoff- und technologische Probleme

2.1. Prüfung neuer Kontaktwerkstoffe für die Vermittlungstechnik

Von *H. Hensel*, *U. Diehm* und *H. Juhre*

Institut für Nachrichtentechnik Berlin

2.1.1. Auswahl von Kontaktwerkstoffen bezüglich der Materialökonomie und der Gebrauchseigenschaften

Die internationale Edelmetallsituation zeigt einen steigenden Bedarf für die Elektroindustrie, im besonderen für Kontaktwerkstoffe. Angebot und Nachfrage sind nicht mehr ausgewogen, Preisanstiege sind u. a. die Folge. In [1] wird dazu weiter ausgeführt, daß bei weiterem exponentiellen Bedarfsanstieg die Reserven in wenigen Jahrzehnten erschöpft sind. Als Möglichkeiten der Edelmetalleinsparung werden die z. Z. verwendeten Schaltsysteme der Nachrichten- und Energietechnik genannt, bei denen noch 90% des Silbers als Materialreserve gegenüber Lichtbogenerosion vorhanden sind. Die Schaltungsentwickler müssen also nach neuen konstruktiven Lösungen suchen. Aber auch technologische Varianten bieten sich an, wie z. B. Bimetallprofildrähte, Manteldrähte, Kontaktschweißen, Minikontakte, neue Kontaktstückformen [2, 3]. Die dritte Möglichkeit wird im Einsatz edelmetallärmerer Kontaktwerkstoffe gesehen.
Über derartige Untersuchungen an Kontaktbauelementen mit offenen Kontakten wird im folgenden berichtet.
Die Anforderungen sind dabei im wesentlichen unverändert geblieben: konstanter und möglichst niedriger Kontaktwiderstand R_K und eine ca. 30jährige Lebensdauer ($\triangleq 5 \times 10^7$ bis 10^8 Schaltungen). Bislang wurden für die Vermittlungstechnik hauptsächlich Silber- und Silber-Palladium-Legierungen eingesetzt.
Auf Grund des internationalen Trends, durch Mehrstofflegierungen den Edelmetallanteil zu reduzieren, wurde folgende Auswahl getroffen: Ag, AgPd30, AgNi 0,1, AgCu10, AgCu22, AgZn26Cu1, AgZn14Cu3Ni2. Vorgesehen sind weiterhin: AgPd10, AgPd20-Mg0,3 (inneroxidiert).
Der Versuchsdurchführung lagen folgende Erwägungen zugrunde: Da bislang noch immer keine internationalen Standards für Kontaktprüfungen vorhanden sind, aus denen das Betriebsverhalten der Kontakte hinreichend genau abgeleitet werden kann, sollten Betriebs- und Laboruntersuchungen parallel durchgeführt werden.

2.1.2. Betriebsprüfungen in der Automatischen Telefonzentrale ATZ 65

In Bild 1 wird das Kontaktverhalten der genannten 7 Werkstoffe im Zeitraum von 24 Monaten an je 91 Kontakten dargestellt. Beim Betrieb des mit Relais (Flachrelais F 48) bestückten Speisestromumsetzers sind die Kontakte einer Vielzahl von elektrischen Belastungen ausgesetzt.
Als Umgebungsbedingungen seien die Mittelwerte der Temperatur mit 20,5 °C und der relativen Feuchte mit 66,5% genannt. Der H_2S-Gehalt der Raumluft betrug weniger als 5 μg/m^3 (Einzelmessung). Dieser Wert ist als niedrig anzusehen. Andere Messungen in Berliner Ämtern ergeben max. 21 μg/m^3.
Die Messung des Kontaktdurchgangswiderstandes R_D erfolgte im Abstand von 3 Monaten mit einer Meßspannung von $U_{max} = 20$ mV bei 1 kHz, um evtl. vorhandene Deckschichten nicht zu fritten. Beurteilungskriterien sind R_D und S^2 (quadrat. Streuung).

Die in Bild 1 aufgetragenen Strecken für R_D und S^2 veranschaulichen die Streuung der jeweiligen Mittelwerte aus den turnusmäßigen Einzelmessungen. Desweiteren werden die R_D-Erhöhungen von $\geqq 1\,\Omega$ und der Anlaufgrad der Kontaktoberflächen ausgewiesen. Aus der Darstellung ist zu entnehmen, daß die Kontaktwerkstoffe AgCu 10 und AgZn 26 Cu 1 das beste Kontaktverhalten zeigen. Silber weist zwar auf der Oberfläche

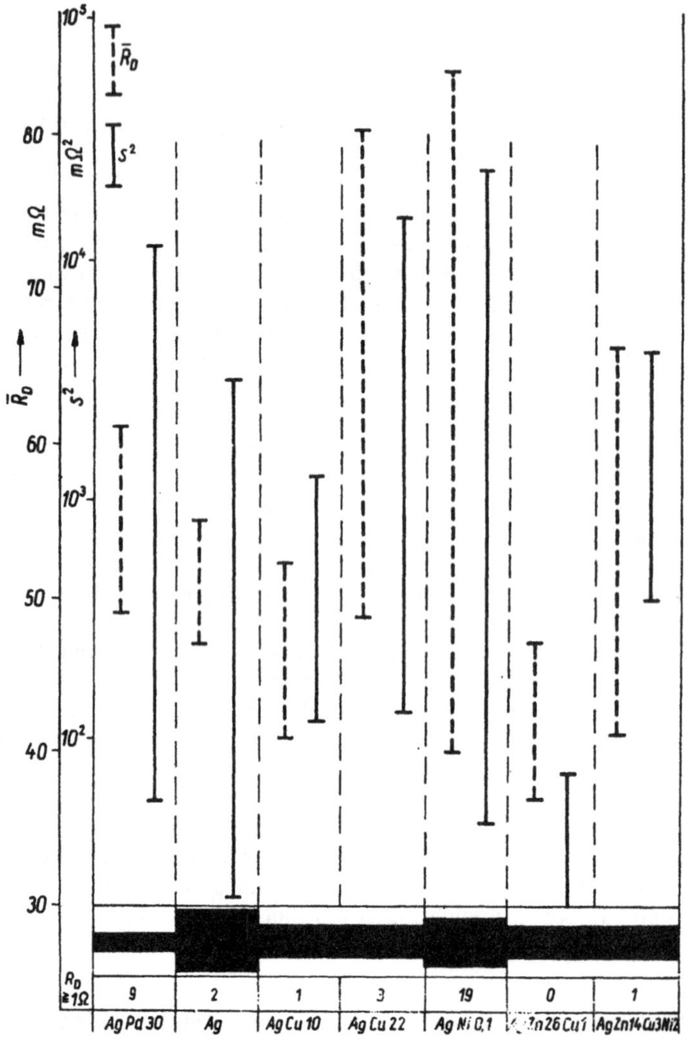

Bild 1. Kontaktverhalten von Silber und Silberlegierungen im Betriebsversuch (Speisestromumsetzer ATZ 65).
Versuchsdauer: 24 Monate (ca. 80000 bis 100000 Belegungen) außer AgZn 26 Cu 1 und AgZn 14 Cu 3 Ni 2 mit 10 Monaten Versuchsdauer. 91 Prüfkontakte pro Kontaktmaterial

dunkle, sulfidische Anlaufschichten auf, ist aber im Kontaktverhalten nicht schlechter als das anlaufbeständigere AgPd 30. Das ungünstigste Verhalten zeigen AgCu 22 und mit Abstand AgNi 0,1. Die Kontakterosion war auf Grund der erreichten Betätigungszahlen gering. Funktionsstörungen der betrachteten Kontakte konnten vom Wartungspersonal nicht nachgewiesen werden.

2.1.3. Lebensdauerprüfungen im Labor

2.1.3.1. Messung des Abbrandes bzw. der Materialwanderung

Die Untersuchungen erfolgten wiederum am Flachrelais 48 mit den bereits genannten Kontaktwerkstoffen, Kontaktform A $2 \times 0{,}6$, geschweißt. Es wurden vier repräsentative Lastfälle ausgewählt:

1. 60 V (Gleichspannung), 100 mA, ohmscher Widerstand (RGW-Standard),
2. 60 V (Gleichspannung), 50 mA, 20 H, ohne Funkenlöschung,
3. 60 V (Gleichspannung), 10 mA, 200 H, 0,25 μF/600 Ω,
4. 60 V (Gleichspannung), 500 mA, 2,5 H, 1 μF/100 Ω.

Schaltfrequenz: 5 Hz, Betätigungen: $2 \cdot 10^7$ bzw. 10^8; Umgebungsbedingungen: 20 °C $\pm$ 2 K, 70 $\pm$ 5% rel. F., H_2S-Gehalt im Prüfraum < 5 μg/m³, staubarme Atmosphäre durch fensterlosen Raum und Luftschleuse. Der Abbrand wurde mit einem Mikroskop gemessen, die Materialwanderung (Richtung und Form) visuell betrachtet.
In den Bildern 2 und 3 wird das Lebensdauerverhalten (Abbrand/Schaltzahl) der Kontaktwerkstoffe bei unterschiedlichen Lastfällen dargestellt. Aus den Ergebnissen werden folgende Schlußfolgerungen gezogen:

Die Kontakterosion wird im wesentlichen von der Größe der wirksamen Abschaltenergie bestimmt. Unabhängig vom Kontaktwerkstoff trat demnach die geringste Erosion bei den Belastungsfällen 3 und 1 auf. Selbst nach 10^8 Betätigungen blieb der Verschleiß

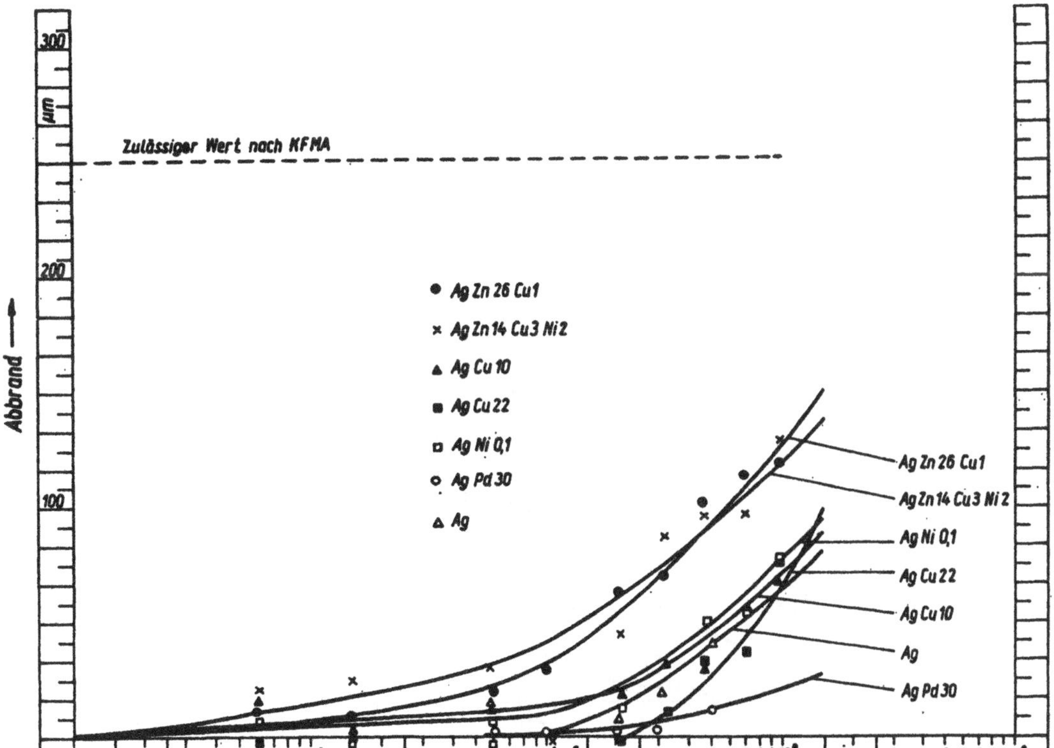

Bild 2. Lebensdauerverhalten von Kontaktwerkstoffen bei 10^8 Betätigungen. Belastungsfall 3: 60 V (Gleichspannung), 10 mA, 200 H, mit Funkenlöschung (600 Ω, 0,25 μF)

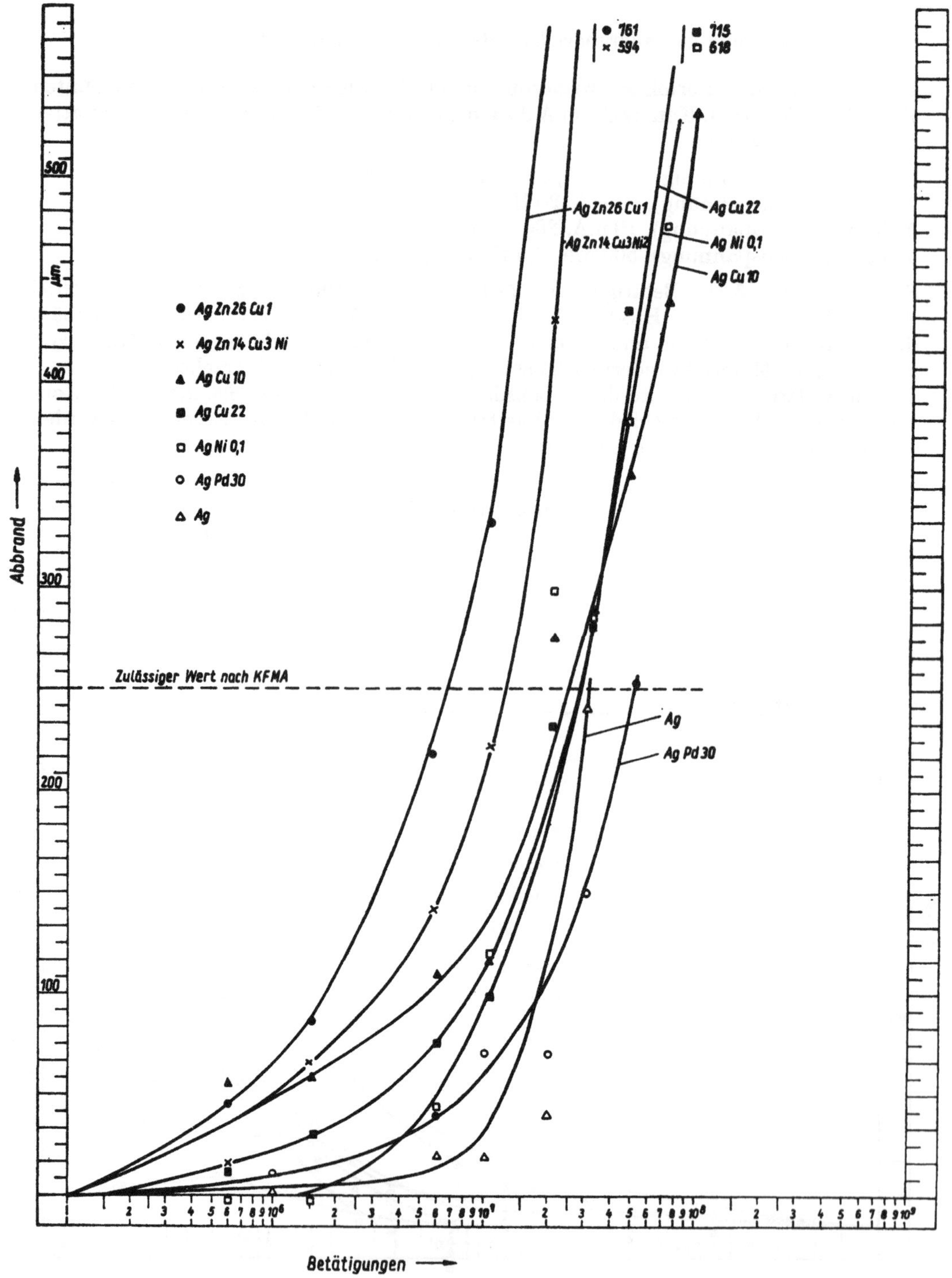

Bild 3. Lebensdauerverhalten von Kontaktwerkstoffen bei 10^8 Betätigungen. Belastungsfall 2: 60 V (Gleichspannung), 50 mA, 20 H, ohne Funkenlöschung

unter dem zulässigen Wert. Dagegen wird bei den Belastungsfällen 2 und 4 bei allen Kontaktwerkstoffen und wesentlich geringeren Betätigungszahlen der zulässige Wert überschritten.
Die zinkhaltigen Legierungen wiesen die größte Erosionsrate auf. Zum Beispiel kam es beim Belastungsfall 4 trotz Funkenlöschung zu einer Lichtbogenbildung. Somit lag der Schluß nahe, daß die Kontakte bei der vorliegenden Kontaktbelastung bereits im Bereich des stabilen Lichtbogens schalten.

2.1.3.2. Ermittlung der Lichtbogenmindestspannung und des -mindeststromes

Zur weiteren Deutung des unterschiedlichen Lebensdauerverhaltens der untersuchten Kontaktwerkstoffe verschiedener Belastungen wurden Lichtbogengrenzkurven für den stabilen und instabilen Lichtbogen sowie seine Brenndauer bestimmt. Aus Tabelle 1 geht hervor, daß die Lichtbogenmindestwerte der zinkhaltigen Ag-Legierungen beträchtlich unter denen der anderen Legierungen liegen. Dadurch wird belastungsmäßig der Anwendungsbereich dieser zinkhaltigen Ag-Legierungen eingeschränkt. Die gleiche Tendenz zeigte sich bei der Brenndauer des Lichtbogens bei unterschiedlichen Stromstärken. Ag Pd 30 wies das beste Verhalten auf, während die zinkhaltigen Legierungen schon bei geringen Stromstärken eine lange Brenndauer hatten.

Tabelle 1. Lichtbogenmindeststrom und -mindestspannung

Kontaktwerkstoff	Mindeststrom I_{min} in A bei 60 V		Mindestspannung U_{min} in V bei 4,3 A	
	gemessen	grafisch	gemessen	grafisch
Ag	0,39	0,36	12,5	12,0
AgPd 30	0,38	0,40	13,7	13,7
AuNi 5	0,38	0,36	11,8	11,6
AgNi 0,1	0,42	0,47	13,7	13,7
AgCu 10	0,42	0,33	13,0	12,7
AgCu 22	0,33	0,33	11,6	11,6
AgZn 14 Cu 3 Ni 2	0,19	0,18	9,0	9,0
AgZn 26 Cu 1	0,19	0,17	9,1	9,3

2.1.3.3. Verhalten des Kontaktdurchgangswiderstandes

Zur Ergänzung der elektrischen Erosionsprüfung wurde im gleichen Programm intervallmäßig R_D ermittelt und mit einem EDV-Programm ausgewertet. Zur statistischen Interpretation wurden jeweils ca. 1100 Meßwerte herangezogen. Folgende Parameter wurden ausgewiesen: Minimal- und Maximalwert, Medianwert, 90- und 95%iges Quantil, Grenzwertüberschreitung von $\geqq 3\,\Omega$, Mittelwert, Konfidenzintervall, quadratische Streuungen und absolute Häufigkeiten.
Die Ergebnisse decken sich mit denen des Erosionsverhaltens. Bei Beendigung der Lebensdauer kommt es teilweise zu großen R_D-Erhöhungen, insbesondere bei den zinkhaltigen Ag-Legierungen sowie generell beim Belastungsfall 2 und 4. Ein störendes Fremdschichtverhalten konnte nicht nachgewiesen werden.

2.1.4. Prüfung des Kontaktverhaltens unter Schadstoffeinfluß

Durch die zunehmende Anreicherung von Schadstoffen in der Atmosphäre, denen der offene Kontakt in der Vermittlungstechnik ausgesetzt ist, wird eine solche Prüfung der Kontakte für unumgänglich gehalten. Dazu erscheint es sinnvoll, Schadstoffkonzentra-

tionen in Räumen von Vermittlungsanlagen, aber auch in der Außenatmosphäre, zu erfassen. Hierzu liegen eine Reihe von gesicherten Angaben insbesondere aus der DDR und der ČSSR vor [4, 5].
Als zweite Frage ergibt sich, wie wirken diese Schadstoffe einzeln oder als Gemisch auf den elektrischen Kontakt in Abhängigkeit von Temperatur und relativer Feuchte im praktischen Betrieb? Auch darüber gibt es Veröffentlichungen, allerdings mit unterschiedlichen Ergebnissen und Schlußfolgerungen [6, 7]. Damit ist auch die Tatsache erklärbar, daß international bislang noch keine verbindlichen Prüfmethoden vorhanden sind. Für Kontaktwerkstoffe auf Silberbasis scheint jedoch die H_2S-Konzentration den größten Einfluß auf die Deckschichtbildung und damit auf die R_D-Erhöhung auszuüben. So ließen *Tlamsa* und *Novak* [8] die Zusammensetzung von Deckschichten mittels einer Mikrosonde analysieren, die sich unter Einwirkung von H_2S, SO_2 bei bestimmter Temperatur und relativer Feuchte gebildet hatten (Tabelle 2). Sie stellten fest, daß die

Tabelle 2. Chemische Zusammensetzung von isolierenden Fremdschichten auf Silberoberflächen (Methode der katodischen Reduktion) [8]
r. F. — relative Feuchte

Prüfatmosphäre	Ag_2O Ag^I in $\mu g/cm^2$	Ag_2S Ag^I in $\mu g/cm^2$
0,2 Vol.-% H_2S, 90% r. F., 5 h	—	38,8
0,1 Vol.-% H_2S und 0,1 Vol.-% SO_2, 95% r. F., 5 h	—	16,4
0,2 Vol.-% SO_2, 95% r. F., 5 h	4,4	8,2
0,1 Vol.-% H_2S und 0,1 Vol.-% SO_2, 35% r. F., 5 h	1,8	8,0
0,2 Vol.-% H_2S, 30% r. F., 5 h	1,4	6,1

R_D-Erhöhung durch Deckschichtbildung bei einer relativen Feuchte von $\geqq 90\%$ erheblich zunimmt [9]. Aus allen bisher zugänglichen Untersuchungen kommt man zu dem Schluß, zeitraffende Schadstoffprüfungen im Labor nach folgendem Programm durchzuführen:

H_2S-Konzentration im Bereich von 0,1 bis 1 ppm
($\triangleq$ 150 bis 1500 $\mu g/m^3$),
SO_2-Konzentration im Bereich von 10 bis 20 ppm
($\triangleq$ 15 bis 30 mg/m^3),
im durchfließenden System als Gemisch oder einzeln;
Temperatur 30 °C $\pm$ 2 K, Relative Feuchte 60 bis 75%,
Arbeitsfrequenz der Kontakte $\leqq$ 3 Hz,
Untersuchungszeit 6 Monate mit mehreren Stillstandszeiten, deren Gesamtzeit 4 Monate nicht unterschreiten soll.

Für die Dosierung und Kontrolle der Schadstoffkonzentrationen werden entsprechende Einrichtungen geschaffen. Als Beurteilungskriterium wird die R_D-Erhöhung zugrunde gelegt. Des weiteren erfolgen spezifische Untersuchungen an den sich gebildeten Deckschichten, z. B. mit Hilfe der Elektronenstrahlmikrosonde.

2.1.5. Kontaktprüfgerät

Zur Prüfung des Ausfallverhaltens von schaltenden Kontakten der Vermittlungstechnik, bei der eine Reihe von Kontaktwerkstoffen unterschiedlichen elektrischen Belastungen ausgesetzt werden, wurde ein Kontaktprüfgerät gebaut. Das Gerät hat die Aufgabe, die Überschreitung von Widerstandsgrenzwerten an 180 ungeschützten Kontakten bei vorgegebener Umgebungsbeanspruchung und verschiedener elektrischer Belastung (lastlos, ohmsch, induktiv) zu registrieren. Des weiteren wird ein korrektes Öffnen der Kontakte kontrolliert ($U_K \geqq 30$ V). Als Kriterium wird der Spannungsabfall am Prüfkontakt benutzt, wobei als kleinster Widerstandsgrenzwert 1 Ω festgelegt wurde. Das entspricht einem Spannungsabfall von 10 mV am geschlossenen Kontakt bei minimalem Prüfstrom. Elektrisch nicht gefrittete Kontakte werden mit einer Wechselspannung von 20 mV gemessen. Die 180 Prüfkontakte werden in 3 Gruppen zu je 60 Kontakten eingeteilt. Die Gruppen leisten nacheinander jeweils 10^4 Schaltspiele ab. Treten innerhalb dieses Intervalls mehr als 5 Grenzwertüberschreitungen pro Kontakt auf, wird der Kontakt als ausgefallen deklariert.
Den ausgewählten elektrischen Belastungen entsprechend, wurden folgende Widerstandsgrenzwerte zugeordnet:

1 mA, *LC*-frei:	10 Ω,
10 mA, 200 H mit Funkenlöschung:	2,5 Ω,
50 mA, 20 H ohne Funkenlöschung:	10 Ω,
100 mA, *LC*-frei:	1 Ω.

Für jeden Prüfkontakt ist ein elektromechanischer Impulszähler zur Fehlerregistrierung eingesetzt. Die Betätigungsfrequenz ist von 0,8 bis 12 Hz einstellbar und wurde mit 3 Hz festgelegt. Die Meßzeit beträgt 700 μs, dabei hat es sich als günstig erwiesen, kurz vor Ende der Schließ- bzw. Öffnungszeit zu messen. Zur Messung des Kontaktdurchgangswiderstandes wird ein Kontaktmeßplatz angeschlossen, der aus zwei Meßstellenumschaltern, einem Digitalvoltmeter und einem Meßwertlochersystem besteht. Mit diesen beiden gewonnenen Informationen — Grenzwertüberschreitung (für jedes Schaltspiel) und intervallmäßige Widerstandsmessungen — wird die Aussagekraft der Kontaktuntersuchungen erhöht.
Zur statistischen Auswertung werden die Meßwerte EDV-gerecht abgespeichert.

2.1.6. Zusammenfassung

Zum Zwecke der Edelmetallreduzierung und zur Verbesserung des Lebensdauerverhaltens wurden in Betriebs- und Laboruntersuchungen neue Kontaktwerkstoffe für die Vermittlungstechnik geprüft. Neben den herkömmlichen Werkstoffen Ag, AgPd30 und AgNi0,1 wurden die Legierungen AgCu10, AgCu22, AgZn26Cu1 und AgZn14Cu3Ni2 mit einbezogen. Nach zweijährigem Betriebsversuch zeigten AgCu10 und AgZn26Cu1 das beste Kontaktverhalten. Bei den Lebensdauerprüfungen im Labor bez. Erosion wiesen die zinkhaltigen Legierungen jedoch die größte Rate auf, so daß sie für weitere Betrachtungen ausscheiden. Durch die Ermittlung der Lichtbogengrenzkurven wurde deutlich, daß die zinkhaltigen Ag-Legierungen bereits im Bereich des stabilen Lichtbogens schalten und deshalb eine so hohe Erosion aufweisen. Um das Gesamtverhalten von Kontaktwerkstoffen besser beurteilen zu können, sind weitere Prüfungen unter Schadstoffatmosphäre notwendig. Dazu wurde ein Prüfprogramm und ein Kontaktprüfgerät vorgestellt.

Literaturverzeichnis

[1] *Merl, W. A.:* Zur Frage des Edelmetallbedarfs der Elektroindustrie und ihrer Versorgung. VDE-Seminar „Kontaktverhalten und Schalten", Karlsruhe BRD, Oktober 1975

[2] *Hensel, H., Martin, H.:* Möglichkeiten der Edelmetalleinsparung bei Schwachstromkontakten. REKO'75 Budapest, S. 521–537

[3] *Häußler, G., Schlegel, H.* und *Scheibe, H.:* Maßnahmen zur Edelmetalleinsparung bei der Herstellung elektrischer Kontakte. Neue Hütte **20**, 2 (1975) 117–125

[4] *Kaiser, E.:* Schadstoffkonzentrationen in den technischen Betriebsräumen fernmeldetechnischer Einrichtungen der Deutschen Post. V. Kontakttagung der DDR, Nov. 1976

[5] Konsultation bei Tesla-Prag, Mai 1976

[6] *Potinecke, J.:* Kontaktoberflächen in Prüf- und Industrieatmosphäre. ETZ-B **27**, 9 (1975) 210–211

[7] *Abbott, W. H.:* Effects of industrial air pollutants on electrical contact materials. IEEE Transaction on parts, hybrids an packaging **10**, 3 (1974) 24–27

[8] *Tlamsa, J.* und *Novak, J.:* Persönliche Information. Tesla-VUST, Prag 1976

[9] *Tlamsa, J.* und *Novak, J.:* Zweite persönliche Information. Tesla-VUST, Prag 1976

2.2. Metallkundliche Probleme bei der Entwicklung von Kontaktwerkstoffen auf Basis Silber-Palladium

Von *D. Rühlicke*

Bergbau- und Hüttenkombinat „Albert Funk", Freiberg

2.2.1. Einleitung

AgPd-Legierungen mit 5 bis 60% Pd sind international gebräuchliche Werkstoffe für Abhebekontaktstücke in Schaltgeräten der Schwachstromtechnik. Der Palladiumzusatz bewirkt eine Verbesserung der unzureichenden Gebrauchseigenschaften des reinen Silbers, insbesondere der Korrosionsbeständigkeit gegenüber schwefelhaltigen Atmosphären und der mechanischen Festigkeit. Gleichzeitig wird die Neigung zum Verschweißen der Kontaktstücke während der Kontaktgabe herabgesetzt und die Beständigkeit gegen Kontakterosion durch Materialwanderung erhöht.
Aus den mit der Mischkristallbildung im System Ag-Pd gekoppelten Eigenschaftsänderungen geht hervor, daß Werkstoffe auf Basis AgPd nur eine Kompromißlösung darstellen können. Diese Aussage wird durch die Ergebnisse der Kontakt- und Deckschichtforschung der letzten 5 Jahre bestätigt, wonach je nach Einsatzgebiet und Beanspruchungsniveau die korrosionschemischen, mechanischen und elektrischen Eigenschaften und die daraus ableitbaren Kontakteigenschaften Gegenstand der Diskussion und Kritik waren. Diese Situation kommt auch in der Unsicherheit bei der Anwendung dieser Werkstoffe zum Ausdruck. Oftmals wird der Werkstoffeinsatz noch primär von Erfahrung und Tradition bestimmt, so daß für vergleichbare Beanspruchungsbedingungen Werkstoffe mit 20 bis 40% Pd international üblich sind. Verbesserung der Gebrauchseigenschaften kommerzieller AgPd-Werkstoffe einerseits und der Materialökonomie des Werkstoffeinsatzes andererseits sind somit die Motivierung für die zur Zeit in mehreren Ländern anhaltenden Bemühungen zur Weiterentwicklung dieser Werkstoffe unter Einbeziehung ternärer Legierungselemente und zur Optimierung des Palladium-Gehaltes.

2.2.2. Werkstoffeigenschaften

2.2.2.1. Elektronenstruktur und physikalische Eigenschaften

Silber und Palladium sind bei höheren Temperaturen isomorph mischbar. Unterhalb 1200 °C finden Entmischungsvorgänge unter Bildung der Phasen Ag_2Pd_3 und AgPd statt (Bild 1). Legierungen mit bis zu 40 At-% Pd, die bevorzugt als Kontaktwerkstoffe eingesetzt werden, sind bei Raumtemperatur durchweg homogen.
Das System AgPd ist charakterisiert durch einen asymmetrischen Verlauf der thermodynamischen Zustandsgrößen, insbesondere der integralen Werte der freien Enthalpie ΔG und der Enthalpie ΔH (Bild 2), der allein durch die mit der Mischkristallbildung eintretende Veränderung des Konfigurationsanteils und der Schwingungsanteile durch Elektronen und Phononen nicht erklärbar ist ([2]). Der durch Minima bei 40 At-% Pd gekennzeichnete Verlauf von ΔG und ΔH korrespondiert aber mit der Änderung einiger physikalischer Größen wie der magnetischen Suszeptibilität, der Fermi-Energie sowie der Ladungsträgerdichte und -beweglichkeit (Bild 2). Diese Abhängigkeiten werden auf der Grundlage des Zweibändermodells durch Veränderungen der Elektronenstruktur verständlich ([2, 3, 4]). Bei der Bildung von AgPd-Mischkristallen tritt eine Überlappung

der Energiebänder auf. Da Palladium-Atome die bevorzugten Elektronenkonfigurationen $4d^{10}$ und $4d^9 5s^1$ mit 0,6 Defektelektronen pro Atom besitzen, findet eine Transformation von $5\,s^1$-Elektronen des Silbers in die Löcher des d-Bandes der Palladium-Atome statt. Pro Silber-Atom werden hierbei 0,4 Elektronen abgegeben. Daraus ergibt sich, daß bei 40 At-% Palladium alle Defektstellen im d-Band besetzt sind. Dieser Zustand, der auch ein Minimum der Fermi-Energie aufweist, zeichnet sich deshalb durch eine besondere Stabilität aus, was auch in den daraus ableitbaren physikalischen und chemischen Eigenschaften zum Ausdruck kommt (Bilder 2, 4, 8). Abweichungen von dieser bevorzugten Zusammensetzung haben infolge eines Überschusses von $5\,s^1$-Elektronen (für $C_{Ag} >$

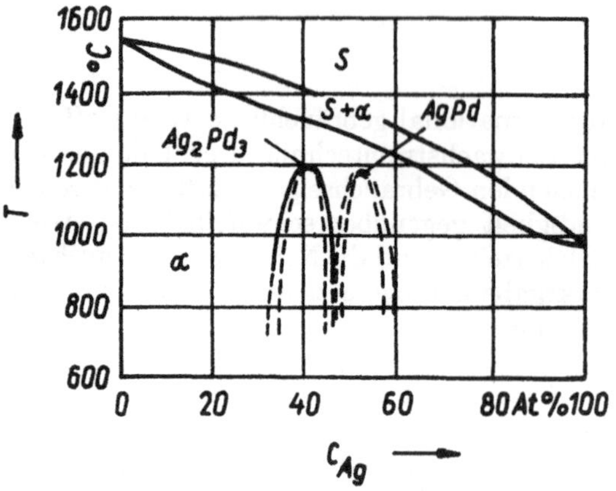

Bild 1. Zustandsdiagramm Ag-Pd (nach [1])

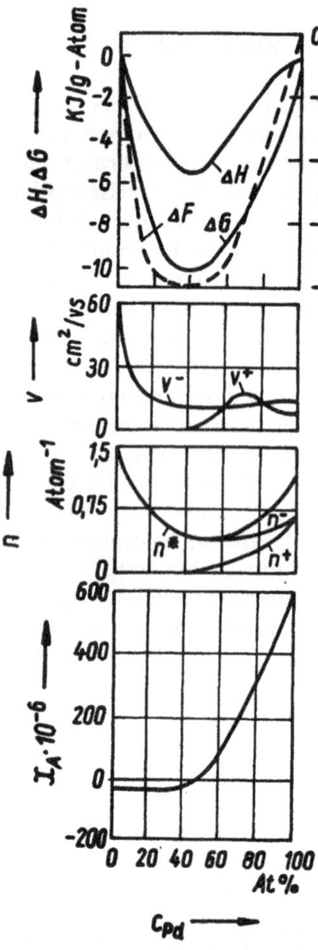

Bild 2. Änderung einiger physikalischer Größen im System Ag-Pd

ΔH — Enthalpie (nach [2]),
ΔG — Freie Enthalpie (nach [2]),
ΔF — Änderung der Fermi-Energie (nach [3]),
v — Beweglichkeit der Ladungsträger (nach [4]),
n — Ladungsträgerdichte (nach [4]),
χ_A — Atomsuszeptibilität (nach [5])

60 At-%) bzw. an $4d^{10}$-Defektelektronen (für $C_{Ag} < 60$ At-%) charakteristische Eigenschaftsänderungen zur Folge, die im allgemeinen zur einer Verschlechterung der Kontakteigenschaften führen (z. B. Erhöhung des Kontaktwiderstandes durch Deckschichtbildung für $C_{Pd} < 40$ At-% bzw. Polymerbildung für $C_{Pd} > 40$ At-%).
Von den physikalischen Eigenschaften binärer AgPd-Werkstoffe sind für die Verarbeitungs- und Kontakteigenschaften vor allem die elektrische und thermische Leitfähigkeit, die Elastizitätsmoduln sowie die mechanische Festigkeit von Bedeutung.
Mit dem Zusatz von Palladium zu Silber erfolgt Mischkristallhärtung der Silbermatrix. Gleichzeitig erhöht sich der Elastizitätsmodul (Bild 3). AgPd-Werkstoffe weisen somit gegenüber Silber grundsätzlich verbesserte mechanische Eigenschaften auf. Die Härte-

erhöhung beträgt für den rekristallisierten Zustand im Bereich 0—40 Masse-% Pd etwa HV/% Pd = 1,25. Der gebräuchlichste Werkstoff AgPd30 besitzt im rekristallisierten Zustand Härtewerte von HV = 60 bis 70, die sich durch Kaltverformung bis auf HV = 160—180 steigern lassen. Aus Bild 3 folgt, daß der Mischkristallhärtungseffekt durch Palladiumzusatz nur gering ist. Die Ursache hierfür ist die geringe Atomgrößen- und Moduldifferenz im System Ag-Pd. Mit dem Auftreten der Phasen Ag_2Pd_3 und AgPd erfolgt ein Festigkeitsabfall ([1]).

Die mit dem Palladium-Zusatz verbundene chemische Fehlordnung bewirkt einen starken Anstieg des spezifischen elektrischen Widerstandes ϱ binärer AgPd-Legierungen (Bild 4). Der Restwiderstand ist bis etwa 30 Masse-% Pd temperaturunabhängig und

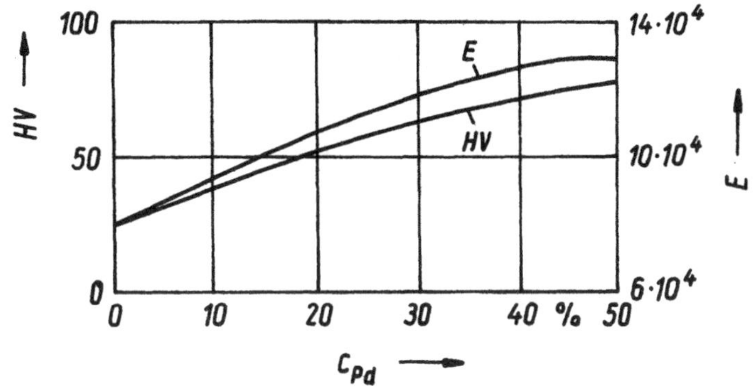

Bild 3. Härte und Elastizitätsmodul im System Ag-Pd (nach [7]); E in N mm^{-2}

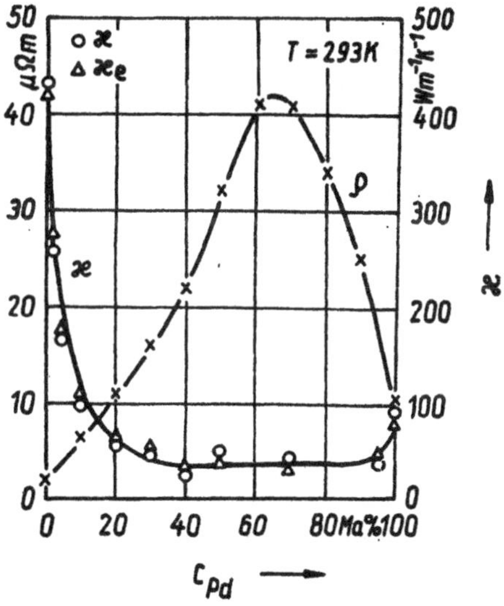

Bild 4. Spezifischer elektrischer Widerstand ϱ und thermische Leitfähigkeit $\varkappa$ ($\varkappa_e$ — Elektronenanteil) im System Ag-Pd (nach [6])

linear proportional der Pd-Konzentration; d. h. die Mathiesensche Regel ist erfüllt. Die atomare Widerstandserhöhung beträgt $\Delta\varrho/\Delta C_{Pd} = 0{,}47\ \mu\Omega\text{cm}/\%\text{Pd}$. Im Existenzbereich der Phasen Ag_2Pd_3 und AgPd weist der Verlauf $\varrho(C_{Pd})$ entsprechende Anomalien auf ([1]).

Analoge Verhältnisse gelten für die thermische Leitfähigkeit $\varkappa$. Der in Bild 4 angegebene Verlauf $\varkappa(C_{Pd})$ für das System Ag-Pd wurde mittels des Wiedemann-Franzschen

Gesetzes unter Berücksichtigung der in [6] gemessenen Konzentrationsabhängigkeit der Lorenz-Zahl L_0 berechnet. Das Wiedemann-Franzsche Gesetz gilt mit $L_0 = 2{,}2 \times 10^{-8}$ W m^{-1} K^{-1} für AgPd-Legierungen nur bis 40 Masse-% Pd; oberhalb dieses Gehaltes ist L_0 stark konzentrationsabhängig. Aus Bild 4 folgt weiterhin, daß der Kurvenverlauf $\varkappa(C_{Pd})$ im wesentlichen durch den Elektronenanteil der thermischen Leitfähigkeit bestimmt wird.

·2.2.2.2. Chemische Eigenschaften

Die chemischen Eigenschaften interessieren im Zusammenhang mit der möglichen Bildung widerstandserhöhender Deckschichten durch den korrosiven Einfluß der Umgebungsatmosphäre. Die Beständigkeit gegenüber Deckschichtbildung kann für den Grenzfall der trockenen Korrosion unter Vernachlässigung reaktionskinetischer Einflüsse durch thermodynamische Berechnung der chemischen Gleichgewichte, d. h. durch Berechnung und Vergleich der chemischen Potentiale der an der Korrosionsreaktion beteiligten Reaktanten in Abhängigkeit von Temperatur, Konzentration der korrosiven Komponente und Legierungszusammensetzung im voraus eingeschätzt werden ([8]).
Für die Reaktion zwischen einem reinen Metall $\langle M \rangle$ und einer gasförmigen, aus einer Atomart bestehenden korrosiven Komponente (X_n) zum Korrosionsprodukt $\langle M_m X_x \rangle$ entsprechend[1])

$$a\langle M \rangle + (X_n) \rightleftharpoons b\langle M_m X_x \rangle : \Delta G_M{}^0 \tag{1}$$

ergibt sich die Änderung der freien Enthalpie dG bei reversiblem, isothermem und isobarem Ablauf zu

$$\mathrm{d}G = \mathrm{d}n_{X_n}^{M_m X_x}[\mu_{X_n}\langle M_m X_x \rangle - \mu_{X_n}(X_n)], \tag{2}$$

wobei $\mu_{X_n}\langle M_m X_x \rangle$ und $\mu_{X_n}(X_n)$ die chemischen Potentiale der korrosiven Komponente im Korrosionsprodukt und in der Gasphase darstellen und $\mathrm{d}_{X_n}^{M_m X_x}$ die infinitesimale Änderung der Zusammensetzung beider Phasen $\langle M_m X_x \rangle$ und (X_n) durch Übergang von Atomen der Art X von einer Phase in die andere bedeutet. Für d$G = 0$ bzw. (wegen $\mathrm{d}n_{X_n}^{M_m X_x} \neq 0$) $\mu_{X_n}\langle M_m X_x \rangle = \mu_{X_n}(X_n)$ existiert für Gl. (1) chemisches Gleichgewicht. Für d$G < 0$ (bzw. $\mu_{X_n}\langle M_m X_x \rangle < \mu_{X_n}(X_n)$) erfolgt Ablauf der Reaktion (1) von links nach rechts, also Korrosion und Deckschichtbildung. Im umgekehrten Fall für d$G > 0$ (bzw. $\mu_{X_n}\langle X_m X_x \rangle > \mu_{X_n}(X_n)$) ist das Korrosionsprodukt instabil, und es findet Reduktion von $\langle M_m X_x \rangle$ statt.
Die chemischen Potentiale aller Reaktanten der Korrosionsreaktion lassen sich nach bekannten thermodynamischen Gesetzmäßigkeiten berechnen (z. B. [9]). Erfolgt der Korrosionsvorgang an einem homogenen Mischkristall $\langle M^1 M^2 \rangle$, so ist die mit der Mischkristallbildung gemäß

$$\langle M_x{}^1 M_y{}^2 \rangle + c\langle M^2 \rangle \rightleftharpoons \langle M_x{}^1 M_{y+c}^2 \rangle : c\overline{\Delta G} \tag{3}$$

verbundene Änderung der partiellen molaren freien Enthalpie $\overline{\Delta G}$ zu berücksichtigen

Für das chem. Potential folgt für diesen Fall

$$\mu_{X_n}\langle M_m X_x \rangle_{(M_x{}^1 M_{y+c}^2)} = \Delta G_m(T)_p - c\overline{\Delta G}(T)_p. \tag{4}$$

Die Berechnung von Legierungsreihen ist nur dann sinnvoll, wenn für $\overline{\Delta G}$ oder (wegen $\overline{\Delta G} = \overline{\Delta H} - T\overline{\Delta S}$) für $\overline{\Delta H}$ und $\overline{\Delta S}$ experimentell bestimmte Daten vorliegen. Für das System Ag-Pd ist diese Voraussetzung durch die Messung von *Pratt* [3] und insbesondere von *Myles* [2] erfüllt. Aus den berechneten Werten der chemischen Potentiale lassen sich dann sog. μ/T-Diagramme und bei Mischkristallen zusätzlich $T_{\ddot{u}}$/c-Diagramme

---

[1]) ⟨ ⟩ bedeutet fester Aggregatzustand; ( ) bedeutet Gasphase

konstruieren, aus denen die Gleichgewichtsbedingungen sowie die Korrosions- und Reduktionsbereiche entnommen werden können.
Im folgenden sind die Ergebnisse der thermodynamischen Berechnungen für das System AgPd den zur Deckschichtbildung auf diesen Werkstoffen vorhandenen experimentellen Angaben gegenübergestellt.

2.2.2.2.1. Korrosionsverhalten in oxidierender Atmosphäre

Wegen $\mu_{O_2}\langle PdO\rangle < \mu_{O_2}\langle Ag_2O\rangle$ besteht das oxidische Korrosionsprodukt von AgPd-Legierungen aus PdO. Auf reinem Palladium sind PdO-Deckschichten für $p_{O_2} = 20$ kPa bis 1060 K stabil; oberhalb dieser Temperatur ist $\mu_{O_2}(O_2) < \mu_{O_2}\langle PdO\rangle$, und es erfolgt Zersetzung des Oxids (Bild 5). Mit steigendem Silbergehalt wird $\mu_{O_2}\langle PdO\rangle_{Ag_mPd_n}$ positiver, wodurch die Übergangstemperatur vom Oxydations- in den Reduktionsbereich $T_ü$ ($\mu_{O_2}\langle PdO\rangle = \mu_{O_2}(O_2)_{20kPa}$) absinkt. Für das System Ag-Pd ergibt sich dann die in Bild 6

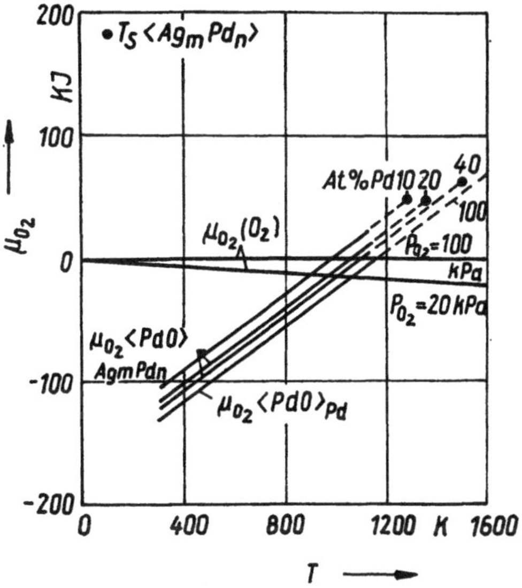

Bild 5. $\mu(T)$-Diagramm für das Korrosionssystem $\langle Ag_mPd_n\rangle/(O_2)/\langle PdO\rangle$

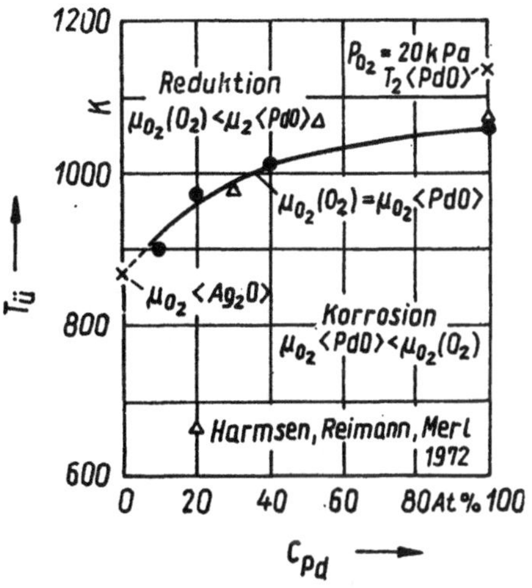

Bild 6. $T_ü(c)$-Diagramm für das Korrosionssystem $\langle Ag_mPd_n\rangle/(O_2)/\langle PdO\rangle$

dargestellte temperatur- und konzentrationsabhängige Ausdehnung des Reduktions- und Korrosionsbereiches. Der berechnete Kurvenverlauf korrespondiert gut mit experimentellen Ergebnissen von *Harmsen* u. a. [10], die die Bildung und Zersetzung von PdO-Deckschichten auf AgPd-Werkstoffen mit Kontaktwiderstandsmessungen verfolgt haben. Für die technisch interessanten Legierungen mit 20 bis 40% Pd beträgt $T_ü \approx 1000$ K, d. h., unterhalb dieser Temperatur bilden sich in oxidierender Atmosphäre mit $p_{O_2} = 20$ kPa auf diesen Werkstoffen Deckschichten aus PdO.

2.2.2.2.2. Korrosionsverhalten in schwefelhaltiger Atmosphäre

Es gilt als gesichert, daß sich auf Silberoberflächen unter dem Einfluß schwefel- oder H_2S-haltiger Atmosphären Deckschichten aus β-Ag_2S bilden. Auf AgPd-Werkstoffen besteht nach neuesten Untersuchungen mittels Auger-Spektroskopie das Korrosionsprodukt aus einem Mischsulfid $Ag_{(0,6-2,3)}Pd_{(1,8-3,2)}S$, d. h. einer dem stabilen Ag_2Pd_3S nahekommenden Mischphase mit vom Palladium-Gehalt abhängigen Silber- bzw. Palladium-Defekten ([14]).

Das über den möglichen Ablauf der trockenen Korrosion von AgPd-Mischkristallen Auskunft gebende μ/T-Diagramm des Korrosionssystems $\langle Ag_mPd_n\rangle/(H_2S)/\langle Ag_2S\rangle$ wurde unter Verwendung der experimentell von *Myles* [2] bestimmten partiellen molaren Größen berechnet (Bild 7). Es besagt, daß in dem für technische Zwecke interessanten Konzentrationsintervall $10^{-1} < p_{H_2S}/p_{H_2} < 10^2$ im System Ag-Pd ein Übergang vom Korrosions- in den Reduktionsbereich stattfindet und daß die Tatsache, ob eine Kontaktoberfläche gegebenenfalls aus thermodynamischer Sicht zur Korrosion und damit zur Deckschichtbildung neigt, primär vom Palladium-Gehalt, der Temperatur und der H_2S-Konzentration bestimmt wird. Experimentell ist hinreichend bewiesen, daß hierfür der bei der Rechnung nicht erfaßbare H_2O-Partialdruck als weitere Einflußgröße maßgebend ist. In Bild 7 sind zum Vergleich und zur Orientierung einige übliche Testbedingungen sowie Natur- bzw. Industrieatmosphären eingetragen.

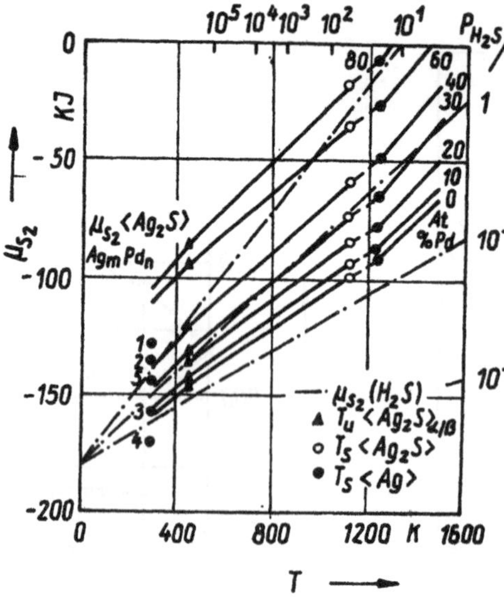

Bild 7. $\mu(T)$-Diagramm für das Korrosionssystem $\langle Ag_mPd_n\rangle/(H_2S)/\langle Ag_2S\rangle$

1 — 50 ppm H_2S,
2 — 15 ppm H_2S (Test Crossland 1973),
3 — 0,15 ppm H_2S (Test Crossland 1973),
4 — 0,01 ppm H_2S (natürliche Atmosphäre)
5 — 1,7 ppm H_2S (Industrieatmosphäre Wolfen/DDR)

Die für den Ablauf der Korrosionsreaktion maßgebende chemische Potentialdifferenz $\Delta\mu = [\mu_{s_2}(H_2S) - \mu_{s_2}\langle Ag_2S\rangle]_{p,T}$ ist in Bild 8a in Abhängigkeit vom Palladium-Gehalt dargestellt. Danach sinkt die Affinität der Deckschichtbildung im System Ag-Pd stark mit zunehmendem Palladium-Gehalt, und die thermodynamische Resistenzgrenze liegt für die gewählten Randbedingungen zwischen 20 bis 40% Pd. Diese thermodynamische Voraussage korrespondiert prinzipiell mit den Bild 8b und 8c zu entnehmenden experimentellen Ergebnissen, die von verschiedenen Autoren unter Verwendung verschiedener Prüfatmosphären ermittelt wurden. Die Dicke der durch Korrosionseinwirkung verursachten schwefelhaltigen Deckschichten reduziert sich in dem Maße, wie der Palladium-Gehalt ansteigt, wobei ab 40% Palladium minimale Schichtdicken erreicht werden. Dieser Befund bestätigt die bekannte Tatsache, daß Palladium ein sehr wirkungsvolles Legierungselement zur Verbesserung der Korrosionsbeständigkeit von Silber gegenüber Schwefel und Schwefelverbindungen ist.

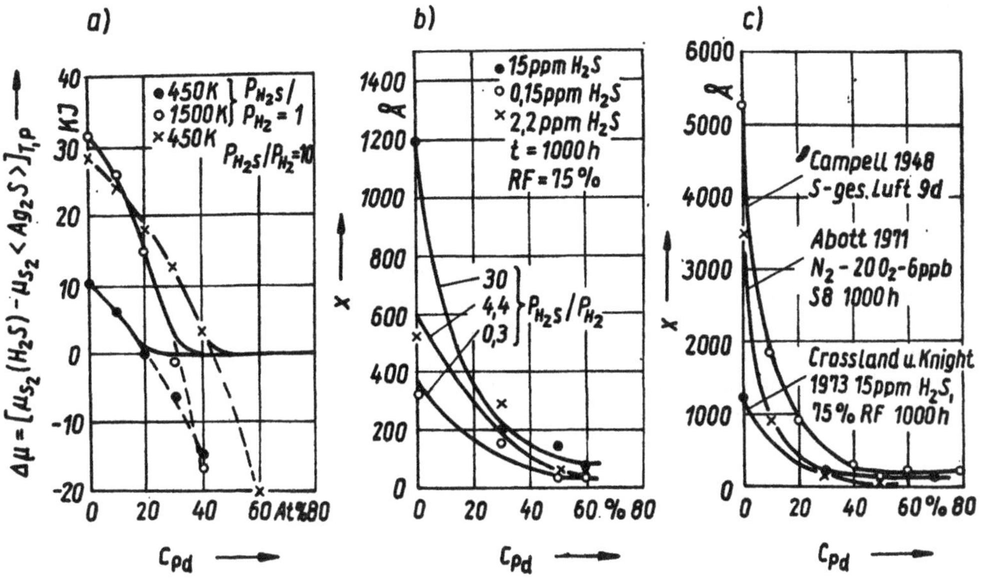

Bild 8. Ergebnisse der Deckschichtforschung für AgPd-Werkstoffe

a) $\mu(c)$-Diagramm für das Korrosionssystem $\langle Ag_mPd_n\rangle/(H_2S)/\langle Ag_2S\rangle$

b) Schichtdicke auf AgPd-Oberflächen in Abhängigkeit von der Palladium- und H_2S-Konzentration (nach [14])

c) Schichtdicke auf AgPd-Oberflächen in Abhängigkeit vom Palladiumgehalt für verschiedene korrosive Prüfbedingungen (nach [11, 13, 14])

Die für das System Ag-Pd vorliegenden experimentellen Ergebnisse zur Kinetik der Deckschichtbildung gelten jeweils nur für konkrete Prüfbedingungen und sind deshalb nur bedingt verallgemeinerungsfähig. In Bild 9 sind Ergebnisse von *Abbott* [11] für die Prüfatmosphäre N_2-20 Vol.-% O_2-6 ppb S_8 bei (offenbar) normaler Luftfeuchtigkeit

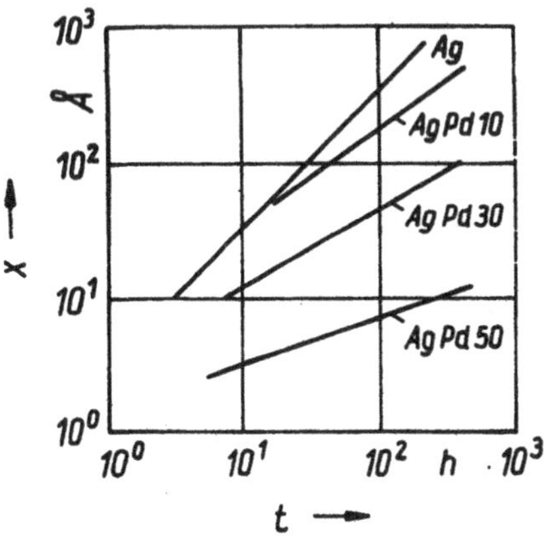

Bild 9. Schichtdicke x für verschiedene AgPd-Werkstoffe in Abhängigkeit von der Expositionszeit t (Atmosphäre N_2 — $20O_2$ — 6 ppb S_8) (nach [11])

dargestellt. Sie bestätigen die auch für andere Korrosionsatmosphären geltende allgemeine Tendenz, daß mit zunehmendem Palladium-Gehalt die Geschwindigkeit der Schichtbildung in charakteristischer Weise abnimmt. Aus den Messungen von *Crossland* und *Knight* [14] für H_2S-Prüfklima (0,15 bis 15 ppm H_2S, 20°C; 75% relative

Luftfeuchtigkeit) läßt sich ein parabelförmiges Wachstumsgesetz der Form

$$x = k\, c^n\, t^m, \qquad \text{mit} \tag{5}$$

x — Schichtdicke,
k — Konstante,
c — H_2S-Konzentration,
t — Expositionszeit

ableiten, in dem die Exponenten n ($0{,}25 \leqq n \leqq 0{,}5$) und m ($0{,}5 \leqq m \leqq 1$) durch den H_2O-Partialdruck und den Palladiumgehalt bestimmt werden und k über eine Arrhenius-Funktion temperaturabhängig ist. Für die einzelnen Stadien des Wachstums wurden unterschiedliche geschwindigkeitsbestimmende Prozesse verantwortlich gemacht (gasphasen- und grenzflächenkontrollierte Vorgänge bei geringen Schichtdicken; Korngrenzen- oder Volumendiffusion in Verbindung mit Gitterfehlern im Oberflächenbereich bei größeren Schichtdicken [11]).

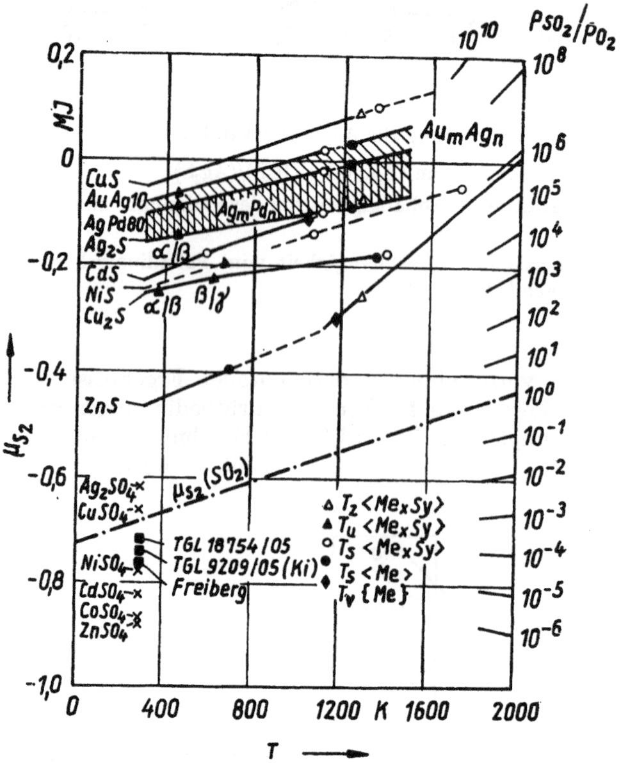

Bild 10. $\mu(T)$-Diagramm für die Korrosionssysteme $\langle Me\rangle/(SO_2)/\langle Me_xS_y\rangle$, $\langle Me_xSO_4\rangle$

Von den durch den natürlichen Schwefelzyklus verursachten schwefelhaltigen Luftverunreinigungen führen nur Schwefel und H_2S zur Bildung von Ag_2S-Deckschichten auf silberhaltigen Werkstoffen, wobei der Korrosionsangriff von H_2S dominiert ([12]). In Industrieatmosphäre ist die Anwesenheit von SO_2 möglich. Aus dem μ/T-Diagramm in Bild 10 folgt, daß eine Bildung von Metallsulfiden mit SO_2 wegen $\mu_{S_2}\langle Me_xS_y\rangle \gg \mu_{S_2}(SO_2)$ ausgeschlossen werden kann. Bei ausreichend großen Partialdruckverhältnissen $p_{SO_2}p_{O_2}$ ist jedoch die Bildung von Sulfaten möglich.

2.2.3. Kontakteigenschaften

2.2.3.1. Kontaktwiderstand

Unter der Voraussetzung, daß der Fremdschichtwiderstand R_F die Größe des Kontaktwiderstandes R_K maßgeblich bestimmt, gilt

$$R_K(c) \approx R_F(c) = \frac{\varrho_F(c)\ x(c)}{\pi a^2(c)}, \quad \text{mit} \tag{6}$$

ϱ_F — spezifischer elektrischer Widerstand der Deckschicht,
x — Dicke der Deckschicht,
a — Radius der kreisförmigen Stromenge,
c — Palladiumkonzentration.

$a(c)$ läßt sich bekanntlich bei elastisch-plastischer Deformation der Kontaktoberflächen aus

$$a^2(c) = F_K[\pi\zeta(c) \cdot H(c)]^{-1}, \quad \text{mit} \tag{7}$$

F_K — Kontaktkraft,
ζ — Anpassungskonstante zur Charakterisierung des Deformationszustandes ($\zeta \leqq 1$),
H — Härte des Kontaktwerkstoffes

berechnen.
Im System Ag-Pd ist die Mischkristallhärtung und die Veränderung des E-Moduls relativ klein (Bild 3), so daß der Deformationszustand der Kontaktoberfläche für alle AgPd-Legierungen vergleichbar sein sollte ($\zeta(c) \approx$ const). Für $a(c)$ ist nach (7) nur eine geringe Konzentrationsabhängigkeit wahrscheinlich. $R_K(c)$ wird deshalb im System Ag-Pd primär vom Produkt $\varrho(c)\, x(c)$ im Zähler von (6) bestimmt, und die Konzentrationsabhängigkeit ergibt sich als totales Differential von (6) zu

$$\mathrm{d}R_K(c) \approx \frac{1}{\pi a^2}\,[x \mathrm{d}\,\varrho_F(c) + \varrho_F\, \mathrm{d}x(c)]. \tag{8}$$

Mit den Voraussetzungen, daß

— ϱ_F weitgehend unabhängig vom Pd-Gehalt ist ($x\mathrm{d}\varrho_F \ll \varrho_F\, \mathrm{d}x$),

— ein Fritten oder mechanisches Zerstören der Deckschicht unterbleibt,

wird im System Ag-Pd eine Proportionalität zwischen R_K und x erwartet. Der vom Chemismus und der Defektstruktur der Schicht abhängige Verlauf von $\varrho_F(c)$ ist im allgemeinen unbekannt. Bekannt ist lediglich, daß das auf AgPd-Oberflächen mögliche Sulfid Ag_2Pd_3S mit $\varrho_{Ag_2Pd_3S} = 1{,}93 \cdot 10^{-4}\ \Omega$ cm [15] einen erheblich geringeren spezifischen elektrischen Widerstand besitzt als Ag_2S mit $\varrho > 5 \cdot 10^3\ \Omega$ cm. Die zweite Voraussetzung kann durch die Prüfmethode gewährleistet werden. Messungen, die unter Einhaltung dieser Bedingungen durchgeführt wurden, bestätigen das Ergebnis dieser Voraussage (Bild 11), d. h., mit steigendem Palladium-Gehalt fällt R_K analog zur Schichtdicke x (Bild 8), und der Palladium-Zusatz zu Silber erweist sich bei Beanspruchung durch größere H_2S-Konzentrationen (10 bis 50 ppm H_2S) als sehr wirksam zur Verbesserung der Korrosionsbeständigkeit. Die Höhe des Palladium-Gehaltes begrenzt die Größe von R_K und damit die Kontaktzuverlässigkeit. Abweichungen von dieser Tendenz sind meist auf Nichteinhaltung der beiden oben genannten Voraussetzungen zurückzuführen. Insbesondere sind Ag_2S-Deckschichten auf Silber mechanisch instabiler als solche aus Ag_xPd_yS auf AgPd-Oberflächen, so daß erstere trotz größerer Dicke bereits bei geringen Kontaktkräften mechanisch zerstört werden und somit z. T. kleinere Kontaktwiderstände verursachen als AgPd-Werkstoffe.
Eine grundsätzlich andere Verhaltensweise zeigen AgPd-Legierungen nach Messungen von *Bär* u. a. [17] bei Korrosionsbeanspruchung in SO_2- und H_2O-haltiger Atmosphäre.

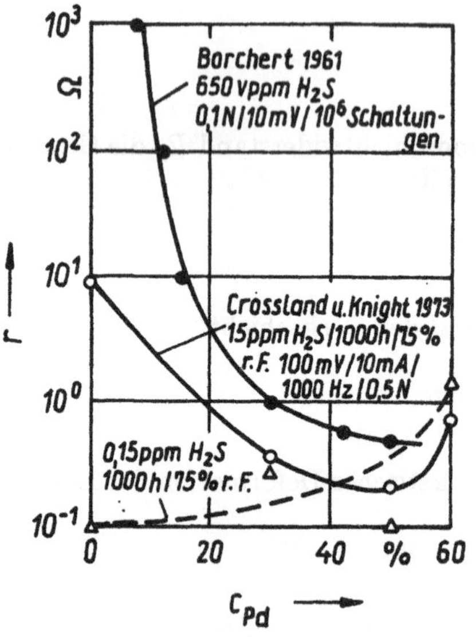

Bild 11. Kontaktwiderstand r im System Ag-Pd nach unterschiedlicher Korrosionsbeanspruchung durch H_2S (nach [14, 16])

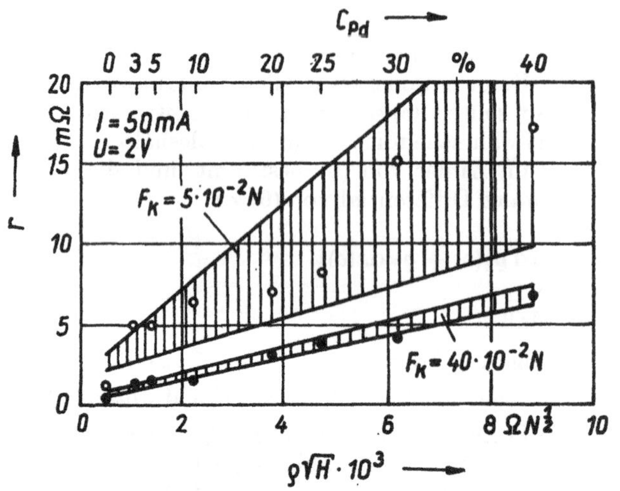

Bild 12. Abhängigkeit des Medianwertes des Kontaktwiderstandes $\tilde{r}_K$ vom Produkt $\varrho\sqrt{H}$ für unkorrodierte Nietschaltstücke verschiedener AgPd-Werkstoffe (nach [17]); Ordinate r korrekt $\tilde{r}_K$

Im korrosiv unbeanspruchten Neuzustand der Schaltstücke besteht zwischen dem Medianwert des statistisch verteilten Kontaktwiderstandes $\tilde{r}_K$ und dem Produkt $\varrho\sqrt{H}$ (ϱ — spezifischer elektrischer Widerstand des Kontaktwerkstoffes, H — mechanische Härte) eine lineare Korrelation der Form

$$\tilde{r}_K = \alpha + \beta\varrho\sqrt{H}, \qquad \text{mit} \qquad (9)$$

α, β — Regressionskonstanten,

wobei das Konfidenzintervall für die größere Kontaktkraft wesentlich schmaler ist (Bild 12). Der Kontaktwiderstand wird somit im korrosiv unbeanspruchten Zustand ausschließlich durch den Engewiderstand bestimmt. Die Erhöhung von $\tilde{r}_K$ infolge Deckschichtbildung nach Korrosionsbeanspruchung kann durch einen Quotienten $\tilde{m}$ aus den Medianwerten entsprechend

$$\tilde{m} = \frac{\tilde{r}_K}{\tilde{r}_K^0}, \tag{10}$$

$\tilde{r}$ — korrodierter Zustand, $\tilde{r}_K^0$ — Neuzustand

zum Ausdruck gebracht werden. Die Ergebnisse in Bild 13 veranschaulichen, daß $\tilde{m}(c)$ über ein Maximum im Bereich von 10 bis 20% Palladium läuft und reines Silber sowie Legierungen ab 30% Palladium die geringsten Kontaktwiderstände aufweisen. Bei SO_2/H_2O-Korrosionsbeanspruchung bilden sich im allgemeinen sulfatische Deckschichten, über deren Kinetik, Chemismus und Defektstruktur so gut wie nichts bekannt ist. Der experimentell ermittelte $\tilde{m}(c)$-Verlauf ist jedoch denkbar, wenn $d\varrho_F(c)$ und $dx(c)$ in (8) unterschiedliche Vorzeichen aufweisen.

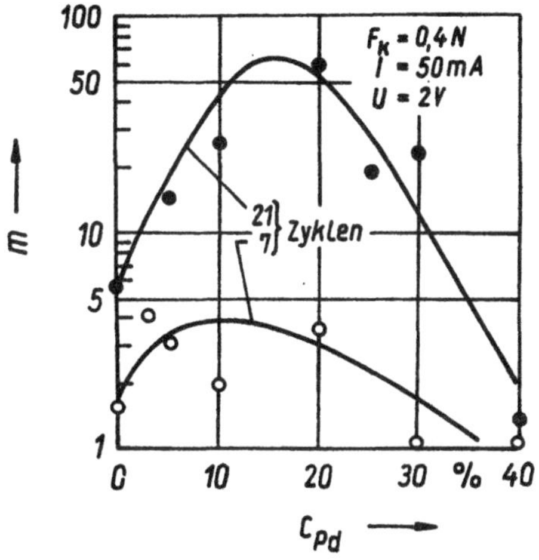

Bild 13. Veränderung des Quotienten $\tilde{m}$ nach Gl. (10) mit dem Palladiumgehalt und der Schadstoffbeanspruchung im SO_2-Test entsprechend TGL 18754/04 (nach [17]); Ordinate m korrekt $\tilde{m}$

2.2.3.2. Materialwanderung

Silber und die im System Ag-Pd am meisten untersuchte Legierung AgPd30 besitzen nur eine geringe Beständigkeit gegenüber Materialwanderung; erst Werkstoffe auf Palladium-Basis sind ausreichend erosionsfest. Systematische Untersuchungen zum Materialwanderungsverhalten binärer AgPd-Werkstoffe existieren nicht. Erste Messungen wurden hierzu für 3 typische elektrische Belastungsfälle von *Dehnke* [18] unter Verwendung einer radioaktiven Methode durchgeführt (Bild 14). Sie besagen, daß die durch überwiegenden Anodenverlust charakterisierte Materialwanderungsrate v im Bereich von 0 bis 10% Pd stark ansteigt, ein Maximum durchläuft und dann auf Werte abfällt, die ab etwa 20% Pd nahezu konstant und vergleichbar mit denen für reines Silber sind. Palladium-Zusätze bis 40% zu Silber haben also keine positive Wirkung auf die Materialwanderungsrate; für geringe Palladium-Gehalte bis 10% tritt sogar eine deutliche Verschlechterung ein. Trotzdem sind AgPd-Werkstoffe erosionsbeständiger als unlegiertes Silber, was insbesondere durch den mehr flächenhaften Materialabtrag zum Ausdruck kommt. Die Unstetigkeit des konzentrationsabhängigen Verlaufes $v(c_{Pd})$, die zwangsläufig werkstoffbedingt sein muß, ist theoretisch nicht ohne weiteres verständlich. Möglicherweise wird sie im Zusammenhang mit der Energiebilanz im Kontaktspalt durch die Veränderung der thermischen Leitfähigkeit und der Verdampfungsenthalpie im System AgPd verursacht.

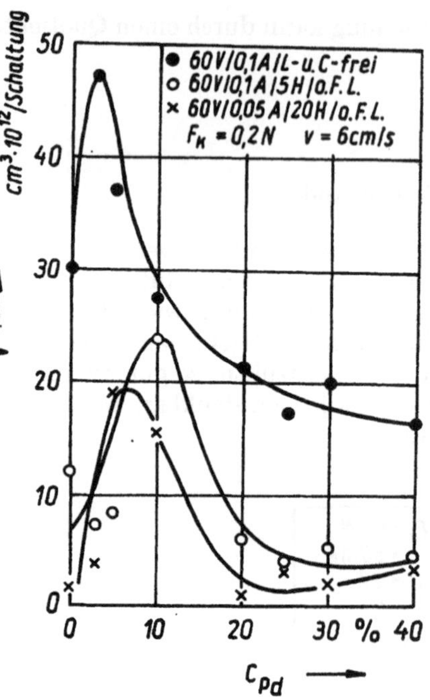

Bild 14. Materialwanderungsrate v für drei repräsentative elektrische Belastungsfälle der Schwachstromtechnik in Abhängigkeit vom Palladiumgehalt (nach [18])

2.2.3.3. Polymerbildung

Palladium neigt auf Grund seiner katalytischen Aktivität zur Zersetzung der im Schaltgerät auftretenden organischen Dämpfe, wobei sich die entstehenden Reaktionsprodukte auf den Kontaktstücken ablagern und so Kontaktstörungen verursachen können. Systematische elektronenmikroskopische Untersuchungen im System Ag-Pd ([16]) ergaben, daß unter gleichen Schaltbedingungen die Menge der Abbauprodukte mit sinkendem Palladiumgehalt stetig abnimmt. Für AgPd 30 liegt dieser Wert bereits unter 10 % des Wertes von reinem Palladium. In dem für die weitere Werkstoffentwicklung besonders interessierenden Bereich von 5 bis 30% Pd ist deshalb die Bildung widerstandserhöhender organischer Abbauprodukte von untergeordneter Bedeutung.

2.2.4. Diskussion und Schlußfolgerungen

Die gesetzmäßige Veränderung der Elektronenstruktur im System AgPd ergibt für 40 At-% Pd eine Legierungszusammensetzung, die sich durch besondere Stabilität der AgPd-Mischkristalle auszeichnet und einen entsprechenden Eigenschaftsverlauf zur Folge hat. Ohne korrosive Beanspruchung erklären sich die Konzentrationsabhängigkeiten des Kontaktwiderstandes und der Materialwanderungsrate aus der mit der Mischkristallbildung gekoppelten Änderung der physikalischen Eigenschaften; speziell der Kontaktwiderstand ist dem Produkt $\varrho \sqrt{H}$ streng proportional (Bild 12).
Dieser aus metallphysikalischer Sicht optimale Gehalt von 40 At-% Pd kommt auch im chemischen Verhalten der AgPd-Mischkristalle zum Ausdruck. Für H_2S-Korrosion liegt die thermodynamisch berechnete Resistenzgrenze je nach Temperatur und H_2S-Konzentration zwischen 20—40% Pd (Bild 8a). Bei großen Schadstoffkonzentrationen tritt mit zunehmendem Palladium-Gehalt eine deutliche Verringerung der Schichtdicke und des Kontaktwiderstandes auf; ab 40% Pd sind diese Werte hinreichend niedrig und konstant, (Bilder 8 und 11). Für Korrosion in SO_2-haltiger Atmosphäre liegen noch keine

Deckschichtuntersuchungen vor. Der Kontaktwiderstand verläuft in diesem Fall im System Ag-Pd über ein Maximum bei 10—20% Pd (Bild 13). Legierungen mit 40% Pd sind aber wieder resistent (Bild 13). Daraus folgt, daß bei großer Schadstoffkonzentration in Form von H_2S oder SO_2 der Werkstoff AgPd40 auch vom Standpunkt der Korrosionsbeständigkeit optimal ist. Der bevorzugte Einsatz von AgPd30 in den meisten europäischen Industriestaaten ist deshalb schon als Kompromiß zwischen Gebrauchseigenschaften, Verarbeitungseigenschaften und Preis zu werten. Für Anwendungsfälle, bei denen hohe Schadstoffkonzentrationen auftreten können, besteht somit keine Berechtigung zur weiteren Herabsetzung des Palladium-Gehaltes, es sei denn, die damit verbundene Erhöhung des Kontaktwiderstandes ist zulässig.
Für zahlreiche Anwendungsfälle in weniger korrosiven Atmosphären sind jedoch Werkstoffe wie AgPd30 und AgPd40 hinsichtlich des Palladium-Gehaltes überdimensioniert. Die Bereitstellung von Werkstoffen mit nur 20% Pd und darunter sowie die Entwicklung entsprechender ternärer Werkstoffvarianten ist in diesen Fällen berechtigt und zur Verbesserung der Ökonomie des Werkstoffeinsatzes auch notwendig. Diese Schlußfolgerung wird auch noch unterstützt durch die für repräsentative Belastungsfälle der Schwachstromtechnik gemessene Materialwanderungsrate, die praktisch im Bereich von 20—40% Palladium konzentrationsunabhängig ist (Bild 14). Ähnliche Überlegungen haben sicher dazu geführt, daß im internationalen Maßstab AgPd-Werkstoffe mit abgestuftem Pd-Gehalt im Bereich von 5—60% Pd zur Anwendung gelangen. Für die weitere Verbesserung der Materialökonomie des Werkstoffeinsatzes in der Elektrotechnik/Elektronik der DDR muß deshalb auf die Anwendung der binären Werkstoffe AgPd5, AgPd10 und AgPd20 orientiert werden; ternäre Werkstoffe mit verbesserten mechanischen und elektrischen Eigenschaften befinden sich in der Entwicklung.

Literaturverzeichnis

[1] *Savickij, E. M., Pravoverov, N. L.:* Sh. neorgan. chim. **6** (1961) 499

[2] *Myles, K. M.:* Acta Met. **13**, 2 (1965) 109

[3] *Pratt, J. N.:* Trans. Farad. Soc. **56** (1960) 975

[4] *Schmidt, H. E.:* Z. Metallkde. **49**, 3 (1958) 113

[5] *Svensson, B.:* Ann. Phys. **14** (1932) 699

[6] *Kemp, W. R. G., Klemens, P. G., Spreedhar, A. K., White, G. K.:* Proc. Roy. Soc. A 233 (1956) 480

[7] Edelmetall-Taschenbuch. Fa. Degussa, Frankfurt/Main 1967

[8] *Hara, T., Mano, K.:* Electr. Eng. Japan **89**, 3 (1969) 18

[9] *Kubaschewski, O., Evans, E. U.:* Metallurgische Thermochemie. VEB Verlag Technik, Berlin 1959

[10] *Harmsen, U., Reimann, U., Merl, W.:* Z. Metall **26**, 7 (1972) 680

[11] *Abbott, W. H.:* IEEE-Transactions on Parts, Materials and Packaging **7**, 3 (1971) 6

[12] *Crossland, W. A., Knight, E., Wright, C. R.:* Proc. Holm-Seminar on Electric Contact Phenomena, Chicago 1973

[13] *Campbell, W. E.:* in „Palladium-Recovery, Properties and Uses" von *M. Wise,* Academic Press, New York u. London 1968

[14] *Crossland, W. A., Knight, E.:* Proc. Holm-Seminar on Electric Contact Phenomena, Chicago 1973

[15] *Fischmeister, H.:* Acta Chem. Scand. **13**, 4 (1959) 852

[16] *Borchert, L.:* Nachrichtentechnische Zeitschrift 4 (1961) 175

[17] *Bär, G.:* Forschungsbericht, VEB Bergbau- und Hüttenkombinat „Albert Funk", Freiberg 1976 (unveröffentlicht)

[18] *Dehnke, W.:* Forschungsbericht, Forschungsinstitut für Nichteisenmetalle, Freiberg 1976 (unveröffentlicht)

2.3. Applikationsuntersuchungen am Kontaktwerkstoff AuAg17Ni

Von *G. Bär* und *W. Dehnke*

VEB Bergbau- und Hüttenkombinat „Albert Funk", Freiberg und
VEB Mansfeld Kombinat „Wilhelm Pieck", Forschungsinstitut für NE-Metalle Freiberg

Der in der Informations- und Steuerungstechnik gebräuchliche Kontaktwerkstoff AuNi5 zeichnet sich durch hohe Langzeitkonstanz des Kontaktwiderstandes auch unter korrosiver Beanspruchung und durch eine geringe Materialwanderungsrate unter bestimmten Schaltkreisbedingungen aus. Mit AuNi5 können deshalb sehr hohe Anforderungen an die Kontaktzuverlässigkeit erfüllt werden. Der hohe Goldgehalt läßt die Verwendung dieses Werkstoffes aus ökonomischer Sicht jedoch nur für solche Einsatzgebiete als sinnvoll erscheinen, bei denen die bevorzugten Gebrauchseigenschaften voll ausgenutzt werden; für viele Anwendungsfälle ist AuNi5 überdimensioniert. Hierfür können mit Erfolg ternäre goldhaltige Kontaktwerkstoffe mit Silber als bevorzugtem zweiten Legierungselement, insbesondere Werkstoffe auf Basis AuAgNi ([1]), angewendet werden.

Das Kontaktwerkstoffsortiment des BHK Freiberg enthält die Goldlegierungen AuAg17Ni und AuNi5, die entsprechend TGL 12736/01 zur Auslieferung oder zur Wei-

Tabelle 1. Kennwerte von AuAg17Ni und AuNi 5
Bemerkungen:

1. Nach TGL 12736/01.
2. Gemessen an Draht 0,85 mm Durchmesser (Halbzeug für Herstellung von Nietschaltstücken A und B 2×0,6×2,4 TGL 0-46240).
3. Nach TGL 12736/01 für Band- und Blechhalbzeug.
4. Nach [3], gemessen an der Kopffläche von Nietschaltstücken A 2×0,6×2,4 TGL 0-46240

	AuAg17Ni	AuNi5	Bem.
Zusammensetzung			
Au	79,5 ··· 80,0	94,5 ··· 95,0	
Ag in Masse-%	16,8 ··· 17,3	—	1
Ni	2,5 ··· 3,5	4,8 ··· 5,3	
Elektrische Leitfähigkeit			
$\varkappa$ in $\text{m}\,\Omega^{-1}\,\text{mm}^{-2}$	9,6 ± 0,2	7,3 ± 0,2	2
Zugfestigkeit			
σ_B in N mm^{-2}	400 ··· 450		2
Bruchdehnung			
δ_{100} in %	10 ··· 15	20 ··· 30	2
Härte			
HB 2,5/62,5 — 10	105 ··· 110	105 ··· 115	3
Härte an der Schaltstück-Kopffläche			
HV 1	168	195	4

terverarbeitung zu Schaltstücken gelangen ([2]). In Tabelle 1 sind die Kennwerte dieser Kontaktwerkstoffe angezeigt. Zur Ermittlung der Kontakteigenschaften und des Anwendungsgebietes von AuAg 17 Ni wurden im BHK und im FNE Freiberg in Zusammenarbeit mit mehreren Schaltgeräteherstellern und -anwendern Applikationsuntersuchungen durchgeführt:

a) Schaltstückprüfungen
   - Messungen des Kontaktwiderstandes ungeschalteter Nietschaltstücke im Neuzustand (ohne klimatische oder korrosive Beanspruchung) und nach Schwitzwasser-Wechselbeanspruchung mit SO_2-Zusatz.
   - Messung der Materialwanderungsrate an schaltenden Kontakten unter für die Nachrichtentechnik typischen Schaltkreisbedingungen.

b) Schaltgeräteprüfungen
   - Nachweis der geforderten Schaltstücklebensdauer bei Nennschaltleistung und der mechanischen Lebensdauer von gepolten Relais A4g/01 mit AuAg 17 Ni-Mehrmetallschaltstücken.

2.3.1. Prüfparameter

2.3.1.1. Kontaktwiderstandsmessungen

Meßgeräte und Meßverfahren: Schaltstückprüfanlage nach [4] und [5].
Prüflinge: Nietschaltstück A $2\times0{,}6\times2{,}4$ TGL 0-46240.
Prüfparameter:

- Stromloses Schließen und Öffnen der Schaltstücke;
- Kontaktkräfte: (50 ± 10) mN; (400 ± 20) mN;
- Meßstrom: 0,05 A Gleichstrom $\pm$ 1,5%;
- Schaltstückpaare: 20 je Kontaktkraft;
- Messungen pro Schaltstückpaar: 20;
- Anzahl der Meßwerte (Stichprobenumfang): 400.

Aus der Stichprobe wurde die Summenhäufigkeitskurve $F(r)$ des Kontaktwiderstandes ermittelt.

2.3.1.2. Messung der Materialwanderungsrate

Meßgerät und Meßverfahren: Schaltanlage nach [6].
Prüflinge: Nietschaltstück B $2\times0{,}6\times2{,}4$ TGL 0-46240.
Prüfparameter:

- Schaltstückabstand: 1 mm;
- Mitgang: 0,5 mm;
- Mittlere Ausschaltgeschwindigkeit: 60 mm s^{-1};
- Schalthäufigkeit: 100 Schaltspiele min^{-1};
- Kontaktkraft: 200 mN;
- Schaltstückpaare: 10;
- Schaltspiele pro Schaltstückpaar: $2 \cdot 10^3$.

Die elektrische Belastung war:

1. 60 V Gleichspannung; 0,1 A; 600 Ω; praktisch L- und C-frei.
2. 60 V Gleichspannung; 0,1 A; 600 Ω; 5 H; ohne Funkenlöschung.
3. 60 V Gleichspannung; 0,05 A; 1200 Ω; 20 H; ohne Funkenlöschung.

Nach $2 \cdot 10^8$ Schaltungen wurden mit Hilfe der Tracermethode die von Kathode zu Anode und von Anode zu Kathode überführten Volumina $V_{K \to A}$ und $V_{A \to K}$ und das Nettovolumen $V = |V_{A \to K} - V_{K \to A}|$ der Materialwanderung ermittelt ([3, 6]).

2.3.1.3. Wechselfeuchte-SO_2-Beanspruchung

Die Wechselfeuchte-SO_2-Beanspruchung der Schaltstücke wurde nach den Standards TGL 18753 und 18754/04 durchgeführt.
Parameter eines Zyklus:

- Dauer des Zyklus: 24 h;
- davon 8 h +40 °C ± 2 K Lufttemperatur, 100% relative Luftfeuchte, 0,066 Vol.-% SO_2-Gehalt (einmalige Dosierung zu Beginn des Zyklus);
- anschließend 16 h +20 °C ± 5 K Lufttemperatur, ≦ 75% relative Luftfeuchte ohne SO_2-Zusatz.

Die Schaltstücke wurden mit 7 Zyklen beansprucht.

2.3.1.4. Schaltgeräteprüfung

- Prüfling: Gepoltes Relais A4g/01 TGL 6625;
- Anzahl: 5 Prüflinge zum Nachweis der Schaltstücklebensdauer, 5 Prüflinge zum Nachweis der mechanischen Lebensdauer;
- Schaltleistung: 60 V Gleichspannung; 0,1 A; 600 Ω; praktisch L- und C-frei;
- Schalthäufigkeit: 50 Schaltspiele s^{-1};
- Anzahl der Schaltspiele: $70 \cdot 10^6$ (≙ 117% der geforderten Lebensdauer) in Normalatmosphäre.

2.3.2. Ergebnisse der Schaltstückprüfung

Im Neuzustand sind die Kontaktwiderstände von AuAg17Ni kleiner als von AuNi5, Bild 1. Mit gewissen Einschränkungen gilt auch bei den in der Schwachstromtechnik üblichen Kontaktkräften und -konfigurationen für den Kontaktwiderstand

$$R_K \sim \varrho \sqrt{\mathrm{HV}} \qquad (1)$$

(ϱ — spezifischer elektrischer Widerstand des Kontaktwerkstoffes; HV — Härte an der physikalischen Berührungsfläche), siehe auch [7, 8]. Dieses Produkt beträgt unter Zugrundelegen der Werte in Tabelle 1 für AuAg17Ni 136 mΩ $mN^{1/2}$ und für AuNi5 193 mΩ $mN^{1/2}$.
Nach Wechselfeuchte-SO_2-Beanspruchung betragen die Kontaktwiderstände bei AuAg17Ni etwa das 3fache der Widerstände im Neuzustand. Bei AuNi5 sind die Widerstände vergleichbar.
Bei anderen Werkstoffen bewirkt die gewählte SO_2-Beanspruchung eine wesentlich stärkere Erhöhung des Kontaktwiderstandes, beispielsweise bei AgPd-Legierungen mit 3 bis 40% Pd-Gehalt um den Faktor 2 bis 40. Aus diesem Vergleich folgt, daß die Dreistofflegierung AuAg17Ni unter den vorliegenden Prüfbedingungen ein nur geringfügig schlechteres Kontaktwiderstandsverhalten gegenüber AuNi5 aufweist. Das wird auch bestätigt durch die Größe des Formparameters a der Summenhäufigkeitskurven nach Korrosionsbeanspruchung [9]:

AuAg17Ni $a = 3$ bis 5,
AuNi5 $a = 4$ bis 8.

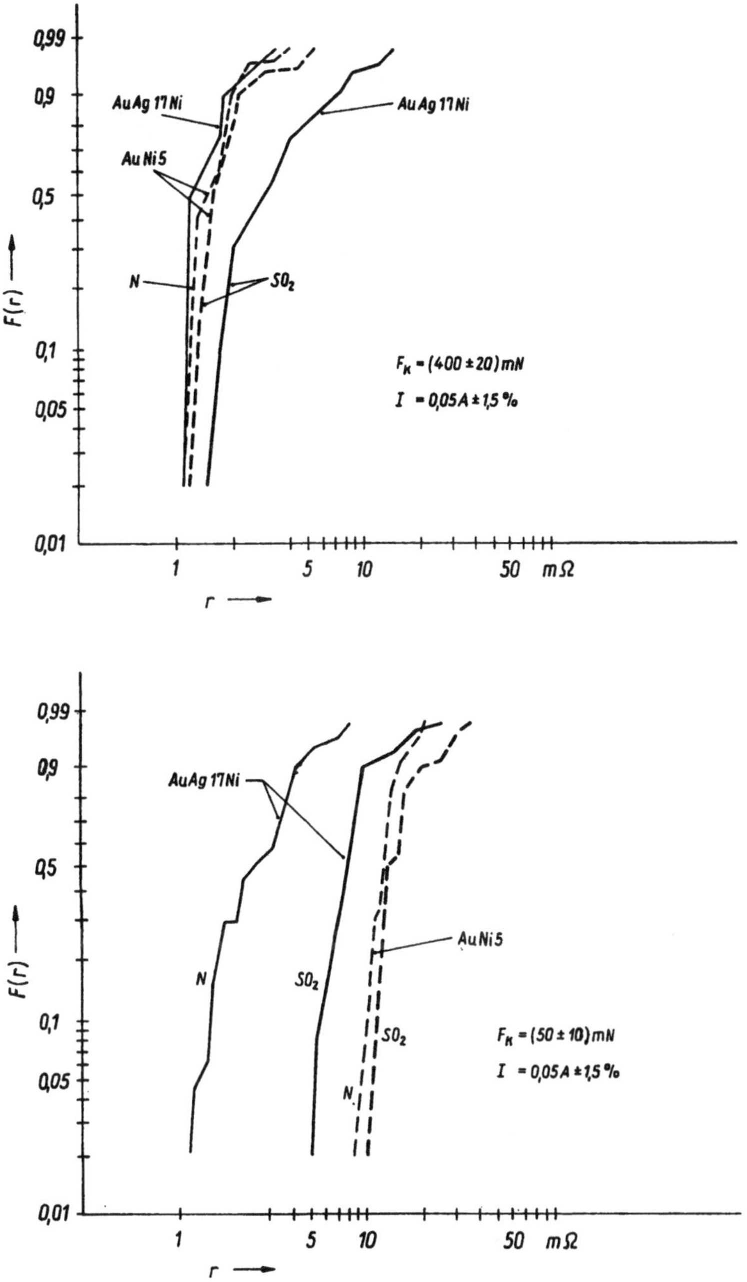

Bild 1. Summenhäufigkeitskurven $F(r)$ des Kontaktwiderstandes (Darstellung im Weibull-Netz). N — Kontaktwiderstand im Neuzustand der Schaltstücke, SO_2 — Kontaktwiderstand nach Wechselfeuchte, SO_2 — Beanspruchung gemäß Abschnitt 2.3.1.3.

a) Kontaktkraft = (50 ± 10) mN
b) Kontaktkraft = (400 ± 20) mN

Aus diesen Zahlenwerten muß auf eine Fremdschicht auf der Oberfläche geschlossen werden, die jedoch mit großer Wahrscheinlichkeit noch nicht zu extrem hohen Widerständen führt. Das Vorhandensein solcher Schichten konnte durch Röntgenmikroanalyse und *Auger*-Spektroskopie gesichert werden [1]. Beide Werkstoffe besitzen im unkorrodierten Zustand fast gleiche Zusammensetzung der Oberflächenbelegung. Bereits im Neuzustand ist eine geringe Schwefelbedeckung vorhanden. Nach SO_2-Beanspruchung befindet sich auf AuAg 17 Ni und AuNi 5 eine schwefelhaltige Oberflächenschicht mit Ni als bevorzugtem Kation, wobei Au und Ag isomorph eingebaut sein können ([1]). Für Au Ag 17Ni ist erwartungsgemäß der Anteil des an die Oberfläche gebundenen Schwefels größer als bei AuNi 5, was im Kontaktwiderstandsverhalten auch zum Ausdruck kommt. Bei den Materialwanderungsuntersuchungen wurde bevorzugt Anodenverlust und Kathodengewinn festgestellt (Bild 2). Der Nettobetrag V ist für die vorliegenden Belastungsfälle, Schaltkreisparameter und mechanischen Prüfbedingungen bei AuAg 17 Ni geringfügig kleiner als bei AuNi 5. Es ist zu beachten, daß sich die Absolutwerte der Wanderungsraten und ihr Verhältnis bei den einzelnen Lastfällen zueinander auf die Schaltanlage nach [6] beziehen und nicht verallgemeinert werden dürfen, etwa zur Lebensdauerberechnung von Relaiskontakten aus AuAg 17 Ni oder AuNi 5.

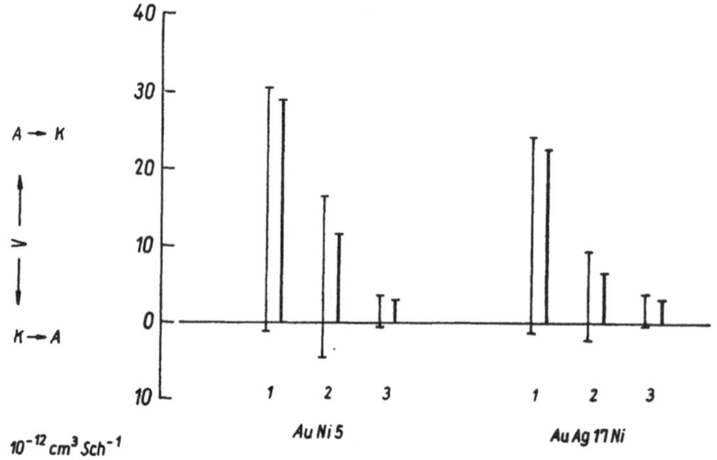

1	60 V (Gleichspannung)	0,1 A	L- und C-frei	
2			5 H	ohne FL.
3		0,05 A	20 H	

Bild 2. Materialwanderungsraten. A — Anode, K — Kathode, FL — Funkenlöschung

2.3.3. Ergebnisse der Schaltgeräteprüfung

Ziel der Relaisprüfungen war, die Eignung von Mehrmetall-Nietschaltstücken der Werkstoffkombination AuAg 17 Ni/SE-Cu 99,95 in gepolten Relais A4g/01 durch den Nachweis der in TGL 6625 geforderten elektrischen und mechanischen Lebensdauern des Schaltgerätes zu belegen. Der Nachweis erfolgte in Normalatmosphäre durch intervallweise Messung des Kontaktdurchgangswiderstandes, der Ansprechdurchflutung, der Umschaltzeit, der Differenz der Umschaltzeiten und der allgemeinen Verzerrung. Außerdem wurden an den Schaltstücken nach Abschluß der Versuche metallographische Untersuchungen, Mikrohärtemessungen und rasterelektronenmikroskopische Untersuchungen durchgeführt, s. [1, 10]. Die Ergebnisse lassen sich folgendermaßen zusammenfassen:

Die nachzuweisenden Hauptkennwerte der Relais wurden von AuAg 17 Ni in gleicher oder zum Teil besserer Qualität als von AuNi 5 erreicht. Die bei den Lebensdauerprüfungen beobachteten geringfügigen Unterschiede im Relaisverhalten und im Zustand der geschalteten Schaltstücke wurden primär durch unterschiedliche Werkstoffeigenschaften von AuAg 17 Ni und AuNi 5 verursacht. Für den Werkstoffeinsatz sind sie ohne Bedeutung. Insbesondere zeigte sich kein signifikanter Unterschied im elektrischen und mechanischen Verschleißverhalten zwischen beiden Werkstoffen. Allerdings ist zu beachten, daß die Schaltleistungsversuche mit ohmscher Last und ohne Schadstoffeinwirkung erfolgten.

2.3.4. Wertung der Ergebnisse

Hinsichtlich des Einsatzes von AuAg 17 Ni in der Informations- und in der Steuerungstechnik läßt sich aus den Versuchsergebnissen ableiten:

1. AuAg 17 Ni ist als Kontaktwerkstoff für Schaltgeräte der Informations- und der Steuerungstechnik geeignet.
2. Bei genügend hoher elektrischer Belastung der Schaltstrecke (etwa $U \geqq 10$ V; $I \geqq 10$ mA) und hinreichend niedriger korrosiver Beanspruchung verhält sich AuAg 17 Ni mindestens gleichwertig wie AuNi 5.
3. Bei kleiner elektrischer Last (μV- und nA-Bereich) sollte wegen zur Zeit noch fehlender Erfahrung beim Einsatz von AuAg 17 Ni dem Werkstoff AuNi 5 weiterhin der Vorzug gegeben werden.
4. Im Zwischengebiet (mV- und μA- bis mA-Bereich) erscheint der Einsatz von AuAg 17 Ni mit Erfolg möglich.
5. Im elektrischen und mechanischen Verschleißverhalten zeigt sich zwischen AuAg 17 Ni und AuNi 5 kein signifikanter Unterschied.
6. Der Werkstoff AuAg 17 Ni führt in Schaltgeräten bei üblichen Belastungsbedingungen mit großer Sicherheit nicht zu Kontaktstörungen durch extreme Materialwanderungseffekte.

Haupteinsatzgebiete von AuAg 17 Ni sind offene Kontakte mit einem für Goldlegierungen mittleren und hohen elektrischen Belastungsniveau bzw. bei nicht zu starker Korrosionsbeanspruchung. Das schließt nicht aus, daß sich AuAg 17 Ni-Kontakte auch bei sehr kleinen Schaltspannungen und -strömen bewähren können. Damit ist eine partielle Substitution von AuNi 5 durch den Kontaktwerkstoff AuAg 17 Ni in Schaltgeräten der Informations- und der Steuerungstechnik möglich.
Die Verarbeitungseigenschaften von AuAg 17 Ni und AuNi 5 sind vergleichbar, so daß sich mit der Dreistofflegierung die gleichen massiven und plattierten Ausführungsformen der Schaltstücke herstellen lassen wie mit AuNi 5.
Für die Erschließung eines breiten Anwendungsgebietes von AuAg 17 Ni sind Kenntnisse über Langzeitbeständigkeit des Kontaktwiderstandes, H_2S-Beständigkeit, Beständigkeit bei komplexer Schadstoffeinwirkung ($SO_2 + H_2S + NO_2 + H_2O$), Verhalten im Relais bei induktiven Schaltkreisen und Verhalten im Betrieb notwendig. Ein Teil der hierzu notwendigen Arbeiten wird in Zusammenarbeit mit Schaltgeräteherstellern durchgeführt. Weitere Informationen sind dem Werkstoffhersteller über Datenrückmeldung zugänglich zu machen. Daraus folgt, daß die umfassende Einführung neuer Kontaktwerkstoffe in die Schwachstromtechnik in enger Gemeinschaftsarbeit von Kontaktwerkstoffhersteller, Schaltgerätehersteller und Schaltgeräteanwender erfolgen muß.

Literaturverzeichnis

[1] *Rühlicke, D.*, u. a.: AuAg17Ni — ein edelmetallsparender Kontaktwerkstoff der Schwachstromtechnik. Stahlberatung **3**, 5 (1976)

[2] TGL 12736/01, Ausg. 10. 73: Halbzeug aus Edelmetall und Edelmetallegierungen für elektrotechnisches Leit- und Kontaktmaterial; Werkstoffe, Technische Lieferbedingungen

[3] Elektrische Untersuchungen an den Kontaktwerkstoffen AuAg17 Ni und AuNi5. Teilbericht, Plan-Nr. 6-31.11/4., VEB BHK Freiberg, 31. 08. 1976

[4] *Bär, G.*: Zuverlässigkeitsuntersuchungen an Schaltstücken für die Elektrotechnik. Messen, Steuern, Regeln **19**, 3 (1976) Beilage Automatisierungspraxis, S. 65—67

[5] *Bär, G.*: Zuverlässigkeitsuntersuchungen an Schaltstücken für die Elektrotechnik. Sozialistische Rationalisierung in der Elektrotechnik/Elektronik **5**, 3 (1976) 71—74

[6] *Dehnke, W.*: Radiometrische Untersuchungen zum Materialübergang bei elektrischen Schaltvorgängen an Schwachstromkontakten. Vortrag auf dem Nationalen Symposium „Traceranwendungen in der Industrie". Gera, 17. bis 22. 10. 1976

[7] *Holm, R.*: Electric contacts. 4th ed. Springer-Verlag, Berlin/Göttingen/New York 1967

[8] *Roy Choudhuri, S. P.*, *Pillai, K. P. P.*: An analysis of resistance-characteristics of static electric contacts. IEEE Transactions on Industrie and General Applications IGA-**1**, 1 (1965) 9—18

[9] *Bär, G.*: Ermittlung und Aussagekraft statistischer Kontaktwiderstands-Kennwerte. Elektrie **28**, 7 (1974) 375—377

[10] Härte und Verschleiß bei Relaiskontakten. Studie, Plan-Nr. NVe Nr 70/75. VEB BHK Freiberg, 31. 05. 1976

2.4. Herstellung und Erprobung von miniaturisierten Kontakten der Schwachstromtechnik

Von *B. Graumüller*

Ingenieur-Hochschule Wismar

2.4.1. Einleitung

Für Kontakte der Nachrichtentechnik, wie sie in Mehrfachkoordinatenschaltern (MKS) der Vermittlungstechnik eingesetzt werden (Bild 1) und für eine Betriebsspannung von 60 V Gleichspannung und einem maximalen Betriebsstrom von 100 mA ausgelegt sind, wurde der Einsatz edelmetallsparender, miniaturisierter Kontakte untersucht.

Bild 1. Einzelne Brücke eines Mehrfachkoordinatenschalters

Die technisch-wissenschaftlichen Ziele der Arbeit sind:

- Erarbeitung von Labortechnologien zum Aufschweißen von Ag und AgPd30-Drähten mit einem Durchmesser von 0,1 bis 0,2 mm und einer Länge von 2 mm auf CuNi18Zn20 zur Herstellung von Koordinatenschalterbrücken,
- Nachweis, daß Schaltstücke mit miniaturisierten, edelmetallsparenden Abmessungen den elektrischen Belastungen standhalten, die bei repräsentativen Lastfällen der Kreuzungspunkte von MKS auftreten,
- experimentelle Bestätigung der Brauchbarkeit des Widerstandsfeinschweißens mit den in der DDR handelsüblichen Einrichtungen.

Die volkswirtschaftliche Zielstellung der Arbeit besteht darin, die technologischen Verfahren und Erzeugnisse auf den neuesten Stand zu bringen und Ergebnisse zu liefern, die bei Umsetzung in die Produktion zu einer Senkung des Edelmetallverbrauchs je

Schaltstück von gegenwärtig 3 mg auf unter 1 mg führen. Außerdem sollen die Ergebnisse Voraussetzungen für den Einsatz von Maschinen der DDR in die Schaltstückfertigung für MKS schaffen.

2.4.2. Technologische Untersuchungen zum Aufschweißen miniaturisierter Kontakte aus Ag und AgPd 30 auf Neusilberflachfedern

Zur Durchführung von Schweißversuchen von Ag und AgPd30-Drähten mit 0,1 bis 0,2 mm Durchmesser auf Neusilberflachbändern mit einer Dicke von 0,5 mm wurden hauptsächlich folgende Geräte verwendet:

1. Kontaktiergerät FSK 3101-VEB Elektromat (Bild 2),
2. Elektronische 2-Zeiten- und Leistungssteuerung ESL/Z2 VEB LEW Hennigsdorf,
3. Elektrische Kraftmeßeinrichtung für Abzugskraftprüfung Carl-Zeiß-Jena,
4. Effektivwertmesser für Schweißströme, Typ SSME 1 TH Karl-Marx-Stadt,
5. Justiervorrichtung — Eigenbau.

Das Kontaktiergerät ist kombinationsfähig nach dem Baukastenprinzip aufgebaut und gliedert sich in Kontaktierkopf, Transformator, Leistungs- und Programmsteuerung.

Bild 2. Kontaktiergerät FSK 3101 mit Justiervorrichtung

Für die Herstellung und Erprobung von Funktionsmustern wurde eine Justiervorrichtung gebaut, die eine Kontaktierung von gespritzten und ungespritzten Federreihen ermöglicht. Die Justiervorrichtung wurde nach dem Baukastenprinzip für die Schweißung des Federkontaktes und des Gegenkontaktes auf dem Vielfachflachband hergestellt. Bild 3 zeigt den Aufbau für die Federreihenschweißung und Bild 4 den Aufbau für die Vielfachflachbandschweißung. Beide Kontakte werden in horizontaler Zuführung des Edelmetalldrahtes auf die Neusilberfeder mit vertikal absenkbaren Elektroden geschweißt und nachgeprägt. Die Zuführung des Edelmetalldrahtes, der Transport der Federn und die Justage von Draht und Feder wurden automatisierbar aufgebaut. Problematisch war jedoch der 2-mm-Drahtvorschub auf die Flachfedern und Vielfachbänder bei undefiniert behandeltem Edelmetalldraht. Dieses Problem wurde durch Kanülenzuführung mit parallel ablaufender Streckung des Drahtes gelöst. Die Festigkeit der Schweißverbindung wurde durch die Abzugsprüfung mit

Bild 3. Justiervorrichtung mit Aufbau für Federreihenschweißung

Bild 4. Justiervorrichtung mit Aufbau für Vielfachflachbandschweißung

dem Draht vom Neusilberflachband geprüft. Für die Ermittlung der optimalen Haftkraft des Edelmetalldrahtes wurden metallografische (Bild 5) und verfahrenstechnische Untersuchungen durchgeführt, die optimale Einstellparameter für die Schweißung der Kontakte ergaben, siehe Bild 6. Die dargestellten $I(t)$-Kurven geben für die Hauptparameter des Verfahrens die maximalen Festigkeiten der Schweißstellen in p und die oberen und unteren Grenzwerte für eine brauchbare Schweißung an.
Die Entwicklung zuverlässiger Fertigungsprozesse auf dem Gebiet der Widerstandsschweißtechnik hat in den letzten Jahren intensive Entwicklungsarbeit in der Richtung ausgelöst, den Widerstandsschweißprozeß zu modellieren [1]. Für diese Modellierung bietet sich die mathematische Statistik an. Bei der Betrachtung der Einflußfaktoren

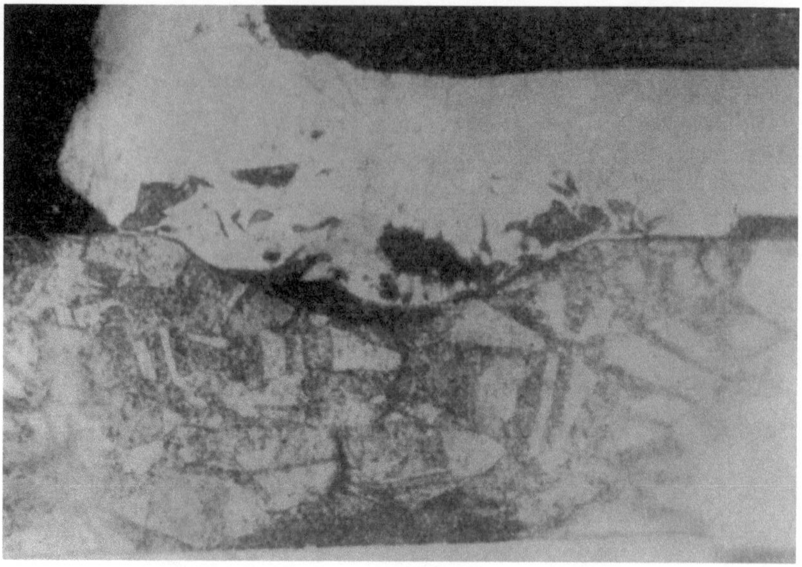

Bild 5. Mikroschliff eines geschweißten Ag-Drahtes auf CuNi 18 Zn 20 mit Ausbildung einer Schweißlinse

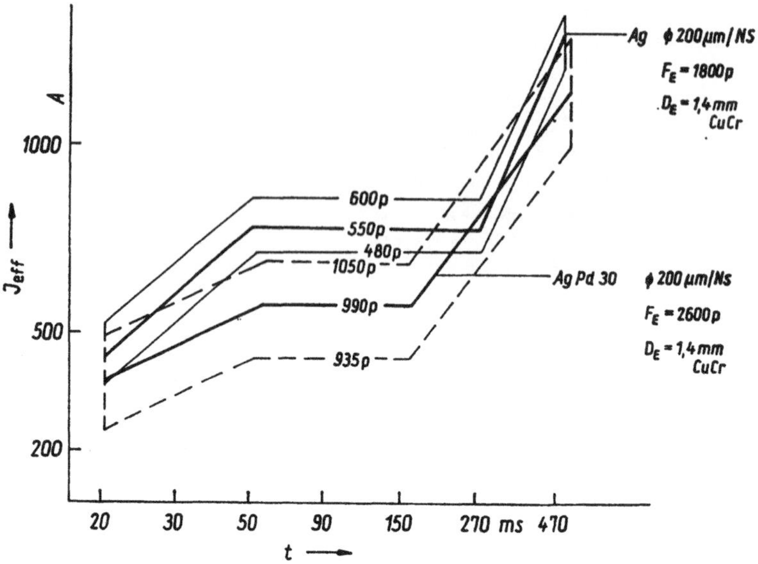

Bild 6. Einstellwert für das Widerstandsschweißen von Minikontakten

auf die Güte der Schweißverbindung geht man von der Betrachtung der Wärmebilanz an der Schweißstelle aus:

$$Q_{\text{Wirk}} = Q_{\text{Zugeführt}} - Q_{\text{Verluste}}, \tag{1}$$

$$Q_{\text{Zugeführt}} = c \int_{t=0}^{t=5} I_{\text{eff}}^2(t)\, R(t)\, \mathrm{d}t, \tag{2}$$

wobei $R(t) = \frac{1}{P(t)}$ ist. (3)

Es werden Kenngrößen ermittelt, die es ermöglichen, direkt oder indirekt die Qualität der Verbindung zu beeinflussen. Die Regressions- bzw. Korrelationsmethode liefert quantitative, statistisch gesicherte Korrelationen, die Vorbedingung für die Beurteilung der verschiedenen Meßgrößen für die Prozeßüberwachung sind [2].
Mit Hilfe der Regressionsanalyse wird der Zusammenhang zwischen der Abzugskraft je Schweißpunkt (F_p) und den Schweißparametern erarbeitet. Für die gesuchte Kurve gilt der Regressionsansatz [3]:

$$Y = b_0 + b_1X_1 + b_2X_2 + \dots + b_mX_m. \tag{4}$$

Das Ergebnis lautet:

$$Y = 1221{,}63 + 0{,}25X_1 - 25{,}01X_2 + 23{,}05X_3 - 137{,}98X_4 \tag{5}$$

wobei Y der Haftkraft, X_1 dem Effektivwert des Schweißstromes in A, X_2 der Schweißzeit in SKT, X_3 dem Durchmesser der Unterelektrode in mm und X_4 der Elektrodenkraft in Kp entspricht [4]. Der Wirkbereich der Größen X_1 bis X_4 beträgt:

$X_1 - I_{eff} = 200$ A bis 550 A,
$X_2 - t_s = 1$ bis 4 SKT = 10 bis 50 ms,
$X_3 - d_{EU} = 2$ bis 4 mm,
$X_4 - F_E = 2{,}6$ bis 3,3 Kp.

Die Testung des Modells ergab eine Abweichung der Werte der Abzugskraft von maximal 5% von den errechneten Werten. Die Anforderungen der Technologie an die Verfahrenstechnik zur Herstellung des Minikontaktes werden somit erfüllt.

2.4.3. Ergebnisse der elektrischen Messungen an Funktionsmustern der MKS

Die Funktionsmuster der MKS-Brücken wurden in einem speziell für diese Kontaktart entwickelten Lastgestell auf die Kontaktdurchgangswiderstandsentwicklung in Abhängigkeit der Schaltzahl und der induktiven und ohmschen Belastung geprüft, Bild 7 ([5]).
Die Ag-Schweißkontakte mit einem Durchmesser von 0,7 mm und die Ag-Minikontakte mit 0,2 mm Durchmesser wurden mit folgenden Lastfällen (ohmsche Last) geprüft:

Lastfall 1: $0{,}35 \cdot 10^6$ Schaltungen,
Lastfall 3: $0{,}35 \cdot 10^6$ Schaltungen,
Lastfall 5: $2 \cdot 10^6$ Schaltungen,
Lastfall 6: $3 \cdot 10^6$ Schaltungen,

wobei für Lastfall 1 bis 5 gilt: Einschalten unter Last, Ausschalten ohne Last.
Die AgPd30-Minikontakte mit einem Durchmesser von 0,2 mm und die AgPd30-Schweißkontakte mit einem Durchmesser von 0,7 mm werden mit folgenden Lastfällen (ohmsche Last) geprüft:

Lastfall 9: $1 \cdot 10^6$ Schaltungen,
Lastfall 11: $1 \cdot 10^6$ Schaltungen,
Lastfall 13: $1 \cdot 10^6$ Schaltungen,
Lastfall 15: $1 \cdot 10^6$ Schaltungen,
Lastfall 7: $3 \cdot 10^6$ Schaltungen,

wobei für Lastfall 9 und 11 gilt: Lastloses Einschalten und Ausschalten unter Last, und für Lastfall 13 und 15: Ein- und Ausschalten unter Last. Die Lastfälle 5 und 6 für Ag-Kontakte und die Lastfälle 9 und 11 für AgPd30-Kontakte stellen die härtesten Bedingungen dar.

Die Prüfbedingungen sind nachfolgend genannt:

Kontaktdurchgangswiderstandsmessungen (Dauerprüfungen) R_D-Wert,

Betriebsspannung:	60 V ± 5% Welligkeit,
Schaltfrequenz:	5 Hz,
Meßspannung:	1 bis 20 mV (Gleichspannung),
Meßstrom:	50 mA,
Kontaktkraft:	18 bis 30 p,
Schwellwert:	5 Ω,
Umgebungstemperatur:	23 °C ± 3 K,
Luftdruck:	950 mbar ± 10%,
relative Luftfeuchte:	70% ± 10%.

Die Messung des R_D-Wertes erfolgte je nach Lastfall von 5 bis 24 Stunden. Der Meßwert ist das arithmetische Mittel aus 5 Werten. Es wurden je 10 Kontakte parallel gemessen.

Bild 7. Belastungsgestell für MKS-Brücken mit 15 Lastfällen

Die Anfangs- und End-R_D-Werte sind in Tabelle 1 angegeben. Die Ag- und AgPd30-Minikontakte zeigen nur geringe Widerstandserhöhungen und sind funktionstüchtig nach Ablauf der entsprechenden Lastfälle. Schwellwertüberschreitungen lagen unter $5/10^4$ Schaltungen. Die Ag-0,7 mm-Schweißkontakte zeigen nach Ablauf der Lastfälle in H_2S-Atmosphäre doppelt bis dreifache R_D-Werte, jedoch alle Werte liegen noch unter 100 mΩ. Die H_2S-Atmosphäre betrug 10 ppm bei 95% rel. Luftfeuchte und 30 °C.

Vor der R_D-Wert-Messung wurde der Nachhub der MKS-Brückenkontakte gemessen, siehe Bild 8. Der Nachhub ist der Hubweg der Kontaktfedern, nach Schließung der Kreuzkontakte, bedingt durch den Ankerweg. Der Nachhub zeigt Normalverteilung und

Tabelle 1. Anfangs- und Endwerte der Kontaktdurchgangswiderstände der entsprechenden Lastfälle

Lastfall	1	3	5	6	7	9	11	13	15	
Schweißkontakte	32,0	28	30	29,7						Neuwert
Ag ⌀ 0,7 mm	40,4	29	31	30,0						Endwert
Schweißkontakte	30	27	45	27						Neuwert
Ag ⌀ 0,7 mm + H_2S	80	75	48	55						Endwert
Minikontakte	36,1	42,5	44	33,1						Neuwert
Ag ⌀ 0,2 mm	45,0	46,5	78	36,8						Endwert
Minikontakt					58,4	46,2	47,3	49,4	48,4	Neuwert
$AgPd_{30}$ ⌀ 0,2 mm					55,9	44,7	44,3	46,3	55,5	Endwert

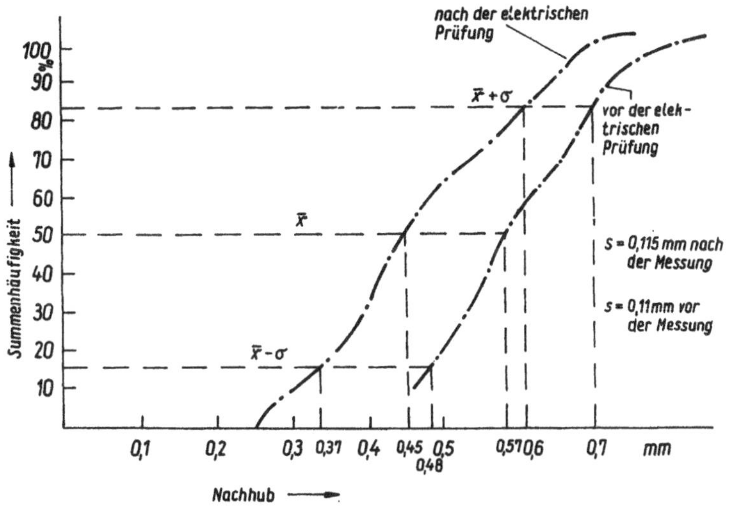

Bild 8. Summenhäufigkeit des Nachhubes der Ag-Brücke

eine Werterhöhung von 0,12 mm infolge Abbrand und Verringerung der Federeigenschaften. Dieser Wert nimmt Einfluß auf die Schließgeschwindigkeit der Kontakte und somit auf die erodierte Fläche an der Berührungsstelle der Kontakte.
Die Ergebnisse der Lastprüfungen für unterschiedliche Kontaktgrößen, Materialbestückung der Kontakte und H_2S-Einfluß beim Schalten von Ag-Kontakten zeigt Bild 9. Die Flächen der erodierten Krater der Ag- und AgPd 30-Minikontakte sind wesentlich kleiner als die der Kontakte mit 0,7 mm Durchmesser und liegen bei maximal 0,1 mm². Wesentlich ist die Aussage der Verkleinerung der erodierten Fläche beim Schalten unter

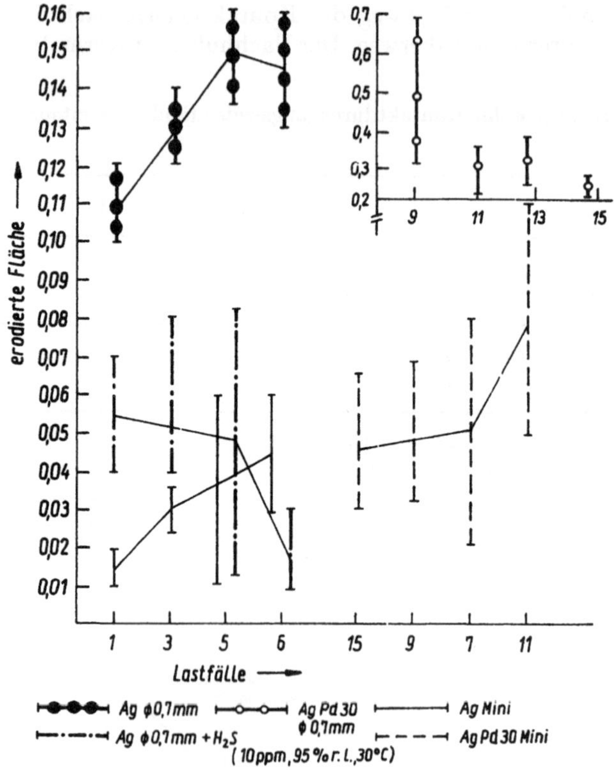

Bild 9. Bewertung der Kontaktgröße und des -materials der erodierten Fläche

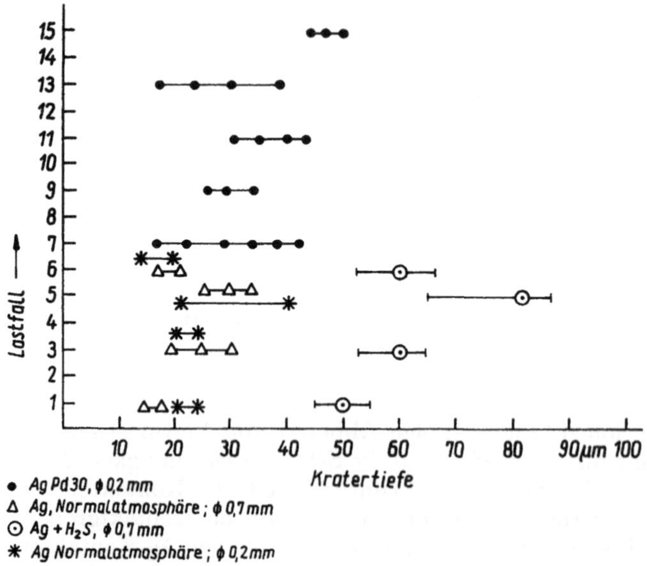

Bild 10. Bewertung der Kontaktgröße und des -materials von der Kratertiefe

H_2S-Atmosphäre. Die Kraterflächen liegen bei diesen Ag-Kontakten in der Größenordnung der Minikontakte aus AgPd30.
Die Auswertung der Kratertiefe in Abhängigkeit des Kontaktmaterials und der Durchmessergröße von der elektrischen Belastung ist für die Dimensionierung des Minikontaktes entscheidend. Die Ag-Minikontakte zeigen maximale Kratertiefen von 40 μm, die AgPd30-Minikontakte maximal 55 μm. Die unter H_2S-Atmosphäre belasteten Ag-0,7 mm-Kontakte zeigen eine Erhöhung der Kratertiefe auf maximale Werte von 90 μm (Bild 10). Der Forderung nach mindestens 50 μm-Kontakthöhe an der Abbrandstelle wird somit vom Minikontakt entsprochen. Einen Vergleich der erodierten Krater zeigen die Bilder 7, 8, 9 und 10.

Bild 11. Ag-Kontakt ∅0,7 mm nach der elektrischen Belastung

Den Einfluß der Kratergröße auf den Endwiderstand und die Schließgeschwindigkeit der Kontakte gibt Bild 15 wieder. Der Kontaktwiderstand ändert sich erwartungsgemäß nicht mit der Kratergröße. Die Verkleinerung des Nachhubes und die Vergrößerung des Kontaktweges, somit auch der Schließgeschwindigkeit der Kontakte, ergibt eine Zunahme der erodierten Fläche. Das zeigt den großen Einfluß der Krafteinstellung der Federn und der genauen Justage auf das Abbrandverhalten der Kontakte.
Einen Vergleich der Geräuschspannungen als Funktion der Frequenz von Ag-0,7 mm- und Ag-0,2 mm-Kontakten zeigt Bild 16. Die Geräuschspannungen wurden bei einer Erdbeschleunigung von 1 g ermittelt. Bei 400 Hz steigen die Geräuschspannungen durch

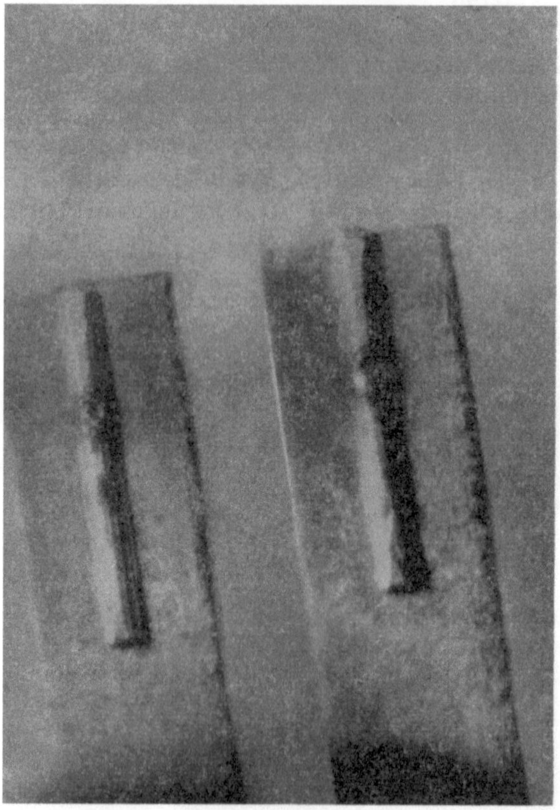

Bild 12. Ag-Minikontakt ⌀ 0,2 mm nach der elektrischen Prüfung

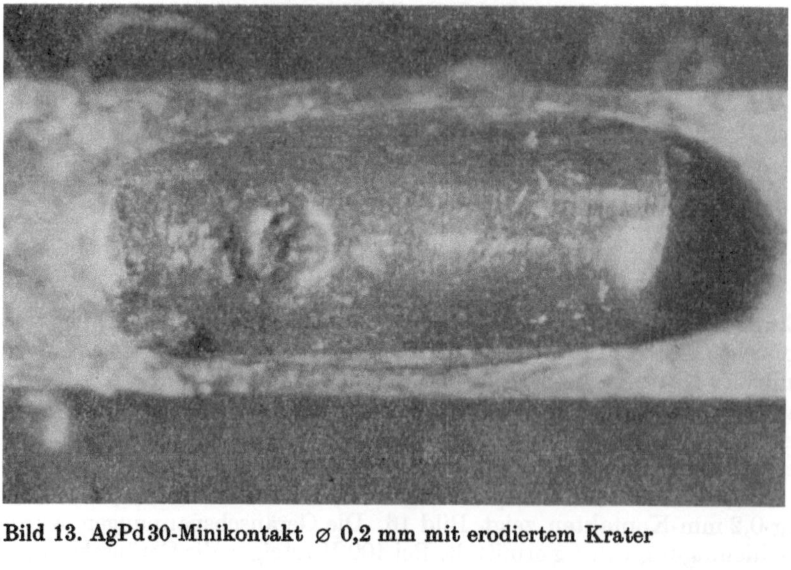

Bild 13. AgPd30-Minikontakt ⌀ 0,2 mm mit erodiertem Krater

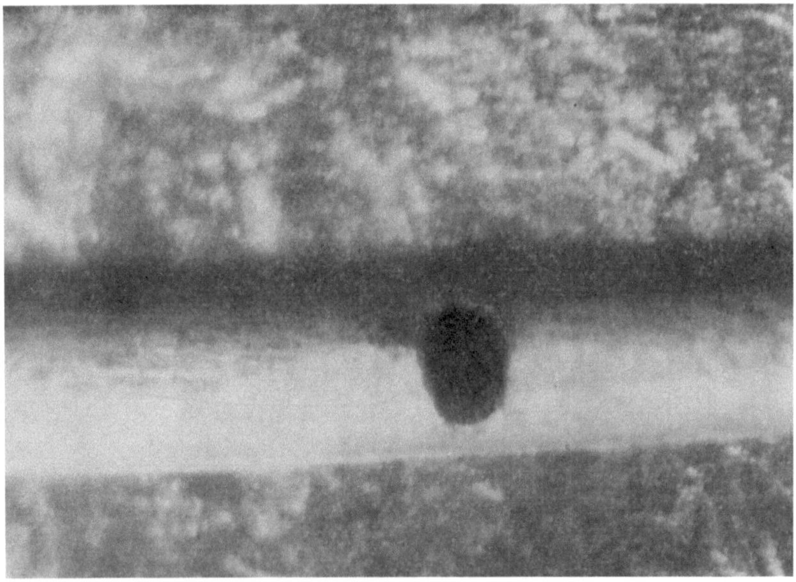

Bild 14. Ag-Kontakt ⌀ 0,7 mm nach elektrischer Last nach H_2S-Atmosphäre

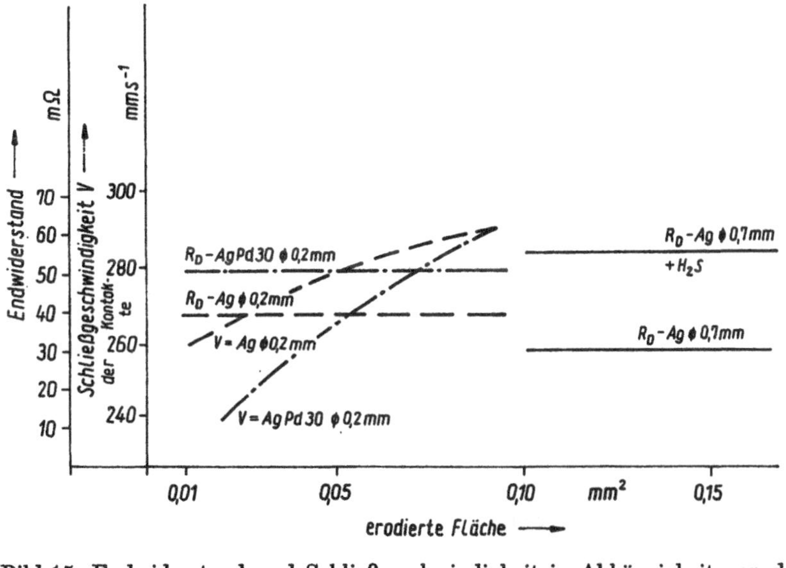

Bild 15. Endwiderstand und Schließgeschwindigkeit in Abhängigkeit von der erodierten Fläche

konstruktive Einflüsse bei beiden Kontaktarten auf 10 mV an. Ab 1000 Hz zeigt die Geräuschspannung konstante Werte von 0,6 mV für den Minikontakt an. Die Geräuschspannungswerte des Minikontaktes steigen ab 1500 Hz wieder an und zeigen im Bereich von 200 bis 500 Hz größere Schwebungen als der Kontakt mit 0,7 mm Durchmesser. Die elektrischen Belastungen und die Auswertungen ergeben, daß der Minikontakt den elektrischen Anforderungen gewachsen ist und im Abbrandverhalten Vorteile gegenüber den größeren Kontakten aufweist.

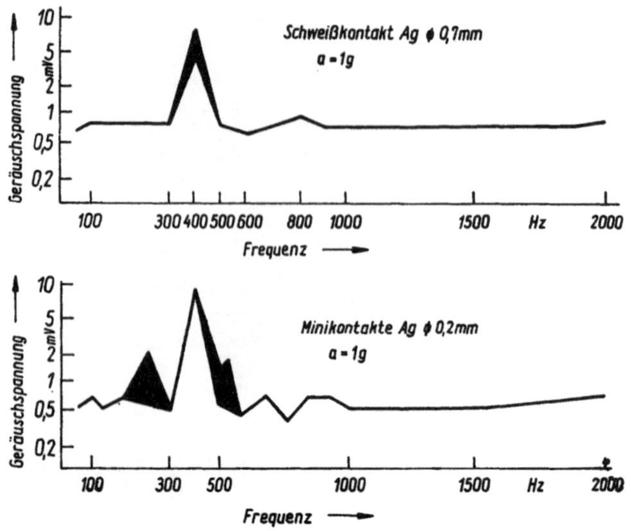

Bild 16. Geräuschspannung als Funktion der Frequenz

2.4.4. Nutzen der Ergebnisse der Arbeit

Bei Einführung der Ergebnisse der Arbeit in die Produktion von Mehrfachkoordinatenschaltern ist ein hoher volkswirtschaftlicher Nutzen durch Einsparung von Edelmetallen von mehreren Tonnen pro Jahr und der Einsatz von Schweißmaschinen aus der DDR-Produktion gegeben.

2.4.5. Zusammenfassung

Es wurden die technologischen Einstellgrößen beim Feinpunktschweißen von Ag- und AgPd30-Drähten mit einem Durchmesser von 0,2 mm und einer Länge von 2 mm auf CuNi18Zn20 in bezug auf die Haftfestigkeit der Schweißverbindungen untersucht. Es wurden Bereiche ermittelt, die es gestatten, unkritisch Schweißverbindungen mit mechanischen Eigenschaften und einer elektrischen Leitfähigkeit zu erhalten, die etwa gleich den Eigenschaften der Ausgangsmetalle bzw. Legierungen sind. Die Haftfestigkeit dieser Verbindungen übertrifft zumindest 70% der Festigkeit der verwendeten Drähte. Kennzeichnend für diese Verbindungen ist die Ausbildung einer Schweißlinse je Schweißpunkt und nicht nur einer Verbindung im festen Zustand. Die Ausbildung einer Schweißlinse gibt Gewähr, daß eine optimale dynamische Festigkeit zu erwarten ist.
Für die Abhängigkeit der Haftkraft von den technologischen Einstellgrößen wurde ein einfaches Modell entwickelt. Es wurde gezeigt, daß nach dem untersuchten Verfahren aufgeschweißte Ag- und AgPd30-Schaltstücke mit einem Drahtdurchmesser von 0,2 mm den typischen elektrischen Belastungen der Kreuzungspunkte von Mehrfachkoordinatenschaltern standhalten (Betriebsspannung größer als die Bogenmindestspannung: Betriebsstrom kleiner als Bogenmindeststrom). Es wurden Vorrichtungen entwickelt, die Grundlage für eine Massenfertigung sein können.

Literaturverzeichnis

[1] *Krause, U. J.:* Widerstandsschweißen unter besonderer Berücksichtigung der Gütesicherung beim Punktschweißen. Sondertagung, Stuttgart 1973

[2] *Becken, O.:* Neuere Erkenntnisse über den Einfluß von Schweißstrom, Schweißzeit, Elektrodenkraft und Elektrodendurchmesser auf die Eigenschaften von Schweißpunkten unter Berücksichtigung von Gütegruppen. 5. Sondertagung, Stuttgart 1962, DVS

[3] *Schmiedgen, Lange:* Ein mathematisches Modell zur Gütesicherung und Qualitätssicherung bei der Anwendung der Widerstandspunktschweißung. SW 002/74-0-19

[4] Rechenzentrum und UNI Rostock: Handbuch zum „Systemband“ R 300, T. 2, Handbuch des Statistiksystems, T. 1 (1975)

[5] *Schwemm, D., Schaal, T.:* Untersuchung der im Kontaktspalt von Abhebekontakten von Koordinatenschaltern bei verschiedenen Lastfällen umgesetzten Leistungen und ihre Beeinflussung durch die Schaltung des Belastungsgestells. Diplomarbeit, IH Wismar

3. Deckschichtprobleme und Einsatzbedingungen

3.1. Über die Möglichkeiten der Diffusion in geschichteten Kontakten bei niedrigen Temperaturen

Von *A. Häßner*

Technische Hochschule Karl-Marx-Stadt, Sektion Physik – Elektronische Bauelemente

3.1.1. Einleitung

Der Einsatz von Edelmetallkontakten für Steckverbinder ist in zahlreichen Anwendungsfällen — insbesondere zur Vermeidung von Fremdschichten — unerläßlich. Mit dem Ziel der möglichst hohen Einsparung von Edelmetallen beschränkt man sich meist darauf, nur den unmittelbaren Kontaktbereich mit einer verhältnismäßig dünnen Edelmetallschicht (einige zehntel bis einige μm) zu überziehen. Diese ist so bemessen, daß Atome des darunter liegenden unedlen Grundmetalls bei den angewandten Betriebstemperaturen und Einsatzzeiten durch Volumendiffusion nicht an die Kontaktoberfläche gelangen können.
Entgegen der Erwartung wurden aber dennoch Fremdschichten beobachtet, an deren Bildung Unedelmetalle des Grundmaterials beteiligt sind, so z. B. im System CuAu [1] sowie in dem in der DDR für Steckverbinder gebräuchlichen Schichtsystem Bronze-AuPdAu [2,3]. Die Folge können Kontaktausfälle sein.
Die Lösung des Problems kann nicht einfach darin bestehen, die Edelmetallschichten entgegen der allgemeinen Tendenz zu verstärken. Es ist vielmehr notwendig, die möglichen Mechanismen für den Transport der Unedelmetalle an die Oberfläche gründlich zu studieren, um daraus Schlußfolgerungen ableiten zu können hinsichtlich geeigneter Schichtkombinationen und optimaler Herstellungstechnologien, die auf einem minimalen Edelmetalleinsatz beruhen und die Gewähr für zuverlässiges Arbeiten der daraus gefertigten Bauelemente bieten.

3.1.2. Stofftransport durch Volumendiffusion

Es sei zunächst angenommen, daß der Stofftransport durch ungestörte Volumendiffusion zwischen den Partnern A (Unedelmetall) und B (Edelmetall) erfolgt. Für eine Abschätzung sei weiter vorausgesetzt, daß der Diffusionskoeffizient im Volumen D_V konzentrationsunabhängig ist. Für ein zweifach unendliches System erhält man als Lösung der 2. Fickschen Gleichung

$$\frac{\partial C}{\partial t} = D_V \frac{\partial^2 C}{\partial x^2} \qquad (1)$$

die Konzentrationsverteilung C_A zu

$$C_A = \frac{C_{A0}}{2} \operatorname{erf} c \left(\frac{x}{2\sqrt{D_V t}} \right), \qquad \text{wobei} \qquad (2)$$

C_A — Konzentration,
x — Diffusionsrichtung,
t — Zeit,
C_{A0} — Anfangskonzentration der Komponente A sind.

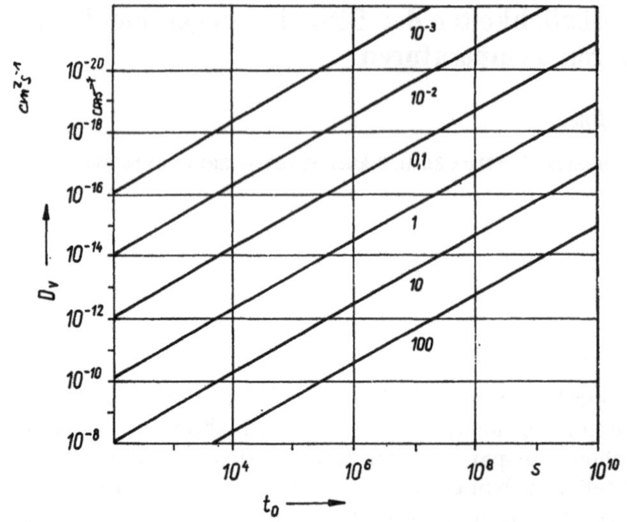

Bild 1. Zusammenhang zwischen t_0 und D_V entsprechend Gl. (3). Parameter ist die Schichtdicke d in μm

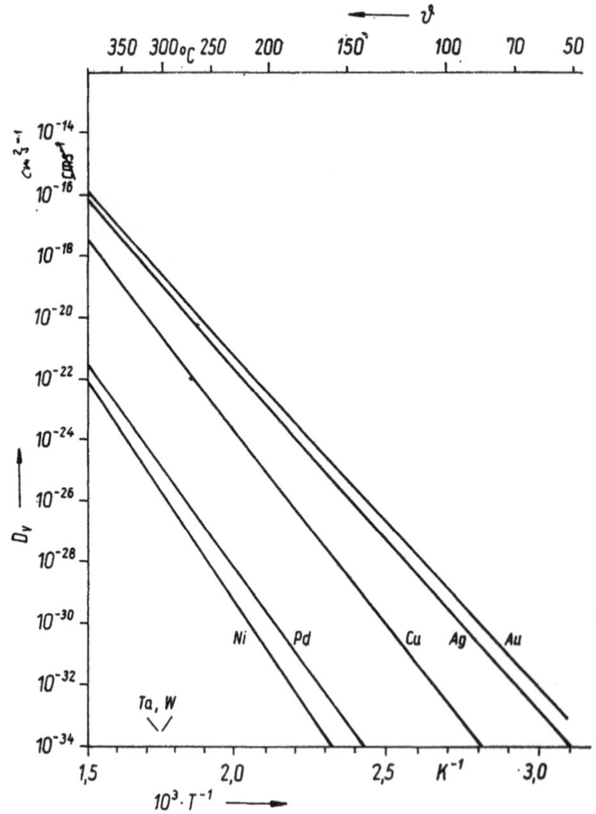

Bild 2a

Die Dicke der Edelmetallschicht sei d. Die Zeit t_0, die benötigt wird, damit die Diffusionsfront die Kontaktoberfläche gerade erreicht, ist dann

$$t_0 = \frac{d^2}{11{,}2 D_V}. \tag{3}$$

Bild 1 zeigt den Zusammenhang zwischen t_0, d und D_V. Man erkennt: praktisch in Frage kommende Edelmetallauflagen zwischen 0,5 und 5 μm werden durch Diffusion nicht durchdrungen, wenn D_V höchstens in der Größenordnung 10^{-15} bis 10^{-17} cm²/sec liegt und wenn t_0 mit 1 Jahr angesetzt wird.

Tatsächlich sind aber die auf Einsatztemperaturen extrapolierten Volumen-Diffusionskoeffizienten sogar um viele Größenordnungen kleiner. Tabelle 1 und Bild 2a machen dies anhand der Selbst-Diffusionskoeffizienten wichtiger als Kontaktmaterial geeigneter Metalle deutlich. Die Volumen-Diffusionskoeffizienten liegen bei einer Einsatztemperatur von $\vartheta = 70\,°C$ durchweg unterhalb 10^{-30} cm² sec^{-1}, bei hochschmelzenden Metallen sogar noch erheblich darunter. Hieraus folgt: ungestörte Volumendiffusion ist für den Transport der Atome des Unedelmetalls an die Kontaktoberfläche nicht verantwortlich; die Volumen-Diffusionskoeffizienten sind hierzu mindestens 10 Größenordnungen zu klein.

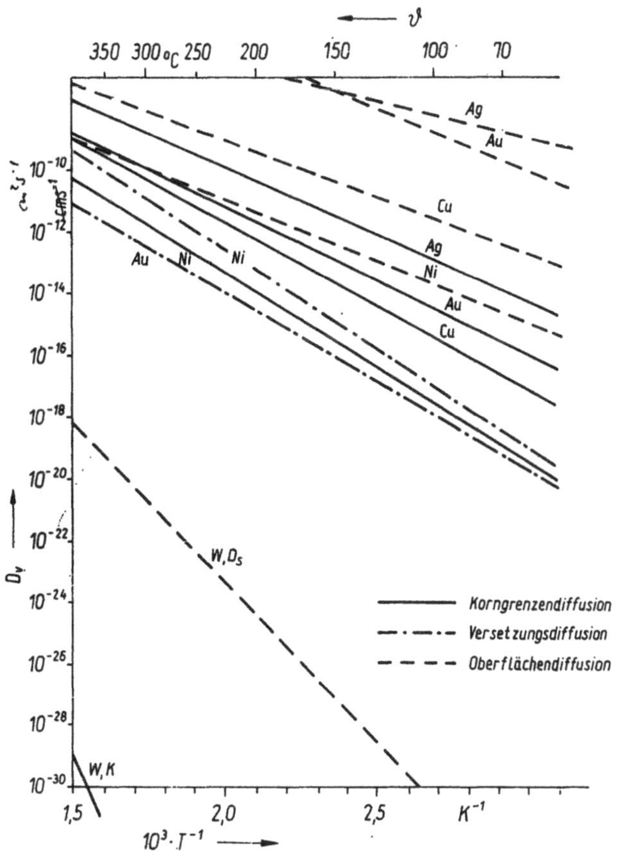

Bild 2b

Bild 2. Temperaturabhängigkeit der Selbstdiffusionsgeschwindigkeit einiger wichtiger Metalle

a) Volumendiffusion (s. S. 134)

b) Diffusion in Korngrenzen, Versetzungen, Oberflächen

Tabelle 1. Aktivierungsenergien Q und Frequenzfaktoren D_0 einiger Metalle. V — Volumendiffusion, K — Korngrenzendiffusion, P — Versetzungsdiffusion, S — Oberflächendiffusion, T_m — Schmelztemperatur. Anmerkung: Für die Oberflächendiffusion wurden Daten bevorzugt, die bei $T < 0{,}5\ T_m$ erhalten wurden, weiter wurde $\delta_K = 5 \cdot 10^{-8}$ cm angenommen

Metall	T_m in °C	D_{0V} in cm²/sec	Q_V in kcal/Mol	D_{0K} in cm²/sec	Q_K in kcal/Mol	D_{0P} in cm²/sec	Q_P in kcal/Mol	D_{0S} in cm²/sec	Q_S in kcal/Mol
Kupfer	1083	0,62	49,6	0,2	25,0	—	—	$3 \cdot 10^{-2}$	17,0
Silber	960	0,44	44,3	0,07	20,2	0,14	19,7	$4{,}5 \cdot 10^{-2}$	11,7
Gold	1063	0,091	41,7	0,016	21,9	0,004	26,7	7,6	15,7
Palladium	1552	0,21	63,6	—	—	—	—	—	—
Nickel	1453	1,9	68,0	0,089	28,2	3,4	30,2	$8 \cdot 10^{-4}$	18,0
Tantal	3000	0,124	98,7	—	—	—	—	—	44,0
Wolfram	3380	42,8	153,0	14,7	92	—	—	0,2	53,2

3.1.3. Diffusionskurzschlüsse und Besonderheiten der Diffusion in dünnen Schichten

Die in 3.1.2. der Berechnung zugrunde gelegte ungestörte Volumendiffusion charakterisiert die Diffusion in solchen Bereichen eines Einkristalls, die lediglich Leerstellen im thermischen Gleichgewicht aufweisen. Jedoch können Realkristalle und damit auch dünne Schichten in Abhängigkeit von ihren Herstellungs- und Einsatzbedingungen hohe Konzentrationen weiterer, unterschiedlicher Gitterdefekte enthalten.
Von den 1- und 2-dimensionalen Defekten ist bekannt, daß die Diffusionsgeschwindigkeiten längs Versetzungen, Korngrenzen sowie inneren und äußeren Oberflächen um Größenordnungen schneller als im Volumen sind (siehe Tabelle 1 und Bild 2b). Sie werden deshalb sehr zutreffend auch global als „Diffusionskurzschlüsse" bezeichnet. Aus Bild 2b läßt sich nun in Verbindung mit Bild 1 abschätzen, daß die Diffusionsgeschwindigkeiten längs Kurzschlüssen bei Materialien wie Cu, Ag, Au solche Werte erreichen, daß die Atome in ihnen in einem Jahr bei den Einsatztemperaturen durchaus Wege von der Größenordnung der Edelmetallschichtdicke zurücklegen können. In hochschmelzenden Metallen, wie z. B. Wolfram, ist auch die Kurzschlußdiffusion hierfür zu langsam. Längs Stapelfehlern und kohärenten Zwillingsgrenzen konnte bisher keine bevorzugte Diffusion festgestellt werden, während inkohärente Zwillingsgrenzen eine erhöhte, bisher nicht quantitativ untersuchte Diffusionsgeschwindigkeit aufweisen.
Wir sehen deshalb folgende Möglichkeiten für den Transport der Unedelmetallkomponente an die Oberfläche des Kontaktsystems:

1. Festkörperdiffusion unter Beteiligung der in dünnen Schichten vorhandenen Diffusionskurzschlüsse.

2. Elektrochemischer Korrosionsangriff der Unedelmetallkomponente über Risse und Poren des Kontaktsystems unter Beteiligung von Feuchte und korrosiven Bestandteilen der Atmosphäre, wobei die unedlen Atome bzw. ihre Verbindungen durch Diffusion zur Oberfläche gelangen.

Die folgenden Ausführungen befassen sich nur mit Fall 1.
Bei der Diffusion in dünnen metallischen Schichten und Schichtsystemen sind einige Besonderheiten zu beachten:

a) Dünne Schichten werden häufig unter Nichtgleichgewichtsbedingungen bei verhältnismäßig niedrigen Temperaturen abgeschieden [4]. Die Folge davon ist, daß die Defektstruktur selbst zeitabhängig wird und sich durch Tempern dem „Gleichgewichtszustand“ annähern kann. Damit tritt in der Regel ein Übergangszustand auf, in dem die Diffusionsgeschwindigkeit über das erwartete Maß hinaus erhöht ist. Eine Beeinflussung der Diffusion erfolgt auch dadurch, daß metastabile Gitterstrukturen auftreten können. Schließlich werden im Fall der Mehrphasendiffusion häufig mögliche Gleichgewichtsphasen nicht beobachtet oder treten erst in späteren Diffusionsstufen auf.

b) Bei der Mehrphasendiffusion in dünnen Schichten ist zu beachten, daß Phasengrenzen wirksame Diffusionskurzschlüsse darstellen. Ihre Diffusionsgeschwindigkeiten sind in erster Näherung mit denen in Korngrenzen vergleichbar [5, 6].

c) Zug- und Druckspannungen, wie sie z. B. an aneinandergrenzenden Phasen entstehen, haben sehr kompliziert zu beschreibende Einwirkungen auf die Diffusion im Volumen sowie vermutlich auch auf die Diffusion in 1- und 2-dimensionalen Diffusionskurzschlüssen. Je nach dem Vorzeichen der mechanischen Spannung und der Lage der Korngrenzen relativ zur Diffusionsrichtung ist eine Erhöhung oder eine Erniedrigung des Massetransports möglich [7].

d) In der Stromenge von Kontakten sind Stromdichten der Größenordnung 10^5 A/cm^2 und mehr möglich. Deshalb ist es notwendig zu prüfen, ob Elektromigration eine Rolle spielt.

e) Einfluß von Fremdatomen. Bedingt durch die Herstellungstechnologie können relativ hohe Konzentrationen von Fremdatomen während des Wachstumsprozesses in die Schicht gelangen. Einer Abschätzung zufolge ändert sich der Volumen-Diffusionskoeffizient bei einer Fremdatomkonzentration von 10^{-3} um maximal 10% [7]. Bezüglich innerer Oberflächen, Versetzungen und Korngrenzen muß erwartet werden, daß die Änderung des Diffusionskoeffizienten erheblich größer ist [8, 9]. Insbesondere ist mit Segregationseffekten zu rechnen; z. B. scheiden sich Cu-Atome an Korngrenzen von Al aus und reduzieren den Korngrenzen-Diffusionskoeffizienten um einen Faktor 80 [10]. Durch eine Schwefelverunreinigung, die sich auf die Versetzungen konzentrierte, wurde die Diffusionsgeschwindigkeit von Cr in Au um mehr als eine Größenordnung erhöht [11].
Reaktionen an der Oberfläche während des Diffusionsprozesses, z. B. Oxydation, geben Anlaß zu Abweichungen vom erwarteten Konzentrationsprofil („near-surface effect“), was auf die Diffusion in dünnen Schichten besonders einwirkt [12, 13].

3.1.4. Diffusionsmodell des dünnen Schichtsystems

Es ist verständlich, daß allgemeine Lösungen des Diffusionsproblems in dünnen Schichten auf Grund der angeführten Probleme und der außerordentlich komplizierten Realstruktur kaum erreicht werden können. Erfolgversprechend, aber bisher nicht durchgeführt, ist eine Computer-Simulierung [7]. Ein weiterer Weg besteht darin, vereinfachte Modelle zu lösen.
Wir nehmen im folgenden an, daß die 0-dimensionalen Defekte thermisches Gleichgewicht erreicht haben und sich ein relativ stabiles Netzwerk aus Versetzungen, Korngrenzen und inneren Oberflächen eingestellt hat. Es wird Einphasendiffusion zwischen zwei Partnern A und B vorausgesetzt.
Die Wirksamkeit der unterschiedlichen Diffusionskurzschlüsse hängt a) von ihren Diffusionsgeschwindigkeiten und b) von ihrem Anteil am Gesamtvolumen und ihrer Verteilung ab.
Eine exaktere Behandlung müßte die grundsätzlich beobachtete Tatsache berücksichtigen, daß die Diffusionskoeffizienten in den „Kurzschlüssen“ von verschiedenen physikalischen und chemischen Bedingungen abhängen. In der Praxis muß man sich allerdings in der Regel damit begnügen, wegen der fehlenden experimentellen Angaben mit Mittelwerten der Diffusionskoeffizienten längs Korngrenzen D_K, Versetzungen D_P und inneren

Oberflächen D_S zu rechnen. Bis auf wenige Ausnahmen ist auch über die sicher vorhandene Konzentrationsabhängigkeit dieser Diffusionsvorgänge nichts bekannt, so daß für Abschätzungen die Ergebnisse entsprechender Selbstdiffusionsmessungen herangezogen werden müssen.

3.1.4.1. Ein- und zwei dimensionale Defektkonzentration

Die Defektkonzentration hängt von der Herstellungstechnologie der dünnen Schicht und von den verwendeten Materialien ab. Werte folgender Größenordnungen können nicht überraschen [4, 7]:

Versetzungsdichten ϱ: 10^{10} bis 10^{11} cm^{-2};
Korngrößen $2l$: Aufgedampfte und aufgestäubte Schichten: Es wurden Werte bis herab zu $2l < 100$ Å beobachtet. Galvanische Schichten weisen häufig Säulenstruktur in Wachstumsrichtung mit Säulendurchmesser bis herab zu etwa 100 nm auf;
Innere Oberflächen: Je nach Herstellungsbedingungen können durchgehende Risse und Poren sowie isolierte Poren auftreten. Hohe Rißkonzentrationen wurden an galvanischen Pd-Schichten beobachtet [2, 3].

Der relative Anteil der Atome, die sich in Korngrenzen f, Versetzungen g und inneren Oberflächen h befinden, kann im konkreten Fall bei Kenntnis der mittleren Korngröße $2l$, der Versetzungsdichte ϱ, des Porenradius R_{por} und des relativen Volumenanteils der Poren ν_{por} und des mittleren Rißabstands $l_{riß}$ abgeschätzt werden. Dabei ist es allgemein üblich, die Korngrenzenbreite δ_K, den Radius des Versetzungskerns r_P und die Dicke der gestörten Oberflächenschicht δ_S mit $5 \cdot 10^{-8}$ cm anzunehmen. Das Ergebnis der Abschätzung ist:

Diffusionskurzschluß	Bemerkung	Formel	
Korngrenze		$f = \delta_K/l,$	(4)
Versetzung		$g = \pi 10^{-14}\varrho,$	(5)
innere Oberfläche	geschlossene, kugelförmige Poren	$h = \frac{3\delta_S}{R_{por}} \nu_{por},$	(6)
	zylinderförmige, durchgehende Poren	$h = \frac{2\delta_S}{R_{por}} \nu_{por},$	(7)
	Risse	$h = \frac{\delta_S}{l_{riß}}.$	(8)

3.1.4.2. Einteilung in Diffusionsstadien

Das Diffusionsproblem ist auch nach den oben festgelegten Vereinfachungen sehr kompliziert. Teillösungen sind bekannt, wenn im Volumen nur Korngrenzen [14 bis 18] oder nur Versetzungen [19, 20] oder nur Oberflächen [21, 22, 23] vorhanden sind.
Die Untersuchung der Teillösungen hat gezeigt, daß unabhängig von den Besonderheiten nacheinander 3 Stadien A, B und C durchlaufen werden [24]. Dies soll am Beispiel der Korngrenzendiffusion kurz erläutert werden (s. auch Bild 3). Im Anfangsstadium[1]) A ist der Diffusionsvorgang völlig auf die Korngrenzen beschränkt[2]), es gilt

$$(D_V t)^{1/2} \ll \delta_K. \tag{9}$$

[1]) Bei [24] ist die Reihenfolge der Stadien mit C, B, A bezeichnet.
[2]) Die Diffusion verbleibt in diesem Stadium, wenn das Volumen keine Löslichkeit für die diffundierende Atomart aufweist.

Im Stadium B findet ein merklicher Transport zwischen Korngrenzen und Volumen statt. Dies führt dazu, daß sich die Spitze des Konzentrationsprofils nur noch proportional der 4. Wurzel aus der Zeit verschiebt. Das Stadium C wird schließlich erreicht, wenn $(D_V t)^{1/2}$ in der Größenordnung von l ist. Dabei stellt sich wieder eine einfache Konzentrationsverteilung analog der ungestörten Volumendiffusion ein, allerdings mit einem u. U. stark erhöhten effektiven Diffusionskoeffizienten D_{eff}. Es gelten die Bedingungen:

$$\text{Stadium B: } 10^2\delta_K < (D_V t)^{1/2} < 0{,}2l, \tag{10}$$

$$\text{Stadium C: } (D_V t)^{1/2} > 0{,}8l. \tag{11}$$

Analoges gilt für die Fälle, in denen Versetzungen oder innere Oberflächen in das Volumen eingelagert sind.

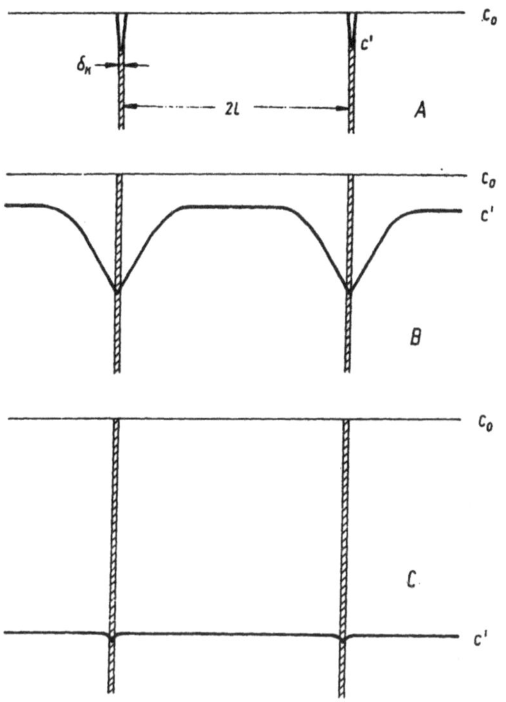

Bild 3.
Stadien A, B, C, (schematisch)

3.1.4.3. Stadium A

Die folgenden Ausführungen konzentrieren sich auf den kombinierten Fall des Stadiums A — Korngrenzen, Versetzungen *und* innere Oberflächen werden berücksichtigt — weil er bisher in der Literatur nicht berücksichtigt wurde, andererseits aber bei den verhältnismäßig niedrigen Einsatztemperaturen der Steckverbinder die dominierende Rolle spielt.

Wegen

$$(D_V t)^{1/2} \ll \delta_K, \delta_S, r_P \tag{12}$$

bleibt der Diffusionsvorgang auf die „Kurzschlüsse" begrenzt. Experimentell wurde dies überzeugend von *Tu* und *Rosenberg* [26] durch Messungen des Stofftransports in den Dünnschichtstrukturen Pb/Ag/Au und Pb/Ag/Pd im Temperaturbereich 160 bis 200 °C nachgewiesen. In der Ag-Zwischenschicht erfolgte der Stofftransport ausschließlich über Korngrenzen. Auch *Pinnel* und *Bennett* [1] weisen bei ihren Untersuchungen

im Schichtsystem Cu-Au auf anormale Konzentrationsverteilungen im Temperaturbereich von 50 bis 200 °C hin, was auf die Anreicherung von diffundierenden Atomen an den Diffusionskurzschlüssen zurückgeführt werden kann.
Hier sollen, indem vom Zufallscharakter der Diffusionssprünge ausgegangen wird, eine Näherung für den effektiven Diffusionskoeffizienten D_{eff} angegeben und daraus Schlußfolgerungen gezogen werden. Dabei wird ein zusammenhängendes Netzwerk von 1- und 2-dimensionalen Defekten angenommen. Um vom Zufallscharakter der Diffusion Gebrauch machen zu können, wird weiterhin gefordert

$$(D_{\text{K}}t)^{1/2} \gg 2l, \tag{13a}$$

$$(D_{\text{P}}t)^{1/2} \gg 2A_1, \tag{13b}$$

$$(D_{\text{S}}t)^{1/2} \gg 2A_2. \tag{13c}$$

($2A_1$, $2A_2$ mittlerer Abstand zweier Versetzungen bzw. Poren oder Risse.) Die Gleichungen 13a bis c sichern, daß sich jedes diffusionsfähige Atom im Bereich unterschiedlicher Defekttypen aufhalten wird.
Nach einer hier nicht dargestellten Berechnung erhält man bei einer großen Anzahl von Sprüngen vieler Atome in den Bereichen mit unterschiedlichen Defekttypen einen quadratischen Mittelwert der Eindringtiefe $\overline{r_n^2}$ zu

$$\overline{r_n^2} = 6D_{\text{eff}}t, \tag{14}$$

mit

$$D_{\text{eff}} = D_{\text{K}}\frac{f}{f+g+h} + D_{\text{P}}\frac{g}{f+g+h} + D_{\text{S}}\frac{h}{f+g+h}. \tag{15}$$

Wie aus den Untersuchungen der Teillösungen zum Stadium A (s. 3.1.4.2) bekannt, ist die Konzentrationsverteilung vom Gauß-Typ, mit der Besonderheit, daß das ungestörte Volumen der Schicht nicht berührt wird. Für den Fall des halbunendlichen Diffusionssystems, wenn bei $x = 0$ $C = C_0$ aufrechterhalten wird, ist

$$C = C_0 \operatorname{erf} c\left(\frac{x}{2\sqrt{D_{\text{eff}}\,t}}\right). \tag{16}$$

Der Mittelwert $\overline{C}$ der Konzentration über Volumen und Defektstruktur ist

$$\overline{C} = C_0(f+g+h) \operatorname{erf} c\left(\frac{x}{2\sqrt{D_{\text{eff}}\,t}}\right). \tag{17}$$

Die Zeit t_0, die benötigt wird, damit die diffundierenden Atome die Kontaktoberfläche gerade erreichen, ist analog Gleichung (3)

$$t_0 = \frac{d^2}{11{,}2D_{\text{eff}}}. \tag{18}$$

Die Schädigung des Kontaktes erfolgt erst für $t > t_0$ durch die über die Kontaktoberfläche diffundierenden Unedelmetallatome, die zur Fremdschichtbildung beitragen. Anstelle von Gleichung (17) ist dann eine Lösung für die endliche Schicht der Dicke d zu verwenden. Für den Fall, daß die Diffusionsgeschwindigkeit auf der Kontaktoberfläche groß ist gegenüber D_{eff}, können sich die an die Kontaktoberfläche gelangten unedlen Atome dort leicht ausbreiten und mit den Schadstoffen Fremdschichten bilden. Die Konzentration in der dünnen Schicht ist dann

$$\overline{C} = C_0(f+g+h)\left\{1 - \left[\frac{x}{d} + \frac{2}{\pi}\sum_{n=1}^{\infty}\frac{(-1)^n}{n}\exp\left(-\frac{n^2\pi^2 D_{\text{eff}}\,t}{d^2}\right)\sin\frac{n\pi x}{d}\right]\right\}. \tag{19}$$

Über die Kontaktoberfläche diffundiert die Masse (pro Flächeneinheit)

$$M = \frac{(f+g+h)\,C_0 D_{\text{eff}}}{d}\left\{t - \frac{d^2}{6D_{\text{eff}}} - \frac{2d^2}{\pi^2 D_{\text{eff}}}\sum_{n=1}^{\infty}\frac{(-1)^n}{n^2}\exp\left(-\frac{n^2\pi^2 D_{\text{eff}}\,t}{d^2}\right)\right\}. \quad (20)$$

Der Verlauf von Gleichung (20) ist in Bild 4 dargestellt. Für hinreichend große t stellt sich in der dünnen Schicht ein stationärer Diffusionsstrom ein, und die über die Kontaktoberfläche diffundierende Menge pro Flächeneinheit wird

$$M = \frac{(f+g+h)\,C_0 D_{\text{eff}}}{d}\left\{t - \frac{d^2}{6D_{\text{eff}}}\right\}. \quad (21)$$

Die durch Reaktion mit den Schadstoffen entstehende mittlere Fremdschichtdicke d_F ist, wenn die Reaktionsgeschwindigkeit diffusionskontrolliert ist, proportional zu M und

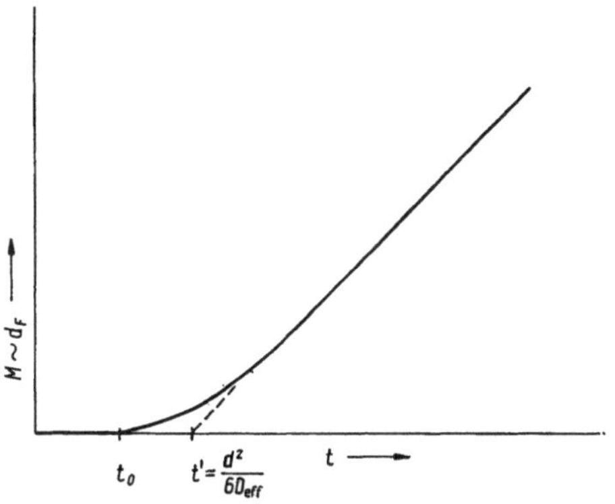

Bild 4a

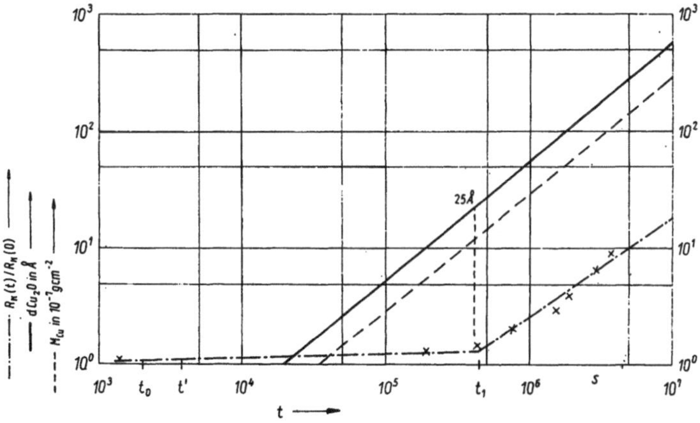

Bild 4b

Bild 4. Über die Kontaktoberfläche transportierte Masse der Fremdelemente M bzw. durch Reaktion an der Oberfläche entstehende Fremdschichtdicke d_F

a) schematischer Verlauf

b) Mit Gl. (20) berechnetes Realbeispiel:

Bildung einer Cu_2O-Fremdschicht auf einem ebenen Kontakt Cu — 0,15 μm Au bei $\vartheta = 150\,°C$. Mit für galvanische Schichten üblichen Strukturparametern schätzt man ab: $f = 2 \cdot 10^{-4}$, $g = 3 \cdot 10^{-4}$, ferner $h = 2 \cdot 10^{-7}$ ($R_P \approx 5 \cdot 10^{-4}$ cm, 1000 Poren/cm^2). Unter Verwendung von Gl. (15) und Bild 2b) ist $D_{\text{eff}} \approx 10^{-14}$ cm^2/sec. Das Bild zeigt M_{Cu} und $d_{\text{Cu}_2\text{O}}$ als Funktion der Zeit. Weiter ist $R_K(t)/R_K(0)$ nach [33] eingetragen. Der starke Anstieg beginnt zur Zeit t_1, wenn die Fremdschichtdicke 25 Å ist (Überschreitung der Tunnelschicht).

läßt sich leicht berechnen (s. Bild 4b). Für den spezifischen Hautwiderstand σ_F erhält man

$$\sigma_F \sim \varrho_F(d_F)\, M\,. \tag{22}$$

Die Gleichungen (16) bis (21) zeigen, wie die Konzentrationsverteilungen und die transportierten Mengen, die der Fremdschichtbildung zur Verfügung stehen, von D_{eff} und damit von D_K, D_P und D_S sowie von f, g, h abhängen.[1])
Die Diffusionskoeffizienten D_K, D_P und D_S sind entsprechend

$$\mathrm{D_i = D_{0i} \exp\left(-Q_i/RT\right) \qquad (i = K, P, S)} \tag{23}$$

von der Temperatur abhängig. ($\mathrm{D_{0i}}$ sind die Frequenzfaktoren und $\mathrm{Q_i}$ die Aktivierungsenergien der entsprechenden Diffusionsarten.) Da die Aktivierungsenergien der Diffusion längs Korngrenzen, Versetzungen und inneren Oberflächen im allgemeinen unterschiedlich sind, erhält man durch Einsetzen der Gleichung (23) in Gleichung (15) entsprechend

$$Q_{eff} = \frac{\mathrm{d}\ln D_{eff}}{\mathrm{d}(1/T)} \tag{24}$$

eine gekrümmte Arrheniuskurve mit einer effektiven Aktivierungsenergie Q_{eff}, die von den in Gleichung (15) und (23) enthaltenen physikalischen Parametern abhängt.

3.1.4.4. Möglichkeiten für die Begrenzung des Stofftransports im Stadium A

Für die Begrenzung des Stofftransports unedler Atome des Basiswerkstoffes durch die Edelmetallschicht ergeben sich folgende Schlußfolgerungen.

a) Es muß die Forderung nach möglichst kleinen Werten f, g und h erhoben werden. Da die Oberflächendiffusion in der Regel unter den Kurzschlüssen der schnellste Vorgang ist (s. 3.1.2), muß vor allem h möglichst klein gemacht werden, d. h. Poren und Risse sind nach Möglichkeit ganz zu vermeiden. Andererseits bestehen Forderungen hinsichtlich Härte und Abriebfestigkeit der Schicht (hohe Versetzungsdichten, feines Korn), so daß hinsichtlich f und g ein Kompromiß erforderlich ist.
Es dürfte allerdings kaum eine Abscheidungstechnologie für Schichtpaarungen gefunden werden können, welche Defekte ganz vermeidet: 1) entstehen an den Grenzflächen zwischen Edel- und Unedelmetall mechanische Spannungen, die durch Versetzungen teilweise abgebaut werden, 2) ist bekannt, daß durch die gegenseitige Diffusion von Atomen unterschiedlicher Größe in der Diffusionszone ebenfalls Spannungen erzeugt werden, die durch Versetzungen verringert werden und 3) tritt als Folge der unterschiedlichen Diffusionsgeschwindigkeiten der Partner der *Kirkendall*-Effekt und damit Porenbildung in der Diffusionszone auf.
Ausgehend von der Erkenntnis, daß völlig perfekte Schichten nicht möglich sind, muß D_{eff} so niedrig wie nötig sein, damit Gleichung (18) mit einer vertretbaren Dicke d der Edelmetallschicht erfüllt werden kann.
Dabei kann es — darauf wurde einleitend schon hingewiesen — nicht darum gehen, den gegebenen Forderungen dadurch nachzukommen, daß die Edelmetallschicht stärker als bisher in der DDR üblich gemacht wird. Vielmehr ist es notwendig, weitere Edelmetalleinsparungen zu erzielen. Man kann aus Bild 2*b* in Verbindung mit Bild 1 abschätzen, daß bei einfachen Kontaktpaarungen, z. B. Cu—Au, Cu—Pd, Edelmetallschichten der Größenordnung $d = 1\ \mu\mathrm{m}$ bei $\vartheta = 70\,°\mathrm{C}$ und $t_0 = 10^8$ s nicht unterschritten werden können, vorausgesetzt, daß Poren und Risse vermieden werden. So ist

---

[1]) Gleichung (12) kann bei hinreichend niedrigen Temperaturen exakt erfüllt werden. Dagegen ist die Einhaltung der Gleichungen (13a bis c) problematisch; Abweichungen wirken sich dahingehend aus, daß die Lösungen, Gleichungen (15) bis (20), nur näherungsweise gültig sind.

bekannt, daß selbst die Kontaktpaarung Bronze—Au—Pd—Au mit einer 4 μm dicken Pd-Schicht keine Garantie dafür ist, daß Unedelmetalldiffusion zur Oberfläche verhindert wird [2, 3].

b) Mehrschichtsysteme bieten jedoch grundsätzlich die Möglichkeit, weitere Edelmetalleinsparungen bei hoher Zuverlässigkeit des Kontakts zu erzielen. Ihre Wirkung beruht darauf, Diffusionsbarrieren mit niedrigen Diffusionskoeffizienten längs den „Kurzschlüssen" zwischen unedlem Grundmaterial und Edelmetallschicht einzulagern. Dabei muß die Diffusionsbeweglichkeit der Atome der Barriere in der Edelmetallschicht ebenfalls wesentlich gegenüber der des Basismaterials reduziert sein. Wie auch bei den einfachen Kontaktpaarungen kann auf möglichst hohe Perfektion der Schichten nicht verzichtet werden. Bei der Auswahl geeigneter Materialien für die Diffusionsbarriere muß ausreichend hohe elektrische Leitfähigkeit beachtet werden.

Die Temperaturabhängigkeit der Diffusionsgeschwindigkeiten längs Versetzungen, Korngrenzen und inneren Oberflächen hängt gemäß der Gleichung (23) entscheidend von den entsprechenden Aktivierungsenergien Q_K, Q_P und Q_S ab. Dabei haben sich einige Regeln herausgestellt, die für die Auswahl geeigneter Materialien für Barrieren nützlich sein können. Beim Bezug der Aktivierungsenergie auf die Schmelztemperatur T_m gilt für Selbstdiffusion (alle Zahlenangaben in cal/grd Mol):

Korngrenzendiffusion:	$15 < Q_K/T_m < 25$	[9],
Versetzungsdiffusion:	$16 < Q_P/T_m < 30$	[27],
Oberflächendiffusion:	$5 < Q_S/T_m < 10$	[28][1]),
($T < 0{,}75\ T_m$)	$15 < Q_S/T_m < 25$	[28][2]),
	$Q_S/T_m = 13$	[29][3]).

Damit sind die Aktivierungsenergien der Schmelztemperatur proportional. Hieraus folgt allgemein, daß hochschmelzende Metalle als Diffusionsbarrieren in Frage kommen können.

Unter Voraussetzung porenfreier oder porenarmer Ni- und Au-Schichten hat sich Nickel als Diffusionsbarriere bewährt [30, 31].

Für Diffusionsbarrieren können weiterhin folgende Effekte genutzt werden:

- Geringe Löslichkeit der Diffusionspartner (am günstigsten wäre Tendenz zur Entmischung),
- Verstopfen der Diffusionskurzschlüsse durch Fremdelemente,
- Bildung intermetallischer Phasen durch Diffusion.

Die in 3.1.4.3 und 3.1.4.4 dargelegten grundsätzlichen physikalischen Vorstellungen sind nicht nur für die Zuverlässigkeit von Kontaktsystemen, sondern auch für Alterungsvorgänge an elektronischen Bauelementen mit Schichtstrukturen, z. B. Schichtwiderständen, bei verhältnismäßig niedrigen Temperaturen von Bedeutung.

3.1.4.5. Stadien B und C

Es wird auf die Literatur verwiesen [14 bis 25]. Das Stadium B erweist sich als außerordentlich komplexer Vorgang, sobald kompliziertere Netzwerke von 1- und 2-dimensionalen Defekten betrachtet werden sollen. Dagegen ist die Beschreibung des effektiven Diffusionsvorganges im Stadium C unter Berücksichtigung dieser Defekte möglich [9, 25].

---

[1]) Tracer- und FIM-Technik.

[2]) FEM-Technik.

[3]) Mittelwert für einige kfz. Metalle.

3.1.5. Zusammenfassung

Aus Gründen der Edelmetalleinsparung beschränkt man sich bei Steckverbindern darauf, den Kontaktbereich mit einer verhältnismäßig dünnen Edelmetallschicht zu überziehen. Damit besteht aber die Gefahr, daß nach längeren Zeiten Unedelmetalle durch Diffusion an die Oberfläche gelangen und dort zur Fremdschichtbildung beitragen, was zu Ausfällen führen kann. Nach einer Abschätzung ist allerdings die Volumendiffusion allein um Größenordnungen zu langsam. Auf Grund der Herstellungsbedingungen enthalten die geschichteten Kontakte eine hohe Dichte an 1- und 2- dimensionalen Gitterbaufehlern, insbesondere Versetzungen, Korngrenzen sowie innere Oberflächen von Poren und Rissen, von denen gut bekannt ist, daß sie Kurzschlüsse für den Diffusionsvorgang darstellen. Ein Diffusionsmodell des Schichtsystems wird diskutiert. Für das Lösungsverhalten sind drei Stadien A, B und C charakteristisch. Bei niedrigen Temperaturen und nicht zu großen Zeiten befindet sich das System im Stadium A: die Diffusion läuft längs der obengenannten Kurzschlüsse und in deren Umgebung ab. Unter Verwendung bekannter bzw. abgeschätzter Diffusionskoeffizienten längs Versetzungen, Korngrenzen und Oberflächen kann gezeigt werden, daß dünne Schichten tatsächlich durch Diffusion durchdrungen werden können. Um dies zu vermeiden, bieten sich zwei grundsätzliche Lösungswege an. Einmal ist es notwendig, die Schichten so perfekt wie möglich abzuscheiden, weil dadurch die Zahl der zur Verfügung stehenden Diffusionswege drastisch verringert wird. Der zweite Weg besteht darin, Diffusionsbarrieren eines billigen, bei höheren Temperaturen schmelzenden Metalls einzubauen.
Es ist notwendig, nach ersten Anfängen weitere experimentelle Ergebnisse zur Diffusion in geschichteten Kontaktsystemen zu erarbeiten. Wegen der zu verwendenden niedrigen Temperaturen werden dabei erhebliche Ansprüche an die Empfindlichkeit der Versuchstechnik gestellt.

Literaturverzeichnis

[1] *Pinnel, M. R., Bennett, J. E.:* Met. Trans. **3**, 1989 (1972)
[2] *Häßner, A.:* Untersuchung der Möglichkeiten des Transports von Kupfer zur Oberfläche des Kontaktsystems Cu-Au-Pd-Au durch Festkörperdiffusion. Arbeitsbericht (1974)
[3] *Höft, H.:* Dünnschichtprobleme an elektrischen Kontakten. Wertekatalog „Dünne Schichten" der THK (1975) 151–191
[4] *Khan, I. H.:* in: *L. I. Maissel, R. Glang* (eds.) Handbook of Thin Film Technology, Mc Graw-Hill, N. Y. 1970
[5] *Aaron, H. B., Weinberg, F.:* Acta Met. **20**, 339 (1972)
[6] *Häßner, A.:* Kristall und Technik. 8, 41 (1973)
[7] *Balluffi, R. W., Blakely, J. M.:* Thin Solid Films **25**, 363 (1975)
[8] *Häßner, A.:* Kristall und Technik. **9**, 1371 (1974)
[9] *Häßner, A.:* in: Diffusion in Metallen. VEB Deutscher Verlag für Grundstoffindustrie, 1972
[10] *d' Heurle, F. M., Gangulee, A.:* in: *H. Hu* (ed.) The Nature and Behavior of Grain Boundaries. Plenum Press, N. Y. 1972
[11] *Thomas, R. E., Haas, G. A.:* J. Appl. Physics **43**, 4900 (1972)
[12] *Dobson, P. S.:* Phil. Mag. **24**, 567 (1971)
[13] *Reimann, D. K., Stark, J. P.:* Acta Met. 18, 63 (1970)
[14] *Whipple, R. T. P.:* Phil. Mag. **45**, 1225 (1954)
[15] *Borisov, V. T., Ljubov, B. Ja.:* Fizika metallov i metalved. **1**, 298 (1955)
[16] *Suzoka, T.:* Trans. Jap. Inst. Metals **2**, 25 (1961)
[17] *Bokstein, B. S.:* Fizika metallov i metallovedenie **6**, 1040 (1958)
[18] *Levine, H. S., Mac Callum, J. C.:* J. Appl. Physics **31**, 595 (1960)
[19] *Smoluchowski, R.:* Phys. Rev. **87**, 482 (1952)
[20] *Mimkes, J., Wuttig, M.:* Phys. Rev. B **2**, 1619 (1970)
[21] *Suzuoka, T.:* J. Phys. Soc. Jap. **20**, 1259 (1965)
[22] *Geguzin, I. Ja., Kovalev, G. M., Ratner, A. M.:* Fizika metallov i metallovedenie **10**, 47 (1960)

[23] *Benoist, P., Martin, G.:* Thin Solid Films **25**, 181 (1975)
[24] *Harrison, L. G.:* Trans. Farad. Soc. **57**, 1191 (1961)
[25] *Häßner, A.:* Beitrag zur phänomenologischen Beschreibung der Diffusion in Metallen mit Korngrenzen. VEB Deutscher Verlag für Grundstoffindustrie 1972
[26] *Tu, K. N., Rosenberg, R.:* Thin Solid Films **13**, 163 (1972)
[27] *Balluffi, R. W.:* Phys. stat. sol. **42**, 11 (1970)
[28] *Neumann, G., Hirschwald, W.*; zit. nach *G. Neumann, G. M. Neumann:* Surface Self-Diffusion of Metals. Diffusion Monograph Series 1 (1972)
[29] *Gjostein, N. A.*, in: *J. J. Burke, N. L. Reed, V. Weiß:* Surfaces and Interfaces. Syracuse Univ. Press, 1967
[30] *Baker, R. G.:* IEEE Transact. on Parts, Hybrids, and Packaging PHP-9 (1973) 36
[31] *Morabito, J. M., Thomas, J. H., Lesh, N. G.:* IEEE Transact. on Parts, Hybrids, and Packaging PHP-11 (1975), 253
[32] *Antler, M., Drozdowicz, M. H.:* 8. Internationale Kontakttagung. Tokio 1976
[33] *Stange, H.:* Dissertation, TH Karl-Marx-Stadt 1980

3.2. Diffusion im System Gold—Silber bei niedrigen Temperaturen

Von *A. Häßner*, *H. Stange*, *G. Müller* und *W. Bretschneider*

Technische Hochschule Karl-Marx-Stadt, Sektion Physik — Elektronische Bauelemente

Die Anwendung von Modellen, die in [1] genannt wurden, erfordert weitere Kenntnisse zu den grundlegenden Diffusionsvorgängen längs Korngrenzen, Versetzungen und inneren Oberflächen bei Temperaturen, die denen der Einsatztemperaturen von Kontakten möglichst nahekommen.
Weiterhin ist es erforderlich, das effektive Diffusionsverhalten von Dünnschichtpaarungen, besonders das von Schichtkombinationen für Kontakte, bei den entsprechenden Einsatztemperaturen zu messen. Solche Untersuchungen stellen erhebliche Ansprüche an die Empfindlichkeit der Meßverfahren, aber auch an die Tragfähigkeit der Modelle und Auswertetheorien des komplexen Diffusionsvorgangs. Im folgenden sollen einige vorläufige Ergebnisse mitgeteilt werden, die an aufgedampften Dünnschichtpaaren mit der Methode der Widerstandsmessung [2] im Temperaturbereich 200 bis 300 °C erhalten wurden. Ag (400 Å) und danach Au (1000 Å) wurde hierzu auf Glassubstrate abgeschieden. Das Verfahren beruht darauf, daß während der Temperung Konzentrationsänderungen durch Diffusion eingeleitet werden, die auf Grund der Regel von *Matthiessen* zur Erhöhung des Widerstands $R(t)$ führen (s. Bild 1 $\vartheta = 200\,°C$). Bezeichnen wir mit R_f

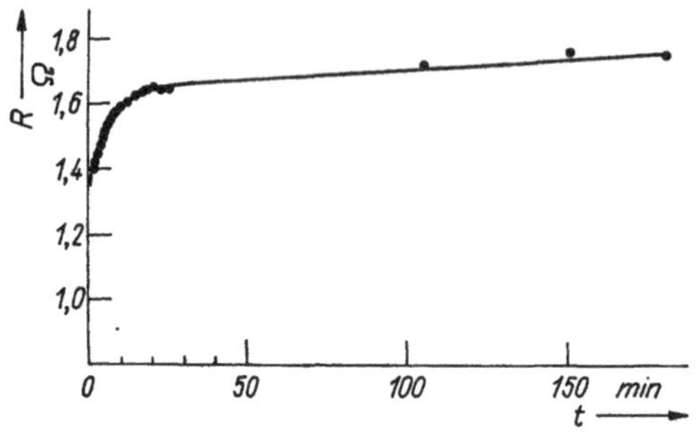

Bild 1. $R(t)$ — Verlauf der Au-Ag-Probe 0 während der Temperung bei $\vartheta = 200\,°C$

den sich nach langer Zeit einstellenden Widerstand der Probe, mit R_i den Anfangswert ($t = 0$), so gilt annähernd

$$\frac{1}{R} - \frac{1}{R_f} = \left(\frac{1}{R_i} - \frac{1}{R_f}\right) \exp\left(-\frac{2\pi^2}{d^2} D_{\mathrm{eff}} t\right). \tag{1}$$

Für die Auswertung ist zunächst

$$\ln \frac{1/R - 1/R_f}{1/R_i - 1/R_f} = f(t) \tag{2}$$

graphisch darzustellen (s. Bild 2). Aus dem Anstieg tan ω der Funktion Gl. 2 folgt dann

D_{eff} als Funktion von t (s. Bild 3):

$$D_{\text{eff}}(t) = \frac{-(\tan\omega)\, d^2}{2\pi^2}. \tag{3}$$

Man erkennt, daß D_{eff} erst nach etwa 25 min einen konstanten Endwert erreicht; er fällt dabei um eine halbe Größenordnung von $1{,}6 \cdot 10^{-15}$ auf $3{,}2 \cdot 10^{-16}$ cm²/sec ab.

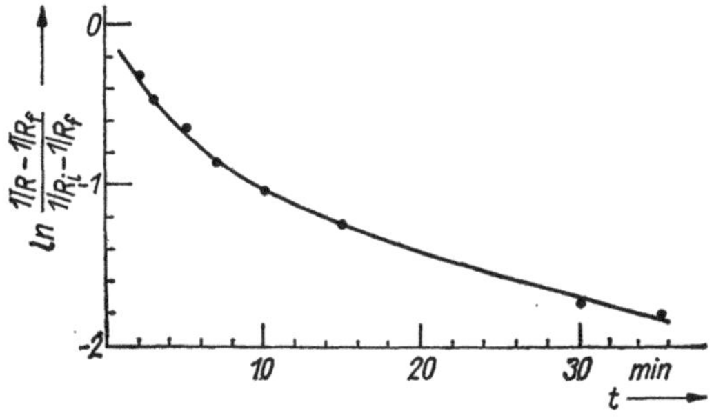

Bild 2. $\ln \dfrac{1/R - 1/R_f}{1/R_i - 1/R_f} = f(t)$. Probe 0

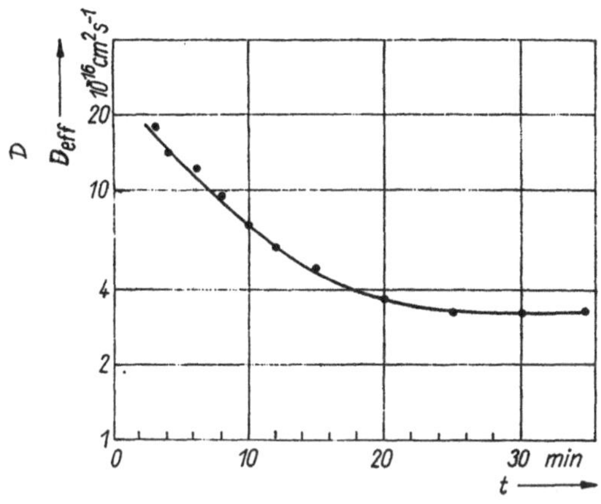

Bild 3. D_{eff} als Funktion der Glühzeit t. $\vartheta = 200\,°\text{C}$, Probe 0

Ursachen hierfür sind: Ausheilen von 0-dimensionalen Defekten (insbesondere Leerstellen), weiterhin wird sich die Dichte der 1- und 2-dimensionalen Defekte auf einen „Gleichgewichtswert“ reduzieren. Gegenüber dem Volumen-Diffusionskoeffizienten erhöht sich D_{eff} um etwa 7 Zehnerpotenzen. — Weitere Endwerte sind:

$$\vartheta = 250\,°\text{C}: D_{\text{eff}} = 1{,}2 \cdot 10^{-15}\ \text{cm}^2/\text{sec},$$

$$\vartheta = 300\,°\text{C}: D_{\text{eff}} = 2{,}1 \cdot 10^{-15}\ \text{cm}^2/\text{sec}.$$

Literaturverzeichnis

[1] *Häßner, A.:* Vortrag auf der 5. Kontakttagung der DDR, Karl-Marx-Stadt 1976

[2] *Tanaka, S., Matano, C.:* Kyoto Coll. Sci. Mem. **13**, 343 (1930) und **14**, 59 (1931)

[3] *Antler, M., Drozdowicz, H.:* 8. Internationale Kontakttagung. Tokio 1976

3.3. Einfluß von Silikonen auf Schwachstromkontakte

Von *H. Martin*

Institut für Nachrichtentechnik Berlin

3.3.1. Einleitung

Die Lebensdauer und Zuverlässigkeit von Kontaktbauelementen der Nachrichtentechnik wird wesentlich von der Deckschichtenbildung auf den Kontakten bestimmt. Bei Vorliegen einer Deckschicht kann der Kontaktwiderstand unzulässig hohe Werte annehmen, so daß die Funktion des Kontaktes, Stromkreise eindeutig zu schließen und zu trennen, nur noch zum Teil erfüllt wird. Im praktischen Fall kommt es beim Telefonieren zu Fehlverbindungen oder zu schlechter Silbenverständlichkeit.
Beim Auftreten von Kontaktstörungen durch Deckschichten liegt bei Anwendung der Kontaktwerkstoffe Silber und Silber-Palladium 30 der Verdacht zunächst nahe, daß es sich um bekannte und übliche Phänomene, wie die Entstehung von Sulfid- und Oxidschichten oder von kohlenstoffhaltigen organischen Deckschichten bei Zusammenwirken mit Platinmetallen handelt. Durch die Entwicklung neuer organischer Materialien durch die chemische Industrie und deren immer breitere Anwendung entstehen aber im Zusammenhang mit den spezifischen Einsatzbedingungen elektrischer Kontakte neue Störquellen. Seit etwa 15 Jahren weiß man von Silikoneinflüssen an Schaltkontakten in der Elektrotechnik und auch in der Fernmeldetechnik.
Speziell an dieser Stelle soll auf den Gebrauch von Silikonen bei der Herstellung fernmeldetechnischer Bauteile sowie deren Verwendung als Hilfsstoffe eingegangen werden.

3.3.2. Chemischer Aufbau von Silikonölen und Wirkungsmechanismen bei Schaltkontakten

Silikonöle wirken sich durch zwei Eigenschaften äußerst nachteilig auf das Schaltvermögen von elektrischen Kontakten aus:

- Auf Grund ihrer relativ niedrigen Oberflächenspannung breiten sich Silikonöle auf Festkörpern zu einem dünnen Film aus und sind somit in der Lage, auf den Kontaktfedern von Relais bis zur Kontaktstelle zu kriechen.
- Bei Wärmeentwicklung an den Kontakten während des Schaltens erfolgt bei Vorhandensein von Silikonöl ein thermischer Abbau des Öls. An der Kontaktstelle entstehen festhaftende Zersetzungsprodukte, die den Hautwiderstand hochohmig werden lassen. Eine Reinigung derart verschmutzter Kontakte ist praktisch ohne Schädigung der Kontaktgeometrie nicht mehr durchführbar.

Zum Kennenlernen der Wirkungsmechanismen beim thermischen Abbau soll der chemische Aufbau der Silikone kurz behandelt werden. Entsprechend der molekularen Struktur unterscheidet man kristallisierte, flüssige, harz- und gummiartige Zustandsformen, wobei der flüssige Zustand der kritischste für unsere Betrachtungen ist.
Neben dem Polymerisationsgrad hat auch die verschiedenartige Organosubstitution der Siliziumatome einen Einfluß auf die Eigenschaften von Silikonölen. Entsprechend dieser Substitution sind Methylpolysiloxane und Phenylmethylpolysiloxane von technischem Interesse. (Bilder 1 und 2)

Die größte technische Bedeutung haben jedoch die Methylpolysiloxane erlangt und waren auch Gegenstand von eingehenden Untersuchungen.
Unter dem thermischen Einfluß beim Schalten bei kurzzeitigen örtlichen Temperaturen von über 1000 °C zersetzt sich das Silikonöl.

Molekularstruktur des Methylpolysiloxans

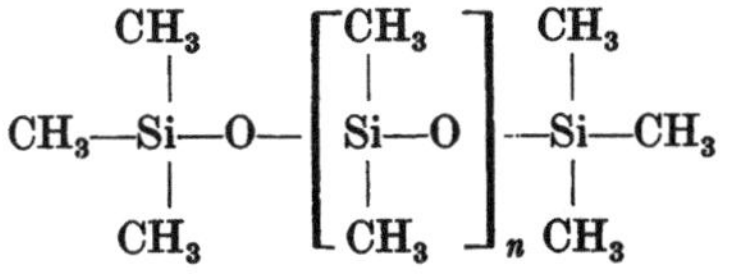

Bild 1. Molekularstruktur des Methylpolysiloxans.
n — Anzahl der Dimethylsiloxangruppen

Molekularstruktur des Phenylmethylpolysiloxans

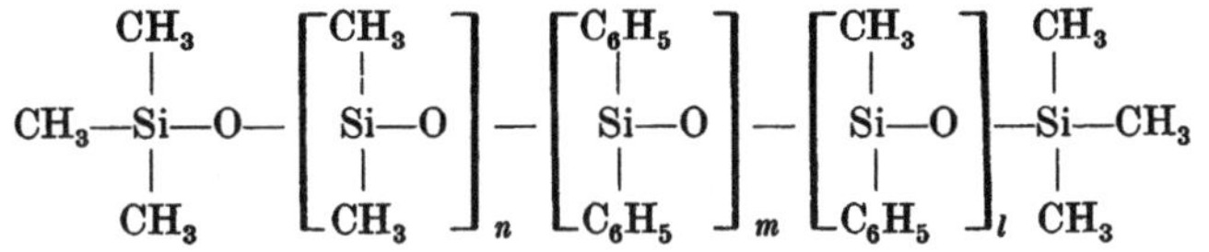

Bild 2. Molekularstruktur des Phenylmethylpolysiloxans.
n — Anzahl der Dimethylsiloxangruppen, *m* — Anzahl der Diphenylsiloxangruppen, *l* — Anzahl der Methylphenylsiloxangruppen

Beim Methylsilikonöl liegen folgende 3 Bindungstypen vor:

Bindungstyp:	Bindungsenergie:
Si—O	89,3 kcal/Mol
Si—C	57,6 kcal/Mol
C—H	87,3 kcal/Mol

Die Si—C-Bindung mit der geringsten Bindungsenergie ist dabei am leichtesten thermisch spaltbar.
Über wasserhaltige Kieselsäuremodifikationen verläuft der Vorgang bis zur Entstehung von reinem SiO_2. Auf dem Kontakt beginnt die Zersetzung des Silikonöls an den Rändern der unmittelbaren Kontaktstelle. Ist genügend Silikonöl auf dem Kontakt vorhanden, dann lagern sich die Quarzmoleküle auf der gesamten wirksamen Kontaktoberfläche ab.
Schließt man grobe Nachlässigkeiten im technologischen Herstellungsprozeß der Kontaktbauelemente aus, so besteht weiterhin die Gefahr der Verunreinigung der Schaltelemente mit Silikonöl durch Kosmetika (Haut- und Sonnencremes, Haarpflegemittel), Ausdünstungen von Monomeren aus Silikongummi und -klebern oder durch evtl. unvermeidbare Auswirkungen der Umgebung (Verwendung als Hydraulik- und Dämpfungsöl, Bautenschutz-, Imprägnierungs- und Pflegemittelzusätze).
In diesem Zusammenhang stellt sich also die Frage: Führen auch geringe Silikonölmengen auf elektrischen Kontakten zu gravierenden Funktionsstörungen im fernmeldetechnischen Betrieb oder gibt es eine kritische Störgrenze?
Um diese Frage zu beantworten, wurden umfangreiche Untersuchungen unter Variation der folgenden Einflußparameter durchgeführt:

- Kontaktwerkstoff,
- Relaistyp,
- elektrische Belastung der Kontakte,
- Silikonölverschmutzungsgrad.

3.3.3. Versuchsdurchführung

Entsprechend der Anwendung in Vermittlungsanlagen wurden Relais mit AgPd30- und Silberkontakten für die Untersuchungen ausgewählt.
Da Gold bzw. hochlegierte Goldlegierungen gegenüber chemischen Einflüssen der Luft inaktiv sind, wurden Relais mit AuNi5-Kontakten zwecks Ausschließung derartiger Erscheinungen bei der Erfassung der Silikonöleffekte vergleichsweise mit ins Untersuchungsprogramm einbezogen.
In Auswertung der Störungsbeseitigung im praktischen Betrieb sowie der vorliegenden Erkenntnisse in der Literatur wurden 4 repräsentative Kontaktbelastungen im Versuch nachgebildet (siehe Tabelle 1).

Tabelle 1. Kontaktbelastungen

Belastungsfall Lfd. Nr.	Kontaktbelastung; elektrische Parameter
1	60 V (Gleichstrom), 100 mA, ohmscher Widerstand (RGW-Standard)
2	60 V (Gleichstrom), 50 mA, 20 H, ohne Funkenlöschung (Kennblatt F 48)
3	60 V (Gleichstrom), 35 mA, 25 H, ohne Funkenlöschung
4	60 V (Gleichstrom), 10 mA, 200 H mit Funkenlöschung (600 Ω/0,25 μF)

Zur gezielten Verunreinigung der Kontakte mit Silikonöl wurden Stufen im Konzentrationsbereich von 0 bis 50 μg Si/SR ausgewählt (Siliziumgehalt des Silikonöls auf einem Standardrelais mit der Fläche von 30 cm^2). Als Öl wurde ein Methylsilikonöl mit einer Viskosität von 100 cSt verwendet. Zum anderen wurde die evtl. schädigende Wirkung von silikonölhaltiger Hautcreme (Wuta-Kamill-Glyzerin-Handcreme mit 8% Methylsilikonöl) untersucht.
Prinzipiell kamen für die definierte Verschmutzung der Relaisfedersätze mit Silikonöl zwei Verfahren in Frage: das Tauchen der Federsätze bis zu den Isolierplatten in Öllösungen oder Aufbringen der Öllösung mit Hilfe einer Mikrodosierspritze direkt auf die Kontaktstücke oder auf die Relaisfedern.
Aus Gründen einer besseren Reproduzierbarkeit wurde die Tauchmethode zur Präparierung ausgewählt.
Die Federsätze wurden mit folgenden Ölkonzentrationen verschmutzt: 50 μg Si/SR, 10 μg Si/SR und 3 μg Si/SR. Als Vergleichsproben wurden unverschmutzte Federsätze nach 6 monatiger Lagerung im Labor untersucht, wobei Staub- und Sulfideinflüsse provoziert werden sollten. Die Präparierung der Kontakte mit Hautcreme erfolgte in der Art, daß die einzelnen Kontaktfedern mit eingefetteten Händen angefaßt wurden, was gleichbedeutend war mit einer effektiven Silikonölverschmutzung von 2 bis 4 μg Si/SR (analytischer Nachweis mittels gaschromatografischen Verfahrens). Die so verunreinigten Kontaktbauelemente wurden bei einer Frequenz von 5 Hz mit 10^7 Betätigungen unter elektrischer Last beansprucht.
Zur Feststellung und Auswertung von evtl. Silikonölstörungen standen folgende Meß- und Prüfverfahren bereit:

- Messung des Kontaktdurchgangswiderstandes in Intervallen (d. h. 40 Messungen über 10^7 Betätigungen an allen Prüfkontakten) entsprechend der ausgewählten Kontaktbelastungen bei konstantem Strom.
- Kontrolle eines Widerstandsgrenzwertes von $10 \pm 1\ \Omega$ kontinuierlich bis 10^7 Betätigungen und Ermittlung der Anzahl von Fehlschaltungen.

- Optische Beurteilung der Prüfkontakte mit dem Stereomikroskop bzgl. Abbrand und Materialwanderung sowie auf Bildung von Fremdschichten (Intensität und Morphologie).
- Mikroanalytische Untersuchungen an Abriebprodukten der Prüfkontakte sowie Untersuchungen mit dem Rasterelektronenmikroskop an den Prüfkontakten selbst.

In Bild 3 soll der gesamte Prüf- und Meßaufbau gezeigt werden.

Bild 3. Prüf- und Meßaufbau.
1 — Gestell mit Prüfrelais, 2 — Belastungsteil für Prüfkontakte, 3 — Ansteuerteil für Prüfrelais, 4 — Meßplatz für Kontaktwiderstand (Meßstellenumschalter, Digitalvoltmeter, Meßwertdrucker), 5 — Fehlschaltungszählgerät

3.3.4. Versuchsergebnisse

3.3.4.1. Verhalten des Kontaktdurchgangswiderstandes

Das Verhalten des Kontaktdurchgangswiderstandes wurde nach zwei Methoden überwacht; einmal durch die intervallweise Messung des Durchgangswiderstandes der Kontakte, zum anderen durch Zählung der Überschreitungen eines Widerstandsgrenzwertes von $10 \pm 1\ \Omega$.
In Bild 4 und 5 ist die Streuung des Kontaktdurchgangswiderstandes bei verschiedener Silikonölverunreinigung sowie bei Verschmutzung mit silikonölhaltiger Creme dargestellt. Die Darstellungen lassen erkennen, daß bei intervallmäßiger Erfassung des Kontaktdurchgangswiderstandes keine signifikanten Unterschiede bei verschiedenem Silikonölverunreinigungsgrad gefunden werden können, obwohl die Streuung des Kontaktdurchgangswiderstandes der einzelnen Kontaktwerkstoffe unterschiedlich ist. Bemerkenswert ist hierbei das relativ schlechte Verhalten von AgPd30. Die Ergebnisse unterstützen die Annahme, daß bei verhältnismäßig geringen Silikonölverunreinigungen

keine stabile SiO_2-Schicht auf der Kontaktoberfläche gebildet wird. Durch Überlagerung von mechanischen und elektrischen Reinigungsprozessen wird der durch Fremdschichten bedingte Isolationseffekt nur temporär sein, und demzufolge kann nur die Kontrolle des Kontaktdurchgangswiderstandes jeder Betätigung diese instabilen Verhältnisse am Kontakt erfassen und eine Bewertung von unterschiedlichen Verunreinigungsgraden zulassen.

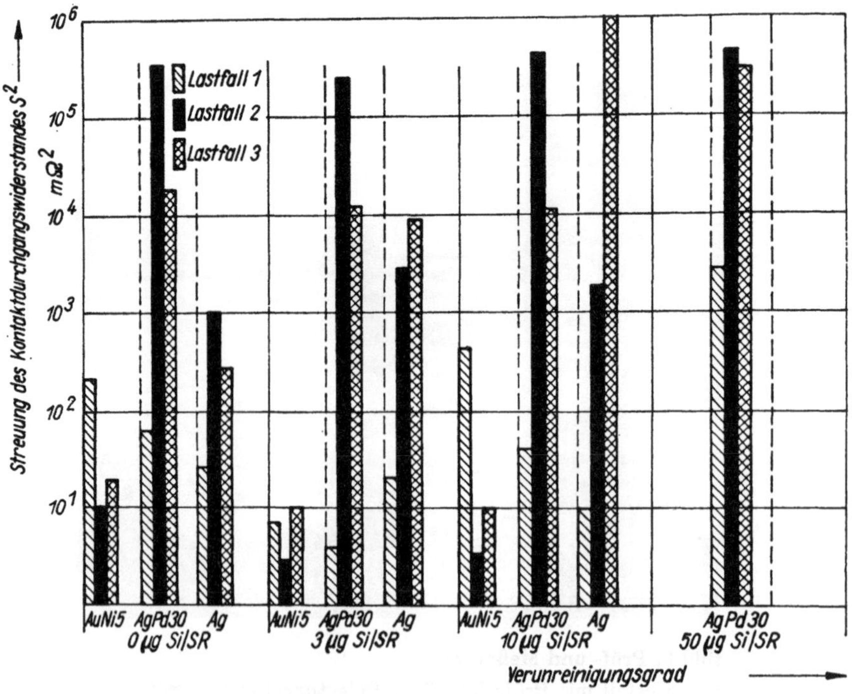

Bild 4. Verhalten des Kontaktdurchgangswiderstandes in Abhängigkeit vom Verunreinigungsgrad und der Kontaktbelastung

Die mit einem geeigneten Gerät ermittelten Ergebnisse der Fehlschaltungszählung werden in den Bildern 6 und 7 wiedergegeben. In der Konzentrationsstufe von 0 µg Si/SR, also bei Kontakten, die zunächst gereinigt und dann den atmosphärischen und Staubeinflüssen ausgesetzt wurden, zeigt sich in klassischer Art und Weise der unterschiedliche chemische Charakter der Kontaktmaterialien. AuNi5, gefolgt von AgPd30 und Ag, zeigt das weitaus beste Verhalten.

Der Vergleich mit der Konzentrationsstufe 3 µg Si/SR bzw. 10 µg Si/SR bestätigt, daß die frisch gereinigten, anschließend nur leicht mit Silikonöl verschmutzten und sofort geprüften Kontakte erheblich weniger Fehlschaltungen aufweisen. Eine relative Ausnahme ist beim Silber festzustellen. Die Gründe für dieses Verhalten dürften darin liegen, daß vorhandene sulfidische Deckschichten auch bei der vorgenommenen Ultraschallwaschung in Freon nicht beseitigt worden sind. Das Verhalten der drei untersuchten Kontaktmaterialien bei 3 µg Si/SR dürfte insgesamt kaum vom Silikonöl beeinflußt sein, weil bei dieser Konzentration die theoretische Mindestmenge zur Bildung einer monomolekularen Ölschicht gerade erst erreicht wird. Auch 10 µg Si/SR scheinen noch kein Anlaß für eine deutliche Zunahme der Fehlschaltungen gewesen zu sein. Diese tritt erst bei größeren Ölkonzentrationen auf, z. B. bei 50 µg Si/SR. AuNi5 als chemisch inaktivster und stabilster Werkstoff zeigt am deutlichsten den „reinen" Silikonölein-

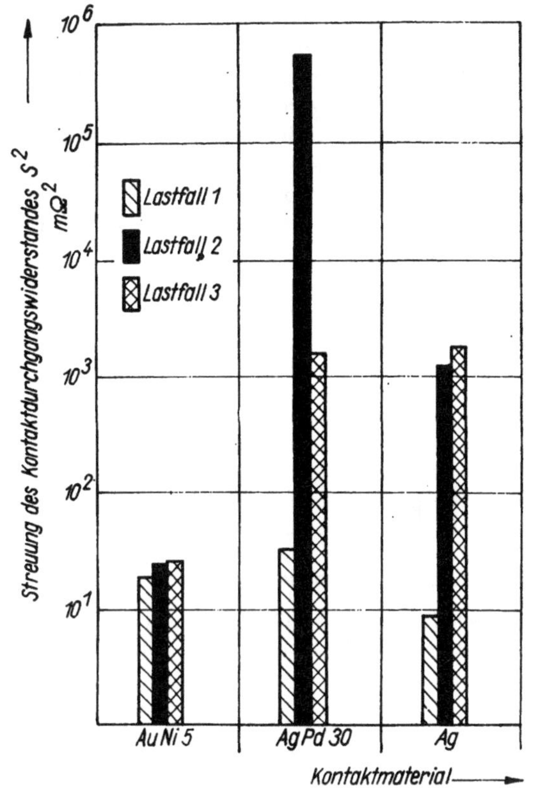

Bild 5. Verhalten des Kontaktdurchgangswiderstandes in Abhängigkeit von Kontaktmaterial und -belastung/Verunreinigung mit silikonölhaltiger Creme

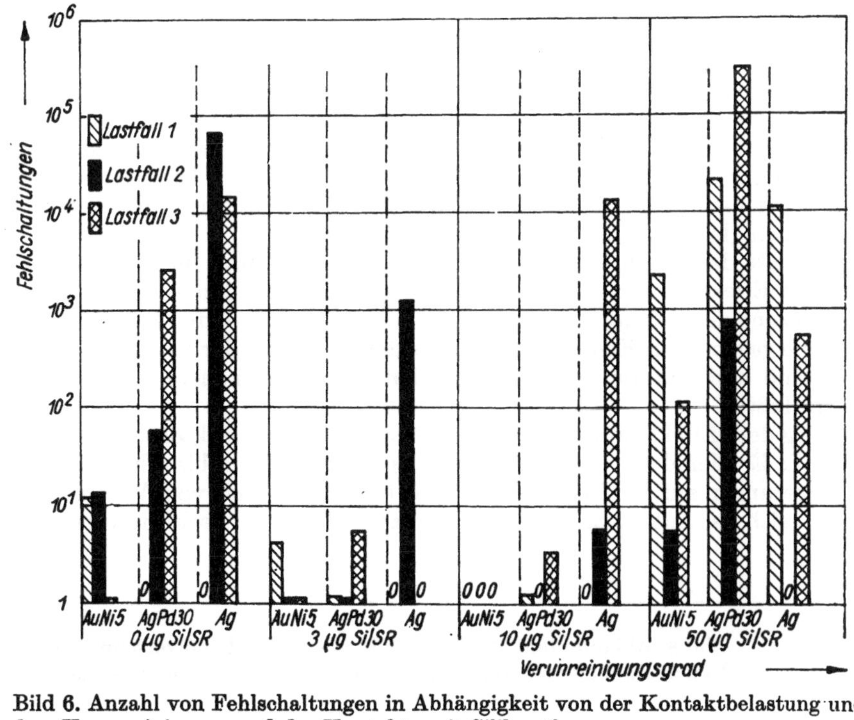

Bild 6. Anzahl von Fehlschaltungen in Abhängigkeit von der Kontaktbelastung und dem Verunreinigungsgrad der Kontakte mit Silikonöl

fluß bei steigender Konzentration. Die Unterschiede zwischen den Belastungsfällen deuten auf Dominanzverschiebungen der einzelnen Prozesse und deren Auswirkungen beim Schaltvorgang hin. So tritt der Belastungsfall 2 (50 mA, 20 H) bzgl. der Anzahl von Fehlschaltungen hinter die anderen geringeren Belastungen zurück, weil die bei dieser Belastung am stärksten vorhandenen Wanderungs- und Umsetzungsprozesse des Kontaktmaterials sowie eine Frittung evtl. entstehender Deckschichten durch induktive Spannungsspitzen sich mit dem gesuchten Isolationseffekt der Silikonölabbauprodukte überdecken. Entsprechend diesen Überlegungen werden bei den Belastungsfällen 1 und 3 deutlich mehr Fehlschaltungen angezeigt.

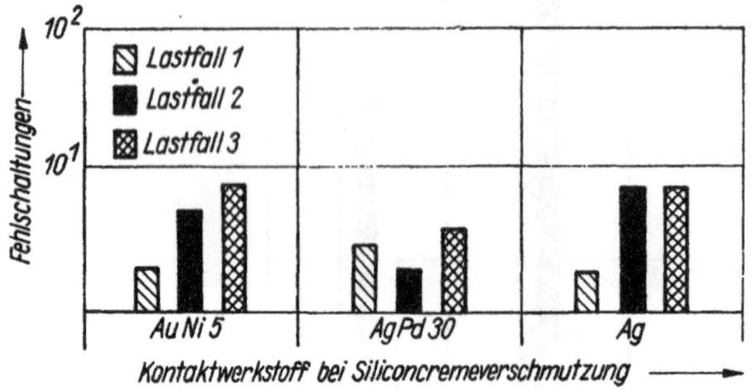

Bild 7. Anzahl von Fehlschaltungen in Abhängigkeit von der Kontaktbelastung und des Kontaktwerkstoffeinsatzes bei Silikoncremeverschmutzung

Die Untersuchungen mit silikonölhaltiger Creme (Bild 7) zeigen ein ähnliches Kontaktverhalten, wie es bei der Silikonölverschmutzung geringer Verunreinigungsgrade vorhanden ist. Es sind also keine typischen Silikonölstörungen feststellbar. Die vereinzelt aufgetretenen Fehlschaltungen können sowohl temporäre Silikon- als auch durch andere bekannte Ursachen hervorgerufene Störungen sein.

3.3.4.2. Abbrand und Materialwanderung, Ablagerungsprodukte

Nach Durchführung der Daueruntersuchungen wurden die Kontakte sämtlicher Prüfvarianten mit dem Stereomikroskop hinsichtlich des Abbrandes und der Materialwanderung sowie auf Bildung von Ablagerungsprodukten vergleichend begutachtet. In Abhängigkeit vom Verunreinigungsgrad, der Kontaktbelastung und vom Kontaktwerkstoffeinsatz ist in den Bildern 8, 9 und 10 eine Wertung dargestellt. Die Darstellungen sollen gleichermaßen den Trend veranschaulichen.
Die Breite der Streifen in den Darstellungen ist als Maß für die Intensität des vorliegenden Effektes anzusehen. Demnach ergibt sich für den Abbrand und die Materialwanderung der Kontakte, daß der entscheidende Einfluß durch die Größe der Abschaltenergie gegeben ist. Erst in zweiter Hinsicht wirkt sich der Kontaktmaterialeinsatz aus. Abbrand und Materialwanderung werden erst durch höhere Silikonölkonzentrationen beeinflußt.
Analog dem Effekt, wie er bei der Anwendung von Kontaktölen bekannt ist, verringert sich die Erosion der Kontakte. Die Bildung von braunen bis schwarzen pulverförmigen Ablagerungen auf den Kontakten nimmt in Abhängigkeit vom Verunreinigungsgrad zu, wobei sich der Anteil spezieller werkstofftypischer Fremdschichten beim Ag überlagert.

Bild 8. Abbrand und Materialwanderung bei Silikonölverschmutzung
Bild 9. Bildung von Ablagerungsprodukten bei Silikonölverschmutzung

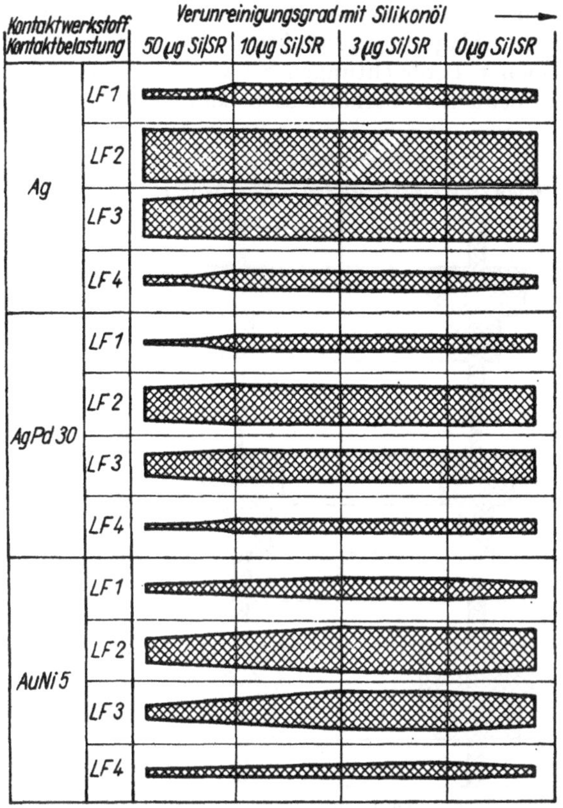
Verunreinigungsgrad mit Silikonöl
Kontaktwerkstoff
Kontaktbelastung
50 µg Si/SR
10 µg Si/SR
3 µg Si/SR
0 µg Si/SR
Ag
AgPd 30
AuNi 5
LF1
LF2
LF3
LF4

Bild 8

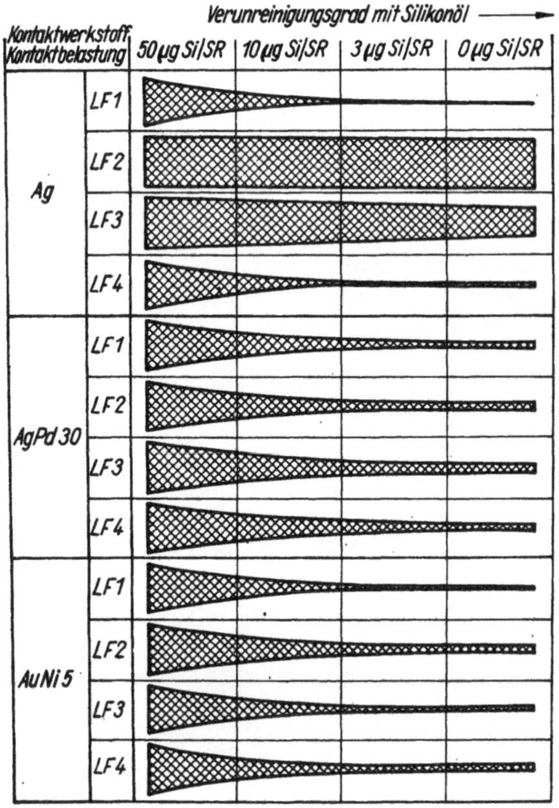
Verunreinigungsgrad mit Silikonöl
Kontaktwerkstoff
Kontaktbelastung
50 µg Si/SR
10 µg Si/SR
3 µg Si/SR
0 µg Si/SR
Ag
AgPd 30
AuNi 5
LF1
LF2
LF3
LF4

Bild 9

Es besteht also ein direkter Zusammenhang zwischen der Anzahl von Fehlschaltungen und der Menge der gebildeten Ablagerungsprodukte in Abhängigkeit vom Silikonölverschmutzungsgrad. Die visuellen Beobachtungen bei der Verschmutzung mit silikonölhaltiger Creme entsprechen etwa den Verhältnissen bei einer Ölverschmutzung von 3 μg Si/SR.

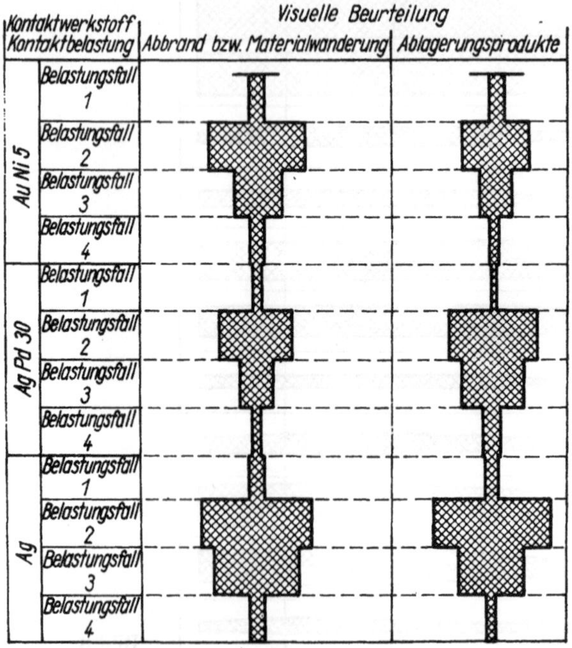

Bild 10. Abbrand und Materialwanderung und Ablagerungsprodukte bei Verunreinigung mit silikonölhaltiger Creme

3.3.4.3. Untersuchung von Ablagerungsprodukten

Zur qualitativen und quantitativen Untersuchung der Ablagerungsprodukte auf den Prüfkontakten wurden Analysen mit der Mikrosonde durchgeführt. Als mögliche Elemente wurden dabei analysiert: Au, Ni, Ag, Cu, Pd, Zn, Fe, Si, O und S (C technisch

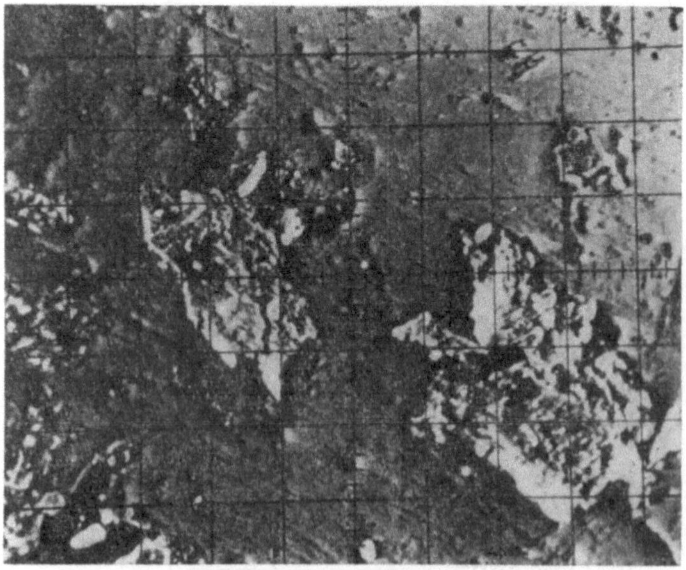

Bild 11a

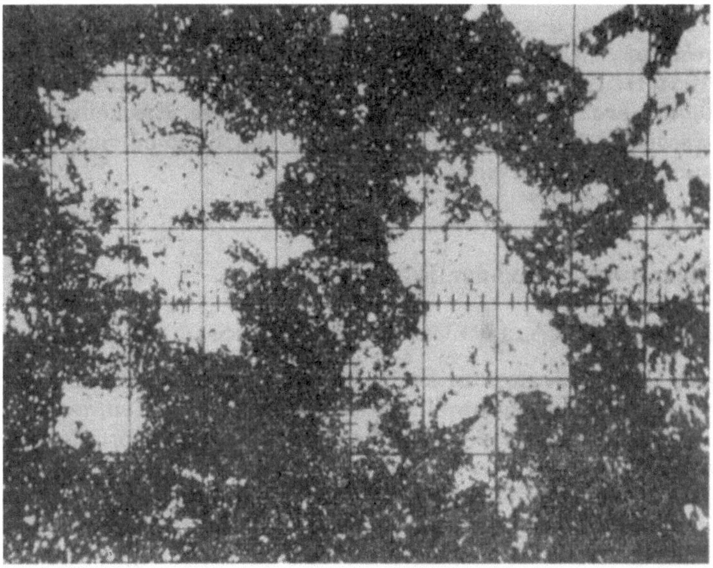

Bild 11b

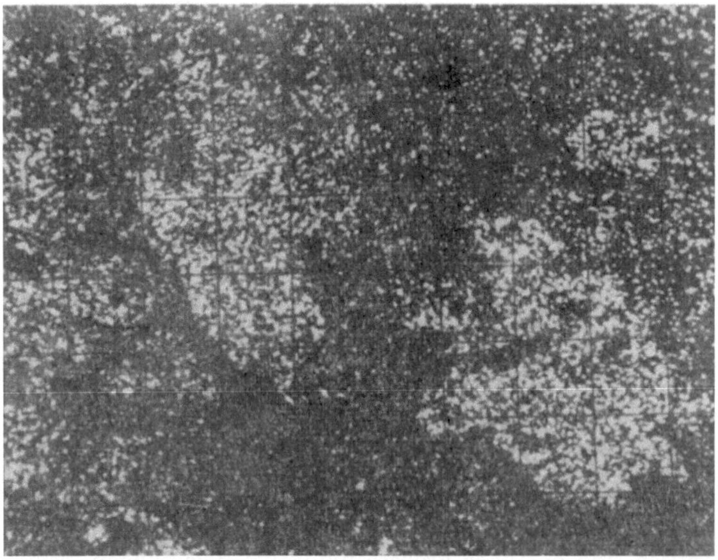

Bild 11 c

Bild 11. Fremdschichtuntersuchung mit der Mikrosonde. AuNi 5-Kontakt nach Schalten unter induktiver Last bei einer Silikonölverunreinigung von 50 μg Si/SR

a) Elektronenbild der Kontaktoberfläche
b) Röntgen-Scanning-Bild der Konzentrationsverteilung von Silizium
c) Röntgen-Scanning-Bild der Konzentrationsverteilung von Sauerstoff

nicht möglich). Die zu analysierende Kontaktoberfläche wurde dabei durch die Erzeugung eines Elektronenbildes festgehalten und durch Röntgen-Scanning-Bilder die flächenhafte Verteilung der speziellen Elemente ermittelt. Aus entsprechenden Elementegleichverteilungen kann auf vorhandene Verbindungen bzw. Legierungen geschlossen werden. So kann z. B. im Bild 11 die vorliegende Fremdschicht als eine Silizium-Sauerstoff-Verbindung identifiziert werden.

In Übereinstimmung mit dem Verunreinigungsgrad an Silikonöl wurden auf den Kontakten entsprechende Mengen an Si—O-Verbindungen gefunden. Bei Verunreinigungen $\leqq$ 10 μg Si/SR traten bei Ag-haltigen Kontakten verstärkt Oxidationserscheinungen auf, während bei Verunreinigungen $\geqq$ 10 μg Si/SR diese Erscheinungen weitgehend unterdrückt werden. Desgleichen konnte bei kleinen Silikonölverunreinigungen verstärkt Metallsulfid (Ag_2S) analysiert werden.

3.3.5. Zusammenfassung der Ergebnisse

Die Ergebnisse der Untersuchungen können wie folgt zusammengefaßt werden:

— Bei geringen Silikonölkonzentrationen (bis 10 μg Si/SR) können zwar temporäre Störungen durch Umsetzungsprodukte des Silikonöls auftreten, jedoch ist ihre Häufigkeit nicht größer als die durch andere Ursachen bedingten Störungen (Sulfidbildung, Staub, Oxide).
Diese Feststellungen treffen gleichermaßen für Verschmutzungen mit silikonölhaltiger Creme zu. Obwohl derartige Konzentrationen nicht als kritisch bezeichnet werden können, sind im Fertigungsprozeß alle Vorkehrungen für das Fernhalten von Silikonölen zu treffen (keine silikonölhaltigen Hilfsstoffe beim Schneiden und Plastspritzen einsetzen, Verwendung von silikonölhaltigen Kosmetika unterbinden bzw. direktes Anfassen der Kontakte vermeiden).
Für die Kontrolle des Fertigungsprozesses wird unter Berücksichtigung eines Sicherheitsfaktors empfohlen, als Grenze einen Verunreinigungsgrad von 3 μg Si/SR zugrunde zu legen.

— Der kritische Übergangsbereich für die „störende" Silikonölkonzentration dürfte oberhalb 10 μg Si/SR beginnen bzw. sich zumindest beträchtlich unterhalb von 50 μg Si/SR befinden. Diese Aussage kann gesichert aus den Ergebnissen der Fehlschaltungszählung und der Auswertung der gebildeten Umsetzungsprodukte auf Kontakten gewonnen werden.

— Die Bildung von Ablagerungsprodukten wird mit zunehmendem Silikonölverunreinigungsgrad begünstigt. Die gebildete Menge von Ablagerungsprodukten ist von der Kontaktbelastung abhängig. Die Größe der elektrischen Abschaltenergie am Kontakt, die im direkten Zusammenhang mit der Kontaktbelastung steht, ist zwar eine Bedingung zur thermischen Zersetzung des Silikonöls, da die Intensität der Zersetzung mit größer werdender Energie zunimmt, jedoch wirken dabei auftretende Wanderungs- und Umsetzungsprozesse sowie eine Frittung durch induktive Spannungsspitzen der SiO_2-Deckschichtbildung an der unmittelbaren Kontaktstelle entgegen.
Weniger kritisch sind demnach größere induktive Belastungen, während ohmsche und mittlere bis kleine induktive Belastungen die Bildung isolierender Silikondeckschichten begünstigen.

— Das Abbrand- und Materialwanderungsverhalten wird bis zum Verunreinigungsgrad von 10 μg Si/SR von den Materialeigenschaften sowie der Kontaktbelastung bestimmt. Bei größeren Verunreinigungsgraden (z. B. 50 μg Si/SR) verbessert das Silikonöl das Abbrand- und Materialwanderungsverhalten unabhängig vom Kontaktwerkstoff.

— Völlig isolierende Silikondeckschichten treten aller Wahrscheinlichkeit nach erst bei einem sehr hohen Verunreinigungsgrad mit Silikonöl ($\gg$ 50 μg Si/SR) auf. Daher erfordert die Erfassung temporärer Störungen bei niedrigen Silikonölverunreinigungen eine ständige elektrische Kontrolle der Prüfkontakte. Eine intervallmäßige Kontaktdurchgangswiderstandsmessung ist nicht repräsentativ.

— Die einzelnen Kontaktwerkstoffe verhalten sich unterschiedlich in bezug auf die Bildung von Silikondeckschichten. Das AgPd 30 zeigt sich dabei besonders reaktionsfreudig. Es wäre denkbar, daß die autokatalytische Wirkung des Palladiums zusätzlich zur Bildung organischer Kettenverbindungen führt. Das Kontaktverhalten beim Silber wird bei geringen Silikonölverunreinigungen im wesentlichen von der Neigung zur Sulfidbildung bestimmt.

Literaturverzeichnis

[1] *Gerber, T.:* Umgebungsbedingte Einflüsse auf Schwachstromkontakte. Techn. Mitteilungen der schweizerischen PTT-Betriebe 8 (1966) 233—249

[2] *Thorma, G.:* Untersuchung über schädliche Einflüsse von Silikonen an Schwachstromkontakten der Vermittlungstechnik. Fernmelde-Ingenieur **22**, 7 (1968) 1—38

[3] *Trautner, H.:* Gas-chromatografischer Spurennachweis von silikonölhaltigen Verunreinigungen auf Kontakten. Siemens-Zeitschrift **41**, 9 (1967) 756—757

[4] *Heiszler, L.*, und *Kottenhahn, H.:* Chemische und physikalische Prüfungen zur Vermeidung von Kontaktschädigungen beim Einsatz von Silikonwerkstoffen. Kontakttagung München 1970, Tagungsband S. 50—53

[5] *Humpfner, K.-H.:* Über die Bedeutung von Fluorkohlenwasserstoffen zum Reinigen und Entfetten. Galvanotechnik **65**, 9 (1974) 769—773

[6] *Dekany, I. L.:* Fremdschichten auf Telefonkontakten und ihre Wirkung auf das Kontaktverhalten Nachrichtentechnik—Elektronik, **24**, 8 (1974) 303—305

[7] *Kormany, T.*, *Nagy, G.*, und *Dekany, I. L.:* Elektronensonde-Untersuchungen an durch Korrosion und Schaltungsvorgänge verursachten Kontaktmaterialänderungen. Reko 75, Budapest, Tagungsband

3.4. Schadstoffkonzentrationen in den technischen Betriebsräumen fernmeldetechnischer Einrichtungen der Deutschen Post

Von *E. Kaiser*

Institut für Post- und Fernmeldewesen Berlin

3.4.1. Einleitung

Die Betriebszuverlässigkeit der Wähler- und Koordinatenschaltersysteme der Fernsprechvermittlungstechnik wird überwiegend von der Zuverlässigkeit der Kontaktbauelemente bestimmt. So werden z. B. im Mittel 30% der Gesamtstörungen allein durch Abhebekontaktstellen hervorgerufen. Ursachen hierfür sind Verschleiß durch elektrische Belastung, Staubeinflüsse und Deckschichten, die sich durch Schadstoffe wie H_2S und SO_2 bilden. Die Störungszahl und somit der Instandhaltungsaufwand kann gesenkt und die Zuverlässigkeit erhöht werden, wenn man bestimmte klimatische Kennwerte in den Betriebsräumen einhält und das Vorhandensein dieser Schadstoffe bereits bei der Entwicklung und Konstruktion von Bauelementen und Systemen beachtet. Bei Untersuchungen zum Einsatzverhalten und zur Bestimmung der Prüfzuverlässigkeit von Kontaktbauelementen mit nichthermetisch geschützten Kontaktstellen sind die klimatischen Umgebungsbedingungen entscheidend für den Wert der Aussage der Ergebnisse. Nur Prüfungen von Kontaktbauelementen mit bestimmten Umgebungsbedingungen bzw. bestimmten Schadstoffkonzentrationen lassen Analogien zwischen Prüf- und Betriebszuverlässigkeit zu. Um klimatische Prüfbedingungen und Vorschriften zur Gewährleistung einer hohen Betriebszuverlässigkeit festlegen zu können, die die Betriebsbelange der Anwender bzw. Einsatzbedingungen der Kontaktbauelemente der Nachrichtentechnik berücksichtigen, wurden in verschiedenen Fernsprechvermittlungsstellen der Deutschen Post, außer Temperatur und Luftfeuchte, die Konzentrationen von Schwefelwasserstoff, Schwefeldioxid, Stickstoffdioxid und Schwebstaub ermittelt. Gemessen wurde in der Heiz- und Nichtheizperiode in den Städten Rostock, Berlin und Halle.

3.4.2. Untersuchungsergebnisse

Um aus den umfangreichen Messungen Rückschlüsse und Forderungen an

- den Hochbau (Gestaltung der Betriebsräume, Vermeidung von internen Staubquellen),
- die lufttechnischen Einrichtungen (Staubfilter, Temperatur- und Feuchteregelung),
- die Basiskonstruktion (Verkleidung, Kappenbauweise, Staubschutz),
- die Bauelemente (Auswahl der Werkstoffe, keine Beeinträchtigung durch H_2S, SO_2),
- die Instandhaltung (Fensteröffnungszeiten, Vermeidung von internen Staubquellen),
- die Prüfung von Bauelementen (Schadstoffkonzentrationen zur Nachbildung von Einsatzbedingungen)

ableiten zu können, werden hier die Ergebnisse auszugsweise veröffentlicht. Für bestimmte Forderungen sind die Schadstoffkonzentrationen der Heiz- und Nichtheizperiode in Abhängigkeit des Ausstattungsgrades der Betriebsräume „mit“ und „ohne“ lufttechnischer Einrichtung besonders interessant, weil durch die lufttechnischen Einrichtungen (Temperatur- u. Feuchteregelung) die Zuverlässigkeit der Kontaktbauelemente erhöht, aber durch die technische Einrichtung, das Fernsprechvermittlungssystem, teurer wird. Es wurden deshalb Messungen in verschiedenen Endvermittlungsstellen (EVSt), die „mit" und „ohne" lufttechnische Einrichtungen (Klimaanlagen) arbeiten, durchgeführt.

Allgemein kann abgeleitet werden, daß die Werte und der zeitliche Gang der Schadstoffkonzentrationen in den Betriebsräumen in erster Näherung vom Außenklima bestimmt werden, weil ein ständiger Austausch von Raum- und Außenluft erfolgt.

Die Untersuchungen der Schwebstaubkonzentrationen ergaben:

- Der zeitliche Gang ist in den Betriebsräumen gleich. Abweichungen können auftreten, wenn sich in der Nähe der Betriebsräume Emittenten befinden.
- Meteorologische und innere Einflüsse können den zeitlichen Gang kurzzeitig verändern.
- Die geringsten Schwebstaubkonzentrationen sind in den Nachtstunden (23^{00} bis 6^{00} Uhr) vorhanden, weil hier der Straßenverkehr und die Heizleistung niedrig sind (Bild 1).

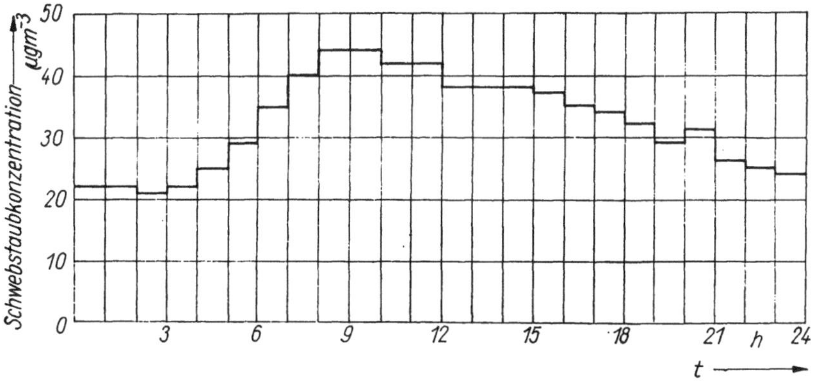

Bild 1. Zeitlicher Gang der Schwebstaubkonzentration (Stundenmittel, Tagesgang)

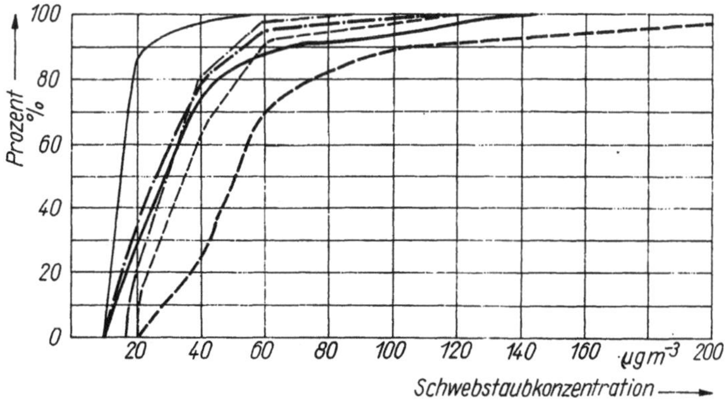

Bild 2. Häufigkeitsverteilung der Schwebstaubkonzentration

—— EVSt Berlin mit Klimaregelung, Heizperiode,
—— EVSt Berlin mit Klimaregelung, Nichtheizperiode,
—·— EVSt Berlin ohne Klimaregelung, Heizperiode,
—·— EVSt Berlin ohne Klimaregelung, Nichtheizperiode,
— — EVSt Halle ohne Klimaregelung, Heizperiode,
— — EVSt Halle ohne Klimaregelung, Nichtheizperiode

— Im Winter ist die Schwebstaubkonzentration größer als im Sommer (Heizperiode, Brennstoffe, geringere Luftfeuchte) s. Bild 2.

— Die Luftfeuchte beeinflußt die Schwebstaubkonzentration (Bild 3).

— Die absoluten Werte der Schwebstaubkonzentration sind vom Zustand der Betriebsräume (interne Staubquellen) und von den externen Staubquellen abhängig. Im Betriebsraum schwanken die Werte von 10 μgm^{-3} Luft bis 270 μgm^{-3} Luft. Auf dem Außengelände wurden Werte bis zu 430 μgm^{-3} Luft im Tagesmittel gemessen.
Die Korngröße der Staubteilchen ist überwiegend (Mittelwert 93 % der Gesamtteilchenzahl) kleiner als 3 μm. Die Anzahl der gemessenen Staubteilchen größer als 10 μm beträgt im Mittel weniger als 1%.

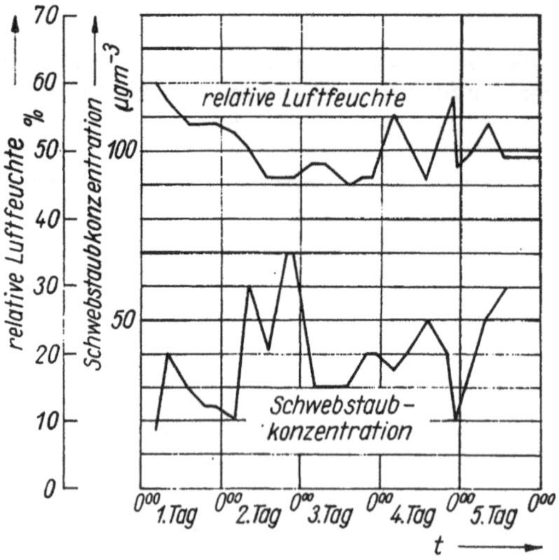

Bild 3. Relative Luftfeuchte und Schwebstaubkonzentration als Funktion des zeitlichen Ganges (Beispiel aus einer EVSt)

Die Untersuchungen der Schwefelwasserstoffkonzentrationen ergaben:

— Die Schwefelwasserstoffkonzentration ist abhängig von der Außenkonzentration, d. h. von den Industrieabgasen (Bild 4).

— Ein typischer zeitlicher Gang der H_2S-Konzentration ist nicht feststellbar.

— Die maximale H_2S-Konzentration betrug im Betriebsraum 33 μgm^{-3} Luft und die maximale Außenkonzentration 100 μgm^{-3} Luft.

Die Untersuchungen der Schwefeldioxidkonzentrationen ergaben:

— Die Schwefeldioxidkonzentration im Betriebsraum wird von der Außenkonzentration bestimmt (Verbrennung von fossilen Stoffen).

— Der zeitliche Gang der SO_2-Konzentration ist so wie bei der Schwebstaubkomponente. Nachts sind die minimalen Werte meßbar. Im Winter sind die Werte höher als im Sommer (Bild 5).

— Die maximale SO_2-Konzentration betrug im Betriebsraum 330 μgm^{-3} Luft und die maximale Außenkonzentration 1000 μgm^{-3} Luft.

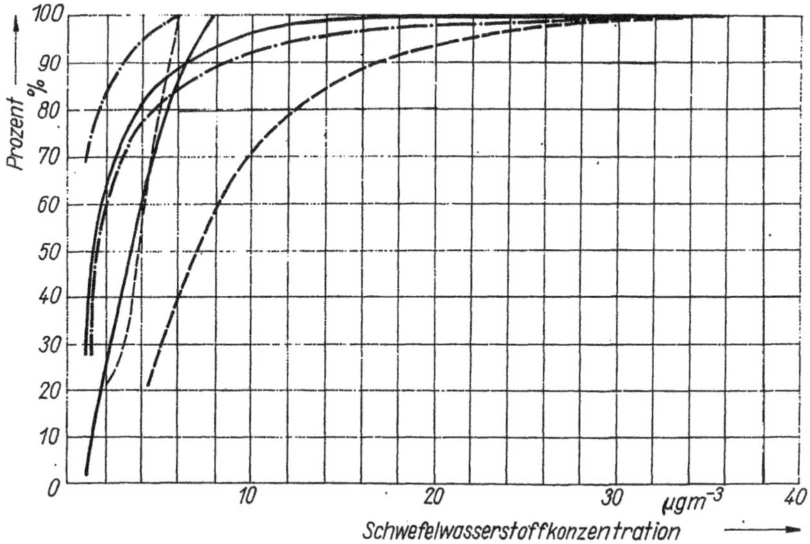

Bild 4. Häufigkeitsverteilung der Schwefelwasserstoffkonzentration

—— EVSt Berlin mit Klimaregelung, Heizperiode,
—— EVSt Berlin mit Klimaregelung, Nichtheizperiode,
—·— EVSt Berlin ohne Klimaregelung, Heizperiode,
—·— EVSt Berlin ohne Klimaregelung, Nichtheizperiode,
— — EVSt Halle ohne Klimaregelung, Heizperiode,
— — EVSt Halle ohne Klimaregelung, Nichtheizperiode

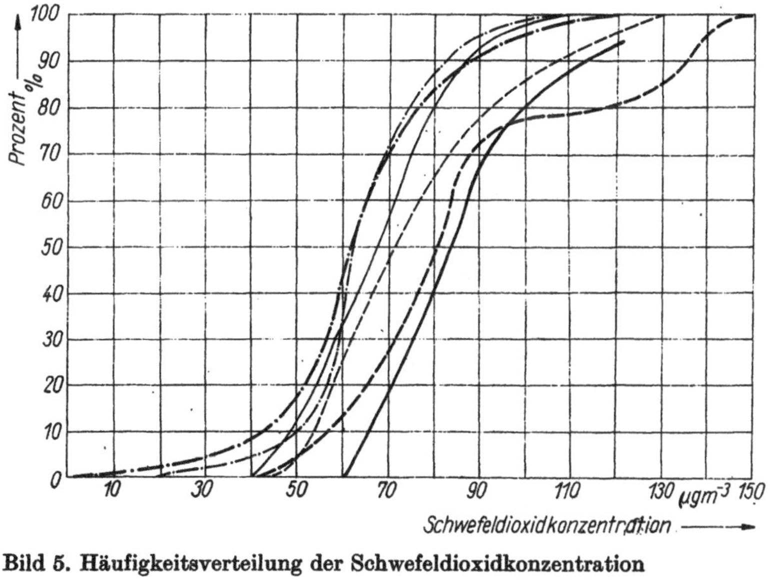

Bild 5. Häufigkeitsverteilung der Schwefeldioxidkonzentration

—— EVSt Berlin mit Klimaregelung, Heizperiode,
—— EVSt Berlin mit Klimaregelung, Nichtheizperiode,
—·— EVSt Berlin ohne Klimaregelung, Heizperiode,
—·— EVSt Berlin ohne Klimaregelung, Nichtheizperiode,
— — EVSt Halle ohne Klimaregelung, Heizperiode,
— — EVSt Halle ohne Klimaregelung, Nichtheizperiode

3.4.3. Klimatische Forderungen für Betriebsräume

Die Untersuchungsergebnisse wurden für Festlegungen von Schadstoffkonzentrationen in Betriebsräumen der elektrischen Nachrichtentechnik zugrunde gelegt. Der Standard TGL 32586 Blatt 5 „Geräte und Einrichtungen der automatischen Fernsprechvermittlungstechnik — Umgebungsbedingungen" wurde 1976 erarbeitet. In diesem Standard wurde festgelegt, daß die zulässigen Raumtemperaturen von +5 °C bis +40 °C und die relative Luftfeuchte von 40% bis 80% bei einem partiellen Wasserdampfdruck von maximal 24 Torr für Vermittlungseinrichtungen und Prüfgeräte betragen darf. Die Schadstoffkonzentrationen des Raumes sollen für Schwefelwasserstoff 50 μgm^{-3} Luft und für Schwefeldioxid 500 μgm^{-3} Luft nicht überschreiten. Die Schwebstaubkonzentration soll maximal 100 μmg^{-3} Luft sein, dabei sollen die Staubteilchen, die größer als 10 μm sind, nicht mehr als 5% der Gesamtteilchenzahl betragen. Damit sind erstmalig für Betriebsräume der Fernsprechvermittlungstechnik Werte für Schadstoffe festgelegt. Derartige Festlegungen zwingen den Anwender, Voraussetzungen zur Einhaltung dieser Einsatzbedingungen zu schaffen und zwingen den Entwickler bzw. Hersteller so zu konstruieren bzw. zu fertigen, daß die technischen Einrichtungen bei diesen Schadstoffkonzentrationen die geforderte Betriebszuverlässigkeit aufweisen.

3.4.4. Klimatische Forderungen für Prüfungen

Zur Prüfung der Kontaktstellen auf Korrosionsbeständigkeit und Deckschichtenbildung und zur Ermittlung der Prüfzuverlässigkeit von Kontaktbauelementen unter Einsatzbedingungen ist es notwendig, daß in verschiedenen Prüfstellen mit gleichwertigen Verfahren und abgestimmten Einsatzbedingungen untersucht wird. Damit die verwendeten Schadstoffe Rückschlüsse auf den praktischen Einsatzfall gestatten und die Untersuchungen doch mit einer Zeitraffung durchgeführt werden können, werden folgende klimatische Prüfbedingungen empfohlen:

Temperatur: 20 °C bis 30 °C (Einstellwert 25 °C),
Relative Luftfeuchte: 60% bis 75% (Einstellwert 70%),
Schwefelwasserstoffkonzentration: 500 μgm^{-3} Luft,
Schwefeldioxidkonzentration: 5000 μgm^{-3} Luft.

Um die Deckschichtenbildung, die Deckschichten selbst und den Einfluß des Klimas untersuchen zu können, ist es zweckmäßig, Untersuchungen mit H_2S und SO_2 getrennt und als Gemisch durchzuführen.
Bei Untersuchungen in der Staubkammer sollten Staubkonzentrationen mit 1000 μgm^{-3} Luft angewendet werden. Dabei sollten 20% der Staubteilchen eine Korngröße von 10 bis 20 μm aufweisen und 80% der Staubteilchen kleiner als 10 μm sein.
Zur Zeit finden Beratungen auf nationaler und internationaler Ebene über klimatische Werte zur Prüfung der Kontaktbauelemente statt. Dieser Beitrag sollte eine Beratungsgrundlage zu dieser Problematik und zur Festlegung von nationalen Empfehlungen sein.

Literaturverzeichnis

[1] Kontaktbauelemente, klimatische Einsatzbedingungen in der Fernsprechvermittlungstechnik. Institut für Post- und Fernmeldewesen, Abschlußbericht, Berlin, Oktober 1975

4. Kontaktverhalten und Zuverlässigkeit

4.1. Ausfallursachen an beschichteten ruhenden Edelmetallkontakten

Von *H. Höft*

Technische Hochschule Karl-Marx-Stadt

4.1.1. Einleitung

Kontaktwerkstoffe der Schwachstromtechnik beruhen weitgehend auf der Basis von Edelmetallen, da die elektrische Funktion der Kontaktstelle durch chemische Veränderungen infolge Schadstoffeinwirkungen auf die Metalloberfläche negativ beeinflußt wird. Die Materialökonomie erfordert die sparsame Verwendung der teuren Edelmetalle. Aus diesem und anderen Gründen werden moderne Kontaktstücke aus unedlen guten elektrischen Leitern hergestellt und die Oberfläche mit Edelmetall beschichtet. Diese Technik ändert den Kontaktwiderstand und wirft Probleme im Langzeitverhalten der Kontakte auf.

4.1.2. Einfluß einer Edelmetallschicht auf den Kontaktwiderstand

Der Kontaktwiderstand R_K eines kompakten Kontaktstückes ist unter Verwendung des Kugelmodells für den Engewiderstand und des Scheibenmodells für den Fremdschichtwiderstand gegeben durch

$$R_K = R_E + R_F = \frac{\varrho_K}{\pi r_K} + \frac{\sigma_K}{\pi r_K^2}.$$

Dabei sind:

R_E — Engewiderstand,
R_F — Fremdschichtwiderstand,
ϱ_K — spezifischer Widerstand des kompakten Kontaktwerkstoffes,
σ_K — spezifischer Fremdschichtwiderstand,
r_K — Radius der wahren Berührungsfläche.

$$r_K \approx \sqrt{\left(\frac{F_K r_0}{E}\right)^{2/3} + \frac{F_K}{\pi H}}.$$

Eine Edelmetallschicht S soll den Einfluß des Fremdschichtwiderstandes reduzieren. Es muß demnach für die Einsatzdauer des Bauelementes $\sigma_S \ll \sigma_K$ gelten. Im allgemeinen ändert sich auch der Engewiderstand. Wendet man das Kugelmodell an, so ergibt sich nach Bild 1 der einseitige Engewiderstand mit der Schichtdicke s zu

$$\frac{1}{2} R_{ES} = \int_{r_K}^{r_K+s} \frac{\varrho_S \mathrm{d}r}{2\pi r^2} + \int_{r_K+s}^{r} \frac{\varrho_K \,\mathrm{d}r}{2\pi r^2} = -\frac{\varrho_S}{2\pi} \frac{1}{r}\Bigg|_{r_K}^{r_K+s} + \frac{\varrho_K}{2\pi} \cdot \frac{1}{r}\Bigg|_{r_K+s}^{r \gg r_K+s}$$

$$= \frac{\varrho_K}{2\pi r_K} \frac{1 + \dfrac{\varrho_S}{\varrho_K} \dfrac{s}{r_K}}{1 + \dfrac{s}{r_K}}.$$

Für den Engewiderstand des beschichteten Kontaktes gilt dann

$$R_{ES} = R_E \frac{1 + \frac{\varrho_S}{\varrho_K} \frac{s}{r_K}}{1 + \frac{s}{r_K}}.$$

Tabelle 1 veranschaulicht einige Spezialfälle.

Tabelle 1

$\frac{\varrho_S}{\varrho_K}$	$\frac{s}{r_K}$	$\frac{R_{ES}}{R_E}$	Bemerkung
1	beliebig	1	mit gleichem Material beschichtet
$\ll 1$	$\ll 1$	1	gutleitende, dünne Schicht
	1	1/2	gutleitende, angepaßte Schicht
	$\gg 1$	$\frac{r_K}{s} + \frac{\varrho_S}{\varrho_K} \ll 1$	gutleitende, dicke Schicht
$\gg 1$	$\gg 1$	$\frac{\varrho_S}{\varrho_K} \gg 1$	schlechtleitende, dicke Schicht
	1	$\frac{\varrho_S}{2\varrho_K}$	schlechtleitende, mittlere Schicht
	$\ll 1$	$1 + \frac{\varrho_S}{\varrho_K} \cdot \frac{s}{r_K}$	schlechtleitende, dünne Schicht

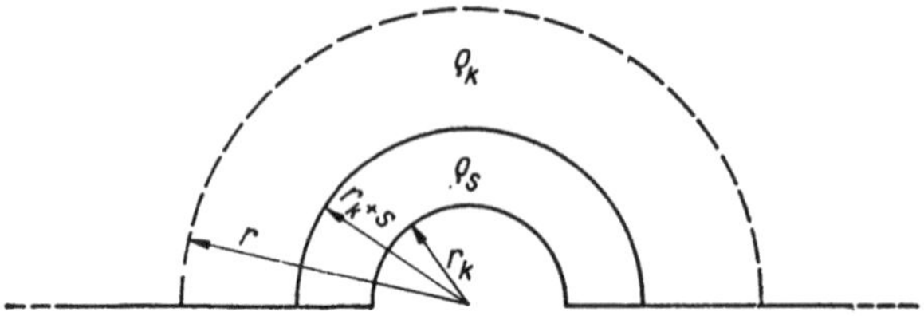

Bild 1. Kugelmodell einer Stromenge mit Oberflächenschicht der Dicke s mit dem spezifischen Widerstand ϱ_S

Bild 2 zeigt dazu den Verlauf einiger Kurven.
Man erkennt, daß der Einfluß der Edelmetallschicht unter bestimmten Bedingungen sehr wesentlich ist. Der beschichtete Kontakt kann also größeren oder kleineren Kontaktwiderstand haben. Der letzte Fall in Tafel 1 entspricht dem Kontaktwiderstand bei sehr dünnen, hochohmigen Fremdschichten, wie er in der Literatur unter Verwendung des Fremdschicht-Widerstandes angegeben wird. Bei praktischen Edelmetallschichten für Kontakte gelten folgende Werte:

Metall	Cu	Ni	Ms	Be	Ag	Au	Pd	Rh	Pt	Ir
$\varrho[\mu\,\Omega\,\text{cm}]$	1,7	6,8	2 bis 12		1,6	2,2	10,8	4,5	9,8	5,3

Daraus folgt ein Verhältnis der spezifischen Widerstände

$$\frac{\varrho_S}{\varrho_K} = \frac{1{,}6 \cdots 11}{1{,}7 \cdots 12} \approx 0{,}13 \cdots 6{,}5.$$

Das Verhältnis s/r_K liegt für Schwachstromkontakte im Bereich

$$\frac{s}{r_K} = \frac{1 \cdots 20}{5 \cdots 200} \approx 0{,}2 \cdots 4,$$

da große Kontaktkräfte nur bei dicken Schichten zulässig sind. Daraus ergibt sich ein Verhältnis des Engewiderstandes für die Praxis

$$\frac{R_{ES}}{R_E} \approx 0{,}3 \cdots 6.$$

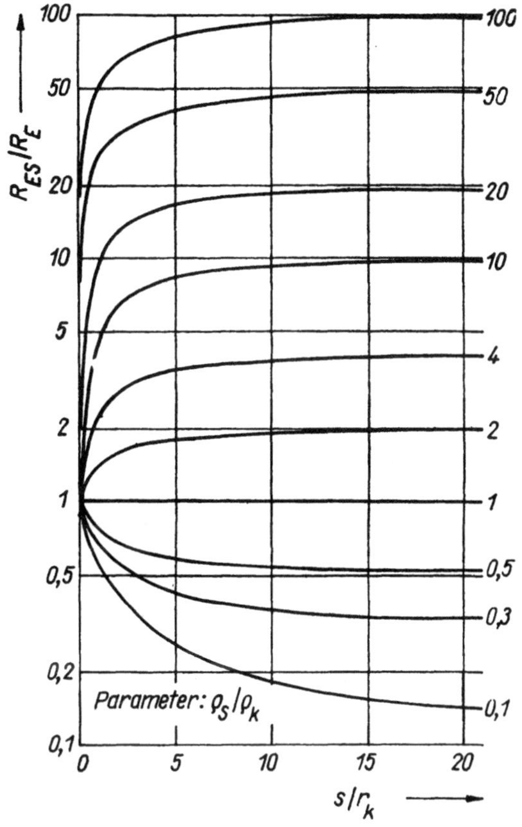

Bild 2. Engewiderstand eines Kugelmodells mit Oberflächenschicht verschiedener Leitfähigkeit

Dieses Verhältnis ist durch Materialeigenschaften bei vorgegebener Kontaktform und Kontaktkraft bedingt und hat keine Korrelation zur Qualität des Kontaktbauelementes. Die Qualitätserhöhung durch eine Edelmetallschicht im Sinne des Langzeitverhaltens beruht auf der Relation $\sigma_S(t) \ll \sigma_K(t)$ und der möglichst stärkeren Verminderung von σ_S gegenüber σ_K durch mechanische und elektrische Zerstörung der entstandenen Fremdschicht.

Für Mehrschichtsysteme ist eine analoge Berechnung möglich. Das Ergebnis bei k Metallen ($k - 1$ Schichten) lautet:

$$R_{ES_k} = R_E \sum_{i=1}^{k} \frac{\dfrac{\varrho_i - \varrho_{i-1}}{\varrho_K}}{1 + \sum\limits_{i=1}^{k} \dfrac{s_{i-1}}{r_K}}.$$

Die Diskussion dieser Beziehung liefert keine grundlegenden neuen Erkenntnisse.

4.1.3. Praktisch verwendete Edelmetallschichten und ihre Aufgaben

Der Kern der Kontaktstücke besteht in vielen Fällen aus unedlen Kontaktgrundwerkstoffen G auf Kupferbasis [E Cu, Ms 53 ··· 85, Bz (CuBe, SnBz), Ns 62/18, CuNiSn, CuZnAlCo usw]. Sie müssen gute elektrische und mechanische Eigenschaften sowie oft gute Lötbarkeit besitzen. Für Schutzrohrkontakte werden noch gute weichmagnetische Eigenschaften gefordert.

Diese Werkstoffe sind in der Regel nicht ausreichend korrosionsbeständig. Sie müssen deshalb mit einem Kontaktwerkstoff veredelt werden, der über lange Zeit einen konstanten und kleinen Kontaktwiderstand sichern soll.

Die Oberflächenveredlung kann aus mehreren Schichten bestehen (Bild 3), die folgende Aufgaben haben:

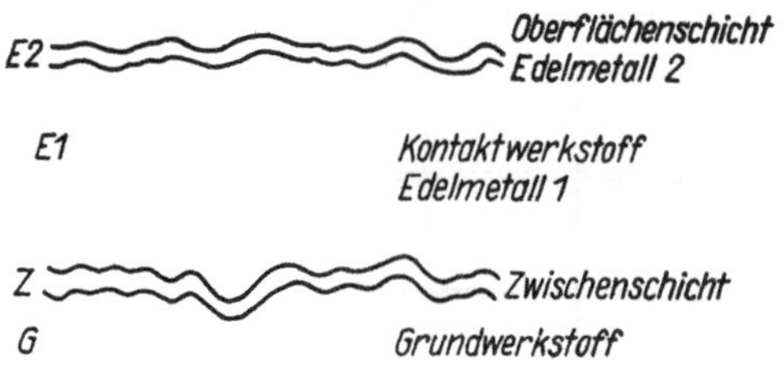

Bild 3. Struktur eines dreischichtigen Kontaktstückes

4.1.3.1. Zwischenschicht Z

Die Zwischenschicht hat drei Hauptaufgaben:

1. Eine bessere Haftung des Kontaktwerkstoffes E1 zu garantieren, falls diese nicht ausreichend gegeben ist, d. h., Z muß in G und E1 leicht diffundierbar und legierbar sein. Dazu eignen sich Schichten aus Cu ($\geqq 3\ \mu m$), Ag (1 bis 3 μm), Au (0,1 bis 0,5 μm). Au wird auch verwendet, wenn bei der Veredlungstechnologie eine Oxydation nach dem Reinigen der Oberfläche z. B. beim Trocknen nicht auszuschließen ist oder Zwischenlagerungen notwendig sind.
2. Minderung bzw. Abbau von inneren mechanischen Spannungen in E 1 (besonders Pd, Rh) auf G. Diese Metalle müssen weich sein und dürfen beim galvanischen Prozeß keinen Wasserstoff aufnehmen. Dazu eignen sich Schichten aus Cu (3 bis 12 μm), Ag (1 bis 3 μm), Au (0,2 ... 2μm).
3. Als Diffusionsbarriere für unedle Komponenten aus G in E 1 zu wirken. Dazu ist ein geringer Diffusionskoeffizient von Cu und anderen Metallen in Z und eine ausreichende Dicke erforderlich. Erprobt und geeignet ist dazu Ni (2 bis 14 μm).

Können diese Aufgaben von dem eigentlichen Kontaktwerkstoff übernommen werden, so kann auf die Zwischenschicht Z verzichtet werden. Gelegentlich werden aber auch mehrere Zwischenschichten verwendet.

4.1.3.2. Kontaktwerkstoff E 1

Der Kontaktwerkstoff muß im ruhenden Zustand einen kleinen und konstanten Kontaktwiderstand garantieren und beim Aus- und Einschalten die hohe plasmaphysikalische und plasmachemische Beanspruchung durch Funken und Lichtbogen aufnehmen, ohne die Oberfläche dabei merkbar zu verändern. Dazu sind folgende Eigenschaften erforderlich:

1. Hohe Korrosions- und Anlaufbeständigkeit. Dies kann nur von den Edelmetallen Au, Pd, Pt, Rh, Ir, Ag angemessen realisiert werden.

2. Geringer Anoden- und Katodenabtrag durch Abbrand und Materialwanderung. Dies erfordert eine hohe Schmelz- und Siedewärme bzw. -temperatur. Dies wird von den Metallen W, Mo, Os, Re, Rh erfüllt.

Zwischen den Forderungen 1 und 2 ist je nach Anwendungsfall ein Optimum zu suchen, das unter Berücksichtigung der Folgeauswirkungen von Kontaktfehlern ein außerordentlich komplexes ökonomisches Problem darstellt. Für Schwachstromkontakte werden vorwiegend Ag, Pd, Au, Rh und ihre Legierungen mit zahlreichen Komponenten eingesetzt.
Je nach geforderter Lebensdauer liegen die Schichten unter Beachtung technologischer und ökonomischer Aspekte in folgenden Bereichen:

Ag: 3 bis 20 μm,
Pd: 2 bis 15 μm,
Au: 1 bis 10 μm,
Rh: 1 bis 3 μm.

Neuere Bäder erlauben eine Rh-Schicht bis 20 μm. Die Kontaktwerkstoffe Pd, Rh haben oft eine porige, rauhe bis rissige Oberflächenstruktur, die einen hohen mechanischen Verschleiß verursachen kann. In diesem Fall wird eine weitere Edelmetallschicht aufgebracht, die die Oberfläche verbessern soll.
Für Schwachstromkontakte, bei denen die Fremdschichtprobleme von entscheidender Bedeutung sind, muß über die gesamte Lebensdauer $\sigma_S \ll \sigma_K$ erfüllt bleiben.

4.1.3.3. Oberflächenschicht E 2

Diese Schicht hat die Aufgabe, die Funktion und Qualität von E 1 abzusichern bzw. zu verbessern. Sie kann deshalb sehr dünn gehalten werden oder auch gar nicht erforderlich sein, wenn die E1-Oberfläche allen Ansprüchen genügt, was bei Ag und Au in der Regel der Fall ist. Diese Schicht soll folgende Aufgaben übernehmen:

1. die porige, rauhe, rissige Oberfläche durch Verschmieren der Vertiefungen glätten (festes Schmiermittel mit verminderten Reibungskoeffizienten). Dazu eignen sich weiche edle Metalle, z. B. Au auf Pd, Rh.
2. innere mechanische Spannungen in E 1 und damit die Rißneigung durch Alterung zu mindern. Dazu wurde Pd auf Rh verwendet.
3. den Korrosionsschutz von E 1 bis zum Betriebseinsatz zu garantieren, was z. B. bei selbstreinigenden Ag-Kontakten durch Rh ermöglicht wird.
4. Lötbarkeit an Anschlüssen verbessern, falls dies durch Z nicht gegeben ist.
5. Für das Langzeitverhalten muß gelten $\sigma_{E2} \leqq \sigma_{E1}$.

Aus diesem Ergebnis sind folgende qualitativ bekannte Schlußfolgerungen zu ziehen, die durch die Rechnung quantifiziert werden können:

1. Für eine wirksame Edelmetallschicht muß bei beliebiger Atmosphäre gelten $\sigma_S \ll \sigma_K$.
2. In reduzierenden Atmosphären ($\sigma < 10^{-8}\ \Omega\ \mathrm{cm}^2$) und bei großen Kontaktkräften $\left(r_K \gg \frac{\sigma}{\varrho}\right)$ hat die Veredelung keine Wirkung auf das Widerstandsverhältnis und auf die Kontaktzuverlässigkeit.
3. Bei kleinen Kontaktkräften $\left(r_K < \frac{\sigma}{\varrho}\right)$ und merkbarer Schadstoffeinwirkung hat die Edelmetallschicht entscheidende Bedeutung.
4. Für den Zeitraum t_1 können die ruhenden Kontakte als wartungsfrei angesehen werden, wenn $\varrho r_K \geqq \sigma_S \ll \sigma_K$ und für die Kurzschlußdiffusion $x = \sqrt{2\,D t_1} \leqq s$ gilt.

5. Mit erhöhten Kontaktstörungen muß ab t_2 gerechnet werden, wenn $s + r_K \leqq \sqrt{2Dt_2}$ gilt.
6. Die Zeit $t_2 = \frac{(s + r_K)^2}{2D}$ kann als Betriebsbrauchbarkeitsdauer angesehen werden, wenn $\sigma_S(t_2) \leqq \varrho_S r_K$ und $\sigma_K(t_2) \gg \varrho_S r_K$ gilt.

4.1.3.4. Sinnvolle Edelmetallkombinationen

Aus den Aufgaben der einzelnen Schichten in der Schichtstruktur läßt sich ableiten, daß nur bestimmte Metallfolgen sinnvoll erscheinen, wenn minimaler Edelmetallaufwand, Ökonomie und ausreichende Zuverlässigkeit für einen angemessen langen Zeitraum angestrebt werden. Dabei ist noch zu beachten, daß die Wechselwirkungen zwischen den einzelnen Schichten sich im Sinne der Zuverlässigkeit positiv, aber auch negativ auswirken können.
Im Sinne eines minimalen Aufwandes bei ausreichender Zuverlässigkeit kann man folgende Aspekte zusammenfassen:

— Mehr als drei aufgebrachte Schichten Z, E 1 und E 2 sind in der Regel nicht notwendig, da mit dieser Struktur alle Anforderungen bei sparsamstem Materialeinsatz und angemessenem technologischem Aufwand erfüllbar sind.

— Für die Zwischenschicht Z eignen sich auch unedle Metalle. Die Eigenschaften des Ni erscheinen hier noch nicht ausgeschöpft. Cu unter Ag und Au erscheint wenig sinnvoll, da Ag und Au in der Regel ähnlich haften wie Cu, und Cu kaum eine Diffusionsbarriere darstellt.

— Ag unter Pd wird oft schon als Teil E 1 verwendet, um Pd in E 1 zu sparen, z. B. Ag (3 μm), Pd (2 μm), Au (0,5 μm).

— Die minimale Schichtdicke von E 1 muß aus den drei wesentlichen Beanspruchungen

mechanischer Verschleiß,
elektrischer Verschleiß,
lokales Durchdiffundieren unedler Komponenten bis zur Oberfläche,

abgeleitet werden. Die beiden Verschleißarten begrenzen die dynamische Lebensdauer (Betätigungen). Die Diffusion des Grundmetalls durch die Schichten und Geschwindigkeit der Oberflächenreaktion dieser Komponenten mit gasförmigen Schadstoffen begrenzen die statische Lebensdauer und die Kontaktsicherheit.
Da die Einsatzbedingungen, die Beanspruchungsparameter und die -intensität außerordentlich stark schwanken, werden E 1-Schichten technisch sinnvoll eingesetzt im Bereich für

Ag: 3 bis 20 ≈ 6 μm,
Pd: 2 bis 15 ≈ 4 μm,
Au: 2 bis 10 ≈ 3 μm,
Rh: 1 bis 4 ≈ 2 μm.

— Mit starker Unternickelung werden international verwendet

7,5 bis 10 μm Ni unter 0,5 bis 1,5 μm Rh,
2,0 bis 14 μm Ni unter 0,5 bis 6 μm Au.

— Für den ersten Korrosionsschutz von E 1 bis zum Betriebseinsatz für Ag wird 0,2 bis 1 μm Pd oder Rh erfolgreich eingesetzt. Au eignet sich weniger, da es die später entstehende Ag_2S-Schicht mechanisch verfestigt und dann mehr Kontaktstörungen entstehen können als bei reiner Ag-Oberfläche.

— E1-Schichten aus Pd und Rh werden mit den E2-Schichten Au (weiches festes Schmiermittel) oder bei Pd mit Rh versehen. Rh auf Pd erhöht die Oberflächenhärte.

In der Praxis werden auch Schichtstrukturen benutzt, die diesen Auswahlprinzipien widersprechen, die sich aber bei Tests bewährt haben sollen.
Bewährungsaussagen hängen außerordentlich stark von der technologisch bedingten Schichtqualität ab. So kann es vorkommen, daß bewährte Schichtstrukturen durch technologische Mängel (Porigkeit, haftmindernde Grenzschicht, Rauhigkeit, Ungleichmäßigkeit) versagen und zusätzliche Aufwendungen für erforderlich gehalten werden, die besser durch eine höhere technologische Disziplin erreichbar wären.

4.1.4. Fremdschichtprobleme auf beschichteten Kontakten

Ideale, ausreichend dicke Edelmetallschichten zeigen als Kontaktwerkstoff ein Verhalten ähnlich den kompakten Werkstoffen. Reale Schichten weisen technologisch bedingte Realstrukturen mit Poren, Rissen, Korngrenzen, Versetzungen und mit inneren Spannungen auf. Diese Realstruktur beeinflußt oft in relativ unübersichtlicher Weise den mechanischen und elektrischen Verschleiß sowie die Fremdschichtbildung infolge Anlaufvorgängen und Korrosion auf der Oberfläche.

4.1.4.1. Diffusionsprobleme in Realstrukturen

Die meisten Federwerkstoffe enthalten einen großen Anteil an Cu. Dieses Unedelmetall kann über die Diffusion in die Edelmetallschicht E 1 eindringen. Bei linearen Problemen gilt für die diffundierte Schicht

$$x = \sqrt{2Dt},$$

oder als angepaßte Größengleichung

$$\frac{x}{(\mu\text{m})} = 8 \cdot 10^7 \sqrt{\frac{D}{(\text{cm}^2/\text{s})} \frac{t}{(\text{Jahre})}}.$$

Für den Diffusionskoeffizienten gilt in erster Näherung

$$D = D_0 \exp\left(-\frac{Q}{RT}\right) = D_{00} \exp \frac{Q}{RT_0^2} \frac{\Delta T}{1 + \frac{\Delta T}{T_0}},$$

$$D \approx D_{00} \exp \frac{Q \, \Delta T}{RT_0^2} \qquad \text{für } \Delta T \ll T_0 \geqq 295\ \text{K}.$$

Dabei ist:

Q — Aktivierungsenergie $= 3$ bis $120 \approx 40$ kcal/Mol,

R — Gaskonstante $= 8{,}3$ Ws/K Mol ≈ 2 cal/Mol $\cdot$ K,

T — 30 bis $+120\,°\text{C} = 243$ bis 393 K,

$D_{00} — D(T_0) = D_0 \exp\left(-\frac{Q}{RT_0}\right).$

Für die Diffusionskonstanten und die Aktivierungsenergie gelten die Relationen bei vorgegebenen Werkstoffkomponenten, wie sie Tabelle 2 zeigt. Als Richtwerte mögen bei konstanter Temperatur für Metalle gelten

$D_V : D_G : D_K : D_S \approx 1 : 10 : 10^2 : 10^4$

$Q_V : Q_G : Q_K : Q_S \approx 1 : 0{,}3$ bis $0{,}6 : 0{,}4$ bis $0{,}8 : 0{,}2$ bis > 1

Tabelle 2. Größenverhältnisse von Diffusionskoeffizienten und Aktivierungsenergien

	D	Q
Volumendiffusion	D_V	Q_V
Diffusion in Versetzungen	$D_G > D_V$	$Q_G < Q_V$
Diffusion in Korngrenzen	$D_K > D_G$	$Q_K < Q_G$
Oberflächendiffusion	$D_S > D_K$	$Q_S \lesseqgtr Q_K$
Diffusion in Elektrolyten	$D_E > D_S$	$Q_E < Q_S$

Eine Temperaturerhöhung vervielfacht den Diffusionskoeffizienten, wie Tabelle 3 für einige charakteristische Q-Werte zeigt. Man sieht, daß große Aktivierungsenergien einen großen Temperatureinfluß bewirken.
Für Diffusionsuntersuchungen bei niederen Temperaturen muß noch beachtet werden, daß die Aktivierungsenergie mit der Temperatur etwas abnimmt, so daß die Extrapolation über große Temperaturbereiche einen zu kleinen Diffusionskoeffizienten ergibt.

Tabelle 3. Relativer Diffusionsanstieg bei erhöhter Temperatur

Q in kcal/Mol	3	40	120
$\frac{Q}{RT_0^2}$ in K^{-1}	0,0157	0,0222	0,67
ΔT in K		$\frac{D}{D_{00}}$	
0	1	1	1
1	1,015	1,02	1,95
2	1,03	1,04	3,82
5	1,08	1,11	28,5
10	1,17	1,25	812
20	1,38	1,55	$66 \cdot 10^4$
50	2,22	3,00	$35 \cdot 10^{16}$
100	4,95	9,02	10^{26}

Nimmt man eine in der DDR relativ weit verbreitete Veredelungsart

$$E\,2 = 0{,}5\ \mu m\ Au,$$
$$E\,1 = 4\ \mu m\ Pd,$$
$$Z = 0{,}2\ \mu m\ Au,$$
$$G = 30\ \mu m\ Cu$$

und benutzt die Diffusionskoeffizienten bei $T = 70\,°C$, so erhält man theoretisch die Ergebnisse der Tabelle 4. Daraus ergeben sich folgende Schlußfolgerungen:

1. Die Volumendiffusion ist technisch unbedeutend.
2. Über die Oberflächendiffusion kann Cu auf die Pd-Oberfläche gelangen und dort elektrisch störende Korrosionsprodukte (CuS und Cu_2S) verursachen.
3. Die Oberflächendiffusion Cu auf Cu liefert ausreichend Cu nach, so daß an der Diffusionsfront keine Cu-Verarmung auftritt und die Oberflächendiffusion Cu auf Pd normal weiterläuft.

Aus experimentellen Ergebnissen in der UVR [5] kann noch geschlußfolgert werden, daß die Diffusion bei höherer Feuchtigkeit stärker ist, was auf einem elektrolytischen Oberflächeneffekt beruht.

Tabelle 4. Theoretische Ergebnisse einer realen Schichtstruktur

	D in cm^2s^{-1} bei 70 °C	x in μm nach 5 Jahren	t (Jahre) für $x = 4\ \mu m$
Cu in Pd	$7 \cdot 10^{-20}$	0,05	40000
Cu auf Pd	$1{,}5 \cdot 10^{-15}$	7	2
Cu auf Cu	$5{,}5 \cdot 10^{-13}$	20	—

Literaturverzeichnis

[1] *Höft, H.:* Qualität der AuPdAu-Kontaktkämme auf Leiterplatten für direkte Steckverbinder. KSG Gornsdorf/TH Karl-Marx-Stadt 1974 (unveröffentlicht)

[2] *Häßner, A.:* Untersuchung der Möglichkeiten des Transportes von Cu zur Oberfläche des Kontaktsystems AuPdAu durch Festkörperdiffusion. TH Karl-Marx-Stadt 1974 (unveröffentlicht)

[3] *Flach, Schubert, Queck* und *Straube:* Licht- und Elektronenstrahlmikroanalytik an CuAuPdAu-Kontakten. AMD 1974 (unveröffentlicht)

[4] *Häßner, A.:* Beitrag zur phänomenologischen Beschreibung der Diffusion in Metallen mit Korngrenzen. Freiberger Forschungshefte B 168, 1972

[5] *Kormany, I., Nagy, G.,* und *Dekany, I. L.:* Elektronensonde-Untersuchungen an durch Korrosion und Schaltungsvorgänge verursachte Kontaktmaterialänderungen. Vortrag auf der Reko 75, Budapest Nov. 1975

4.2. Stabilität gegenüber der Einwirkung von Fremdteilchen

Von *O. W. Chomitzki*, *Ju. Sch. Biglow* und *G. M. Korsunskii*

Charkower Institut für Radioelektronik, Charkow

4.2.1. Allgemeine Betrachtungen

Die Zuverlässigkeit der Bauelemente bei zufälligen Einwirkungen wird durch Vorausgabe eines Niveaus determinierter Einwirkungen, die keine Zerstörung der Apparatur (Festigkeitsniveau) oder Störung der Funktion während der Einwirkungszeit (Stabilitätsniveau) hervorrufen, normiert.

So, zum Beispiel, sind für Bauelemente Vibrationsfestigkeit und Vibrationsstabilität, Strahlungsfestigkeit und Strahlungsstabilität bestimmt. Ein bedeutender Teil der Ausfälle von Miniaturschaltelementen wird durch fremde Teilchen innerhalb des Gehäuses hervorgerufen.

Die Existenz eines Fremdteilchens im Bauelement ist ein zufälliges Ereignis. Ebenso zufällig ist der Aufenthaltsort eines beweglichen Fremdteilchens in der Umhüllung.

Die Entstehung eines Fremdteilchens besteht in der Regel in seiner Ablösung von Einzelteilen der Bauelemente unter dem Einfluß verschiedener Gründe. Die Bewegung des Teilchens, das an dem gegebenen Platz des Bauelementes auftritt, kann man im Laufe einer gewissen Zeit als determiniert zählen.

Sie wird von der Konstruktion des Bauelementes und den äußeren Einwirkungen bestimmt. Bis heute werden in der Frage der Fremdteilchen in Schaltelementen nur die Aufgaben einer verbesserten Säuberung der Einzelteile, Aufgaben der Kontrolle der Atmosphäre in den Betriebsräumen und Aufgaben des Nachweises von Fremdteilchen in den fertigen Bauelementen gelöst. Der Einfluß der Besonderheiten der Konstruktion auf die Zuverlässigkeit des Bauelementes gegenüber Ausfällen, die mit Fremdteilchen verbunden sind, wird ungenügend eingeschätzt.

Es ist offensichtlich, daß nicht jedes innerhalb des Bauelementes auftretende fremde Teilchen zur Störung der Funktion führt.

Während der Bewegung kann es in ein solches Gebiet gelangen, wo es einen Ausfall hervorruft, muß aber auch nicht. Für jede Konstruktion von Schaltelementen und für jeden Erscheinungspunkt eines Fremdteilchens bei gegebenen Einwirkungen — Gründen der Bewegung des Teilchens innerhalb des Bauelementes — kann man analytisch und experimentell die Aufenthaltswahrscheinlichkeit im Gebiet, wo es einen Ausfall verursacht, bestimmen. Diese Wahrscheinlichkeit hängt von der Konstruktion ab. Man könnte sich also ein Schaltelement vorstellen, in dem alle Fremdteilchen auf den inneren Oberflächen von absorbierenden Oberflächen eingefangen werden. Die Beachtung der Stabilität gegenüber der Einwirkung von Fremdteilchen bei neuen Ausarbeitungen gestattet also eine Erhöhung der Zuverlässigkeit der Produkte.

Diese Stabilität kann man regeln, wenn man die konkreten Mechanismen der Bewegung und Einflüsse von Fremdteilchen auf die Funktion beachtet.

Das kann man mit Hilfe von:

1. elektrischen Feldern, magnetischen Feldern, mechanischen Schwingungen und akustischen Wellen, die ein Fallen von Fremdteilchen in gefährdete Punkte verhindern und eine Ablenkung der zufällig auftretenden Fremdteilchen im Fallen gestatten,
2. einer Verringerung des Volumens von Gebieten, die gegenüber Fremdteilchen anfällig sind,

3. einer Verminderung der Ausfallwahrscheinlichkeit, wenn das Fremdteilchen in den gefährdeten Bereich fällt, z. B. Redundanz oder Erhöhung der Kontaktkraft.

Größere Teilchen können sich von der Oberfläche der Einzelteile ablösen und unter dem Einfluß der Trägheitskräfte bewegen. Deshalb sind Konstruktionen ungünstig, die Fremdteilchen in Richtung Kontakt bewegen. Quantitativ kann man die Stabilität gegenüber Fremdteilchen, z. B. mit Hilfe einer Größe, die reziprok der mittleren Anzahl der Ausfälle auf ein innerhalb des Bauelementes auftretendes Teilchen ist, bestimmen. Dabei haben wir eine zufällige Verteilung der Erscheinungsplätze auf den inneren Oberflächen und eine zufällige Verteilung der Teilchen nach Größe und physikalischen Eigenschaften. Diese Größe kann Stabilitätskoeffizient genannt werden und wird unter der Voraussetzung, daß jedes Teilchen nicht mehr als einen Ausfall verursachen kann, bestimmt. Je größer also der Stabilitätskoeffizient, desto besser ist die Konstruktion.
Untersuchen wir die Stabilität der Konstruktion des weitverbreiteten Typs der Reedkontakte (Bild 1). Zur Funktionsstörung führt hier das Auftreten eines Fremdteilchens im Raum zwischen den Kontaktzungen. Auftreten können Fremdteilchen an der inneren Oberfläche der Reedampulle oder auf der Zungenoberfläche. Die weitere Bewegung der Fremdteilchen geschieht unter dem Einfluß der Coulombschen Kräfte (für aufgeladene Teilchen), durch Magnetfeldkräfte, Kräfte im elektrischen Feld, Kräfte im Feld der Zungenschwingung und im Ampullenschwingungsfeld.

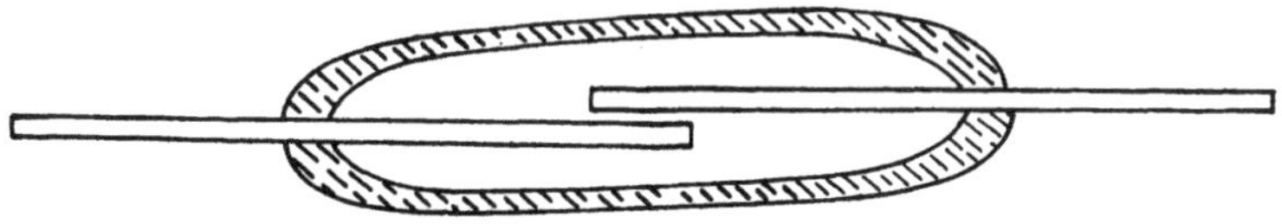

Bild 1. Reedkontakt

Im ganzen Volumen des Reedkontaktes wächst das elektrische Feld von der Peripherie zum Kontakt hin an, d. h., die Volumenkräfte bewegen die Fremdteilchen zum Kontakt, wo auch immer sie sich innerhalb der Reedampulle befinden. Das Magnetfeld hat im Einschaltmoment seine größte Feldstärke im Raum zwischen den Zungen und fällt ziemlich schnell in Richtung Peripherie ab. Im ausgeschalteten Zustand ist gewöhnlich ein Magnetfeld vorhanden. Deshalb können ferromagnetische Teilchen, die sich in der Nähe des Zwischenraums befinden, beim Einschalten in ihn hineingezogen werden.
Größere Teilchen, die sich auf den zungenartigen Elektroden befinden, werden beim Zusammenstoß der Zungen und einer nachfolgenden Schwingung zu dem Knoten vor dem Einbettungspunkt und zum Kontakt bewegt. Die Richtung ändert sich ungefähr in der Mitte der Zungen.
Beim Befestigen der Ampulle hinter dem Zentralen Teil liegt der Knoten bei einer Ampullenschwingung in der Mitte. Das heißt, daß Teilchen, die sich in der Ampulle befinden, in Richtung Kontakt gesammelt werden.
Dieser Effekt ist aber nur für relativ große Teilchen von Bedeutung.
Somit ist die Wahrscheinlichkeit ziemlich groß, daß die Fremdteilchen, die sich in der Reedampulle befinden, in den Zwischenraum gelangen. Dies wird auch experimentell unterstützt.
Es gibt leider noch kein Konstruktionsbeispiel, das von Seiten der Technologie mit der Massenproduktion vergleichbar und noch stabiler gegen Fremdteilcheneinflüsse ist. So ein Reedkontakt muß erst noch entwickelt werden.
Ein Lösungsweg, der die Stabilität gegenüber Fremdteilchen erhöht, ist zum Beispiel der Austausch der Kontaktfelder, gezeigt auf Bild 2, durch eine Feder, wie sie auf Bild 3 gezeigt wird. So eine Konstruktionsänderung verringert die Ausfallrate, hervorgerufen durch Fremdteilchen, bei Aufrechterhaltung der alten Parameter.

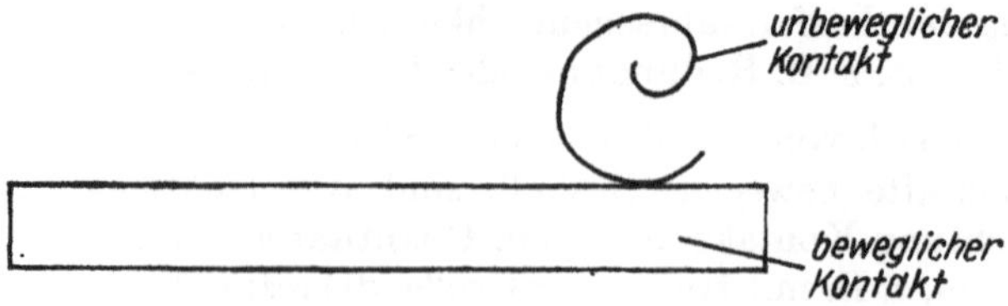

Bild 2. Veraltete Bauart des unbeweglichen Kontaktes

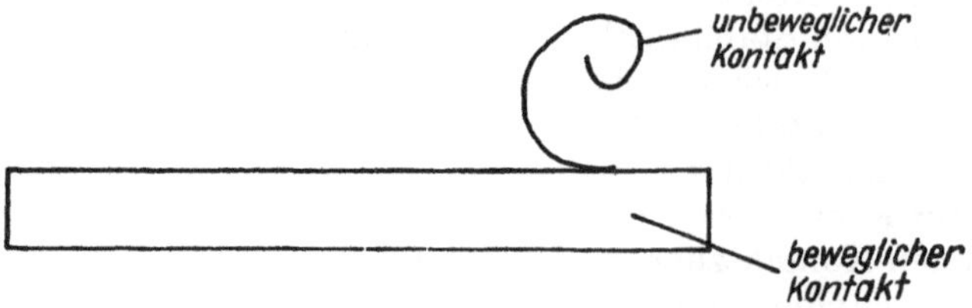

Bild 3. Neue konstruktive Ausführung des unbeweglichen Kontaktes

4.2.2. Schlußfolgerung

— Beständigkeit gegen den Einfluß von Fremdteilchen ist eine objektive Eigenschaft der konstruktiven Ausführung von elektrischen Kontakten.

— Bei der Bewertung von Neuentwicklungen ist die Stabilität gegenüber der Einwirkung von Fremdteilchen unbedingt zu berücksichtigen.

— Es sind analytische und experimentelle Methoden zur quantitativen Bewertung der Stabilität gegenüber Fremdteilchen sowie Methoden zur Synthese der Konstruktion mit einer gegebenen Stabilität zu erarbeiten.

Nachfolgend wird eine Methode der quantitativen Bewertung der Stabilität gegenüber Fremdteilchen vorgeschlagen.
Der Stabilitätskoeffizient gegenüber Fremdteilchen wird wie folgt definiert:

$$K_S = \frac{\text{Anzahl der Fremdteilchen}}{\text{Anzahl der Ausfälle}} = \frac{1}{p_l \int\limits_S K_e\, p_2 \mathrm{d}S}, \quad (1)$$

wobei gilt:

p_l — Ausfallwahrscheinlichkeit beim Fallen eines Fremdteilchens in das störanfällige Gebiet;

K_e — Teilchenemissionskoeffizient, der gleich der Aufenthaltswahrscheinlichkeit im Intervall dS der inneren Oberfläche, umgerechnet auf eine Oberflächeneinheit des gleichen Typs ist;

p_2 — Fallwahrscheinlichkeit eines Teilchens, das auf dem Oberflächenelement dS auftritt, in das störanfällige Gebiet;

dS — Element der inneren Oberfläche.

Die Größen, die in Gleichung (1) eingehen, werden bei folgenden Annahmen bestimmt:

a) Fremdteilchen, die einen Ausfall verursachen, gelangen von der inneren Oberfläche in das störanfällige Gebiet.

b) Nach der Fähigkeit, Teilchen zu emittieren, kann man die inneren Oberflächen in eine Reihe von Typen unterteilen, die vom Oberflächenmaterial, der Bearbeitung und

den Einwirkungen während des Betriebs abhängen. Im Grenzfall, bei einer unendlichen Vergrößerung der zu beachtenden Faktoren, kann man von einer Abhängigkeit der Emissionseigenschaften von den Koordinaten sprechen.
Bei einer endlichen Anzahl der zu berücksichtigenden Oberflächentypen sind

$$K_{ei} = \frac{p_{ei}}{S_i}; \quad p_{ei} = \frac{n_i}{N}; \quad N = n_i, \tag{2}$$

wobei

K_{ei} — Koeffizient K_e für den Oberflächentyp;
p_{ei} — Wahrscheinlichkeit, daß ein Teilchen auf der Oberfläche vom Typ i auftritt;
S_i — Fläche des Oberflächentyps i;
n_i — Anzahl der Teilchen, die von der Oberfläche des Typs i in einer bestimmten Zeit emittiert werden;
N — Summe der Teilchen, die innerhalb des Bauelementes in der gleichen Zeit auftreten
N, n_i — mathematische Erwartungen der angeführten Größen.

Bei Verwendung der Größe K_{ei} für eine Vergleichsbewertung der Fähigkeit der Oberflächen, Teilchen abzusondern, muß man beachten, daß sie nur Sinn bei der gegebenen Flächenverteilung der Oberflächen verschiedener Typen hat.

c) Die Wahrscheinlichkeit, daß ein Teilchen in das störanfällige Gebiet gelangt, hängt nicht von seiner Vorgeschichte und der Anzahl der Teilchen ab, die von der gegebenen Oberfläche emittiert werden.
d) Die Ausfallwahrscheinlichkeit beim Eindringen eines Teilchens in den störanfälligen Bereich hängt nicht von der Vorgeschichte ab und kann unabhängig von anderen Parametern der Konstruktion bestimmt werden.
e) Ein Teilchen, das in das störanfällige Gebiet gelangt, bleibt im weiteren dort bis zur Beendigung der Funktion entweder durch Ablauf der Lebensdauer oder durch Ausfall.

Die Neigung der Konstruktion, Teilchen im störanfälligen Gebiet zu konzentrieren, kann man bewerten, indem man die berechnete Größe K_S mit der Größe K_{S0} vergleicht. K_{S0} erhält man unter der Annahme, daß fremde Teilchen sich gleichmäßig auf den inneren Oberflächen niederschlagen und jedes Teilchen, das in den störanfälligen Bereich gelangt, einen Ausfall verursacht.

$$K_{S0} = \frac{\text{Gesamtgröße der inneren Oberfläche}}{\text{Oberfläche der störanfälligen Zone}}.$$

4.2.3. Versuchsschema zur Ermittlung von K

1. Unterteilung der inneren Oberflächen in Typen hinsichtlich der Emissionseigenschaften;
2. Bestimmung der Anzahl der Teilchen n_i, die von den Oberflächen jedes Typs in einer bestimmten Zeit emittiert werden;
3. Bestimmung von N und K_{ei} nach Gleichung (2).

Bei der Integration von Gleichung (1) über die Fläche eines Typs setzt man $K_e = K_{ei}$. Beim Experiment kann die Fläche der zu beobachtenden Oberfläche viel größer als im Bauelement genommen werden, und die Größe n_i kann durch eine proportionale Umrechnung erhalten werden.

4.2.4. Versuchsschema zur Ermittlung der Ausfallwahrscheinlichkeit beim Fallen eines Fremdteilchens in das störanfällige Gebiet

1. Durch Analyse der Bauelementekonstruktion werden die Grenzen des störanfälligen Gebietes bestimmt;
2. Einbringung von Fremdteilchen in den störanfälligen Bereich bei gleichzeitiger Registration der Ausfälle. Im weiteren wird das Teilchen aus dem Bauelement entfernt;
3. Ermittlung der gesuchten Wahrscheinlichkeit aus dem Verhältnis der Anzahl der Ausfälle zur Anzahl der Versuche.

4.2.5. Versuchsschema zur Bestimmung der Wahrscheinlichkeit, daß ein Teilchen von einem gegebenen Oberflächenstück in das störanfällige Gebiet gelangt

1. Bestimmung der zu kontrollierenden Emissionsgebiete der inneren Oberfläche;
2. Gewährleistung der gleichen Einwirkungen auf das Bauelement wie während des normalen Betriebes;
3. Gewährleistung der Emission einer genügenden Anzahl von Teilchen in ausgewählten Gebieten;
4. Bestimmung der Teilchenanzahl im störanfälligen Gebiet in einer gegebenen Zeit;
5. Ermittlung der gesuchten Wahrscheinlichkeit aus dem Verhältnis der Zahl der Teilchen im störanfälligen Bereich zur Zahl der emittierten Teilchen.

Die vorgeschlagenen Versuchsschemata illustrieren nur den Sinn der Größen, die den Stabilitätskoeffizienten gegenüber der Einwirkung von Fremdteilchen bestimmen.
Reale rechnerisch-experimentelle Methoden zur Bestimmung dieser Größen müssen entsprechend den zu untersuchenden Konstruktionen erarbeitet werden.

4.3. Lebensdaueruntersuchungen an Mikrotastern bei hoher induktiver Belastung

Von *M. Klaus, H.-J. Tholl, D. Lange* und *R. Thiele, R. Richter*

Technische Hochschule Karl-Marx-Stadt, Sektion Physik/Elektronische Bauelemente und VEB Polygraph Leipzig

4.3.1. Einleitung

Der Anwender von Kontaktbauelementen sieht sich immer wieder in die Lage versetzt, Neuentwicklungen mit Schaltern, Relais und dergleichen zu bestücken oder aber in der laufenden Produktion verschiedene Typen gegeneinander auszutauschen. Dabei steht er vor dem schwierigen Problem, aus der großen Vielzahl der angebotenen Bauelemente einen dem speziellen Einsatzfall optimal angepaßten Typ auszuwählen. Hierbei ist der Anwender jedoch in den meisten Fällen überfordert, da es ihm einerseits an theoretischem Wissen über die zwischen den Kontaktstücken ablaufenden Vorgänge mangelt, andererseits ihm aber auch keine geeigneten Test- oder Kontrollmöglichkeiten für die neu einzusetzenden Bauelemente zur Verfügung stehen. Werden dennoch Versuche durchgeführt, so wird häufig der exakten Nachbildung der Betriebsbedingungen zu wenig Aufmerksamkeit gewidmet, da die für das Kontaktverhalten bestimmenden Einflußfaktoren falsch eingeschätzt werden. So wird oft der Einsatz neuer Kontaktbauelemente zur Glückssache. Die geschilderte Problematik war der Grund dafür, daß sich der VEB Polygraph Leipzig an die Arbeitsgruppe „Schaltelemente" der Sektion Physik/Elektronische Bauelemente der Technischen Hochschule Karl-Marx-Stadt wandte, mit der Bitte, die Eignung von Mikrotastern unterschiedlicher Bauart für einen speziellen Anwendungsfall zu vergleichen.

4.3.2. Prüfschaltkreis und Aufgabenstellung

Bild 1 zeigt schematisch den für die Prüfung der Mikrotaster aufgebauten Schaltkreis, dessen Realisierung mit Hilfe von Originalbauelementen erfolgte. Folgende elektrische Lastbedingungen pro Prüfling wurden ermittelt:

Laststrom: 0,8 A (eff.) kommutierter Wechselstrom ($f = 100$ Hz),
Leerlaufspannung: 24 V (eff.) kommutierte Wechselspannung ($f = 100$ Hz),
Induktivität: 0,4 H (Magnet nicht angezogen), 0,6 H (Magnet angezogen),
Schaltfolgefrequenz: 3 Hz,
Tastverhältnis: 0,5.

Schaltgeschwindigkeit und Kontaktkraft wurden durch das jeweilige Mikrotastersystem bestimmt.
Als Kriterium für den Ausfall eines Tasters legte der Anwender VEB Polygraph Leipzig eine Überschreitung des Durchgangswiderstandes $R_D > 500$ mΩ fest. Zur Prüfung der Mikrotaster stand ein automatischer Lebensdauermeßplatz zur Verfügung, der die Bestimmung des Durchgangswiderstandes R_D als Funktion der Schaltzahl n ermöglicht, was eine Überprüfung hinsichtlich des oben genannten Ausfallkriteriums erlaubte [1].
Im folgenden seien kurz die Ursachen, die für den Ausfall von schaltenden Schwachstromkontakten verantwortlich sind, aufgezählt:

1. Der Kontaktwiderstand überschreitet einen vorgegebenen bzw. für die Funktionssicherheit folgender Baugruppen maximal zulässigen Grenzwert.

2. Die Kontakte bleiben durch Verhaken, Verkleben oder Verschweißen ständig oder zeitweise geschlossen, da die Öffnungskräfte nicht mehr zum Öffnen der Kontakte ausreichen.
3. Die Kontakte sind an der Oberfläche unter Einwirkung der Schaltlichtbögen oder anderer Gasentladungsformen bzw. durch mechanischen Verschleiß so weit abgetragen, daß sie nicht mehr schließen.
4. Durch Materialwanderung von einem Kontakt zum anderen werden die Kontakte infolge Verringerung des Kontaktabstandes auf Null blockiert.
5. Defekte im mechanischen System (Federbruch u. ä.).

Die Analyse des Belastungsfalles legte von Anfang an die Vermutung nahe, daß neben dem vom Anwender vorgegebenen Ausfallkriterium vor allem die Ausfallursachen 2—4 das Lebensdauerende der Mikrotaster bestimmen können, da relativ schwere induktive Lasten zu schalten waren. Dies führte dazu, daß zusätzlich zur R_D-Messung regelmäßige visuelle, manuelle und akustische Kontrollen des Schaltverhaltens der Taster durchgeführt wurden.

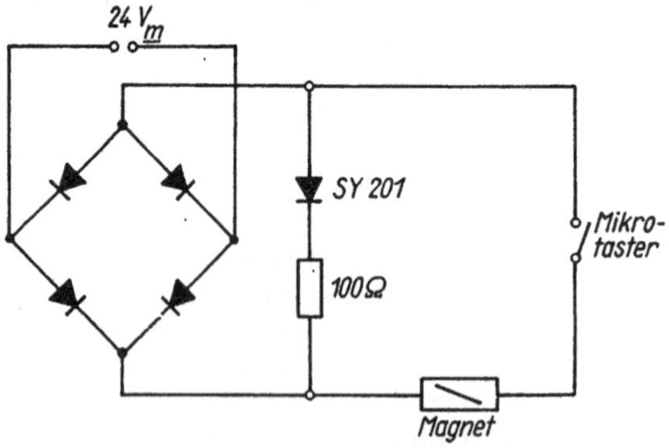

Bild 1. Schematische Darstellung des Prüfschaltkreises

4.3.3. Meßmethodik

Die Messung des Durchgangswiderstandes der zu untersuchenden Prüflinge erfolgte nach der Vierleitermethode (getrennte Konstantstromeinspeisung und Meßgeräteanschluß), so daß Zuleitungswiderstände keinen Einfluß auf das Meßergebnis haben konnten. Als Meßstrom wurde ein hochkonstanter Gleichstrom von 100 mA an die Prüflinge gelegt. Zur Messung der über den Kontakten abfallenden Spannung kam ein Digitalvoltmeter 4014 (VEB Kombinat Funkwerk Erfurt) mit einer Auflösung von 10 μV zum Einsatz. Die Messung des Durchgangswiderstandes erfolgte bei den Schaltspielzahlen:

$n = 1, 2, 3, \ldots, 9;$

$n = 10, 20, 30, \ldots, 90;$

$n = 100, 200, 300, \ldots, 900;$

$n = 1000, 2000, 3000, \ldots, 9000;$

$n = 10000, 20000, 30000, \ldots, 90000;$

$n = 100000, 200000, 300000$ und weiter alle 100000 Schaltungen bis zum Lebensdauerende. Details siehe [2, 3].)

Ab der Schaltspielzahl 10000 konnten bei den oben genannten Schaltzahlen automatisch verschiedene Meßunterprogramme gestartet werden, die die Möglichkeit zur statistischen Auswertung der Meßergebnisse mit sich bringen. (Details siehe [3, 4].)

Das für unsere Untersuchungen gewählte Meßunterprogramm führte nach jeweils zehn Weiterschaltungen unter Last erneut eine Messung des Durchgangswiderstandes aus. Dieser Vorgang wiederholte sich einhundertmal. Daran anschließend erfolgte bis zum nächsten der oben genannten Meßpunkte ein Weiterschalten unter Last. Dies sei für die Schaltspielzahl 10000 als Beispiel erläutert:

— Erreichen der Schaltspielzahl 10000,
— Messen des Durchgangswiderstandes der Prüflinge,
— Weiterschalten der Prüflinge unter Last bis zur Schaltspielzahl 10010,
— Messen des Durchgangswiderstandes der Prüflinge,
— Weiterschalten der Prüflinge unter Last bis zur Schaltspielzahl 10020,
— Messen des Durchgangswiderstandes der Prüflinge,
— Weiterschalten der Prüflinge unter Last bis zur Schaltspielzahl 10990,
— Messen des Durchgangswiderstandes der Prüflinge.

Nach dem Messen des Durchgangswiderstandes bei 10990 erfolgte ein Weiterschalten unter Last bis zur Schaltspielzahl 20000, bei der erneut ein Unterprogrammzyklus beginnt. Die so gewonnenen Meßwerte werden automatisch in Tabellenform ausgedruckt und auf Lochband gespeichert. Der vorliegende Meßplatz erlaubt die gleichzeitige Untersuchung von zehn Kontaktpaaren. Bei Untersuchung von Mikrotastern werden diese elektromagnetisch über eine elektronisch gesteuerte Schaltwippe betätigt.

4.3.4. Versuchsergebnisse und Diskussion

Neben der Darstellung der erhaltenen Ergebnisse soll der Behandlung einiger Aspekte, die beim Prüfen schaltender Kontakte unter relativ starker induktiver Belastung zu beachten sind, besondere Aufmerksamkeit geschenkt werden. Bild 2 zeigt für einen ausgewählten, aber typischen Einzelkontakt den Mittelwert des Durchgangswiderstandes $\bar{R}_D$ sowie die Summe $\bar{R}_D + 3s$ aus Mittelwert $\bar{R}_D$ und Standardabweichung s mal drei als Funktion der Schaltzahl n (siehe [1]). Das Ende der Kurven ist mit dem Lebensdauerende der Mikrotaster identisch. Bei Betrachtung der Kurven wird deutlich, daß die Überschreitung des vorgegebenen R_D-Schwellwertes nicht allein als Ausfallkriterium ausreicht, da selbst am Lebensdauerende in den meisten Fällen niedrige Widerstandswerte gemessen wurden. Vergleicht man die festgestellten Funktionsstörungen (Nichtöffnen der Kontakte!) mit den dargestellten Kurven, so zeigt sich, daß den Störungen „peaks" in den $\bar{R}_D$-, besonders aber in den $(\bar{R}_D + 3s)$-Verläufen vorangehen, wobei eine eindeutige Zuordnung jedoch schwer fällt. Wir fanden, daß der Verlauf des reziproken Variationskoeffizienten (RVK), der als Verhältnis aus Mittelwert und Standardabweichung definiert ist, über der Schaltzahl n, sehr gut mit den beobachteten Funktionsstörungen korreliert. Bild 3 zeigt für denselben Mikrotaster den wiederum typischen Verlauf des reziproken Variationskoeffizienten als Funktion der Schaltzahl. Die „periodisch" auftretenden „peaks" fallen direkt mit den durch manuelle, visuelle und akustische Kontrollen festgestellten Funktionsstörungen zusammen. Am Lebensdauerende ist ein deutliches Ansteigen des RVK-Verlaufes feststellbar. Bemerkenswert ist, daß sich nach einer Häufung von Funktionsstörungen in einem relativ kurzen Zeitraum über längere Zeiten wieder ein äußerlich völlig normales Schaltverhalten einstellt und sich dies mehrfach wiederholen kann, bis es zum endgültigen Ausfall des Tasters kommt. Daraus ergeben sich für die Prüfung von Kontaktsystemen unter ähnlicher elektrischer Belastung wichtige Konsequenzen, die unten diskutiert werden sollen.
Bild 4 veranschaulicht, wie für ein Ensemble aus zehn gleichartigen Mikrotastern der Mittelwert des Durchgangswiderstandes $\bar{R}_D$ sowie die Summe aus Mittelwert und Standardabweichung mal drei $(\bar{R}_D + 3s)$ von der Schaltzahl n abhängen. Aus Bild 5 ist zu ersehen, daß auch für das Ensemble der reziproke Variationskoeffizient als Funktion der Schaltzahl deutlich das Lebensdauerende signalisiert.

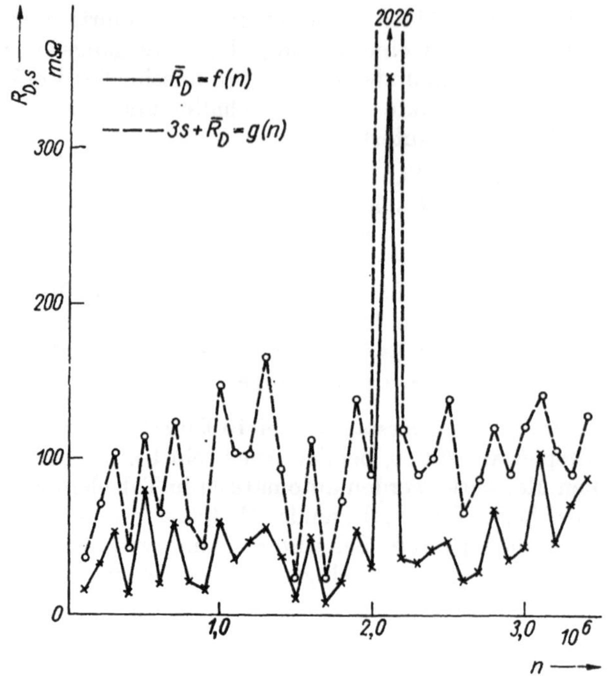

Bild 2. Mittelwert R_D des Durchgangswiderstandes sowie Summe aus Mittelwert und Standardabweichung mal drei ($\bar{R}_D + 3s$) als Funktion der Schaltzahl n für einen Einzelkontakt; Ordinate korrekt $\bar{R}_D$, s

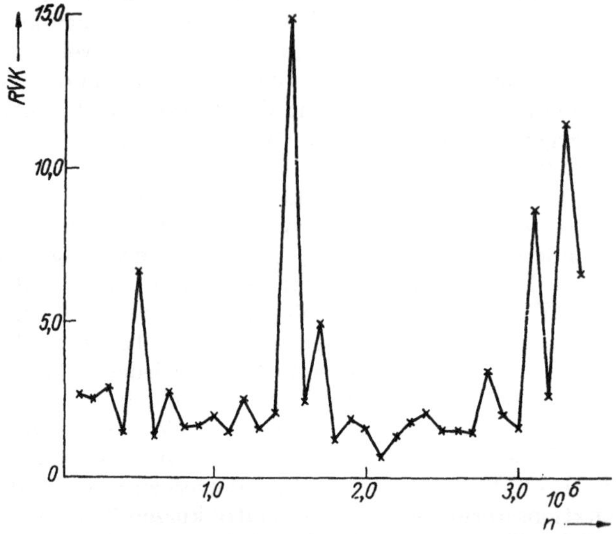

Bild 3. Reziproker Variationskoeffizient RVK als Funktion der Schaltzahl n für denselben Einzelkontakt wie unter Bild 2

Die Bilder 6 bis 10 stellen lichtmikroskopische Aufnahmen der untersuchten Kontaktsysteme dar, die mit einem Auflichtmikroskop „Neophot II" vom VEB Carl Zeiß Jena angefertigt wurden. Aus den Bildern wird deutlich, daß die oben genannte Ausfallursache 4, verbunden mit der Ausfallursache 2, zum Versagen der Taster führt, d. h., es kommt durch Materialwanderung zum völligen Blockieren der Schaltwippe, so daß trotz

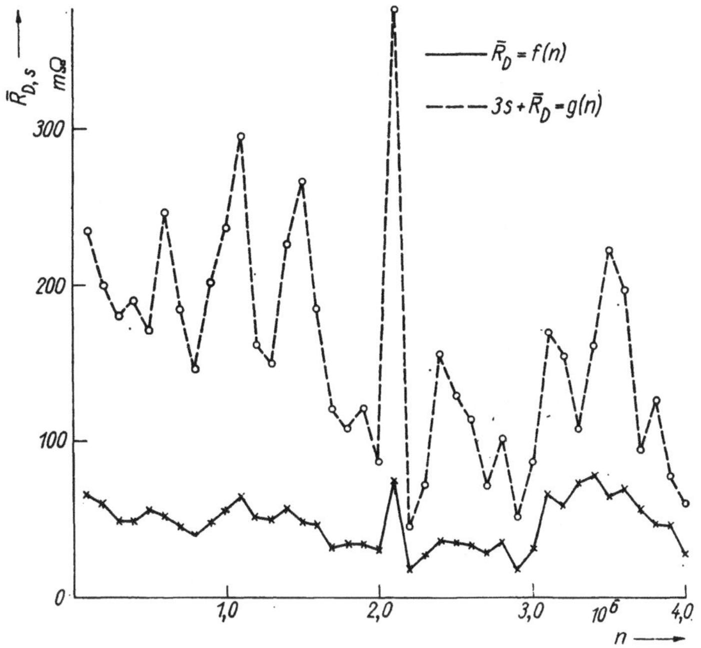

Bild 4. Mittelwert R_D des Durchgangswiderstandes sowie Summe aus Mittelwert und Standardabweichung mal drei ($\bar{R}_D + 3s$) als Funktion der Schaltzahl n für ein Ensemble aus zehn Kontakten; Ordinate korrekt $\bar{R}_D$, s

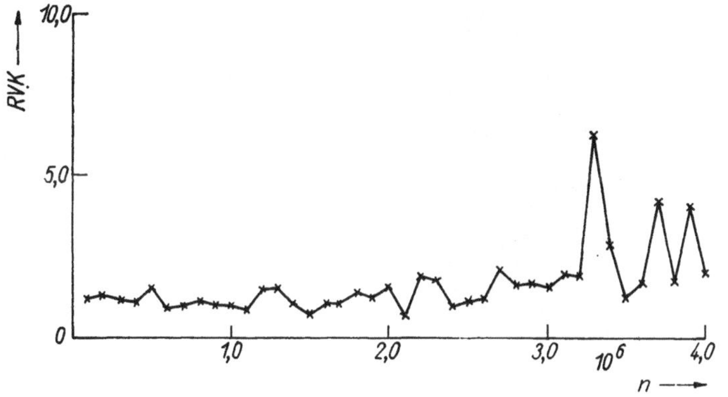

Bild 5. Reziproker Variationskoeffizient RVK als Funktion der Schaltzahl n für das unter Bild 4 genannte Ensemble

geringer gemessener R_D-Werte von einem Ausfall der Taster gesprochen werden muß. Erwartungsgemäß stellt sich somit die Erosion als das dominierende lebensdauerbestimmende Phänomen heraus, als deren Folge es zu einer totalen Veränderung der Kontaktoberfläche kommt. Die Bilder verdeutlichen, zu welch unterschiedlichen Ergebnissen der Erosionsprozeß führen kann. Bild 6 zeigt zunächst einen Taster im Neuzustand. Im Laufe der Zeit kommt es durch die Schaltvorgänge zu einer Krater- und Hügelbildung (Bild 7). In diesem Stadium kommt es infolge der bizarren Formen des gewanderten Materials bzw. wegen der Keilwirkung des Materialwanderungskegels besonders leicht zum Verhaken oder Verschweißen der Kontakte, gleichzeitig aber auch zur Widerstandserhöhung und zu starken Streuungen der Meßwerte („peaks" der $\bar{R}_D$- bzw. ($\bar{R}_D + 3s$)-

Kurven). Die Materialwanderungsspitzen können in der Folge weiter wachsen (Bild 8) oder aber ganz bzw. teilweise abbrechen. Je nach Beschaffenheit (Abstand, Form, Lage) der Kontaktoberflächen können die abgebrochenen Stücken zwischen den Elektroden herausfallen oder auch zwischen ihnen verbleiben. Bild 9 zeigt einen Mikrotaster, bei dem sich zwischen den Elektroden ein abgebrochener Anodenkegel befindet, der nach wenigen Schaltungen zum Blockieren der Anordnung oder zu Funktionsstörungen infolge selbständiger Kontaktgabe durch Erschütterungen führen kann. In Bild 10 ist schließlich ein Taster dargestellt, der durch Herausfallen des abgebrochenen Anodenkegels wieder teilweise regeneriert ist und noch lange Zeit über funktionstüchtig bleiben kann.

Bild 6

Bild 7

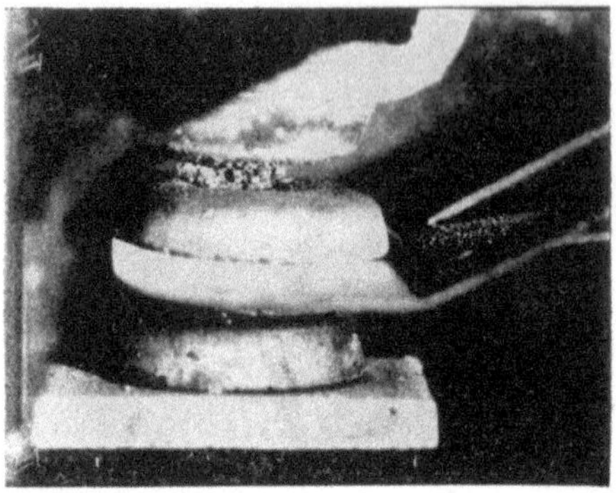

Bild 8

Bild 9

Bild 10

Bild 6. Lichtmikroskopische Aufnahmen der verschiedenen Erosionsformen

Bild 7. Lichtmikroskopische Aufnahme einer Erosionsform

Bild 8. Lichtmikoskopische Aufnahme einer Erosionsform

Bild 9. Lichtmikroskopische Aufnahme einer Erosionsform

Bild 10. Lichtmikroskopische Aufnahme einer Erosionsform

Der komplizierte und von der Form her weitgehend zufällige Erosionsverlauf sowie die Ergebnisse der R_D-Messungen machen deutlich, daß sich ein Test von Schaltern unter derartigen Lastbedingungen keinesfalls auf die Bestimmung der $\bar{R}_D$- bzw. $(\bar{R}_D + 3s)$-Verläufe beschränken darf, wenngleich diese interessante Aufschlüsse über das Geschehen am Kontakt liefern. Es zeigt sich, daß häufig nur mit Hilfe von Funktionskontrollen entschieden werden kann, ob ein Taster ausgefallen oder noch funktionstüchtig ist. Dabei genügt es keinesfalls, nur gelegentlich eine Überprüfung der Funktionsfähigkeit vorzunehmen. Bild 3 verdeutlicht dies. Man sieht dort, daß die „peaks" der RVK-Kurven sehr schmal sein können, d. h. innerhalb einiger zehntausend Schaltungen kann sich ein fehlerhafter Taster regenerieren. Dies dauert aber bei den üblichen Schaltfolgefrequenzen nur eine oder wenige Stunden. Zudem sind für den Anwender häufig schon eine oder ein paar Fehlschaltungen der Grund dafür, den Taster auszuwechseln. Es ist also notwendig, zusätzlich zur Messung des $R_D(n)$-Verlaufes festzustellen, ob der Taster bei jeder Schaltung ordnungsgemäß öffnet und im geschlossenen Zustand einen Widerstand besitzt, der unter einem vorgegebenen Schwellwert liegt. Von den Autoren wurde ein Zusatzgerät zum vorhandenen Meßplatz konzipiert, das es ermöglicht, zusätzlich zu den R_D-Messungen bei jedem Schaltspiel die Kontrolle über die richtige Funktion der zu prüfenden Schaltelemente vorzunehmen. Die Zahl der auftretenden Fehlschaltungen wird als Funktion der Schaltzahl oder für eine vorher wählbare Schaltzahlintervallänge ausgedruckt oder auf Lochband registriert. Dabei wird nach Öffnungs- oder Schließfehlern unterschieden. Die so erhaltene Zuordnung der Störungen zur jeweiligen Schaltzahl bzw. die erhaltene Stördichtefunktion (Zahl der Störungen pro Schaltzahlintervall als Funktion der Schaltzahl) ermöglichen es, für den jeweiligen Anwendungsfall sinnvolle Angaben über die zu erwartende Lebensdauer der zu prüfenden Kontaktbauelemente zu liefern.

4.3.5. Zusammenfassung

Bei der Lebensdauerprüfung von Mikrotastern unter hoher induktiver Belastung zeigt sich, daß nur eine Kombination aus Widerstandsmessung und Funktionskontrolle befriedigende Ergebnisse liefern kann, da in diesem Lastbereich weniger Widerstandsüberschreitungen, sondern vielmehr erosions- bzw. lastbedingte Funktionsstörungen zum Ausfall der Taster führen. Dabei ist eine Funktionskontrolle über jeden einzelnen Schaltvorgang anzustreben, da nur dann zuverlässige Aussagen hinsichtlich der Lebensdauer für den jeweiligen Einsatzfall gemacht werden können. Für die Beurteilung des Durchgangswiderstandes erweist sich die Darstellung der $\bar{R}_D$- sowie der $(\bar{R}_D + 3s)$-Werte als Funktion der Schaltzahl als sinnvoll (siehe auch [1]); durch diese Kurven wird außerdem das Verständnis des Erosionsprozesses gefördert. Der aus den Widerstandsmessungen abgeleitete reziproke Variationskoeffizient vermittelt sehr gut den Zusammenhang zwischen Häufungen an Funktionsstörungen und „peaks" der RVK-Verläufe.

Literaturverzeichnis

[1] *Tholl, H.-J., Lange, D., Schäfer, K., Klaus, M.:* Ein automatischer Lebensdauermeßplatz für Schwachstromkontakte. Vortrag auf der V. Kontakttagung der DDR, Karl-Marx-Stadt 1976

[2] *Baumann, G.:* Aufbau eines automatischen Kontaktwiderstandsmeßplatzes. Diplomarbeit, TH Karl-Marx-Stadt 1974

[3] *Herrmann, E.:* Erweiterung und Erprobung eines Lebensdauermeßplatzes für elektrische Kontakte. Diplomarbeit, TH Karl-Marx-Stadt 1975

[4] Technische Dokumentation zum Kontaktwiderstandsmeßplatz. TH Karl-Marx-Stadt, Sektion Physik/Elektronische Bauelemente; Arbeitsunterlagen der Forschungsgruppe E 2 — Erosion

4.4. Einfluß bestimmter RC-Löschschaltungen auf die Lebensdauer induktiv belasteter Schutzrohrkontakte

Von *A. Piątkowski, T. Dąbrowska* und *W. Francyk*

Technische Hochschule Wrocław, Institut für Fernmeldetechnik und Akustik

4.4.1. Einführung

Die Lebensdauer der Schutzrohrkontakte (SRK), die induktiv belastet sind, ist wesentlich kleiner als die Lebensdauer von SRK mit ohmschen Belastungen. Die in unseren Untersuchungen über die Anwendungsmöglichkeit gasgefüllter SRK zur Steuerung elektromagnetischer Relais erzielten Daten zeigten, daß die Lebensdauer der Kontakte, die sehr kleinen Belastungen ausgesetzt sind, unerwartet klein war. Wesentlich bessere Ergebnisse konnten bei der Anwendung von Hochspannungs-SRK erzielt werden. Der Preis der letzteren zwang uns jedoch, Wege zur Verlängerung der Lebensdauer der weit billigeren gasgefüllten SRK zu suchen.
Im Untersuchungsprogramm wurden die Brauchbarkeit der am meisten angewendeten Kontaktschichtstoffe wie Gold und Rhodium sowie der Einfluß von Löschschaltungen berücksichtigt, die wenigstens teilweise jene unerwünschten elektrischen Erscheinungen vermindern, die den Kontaktabbrand vergrößern.

4.4.2. Untersuchungsprogramm

Beim Schalten von Stromkreisen, die eine Induktivität enthalten, vor allem aber bei ihrer Unterbrechung, wurde beobachtet, daß die ausnahmslos bei kleinen Stromstärken auftretenden Schauerentladungen als Folge vielmaliger Entladung von sehr kurzer Dauer entstehen.
Unter solchen Bedingungen tritt ein intensiver Erosionsprozeß auf, der die Lebensdauer der SRK verringert. Die Verminderung dieses Prozesses kann nur durch eine teilweise oder vollständige Beseitigung der unerwünschten schädlichen Erscheinungen erfolgen, d. h. durch das Einschalten von Löschschaltungen.
Entsprechend den Beobachtungen über den Einfluß verschiedener Löschschaltungen auf die elektrischen Erscheinungen, die an induktiv belasteten Kontakten auftreten, wurden für die weiteren Untersuchungen folgende zwei Arten von Löschschaltungen gewählt:

— eine Diode mit entsprechend hoher Sperrung und großer Impulsstrombeständigkeit.

— eine optimal gewählte RC-Löschschaltung.

Aus früheren Arbeiten der Autoren geht hervor [1], daß der Widerstand R der Löschschaltung folgende Bedingung erfüllen sollte:

$$0{,}5R_{\mathrm{L}} \leqq R \leqq R_{\mathrm{L}},$$

R_{L} — Lastwiderstand.

Bei einem unter der Mindestgrenze liegenden Widerstandswert vergrößert sich der Kontaktabbrand infolge elektrischer Erscheinungen, die beim Schließen der Kontakte auftreten. Jedoch ist es im Hinblick auf das zulässige Rundfunkstörungsniveau er-

wünscht, den Wert des Widerstandes möglichst klein zu halten. Daher wurde $R = 0{,}5R_L$ angenommen.
Die Kapazität des Löschkondensators C wurde mit Hilfe oszillographischer Beobachtungen der elektrischen Strom- und Spannungs-Verläufe ermittelt. Dabei wurde versucht, bei einem möglichst kleinen Wert der Kapazität eine vollständige Beseitigung der schädlichen elektrischen Erscheinungen zu erzielen. Die Parameter des mit dem untersuchten SKR gesteuerten Kreises, d. h. des Belastungskreises, hatten folgende Werte:

$R_L = 18 \times 10^3\ \Omega$ und $L = 5{,}4$ H.

In Reihe mit den Wicklungen der gesteuerten Relais wurden Widerstände von $R = 13 \times 10^3\ \Omega$ geschaltet, so daß bei einer Speisespannung von $U = 310$ V ein Strom von $I_0 = 10 \times 10^{-3}$ A floß. Die Schaltleistung betrug also ca. 3 W.
Untersucht wurden SRK in Standardgröße des Typs ZW-103. Die Belastungsdaten lagen also wesentlich unter den Nominalwerten, die für SRK mit Goldkontaktschicht $P_{max} = 20$ W und $I_{max} = 1$ A betragen, für SRK mit Rhodiumkontaktschicht entsprechend 60 W und 3 A. Die Spannungsfestigkeit der beiden Typen beträgt minimal 400 V.
Als Löschschaltungen wurden verwendet:

a) Dioden des Typs BA-564 mit einer Sperrspannung von 800 V, einem maximalen konstanten Strom von 0,5 A und einem maximalen Impulsstrom von 15 A bei einer Dauer bis 0,1 ms;
b) die optimal gewählte RC-Löschschaltung mit folgenden Daten: $R = 9 \cdot 10^3\ \Omega$ und $C = 33$ nF.

Beide Löschschaltungsarten waren parallel zur Relaiswicklung geschaltet.
Um bei den Untersuchungen beide Arten der Kontaktschicht (Gold und Rhodium) sowie den Einfluß beider Arten von Löschschaltungen zu berücksichtigen, wurden 4 Gruppen der SRK gebildet, deren Verhalten mit SRK verglichen wurde, die ohne Löschschaltungen arbeiteten. Demzufolge umfaßten die Untersuchungen 6 Gruppen von SRK.
Um trotz der gegenwärtigen Ausstattung des Labors möglichst schnell glaubwürdige Endresultate zu erzielen, bestand jede Gruppe aus 15 Kontakten.
Die untersuchten SRK wurden in Meßspulen von 5000 Wicklungen aus 0,12-mm-Cu-Draht und einem Widerstand von 230 Ω angebracht. Die Spulen wurden mit Rechteckstromimpulsen (1 : 1) gespeist. Der Speisestrom wurde so eingestellt, daß der Sicherheitsfaktor gleich 2 war. Die Frequenz der Stromimpulse betrug 50 Hz. Die Zeitkonstante des Belastungskreises betrug ca. 0,2 ms, die Zeitdauer des Stromimpulses 10 ms — die Unterbrechung des Belastungsstromes erfolgte mit Sicherheit erst nach seiner Stabilisierung.
Zur Untersuchung der Lebensdauer von SRK wurde eine Meßanordnung angewandt, die eine permanente Kontrolle der fehlerfreien Arbeit der SRK ermöglichte, d. h. ein Meßplatz, der die Schließ- und Öffnungsfehler registrierte. Eine Abfallzeit > 1 ms wurde als Öffnungsfehler (das sog. Kleben), Kontaktübergangswiderstandswerte $> 8\ \Omega$ als Schließfehler betrachtet.
Der letzte Wert, der aus technischen Gründen angenommen wurde, ist ca. 4000mal kleiner als der Widerstand des gesteuerten Belastungskreises.
Zusätzlich wurde der diskrete Wert des Übergangswiderstandes aller untersuchten SRK in bestimmten Zeitabschnitten gemessen, wobei der Strom und die Spannung des Meßkreises die gleichen waren wie die des Belastungskreises (also 10 mA und 310 V).

4.4.3. Untersuchungsergebnisse

Als Lebensdauer eines SRK bezeichnet man im allgemeinen die Arbeitszeit, während der er den an ihn gestellten Forderungen unter bestimmten gegebenen Bedingungen genügt. Diese Zeit ist eine diskrete Zufallsvariable, die durch die Zahl der Schaltungen

bestimmt ist. Die Zahl der fehlerfreien Schaltspiele des SRK ist sehr groß. Daher kann ihre Lebensdauer als eine kontinuierliche Zufallsvariable angenommen werden.
Unter Berücksichtigung dieser Voraussetzungen wurden bei der Auswertung der Lebensdauerdaten für SRK vom Typ ZW-103 statistische Methoden angewendet.
Die tatsächliche Verteilung der Lebensdauer der SRK liegt der *Weibull*schen Verteilung am nächsten.
Die Verteilung der Wahrscheinlichkeit der Beschädigung der SRK in Abhängigkeit von der Anzahl der Schaltspiele wurde in einem *Weibull*schen Funktionsgitter dargestellt —

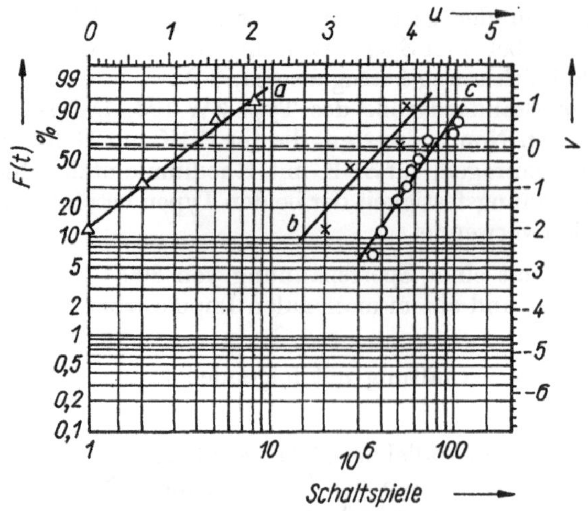

Bild 1. Verteilung der Wahrscheinlichkeit von Beschädigungen an Schutzrohrkontakten (Goldkontaktschicht).

a — ohne jeglichen Löschschutz,
b — mit Diode,
c — mit optimal gewählter *RC*-Löschschaltung

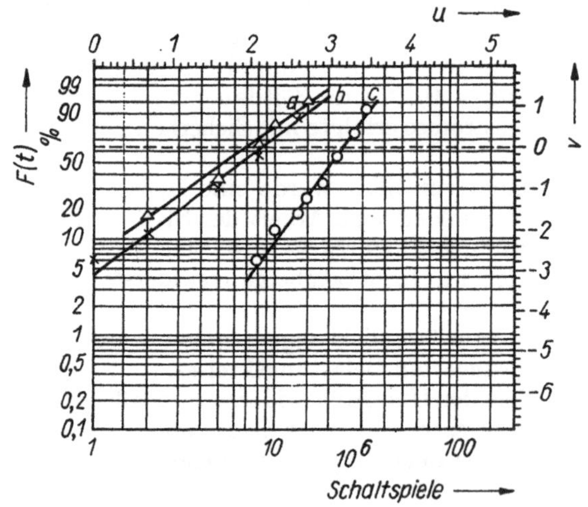

Bild 2. Verteilung der Wahrscheinlichkeit von Beschädigungen an Schutzrohrkontakten (Rhodiumkontaktschicht).

a — ohne jeglichen Löschschutz,
b — mit Diode,
c — mit optimal gewählter *RC*-Löschschaltung

auch der Einfluß der Kontaktschichtstoffe und der Löschschutzart wurde berücksichtigt. Unter Verwendung der in den Bildern 1 und 2 dargestellten Diagramme sind Prognosen der Lebensdauer von SRK des Typs ZW-103, die ähnlich wie die untersuchten SRK belastet werden, angefertigt worden (s. Tab. 1).

Tabelle 1. Lebensdauer der Schutzrohrkontakte vom Typ ZW-103 in Abhängigkeit vom Kontaktschichtstoff und der Löschschaltung

Vorausgesetzte Lebensdauer der SRK

Zuverlässigkeit	mit Goldschicht			mit Rhodiumschicht		
	ohne Löschschutz	mit Diode	mit *RC*-Schaltung	ohne Löschschutz	mit Diode	mit *RC*-Schaltung
%	in Mio. Schaltspiele			in Mio. Schaltspiele		
99,9	0,03	1,7	7,4	0,04	0,07	1,8
99,0	0,15	5,0	16,0	0,23	0,35	4,3
98,0	0,26	7,0	21,0	0,4	0,6	5,5
95,0	0,5	10,5	28,0	0,8	1,1	7,7
90,0	0,8	15,0	36,0	1,4	1,8	10,5
80,0	1,4	21,0	47,0	2,4	3,1	13,5
70,0	1,9	25,0	55,0	3,3	4,2	16,0
50,0	3,0	34,0	67,0	5,3	6,5	21,0

4.4.4. Analyse der Ergebnisse

Aus den durchgeführten Untersuchungen geht hervor, daß die Lebensdauer der induktiv belasteten SRK vom Typ ZW-103 von den Kontaktschichtstoffen und vom Wirkungsgrad der angewendeten Löschschaltung abhängt. Wenn jedoch SRK ohne Löschschutz arbeiten, kann der Einfluß des Kontaktschichtstoffes außer acht gelassen werden.
Die Anwendung eines Löschschutzes, sowohl einer Diode als auch einer RC-Löschschaltung, verlängert die Lebensdauer der SRK mit Goldkontaktschicht beträchtlich. Dabei ist eine Überlegenheit der RC-Schaltung deutlich sichtbar. Die Lebensdauer der SRK mit Rhodiumkontaktschicht verlängert sich ebenfalls, wenn auch nicht in gleichem Maße.
Die Anwendung von Dioden zum Schutz von SRK mit Rhodiumkontaktschicht ist durch den geringen Einfluß, den sie auf die Lebensdauer der SRK ausüben, unökonomisch.
Aus den dargestellten Diagrammen (Bilder 1 und 2) und der Tabelle läßt sich die Lebensdauer der SRK vom Typ ZW-103, die induktiv belastet werden sollen, mit einer Wahrscheinlichkeit von 0,95 leicht entnehmen.

4.4.5. Schlußfolgerungen

1. Die Anwendung von optimal gewählten RC-Löschschaltungen verlängert die Lebensdauer der induktiv belasteten SRK wesentlich.
2. Zur Steuerung von Belastungskreisen, die eine Induktivität enthalten, kann man mit Erfolg billige, gasgefüllte SRK verwenden, die jedoch mit einer Löschschaltung versehen werden müssen. Am vorteilhaftesten wären optimal gewählte *RC*-Löschschaltungen.

Literaturverzeichnis

[1] *Piątkowski, A.:* Wpływ indukcyjności na zjawiska stykowe i jego organiczanie. Dissertation, 1964

[2] *Gmurman, W. J.:* Rachunek prawdopodobieństwa i statystyka matematyczna. WNT, Warszawa 1975

[3] *Grzesiak, K., Kołodziejski, J., Netzel, Z.:* Badania trwałościowe obiektów technicznych. WNT, Warszawa 1968

[4] *Grzesiak, K.:* Niezawodność urządzeń elektronicznych. PWN, Warszawa 1965

4.5. Einige Eigenschaften von Schutzrohrkontakten im Medium des flüssigen Stickstoffs

Von *B. Miedziński* und *T. Żołnierczyk*

Technische Hochschule Wrocław, Institut für Energoelektrik, und Unitra — Dolam Wrocław

4.5.1. Einleitung

Niedrige Temperaturen, die im zunehmenden Maße in vielen Zweigen der Wissenschaft und Technik angewendet werden, erfordern entsprechende Einrichtungen, u. a. auch die bei diesen Temperaturen ansprechenden Schaltelemente. Unter Beachtung des potentiellen Bedarfs der Kryotechnik an elektrischen Kontaktschaltern niedriger Leistung wurden Untersuchungen bezüglich der Eigenschaften von Reedrelais durchgeführt, um deren Brauchbarkeit bei niedrigen Temperaturen zu bestimmen. Im vorliegenden Beitrag werden die Ergebnisse zu Kommutationserscheinungen der genormten Wasserstoff-Reedrelais mit Schließkontakten (Erzeugnis des Betriebes DZE Unitra — Dolam Wrocław) im Medium des flüssigen Stickstoffes dargestellt. Der Wasserstoffdruck in den Glaskolben SL 54.1 betrug etwa 6,67 bis 8×10^4 Pa bei einer Temperatur von 20 °C. Der Abstand der Kontaktstücke, die aus den Legierungen FeNi29Co17 und FeNi54 bestanden, schwankte in den Grenzen von 0,17 bis 0,25 mm. Wolfram, Rhodium und Gold dienten als Kontaktwerkstoffe. Die Untersuchungen waren auf die Anwendung der Reedrelais als Schaltelemente in Starkstromkreisen gerichtet.

4.5.2. Spannungsfestigkeit der Reedrelais

Die Spannungsfestigkeit der Abstände der Kontaktstücke wurde für Wechselspannung von 50 Hz unter Anwendung eines Strombegrenzungswiderstandes in Reihenschaltung mit dem untersuchten Reedrelais bestimmt. Der Spannungswert wurde gleichmäßig erhöht. Die durchgeführten Messungen zeigten, daß im Medium des flüssigen Stickstoffes die mittlere Spannung des Überschlages U_{ps} (der Effektivwert, der aus 10 Messungen in einer Serie ermittelt wurde) unabhängig von der Art des verwendeten Kontaktmaterials im Schnitt etwa 15% niedriger liegt als der bei einer Temperatur von 20 °C gemessene Wert, wobei die ersten Überschläge bei wesentlich höherer Spannung auftreten. Die hohen Spannungswerte der ersten Überschläge können in den im Schutzgas auftretenden Gasverschmutzungen ihre Ursache haben. Verschmutzungen, wie N_2, O_2, SO_2, CNH_{2n+2} und dgl. werden in relativ großen Mengen von den Kontakten sowie vom Glas vorwiegend während des Hermetisierungsprozesses des Reedrelais ausgeschieden [2]. Da die Adsorption und insbesondere die physikalische Adsorption mit der Temperaturabnahme steigt, können bei zusätzlich gelieferter Energie während der Messung der Spannungsfestigkeit die Gasverunreinigungen vom Kontaktwerkstoff absorbiert werden. Die adsorbierte Gasschicht auf der Metallfläche erhöht die Austrittsarbeit und verursacht die Erhöhung der Überschlagsspannung des Reedrelais [1]. Eine gewisse Bestätigung für die Erhöhung der Überschlagsspannung infolge einer zunehmenden Adsorption kann die Wiederholbarkeit der Ergebnisse bei jedem Herausnehmen der Reedrelais und bei erneuter Unterbringung im Medium des flüssigen Stickstoffes sein. In Reedrelais mit festgestellten Mikrobrüchen im Glas erreichte die Spannungserhöhung der ersten Überschläge den vierfachen Wert von U_{ps} (sie überschritt nicht 2 kV (effektiv)). In diesen Reedrelais nahm die Überschlagsspannung erst nach mehr als 10 Schaltzyklen bis zum Wert U_{ps} ab und nicht bereits nach einzigen Überschlägen, wie dies bei Reedrelais mit unbeschädigtem Glas der Fall war. Dies zeugt vom Eindringen des Stickstoffes in den Kolben des beschädigten Reedrelais und den sich daraus ergebenden Änderungen auf der Kontaktfläche.

Die geringer werdende Spannungsfestigkeit der Abstände der Kontaktstücke der Reedrelais im flüssigen Stickstoff wird durch die Druckabnahme des Schutzgases hervorgerufen. Der Wasserstoffdruck im Reedrelais, der bei einer Umgebungstemperatur von 20 °C durchschnittlich etwa $6{,}67 \times 10^4$ Pa beträgt, erreicht bei der Temperatur des flüssigen Stickstoffes einen Wert von 2×10^4 Pa. Auf der *Paschen*-Kurve für Wasserstoff und bei einem Abstand zwischen den Kontakten von etwa 0,2 mm bedeutet dies eine Abnahme der Überschlagsspannung.

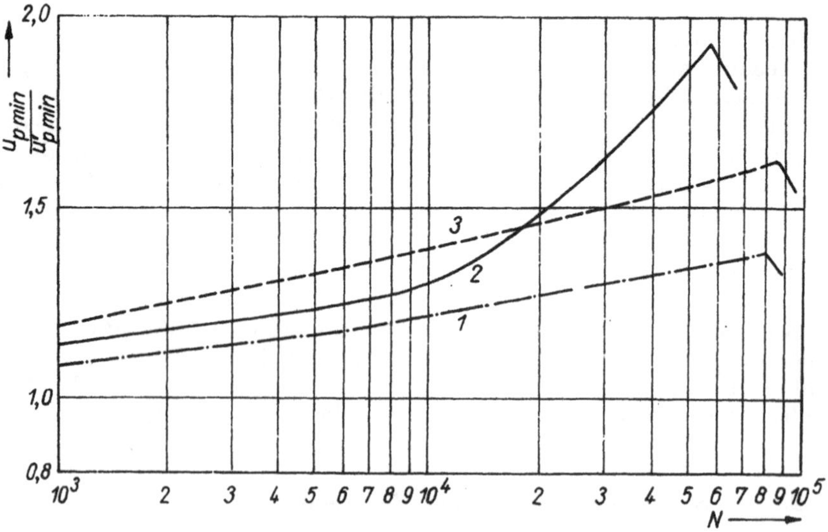

Bild 1. Abhängigkeit der minimalen Überschlagsspannung U_{pmin} (Effektivwert) bei Reedrelais mit (W + Co)-Beschichtung in flüssigem Stickstoff von der Anzahl der Schaltvorgänge (1 A, 110 V, 30 ms). U'_{pmin} — minimale Überschlagspannung des neuen Reedrelais; 1 — $U'_{pmin} = 545$ V, 2 — $U'_{pmin} = 482$ V, 3 — $U'_{pmin} = 580$ V

Die Spannungsfestigkeit des Reedrelais ist auch von der Anzahl der vorgenommenen Schaltzyklen abhängig. Allerdings steigt im Gegensatz zum Verhalten bei einer Temperatur von 20 °C [3] die Überschlagsspannung des sich im flüssigen Stickstoff befindenden Reedrelais praktisch während der ganzen Zeit mit der Erhöhung der Anzahl der durchgeführten Schaltungen. Erst vor dem Defekt des Reedrelais ist eine Spannungsabnahme zu verzeichnen, wobei die Spannung aber nicht unter den Wert eines neuen Reedrelais sinkt. Bild 1 stellt dies für eine minimale Überschlagsspannung U_{pmin} dar (U_{pmin} war in den untersuchten Reedrelais im Durchschnitt um etwa 10% niedriger als der Mittelwert).

4.5.3. Schaltvermögen und Lebensdauer

Untersuchungen des Schaltvermögens und der Lebensdauer von Reedrelais im flüssigen Stickstoff wurden in Induktionskreisen mit Gleich- und Wechselspannung für Ströme mit Effektivwerten über 0,5 A, analog wie in [3], durchgeführt. Es konnte festgestellt werden, daß im Vergleich zu den bei einer Temperatur von 20 °C ansprechenden Reedrelais die mittlere Zeitdauer τ der vollständigen Entladung, die durch die Kontaktöffnung hervorgerufen wird, größer oder kleiner sein kann. Dies ist abhängig vom Anteil der Brenndauer der Bogenentladung τ_r bei der vollständigen Entladung. Bei höheren Werten des kommutierten Stromes ist die Zeit τ durch den relativ großen Anteil der Lichtbogenentladung kleiner. Die Brenndauer der Bogenentladung im Medium des flüssigen Stickstoffes ist dagegen im Hinblick auf die besseren Kühlungsverhältnisse wesentlich kürzer. Im Fall des Schaltens mit kleineren Strömen ($\leqq$ 0,5 A), bei denen die Glimmentladung eine dominierende Rolle spielt, ist eine umgekehrte Situation zu verzeichnen. Die Brenndauer der Glimmentladung τ_j steigt bei der Temperatur des flüssigen Stickstoffes (Bild 2).

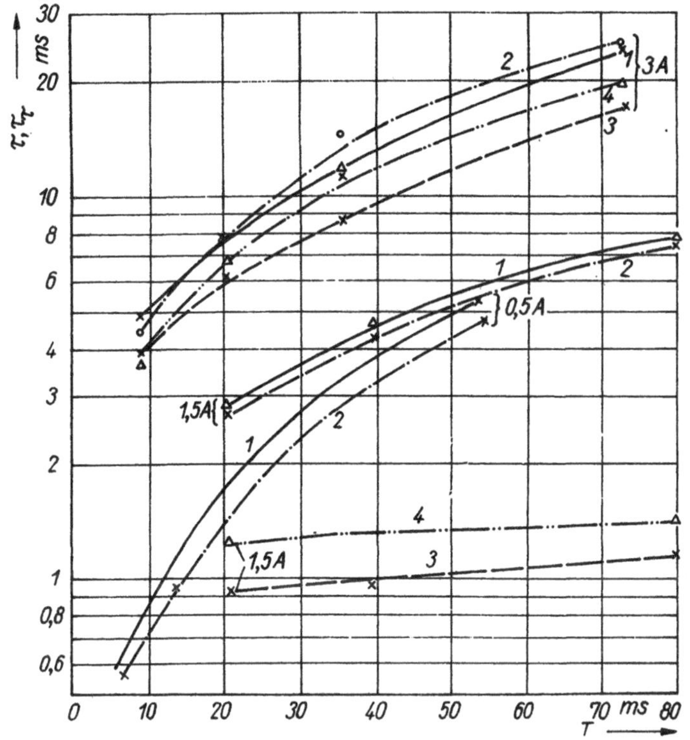

Bild 2. Abhängigkeit der mittleren Brenndauer der vollständigen Entladung τ sowie der Bogenentladung τ_r im Reedrelais mit (W+Co)-Beschichtung von der Zeitkonstante T des Induktionskreises für eine Gleichspannung von 24 V, eine Temperatur von 293 K und die Temperatur des flüssigen Stickstoffs von 87 K. 1 — τ für 87 K, 2 — τ für 293 K, 3 — τ_r für 87 K, 4 — τ_r für 293 K

Die Erhöhung der Zeit τ_j ist mit der Wertabnahme der Glimmspannung U_j im Verhältnis zu den bei einer Temperatur von 20 °C gemessenen Werten verbunden. U_j ist um 40 bis 80 V kleiner. Eine mikroskopische Auswertung der Kontakterosion der Wasserstoff-Reedrelais, die mit Rh, W und Au beschichtet waren, wies sowohl auf einen Lichtbogen als auch auf eine metallische Brücke hin, die zwischen den sich öffnenden Kontakten während der Stromunterbrechung über 0,5 A im Induktionskreis entsteht. Unabhängig von der Art des Kontaktwerkstoffes treten auf der Kathodenfläche metallische Wölbungen auf und auf der Anode den Wölbungen entsprechende Krater. Sie sind für eine

Bild 3a

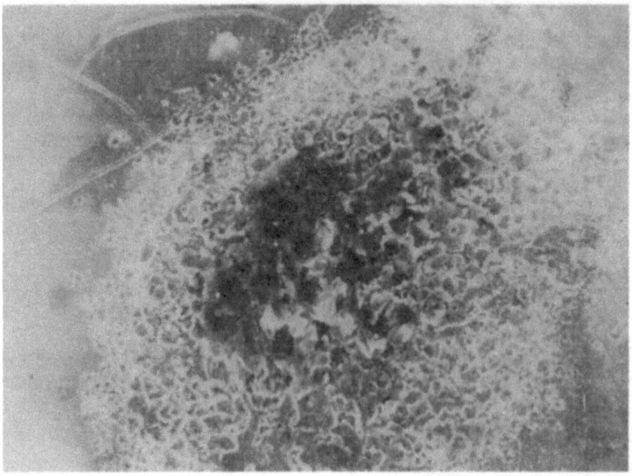

Bild 3b

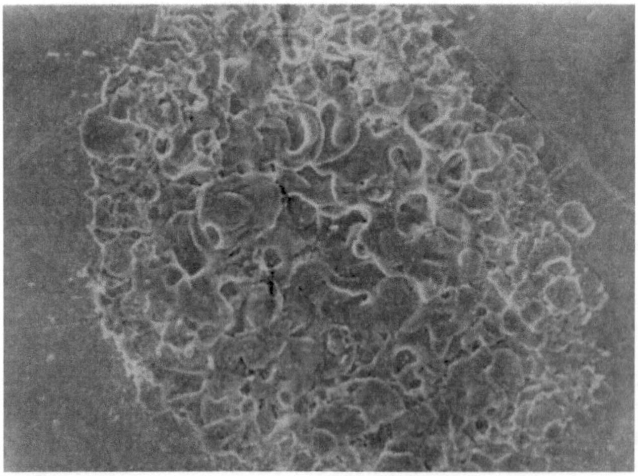

Bild 3c

Bild 3. Rh-Kontaktfläche eines Reedrelais nach 5100 Schaltvorgängen in flüssigem Stickstoff
a) Kontakte an der Überlappungsstelle (Kathode auf der linken Seite), 20fache Vergrößerung
b) Kathodenteil, 500fache Vergrößerung
c) Anodenteil, 500fache Vergrößerung

Brückenerosion typisch. Vom Auftreten der Bogenentladungen zeugt außer der deformierenden Wirkung der Brückenerosion auch das Vorhandensein von zahlreichen Kratern sowie der Tropfen des geschmolzenen Kontaktmetalls auf beiden Elektrodenflächen. Der Vergleich der Kontakterosion von Wasserstoff-Reedrelais mit Kontaktbeschichtung aus W und Rh nach Schalten eines Stromes von 1 A im Induktionskreis, bei 110 V Gleichspannung und einer Zeitkonstante von 30 ms bei 20 °C und in flüssigem Stickstoff wird auf den Bildern 3—6 gezeigt. (Die Aufnahmen der Kontaktflächen wurden mit Hilfe eines Scanning-Mikroskops JEOL JSM-35 angefertigt.) Beobachtet wurden wesentlich kleinere Mengen des Kontaktwerkstoffes als bei einer Temperatur von 20 °C, die von den Elektroden während des Schaltens im flüssigen Stickstoff übertragen werden. Es konnte ebenfalls ein deutlicheres Auftreten der Brückenerosion festgestellt werden (s. Bild 3). Außerdem ist aus Bild 3 eine starke Deformierung der Gestalt der Brückenerosion durch die Lichtbogenerosion ersichtlich, und zwar sowohl der Wölbung auf der Kathode als auch des Kraters auf der Anode. Das Bild der Kontaktflächen der Reedrelais aber, die einer Temperatur von 20 °C entsprechen, weist das Entstehen der vor allem für die Bogenentladung typischen Erosion auf; die Brückenerosion ist schwach angedeutet (Bilder 4 und 6).

Die durchgeführten Untersuchungen der Schalteigenschaften von Reedrelais im Medium des flüssigen Stickstoffes zeigten, daß Wolfram zu den besten Kontaktwerkstoffen für Reedrelais gehört, wenn Ströme über 0,5 A in den Induktionskreisen geschaltet werden. Bei Rhodium wurden Brüche im Kontaktwerkstoff infolge erheblicher innerer Spannungen festgestellt (Bilder 3 und 4). Diese Brüche sind die Ursache für die erhöhte Erosionsanfälligkeit der Kontakte, die eine schnelle Beschädigung der Reedrelais bewirken. Auf den Kontaktflächen aus Rhodium und hauptsächlich auf denen aus Gold, die als Anoden fungieren, hat man außerdem lokale Überhitzungen beobachtet, die durch eine regenbogenfarbige Metallfärbung gekennzeichnet waren. Diese Überhitzungen, die von einer hohen Temperatur während des Kommutierungsprozesses im Kontaktsatz zeugen, erklären das schnelle Sprühen des leicht schmelzenden Kontaktwerkstoffes. Der Charakter und die Flächengröße der Erosion hängen hauptsächlich von der Art des angewendeten Kontaktwerkstoffes ab, weniger aber von der Umgebungstemperatur des Reedrelais. Aus Bild 4 geht hervor, daß bei der Rhodiumbedeckung fast die ganze Kathodenfläche im Bereich der Überlappung an den Bogenentladungen Anteil hatte, wodurch die Anodenfläche mit Dämpfen und Tropfen des geschmolzenen Materials von der Kathode bedeckt wird. Auf der Kathode treten Metalltropfen seltener auf (Bild 4b). Bei Wolfram (Bild 6) ist das Flächenbild der Kontakte nach dem Schalten (bei einer Temperatur von 20 °C) dem des Reedrelais (Bild 3) ähnlich. Auf der Kathode sind jedoch größere Krater, die durch einen Plasmabogen entstehen, zu sehen, auf der Anode außer den ungleichmäßigen Wölbungen zahlreiche erstarrte Metalltropfen und kleine Aussparungen (Spuren von kurzdauernden Bögen). Auf den Flächenteilen einiger Anoden wurde ferner ein brauner Niederschlag beobachtet. Das Auftreten eines solchen Niederschlags, sowohl bei einer Temperatur von 20 °C als auch im flüssigen Stickstoff, wird wahrscheinlich durch organische Verschmutzungen verursacht, die auf den Lichtbogen stimulierend wirken. In der Tat wiesen die Reedrelais mit braunem Niederschlag eine größere Kontakterosion auf. Die größte Erosion zeigten, unabhängig von der Art des verwendeten Kontaktwerkstoffes, immer Reedrelais mit Brüchen im Glas [4]. Die Zahl der genormten Reedrelais, die im flüssigen Stickstoff beschädigt wurden, war gering und überschritt nicht 10% der gesamten Anzahl der untersuchten Reedrelais.

Das Schaltvermögen und die Lebensdauer der genormten Wasserstoff-Reedrelais mit Schließkontakten aus Wolfram sind im flüssigen Stickstoff höher als bei einer Temperatur von 20 °C. Das Einschaltvermögen steigt nur in geringem Ausmaß, das Ausschaltvermögen liegt dagegen durchschnittlich um 30% höher. Die Lebensdauer der Reedrelais steigt um das Zweifache.

Bild 4a

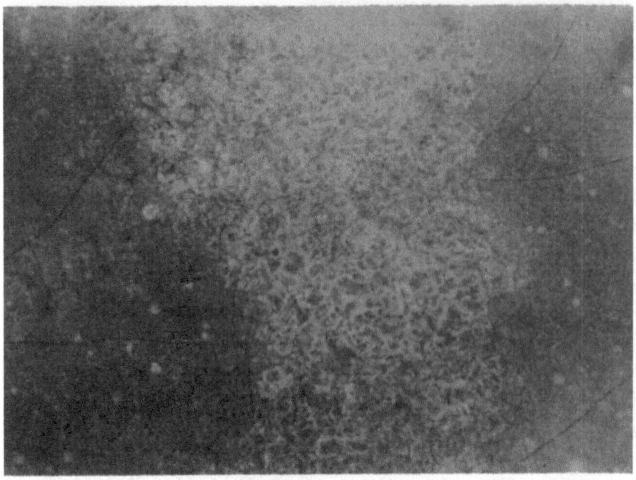

Bild 4b

Bild 4c

Bild 4. Rh-Kontaktfläche eines Reedrelais nach 5200 Schaltvorgängen bei einer Temperatur von 20 °C

a) Kontakte an der Überlappungsstelle (Kathode auf der linken Seite), 20fache Vergrößerung

b) Kathodenteil, 500fache Vergrößerung

c) Anodenteil, 500fache Vergrößerung

Bild 5a

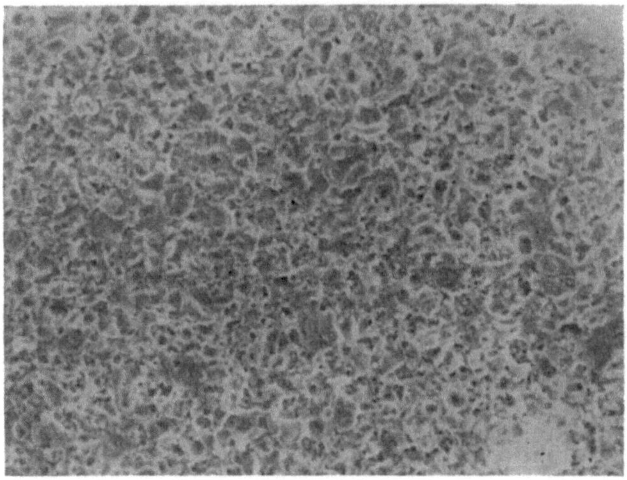

Bild 5b

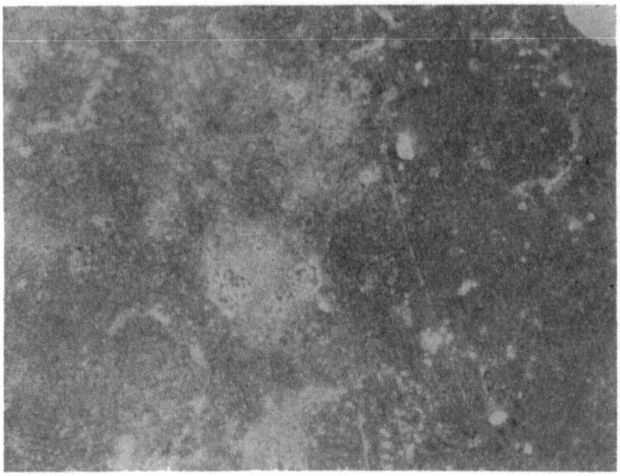

Bild 5c

Bild 5. (W+Co)-Kontaktfläche eines Reedrelais nach 5100 Schaltvorgängen in flüssigem Stickstoff

a) Kontakte an der Überlappungsstelle (Kathode auf der linken Seite), 20fache Vergrößerung

b) Kathodenteil, 500fache Vergrößerung

c) Anodenteil, 500fache Vergrößerung

Bild 6a

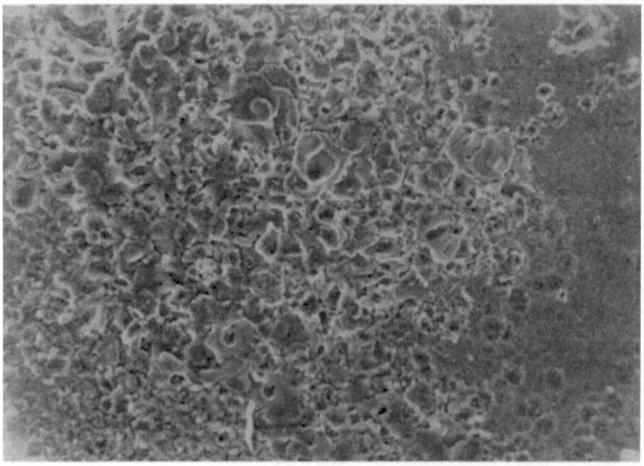

Bild 6b

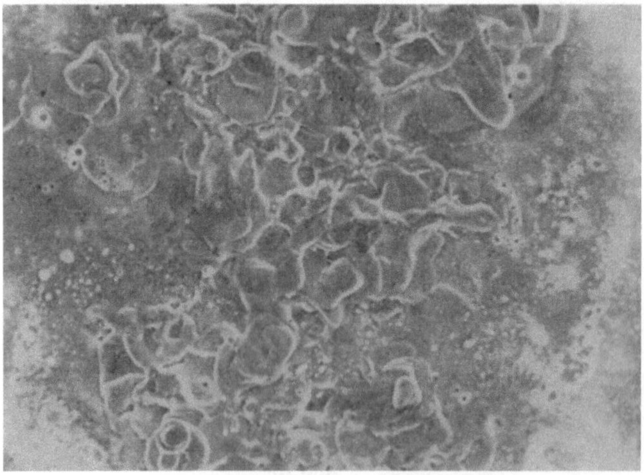

Bild 6c

Bild 6. (W+Co)-Kontaktfläche eines Reedrelais nach 5100 Schaltvorgängen bei einer Temperatur von 20 °C

a) Kontakte an der Überlappungsstelle (Kathode auf der linken Seite), 20fache Vergrößerung
b) Kathodenteil, 500fache Vergrößerung
c) Anodenteil, 500fache Vergrößerung

4.5.4. Schlußfolgerungen

- Genormte Wasserstoff-Reedrelais mit Schließkontakten aus Wolfram können im flüssigen Stickstoff als Schaltelemente in Starkstromkreisen angewendet werden. Im Hinblick auf das Auftreten von Glasbrüchen jedoch fordert die Verbesserung der Zuverlässigkeit dieser Reedrelais eine Erhöhung der mechanischen Festigkeit, hauptsächlich zwischen Kontakt und Glas in bezug auf einen hohen Temperaturgradienten.
- Das Schaltvermögen und die Lebensdauer der Wasserstoff-Reedrelais im flüssigen Stickstoff sind höher als in der Umgebungstemperatur von 20 °C. Die Überschlagsspannung ist im Durchschnitt um etwa 15% niedriger als bei 20 °C, wobei aber die ersten Überschläge bereits bei einer Spannung unter 2 kV (effektiv) auftreten können. Der Wert der Überschlagsspannung steigt als Funktion der Schaltzahl praktisch bis zum Augenblick der Beschädigung des Reedrelais.

Literaturverzeichnis

[1] *Dushman, S.:* Scientific Foundations of Vacuum Technique. New York 1962

[2] *Kubo, M., Hayashi, Y.:* Analysis of released gases from reed blade and glass when sealed and their effect on contact resistance. Electrical Contacts 20-th Annual Holm Seminar Illinois Inst. Technol., October 1974

[3] *Pytel, J., Miedziński, B.:* Commutation properties of type ZW-103/III and ZA-103/III reed switches. Przegląd Elektrotechniczny **51**, 8–9 (1975) 359

[4] *Miedziński, B., Kieloch, H., Zołnierczyk, T.:* Zachowanie się kontaktronów gazowanych w środowisku ciekłego azotu. Bericht des Instituts für Elektroenergie der Technischen Hochschule Wrocław Nr. 252, 1976

4.6. Kontaktwiderstand von HF-Kontakten

Von *R. Richter*

VEB Elektronische Bauelemente Dorfhain

Ein wichtiges Gütekriterium an koaxialen Hochfrequenzsteckverbindern ist ein niedriger und zeitlich konstanter Reflexionsfaktor.
Im Neuzustand der Hochfrequenzsteckverbindung wird der Reflexionsfaktor im wesentlichen durch die geometrische Gestalt des koaxialen Leitungszuges und die fertigungstechnisch und materialbedingten Toleranzen bestimmt. Mit zunehmendem Alter der Steckverbindung erhöht sich der Einfluß von Leitwerten (Feuchtigkeitsaufnahme, Verschmutzung) und Kontaktwiderständen (Fremdschichtbildung, Verschleiß, Kontaktkraftabnahme). Der Kontaktwiderstandseinfluß auf den Reflexionsfaktor läßt sich näherungsweise durch folgende Gleichung berechnen.

$$\Delta r = \frac{\Delta R_{K\sim}}{2Z_0}.$$

Bei höheren Betriebsfrequenzen sind für den Widerstand einer Hochfrequenzkontaktstelle neben dem frequenzabhängigen Kontaktwiderstand die durch die Kontaktgeometrie bestimmten Induktivitäten und Kapazitäten maßgebend. Die geometrische Gestaltung des Kontaktes und der Ort der metallischen Kontaktgabe sind zu berücksichtigen.

4.6.1. Kontaktgeometrie

In HF-Steckverbindern werden Radial- und Axialkontakte eingesetzt. (Bild 1)
Als Modellvorstellung wird vorgeschlagen, die verteilten Kapazitäten und Induktivitäten des Radialkontaktes durch eine Koaxialleitung und die des Axialkontaktes durch eine ebene Streifenleitung zu approximieren. Setzt man $b = \pi \cdot d$, so stimmen beide Gleichungen überein. Das HF-Kontaktgebiet stellt eine HF-Leitung mit dem parallelgeschalteten Kontaktwiderstand R_K dar.
Die ungestörte HF-Übertragung fordert $\mathscr{X}_E = 0$. Drei charakteristische Fälle sollen näher betrachtet werden.

a) $\mathscr{R}_A = \infty$; R_K endlich; Kontaktgabe an Stelle E (Normalfall). Eine derartige Kontaktstelle besitzt nur ein geringes kapazitives Verhalten. Der Einfluß der Blindkomponente ist wesentlich kleiner als bei Fall b, da das imaginäre Glied sich hier aus zwei Faktoren zusammensetzt, die im Normalfall beide kleiner als 1 sind.

b) $\mathscr{R}_A = R_K$; Kontaktgabe an Stelle A ($R_K \triangleq$ Abschlußwiderstand). Die Kontaktstelle besitzt für $\frac{l}{\lambda} \leqq 0{,}125$ und $R_K Z_l^{-1} < 1$ ein induktives Verhalten. Für $R_K Z_l^{-1} > 1$, d. h. $R_K > Z_l$, wird die Kontaktstelle kapazitiv und nähert sich Fall c.

c) $\mathscr{R}_A = R_K = \infty$; es ist kein metallischer Kontakt vorhanden. Eine solche Kontaktstelle besitzt kapazitive Wirkung. Für Frequenzen über 1 GHZ ist dieser Effekt zu berücksichtigen.

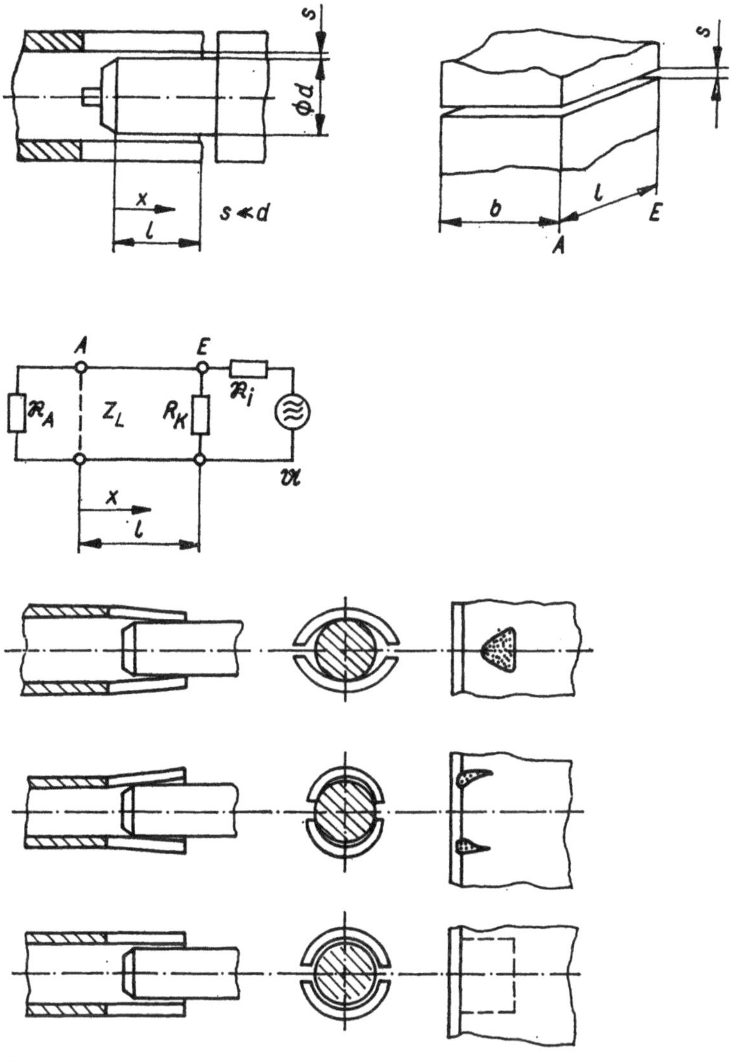

Bild 1. Kontaktgeometrie (Radialkontakt, Axialkontakt, Ersatzschaltung, Kontaktgabeort)

Um die Ursachen des Kontaktwiderstandsverhaltens zu analysieren, ist die mikroskopische Betrachtung der Kontaktstellen und eine Begriffsfestlegung notwendig. (Bild 2)

- Die Kontaktstelle ist ein geometrischer Raum, der mindestens 2 zu verbindende Leiter und die zur Kontaktgabe notwendigen Verbindungselemente enthält.
- Das Kontaktgebiet ist ein Raum innerhalb der Kontaktstelle. Die kontaktgebenden Elemente befinden sich in unmittelbarer Nähe.
- Die Kontaktzone ist Bestandteil des Kontaktgebietes. Sie enthält mehrere Elementarkontakte mit geringem Abstand.
- Der Elementarkontakt ist die metallische Verbindung an den Spitzen des Oberflächenprofils.
- Die stromführende Fläche ist die frequenzabhängige Randzone (Skineffekt) eines Elementarkontaktes.

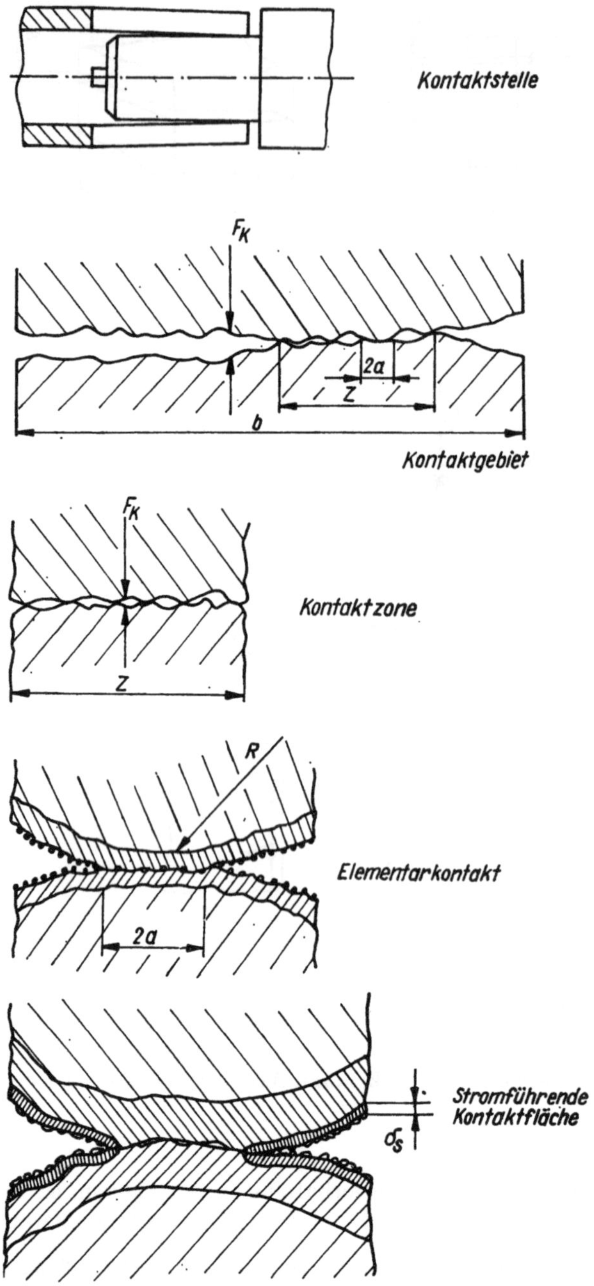

Bild 2. HF-Kontakt (Kontaktstelle, Kontaktgebiet, Kontaktzone, Elementarkontakt, Stromführende Kontaktfläche)

4.6.2. HF-Kontaktmodell

Auf Grund des Skineffektes wird bei höheren Betriebsfrequenzen nicht die gesamte Kontaktberührungsfläche zur Stromleitung ausgenutzt. Die Stromleitung erfolgt nur an den Randzonen der Elementarkontakte. Der Kontaktwiderstand $R_K = R_E + R_F$ wird frequenzabhängig und erhöht sich für $\delta_s < a$.

Zur praktischen Anwendung der Schlußfolgerungen über den Einfluß des Kontaktwiderstandes auf den Reflexionsfaktor ist die Größenordnung des HF-Kontaktwiderstandes bzw. seine relative Vergrößerung gegenüber den bekannten Gleichstromwerten abzuschätzen. Außerdem interessiert seine Abhängigkeit von den konstruktiven und technologischen Parametern. Als Berechnungsgrundlage wird ein Modell auf der Basis einer Hohlkugelkappe vorgeschlagen.
Der Modellkontakt besteht aus 2 zylindrischen Leitern, die sich über Kugelflächen berühren. Der Engewiderstand setzt sich aus der eigentlichen Übergangsstelle und dem Widerstand der beiden Kugelflächen zusammen.
Er wird unter der Annahme eines stationären Strömungsfeldes berechnet. Die frequenzabhängige, äquivalente Leitschichtdicke δ_s entspricht dabei der Stärke der Hohlkugelkappe. Die Betrachtungen gelten nur unter der Voraussetzung, daß $\delta_s < a$ ist. Nach der in Bild 3 dargestellten Ableitung der Modellgleichungen folgt für eine symmetrische Kontaktstelle und Annäherung der Hohlkugelkappe an eine Kreisringscheibe:

$$R_{E\sim} = \frac{1}{\pi \varkappa \delta_s} \ln \frac{d_0}{2a} = \frac{\mu_0 \mu_r}{\pi} \sqrt{\frac{f}{\varkappa}} \ln \frac{d_0}{2a}.$$

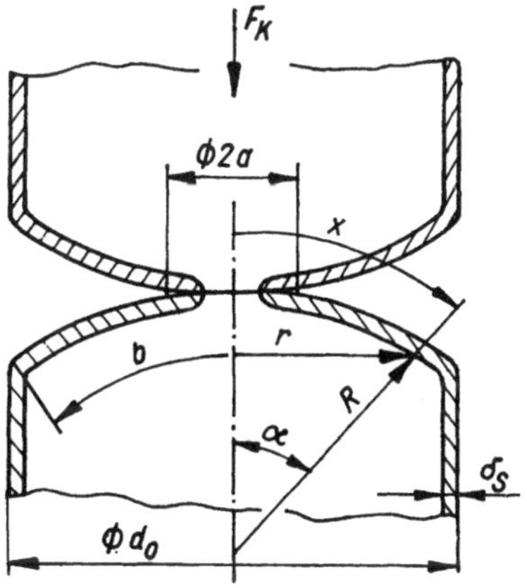

Bild 3. HF-Kontaktmodell auf der Basis eines stationären Strömungsfeldes in Hohlkugelschichten

Für den Fremdschichtwiderstand erhält man unter Berücksichtigung der stromführenden Kontaktfläche A_s:

$$R_{F\sim} = \frac{\sigma_F}{A_s} = \frac{\sigma_F}{\pi a^2 \left[\frac{\delta_s}{a}\left(2 - \frac{\delta_s}{a}\right)\right]}.$$

Verwendet man die Formeln der Niederfrequenztechnik, so ergeben sich folgende Relationen:

Engewiderstand: $$R_{E\sim} = R_{E=} \cdot \left(\frac{a}{\delta_s}\right) \ln \frac{d_0}{2a}.$$

Fremdschichtwiderstand: $$R_{F\sim} = R_{F=} \cdot \frac{1}{\left(\frac{\delta_s}{a}\right)\left(2 - \frac{\delta_s}{a}\right)}.$$

Man erkennt, daß die Erhöhung des Kontaktwiderstandes bei HF-Anwendungen durch das Verhältnis $\frac{a}{\delta_s}$ bestimmt wird. (Bild 4)

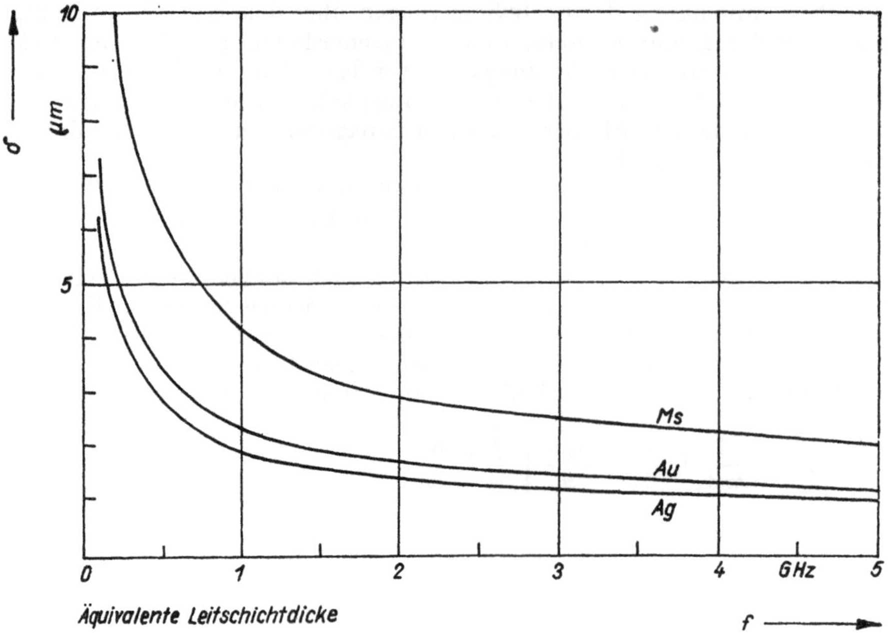

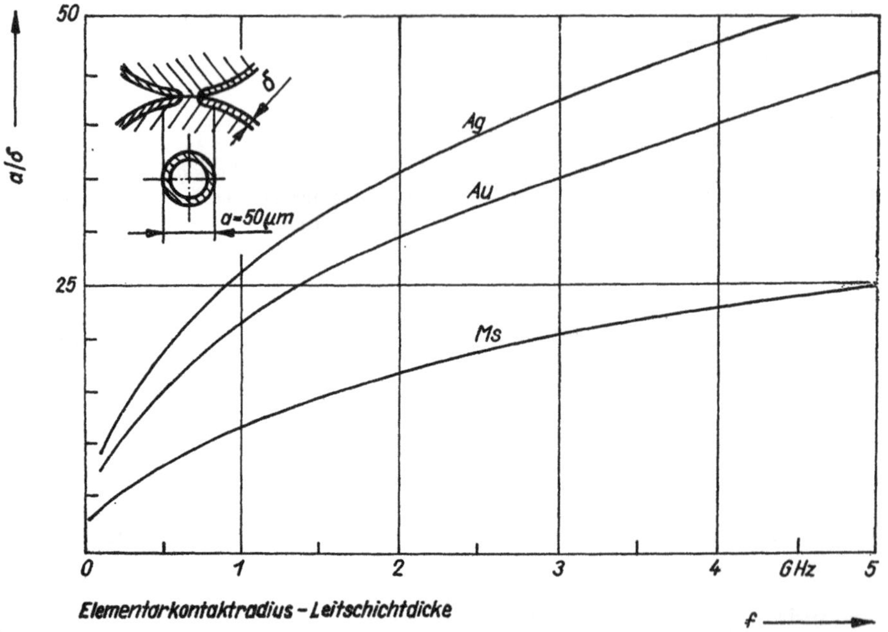

Bild 4. Einfluß der Betriebsfrequenz auf die äquivalente Leitschichtdicke und die Erhöhung des HF-Kontaktwiderstandes

Zur Erhöhung der Meßgenauigkeit ist eine beidseitige Flankenmessung im Gebiet des steilsten Anstieges der Resonanzkurve des Frequenzmessers notwendig.
Mit den vorhandenen Geräten ließen sich bei sehr sorgfältigem Arbeiten (Mittelwertbildung) Bandbreitenänderungen von $\Delta B = 20$ kHz messen. Bei $f_0 = 1{,}9$ GHz entspricht dies einer Dämpfungsänderung von $\Delta d = 10^{-5}$ bzw. einer $R_{K\sim}$-Änderung von 1,8 mΩ ($\frac{3\lambda}{4}$ — Resonator). Orientierungsmessungen mit sphärischen Modellkontakten bei 1,9 GHz nach diesem Verfahren (Bild 8) bestätigen die relative Unabhängigkeit des Engewiderstandes $R_{E\sim}$ von der Kontaktkraft, die Größenordnung der Widerstandserhöhungskoeffizienten k sowie den Einfluß des Fremdschichtwiderstandes $R_{F\sim}$.

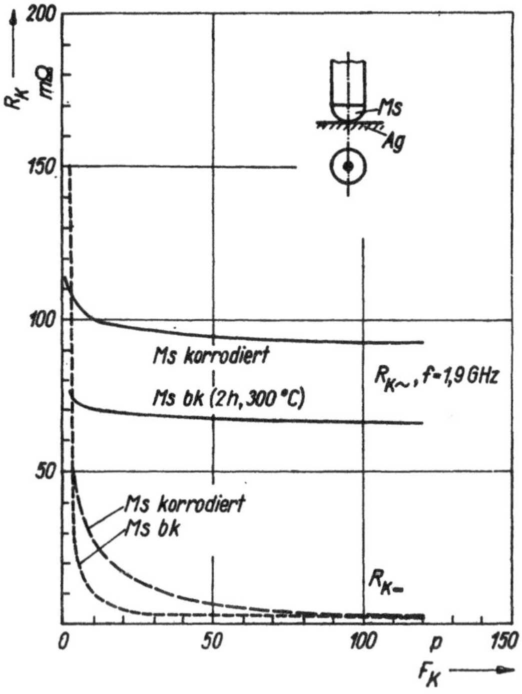

Bild 8. Meßergebnisse des HF-Kontaktwiderstandes nach Resonatormeßverfahren

Literaturverzeichnis

[1] *Löw:* Untersuchungen über das Entstehen von Kombinationsfrequenzen beim Betrieb von Hohlleitern und koaxialen Bauelementen mit mehreren Sendefrequenzen. Frequenz 3 (1963) 94—102

[2] *Martha:* Zuverlässigkeitsfragen elektrisch abgeschiedener Leitungsschichten für Mikrowellen. Zuverlässigkeitstagung, Budapest 1964

[3] *Megla:* Dezimeterwellentechnik. VEB Verlag Technik, Berlin

[4] *Höft:* Zuverlässigkeit von Bauelementen. Lehrbriefe 1—5, VEB Verlag Technik, Berlin 1974

[5] *Goedecke:* Zuverlässigkeit von Hochfrequenzsteckverbindungen der Trägerfrequenztechnik. Nachrichtentechnik-Elektronik 8 (1974) 316—318

[6] *Schmelzle:* Forschungsarbeiten auf dem Gebiet der geschlossenen Kontaktstücke. Energie 10 (1974)

[7] *Richter:* Zuverlässigkeitsuntersuchungen an ausgewählten Schwachstellen von HF-Steckverbindern aus technologischer Sicht unter besonderer Berücksichtigung von Driftausfällen. Manuskript zur Dissertation, TH Ilmenau 1976

5. Meßtechnik

5.1. Möglichkeiten und Grenzen von digitalen Meßplätzen in der Kontaktforschung der Schwachstromtechnik

Von *H.-J. Tholl*, *D. Lange* und *H. Höft*

Technische Hochschule Karl-Marx-Stadt

5.1.1. Einleitung

Die Funktion beweglicher Kontakte besteht in der Aufgabe, Stromkreise zu schließen, die Stromleitung für längere Zeit wieder zu übernehmen, geschlossene Stromkreise wieder zu öffnen und den Strom zu unterbrechen [1]. Ein Bauelement ist genau dann funktionsfähig, wenn es zu einem bestimmten Zeitpunkt allen Anforderungen genügt, die bei vorgegebener Funktion und Beanspruchung an die Hauptparameter des Bauelementes gestellt werden [2]. Ein Hauptparameter charakterisiert dabei die Erfüllung der vorgegebenen Funktion. Die vorliegende Arbeit ist ein Versuch, Möglichkeiten und Grenzen der modernen Digitaltechnik bei der rationellen meßtechnischen Erfassung und Darstellung der Hauptparameter beweglicher Kontakte zu umreißen.

5.1.2. Die Hauptparameter eines beweglichen Kontaktes

Als ein einmaliges Schaltspiel eines Kontaktes werden im weiteren die Wechsel zwischen den Kontaktzuständen — geschlossen — öffnen — offen — schließen — geschlossen — bezeichnet. Bei einem idealen Kontakt treten dabei nur die Kontaktwiderstandswerte 0 und Unendlich auf, die Übergänge zwischen diesen Zuständen erfolgen in unendlich kur-

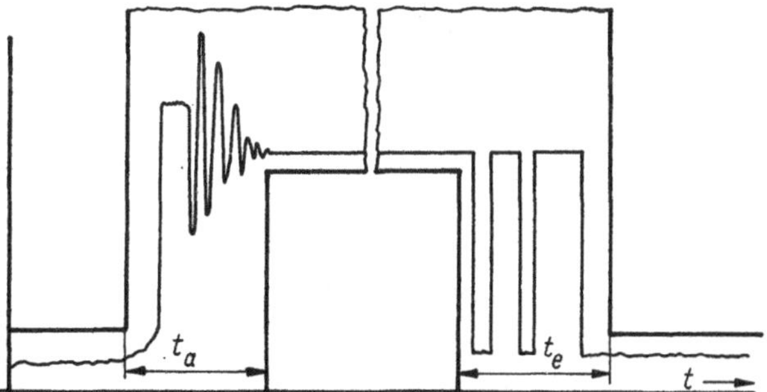

Zustand	geschlossen	öffnen	offen	schließen	geschlossen
Hauptparameter	R_D	t_a	R_I	t_e	R_D
meßbare Größen	$R_D(t)$ $U_K(t)$	$U_K(t)$	$R_I(t)$ $I(t)$	$U_K(t)$	
Meßaufgabe	kleinste Widerstände und Spannungen	statistische Spannungs-Zeit-Verläufe	hohe Widerstände kleinste Ströme	statistische Spannungs-Zeit-Verläufe	

Bild 1. Spannungs-Zeittoleranzband eines schaltenden Kontaktes

zer Zeit. Widerstände und Schaltzeiten sind somit bestimmende Hauptparameter. Da praktisch nur endliche Widerstandswerte und Schaltzeiten realisierbar sind, ist es sinnvoll, für den unter realen Lastbedingungen arbeitenden Kontakt eine Modellvorstellung zu entwickeln, die es gestattet, aus den über dem Kontakt meßbaren Spannungs-Zeitverläufen die Hauptparameter anzugeben und daraus Schlußfolgerungen über die Funktionsfähigkeit abzuleiten. Bild 1 zeigt ein Spannungs-Zeit-Toleranzbandmodell, aus dem die Hauptparameter, ihre elektrisch meßbaren Größen und die typischen Meßaufgaben zur Bestimmung der Hauptparameter ersichtlich sind [3].

5.1.2.1. Der geschlossene Kontakt

Die Funktionsfähigkeit wird vom Durchgangswiderstand R_D bestimmt, der zulässige obere Grenzwert R_{Dmax} ist in weiten Grenzen frei definierbar und vom jeweiligen Anwendungsfall abhängig. R_D ist in diesem Bereich somit der funktionsbestimmende Hauptparameter. Der Kontakt ist funktionsfähig, solange der über ihm meßbare Spannungsabfall im Bereich $0 < U(t) < E_{max}$ liegt.

5.1.2.2. Der öffnende und schließende Kontakt

Während des Öffnungsvorgangs sind über dem Kontakt unterschiedliche Spannungs-Zeitverläufe meßbar, da Lastbedingungen, Kontaktmaterial, Schalterkonstruktion und Umwelt unterschiedliche physikalische Prozesse hervorrufen können. Nach einer endlichen Zeit t_a muß sich jedoch über dem Kontakt die Leerlaufspannung E_0 eingestellt haben. Die Zeit t_a ist somit der funktionsbestimmende Hauptparameter. Für den schließenden Kontakt lassen sich prinzipiell die gleichen Überlegungen anstellen. Die Zeit t_E, nach der sich ein stationärer, also zulässig definierter Durchgangswiderstand eingestellt hat, ist in diesem Bereich der funktionsbestimmende Hauptparameter.

5.1.2.3. Der offene Kontakt

Der funktionsbestimmende Hauptparameter ist der Isolationswiderstand. Für $R_I \to \infty$ ist über dem Kontakt die Leerlaufspannung E_0 des Lastkreises meßbar.

5.1.2.4. Funktionsfähigkeit eines schaltenden Kontaktes

Ein schaltender Kontakt ist genau dann funktionsfähig, wenn während eines Schaltspieles die definierten Hauptparameter eingehalten werden, d. h., wenn die über dem Kontakt während eines Schaltspieles meßbaren Spannungen innerhalb definierter Spannungs-Zeit-Toleranzbänder liegen [3].

5.1.3. Lebensdauerbestimmende Phänomene

Zu den lebensdauerbestimmenden Phänomenen sind nach [15] Grobwanderung, Schweißbrückenwanderung, Verkohlung, Feinwanderung, Reibungspolymere, mechanischer Verschleiß und Heißoxydation im geschlossenen Zustand zu rechnen. Sie zeigen die Tendenz, mit der Schaltzahl bzw. mit der Betriebszeit Störeffekte quantitativ anzuhäufen [15], so daß die Hauptparameter nicht mehr eingehalten werden können. Bild 2 zeigt eine aus [15] entnommene Darstellung für Silberkontakte, aus der sich die zu erwartenden lebensdauerbestimmenden Phänomene in Abhängigkeit von Betriebsstrom und Betriebsspannung abschätzen lassen. Die in den Bereichen A, B und C angegebenen Prozesse werden während der Schaltvorgänge wirksam und stellen für ihre meßtechnische Erfassung jeweils spezifische Anforderungen an die einzusetzenden Meßverfahren. Sie können weiterhin bewirken, daß sich der Kontakt, auf eine auslösende Ursache hin, nicht mehr öffnet (Verschweißen, Verhaken usw.). Durch eine nachfolgende Durchgangswiderstandsmessung an einem Kontakt ist diese Funktionsstörung nicht unbedingt zu erkennen, der gemessene Widerstandswert kann durchaus innerhalb zulässiger

Bereiche liegen. Die mitunter anzutreffende Aussage, daß Widerstandsmessungen am geschlossenen Kontakt die umfassendsten Aussagen über die Funktionsfähigkeit von Kontakten liefern, die in erster Näherung ausreichend sein sollen [12], ist (s. Bild 2) nur in einem sehr begrenzten Strom-Spannungsbereich zutreffend.

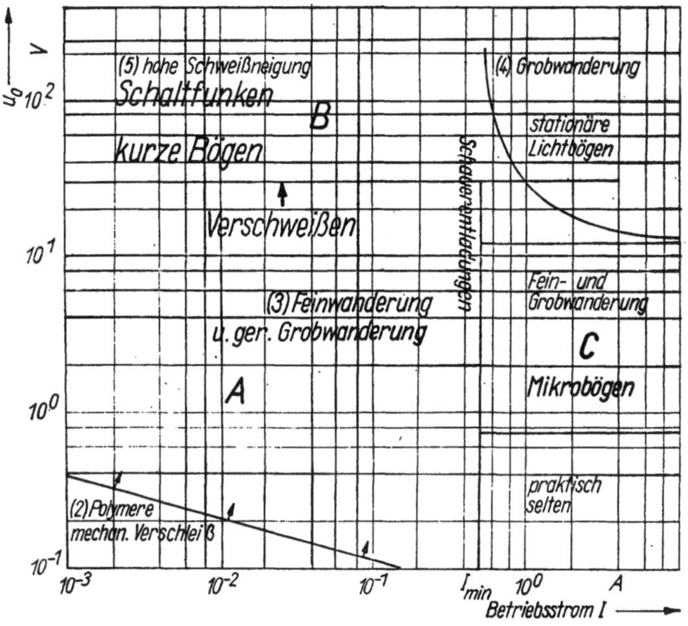

Bild 2. Lebensdauerbestimmende Phänomene in Abhängigkeit von Betriebsstrom und -spannung [15]

In den Bereichen A, B und C liefern Durchgangswiderstandsmessungen nur im Zusammenwirken mit Funktionskontrollen (Öffnen, Schließen) auswertbare Aussagen [3, 6].

5.1.4. Durchgangswiderstandsmessungen

Bild 3 zeigt die Prinzipschaltung eines Meßverfahrens, das häufig zur Durchgangswiderstandsmessung verwendet wird. Bei Beachtung der skizzierten Leitungsführung und Erdung bleibt bei den Eingangswiderständen hochwertiger Digitalvoltmeter

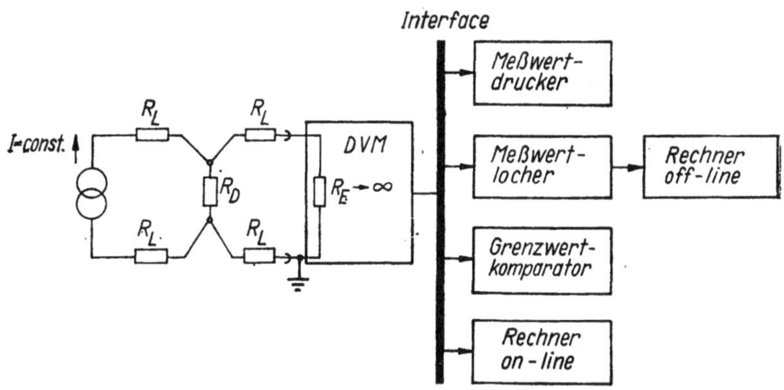

Bild 3. Durchgangswiderstandsmessung mit konstantem Strom nach der Vierleitermethode und digitaler Informationsweiterverarbeitung

($R_E > 10\,M\Omega$) der Einfluß der Zuleitungswiderstände vernachlässigbar. Die hohe Empfindlichkeit moderner DC-Digitalvoltmeter (0,1 μV/Digit) [5] ermöglicht bei 10 mA Meßstrom die Messung von Durchgangswiderständen $> 100\,\mu\Omega$, der vorhandene Standard-Interface ermöglicht den Anschluß weiterer Gerätesysteme zur Datenspeicherung, -verdichtung und -verarbeitung [5].

5.1.4.1. Datenspeicherung

5.1.4.1.1. Meßwertdrucker

Der Einsatz von Meßwertdruckern ist nur bei relativ gering anfallenden Meßdatenmengen sinnvoll, da zur statistischen Datenauswertung der Einsatz moderner Tisch- bzw. Taschenrechner erforderlich wird. Die Handeingabe der Meßwerte vom Druckerprotokoll in den Rechner erfordert einen hohen zeitlichen Aufwand, dabei sind nachträglich schwer zu erkennende Eingabefehler leicht möglich. Journaldrucker sind bei dieser Auswertetechnik wesentlich vorteilhafter als Streifendrucker, da durch das übersichtlichere Druckbild die Auswertung erleichtert wird. Die niedrige Druckfolgefrequenz elektromechanischer Druckwerke (je nach Typ 1 bis 20 Hz) bedingt relativ lange Meßzeiten.

5.1.4.1.2. Meßwertlocher

Mit Hilfe von Meßwertlochern können wesentlich größere Datenmengen rationell gespeichert werden, da die Rechnereingabe der auf dem Lochband gespeicherten Werte automatisch erfolgt. Im Prinzip können auf modernen Rechenanlagen beliebige Fünf- bis Achtkanal-Codes verarbeitet werden. Es ist aber sinnvoll, mit redundanten Codes zu arbeiten. Mit steigender Coderedundanz können Fehllochungen nicht nur erkannt, sondern im bestimmten Maße soft- oder hardwaremäßig korrigiert werden [6, 7]. Ein Beispiel für einen redundanten Acht-Kanal-Code mit möglicher Fehlerkorrektur (8-c-Code) ist in [21] zu finden. Die Zuordnung von Meßwerten und zugehörigen Informationsquellen (z. B. Kontaktnummern) erfolgt durch Abzählvorgänge innerhalb des Rechnerprogramms. Dabei ist es sinnvoll, in den Datenstreifen Synchronzeichen (Adressen, Blockmarken, Trennzeichen) vor und nach zusammengehörigen Meßwertgrößen abzulochen sowie die einzelnen Meßwerte durch vereinbarte Trennzeichen zwischen den Meßwerten zu kennzeichnen (Bild 4).

Moderne Lochbandstanzsysteme (z. B. 3518.000, 1. Generation FWE; S 3297.000, 3. Generation FWE) haben entsprechende Zusatzeinrichtungen, mit deren Hilfe Synchronzeichen automatisch mit abgelocht werden können. Bei Datenstreifen ohne Synchronzeichen kann das Fehlen eines Meßwertes den ganzen Datenstreifen wertlos machen, da dann die Zuordnung zwischen Meßwert und Kontakt nicht mehr gewährleistet ist. Die Länge eines Datenstreifens kann im Prinzip beliebig vergrößert werden (Kleben), die mechanische Zugbelastung beim Einlesen setzt hier jedoch ebenfalls Grenzen. Bei vielen Lochstreifenlesern ist es vorteilhaft, statt einer großen Rolle Lochband mit Meßdaten mehrere kleinere Datenstreifen einzulegen. Die Eingaberoutine im Programm sollte diesen Erfahrungswert sinnvoll berücksichtigen. Die höheren Stanzgeschwindigkeiten (z. B. 20 ms/Stanzung bei 3518.000) ermöglichen kürzere Meßzeiten. Abschließend sei noch auf die Möglichkeit verwiesen, Lochstreifen mit Hilfe von Organisationsautomaten (z. B. Optima 527, 528) ausschreiben zu lassen; die Lochstreifenduplizierung wird durch diese Gerätesysteme ebenfalls leicht möglich. Die Druckgeschwindigkeit der Organisationsautomaten entspricht der üblicher mechanischer Druckwerke.

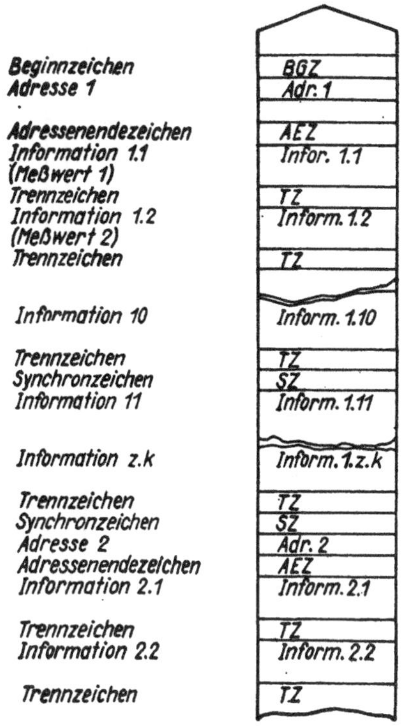

Bild 4. Datenstreifen (schematisch) mit Synchron- und Trennzeichen

5.1.4.2. Datenverdichtung

Durch sinnvolle Datenverdichtung wird die hohe Zahl der anfallenden Einzelinformationen (Kontaktwiderstandswerte) so komprimiert, daß weniger Informationen mit höherem Informationsgehalt anfallen. Häufig verwendete Datenverdichtungen sind Datenklassifizierungen und Mittelwertsbildung (z. B. mittels Datenerfassungsgerät MSG 20).

5.1.4.2.1. Datenklassifizierung

Im Gerätesystem der 3. Generation der digitalen Meßgeräte des VEB Kombinat FWE ist ein Grenzwertkomparator [5] enthalten, der die binär codierten Informationen am Interface-Ausgang eines DVM der gleichen Gerätefamilie in maximal 11 frei programmierbare Klassen einteilen kann. Damit kann die Häufigkeitsverteilung einer Meßreihe aufgenommen werden. Ein speziell für die Belange von Kontaktwiderstandsmessungen zugeschnittenes Datenklassifizierungsgerät wurde von den Autoren konzipiert [3] und zum funktionsfähigen Mustergerät [7] für das Zusammenwirken mit einem Kontaktwiderstandsmeßplatz [4] weiterentwickelt. Bild 5 zeigt das Prinzipschaltbild. Die BCD-codierten Informationen zweier Tetraden eines DVM werden von 10 programmierbaren Logikschaltungen bewertet. Liegt ein gerade bewerteter Meßwert innerhalb einer durch die Programmierung der Logik definierten Klasse, dann erscheint am entsprechenden Ausgang ein Impuls, der in einem Zähler registriert wird. Nach dem Bewerten einer maximal 1000stelligen Meßreihe wird durch eine spezielle Ausgabeautomatik die jeweilige absolute Klassenhäufigkeit ausgedruckt.

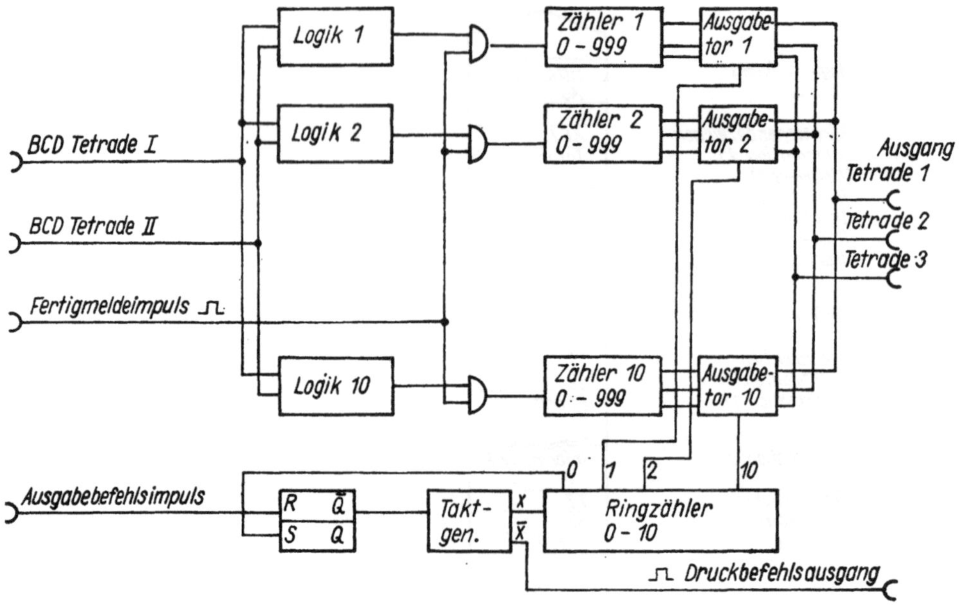

Bild 5. Vereinfachtes Blockschaltbild eines Datenklassifiziergerätes [3]

5.1.4.2.2. Bildung des arithmetischen Mittelwertes

Der arithmetische Mittelwert einer n-stelligen Meßreihe (Gleichspannungswerte) kann mit Hilfe von Spannungs—Frequenzumsetzern als AD-Wandler und digitaler Standardfunktionsgruppen auf einfache Weise bestimmt werden. Bild 6 zeigt ein entsprechendes

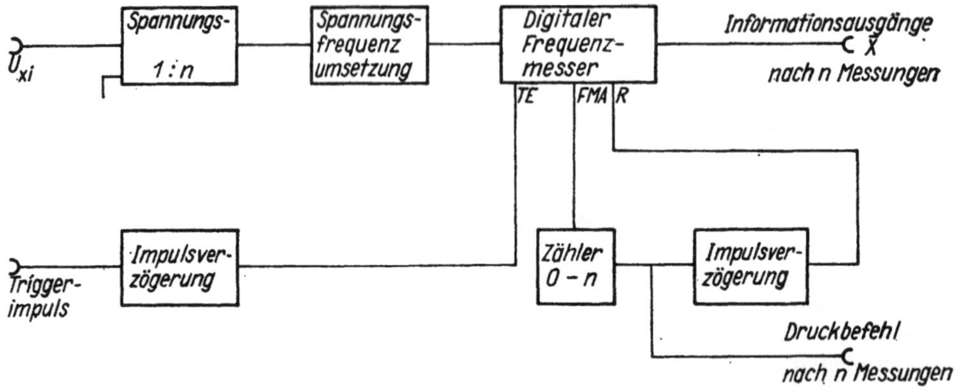

Bild 6. Prinzipschaltbild zur Bildung des arithmetischen Mittelwertes einer n-stelligen Meßreihe [3]

Prinzipschaltbild [3]. Ausgehend von diesem Entwurf werden in einer Arbeit von *Türk* [9] die geringfügigen Schaltungsänderungen im Stromlaufplan eines DVM vom Typ 4015 (FWE) beschrieben, mit deren Hilfe ein derartiges DVM zur Bildung des arithmetischen Mittelwertes benutzt werden kann.

5.1.4.2.3. Weitere Möglichkeiten zur Datenverdichtung

Die vorgestellten Varianten zur Datenverdichtung beruhen auf schaltungstechnischen Lösungsprinzipien. Das ständige Vordringen von Mikroprozessoren in den elektronischen Meßgerätebau ist ein immer deutlicher zu beobachtender Trend. Entsprechende Zusatzausrüstungen für digitale Meßgeräte, mit deren Hilfe z. B. Mittelwerte, Standardabweichungen, Häufigkeitsverteilungen und ähnliche statistische Kennwerte von Meßreihen sofort miterrechnet werden, sind für die nahe Zukunft absehbar. Hinweise über den Einsatz von Mikroprozessoren bei der Entwicklung und dem Bau von Meßgeräten sind in [20] zu finden.

5.1.5. Bewertung des Durchgangswiderstandes

5.1.5.1. Kontrolle auf Einhaltung eines Grenzwertes $R_{D\max}$

In manchen Fällen ist der gemessene Absolutwert des Durchgangswiderstandes von untergeordnetem Interesse; es interessiert lediglich die Fragestellung, wie oft in Abhängigkeit von der Schaltzahl und den Lastbedingungen ein definierter maximaler Widerstandswert überschritten wird. Bild 7 zeigt eine Prinziplösung einer entsprechenden

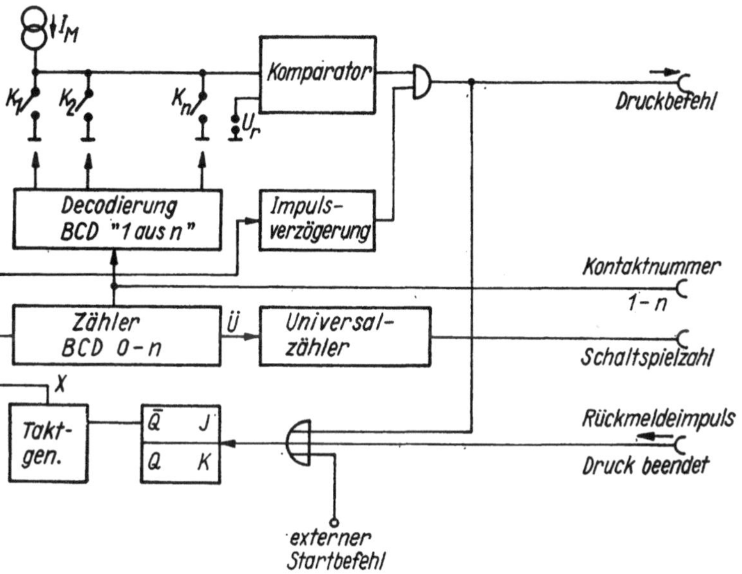

Bild 7. Meßanordnung zur Bewertung des Durchgangswiderstandes [3]

Meßeinrichtung [3]. Durch die Verknüpfung der Funktionsgruppen Taktgenerator, Zähler (BCD 0-n), Decodierung und die hier nur angedeutete Kontaktbetätigung werden n-Kontakte nacheinander geschaltet. Im geschlossenen Zustand der Kontakte wird die über dem Kontakt abfallende Spannung $U_K = R_D \cdot I_m$ mit einer Referenzspannung an den Eingängen eines Komparators verglichen. Übersteigt die Kontaktspannung den durch die Referenzspannung vorgegebenen Grenzwert, dann werden die Schaltspielzahl und die laufende Nummer des entsprechenden Kontaktes ausgedruckt. Die hier angegebene Prinzipschaltung wurde zu einem funktionstüchtigen Gerät [10, 11] weiterentwickelt, das die Durchgangswiderstände von 10 Schwachstromkontakten bei jedem Schaltspiel bewertet. Das Gerät enthält eine in Bild 7 nicht dargestellte Prüfeinrichtung

[3], die bei jedem Schaltspiel der Kontakte prüft, ob Öffnungsfehler auftreten. Fehler dieser Art werden durch rote Ziffern im Druckerbild angezeigt.

5.1.5.2. Frittsicheres Messen

Soll ein durch Fremdschichten hervorgerufener Durchgangswiderstandsanteil R_F bei Kontaktwiderstandsmessungen mit erfaßt werden, dann ist durch geeignete Schaltungsmaßnahmen dafür zu sorgen, daß die Leerlaufspannung des Meßkreises und das Produkt $I_m \cdot R_D$ kleiner als der Spannungsgrenzwert für B-Frittung bleibt. Bild 8 zeigt eine

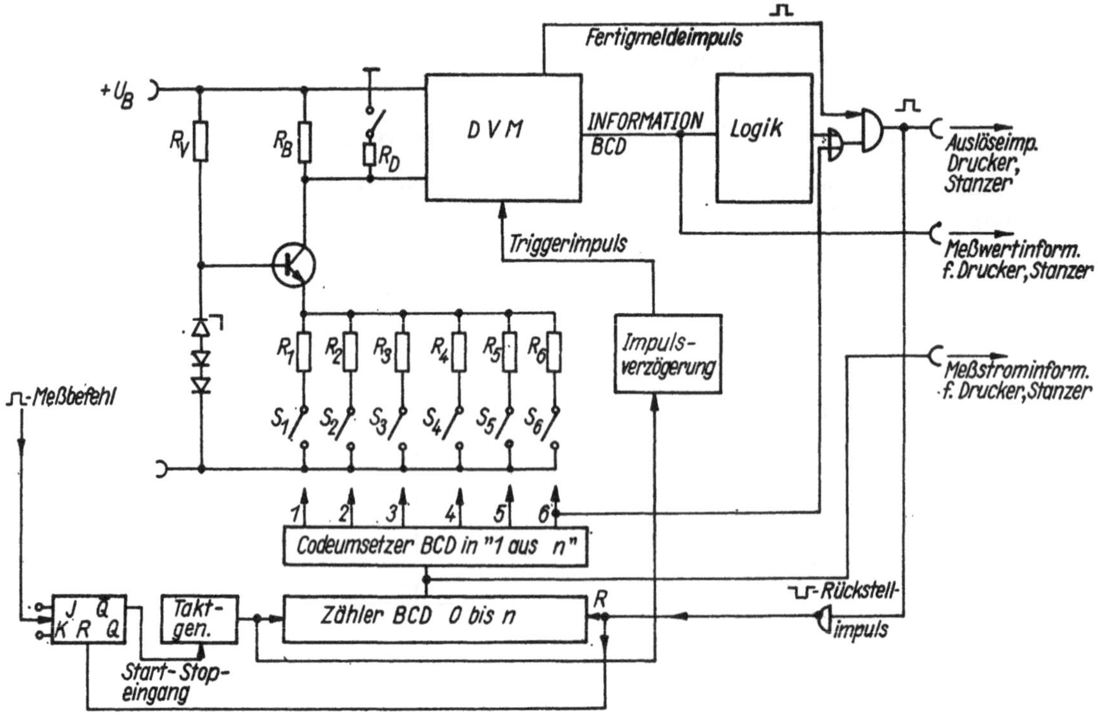

Bild 8. Automatische, frittsichere Kontaktwiderstandsmeßeinrichtung, Prinzipschaltbild [3]

entsprechende Schaltung [3], die den Standard-Interface eines DVM zur Bewertung mit verwendet. Eine programmierbare Stromquelle liefert dekadisch abgestufte Konstantströme, der parallel zum Prüfkontakt liegende Begrenzungswiderstand R_B ist so dimensioniert, daß beim maximal abgebbaren Konstantstrom I_{Kmax} der Spannungsgrenzwert für B-Frittung nicht überschritten werden kann. Durch die Stromquellensteuerung (JK-FF, Taktgenerator, Zähler, Decodierung, S_1—S_6) werden die Konstantströme, vom kleinsten Wert beginnend, solange dekadisch erhöht, bis die dem DVM nachgeschaltete Logik erkennt, daß eine weitere Stromerhöhung zum Überschreiten des Grenzwertes für B-Frittung führt. Der zuletzt gemessene Widerstandswert wird von einem Drucker oder Locher übernommen; gleichzeitig kann die im Zählerstand enthaltene Meßstrominformation codiert mit ausgegeben werden. Der im Interface von Lochern und Druckern enthaltene Fertigmeldeimpuls „Druck oder Lochung beendet" löscht den Zähler und bereitet somit die nächste Messung vor, die durch einen Meßbefehlsimpuls neu ausgelöst werden kann. Neben der hohen Sicherheit gegen B-Frittung ergibt sich der weitere Vorteil, daß der Meßstrom dem vorliegenden Widerstand automatisch angepaßt wird. Das Auflösungsvermögen des DVM wird dabei optimal ausgenutzt.

5.1.6. Messungen an öffnenden und schließenden Kontakten

Die Messung der Zeiten t_a und t_E (Bild 1), die hier die funktionsbestimmenden Hauptparameter sind, ist mit Elektronenstrahloszillografen möglich und auch relativ einfach. Zur genaueren Untersuchung der in diesen Zeitbereichen wirksam werdenden Prozesse ist jedoch die Kenntnis der Feinstruktur des Spannungs-Zeitverlaufes des $U_K = f(t)$ erforderlich. Da bestimmte Intervalle im Verlauf $U_K = f(t)$ statistischen Abhängigkeiten unterliegen (z. B. Rebridging [15], Prellen u. ä.), ist die meßtechnische Erfassung mit Echtzeitoszillogramm schwierig [17]. Sinnvoller wäre ein Meßverfahren (Bild 9), bei dem der bei einmaligen Schaltvorgängen über dem Kontakt meßbare Spannungs-Zeitverlauf abgetastet wird und bei dem die Abtastinformationen in geeigneten Speichern be-

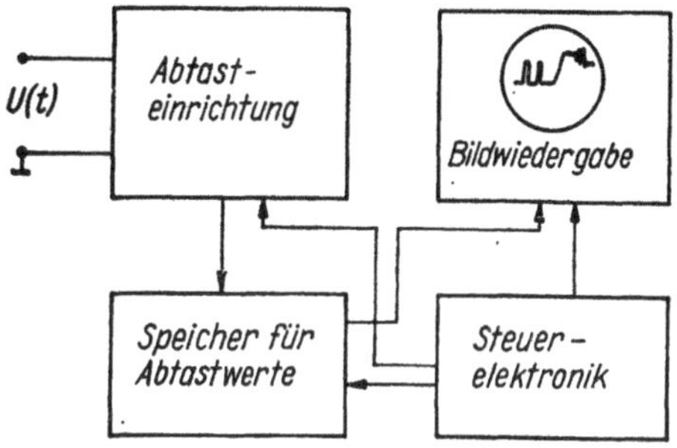

Bild 9. Prinzipschaltung für Abtastung, Speicherung und Wiedergabe einmaliger Kurzzeitvorgänge

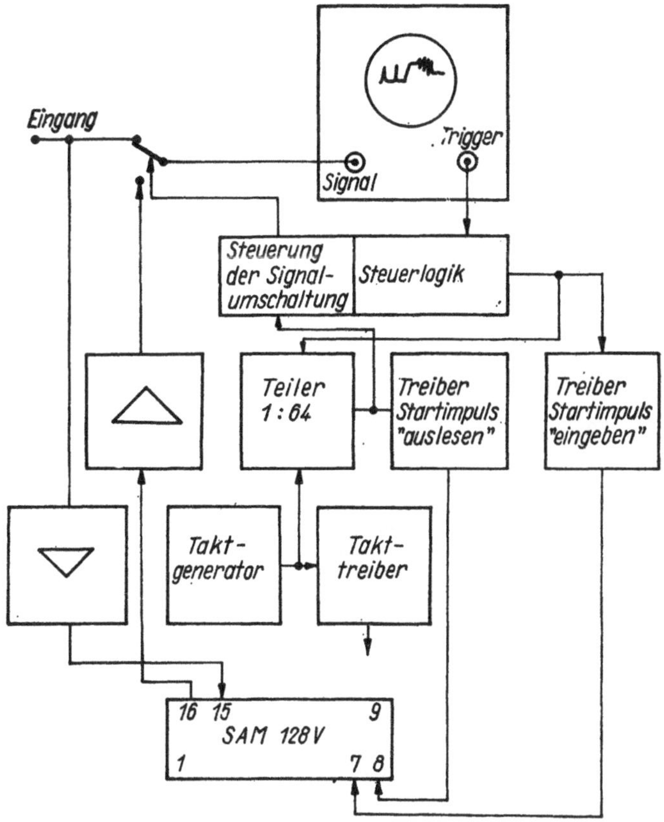

Bild 10. Prinzipschaltung für Oszillograf mit Signalabtastung und analoger Signalspeicherung [18]

liebig lange festgehalten werden. Durch eine spezielle Steuerelektronik werden dann die Abtastinformationen wahlweise zeitgetreu, zeitgedehnt oder zeitkomprimiert auf einer Bildschirmwiedergabeeinrichtung dargestellt.
Bei digitaler Abspeicherung der Abtastwerte können die so wiedergegebenen Spannungs-Zeitfunktionen der EDV-Auswertung im off-line oder on-line-Betrieb zugeführt werden. Derartige Meßeinrichtungen werden als echte Digitaloszillografen bereits von einigen Geräteherstellern auf dem Weltmarkt angeboten. Bild 10 zeigt eine Zusatzeinrichtung für triggerbare Oszillografen [18], bei der die Echtzeitbearbeitung analoger Signale mit Zeitbasisdehnung oder Kompression ebenfalls möglich ist. Zur Speicherung der Abtastwerte wird hier ein 128stelliger Analogspeicherbaustein SAM 128 V (Reticon Corp.) verwendet, der die gespeicherten Analogsignale 40 ms speichern kann. Bei Abkühlung des SAM 128 V auf −38 °C mit Hilfe von Peltierelementen sind Speicherzeiten über 10 s ohne merkliche Informationsverluste möglich, Abtastfrequenzen bis zu 20 MHz sind prinzipiell erreichbar [18]. In den Fällen, bei denen die in der Amplitude des Signalverlaufes enthaltene Information nicht von dominierendem Interesse ist, (z. B. bei Rebridging, Prellen) ist es in vielen Fällen gerechtfertigt, nur die Zeiten meßtechnisch zu erfassen, bei denen der Spannungs-Zeitverlauf $U_K = f(t)$ einen definierten Grenzwert über- bzw. unterschreitet. Ein solches Meßverfahren für Rebridging-, Prell- und Bogendaueruntersuchungen wird in [17] ausführlich behandelt

5.1.6.1. Auswahl und Darstellung eines ausgewählten Intervalls des Spannungs-Zeitverlaufes $U_K = f(t)$

In Bild 12 ist im oberen Bildteil ein Spannungs-Zeitverlauf dargestellt, der so oder ähnlich bei einmaligen Gleichstromschaltvorgängen in komplexen Lastkreisen bei entsprechenden Bedingungen häufig auftreten kann. Hier ist es oft sinnvoll, einen einzelnen,

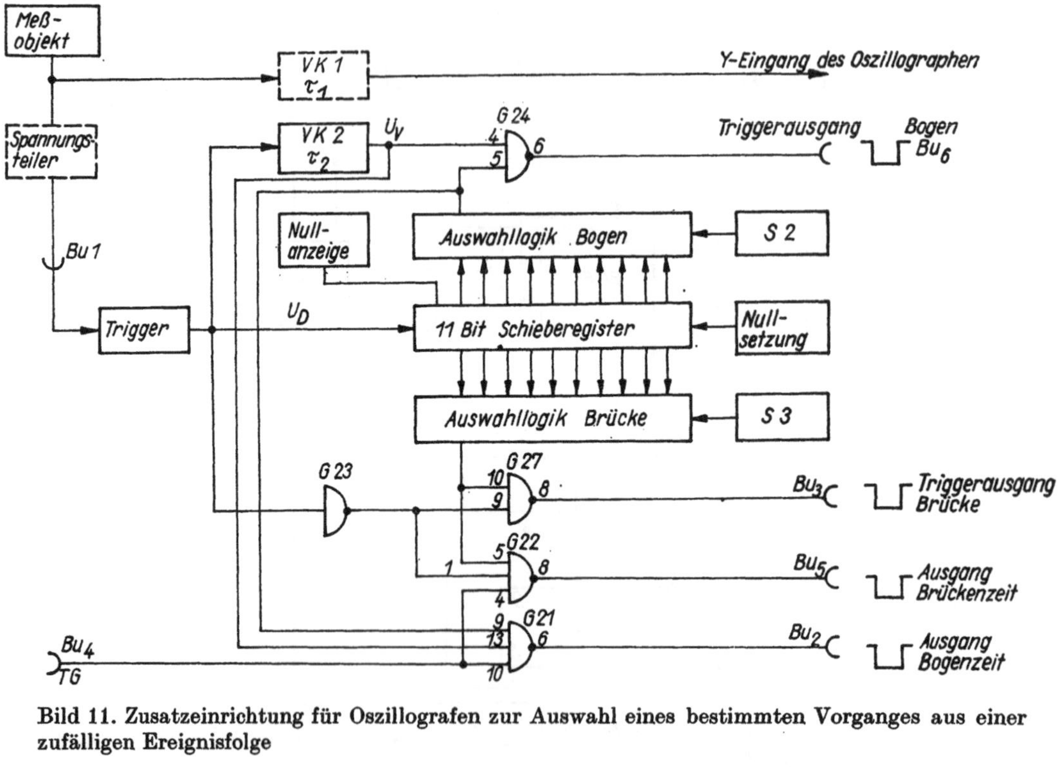

Bild 11. Zusatzeinrichtung für Oszillografen zur Auswahl eines bestimmten Vorganges aus einer zufälligen Ereignisfolge

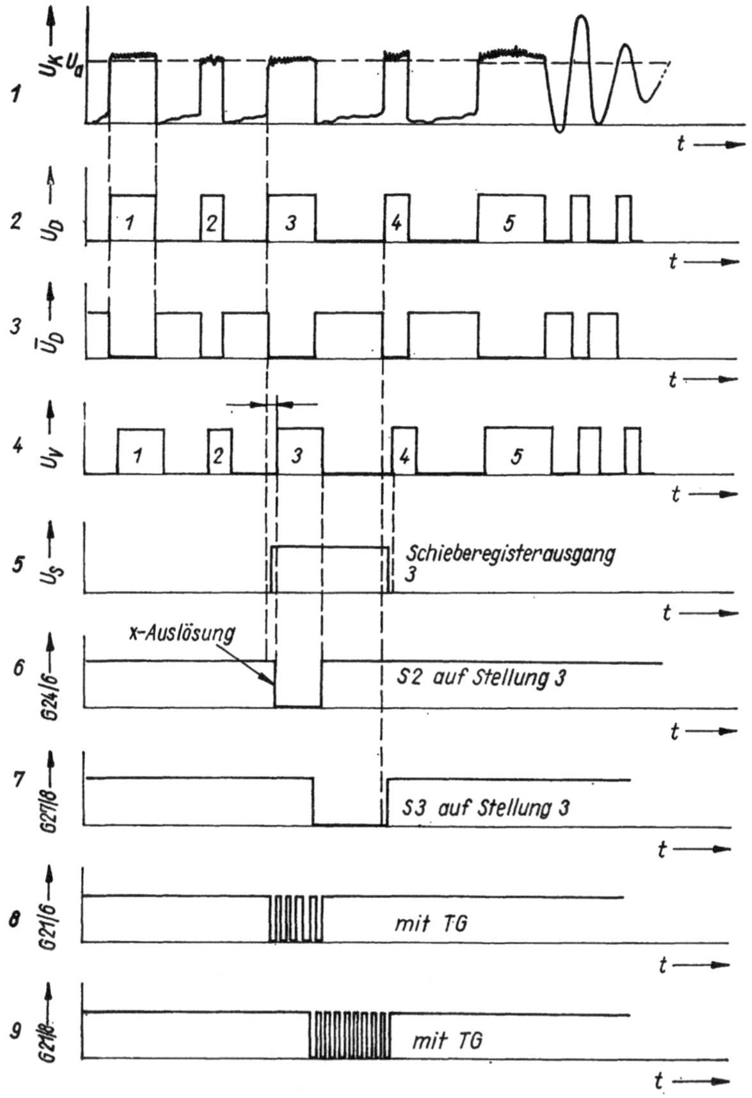

Bild 12. Impulspläne zur Schaltung nach Bild 11

ausgewählten Bogen oder eine einzelne, ausgewählte Wiederschließung mit möglichst hoher Zeitauflösung auf dem Bildschirm eines Oszillografen darzustellen. Bild 11 zeigt eine erprobte Prinzipschaltung [3, 19]. Der bei einmaligen Schaltvorgängen meßbare Spannungsverlauf wird durch einen Trigger digitalisiert, über ein Schieberegister, eine Auswahllogik und weiteren Verknüpfungen erfolgt die Oszillografentriggerung in dem Zeitpunkt, an dem das gewünschte, darzustellende Ereignis (n-te Wiederschließung, n-ter Bogen) am Oszillografeneingang Y wirksam wird. Die Impulspläne 2—7 in Bild 12 erläutern den inneren Funktionsablauf in der Prinzipschaltung nach Bild 11. Wird an Bu 4 in Bild 11 ein quarzstabiler Impulsgenerator angelegt, dann können an den Ausgängen Bu 5 und Bu 6 Impulse elektronisch gezählt werden, die der Bogen- und Wiederschließungszeit proportional sind. Die Impulspläne 8 und 9 in Bild 12 erläutern diese Wirkungsweise nochmals.

5.1.7. Messung am offenen Kontakt

Über dem offenen Kontakt ist der meßbare Isolationswiderstand der funktionsbestimmende Hauptparameter. Wird die Isolationswiderstandsmessung durch Verwendung einer Normalspannung auf eine Strommessung zurückgeführt, dann stehen ebenfalls leicht automatisierbare digitale Meßverfahren zur Verfügung. Das DVM G.1209.500 besitzt eine maximale Stromauflösung von 100 pA [5]. Bei einer Normalspannung von $U_N = 1$ V liegt damit die Nachweisgrenze bei $10^{10}\,\Omega$. Für Widerstandsmessungen bis $5 \cdot 10^{16}\,\Omega$ kann das analoge Widerstandsmeßgerät Teralin III (VEB Statron Fürstenwalde) eingesetzt werden.

5.1.8. Zusammenfassung

Im vorliegenden Beitrag werden eine Anzahl von Meßmethoden vorgestellt, mit deren Hilfe die Hauptparameter beweglicher Kontakte meßtechnisch bestimmt werden können. Die vorgestellten Methoden wurden unter dem Gesichtspunkt entwickelt, eine rationelle und möglichst automatische rechnergerechte Messung zu ermöglichen.

Literaturverzeichnis

[1] *Rau, G.:* Kontakte, Grundlagen, Werkstoffe, Gestaltung und Auswahl. Firmenschrift G. Rau, Pforzheim

[2] *Höft, H.:* Zuverlässigkeit von Bauelementen. Lehrbrief 9463/1, VEB Verlag Technik, Berlin 1973

[3] *Lange, D.:* Prinziplösungen für meßtechnische Aufgaben an Schwachstromkontakten. Diplomarbeit, TH Karl-Marx-Stadt 1976

[4] *Tholl, H. J., Lange, D., Schäfer, K., Klaus, M.:* Ein automatischer Lebensdauermeßplatz für Schwachstromkontakte. Vortrag auf der 5. Kontakttagung der DDR. Karl-Marx-Stadt 1976

[5] *Schmidt, Eckert, Schleifer, Schwarz:* Dritte Generation des Erzeugnissystems digitale Messung und Meßwertausgabe — Grundgeräte. radio — fernsehen — elektronik **23**, 4 (1974) 113—120

[6] *Woschni:* Informationstechnik, Signal, System, Information. Verlag Technik, Berlin 1973

[7] *Peterson, W. W.:* Prüfbare und korrigierbare Codes. Oldeburgverlag 1967

[8] *Kresser, P.:* Aufbau eines Klassifizierungsgerätes als Zusatzgerät zum automatischen Kontaktwiderstandsmeßplatz. Diplomarbeit, TH Karl-Marx-Stadt 1975

[9] *Türk, B.:* Erweiterung des Tunnelspektroskopiemeßplatzes für die Untersuchung der Feinstruktur. Diplomarbeit, TH Karl-Marx-Stadt 1975

[10] *Schönfeld, Robbe:* Entwicklung und Aufbau eines Zuverlässigkeitstesters für Schwachstromkontakte geringer Leistung. Diplomarbeit, TH Karl-Marx-Stadt 1975

[11] *Brzytwa, H.:* Erweiterung und Erprobung eines Zuverlässigkeitstesters für Schwachstromkontakte. Diplomarbeit, TH Karl-Marx-Stadt 1976

[12] *Peter, G.:* Ermittlung der Zuverlässigkeit an ungeschützten Kontakten. radio — fernsehen — elektronik **25**, 7 (1976) 214—215

[13] *Höft, H.:* Ausfallraten verschiedener Schalteranordnungen. radio — fernsehen — elektronik **25**, 7 (1976) 213—214

[14] *Dekaburin:* Über die Zuverlässigkeit elektrischer Kontakte, Kontakte in der Elektrotechnik. Akademie-Verlag, Berlin 1964

[15] G 1 — Literatur- und Patentbericht zum Forschungsthema: Physikalisch-chemische Grundlagen und Applikationsuntersuchungen zu schaltstückbehafteten Schaltelementen. TH Karl-Marx-Stadt, Sektion PEB, 1973

[16] *Klaus, Tholl, Lange, Thiel, Richter:* Lebensdaueruntersuchungen an Mikrotastern bei hoher induktiver Belastung. Vortrag auf der 5. Kontakttagung der DDR, Karl-Marx-Stadt 1976

[17] *Lange, D., Zückmantel, K.-D.:* Ein Meßverfahren für statistische Zeitmessungen an stochastischen Impulsfolgen. Vortrag auf der 5. Kontakttagung der DDR, Karl-Marx-Stadt 1976
[18] *Friedberg:* Monolithische Analogspeicher hochaktuell. Elektronik 11 (1974) 437—440
[19] *Wolf, K.:* Aufbau und Erprobung von Zusatzeinrichtungen für Oszillografen zur Darstellung zufälliger Ereignisse. Diplomarbeit, TH Karl-Marx-Stadt 1976
[20] *Newcombe, Ch.:* How to evaluate microprocessors instruments IEE spectrum **13**, 4 (1976) 38—39
[21] *Leonhardt, Bürger:* Lochbandtechnik. Reihe Automatisierungstechnik, Verlag Technik, Berlin

5.2. Automatischer Lebensdauer- und Zuverlässigkeitsmeßplatz für Schwachstromkontakte

Von *H.-J. Tholl, D. Lange, K. Schäfer* und *M. Klaus*

Technische Hochschule Karl-Marx-Stadt

5.2.1. Einleitung

Die Lebensdauer schaltender Kontakte kann durch die Anzahl der Schaltspiele beschrieben werden, bei denen der schaltende Kontakt seine funktionsbestimmenden Hauptparameter einhält. Der über einem geschlossenen Kontakt meßbare Durchgangswiderstand R_D ist ein solcher funktionsbestimmender Hauptparameter, in bestimmten Einsatzfällen ist der Durchgangswiderstand das wichtigste lebensdauerbestimmende Phänomen [1, 2]. In solchen Fällen besteht die meßtechnische Aufgabe, den Durchgangswiderstand R_D als Funktion der Schaltspielzahl n zu bestimmen.
Eine einzige Messung an einem Kontakt nach einer Schaltspielzahl n läßt jedoch noch keine Schlußfolgerungen auf einen repräsentativen Wert $R_D = f(n)$ zu, da weitere gleiche Kontakte mit gleicher Vorgeschichte und bei gleichen Meßbedingungen völlig andere Werte $R_D = f(n)$ aufweisen können. Es ist unbedingt erforderlich, den Durchgangswiderstand durch eine Vielzahl von Messungen zu registrieren und die Meßergebnisse einer statistischen Auswertung zuzuführen [3 bis 15].

5.2.2. Durchgangswiderstandsmessung mit konstantem Strom

Bild 1 zeigt typische Verläufe $R_D = f(n)$ [16, 17]. Zahlenangaben, wieviel Messungen zur Darstellung eines einzelnen Punktes im Verlauf $R_D = f(n)$ erforderlich sind, um mit genügender statistischer Sicherheit einen Wert angeben zu können, zeigen in der ausgewerteten Literatur ([3 bis 15]) Schwankungen um zwei Größenordnungen (10 bis 1000 Werte). Die Messung $R_D = f(n)$ für viele Schaltspiele (technisch bis 10^8 Schaltspiele erforderlich) bedingt einen hohen zeitlichen Aufwand, selbst dann, wenn die Messung nur bei bestimmten Schaltspielintervallen erfolgen soll.

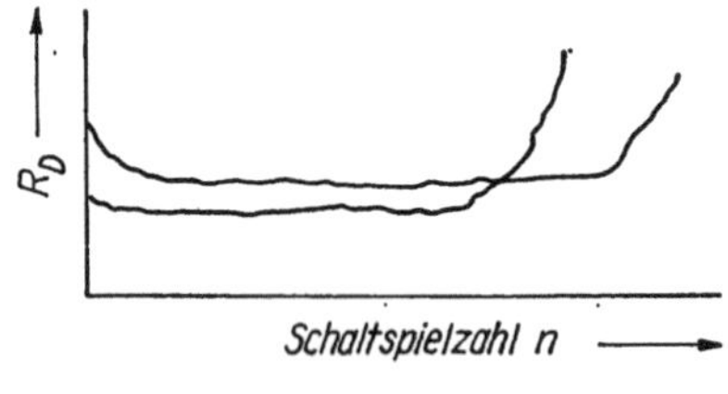

Bild 1. Prinzipverlauf des Kontaktwiderstandes als Funktion der Schaltspielzahl

Das anzuwendende Widerstandsmeßverfahren muß demzufolge drei grundlegende Bedingungen erfüllen, wenn die Messungen mit vertretbarem zeitlichen, personellen und ökonomischen Aufwand bei genügender Meßgenauigkeit durchgeführt werden sollen:

1. Das Meßverfahren muß sich mit vertretbarem Aufwand in ein automatisches Meßverfahren einordnen lassen.
2. Das Meßverfahren muß hohen Anforderungen in bezug auf die Langzeitkonstanz der erzielbaren Meßgenauigkeit genügen.

3. Die Meßdaten müssen sich automatisch in rechnergerechte Formen aufbereiten und speichern lassen.

Die Überführung der Widerstandsmessung in eine Spannungsmessung wird möglich, wenn über dem auszumessenden Widerstand ein konstanter Strom eingespeist wird. Dieses Verfahren wird in der ausgewerteten Literatur fast ausschließlich zur Messung des Durchgangswiderstandes angewendet. Wird über einem auszumessenden Widerstand R_x ein konstanter Strom I_K eingespeist, dann ergibt sich der meßbare Spannungsabfall über R_x aus

$$U_x = I_K \cdot R_x. \tag{1}$$

Bei bekanntem konstantem Strom ergibt sich dann folglich

$$R_x \sim U_x. \tag{2}$$

Zur Messung des Spannungsabfalls über dem auszumessenden Durchgangswiderstand R_D ist der Einsatz von Digitalvoltmetern (DVM) sinnvoll. DVM gestatten eine hohe Meßgenauigkeit und besitzen meist einen Standard-Interface, der den Einsatz in automatisierten Meßeinrichtungen wesentlich vereinfacht [18, 19]. Der Spannungsabfall über dem auszumessenden Widerstand kann nicht beliebig klein gewählt werden; eine untere Grenze für den Meßstrom setzt die Empfindlichkeit des zur Spannungsmessung verwendeten DVM. Der Meßfehler eines DVM setzt sich aus Gerätefehler, TK-Fehler und Quantisierungsfehler zusammen. Für eine Grobabschätzung der Spannung U_{min}, die bei vertretbaren Fehlergrenzen am DVM anliegen muß, können Gerätefehler und TK-Fehler vernachlässigt werden. In Tabelle 1 sind die derzeit in der DDR handelsüblichen Digitalvoltmeter zusammengestellt. Die Spannung U_{min} für 10% Meßfehler wurde aus der Empfindlichkeit/Digit bei Vernachlässigung der übrigen Fehler überschlägig berechnet. Importgeräte wurden nicht berücksichtigt, da diese DVM oft abweichende Interface-Systeme besitzen. Mit den in Tabelle 1 zusammengestellten Werten kann der Kon-

Tabelle 1. Übersicht über handelsübliche Digitalvoltmeter, Empfindlichkeit und Meßfehler

DVM-Typ	Empfindlichkeit/ Digit in μV	U_{min} bei 10% Fehler in μV
4015	100	1000
4014	10	100
4027	10	100
G-1202.500	0,1	1
G-1203.500	1	10
G-1206.500	1	10
G-1208.500	1	10
G-1212.500	1	10
G-1209.500	10	100
G-1210.500	10	100
G-1211.500	10	100
G-1213.500	10	100

stantstrom I_{min} für einen auszumessenden Durchgangswiderstand R_{Dmin} abgeschätzt werden, wenn für R_{Dmin} etwa 10% Meßfehler als noch vertretbare Unsicherheit zugelassen werden können.

$$I_{min} = \frac{U_{min}}{R_{Dmin}}. \tag{3}$$

5.2.3. Vorgesehener Verwendungszweck des Meßplatzes

Der automatische Lebensdauermeßplatz wurde für Lebensdaueruntersuchungen an Mikrotastern geringer elektrischer Belastbarkeit, so z. B. für die Typen C und D des VEB Kombinates Schaltelektronik Oppach, konzipiert. Die zu erwartenden Durchgangswiderstände liegen dabei im Wertbereich von etwa 1 mΩ bis hin zu Werten von einigen 10 Ω.
Als elektrische Belastung wurden vorgegeben:

Spannungen: (1 bis 24) V,
Ströme: (1 bis 100) mA,
Lastarten:
1. Quasiohmsche Belastung, d. h. L- und C-arm.
2. Induktivitäten $L < 10\,\mu$H,
3. Kapazitäten $C < 100$ pF,
4. RLC-Netzwerke mit gleichen Größenordnungen der Blindelemente.

5.2.4. Der automatische Durchgangswiderstandsmeßplatz

Der automatische Meßplatz wurde von den Autoren konzipiert und im Rahmen von Diplomarbeiten zum funktionstüchtigen Gerät weiterentwickelt [21, 22]. Bild 2 zeigt ein Blockschaltbild. 10 Kontakte werden synchron geschaltet, bei vorprogrammierten

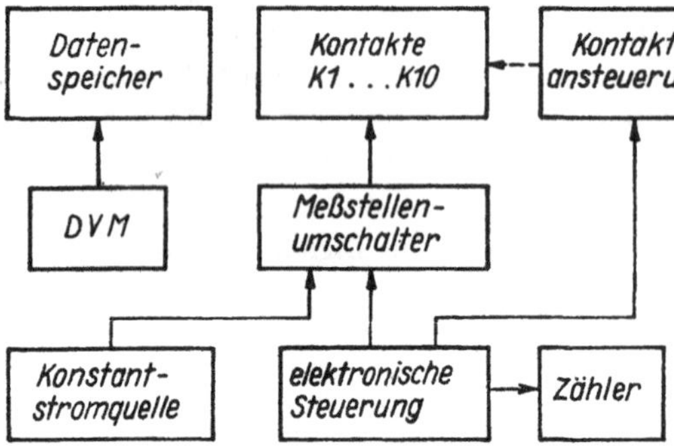

Bild 2. Blockschaltbild des automatischen Kontaktwiderstandsmeßplatzes

Schaltspielzahlen beendet die elektronische Steuerung die Schaltvorgänge, über einen Meßstellenumschalter wird über jeweils einen Kontakt ein konstanter Strom eingespeist, der Spannungsabfall wird gemessen und abgespeichert. Nach Ende von 10 Messungen an den 10 Kontakten gibt die Steuerung den Befehl zum Weiterschalten. Bei Erreichen einer weiteren vorprogrammierten Schaltspielzahl erfolgt ein neuer Meßzyklus. Technische Einzelheiten und Schaltungsunterlagen sind in [23] enthalten. Der erläuterte, automatische Meßplatz liefert auf diese Weise bei einer Schaltspielzahl n eine Meßreihe, die aus 10 Werten besteht. Eine zusammenfassende Information, die aus einer Meßreihe entnehmbar ist, ist die Angabe eines durchschnittlichen Wertes [8] (Mittelwertes). *Galle* [8] gibt eine Übersicht über vier verschiedene Mittelwerte, die sich von Fall zu Fall sinnvoll anwenden lassen:

1. Arithmetischer Mittelwert,
2. Zentralwert oder Median,
3. der häufigste Wert,
4. Quantille.

Aus der auszuwertenden Meßreihe ist weiterhin die Information entnehmbar, in welcher Weise die ermittelten Werte streuen. Zur Charakterisierung der Meßwertstreuung sind zwei Streuwertangaben üblich:

1. Spannweite R,

2. die Standardabweichung $\sqrt{s^2}$.

Bei der Auswahl eines geeigneten Mittelwertes und eines Streumaßes steht man jedoch vor dem Problem, daß die Verteilungsfunktion, die durch Durchschnittswert und Streumaß charakterisiert werden soll, im allgemeinen nicht bekannt ist. Die sicherste Art der Meßreihenauswertung ist nach *Galle* die Ermittlung der Häufigkeitsverteilung. Die Meßwerte werden dabei in Klassen eingeteilt, die Häufigkeit, mit der Meßwerte in einer Klasse liegen, wird in einem Histogramm dargestellt.
Von entscheidender Bedeutung bei der Meßwertklassifizierung ist die Wahl einer sinnvollen Klassenzahl [24]. Nach *Wagner* [24] erhält man eine zweckmäßige Klassenzahl aus

$$\text{Klassenzahl} \approx \sqrt{\text{Meßwertanzahl}}. \tag{4}$$

An gleicher Stelle nennt *Wagner* als praktische Empfehlung, Klassenzahlen zwischen 5 bis 20 zu wählen, um sinnvolle Häufigkeitsverteilungen angeben zu können. Das bedeutet, daß nach Gleichung (4) 25 bis 400 Meßwerte erforderlich sind, um eine Häufigkeitsverteilung der Meßreihe angeben zu können. Galle [4] gibt an, daß für die Darstellung von Häufigkeitsverteilungen 100 bis 1000 Meßwerte notwendig sind. Diese Angaben decken sich mit eigenen Erfahrungswerten bei Kontaktwiderstandsmessungen. Dies würde jedoch bedeuten, daß entweder ein Kontaktwiderstandsmeßplatz mit 100 bis 1000 Prüflingen erforderlich wäre oder aber, die Versuche müßten bei einem Meßplatz mit 10 Prüflingen entsprechend oft wiederholt werden. Die erstgenannte Variante erfordert einen hohen technischen Aufwand und dürfte ihre eigenen Zuverlässigkeitsprobleme in sich bergen. Die elektrische Lastkreisnachbildung müßte ebenfalls 100- bis 1000-mal aufgebaut werden. Der zweite Lösungsweg erfordert einen 10- bis 100mal höheren Prüfzeitaufwand. Als Kompromiß zwischen beiden Varianten wurde von uns folgende Variante gewählt.

5.2.4.1. Definition eines speziellen Unterprogramm-Meßzyklus

An einem Meßplatz mit k Prüflingen können bei einer bestimmten Schaltspielzahl n nur k Meßwerte pro Versuch gewonnen werden (d. h. ein Meßwert pro Kontakt). Nach m gleichzeitigen Weiterschaltungen aller Prüflinge werden weitere k Meßwerte gewonnen (Bild 3).
Bei $n + z \cdot m$ Schaltspielen erhält man somit $k \cdot z$ Meßwerte für alle k Prüflinge und z Meßwerte pro Prüfling. Die z Meßwerte pro Prüfling und die $k \cdot z$ Werte für alle Prüflinge (Ensemble) lassen sich der Schaltspielzahl n zuordnen, wenn nachstehende Voraussetzungen erfüllt sind:

1. $\Delta n = z \cdot m \ll n,$ (5)

2. m ist so groß gewählt, daß die Messung bei der Schaltspielzahl $n + z_i m$ keine erkennbare Abhängigkeit gegenüber der Messung bei der Schaltspielzahl $n + z_{i+1} m$ zeigt.

Der funktionelle Ablauf, mit dem in einem Schaltspielintervall Δn die $k \cdot z$ Meßwerte gewonnen werden, wird im weiteren als Unterprogrammzyklus (UPZ) bezeichnet. Bei dem von uns entwickelten Meßplatz können diese UPZ ab Schaltspielzahlen $n = 10^4$ durchlaufen werden. Die Parameter m und z sind in folgenden Wertebereichen wählbar:

Weiterschaltzahl m: 0, 1, 10, 100,
Wiederholzahl z: 1, 10, 100, 1000.

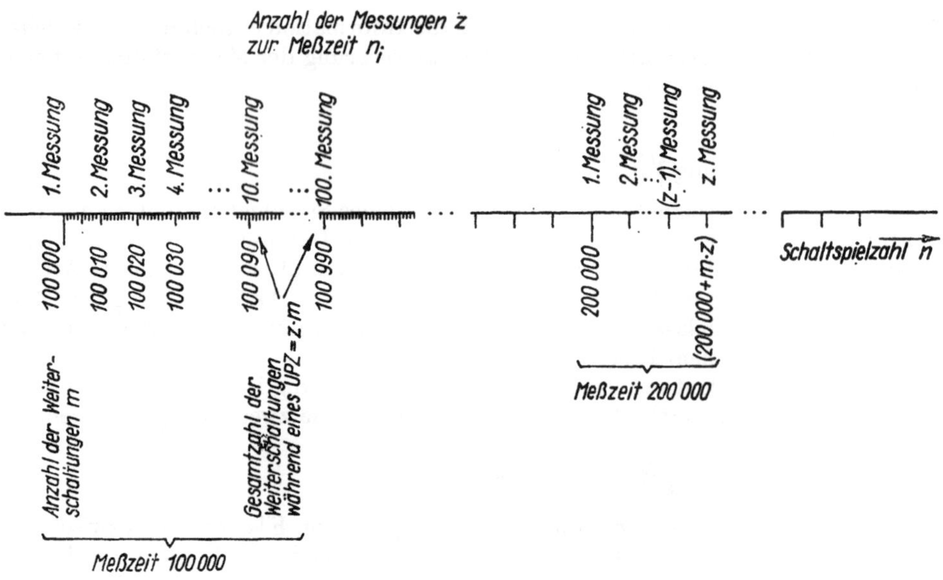

Bild 3. Unterprogramm-Meßzyklus

Aus schaltungstechnischen Gründen sind nicht alle Kombinationen (m, z) möglich, sondern nur die in Tabelle 2 erklärten Beispiele. Mit Hilfe der erläuterten UPZ ist es möglich, den enormen Zeit- und Geräteaufwand der o. g. Meßmethoden zu umgehen. Wie später noch an Beispielen gezeigt werden wird, können sowohl für das Prüfensemble als auch für die Einzelkontakte in relativ kurzer Zeit genügend Meßwerte für die statistische Versuchsauswertung gewonnen werden.

Tabelle 2. Übersicht über mögliche Unterprogrammzyklen des Kontaktwiderstandsmeßplatzes

UPZ-Nr.	Weiterschaltzahl m	Wiederholzahl z	Meßwerte pro Kontakt	Meßwerte pro Ensemble
1	0	1	1	10
2	1	100	100	1000
3	1	1000	1000	10000
4	10	10	10	100
5	10	100	100	1000
6	100	1	1	10
7	100	10	10	100

5.2.4.2. Schaltungstechnische Realisierung

Die automatische Ablaufsteuerung wurde mit TTL-Schaltkreisen der Baureihe D 10 ausgeführt. Für die schaltungstechnische Ausführung der Ablaufsteuerungsschritte Schalten — Messen — Schalten usw. bieten sich elektronische Zählschaltungen mit nachgeschalteten Decodiernetzwerken an. Für eine streng logarithmische Meßfolge würden diese Decodiernetzwerke sehr aufwendig. Eine für unsere Zwecke ausreichende, quasi-logarithmische Meßfolge erhält man durch die im Bild 4 dargestellte Schaltung. Jeder Taktimpuls des Taktgenerators 1 bewirkt eine Weiterschaltung der Prüflinge, gleichzeitig wird die von den Prüflingen absolvierte Schaltspielzahl n durch die Zähldekaden Z_1 bis Z_8 gezählt. Die Tore 1 bis 8 werden durch die Übertragsimpulse der Zähldekaden $Z_1 - Z_8$ für Impulse gesperrt. Zu Beginn des Funktionsablaufes stehen alle Zähler in der Stellung 0. Die Tore 1—8 sind für Impulse geöffnet. Der 1. Impuls des Taktgenerators kann somit Tor 1 passieren und gelangt über weitere logische Verknüpfungen an das Schalt — Meß — Flip-Flop (SMFF). Der Potentialwechsel von Hoch nach Tief am Ausgang Q des SMFF stoppt den Taktgenerator, der Potentialwechsel von Tief nach Hoch am Ausgang $\bar{Q}$ löst den Meßvorgang aus.

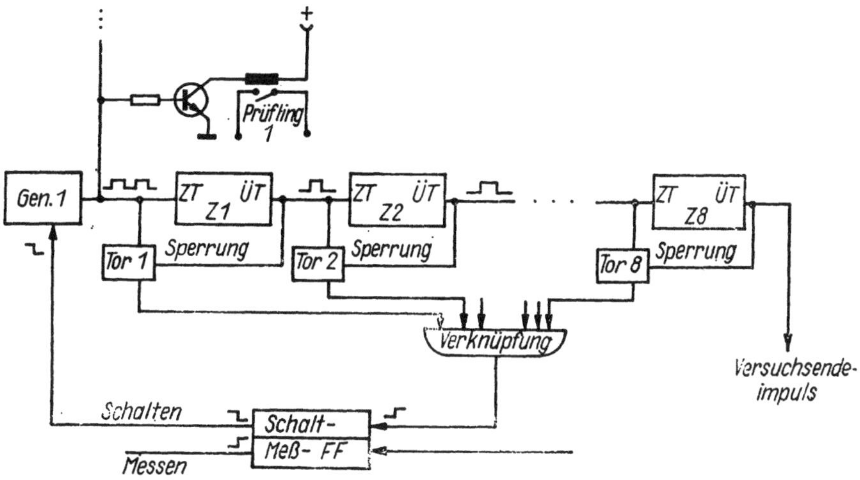

Bild 4. Prinzipschaltbild der Ablaufsteuerung zur Erzeugung einer Quasilogarithmischen Meßfolge (UPZ 1)

Einige im Bild 4 nicht dargestellte Funktionsgruppen steuern den Ablauf der Kontaktwiderstandsmessung an den Prüflingen. Das Ende der zehn möglichen Messungen wird durch einen Impuls dem SMFF mitgeteilt. Das SMFF kippt zurück, der Potentialwechsel am Ausgang Q startet den Taktgenerator erneut, die Prüflinge absolvieren eine weitere Schaltung. Da das Tor 1 noch geöffnet ist, wiederholen sich die bisher erläuterten Funktionsabläufe bis zur Schaltspielzahl 9. Der zehnte Impuls, der am Eingang von Zähler 1 wirksam wird, bewirkt, daß am Ausgang ÜT von Z_1 ein Übertragsimpuls erscheint, der das Tor 1 sperrt und gleichzeitig den Zähler Z_2 um eine Stellung weiter stellt. Da das Tor 2 nur von den Übertragsimpulsen des Zählers 1 angesteuert wird, kann jetzt nur noch jeder 10. Taktimpuls Meßvorgänge auslösen, bis durch den Übertragsimpuls von Z_2 auch dieses Tor gesperrt wird. Die erklärte Systematik wiederholt sich in sinngemäß gleicher Weise bis zu 10^8 Schaltspielen. Der erläuterte Funktionsablauf entspricht dem gesamten UPZ 1 aus Tabelle 2 und dem Ablauf aller anderen UPZ's bis zur Schaltspielzahl $n = 9 \cdot 10^3$. Die weiteren in Tabelle 2 enthaltenen UPZ's werden durch eine prinzipiell gleiche Ablaufsteuerung entsprechend Bild 4 realisiert, jedoch sind dabei die Übertragsimpulse der Zähler und die Torschaltungen in anderer Weise logisch verknüpft. Einzelheiten dazu werden in [25] veröffentlicht.

Bild 5 zeigt ein ausführliches Gesamtschaltbild des Meßplatzes. Die bisher noch nicht näher erläuterte Steuerung des eigentlichen Meßvorganges wird an Hand von Bild 5 nachgeholt. Mit dem Impuls „Messung — Ausführung“ der in Bild 4 ausführlicher dargestellten Schaltung kippt das SMFF, der Schalttaktgenerator 1 stoppt, während der Meßtaktgenerator startet. Die Impulse des Generators 2 werden von einem Ringzähler gezählt. Durch den ersten Zählschritt des Ringzählers werden die elektrischen Belastungen abgeschaltet. Der nächste Meßtakt bewirkt, daß der Meßstrom an den Meßstellenumschalter angelegt wird. Die nächsten 10 Zählschritte beinhalten jeweils pro Zähl-

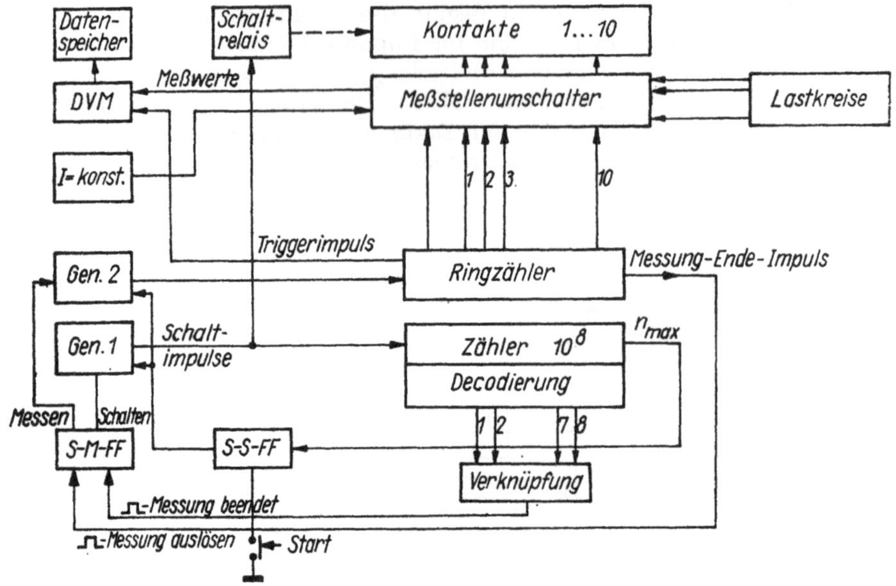

Bild 5. Gesamtblockschaltbild des Kontaktwiderstandsmeßplatzes

schritt nachstehende Funktionsabläufe:

1. Durch den Meßstellenumschalter wird der Meßstrom an den Kontakt k_n angelegt.
2. Das DVM wird an den Kontakt k_n angeschlossen.
3. Eine nicht näher dargestellte logische Verknüpfung zwischen Meßtakt und Ringzähler triggert das DVM, der Kontaktwiderstand wird gemessen und abgespeichert.

Bei den nächsten beiden Zählschritten des Ringzählers werden nacheinander Meßstrom und DVM abgeschaltet, die Lastkreise werden wieder an die Kontakte angeschlossen. Nach Ausführung aller aufgezählten Schritte gibt der Ringzähler einen „Messung — Ende — Impuls“ ab. Durch diesen Impuls wird über das SMFF das Messen beendet (Generator 2 stoppt). Der Generator 1 schaltet die Prüflinge weiter, bis durch Zähler und Decodierung (siehe auch Bild 4) ein neuer Meßbefehlsimpuls abgegeben wird.

5.2.5. Unterprogrammauswahl

Die in Tabelle 2 enthaltenen Unterprogramme bieten die Möglichkeit, die Anzahl der Messungen pro Prüfling dem jeweiligen Einsatzfall zweckmäßig anzupassen. Der Zweck der durchzuführenden Messung besteht vor allem darin, unter definierten Bedingungen für eine Anzahl von Prüflingen einen sinnvollen durchschnittlichen Verlauf $R_D = f(n)$ angeben zu können. Zur weiteren Beurteilung des Durchschnittswertes ist es unbedingt erforderlich, ein geeignetes Streumaß anzugeben, um unter anderem die für Anwender wichtige Frage beantworten zu können, mit welcher Wahrscheinlichkeit ein bestimmter Widerstandswert überschritten werden kann, (siehe 5.2.4.1. und [8]). Bis jetzt war es weitgehend üblich, für die Auswahl geeigneter Durchschnittswerte und Streumaße eine mathematisch definierte Verteilungsfunktion anzunehmen. Eine unbedingte Voraussetzung dafür ist es jedoch, die empirische Verteilungsfunktion der Meßwerturliste aufzunehmen und entsprechende Anpassungstests durchzuführen. Diese Methode liefert in bestimmten Fällen vorzügliche Aussagen, erfordert aber einen sehr hohen mathematischen Aufwand. Damit ist jedoch exakt erst ein Kurvenpunkt im Verlauf $R_D = f(n)$ charakterisiert, theoretisch müßte dieser Aufwand für jeden dargestellten Kurvenpunkt wiederholt werden (siehe Bild 6). Mit Hilfe der Tschebyscheffschen Ungleichung

$$P\{|x - \mu| \geqq \varepsilon\} \leqq \frac{\sigma^2}{\varepsilon^2} \tag{6}$$

erhält man bei wesentlich geringerem mathematischen Aufwand technisch brauchbare Aussagegenauigkeiten über die Wahrscheinlichkeit, mit der ein Kontaktwiderstands-

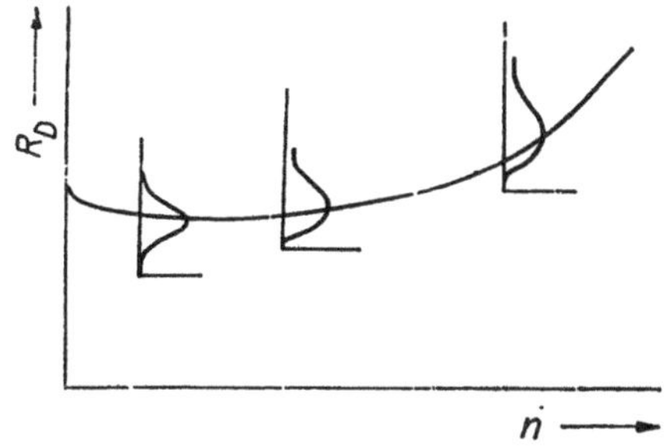

Bild 6. Konstruktion eines symbolischen Verlaufes $R_D = f(n)$ aus den Maxima angenommener Verteilungen

wert einen oberen, vorgegebenen Grenzwert überschreitet. Die Ungleichung liefert auch bei Verteilungen, deren Gesetz unbekannt ist, eine Aussage über den relativen Anteil der Werte innerhalb eines Bereiches $\mu \pm \lambda \cdot \sigma$. Bild 7 zeigt eine beliebig angenommene Ver-

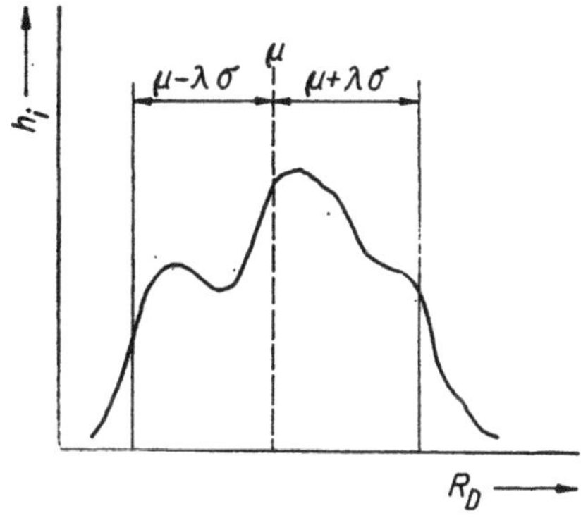

Bild 7. Schematische Darstellung einer beliebigen Verteilungsfunktion und einer Abschätzung nach Tschebyscheff

teilung mit einem angenommenen Mittelwert μ und den eingezeichneten Intervallen $\mu + \lambda \cdot \sigma$ und $\mu - \lambda \cdot \sigma$. Mit Hilfe der Ungleichung (6) läßt sich die statistische Sicherheit S angeben, mit der ein Wert innerhalb des Bereiches $\mu \pm \lambda \cdot \sigma$ liegt. Zur Berechnung von μ und σ sind strenggenommen unendlich viele Meßwerte erforderlich. Eine Meßreihe endlicher Länge kann demzufolge nur durch den arithmetischen Mittelwert $\bar{x}$

$$\bar{x} = \frac{1}{n} \sum_{i=1}^{n} x_i \tag{7}$$

und die Streuung

$$s = \frac{1}{n-1} \sqrt{\sum_{i=1}^{n} (x_i - \bar{x})^2} \tag{8}$$

beschrieben werden. Für genügend große Werte n begeht man dann keinen großen Fehler, wenn man für μ $\bar{x}$ setzt und anstatt σ s verwendet.

Unter der eben getroffenen Voraussetzung wurde die Kurve III in Bild 8 mit Hilfe von Gleichung (6) berechnet, die die statistische Sicherheit S als Funktion von λ wiedergibt Um einen anschaulichen Vergleich über die angebbaren statistischen Sicherheiten zu ermöglichen, wurden für häufig verwendete Verteilungen die Sicherheiten S (λ) mit dargestellt. Kurve II stellt die Sicherheit dar, die mit der Abschätzung nach Cantelli berechnet wurde. Die weiteren Kurven zeigen die statistischen Sicherheiten häufig verwendeter Verteilungsfunktionen [24, 26]. Man erkennt aus Bild 8:

1. Im Intervall $\bar{x} \pm s$ kann mit Hilfe der Tschebyscheffschen Ungleichung noch keine statistische Unsicherheit angegeben werden. Mit Hilfe der Abschätzung nach Cantelli lassen sich hier 50% statistische Sicherheit angeben (Kurve II). Mathematisch definierte Verteilungsfunktionen liefern Aussagen mit höherer Sicherheit.

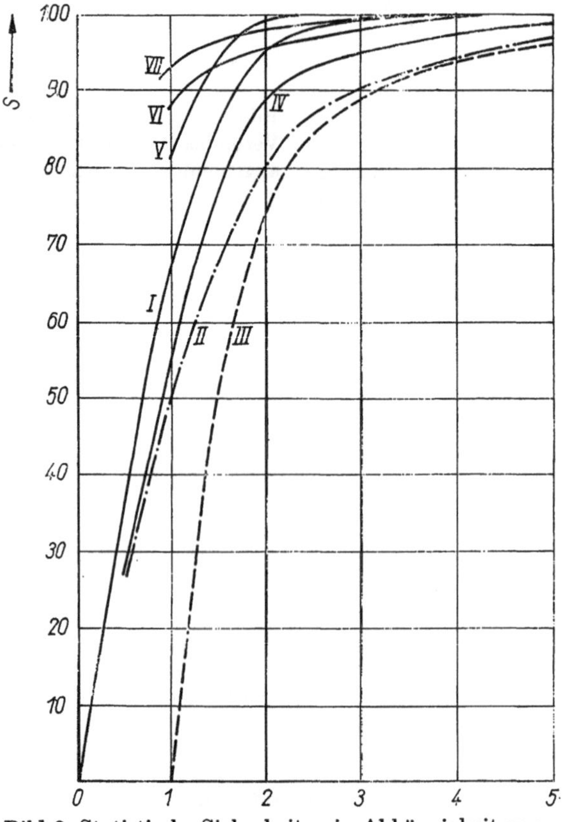

Bild 8. Statistische Sicherheiten in Abhängigkeit von $\mu + \lambda\sigma$
I — Normalverteilung
II — Abschätzung nach Cantelli [26]
III — Abschätzung nach Tschebyscheff
IV — Camp-Meidelverteilung
V — Weibullverteilung $\alpha = 10$ [26]
VI — Exponentialverteilung [26]
VII — Weibullverteilung $\alpha = 0{,}5$ [26]

2. Für ein Intervall $\bar{x} \pm 3s$ kann mit Hilfe der Tschebyscheffschen Ungleichung bereits eine statistische Sicherheit von 88,9% errechnet werden, d. h., daß mindestens 88,9% aller Meßwerte innerhalb des betrachteten Bereiches liegen.

Der Vorteil der Abschätzungen nach Tschebyscheff und Cantelli ist es, daß man nur $\bar{x}$ und s genügend genau benötigt. Die Aufnahme einer empirischen Verteilungsfunktion sowie nachfolgende mathematisch aufwendige Anpassungstests können entfallen. Da etwa 90% statistische Sicherheit für viele technische Zwecke als ausreichend angenom-

men werden können, schlagen wir vor, für den Kontaktwiderstand als Funktion der Schaltspielzahl den Verlauf von $\bar{x}$ und den Verlauf $\bar{x} + 3s$ anzugeben.
Unter Verwendung der gleichen Betrachtungsweise läßt sich auch abschätzen, ob zur Berechnung von $\bar{x}$ und s genügend Meßwerte zur Verfügung gestanden haben. Setzt man voraus, daß in einer Meßreihe, die einer beliebigen Verteilung gehorcht, μ und σ existieren, dann werden sich $\bar{x}$ und s den „wahren" Werten immer mehr annähern, je mehr Werte zur Berechnung von $\bar{x}$ und s hinzugezogen werden. In Bild 9 ist das Kon-

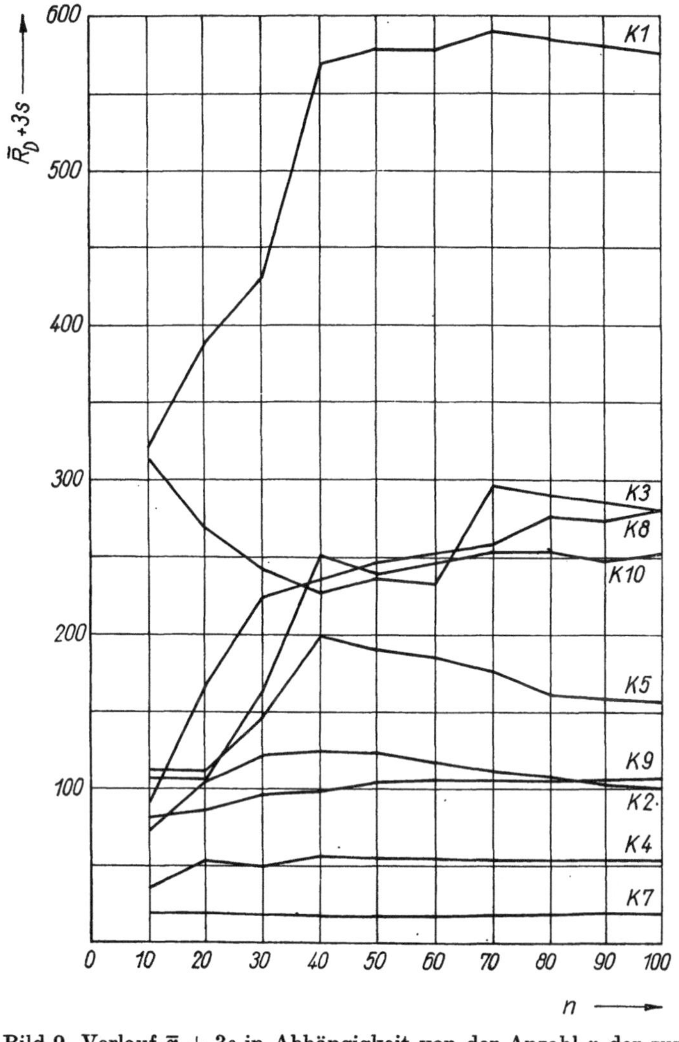

Bild 9. Verlauf $\bar{x} + 3s$ in Abhängigkeit von der Anzahl n der zur Berechnung verwendeten Werte für 10 Mikrotaster nach 100000 Schaltspielen ($L = 0{,}5$ H, $U = 24$ V, $I = 0{,}5$ A)

vergenzverhalten $\bar{x} + 3s$ für einen willkürlich ausgewählten Meßpunkt der 10 Kontakte eines Prüfensembles in Abhängigkeit von der Anzahl der Messungen dargestellt. In Bild 10 ist der gleiche Sachverhalt für das Ensemble dargestellt. Man erkennt in Bild 9, daß für viele Kontakte bereits 40 Messungen ausreichen, um im Verlauf $\bar{x} + 3s$ ein Konvergenzverhalten erkennen zu können, nach 80 Meßwerten ist dieses Verhalten bei allen Verläufen deutlich zu erkennen. Mit Hilfe dieser Auswertemethode und der vorgestellten Unterprogramm-Meßtechnik wird es möglich, bei höheren Schaltspielzahlen auch für einzelne Kontakte statistisch abgesicherte Aussagen zu gewinnen. Der zeitliche und schaltungstechnische Aufwand bleibt im Gegensatz zu den in Abschnitt 5.2.4. erläuterten Methoden in technisch und ökonomisch vertretbaren Grenzen. Mit Hilfe der in Tabelle 2 zusammengestellten Unterprogramme kann die Anzahl n der Messungen pro Kontakt, nach orientierenden Vorversuchen, den konkreten Bedingungen angepaßt werden.

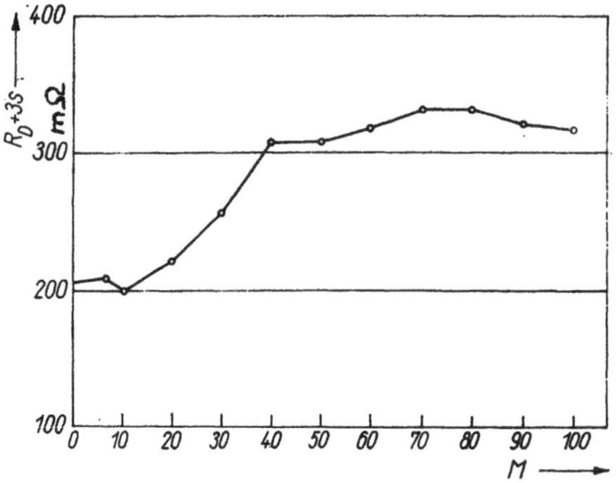

Bild 10. Verlauf von $\bar{x}$, s sowie $\bar{x} + 3s$ des Ensembles (Bedingungen wie in Bild 9)

Literaturverzeichnis

[1] G 1 – Literatur- und Patentbericht zum Forschungsthema: Physikalisch-chemische Grundlagen und Applikationsuntersuchungen zu schaltstückbehafteten Schaltelementen. TH Karl-Marx-Stadt, Sektion PEB 1973

[2] *Höft, H.:* Zuverlässigkeit von Bauelementen. Lehrbrief 9463 – 1, Verlag Technik, Berlin 1973

[3] *Lange, D.:* Erarbeitung von speziellen Problemlösungen für meßtechnische Aufgaben an Schwachstromkontakten. Diplomarbeit, TH Karl-Marx-Stadt 1976

[4] *Galle, G.:* Prüfung des Kontaktverhaltens von Steuerschützen. II. Internationale Kontakttagung, Graz 1964, Tagungsband 246–256

[5] *Höft, H.:* Fragen der Zuverlässigkeit von elektrischen Kontakten. Nachrichtentechnik 17, 5 (1967) 200–204

[6] *Dekaburin, I.:* Über die Zuverlässigkeit elektrischer Kontakte. Kontakttagung, Berlin-Adlershof 1964. Kontakte in der Elektrotechnik 207–219, Akademie-Verlag, Berlin 1964

[7] *Keilwerth, R.:* Zuverlässigkeitsauswertungen von Kontakteigenschaften. 5. Internationale Kontakttagung, München 1970. Tagungsband I, 351–354, VDE-Verlag GMBH, Berlin 1970

[8] *Galle, G.:* Zuverlässigkeit, Prüfverfahren und Statistik. 5. Internationale Kontakttagung München 1970. Tagungsband II, 106–114 VDE-Verlag GMBH, Berlin 1970

[9] *Milkowska, M.:* Zeszyty nauvowe politechniki wroclawskiej. 1 (1958)

[10] *Dietrich:* Einheitliche Prüfgeräte als Voraussetzung für vergleichbare Aussagen für Lebensdaueruntersuchungen von Kontakten. 5. Internationale Kontakttagung. München 1970. Tagungsband II, 77–85, VDE-Verlag GMBH, Berlin 1970

[11] *Horn, Merl:* Einfluß der Dämpfe organischer Isolierstoffe auf den Kontaktwiderstand von Gold- und Silberlegierungen. 7. Internationale Kontakttagung, Paris 1974. Tagungsband, 73–79

[12] *Rösch, K.:* Rechnergestütztes Untersuchungssystem für Relaiskontaktwerkstoffe. 7. Internationale Kontakttagung Paris 1974, Tagungsband 168–174

[13] *Kirchdorfer:* A contribution to the study of the long time behaviour of electrical contacts in industrial atmospheres. 7. Internationale Kontakttagung, Paris 1974. Tagungsband S. 327 bis 332

[14] *Dittes:* Über die Anwendung statistischer Methoden auf die Auswertung von Versuchen mit elektrischen Kontakten. 7. Internationale Kontakttagung, Paris 1974. Tagungsband S. 327 bis 332

[15] *Pottinecke, Pechhold:* Einwirkung von aggressiven Gasen auf Kontaktoberflächen. 7. Internationale Kontakttagung, Paris 1974. Tagungsband S. 245—249

[16] *Rau, G.:* Kontakte, Grundlagen, Werkstoffe, Gestaltung und Auswahl. Firmenschrift KG Rau, Pforzheim

[17] *Keil, A.:* Werkstoffe für elektrische Kontakte. Springer-Verlag, Berlin, Göttingen, Heidelberg 1960

[18] *Schmidt, Eckert, Schleifer, Schwarz:* Dritte Generation des Erzeugnissystems Digitale Messung und Meßwertausgabe — Grundgeräte. radio — fernsehen — elektronik **23**, 4 (1974) 113—120

[19] *Tietze:* Analog-Digital-Umsetzer der elektronischen Meßtechnik. radio — fernsehen — elektronik **21**, 19 (1974) 621—623 und FF bis Heft 23

[20] VEB Kombinat Funkwerk Erfurt: Technische Arbeitsunterlagen für den Kunden, Digitalvoltmeter (4014a, 4027, 4015)

[21] *Baumann, G.:* Aufbau eines automatischen Kontaktwiderstandsmeßplatzes. Diplomarbeit, THK, Sektion PEB 1974

[22] *Hermann, E.:* Erweiterung und Erprobung eines Lebensdauermeßplatzes für elektrische Kontakte. Diplomarbeit, THK, Sektion PEB 1975

[23] Technische Dokumentation zum Kontaktwiderstandsmeßplatz, TH Karl-Marx-Stadt, Sektion PEB, Arbeitsunterlagen der Forschungsgruppe E II-Erosion

[24] *Wagner:* Statistische Qualitätskontrolle elektronischer Bauelemente und Geräte. Handbuch für HF- und Elektrotechniker Bd. 8, S. 293—366. Verlag für Radio—Foto—Kinotechnik GMBH, Berlin-Borsigwalde 1969

[25] A 4 — Abschlußbericht zum Thema: Automatischer Lebensdauermeßplatz für Schaltelemente bei geringer elektrischer Belastung. THK, Sektion PEB 1977

[26] *Urbig:* Über den Fremdschichtwiderstand und den statistischen Charakter des Kontaktwiderstandes. Dissertationsschrift, THK 1977

5.3. Automatisches Messen und Auswerten von Kontaktwiderständen

Von *F. Müller*, *M. Wiedemann* und *K.-P. Asmus*

VEB Kontaktbauelemente und Spezialmaschinenbau Gornsdorf

5.3.1. Einführung

Bei Kontaktwiderstandsuntersuchungen an hochpoligen Steckverbindern müssen eine Vielzahl von Meßreihen mit vielen Tausend Meßwerten ermittelt und ausgewertet werden. Eine Automatisierung des Meßvorganges und der Auswertung wird unbedingt erforderlich. Die Auswertung der Meßreihen beschränkte sich bisher meistens nur auf die Berechnung der arithmetischen Mittelwerte und einer Kontrolle, ob Meßwerte einen festgelegten oberen Wert überschreiten. Eine Meßreihe der Kontaktwiderstände, vorausgesetzt, sie ist vom Umfang her nicht zu klein gewählt, enthält aber viel mehr Informationen zur Beurteilung der Qualität der Steckverbinder. Neben dem arithmetischen Mittelwert, der die Lage der Meßwerte beschreibt, sollten Maßzahlen für die Streuung, Unsymmetrie und Wölbung berechnet werden. Erst diese Maßzahlen geben Auskunft darüber, wie die Meßwerte um den Mittelwert streuen und wie stark die Verteilung der Meßwerte von der Normalverteilung abweicht. Weiterhin sollte die Verteilungsfunktion bestimmt werden, damit es möglich wird, z. B. die Wahrscheinlichkeit für die Überschreitung eines bestimmten oberen Wertes angeben zu können.
Nachfolgend wird eine automatische Meßanlage vorgestellt, und es werden für die statistische Auswertung der Meßreihen die mathematischen Beziehungen angegeben sowie Rechnerprogramme kurz beschrieben.

5.3.2. Beschreibung der automatischen Meßanlage

Die Messung der Kontaktwiderstände erfolgt nach der Strom-Spannungs-Methode bei einem Meßstrom von 100 mA. Hierzu kommt eine Meßanlage, die aus Konstantstromquelle (S), Meßstellenumschalter (MSU), Digitalvoltmeter (DV), Meßwertumsetzer

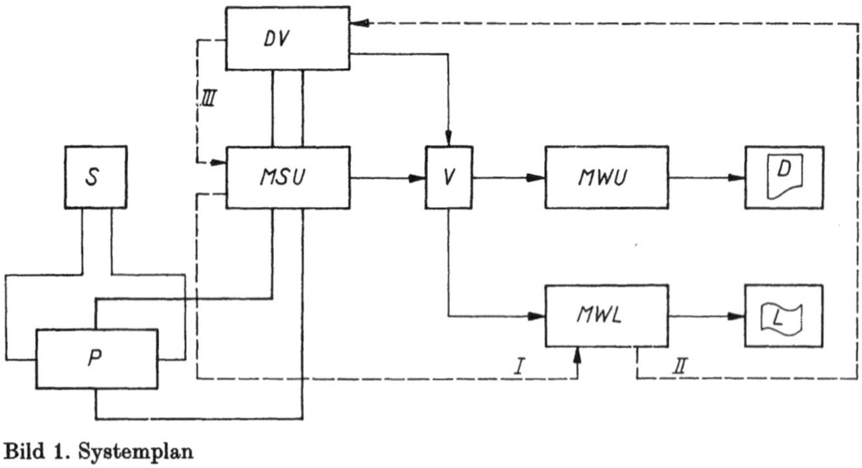

Bild 1. Systemplan

(MWU) mit Streifendrucker (D), Treibereinheit des Meßwertlochersystems (MWL) mit Lochbandlocher (L) und einem Verteiler (V) besteht, zum Einsatz. Bild 1 soll das prinzipielle Zusammenwirken der o.g. Einzelgeräte mit dem Prüfobjekt (P) veranschaulichen. Der Anschluß der Meßkabel wird bei Leiterplattensteckverbindern über Adapterleiterplatten vorgenommen, die mit den zu prüfenden Steckverbinderteilen bestückt sind. Der Meßvorgang wird durch Handauslösung eingeleitet und läuft dann selbsttätig für jeweils einen Steckverbinder ab. Die durch den Streifendrucker ausgedruckten Daten dienen der Sofortinformation, und das Lochband ist der Informationsträger für die automatische Auswertung.

5.3.3. Auswertung der Meßreihen

5.3.3.1. Statistische Maßzahlen der Meßreihe [1,2,3,4]

Aus den n Werten $x_1, x_2, \ldots, x_n$ der Zufallsgröße (in diesem Fall der Kontaktwiderstand) werden über das erste Anfangsmoment a_1 und die zentralen Momente (m_2, m_3, m_4) die Maßzahlen

arithmetischer Mittelwert: $\bar{x} = a_1,$ (1)

quadratische Streuung: $s^2 = m_2,$ (2)

Standardabweichung: $s = \sqrt{s^2},$ (3)

Variationskoeffizient: $V = 100\%\ s/\bar{x},$ (4)

Schiefe: $g = m_3/m_2^{3/2},$ (5

Exzeß bzw. Wölbung: $E = \dfrac{m_4}{m_2^2} - 3.$ (6)

berechnet.

5.3.3.2. Theoretische Verteilungsfunktion

Für die vorliegende empirische Verteilung (Meßreihe) mit ihren statistischen Maßzahlen ist die theoretische Verteilungsfunktion des Kontaktwiderstandes zu ermitteln, und die Parameter dieser Verteilungsfunktion sind zu berechnen. Es wird die Hypothese aufgestellt, daß die Kontaktwiderstände nach einer Weibullverteilung verteilt sind. Viele Literaturangaben [z. B. 5, 6, 7, 8] und eigene Untersuchungen berechtigen zu dieser Annahme. Die Kontaktwiderstände sind meistens stark asymmetrisch verteilt und können natürlich nur positive Werte annehmen. Die Weibullfunktion, die solche Verteilungen gut annähern kann, lautet:

$$F(x) = 1 - \exp\left(-\left(\frac{x - x_0}{\eta}\right)^\beta\right) \qquad \text{für } x > x_0, \qquad (7)$$

$$F(x) = 0 \qquad \text{für } x \leqq x_0,$$

x_0 — Lageparameter,

η — Maßstabsparameter,

β — Formparameter.

Sie ist in [9] tabelliert.

Die Bestimmung der Parameter ist

1. auf graphischem Wege unter Anwendung des Weibull-Wahrscheinlichkeitspapieres[1]) [8, 10],
2. nach einem kombinierten rechnerisch/graphischen Verfahren [5],
3. rein rechnerisch

möglich.

Das graphische Verfahren entspricht im Prinzip dem bekannten Auswerteverfahren bei Normalverteilungen. Das Ergebnis hängt stark von subjektiven Faktoren ab, denn die Gerade kann mit stark unterschiedlichem Anstieg durch den sich aus der Summenhäufigkeit ergebenden Punkteschwarm gelegt werden. Das kombinierte rechnerisch/graphische Verfahren beruht auf der Anwendung der normierten Weibull-Verteilungsfunktion und benutzt als Schätzwerte für den Mittelwert und die quadratische Streuung der theoretischen Verteilung den arithmetischen Mittelwert und die quadratische Streuung der empirischen Verteilung.

Nachfolgend sollen die Parameter der theoretischen Verteilungsfunktion rein rechnerisch mittels der Maximum-Likelihood-Methode, die konsistente, effektive und erschöpfende Schätzungen liefert, bestimmt werden. Die Maximum-Likelihood-Gleichungen für die drei Parameter der Weibullfunktion lauten:

$$\frac{\partial \ln L}{\partial x_0} = \frac{\beta}{\eta^\beta} \sum_{i=1}^{n} (x_i - x_0)^{\beta-1} - (\beta - 1) \sum_{i=1}^{n} \frac{1}{x_i - x_0} = 0, \tag{8}$$

$$\frac{\partial \ln L}{\partial \eta} = n\eta^\beta - \sum_{i=1}^{n} (x_i - x_0)^\beta = 0, \tag{9}$$

$$\frac{\partial \ln L}{\partial \beta} = \frac{n}{\beta} + \sum_{i=1}^{n} \ln(x_i - x_0) - \frac{1}{\eta^\beta} \sum_{i=1}^{n} (x_i - x_0)^\beta \ln (x_i - x_0) = 0. \tag{10}$$

Wird Gleichung 9 nach η^β aufgelöst und in die Gleichungen 8 und 10 eingesetzt, so kann aus dem sich ergebenden nichtlinearen Gleichungssystem

$$f_1(x_0, \beta) = n\beta \frac{\sum_{i=1}^{n} (x_i - x_0)^{\beta-1}}{\sum_{i=1}^{n} (x_i - x_0)^\beta} - (\beta - 1) \sum_{i=1}^{n} \frac{1}{x_i - x_0} = 0, \tag{11}$$

$$f_2(x_0, \beta) = \frac{n}{\beta} + \sum_{i=1}^{n} \ln (x_i - x_0) - n \frac{\sum_{i=1}^{n} (x_i - x_0)^\beta \ln (x_i - x_0)}{\sum_{i=1}^{n} (x_i - x_0)^\beta} = 0 \tag{12}$$

nach dem Newton-Verfahren x_0 und β berechnet werden. Die Bestimmung von η aus Gleichung 9 ist dann einfach. Die bekannte Iterationsvorschrift des Newton-Verfahrens wurde entsprechend [11] durch einen Korrekturfaktor k erweitert und lautet damit

$$\boldsymbol{u}_{m+1} = \boldsymbol{u}_m - k\boldsymbol{F}_m^{-1}\boldsymbol{f}(\boldsymbol{u}_m), \qquad \text{mit} \tag{13}$$

$\boldsymbol{u}$ — Vektor der Unbekannten ($u_1 = x_0$, $u_2 = \beta$),
m — Anzahl der Iterationsschritte,
k — Korrekturfaktor,
$\boldsymbol{F}$ — Funktionalmatrix $f_{ij} = \left.\frac{\partial f_i}{\partial u_j}\right|_{\boldsymbol{u}}$,
$\boldsymbol{f}(\boldsymbol{u})$ — Vektor der Konstanten (f_1 — Gleichung 11, f_2 — Gleichung 12).

[1]) Schäfers Feinpapier, Bestell-Nr. 687

Jeder Iterationsschritt wird zuerst mit $k = 1$ durchgeführt. Sinkt die Norm von $\boldsymbol{f}(\boldsymbol{u})$ hierbei nicht, wird k solange um die Hälfte verkleinert ($k = 0{,}5$; $0{,}25$; usw.), bis eine Verbesserung der Norm erreicht ist.
Mit dem Chiquadrat-Anpassungstest wird am Schluß die aufgestellte Hypothese überprüft.

5.3.3.3. Maßzahlen der Weibullverteilung

Analog zum Punkt 5.3.3.1. sollen für die theoretische Verteilungsfunktion die Maßzahlen berechnet werden. Es kann nicht erwartet werden, daß die errechneten Maßzahlen der theoretischen Verteilung mit den Maßzahlen der empirischen Verteilung übereinstimmen. Die Stärke der Abweichung ist ein gewisses Maß für die Güte der Annäherung der empirischen Verteilungsfunktion durch die theoretische Verteilungsfunktion. Aus dem ersten Anfangsmoment α_1 und den zentralen Momenten (μ_2, μ_3, μ_4) werden nach [4] die Maßzahlen

Mittelwert bzw. Erwartungswert: $$\mu = \alpha_1, \tag{14}$$

quadratische Streuung: $$\sigma^2 = \mu_2, \tag{15}$$

Standardabweichung: $$\sigma = \sqrt{\sigma^2}, \tag{16}$$

Variationskoeffizient: $$\nu = 100\%\ \sigma/\mu, \tag{17}$$

Schiefe: $$\gamma = \mu_3/\mu_2^{3/2}, \tag{18}$$

Exzeß bzw. Wölbung: $$\varepsilon = \frac{\mu_4}{\mu_2^2} - 3 \tag{19}$$

berechnet.

3.5.3.4. Wahrscheinlichkeit der Überschreitung eines oberen Wertes

Die Wahrscheinlichkeit der Überschreitung eines oberen Wertes oder kurz Überschreitungswahrscheinlichkeit kann sehr einfach aus der Verteilungsfunktion ermittelt werden.

$$R(x) = 1 - F(x) = \exp\left(-\left(\frac{x - x_0}{\eta}\right)^\beta\right). \tag{20}$$

3.5.3.5. Rechnerprogramme

Zur Durchführung der statistischen Auswertung wurden z. B. nachfolgende Rechnerprogramme erstellt:

1. Newton-Verfahren zur Berechnung der drei Parameter der Weibull-Funktion. Dieses Programm wurde in ALGOL geschrieben und auf einer EDVA R300 gerechnet.
2. Bestimmung eines Startvektors für das Newton-Verfahren. Programmiersprache: SYPS 4200; EDVA: KRS 4200.
3. Berechnung der Gammafunktion (wird für die Berechnung der Momente der Weibullverteilung benötigt). Programmiersprache: ALGOL; EDVA: R300.
4. Durchführung des Chiquadrat-Anpassungstestes. Programmiersprache: ALGOL; EDVA: R300.

Die Zusammenfassung zu einem kompletten Programm, mit dem die gesamte Auswertung erfolgen kann, ist in Arbeit. Ein Programm zur Auswertung von Meßreihen bei bekanntem oder angenommenem Lageparameter (nur der Maßstabsparameter und der

Formparameter werden nach der Maximum-Likelihood-Methode geschätzt) liegt bereits fertig vor [4].

5.3.3.6. Zahlenbeispiele

An zwei Zahlenbeispielen sollen die Rechnerergebnisse verdeutlicht werden. Als Ausgangspunkt dienten Meßreihen von 90poligen Leiterplattensteckverbindern.

Beispiel 1:

Die Meßreihe stammt von einem Steckverbinder im Anlieferungszustand. Tabelle 1 zeigt den Rechnerausdruck. Errechnet wurde die theoretische Verteilungsfunktion zu

$$F(x) = 1 - \exp\left(-\left(\frac{x - 8{,}41}{2{,}20}\right) 4{,}65\right).$$

In Bild 2 sind die empirische Dichtefunktion $w(x)$ und die theoretische Dichtefunktion $f(x)$, in Bild 3 die empirische Verteilungsfunktion $W(x)$ und die theoretische Verteilungsfunktion $F(x)$ dargestellt. Eine Darstellung der Verteilungsfunktion auf dem Wahr-

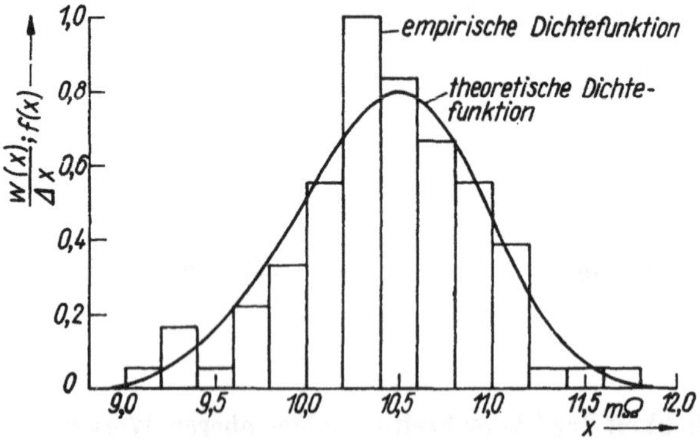

Bild 2. Empirische und theoretische Dichtefunktion (Beispiel 1)

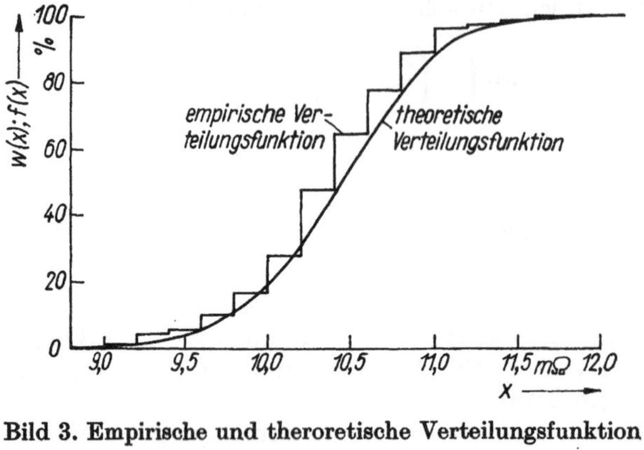

Bild 3. Empirische und theroretische Verteilungsfunktion (Beispiel 1)

scheinlichkeitspapier der Weibullverteilung findet man in Bild 4. Aus den Ergebnissen läßt sich folgendes erkennen:

— Die Kontaktwiderstände besitzen annähernd eine Normalverteilung mit dem Mittelwert 10,42 mΩ.

Tabelle 1. Rechnerausdruck (Beispiel 1)

STATISTISCHE AUSWERTUNG VON MESSERGEBNISSEN

MESSREIHE NR. 9 VERSUCH: 1 DATUM: 8. 11. 76

ART DER STECKVERBINDER: 1 ANZAHL DER STECKVERBINDER: 1

MASSZAHLEN DER STICHPROBE			PARAMETER DER WEIBULL-VERTEILUNG		
			XNULL = .84119000* 03	BETA = .46553298* 01	ETA = .22004936* 03
MITTELWERT	= .10421111* 04	1/100 MILLIOHM	Mittelwert	= .10421808* 04	1/100 MILLIOHM
QUADRATISCHE STREUUNG	= .25158540* 04		QU-STREUUNG	= .24392496* 04	
STANDARDABWEICHUNG	= .50158289* 02	1/100 MILLIOHM	ST-ABWEICHUNG	= .49388760* 02	1/100 MILLIOHM
VARIATIONSKOEFFIZIENT	= .48131422* 01	PROZENT	V-KOEFFIZIENT	= .47389820* 01	PROZENT
SCHIEFE	= −.25384075* 00		SCHIEFE	= −.21909740* 00	
EXZESS	= .69642200*− 01		EXZESS	= −.31558800* 00	

AUFSTELLUNG DER HAEUFIGKEITSVERTEILUNG

KLASSENGRENZEN	ABS.HAEUF.	SH.	SH IN %
900 ... 920	1	1	.11111111* 01
920 ... 940	3	4	.44444444* 01
940 ... 960	1	5	.55555556* 01
960 ... 980	4	9	.10000000* 02
980 ... 1000	6	15	.16666667* 02
1000 ... 1020	10	25	.27777778* 02
1020 ... 1040	18	43	.47777778* 02
1040 ... 1060	15	58	.64444444* 02
1060 ... 1080	12	70	.77777788* 02
1080 ... 1100	10	80	.88888889* 02
1100 ... 1120	7	87	.96666667* 02
1120 ... 1140	1	88	.97777778* 02
1140 ... 1160	1	89	.98888889* 02
1160 ... 1180	1	90	.10000000* 03
1180 ... 1200	0	90	.10000000* 03

BERECHNUNG DER UEBERSCHREITUNGSWAHRSCHEINLICHKEIT

OBERER WERT = .20000000* 04 UEBERSCHREITUNGSWAHRSCHEINLICHKEIT LANGE KONTAKTE = .00000000* 08
OBERER WERT = .20000000* 04 UEBERSCHREITUNGSWAHRSCHEINLICHKEIT KURZE KONTAKTE = .00000000* 08

— Es existieren keine Extremwerte.
— Die Wahrscheinlichkeit für die Überschreitung des oberen Wertes von 20 mΩ ist praktisch 0.
— Der durchgeführte Chiquadrat-Test ergab einen Wert von 2,43. Der kritische Wert für eine Irrtumswahrscheinlichkeit von 0,05 liegt bei 9,5. Die Hypothese einer Weibullverteilung mit den errechneten Parametern wird nicht abgelehnt.

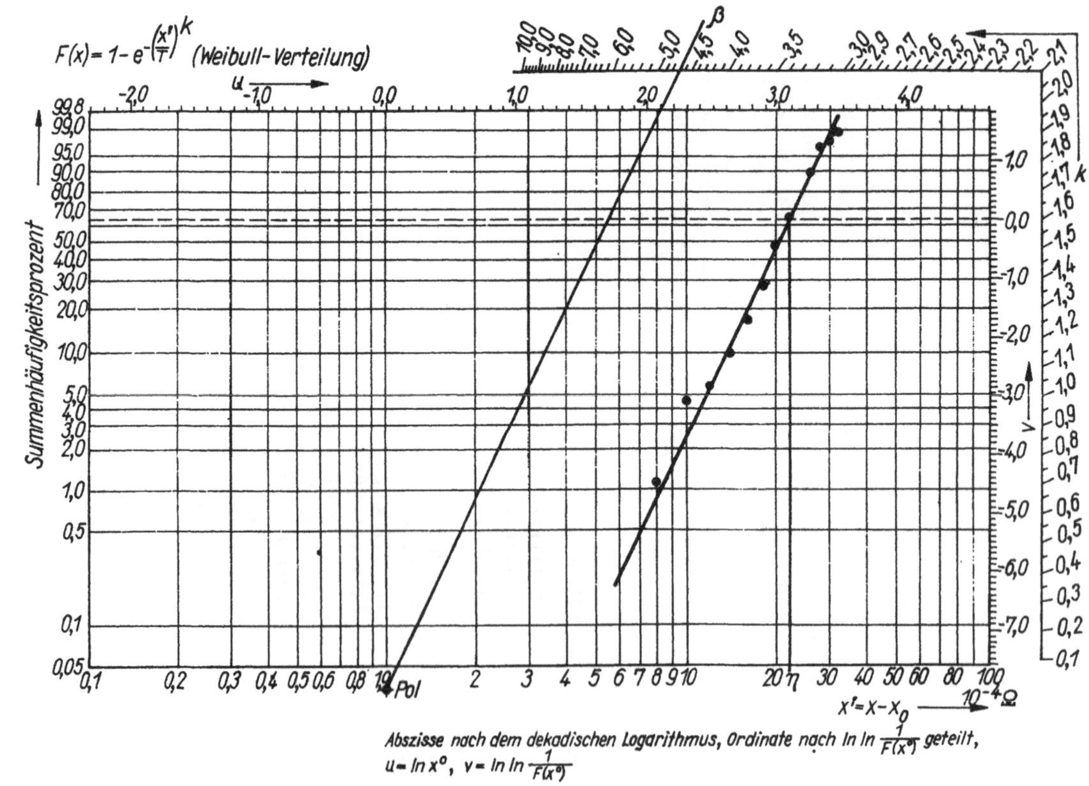

Bild 4. Verteilungsfunktion auf Wahrscheinlichkeitspapier (Beispiel 1)

Beispiel 2:

Es handelt sich um die Meßreihe eines Steckverbinders, der bereits einer Lebensdauerprüfung unterzogen wurde. Tabelle 2 zeigt den Rechnerausdruck. Errechnet wurde die theoretische Verteilungsfunktion zu

$$F(x) = 1 - \exp\left(-\left(\frac{x - 11{,}14}{1{,}35}\right) 2{,}38\right).$$

In den Bildern 5 bis 7 sind die Dichte- und Verteilungsfunktionen dargestellt. Aus den Ergebnissen läßt sich folgendes erkennen:

— Die Kontaktwiderstände besitzen eine asymmetrische Verteilung mit dem Mittelwert 12,33 mΩ.
— Es existiert ein Extremwert bei 14,80 mΩ.
— Die Wahrscheinlichkeit für die Überschreitung des oberen Wertes von 25 mΩ ist praktisch 0.

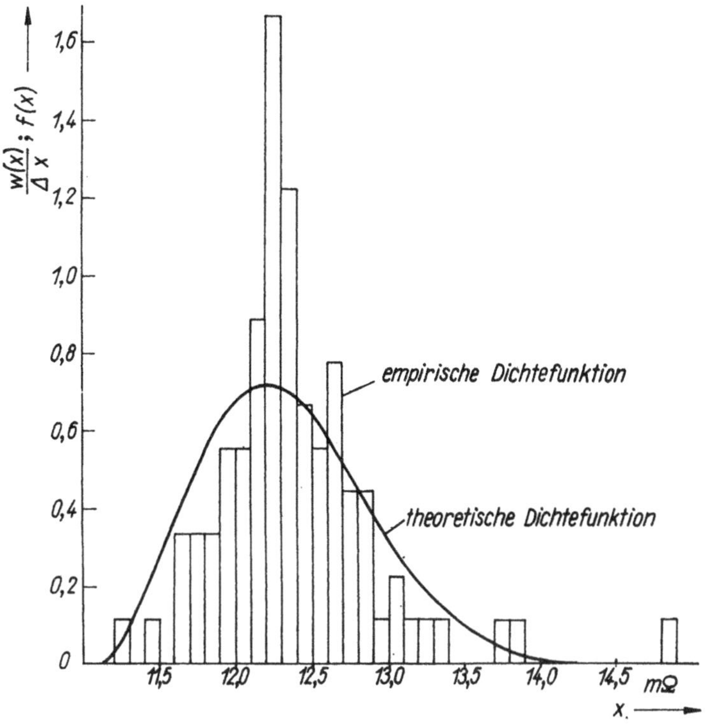

Bild 5. Empirische und theoretische Dichtefunktion (Beispiel 2)

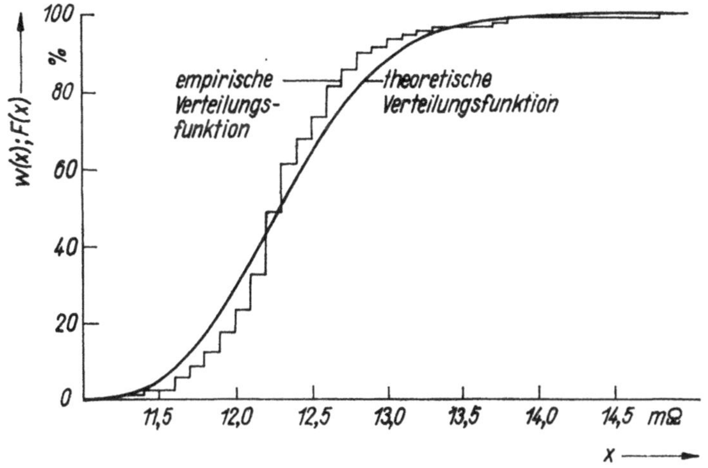

Bild 6. Empirische und theoretische Verteilungsfunktion (Beispiel 2)

— Der durchgeführte Chiquadrat-Test ergab einen Wert von 20,1. Der kritische Wert für eine Irrtumswahrscheinlichkeit von 0,002 liegt bei 20,7. Die Hypothese einer Weibullverteilung mit den errechneten Parametern wird noch nicht abgelehnt. Die teilweise auftretenden kleinen Abweichungen zwischen den Zahlenangaben auf den Rechnerausdrucken und den sonstigen Zahlenangaben beruhen darauf, daß z. Z. noch kein komplettes Rechnerprogramm vorhanden ist.

Tabelle 2. Rechnerausdruck (Beispiel 2)

STATISTISCHE AUSWERTUNG VON MESSERGEBNISSEN

MESSREIHE NR. 2(1—1) Versuch: 2 DATUM: 8. 11. 76
ART DER STECKVERBINDER: 1 ANZAHL DER STECKVERBINDER: 1

EXTREMWERT: X[20] = .14800000* 04

MASSZAHLEN DER STICHPROBE			PARAMETER DER WEIBULL-VERTEILUNG		
			XNULL = .11136900* 04	BETA = .24917584* 01	ETA = .14053360* 03
MITTELWERT	= .12337778* 04	1/100 MILLIOHM	MITTELWERT	= .12381834* 04	1/100 MILLIOHM
QUADRATISCHE STREUUNG	= .26618765* 04		QU-STREUUNG	= .28658968* 04	
STANDARDABWEICHUNG	= .51593377* 02	1/100 MILLIOHM	ST-ABWEICHUNG	= .53534071* 02	1/100 MILLIOHM
VARIATIONSKOEFFIZIENT	= .41817398* 01	PROZENT	V-KOEFFIZIENT	= .43235979* 01	PROZENT
SCHIEFE	= .15290333* 01		SCHIEFE	= .33528683* 00	
EXZESS	= .51974272* 01		EXZESS	= —.11825760* 00	

AUFSTELLUNG DER HAEUFIGKEITSVERTEILUNG

KLASSENGRENZEN	ABS.HAEUF.	SH.	SH IN %
1120 ... 1130	1	1	.11111111* 01
1130 ... 1140	0	1	.11111111* 01
1140 ... 1150	1	2	.22222222* 01
1150 ... 1160	0	2	.22222222* 01
1160 ... 1170	3	5	.55555556* 01
1170 ... 1180	3	8	.88888889* 01
1180 ... 1190	3	11	.12222222* 02
1190 ... 1200	5	16	.17777778* 02
1200 ... 1210	5	21	.23333333* 02
1210 ... 1220	8	29	.32222222* 02
1220 ... 1230	15	44	.48888889* 02
1230 ... 1240	11	55	.61111111* 02
1240 ... 1250	6	61	.67777778* 02
1250 ... 1260	5	66	.73333333* 02
1260 ... 1270	7	73	.81111111* 02
1270 ... 1280	4	77	.85555556* 02
1280 ... 1290	4	81	.90000000* 02
1290 ... 1300	1	82	.91111111* 02

1300 ... 1310	2	84	.93333333* 02
1310 ... 1320	1	85	.94444444* 02
1320 ... 1330	1	86	.95555556* 02
1330 ... 1340	1	87	.96666667* 02
1340 ... 1350	0	87	.96666667* 02
1350 ... 1360	0	87	.96666667* 02
1360 ... 1370	0	87	.96666667* 02
1370 ... 1380	1	88	.97777778* 02
1380 ... 1390	1	89	.98888889* 02
1390 ... 1400	0	89	.98888889* 02
1400 ... 1410	0	89	.98888889* 02
1410 ... 1420	0	89	.98888889* 02

BERECHNUNG DER UEBERSCHREITUNGSWAHRSCHEINLICHKEIT

OBERER WERT = .25000000* 04   UEBERSCHREITUNGSWAHRSCHEINLICHKEIT LANGE KONTAKTE = .25901623*—37
OBERER WERT = .25000000* 04   UEBERSCHREITUNGSWAHRSCHEINLICHKEIT KURZE KONTAKTE = .00000000* 08

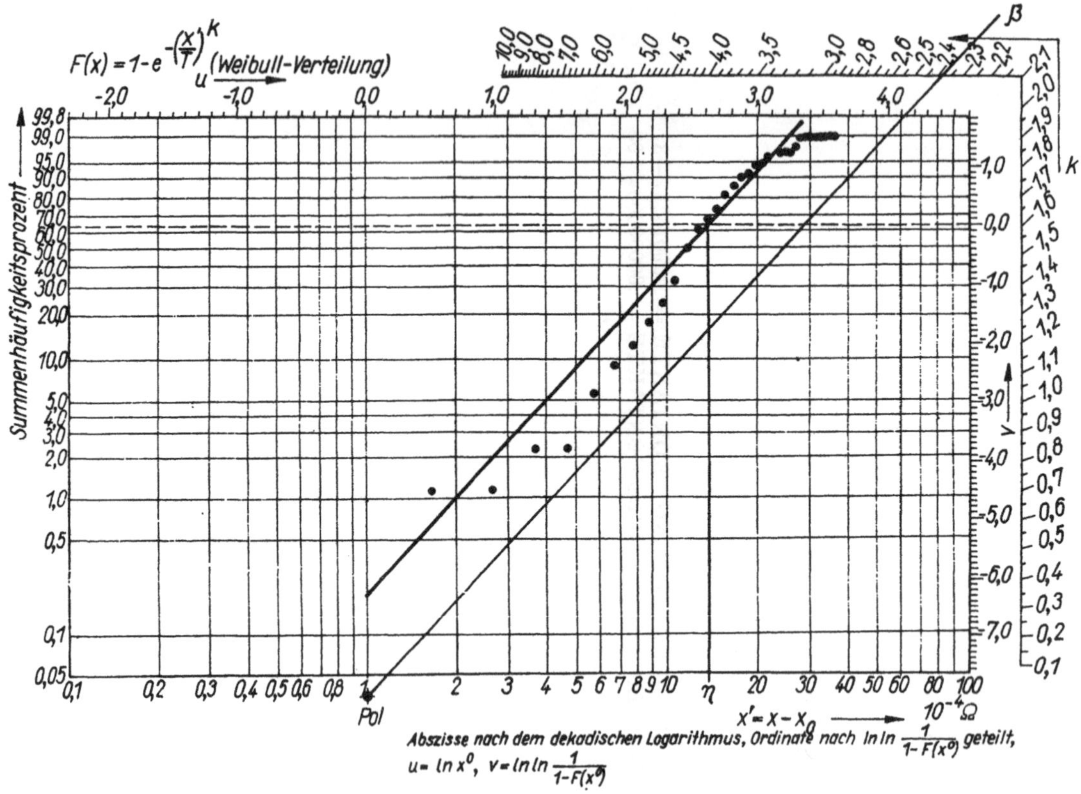

Bild 7. Verteilungsfunktion auf Wahrscheinlichkeitspapier (Beispiel 2)

5.3.4. Schlußbetrachtungen

Die bis jetzt durchgeführten Arbeiten zeigen, daß eine Anlage zum automatischen Messen von Kontaktwiderständen hochpoliger Steckverbinder einen großen Nutzen durch Einsparung von Arbeitszeit bringt. Gleichzeitig werden die Grundlagen für eine Auswertung der Meßergebnisse über Rechner geschaffen. Diese Auswertung ist durchführbar und liefert sinnvolle Ergebnisse. Es werden wesentlich mehr Informationen über die Qualität der Steckverbinder ermittelt als mit den bisher üblichen Auswertemethoden. Die Auswertung einer Meßreihe über EDVA R300 dauert ca. 5 Minuten. Müssen viele Meßreihen regelmäßig ausgewertet werden, wie es bei einer serienmäßigen Qualitätskontrolle notwendig ist, so müßte ein schnellerer Rechner, der unmittelbar zur Anlage gehört, zum Einsatz kommen.

Literaturverzeichnis

[1] *Smirnow, N. W., Dunin-Barkowski, I. W.:* Mathematische Statistik in der Technik. VEB Deutscher Verlag der Wissenschaften, Berlin 1969

[2] *Storm, R.:* Wahrscheinlichkeitsrechnung, mathematische Statistik und statistische Qualitätskontrolle. VEB Fachbuchverlag, Leipzig 1974

[3] *Heinze, W.:* Analyse technologischer Prozesse in der elektronischen Industrie. Verlag Technik, Berlin 1974

[4] *Müller, F., Asmus, K.-P.:* Statistische Auswertung von Meßreihen bei Kontaktwiderstandsuntersuchungen an Steckverbindern. VEB Kontaktbauelemente und Spezialmaschinenbau, Gornsdorf 1976 (unveröffentlicht)

[5] *Bär, G.:* Die Weibull-Verteilung, ein Hilfsmittel bei Kontaktuntersuchungen. Nachrichtentechnik—Elektronik **24**, 8 (1974) 313—315

[6] *Bär, G.:* Ermittlung und Aussagekraft statistischer Kontaktwiderstands-Kennwerte. Elektrie **28**, 7 (1974) 375—377

[7] *Merl, W., Siegmar, W.:* Der Widerstand metallisch reiner und fremdschichtbehafteter Kontakte und seine statistische Beschreibung. Sonderdruck 1/20 der Firma DODUCO, Pforzheim 1968

[8] *Mazard, M.:* Les lois d'usure et la fiabilité des connecteurs (Die Verschleißgesetze und die Zuverlässigkeit von Steckverbindungen). Intern. Electronics, Paris **23**, 11 (1968) 39—50

[9] *Müller, P. H., Neumann, P., Storm, R.:* Tafeln der mathematischen Statistik. VEB Fachbuchverlag, Leipzig 1973

[10] *Ireson, W. G.:* Reliability Handbook. McGraw-Hill, Inc. New York 1966

[11] *Wingo, D. R.:* Solution of the Three-Parameter Weibull Equations by Constrained Modified Quasilinearization (Progressively Censored Samples). IEEE Transactions on Reliability, Vol. R-22, No. 2, June (1973) 96—102

5.4. Meßverfahren für statistische Zeitmessungen an schaltenden Kontakten

Von *D. Lange* und *K. D. Zückmantel*

Technische Hochschule Karl-Marx-Stadt

5.4.1. Meßtechnische Problemstellung

Bei Gleichstromschaltvorgängen sind bei einem Schaltvorgang unter bestimmten Bedingungen über dem schaltenden Kontakt Spannungs-Zeitverläufe $U_K = f(t)$ meßbar, deren Formen es gestatten, den auftretenden Verlauf zumindest teilweise durch eine stochastische Rechteckimpulsfolge darzustellen. Unter einem Rechteckimpuls soll dabei

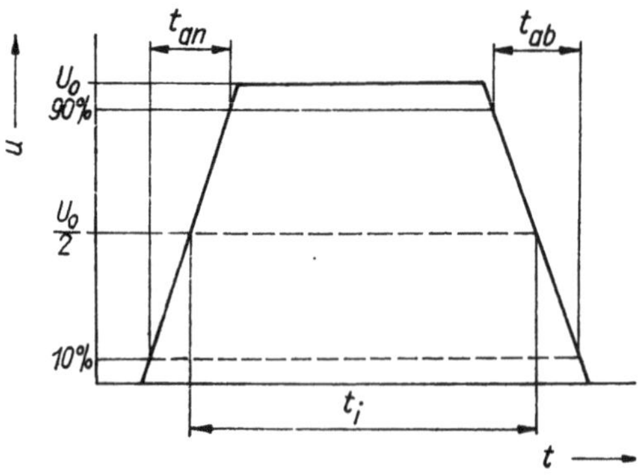

Bild 1. Trapezimpuls

ein trapezförmiger Impuls gemäß Bild 1 verstanden werden, dessen mittlere Impulsdauer t_i groß gegenüber der Summe von Anstiegs- und Abfallzeit ist [1].
Bei Erfüllung der Bedingung (1)

$$10(t_{an} + t_{ab}) \leqq t_i \qquad (1)$$

ist es dann gestattet, trapezförmige Impulse als Rechteckimpulse darzustellen. Eine stochastische Rechteckimpulsfolge wird dadurch charakterisiert, daß bei mehrfach wiederholten Messungen, innerhalb eines betrachteten Zeitintervalls T, für die Anzahl n der Impulse, für die Impulsdauer t_{in} und für die Zeiten t_{pn} zwischen zwei Impulsen nur statistische Abhängigkeiten angebbar sind. Bild 2 zeigt echte, stochastische Rechteckimpulsfolgen. Die Parameter (n, t_{in}, t_{pn}) eines jeden dargestellten Vorganges sind reine Zufallszahlenwerte.
In Bild 3 ist ein Spannungs-Zeit-Verlauf $U_K = f(t)$ leicht idealisiert dargestellt, der bei einem einmaligen Abschaltvorgang in einem allgemeinen *RLC*-Lastkreis nach *Tholl* [2] über dem Kontakt gemessen wurde [3]. Man erkennt aus der Darstellung deutlich, daß die zeitliche Folge von Bogen, Wiederschließung (Rebridging), Bogen usw. als stochastische Rechteckimpulsfolge dargestellt werden kann. In Arbeiten von *Richter* [4] und *Müller* [3] sind Oszillogramme enthalten, in deren Auswertung man für die Summe von Bogenanstiegs- und Abfallzeit etwa 100 ns abschätzen kann. Damit ergibt sich mit Gleichung (1), daß Bögen mit einer Dauer $t_B \geqq 1\ \mu s$ als Rechteckimpulse angenommen wer-

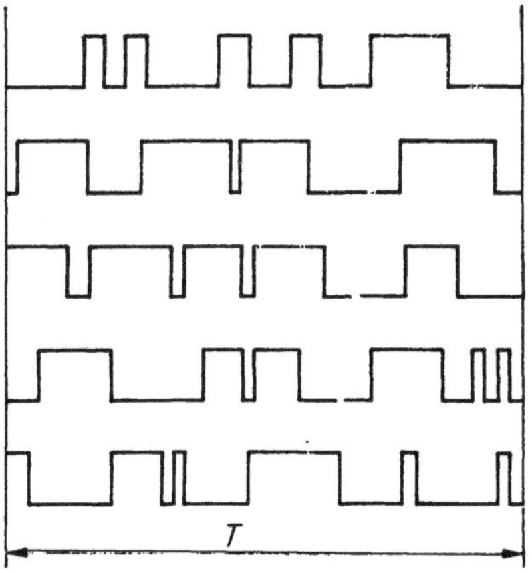

Bild 2. Echte stochastische Rechteckimpulsfolgen

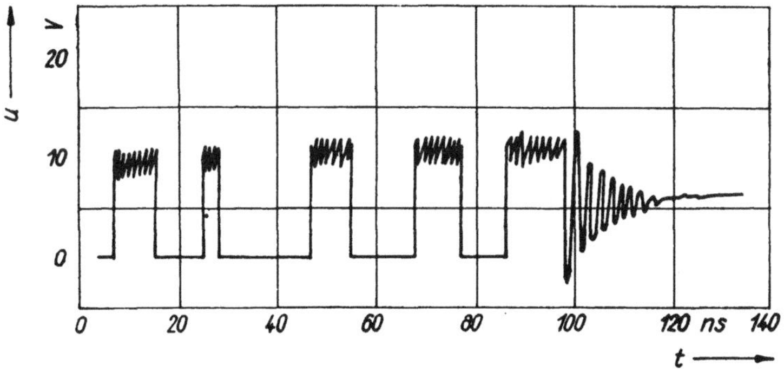

Bild 3. Abschaltvorgang im RLC-Kreis [2, 3] mit Wiederschließungen. Darstellung leicht idealisiert. Kreisparameter: $U_0 = 6$ V, $I = 5$ A, $L_1 = 1{,}34\ \mu$H, $C = 100$ pF, $L_2 = 40\ \mu$H (Abszisse korrekt in μs)

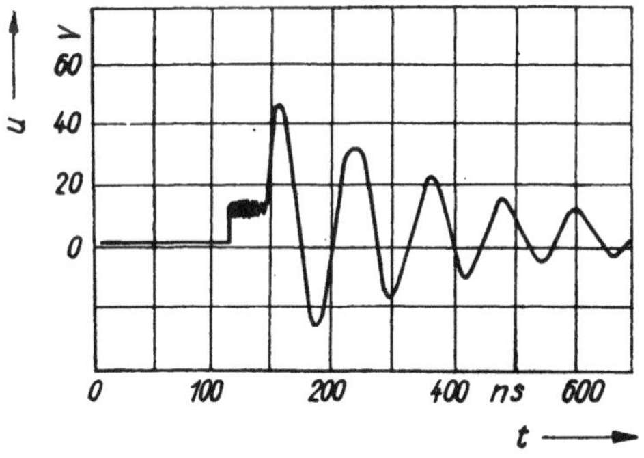

Bild 4. Letzter Bogen eines Abschaltvorganges im RLC-Kreis [2, 3], Bogenende zeigt starke Abweichungen von einer Rechteckform. Kreisparameter: $U_0 = 6$ V, $I = 5$ A, $L_1 = 100\ \mu$H, $C = 1$ uF, $L_2 = 3{,}4\ \mu$H (Abszisse korrekt in μs)

den können. Für den letzen Bogen (Abschaltbogen), der nicht durch eine Wiederschließung (Rebridging) zwangsgelöscht wird, sondern durch Unterschreitung des Bogenmindeststroms endet, trifft diese Betrachtungsweise auch bei Bogenbrennzeiten $t_B \geqq 1\ \mu$s nur bedingt zu. Bild 4 zeigt ein aus [3] entnommenes Oszillogramm, aus dem zu erkennen ist, daß die Abfallflanke des Abschaltbogens nicht in jedem Fall als Flanke eines Rechteckimpulses angenommen werden darf.

5.4.2. Meßmethoden für die Bestimmung der Parameter einer stochastischen Rechteckimpulsfolge

Methoden für Zeit- und Amplitudenmessungen an einzelnen Impulsen sind aus der Literatur bekannt [5]. Für Meßaufgaben an stochastischen Impulsfolgen sind diese Verfahren nicht oder nur bedingt brauchbar [5]. Das bekannteste Meßverfahren ist die Echtzeitoszillografie mit Elektrodenstrahloszillografen.

5.4.2.1. Echtzeitoszillografie

Einmalig triggerbare Oszillografen sind in der Lage, eine stochastische Impulsfolge als Schirmbild darzustellen.
Da die Strahlauslenkung nur während des Vorgangs selbst erfolgt, muß das Echtzeitoszillogramm auf fotografischem Wege gespeichert werden. Speicheroszillografen halten das Schirmbild zwar für längere Zeiten fest, da aber bei stochastischen Impulsfolgen Meßreihen zur Parameterbestimmung erforderlich sind, muß der Bildschirm nach jeder

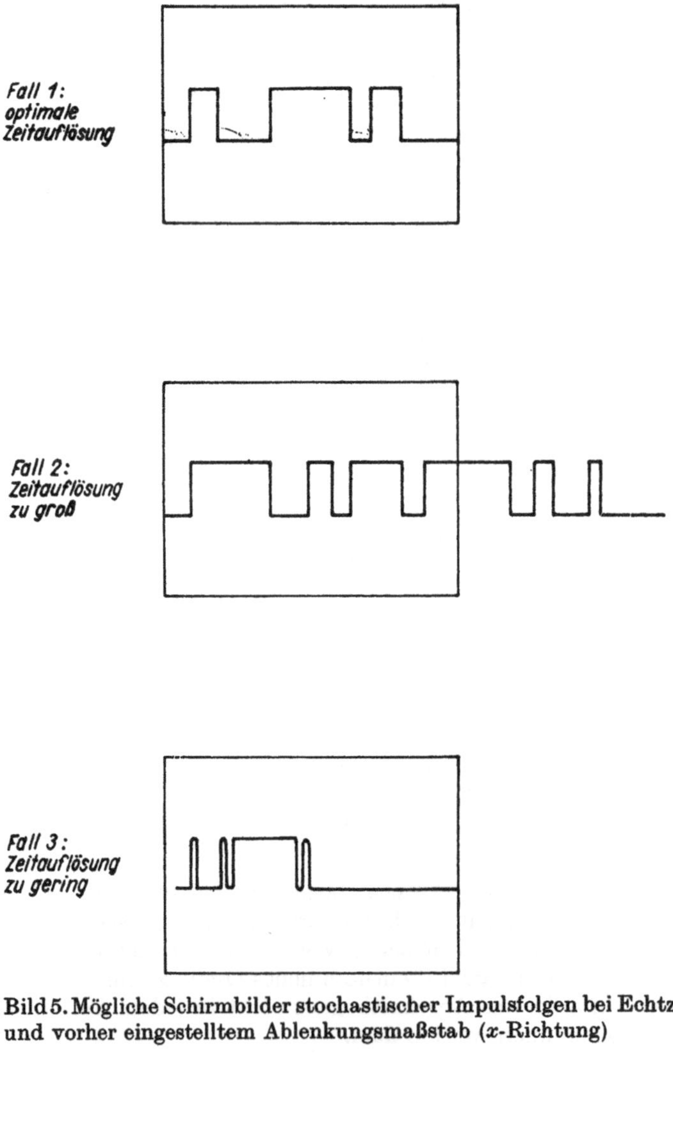

Bild 5. Mögliche Schirmbilder stochastischer Impulsfolgen bei Echtzeitoszillogrammen und vorher eingestelltem Ablenkungsmaßstab (x-Richtung)

Messung doch wieder gelöscht werden, so daß die fotografische Registrierung zur Meßwertspeicherung zweckmäßig ist. Die Aufbereitung und Auswertung der Oszillogramme erfordern bei notwendigen längeren Meßreihen einen hohen zeitlichen Aufwand, bei EDV-Einsatz zur statistischen Meßdatenauswertung wird eine weitere zeitaufwendige Datenaufbereitung erforderlich.
Ein weiterer Nachteil der Echtzeitoszillografie ergibt sich aus der gerätebedingten Notwendigkeit, vor jeder Einzelmessung den x- und y-Ablenkungsmaßstab des Oszillografen festzulegen. Bei einer stochastischen Impulsfolge beschränkter Länge sind dann drei Fälle möglich (Bild 5).

1. Alle Ereignisse werden auswertbar abgebildet.
2. Durch eine zu hohe Zeitauflösung wird ein Teil der Impulsfolge nicht mehr auf dem Schirmbild dargestellt.
3. Durch zu geringe Zeitauflösung sind kurze Impulse und Pausendauern nicht oder nur fehlerhaft auswertbar.

Die erläuterten Nachteile der Echtzeitoszillografie bei der meßtechnischen Erfassung der Parameter einer stochastischen Impulsfolge waren der Anlaß, ein digitales Meßverfahren zu entwickeln, das die genannten Mängel nicht beinhaltet und eine rechnergerechte Meßdatenfolge liefert.

5.4.2.2. Bestimmung der Impulsbreite durch die direkte Zählmethode

Das aus der digitalen Zeitmeßtechnik bekannte Meßprinzip zur Bestimmung der Impulsbreite eines einzelnen Rechteckimpulses beruht darauf, daß der Impuls mit der unbekannten Dauer t_{ix} eine Torschaltung (z. B. logische UND-Verknüpfung) öffnet Bild 6). Während der Toröffnungszeit t_{ix} kann eine periodische Rechteckimpulsfolge

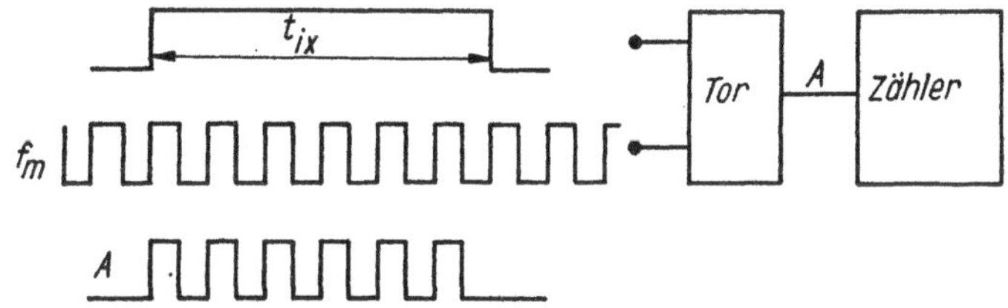

Bild 6. Impulsdauermessung nach der direkten Zählmethode

bekannter Folgefrequenz das geöffnete Tor passieren. Die Zahl N der Impulse, die durch das Tor gelangen, wird in einem elektronischen Zähler gezählt. Die Impulsdauer t_{ix} des auszumessenden Rechteckimpulses erhält man aus

$$t_{ix} = N \frac{1}{f_m}. \tag{2}$$

Der prinzipbedingte Quantisierungsfehler [6] geht um so weniger in das Meßergebnis ein, je höher die Meßfrequenz f_m gewählt wird.

5.4.2.3. Bestimmung der Pausendauer t_{px} zwischen zwei einzelnen Rechteckimpulsen

Die Pausendauer t_{px} zwischen zwei einzelnen Rechteckimpulsen kann nach dem gleichen Meßprinzip bestimmt werden (Bild 7), wenn der Signalverlauf zwischen der Rückflanke eines vorangegangenen Impulses und der Vorderflanke eines nachfolgenden Impulses negiert wird. Nach dem Negator entsteht dann ein Rechteckimpuls mit der Dauer t_{px}, die dann auf die bereits im Abschnitt 5.4.2.2. erläuterte Weise gemessen wird.

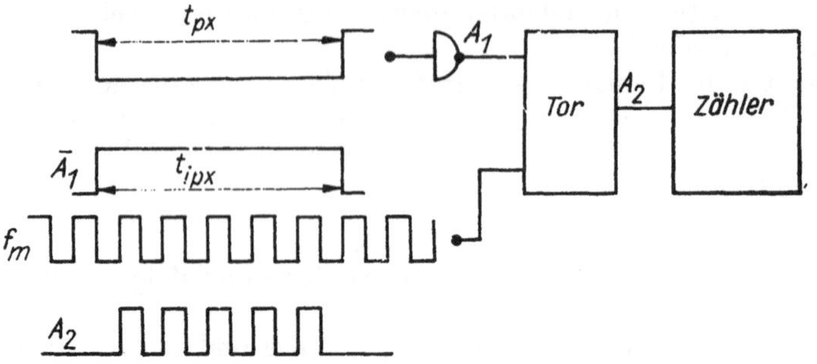

Bild 7. Impulsdauermessung der negierten Impulspause nach der direkten Zählermethode

5.4.2.4. Ein digitales Meßverfahren für stochastische Impulsfolgen beschränkter Länge

Das von den Autoren entwickelte Meßverfahren für Zeitmessungen an stochastischen Impulsfolgen beruht darauf, daß die digitale Impulsbreitenmessung (Abschnitt 5.4.2.3) und die digitale Impulspausenmessung (Abschnitt 5.4.2.4) fortlaufend durchgeführt wird (Bild 8) [7, 8].

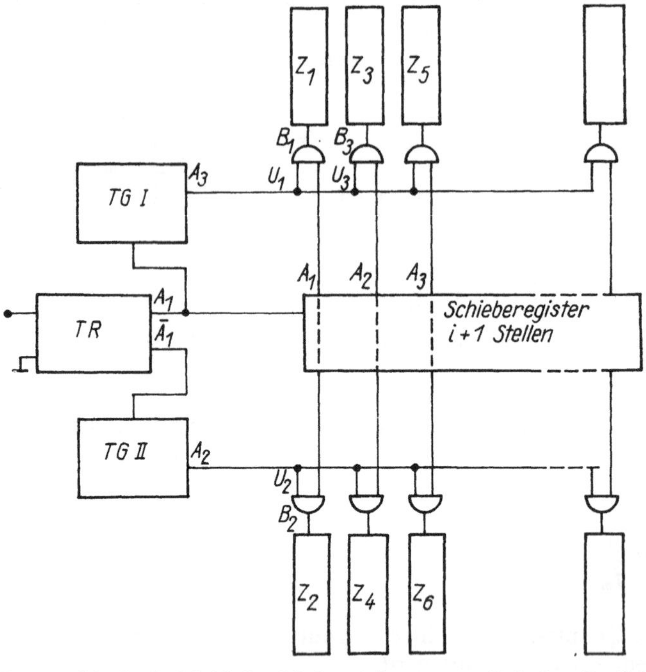

Bild 8. Blockschaltbild des Meßverfahrens zur digitalen Bestimmung von t, t_{in}, n_{pn}

Ein Schwellwertschalter formt den über dem Kontakt beim Ausschalten meßbaren Spannungs-Zeitverlauf in eine TTL-gerechte Rechteckimpulsfolge um. Jede Tief-Hoch-Flanke der Rechteckimpulse am Schwellwertschalterausgang A stellt ein $(i + 1)$-

stelliges Schieberegister im Ringzählerbetrieb um eine Zählstellung weiter. Das Potential Hoch am Schwellwertschalterausgang A bewirkt weiter, daß der Taktgenerator I mit bekannter Impulsfolgefrequenz startet. Liegt am Taktgenerator I das Potential Tief an, werden keine Impulse abgegeben. Da aber der Taktgenerator II durch die komplementäre Information des Schwellwertschalters A ($\bar{A}$) gestartet wird, arbeitet während dieser Zeit der Taktgenerator II mit ebenfalls bekannter Impulsfolgefrequenz. Die logischen UND-Verknüpfungen zwischen den Taktgeneratoren und den Schieberegisterausgängen entsprechend Bild 8 bewirken, daß in den den Ausgängen A_1 bis A_i nachgeschalteten Zählern jeweils die Impulsfolgen einlaufen, die den zugehörigen Zeitintervallen zugeordnet sind. Dies bedeutet, daß im Zähler 1 nach Ende einer durchgeführten Messung eine Impulszahl enthalten ist, die der Dauer des ersten Impulses proportional ist. Der Zähler 2 registriert die Pausendauer zwischen den ersten zwei Impulsen, der Zähler 3 die Dauer des zweiten Impulses usw. Das im Bild 9 gezeigte Impuls-

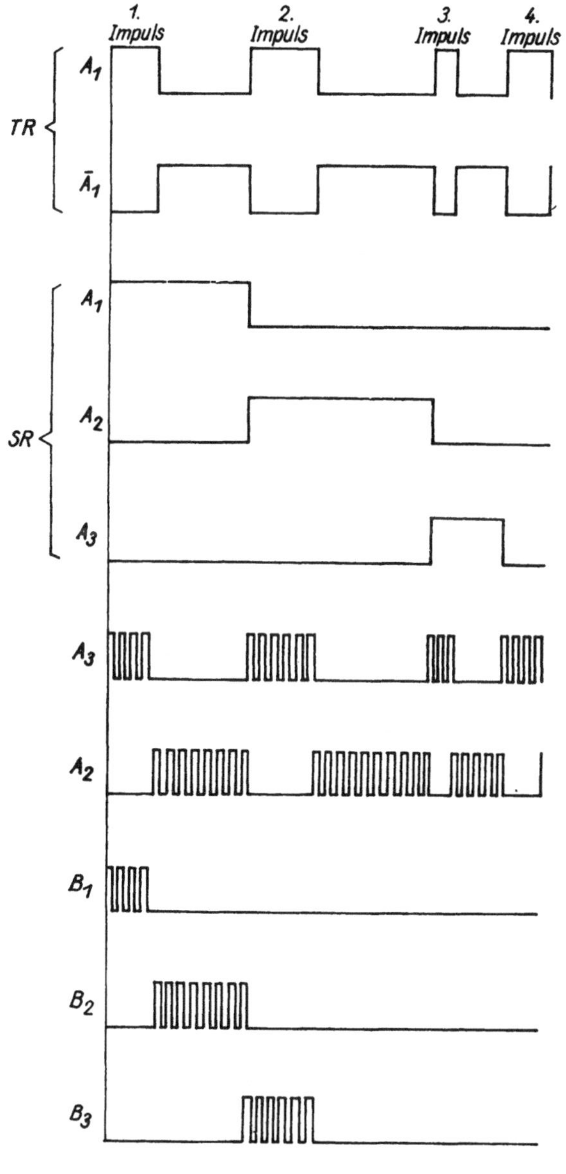

Bild 9. Impulsdiagramm zu Bild 8

diagramm veranschaulicht nochmals den erklärten Meßablauf in der Prinzipschaltung nach Bild 8. Eine stochastische Impulsfolge beschränkter Länge mit den Parametern n, t_{in}, t_{pn} wird durch das Meßprinzip eindeutig bestimmt, wenn nachfolgende Bedingungen erfüllt sind:

1. Die Anzahl i ist gleich oder größer der doppelten Impulszahl n einer stochastischen Impulsfolge.

$$2n \leqq i. \tag{3}$$

2. Die Periodendauer T_m der Normalfrequenz f_m ist klein gegen die kürzeste zu messende Zeit.

$$T_m \leqq 0{,}1 t_{min} \tag{4}$$

3. Das Produkt aus maximalem Zählumfang k_{max} der verwendeten Zähler und der Periodendauer I_m ist gleich oder größer als die längste zu bestimmende Zeit.

$$I_m k_{max} \geqq t_{max}. \tag{5}$$

Werden in der Prinzipschaltung nach Bild 8 industriell hergestellte Zähler eingesetzt, dann bleibt der schaltungstechnische Realisierungsaufwand relativ gering. Zur automatischen Zählerabfrage können dann ebenfalls handelsübliche Parallel-Serien-Wandler mit nachgeschalteten Lochbandstanzern (z. B. 3518.000 VEB Kombinat Funkwerk Erfurt) oder Ergebnisdrucker eingesetzt werden.
Eine solche Meßanordnung mit Universalzählern wurde von *Mauersberger* [9] für Rebridging-Untersuchungen verwendet. Für höhere Impulszahlen n nimmt der Bedarf an Universalzählern unvertretbare Ausmaße an. Aus diesem Grunde wurde eine speziell für Rebridging-Untersuchungen zugeschnittene Gerätevariante mit internen Zähldekaden und automatischer Zählerabfrage entwickelt. Das Funktionsprinzip nach Bild 8 wurde beibehalten. Das aufgebaute Gerät enthält 20 Zähldekaden mit einem Zählumfang $k_{max} = 9999$. Die geräteinterne Normalfrequenz beträgt 10 MHz. Damit können stochastische Impulsfolgen beschränkter Länge mit Impulszahlen $n \leqq 10$, Impulsdauern 1 μs $< t_i <$ 1 ms, Pausendauern 1 μs $< t_p <$ 1 ms meßtechnisch bestimmt werden. Der Anschluß externer Impulsgeneratoren als Normalfrequenzgeber ist möglich,

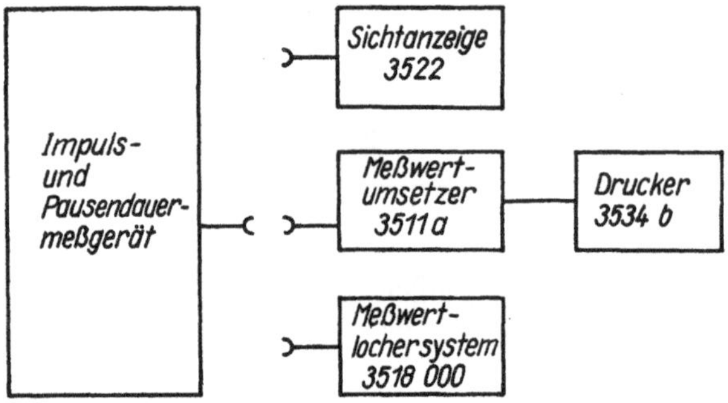

Bild 10. Mögliche Gerätekombinationen zur Datenausgabe

die maximale Arbeitsfrequenz für die Zähler beträgt 20 MHz. Damit können Impuls- und Pausendauerzeiten von 500 ns noch mit einem Meßfehler $\geqq 10\%$ nachgewiesen werden. Die Verwendung niedrigerer Normalfrequenzen ist ebenfalls möglich, das Gerätesystem kann damit auch für die Untersuchung von Kontaktprellungen eingesetzt werden. Da in diesem Einsatzfall die Zahl der Prellungen, Prellzeiten und Pausenzeiten zwischen den Prellungen gemessen werden, ergeben sich nach Meinung der Autoren Vorteile gegenüber anderen digitalen Meßverfahren für Prellmessungen [10, 11].

Die Ausgabe der Meßdaten erfolgt durch eine spezielle Ausgabeautomatik, die Meßergebnisse erscheinen im BCD-Code (1-2-4-8-Code, negative Logik) am Geräteausgang. Damit wird der Anschluß weiterer digitaler Gerätesysteme möglich, die gleiche Interfacedaten aufweisen (Bild 10). Schaltungstechnische Einzelheiten zu dem Mustergerät sind in [8, 12] beschrieben, eine weitere Veröffentlichung in der Zeitschrift radio-fernsehen-elektronik im Jahre 1977 ist geplant [13].

5.4.3. Betriebserfahrungen und Meßergebnisse

Die im Rahmen dieses Beitrages mit dem Gerätesystem gewonnenen experimentellen Ergebnisse werden an dieser Stelle nicht in bezug auf ihren physikalischen Inhalt diskutiert. Die Veröffentlichung dieser Ergebnisse soll hier lediglich die Leistungsfähigkeit des Meßverfahrens demonstrieren. Von *Cron* [14] wurde das Verfahren zur Untersuchung der Schaltzahlabhängigkeit des Rebridgingphänomens im *RL*-Kreis angewendet (Sil-

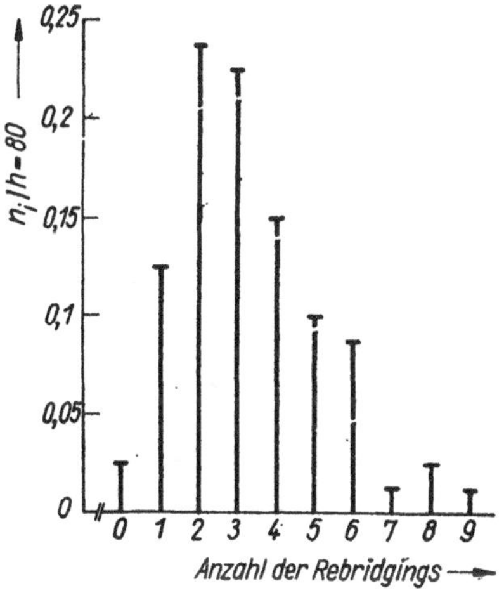

Bild 11. Gemessene relative Häufigkeit des Auftretens von Rebridgings während der ersten zehn Schaltspiele von 8 Silberkontakten ($U_0 = 6$ V, $I = 5{,}2$ A, $L = 5{,}44\,\mu$H, $v = 3{,}75$ cm/s)

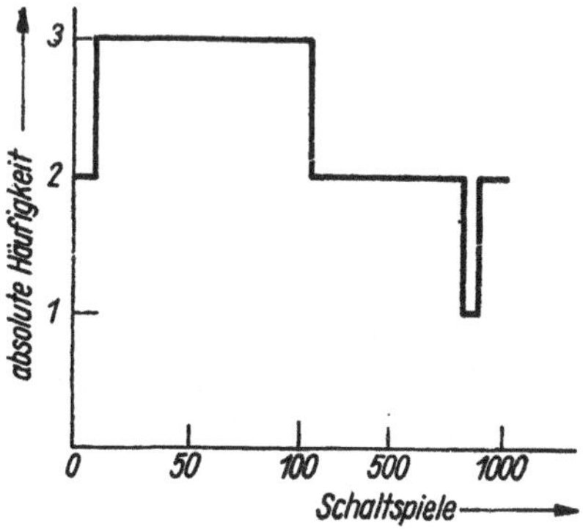

Bild 12. Die häufigste Zahl der aufgetretenen Rebridgings als Funktion der Schaltspielzahl ($U_0 = 6$ V, $I = 5{,}2$ A, $L = 5{,}44\,\mu$H, $v = 3{,}75$ cm/s, Silberkontakte)

berkontakte, $U_0 = 6$ V, $I = 5{,}2$ A, $L = 5{,}44\,\mu$H). An acht Kontakten wurden insgesamt 8000 Abschaltvorgänge gemessen und ausgewertet. Das Bild 11 zeigt gemessene relative Häufigkeiten des Auftretens von Rebridgings während der ersten zehn Schaltspiele. In Bild 12 ist die am häufigsten vorkommende Zahl von Rebridgings in Abhängigkeit von der Schaltspielzahl dargestellt. Der in Bild 12 dargestellte Funktionsverlauf entspricht jeweils den Maxima von Verteilungen ähnlichen Typs wie sie bereits in Bild

11 gezeigt wurden. Das Bild 13 zeigt eine gemessene Verteilung der Dauer eines ersten Bogens, der durch eine Wiederschließung gelöscht wurde [9]. Im Bild 14 ist eine gemessene Verteilung der Dauer einer ersten Wiederschließung dargestellt [9].

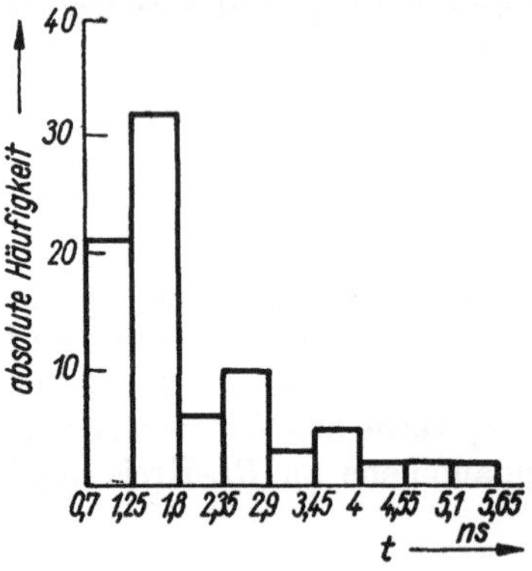

Bild 13. Absolute Häufigkeitsverteilung der Dauer eines ersten, durch Rebridging gelöschten Bogens (Silber: $U_0 = 6$ V, $I = 2$ A, $L = 115$ μH, $v = 5$ cm/s) (Abszisse t in µs)

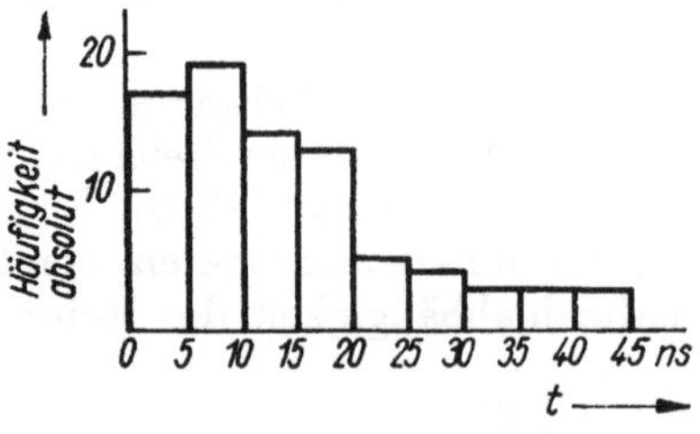

Bild 14. Absolute Häufigkeitsverteilung der Dauer der ersten Sekundärbrücke (Silber: $U_0 = 6$ V, $I = 2$ A, $L = 115$ μH, $v = 5$ cm/s) (Abszisse t in µs)

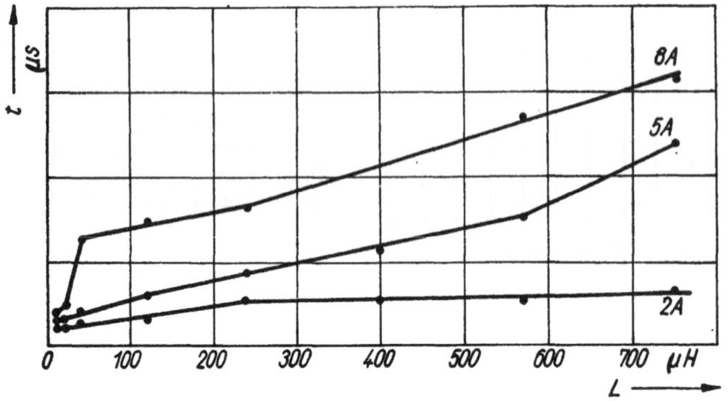

Bild 15. Durchschnittliche Dauer des ersten, durch Rebridging gelöschten Bogens in Abhängigkeit von Strom und Induktivität

Die durchschnittliche Dauer eines ersten Bogens, der durch Wiederschließung gelöscht wurde, in Abhängigkeit von Induktivität und Strom wird in Bild 15 gezeigt. Jeder dargestellte Meßpunkt in Bild 15 entspricht wieder etwa dem Maxima von Verteilungen wie sie auszugsweise in Bild 13 gezeigt wurden.
Die Gewinnung der gleichen, hier nur auszugsweise wiedergegebenen experimentellen Ergebnisse wäre bei Verwendung der Echtzeitoszillografie wesentlich zeit- und kostenintensiver gewesen. Das vorgestellte Meßverfahren hat sich speziell bei Untersuchungen des Rebridgingphänomens gut bewährt, da hier die dem Verfahren zugrunde liegende Modellvorstellung einer stochastischen Rechteckimpulsfolge beschränkter Länge gut erfüllt ist. Für die Messung der Dauer eines Abschaltbogens ist das Verfahren nur bedingt geeignet (siehe Bild 4). Unter der Voraussetzung, daß die Bogendauer des Abschaltbogens groß gegen die Periodendauer des Ausschwingvorgangs ist, bleibt der ent-

stehende Meßfehler klein. Kontaktprellungen in Gleichstromkreisen könnten ebenfalls mit dem Meßverfahren vorteilhaft untersucht werden, konkrete Erfahrungen der Autoren für diesen Einsatzfall liegen jedoch noch nicht vor.

Literaturverzeichnis

[1] *Steinbruch, Jaumann:* Kippschwingungen und Impulstechnik. Meinke, Gundlach, Taschenbuch der HF-Technik. Springer-Verlag, Berlin—Göttingen—Heidelberg 1956

[2] *Tholl, H.-J.:* Beitrag zur Materialwanderung an Edelmetallkontakten im *RLC*-Kreis bei niedrigen Spannungen. Dissertationsschrift, TH Karl-Marx-Stadt (unveröffentlicht)

[3] *Müller, J.:* Katalog der $U(t)$- und $I(t)$-Verläufe bei Abschaltvorgängen. Diplomarbeit, TH Karl-Marx-Stadt 1976

[4] *Richter, R.:* Untersuchungen an Schmelzbrücken. Diplomarbeit, TH Karl-Marx-Stadt 1975

[5] *Arthymiak, D., Bock, H.:* Einzelimpulsmessungen im Nano- und Pikosekundengebiet. radio—fernsehen—elektronik **23**, 21 (1974) 685—695

[6] *Tietze, G.:* Analog-digitalumsetzer der elektronischen Meßtechnik. radio—fernsehen—elektronik **21**, 21 (1972) 689—692

[7] *Lange, D.:* Prinziplösungen für meßtechnische Aufgaben an Schwachstromkontakten. Diplomarbeit, TH Karl-Marx-Stadt 1976

[8] *Cron, R.:* Aufbau eines Brücken- und Bogendauermeßgerätes. Diplomarbeit, TH Karl-Marx-Stadt 1975

[9] *Mauersberger, B.:* Untersuchungen zum Rebridgingphänomen. Diplomarbeit, TH Karl-Marx-Stadt 1975

[10] *Lesinski, S., Glaba, M.:* Measuring instrument for measurement of certain parameters of switch contact bounces. 8. Internationale Kontakttagung, Tokio 1976. Tagungsband, S. 508 bis 511

[11] *Weißleder, H.:* Meßanordnung zum Erfassen von Prellungen mechanischer Kontakte. radio—fernsehen—elektronik **23**, 8 (1974) 248—249

[12] Technische Dokumentation zum Impuls- und Pausendauermeßgerät DIPMG I. TH Karl-Marx-Stadt, Sektion PEB, Forschungsgruppe Schaltelemente

[13] *Lange, D., Zückmantel, K. D.:* Ein digitales Meßverfahren für statistische Zeitmessungen an schaltenden Abhebekontakten. radio—fernsehen—elektronik **26**, 6 (1977)

[14] *Cron, B.:* Messungen an Schmelzbrücken und Metalldampfbögen. Diplomarbeit, TH Karl-Marx-Stadt 1976

5.5. Auswerte- und Steuereinrichtungen für eine automatische Steckverbinderprüfeinrichtung

Von *W. Bernhardt, C. Chriske, H.-J. Pötzsch, H. Roßner, G. Voigt, H. Wedell* und *F. Weirich*

Humboldt-Universität Berlin, Sektion Elektronik

5.5.1. Einleitung

Steckverbinderkontakte werden innerhalb elektrischer und elektronischer Systeme in immer größerem Umfang als Verbindungselemente verwendet. Für Zuverlässigkeitsbetrachtungen hinsichtlich ihres elektrischen Verhaltens im System stellt der Kontaktwiderstand ein Hauptkriterium dar. Exakte Aussagen über seinen Wert als Funktion der Zeit und in Abhängigkeit von Einflußgrößen wie: umgebende Atmosphäre, Verschleißerscheinungen durch Steckverbinder-Steck- und -ziehvorgänge u. a. m. lassen sich nur treffen, wenn diese Größen hinreichend genau als Parameter nachgebildet werden und sich die Auswertung auf eine Vielzahl von Meßpunkten stützt.
Diesen Anforderungen kann nur eine automatisch wirkende Prüfeinrichtung gerecht werden.
In diesem Beitrag soll eine realisierte Steckverbinderprüfeinrichtung mit ihren praktischen Möglichkeiten vorgestellt werden. Stellvertretend für die umfangreich vorhandene Literatur zum Themenkreis sei auf [1] verwiesen.
Unsere Einrichtung gestattet in ihrer derzeitigen Ausbaustufe die vollautomatische Messung und Registrierung von Kontaktwiderständen der zu untersuchenden Steckverbinder nach vorgegebenen Zeitabständen und Meßprogrammen. Diese Messung wird über die Feststellung des Durchgangswiderstandes an den Kontaktfahnen vorgenommen. Untersucht wird die Abhängigkeit von der Zahl der Steckvorgänge, der Steckfrequenz, atmosphärischen Einflußgrößen und der elektrischen Belastung der Kontakte. Es werden lineare konstante Steck- bzw. Ziehgeschwindigkeiten zugrunde gelegt, die variablen Parameter sind direkt vorwählbar.

5.5.2. Aufbau und Wirkungsweise

Das Wirkungsprinzip der konzipierten Steckverbinderprüfeinrichtung kann an einem Blockbild verdeutlicht werden (Bild 1).
Es lassen sich funktionell drei Wirkbaugruppen unterscheiden:

1. Elektromechanische Einrichtung zur Beeinflussung von Steckverbinderkenngrößen, im folgenden Steck-Zieh-Einrichtung genannt [2].
2. Steuergerät zur Programmsteuerung der Steck-Zieh-Einrichtung und Abgabe des Startbefehls für einen Registriermeßplatz; als Steuergerät I bezeichnet [3].
3. Meß- und Registriereinrichtung zur Erfassung elektrischer Parameter [4] in Kombination mit einem Steuergerät II zur Realisierung automatischer Meßprogramme [5].

Nach einem vom Meßplatz ausgehenden Startimpuls läßt das Steuergerät I das mechanische Steckverbinderprogramm — Imitierung von Verschleißvorgängen am Steckverbinder durch Steck-Zieh-Vorgänge — anlaufen.

Um Störimpulse möglichst auszuschließen, wurde dieses Gerät vollelektronisch mittels digitaler integrierter Schaltkreise realisiert. Nur zur Motorsteuerung werden ein Relais und ein Schaltschütz verwendet.

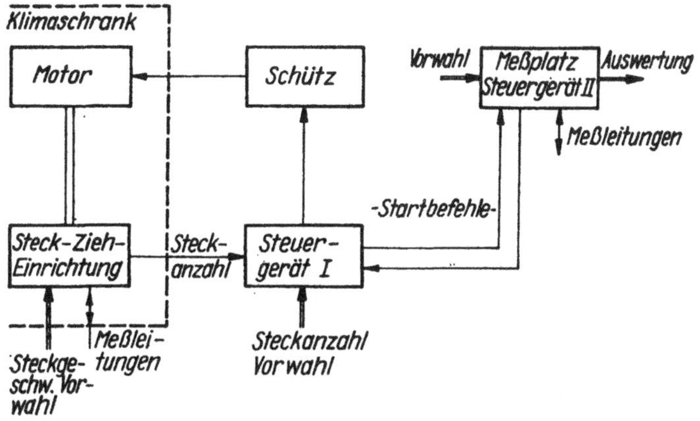

Bild 1. Steckverbinderprüfeinrichtung, Steuerschema

Die Anzahl der auf eine Meßreihe bezogenen Steckvorgänge, Leersteckungen genannt, legt ein dreistellig vorwählbarer Zähler fest, der die durchgeführten Steckungen registriert. Mit der Erreichung der vorgegebenen Steckzahl wird mit dem zusammengeführten Steckverbinder eine Meßreihe eingeleitet. Nach Beendigung der entsprechend dem ausgewählten Meßprogramm durchgeführten Meßreihe schaltet das Steuergerät II den Meßplatz ab, um nach einer Vorwahlzeit eine erneute Serie von Steck-Zieh-Vorgängen einzuleiten usf.
Erreichte Kennwerte, Möglichkeiten und Grenzen der Steckverbinderprüfeinrichtung sollen anhand der Wirkbaugruppen Steck-Zieh-Einrichtung und Meßplatz dargestellt werden, die auf der Grundlage bestimmter komplexer Forderungen an eine Universal-Auswerteeinrichtung konzipiert wurden.

5.5.3. Steck-Zieh-Einrichtung

Forderungen

1. Es werden Steckverbinder unterschiedlicher geometrischer Abmessungen untersucht.
2. Steck- und Ziehgeschwindigkeiten sollen gleichen Betrages und ständig reproduzierbar sein.
3. Die Steckanzahl pro Minute muß sich variieren lassen.
4. Die Gesamtanlage soll in einem Klimaschrank Platz finden.

Die realisierte Einrichtung nach Bild 2 erfüllt diese Forderungen. Anwendung finden ein Drehstromasynchronmotor mit einer Leistung von 0,25 KW bei 1350 U min^{-1} und eine linear wirkende Eigenbau-Steck-Zieh-Vorrichtung. Durch die Verwendung von speziellen Adaptern für den jeweiligen Steckverbindertyp, getrennt nach Steckerleiste und -buchse, wird von der mechanischen Seite her ein unkomplizierter und zeitsparender Auswechselvorgang ermöglicht. Die notwendige Justierung kann auf die Horizontalebene beschränkt werden.
Der Anschluß der Versorgungs- und Meßleitungen an den Steckverbinder wird über zugehörige Leiterplatten durch Löten vorgenommen. Dieser Vorgang ist zeitaufwendig und bei Prüfungen im Klimaschrank umständlich. Bisher konnte unter Beachtung eines vertretbaren Kostenaufwandes keine günstigere Variante ermittelt werden.

Die Bilder 2 und 3 vermitteln andeutungsweise die konstruktive Lösung zur Erreichung betragsgleicher konstanter Steck- und Ziehgeschwindigkeiten.
Es wurde eine Steckkraft von 9 p nach TGL 25176 zugrunde gelegt, die bei Nenndrehzahl des Motors vorhanden ist. Lastvorgänge werden nur mit Nenndrehzahl ausgeführt.

Bild 2. Steck-Zieh-Einrichtung, Gesamtbild

Bild 3. Steck-Zieh-Einrichtung, Führungsteil

Hervorzuheben ist, daß die Motordrehrichtung ständig beibehalten wird, so daß Drehmomentänderungen ausgeschlossen werden können. Eine Umsteuerung des linearen Vorlaufes (Stecken) auf linearen Rücklauf (Ziehen) wird durch selbststeuernde mechanische Elemente realisiert. Dabei wird eine Reproduzierbarkeit des Wendepunktes von ca. 0,5 mm erreicht.
Nach TGL 25177 Bl. 18 wird als Betätigungsfrequenz für die Zusammenführung von Steckverbindern ein Wert von 20 Steckungen pro Minute angegeben. Die vorliegende Anlage läßt durch Veränderung des Trennweges (Hub) eine Variation von 10 bis 33 St. min^{-1} zu. Die Einstellung erfolgt mechanisch über eine den Umkehrpunkt festlegende Rändelschraube und ist während des Betriebes möglich.

Durch die Entwicklung geeigneter komplex wirkender Funktionselemente in Kleinbauweise wurde ein raumsparender Aufbau mit den Gesamtabmessungen (510 × 200 × 220 mm) erreicht. Damit ist die Unterbringung in einem handelsüblichen Klimaschrank (z. B. KTK 1300, VEB Luft- und Kältetechnik) unproblematisch.

5.5.4. Meßplatz

5.5.4.1. Allge meine Forderungen

1. Der Meßplatz hat die automatische Erfassung des Kontaktwiderstandes von Steckverbinderkontakten nach vorgegebenen Zeitabständen zu gewährleisten. In den dabei auftretenden Meßpausen soll sich die Gesamteinrichtung für weitere Meßaufgaben nutzen lassen.
2. Die Ermittlung des Kontaktwiderstandes wird über eine Potentialmessung vorgenommen. Dabei muß sich der verwendete Bezugsparameter — Konstantstrom — variieren lassen.
3. In der ersten Ausbaustufe wird die Registrierung der Einzelmeßdaten als Druckbild zugrunde gelegt, um die bei Änderung der beeinflussenden Größen auftretenden Veränderungen des Kontaktwiderstandes im Zahlenwert zu erfassen. Eine Erweiterung zur Durchführung statistischer Untersuchungen ist vorzusehen.
4. Um den Zufallscharakter des Einzelmeßwertes auszuschließen, sind Mehrfachmessungen auf jeder Meßstelle vorzusehen.
5. Durch geeignete Beeinflussung des Druckbildes sind optische Auswertungserleichterungen zu schaffen.

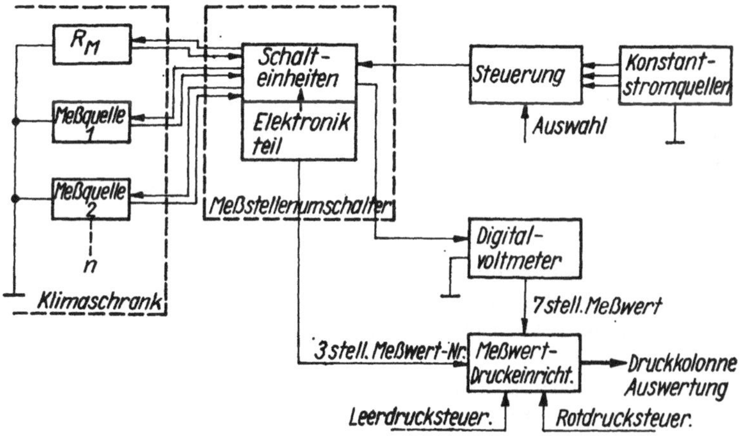

Bild 4. Steckverbinderprüfeinrichtung, Informationsverbindungen

Der Grundaufbau des Meßplatzes besteht aus:

- Meßstellenumschalter für wählbare Meßstellen [6]
- Präzisionsdigitalvoltmeter für Gleichspannungen [7]
- Meßwertumsetz- und Druckeinrichtung [8], [9]
- Zeit- und Programmsteuergerät für automatisierte Meßprogramme (Steuergerät II, Eigenbau)

Die Zusammenschaltung zur vollständigen Auswerteeinrichtung hinsichtlich der erforderlichen Informations- und Steuerverbindungen zeigen die Bilder 4 und 5.

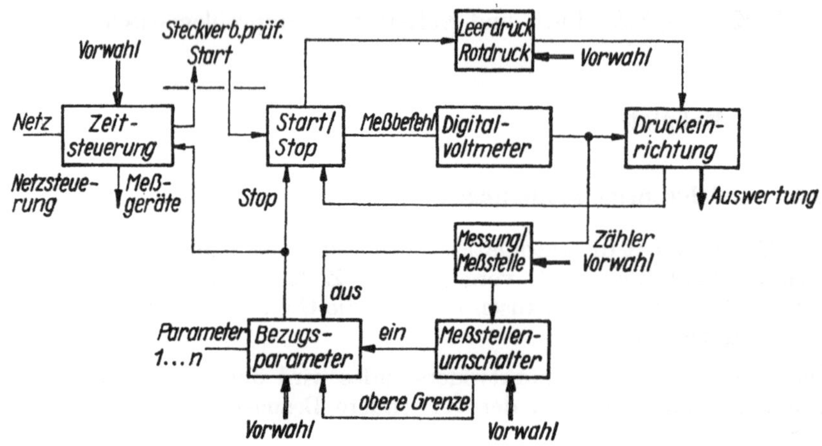

Bild 5. Meßplatz, Steuerverbindungen

5.5.4.2. Informationsverlauf (Bild 4)

Die Meßquelle (Kontaktwiderstand) wird mit dem definierten Bezugsparameter (Konstantstrom) belastet. Durch die gewählte Meßanordnung bedingt — der Meßkreis wird vollständig vom Speisekreis getrennt, das Digitalvoltmeter arbeitet mit einem Eingangswiderstand im GΩ-Bereich — findet eine angenäherte Potentialmessung statt, die eine Vernachlässigung der im Meßkreis auftretenden Zuführungswiderstände gestattet, wie in [10] nachgewiesen wird.

Der Einsatz eines Präzisionsmeßwiderstandes R_M ermöglicht die ständige Parameterkontrolle zu Beginn jeder Meßreihe.

Durch den Meßstellenumschalter gesteuert, werden nacheinander alle Meßquellen beschaltet, Meßwert und zugehörige Meßstellennummer jeder Meßstelle ausgedruckt.

Zwecks einer erleichterten Auswertung der Druckkolonnen werden komplette Meßreihen voneinander durch eine Anzahl informationsloser Leerdrucke abgegrenzt; nacheinander verwendete unterschiedliche Bezugsparameter werden durch Zwischenrotdrucke unterschieden.

Alle Bedingungen zur Sicherstellung des Automatikbetriebes unter Beachtung der gestellten Forderungen werden durch die Verknüpfung elektronischer Baugruppen des Steuergerätes II mit dem Auswertegerät sichergestellt. Einen Überblick dazu vermittelt Bild 5.

Die Baugruppe Zeitsteuerung löst nach vorgegebenen Zeitabständen periodisch das eingestellte Gesamtprogramm aus: Leersteckungen an Steckverbindern, vorgewählte Meßreihe. Die Meßgeräte können unter Beachtung ihrer Warmlaufzeit mit geschalteter Netzversorgung arbeiten.

In den Pausen zwischen zwei automatischen Meßprogrammen — einstellbar sind Zeitabstände bis zu 24 h — lassen sich die Geräte des Meßplatzes in frei wählbarer Verkettung zu weiteren Meßaufgaben einsetzen. Ermöglicht wird diese Variante durch einen separaten Mehrfachverteiler für Steuerverbindungen, an dem das gewünschte Pausenprogramm vorgewählt werden kann. Nach Erreichung der vorgegebenen Anzahl von Leersteckungen wird das Meßprogramm ausgelöst. Eine zentrale Stellung nimmt der Meßstellenumschalter ein [11]. Er schaltet nacheinander alle Meßstellen an den Bezugsparameter und das Digitalvoltmeter (vgl. Bild 4).

Seine untere und obere Meßstellengrenze lassen sich voreinstellen; bei dem hier verwendeten Gerät können maximal 100 Meßstellen durchgeschaltet werden.
Das Digitalvoltmeter erhält den Meßbefehl, wenn eine auszuwertende Meßstelle eindeutig zugeschaltet hat und ein zeitlich vorhergehender Druckvorgang abgeschlossen ist. Die beendete Messung wird signalisiert. Sie führt zur Druckübernahme und über eine Zählbaugruppe zur Ansteuerung des Meßstellenumschalters. Dieser schaltet weiter, wenn die vorgesehene Anzahl von Messungen auf einer Meßstelle beendet wurde.
Nachdem die letzte Meßstelle meßtechnisch erfaßt wurde, bewirkt der Meßstellenumschalter die Umschaltung auf einen weiteren Parameter, deren Anzahl vorwählbar ist.
Beginnend an der unteren Meßstellengrenze wird mit diesem Parameter weitergearbeitet, usf. Nach Absolvierung aller vorgesehenen Messungen wird der Meßplatz abgeschaltet.
Im Gesamtablauf folgt also auf ein Leersteckprogramm ein Meßprogramm mit mehreren vorher festgelegten Bezugsparametern. Dadurch werden innerhalb einer Meßreihe Vergleiche des Kontaktwiderstandes bei unterschiedlicher Strombelastung der Kontakte ermöglicht.
Um in diesem Falle auch höhere Ströme einsetzen zu können, ohne die Schalteinheiten des Meßstellenumschalters lebensdauereinschränkend zu belasten, in diesem Zusammenhang sei auf [12] verwiesen, ist eine Abschaltung des Bezugsparameters jeweils für die Zeit der Meßstellenumschaltung programmierbar.

5.5.5. Schlußbetrachtungen

Die in diesem Beitrag behandelte Steckverbinderprüfeinrichtung zeigt Möglichkeiten auf, unter vertretbarem Zeitaufwand umfangreiche Untersuchungen an Steckverbinderkontakten auszuführen.
Durch die im Eigenbau realisierten mechanischen und elektronischen Funktionsgruppen wurde ein vorhandener Digitalmeßplatz für diese Meßaufgaben modifiziert und gestattet die Realisierung automatisierter Meßprogramme in einem breiten Anwendungsumfang.
Der derzeitig erreichte Ausbaustand soll nur ein erster Schritt sein; unter anderem ist eine umschaltbare Erweiterung zu statistischen Erfassungsmethoden vorgesehen.
Die genannten Nachteile der jetzigen Anlage sollten durch bessere Lösungen beseitigt werden.
Eine engere Zusammenarbeit der auf diesem Fachgebiet tätigen Forscher und Anwender könnte fruchtbare Ergebnisse tätigen.

Literaturverzeichnis

[1] *Hilpert, G., Scheibe, H.:* Die Prüfung von Steckverbindern. Reko 75 18.—20. 11. 1975 Budapest, S. 129—142

[2] *Chriske, C.:* Entwicklung und Bau einer Steckverbinderprüfeinrichtung, Mechanischer Teil. Sektion Elektronik der Humboldt-Universität, Diplomarbeit D 70 1976

[3] *Roßner, H.:* Entwicklung und Bau einer Steckverbinderprüfeinrichtung, Elektronische Steuerung. Diplomarbeit D 70 1976

[4] *Pötzsch, H.-J.:* Einrichtung zur Registrierung elektrischer Parameter. Sektion Elektronik der Humboldt-Universität Berlin, Abschlußarbeit F 71 1975

[5] *Pötzsch, H.-J.:* Entwurf und Bau eines Steuergerätes für eine Registriereinrichtung. Sektion Elektronik der Humboldt-Universität Berlin, Diplomarbeit F 71 1976

[6] Kombinat VEB Funkwerk Erfurt: Meßstellenumschaltersystem 8802.000. Technische Arbeitsunterlagen für den Kunden, Ausgabe 1973

[7] Kombinat VEB Funkwerk Erfurt: Digitalvoltmeter 4027. Technische Arbeitsunterlagen für den Kunden, Ausgabe 1974

[8] Kombinat VEB Funkwerk Erfurt: Meßwertumsetzer 3511a. Technische Arbeitsunterlagen für den Kunden. Ausgabe 1974

[9] Kombinat VEB Funkwerk Erfurt: Meßwertdrucker 3534b. Technische Arbeitsunterlagen für den Kunden. Ausgabe 1974

[10] *Hilpert, G., Scheibe, H.:* Die Prüfung von Steckverbindern. Reko 75, 18.–20. 11. 75 Budapest S. 135

[11] Kombinat VEB Funkwerk Erfurt: Meßstellenumschaltersystem 8802.000; Steuergerät 8802.010. Technische Arbeitsunterlagen für den Kunden Ausgabe 1973

[12] Kombinat VEB Funkwerk Erfurt: Meßstellenumschaltersystem 8802.00; Schalteinheit 8802.020

5.6. Die Anwendung von thermischen Prozessen für die Messung des Durchgangswiderstandes in Kontaktelementen

Von *J. Kaczmarek* und *H. J. Wierzba*

Technische Hochschule Gdansk, Institut für Elektronische Technologie

Die Entwicklung moderner elektronischer Geräte und Anlagen verlangt hohe Zuverlässigkeitskennziffern. Auf Grund eines erheblichen Fortschrittes der Zuverlässigkeit von diskreten und integrierten elektronischen Schaltungen werden die Endparameter der elektronischen Anlagen durch das Zuverlässigkeitsniveau der Kontaktelemente bestimmt.
Aus diesem Grund werden verschiedenartige Kontrolltests durchgeführt, die zur Eliminierung von aktuell schadhaften Elementen dienen. Mittels statistischer Analysen wird eine Verhaltensprognose solcher Elemente gegeben. Die Ausarbeitung eines Verhaltenstestes erfordert Meßmethoden zur Bestimmung des Parameters, der die Qualität der Elemente bestimmt. Für die Beschädigungserscheinungen muß ein Beschädigungskriterium auf der Basis eines Modells festliegen. Im Fall von Kontaktelementen kann, die die Qualität charakterisierende Größe der Kontaktwiderstand sein. Bei rauhen Oberflächen mit punktförmigen Berührungsstellen ist der Kontaktwiderstand durch folgende Gleichung gegeben:

$$R_k = R_e + R_F = \frac{\varrho}{2a} + \frac{\sigma}{\pi a^2} = c \cdot F_k{}^m, \qquad (1)$$

wobei

R_k — Kontaktwiderstand,
R_e — Engewiderstand,
R_F — Fremdschichtwiderstand,
a — Radius der wahren Berührungsfläche,
ϱ — spezifischer Widerstand des Kontaktmaterials,
σ — spezifischer Hautwiderstand,
F_k — Kontaktkraft,
m — Exponent,
c — Konstante bedeuten.

Die Kontaktfläche ist ein Bereich bestimmter Abmessung, der eine Einengung für den durch den Kontakt fließenden Strom schafft. Die elektrischen Feldlinien werden also im Berührungspunkt eingeengt. Deshalb erhöht sich an der Berührungsstelle die Konzentration der elektrischen Ladung. Im Einengungsbereich fließen Ströme mit einer Stromdichte von einigen 10 A cm^{-2}. Deshalb tritt eine Temperaturerhöhung im Übergangsbereich auf.
Es kann zum Erweichen und Schmelzen des Kontaktmaterials kommen [1, 2, 3]. Im Endeffekt verändert sich der Wert des Kontaktwiderstandes. Die Veränderungen des Kontaktwiderstandes als Funktion des Spannungsabfalls ist im Fall eines symmetrischen Kontaktes metallischer Art in Bild 1 dargestellt.

Mit dem Anwachsen der Temperatur der Berührungsfläche tritt ein Anwachsen des Kontaktwiderstandes (Abschnitt A—B der auf Bild 1 dargestellten Funktion) nach folgender Gleichung ein:

$$R_k = R_{k0} \left[1 + \frac{2}{3} \alpha \Delta T \right]. \tag{2}$$

Dabei sind

R_{k0} — Kontaktwiderstand bei der Temperatur T_0,
R_k — Kontaktwiderstand in der Temperatur T,
α — Temperaturkoeffizient des Widerstandes,
2/3 — empirischer Faktor,
ΔT — Temperaturdifferenz.

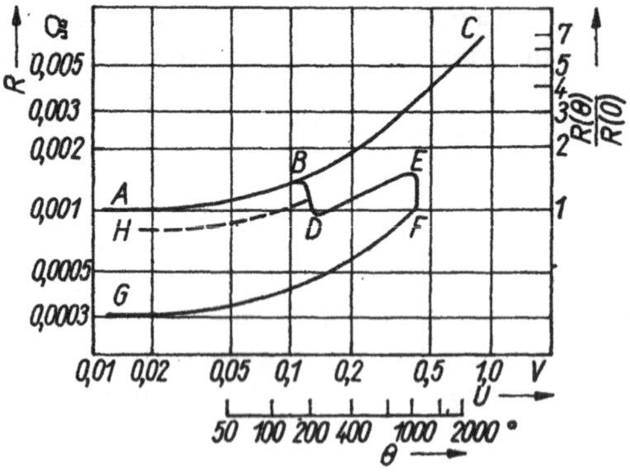

Bild 1. Abhängigkeit des Kontaktwiderstandes von der angelegten Spannung

Im Punkt B der Funktion erreicht die Berührungsfläche die Erweichungstemperatur des metallischen Materials.
Im Ergebnis einer Härteminderung des Metalls vergrößern die existierenden Berührungskräfte die Kontaktfläche so lange, bis nachfolgende Bedingung erfüllt ist.

$$n \cdot S_0 = \frac{F}{\delta_p}, \tag{3}$$

wobei

δ_p — Druckfestigkeit,
n — Anzahl der Berührungspunkte,
S_0 — elementare Kontaktfläche sind.

Eine Vergrößerung der Kontaktfläche unter der Erweichungstemperatur bewirkt einen Abfall des Kontaktwiderstandes bis zum Punkt *D*. Untersucht man den weiteren Funktionsverlauf der Abhängigkeit des Kontaktwiderstandes von der Spannung, so kann man ein erneutes Anwachsen des Kontaktwiderstandes für die sich neu stabilisierte Fläche nS_0 (Abschnitt D—E des Funktionsbildes) feststellen. Im Punkt E fällt der Kontaktwiderstand durch das Schmelzen des Kontaktbereiches bis zum Punkt F. Die auftretende Leistung ist größer als die Möglichkeit der Wärmeableitung durch das Kontaktmaterial, der Kontakt ist also nicht in der Lage, seine physikalischen und geometrischen Eigenschaften einzuhalten. Wenn ein größerer Strom als der kritische Wert fließt, dann erweitert der Kontakt seine Fläche so lange, bis die Bedingung für die Wärmestabilität erfüllt wird. Gleichzeitig führt das Anwachsen der aktiven Kontaktfläche zu nicht umkehrbaren Verkleinerungen des Kontaktwiderstandes. Im allgemeinen gilt für ein gegebenes Kontaktüberzugsmaterial folgende Gleichung [4, 5, 6].

$$R_k \cdot I_k = k, \tag{4}$$

wobei

I_k — kritischer Stromwert,
k — Konstante
sind.

Mit Hilfe der Methode der gekreuzten Zylinder wurde die Messung des Kontaktwiderstandes als Funktion des Stromes I_k durchgeführt. Aus der auf Bild 2 dargestellten

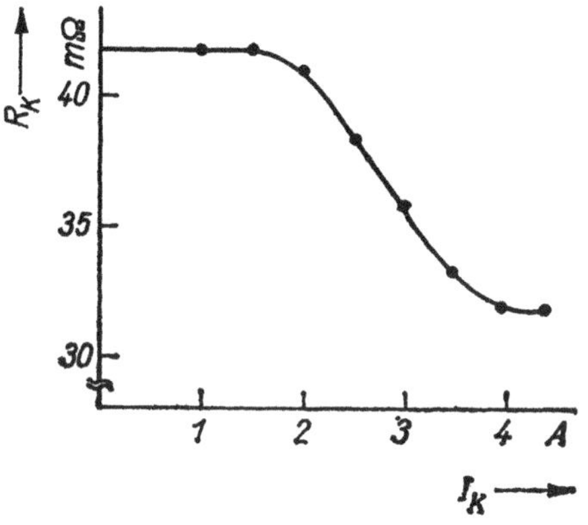

Bild 2. Veränderungen des Kontaktwiderstandes im Ergebnis einer Schmelzung des Kontaktmaterials

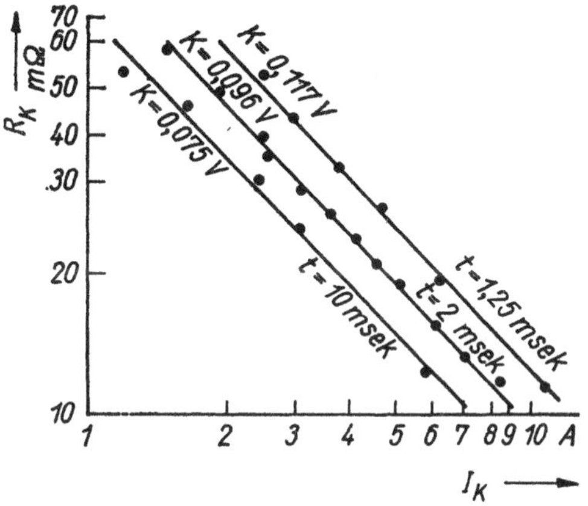

Bild 3. Abhängigkeit $R_k = f(I_k)$ für verschiedene Impulsbreiten

Funktion erkennt man den charakteristischen Abfall des Kontaktwiderstandes in Abhängigkeit des Stromes.
Mit der gleichen Methode wurde zusätzlich der Einfluß der Erwärmungszeit auf die Funktion $R_k = f(I_k)$ für drei verschiedene Erwärmungszeiten (t = 1,25 ms; 2 ms; 10 ms) ermittelt. Das Ergebnis wurde auf Bild 3 dargestellt. Die Konstante k, die dem Erweichungsspannungswert entspricht, kann ebenfalls aus der Gleichung

$$\frac{U_k^2}{4} = L(T_k^2 - T_0^2) \tag{5}$$

ermittelt werden. Dabei sind

U_k — Spannungsabfall am Kontakt,
T_k — maximale Kontakttemperatur,
T_0 — Umgebungstemperatur,
L — Lorentzkonstante in der Wiedemann-Franzschen Gleichung.

Die vorher erwähnte gekreuzte Methode zur Messung des Kontaktwiderstandes eignet sich sehr gut zur Messung einfach zugänglicher Kontakte. Dagegen kann bei hermetischen Kontaktelementen, wie zum Beispiel bei Reedkontakten, diese Methode nur indirekt, und zwar bei der Bestimmung des Kontaktwiderstandes als Bezugswert, angewendet werden. Da das Berührungselement aus ferromagnetischem Material besteht, ist eine andere Methode zur Bestimmung des Kontaktwiderstandes (z. B. die der dritten Harmonischen [3]) für Reedkontakte ungeeignet. In dieser Situation erweist sich die Methode, die die kontrollierte Schmelzung der Kontaktpunkte ausnutzt, auch als

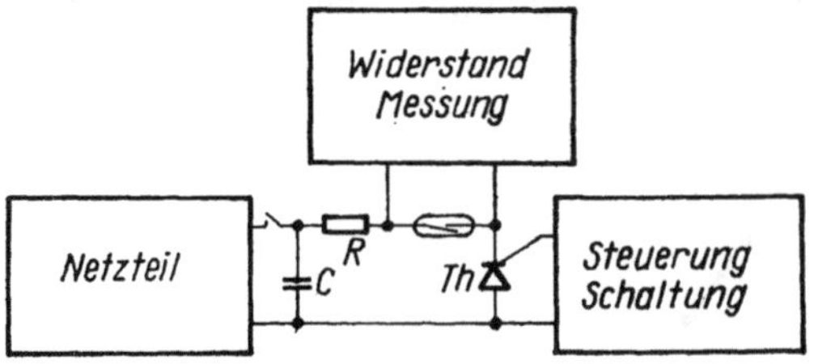

Bild 4. Blockschema der Meßschaltung

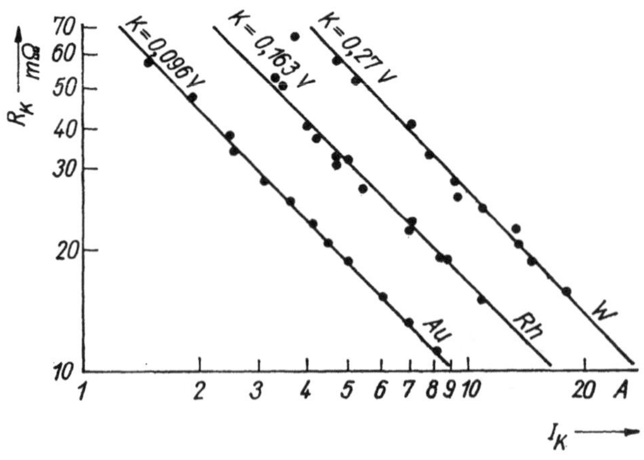

Bild 5. Abhängigkeit des Kontaktwiderstandes von dem ihm entsprechenden kritischen Stromwert

brauchbar. Den Kontakt setzt man Stromimpulsen mit wachsender Amplitude und bestimmter Zeitdauer aus. Ein Impuls, der einen Abfall des Kontaktwiderstandes um einen festgelegten Wert bewirkt, entspricht dem Schmelzstrom. Für jeden Überzug kann man den Wert des Kontaktwiderstandes, der einem bestimmten Strom entspricht, aus der Funktion $R_k = f(I_k)$, die mit Hilfe der gekreuzten Methode bestimmt wurde, ermitteln. Unter Ausnutzung dieser Methode wurden Messungen des Kontaktwiderstandes von Reedkontakten verschiedener Typen und verschiedener Überzüge in der Meßschaltung entsprechend Bild 4 durchgeführt. Um eine Erwärmung des Kontaktmaterials, die einen Einfluß auf den Meßfehler hat, zu vermeiden, wurden Stromimpulse mit einer Breite von 2 ms angenommen [7]. Bei der Auswahl der Impulsbreite richtete man sich ebenfalls nach den Möglichkeiten der Meßschaltung, d. h. dem maximalen Stromwert, den man mit einer Kondensatorschaltung zu erreichen imstande ist. Wie aus Bild 5 ersichtlich ist, besitzen die Reedkontakte mit einem Wolframüberzug des gegebenen Typs den größten Kontaktwiderstand. Reedkontakte mit einem Rhodiumüberzug zeichnen sich dagegen durch die größte Streuung des Kontaktwiderstandes eines gegebenen Typs (entsprechend Tabelle 1) aus.

Tabelle 1. Durchschnittliche Werte des Kontaktwiderstandes und des Zungenwiderstandes für verschiedene Reed-Kontakte

Typ und Kontaktmaterial	durchschnittlicher Kontaktwiderstand $\bar{R}_k$ in mΩ	durchschnittliche geometrische Abweichung σ_k in mΩ	durchschnittlicher Materialwiderstand der Zungen $\bar{R}_m$ in mΩ	durchschnittliche geometrische Abweichung σ_m in mΩ
Standart Au	6,05	2,52	22,06	1,25
Standart Rh	12,04	4,45	20,60	0,44
Mittlerer Au	10,75	2,77	48,80	2,16
Mittlerer Rh	22,10	7,9	42,02	5,7
Mittlerer W	22,45	4,77	31,90	0,88
Miniaturen Au	15,80	8,95	76,90	4,97
Miniaturen Rh	28,30	10,90	75,70	2,94
Miniaturen W	36,20	6,40	82,60	4,15

Durchschnittlicher Kontaktwiderstand:

$$R_k = \frac{1}{n} \sum_{i=1}^{n} R_{ki}$$

Durchschnittliche geometrische Abweichung:

$$\sigma_k = \sqrt{\frac{\sum_{i=1}^{n} (R_{ki} - \bar{R}_k)^2}{n}}$$

Die durchgeführten Messungen zeigten, daß diese Meßmethode genau ist und zur Selektion der Reedkontakte nach Abschluß des Produktionsprozesses sowie zur Untersuchung ihrer Qualität dienen kann. Der Wert des Kontaktwiderstandes ist ein Parameter, der die Betriebssicherheit der Reedkontakte bestimmt. Daraus ergibt sich die Möglichkeit einer Ausnutzung der Methode auch zur Voraussage des Verhaltens der Reedkontakte in ihrer Exploitationszeit.

Literaturverzeichnis

[1] *Holm, R.:* Electrical Contacts Handbook. Springer-Verlag, Berlin 1958

[2] *Höft, H.:* Die wahre Berührungsstelle punktförmiger Kontakte. Elektrie **19**, 3 (1965) 135–138

[3] *Kaczmarek, J., Kosmowski, B.:* Constriction resistance measurements based on the method of third harmonic. Proc. of the 19-th Holm Seminar on Electric Contact Phenomena, Chicago 1973

[4] *Bowden, F. P., Williamson, J. B. P.:* Electrical conduction in solids. Proc. Roy. Soc. A, vol. 246 plate 1,2, July 1958

[5] *Russakoff, R., Snowboll, R. F.:* Measurement of Contact Resistance. The Review of Scientific Instruments **38**, 3 (1967)

[6] *Snowboll, R. F.:* New technique measures reliability of electric contacts. Electronics Communications Nov. **15**, 11 (1967)

[7] *Kosmowski, B., Kaczmarek, J., Wierzba, H. J.:* Influence of high current Load on dry reed operation. Proc. of the 21-th Holm Seminar on Electric Contact Phenomena, Chicago 1975

6. Elektronische Schaltprinzipien

6.1. Schalterprinzipien auf der Basis von Halbleiterbauelementen

Von *G. Ebest* und *R. Brumme*

Technische Hochschule Karl-Marx-Stadt, Sektion Physik — Elektronische Bauelemente

6.1.1. Einleitung

Dominierende Schaltmittel auf allen Gebieten der Elektronik waren lange Zeit mechanische Kontakte vor allem in Verbindung mit Relais. Mit der Entwicklung und ständigen Vervollkommnung der Halbleitertechnologie entstanden Bauelemente, die ebenfalls für Schalteranwendungen geeignet sind. Diese elektronischen Lösungen bringen sogar auf einigen Gebieten erhebliche Verbesserungen mit sich, erreichen jedoch nicht in jeder Beziehung die Eigenschaften elektro-mechanischer Schalter. Der folgende Beitrag soll dazu dienen, die Vor- und Nachteile der Halbleiterbauelemente bezüglich Schalterbetrieb aufzuzeigen. Betrachtet werden dabei von den vielen möglichen Bauelemente-Anordnungen nur die technisch genutzten, bei denen der Steuerkreis vom Lastkreis getrennt ist und die Steuerung elektrisch erfolgt.

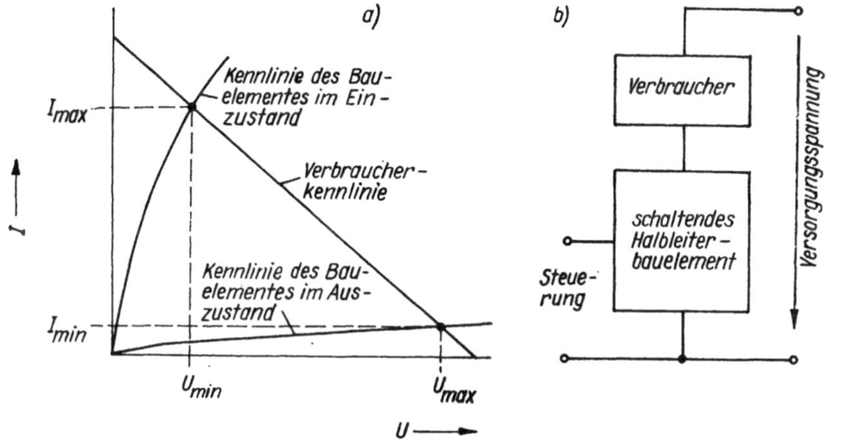

Bild 1. Gleichstromschalter für einen ohmschen Verbraucher
a) Charakteristische Kennlinien; b) Halbleiterbauelemente als Gleichstromschalter

Ausgangspunkt für die Untersuchung ist der Anwendungsfall des Gleichstromschalters, wie er im Bild 1 vereinfachend für einen ohmschen Verbraucher dargestellt ist. Das Bild zeigt, daß die Eignung eines Bauelementes für Schalteranwendungen in erster Linie durch die Größe des Ein- und Auswiderstandes bestimmt wird. Nachteilig sind in dieser Hinsicht bei Halbleiterbauelementen insbesondere die minimal möglichen Strom- und Spannungswerte. Wichtig sind aber auch die Einsatzgrenzen, d. h. die maximal möglichen Spannungen (Begrenzung der Sperrfähigkeit und damit der Versorgungsspannung) und Ströme (Begrenzung des Verbraucherwiderstandes) bzw. die maximal im Bauelement umsetzbare Verlustleistung.

Die folgenden Ausführungen beziehen sich vorwiegend auf die Untersuchung dieser Kenngrößen. Parameter wie Lebensdauer, Zuverlässigkeit, Prellfreiheit und Schaltfrequenz werden dabei nicht (oder nur am Rande) betrachtet, weil die Halbleiterbauelemente auf diesen Gebieten dem mechanischen Schalter ohnehin überlegen sind.

6.1.2. Bipolare Transistoren

Bipolare Transistoren bestehen aus drei unterschiedlich dotierten Gebieten mit der Schichtenfolge *pnp* oder *npn*. Ihre Funktionsweise im sogenannten aktiv normalen Betriebsbereich beruht auf der Leitfähigkeitssteuerung eines gesperrten (Kollektor-Basis-) *pn*-Übergangs durch Injektion von Ladungsträgern aus einem in Flußrichtung vorgespannten *pn*-Übergang (Basis-Emitter). Die Vorgänge in einer solchen Struktur sind am Beispiel eines *npn*-Transistors im Bild 2 dargestellt, ebenso die für den Schalter-

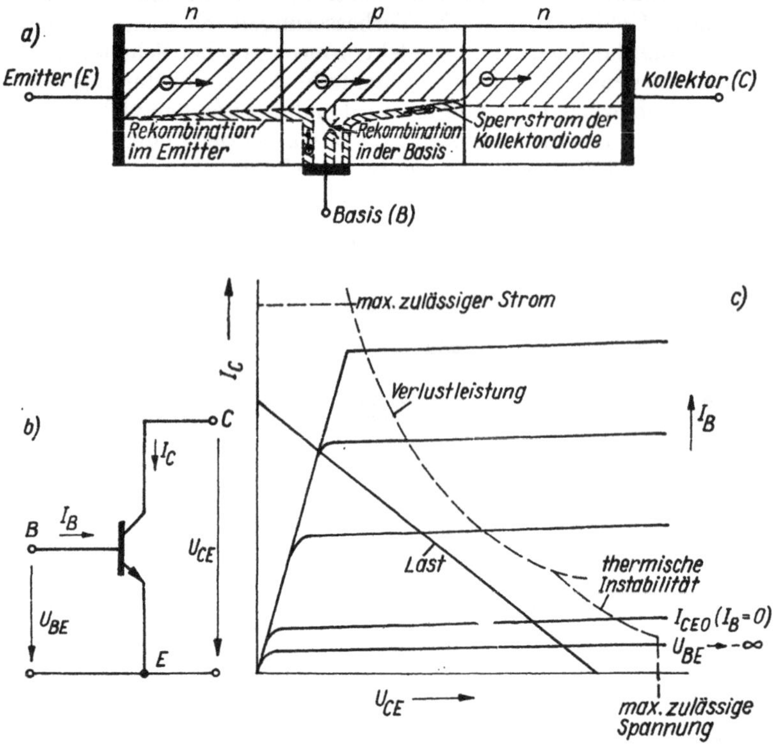

Bild 2. Bipolartransistor

a) Wirkungsweise; b) Symbole; c) Kennlinien

betrieb wichtigen Ausgangskennlinien in Emitterschaltung. Die Wirkungsweise bedingt, daß zur Steuerung des Kollektorstromes am Eingang eine (wenn auch kleine) Leistung benötigt wird [1].

Häufigste technologische Ausführungsform ist der Planartransistor und seine Weiterentwicklung, der Epitaxie-Planar-Transistor (Bild 3). Sie sind bezüglich des Einsatzes als Schalter durch nachfolgend diskutierte Eigenschaften gekennzeichnet.

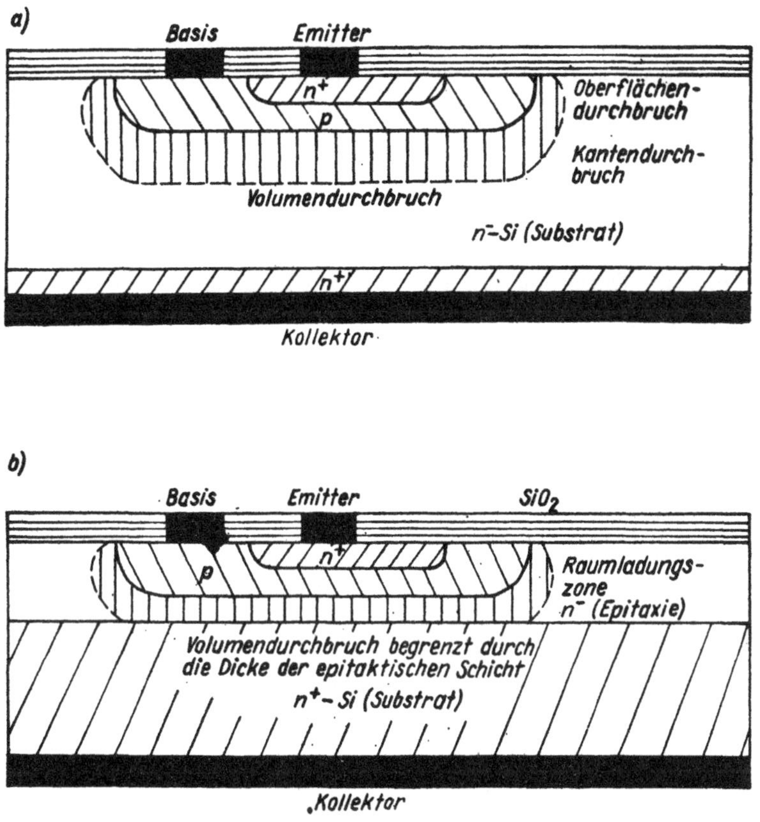

Bild 3. Aufbau eines Transistors
a) Planartransistor; b) Epitaxie-Planar-Transistor

Restströme:

Diese minimal möglichen Ströme sind Leckströme für den Schalterbetrieb im Aus-Zustand. Ihre Größe ist abhängig von der Ansteuerung und nimmt in der Reihenfolge Basis leerlaufend, Emitter-Basis-Strecke kurzgeschlossen und Emitter-Basis-Strecke gesperrt ab. Bedingt durch die Dotierung des Basisgebiets und die geometrischen Abmessungen des Emitters liegt die maximal mögliche Sperrspannung in der Regel zwischen 5 V und 7 V. Der Absolutwert des Reststromes ist bestimmt durch die Eigenleitung, den Generations-Rekombinationsstrom (leichtes Ansteigen mit der Kollektor-Emitter-Spannung) und den Oberflächen-Rekombinationsstrom. Er liegt im allgemeinen in der Größenordnung von nA, nimmt aber mit zunehmender Fläche (Leistungstransistor) zu. Es ist zu beachten, daß er mit der Temperatur exponentiell ansteigt.
Für die meisten Anwendungsfälle ist die angegebene Größe des Reststroms ausreichend und gewährleistet eine ausreichende Sperrwirkung.

Kollektor-Emitter-Sättigungsspannung:

Die Sättigungsspannung ist die sich einstellende Spannung zwischen Emitter und Kollektor, wenn der Kollektorstrom durch schaltungstechnische Maßnahmen (Lastwiderstand) kleiner ist als das Produkt von Stromverstärkung und Steuerstrom. Sie charakterisiert demnach die minimal mögliche Spannung im Ein-Zustand. Beim idealen Transistor liegt die Sättigungsspannung in der Größenordnung von mV [1]. Dieser Spannungswert wird durch die beim realen Transistor vorhandenen Bahnwiderstände sehr viel größer. Das betrifft insbesondere das Kollektorgebiet. Die Sättigungsspannung beträgt bei Planartransistoren bis zu 2 V und bei Epitaxie-Planar-Transistoren etwa 0,3 V (hier reduziert das hochdotierte Substratmaterial den Kollektorbahnwiderstand; das führt zugleich auch zu einer Erhöhung der Grenzfrequenz).

Durchbruchspannung:

Die maximal zulässige Spannung zwischen Emitter und Kollektor (Aus-Zustand) wird maßgeblich von der Durchbruchspannung der Kollektor-Basis-Diode bestimmt. Dieser Grenzwert wird durch die Durchbruchfeldstärke ($\approx 10^7$ V cm^{-1}) festgelegt. Sie variiert nur wenig mit der Dotierung [2]. Die am *pn*-Übergang auftretende maximale Feldstärke ist abhängig von der Dotierung und von der geometrischen Gestaltung. Im Fall eines planaren *pn*-Übergangs kann sich die Raumladungszone ungehindert in das hochohmige Gebiet ausbreiten; die Durchbruchspannung (Volumendurchbruch) ist daher umgekehrt proportional zur Dotierung.

Diese Durchbruchspannung stellt den maximal erreichbaren Wert dar. Sie wird beim

Bezeichnung	Maßnahmen und Eigenschaften	Typisches Bild
Schnelle hochsperrende Transistoren	Epitaktische Planartransistoren. *Durchbruchspannung:* Feldplatten [3] (auch bei MIS-Transistoren [7]) und/oder diffundierte Ringe [8, 9] zur Vermeidung des Oberflächendurchbruchs und Erhöhung der Kantendurchbruchspannung. *Typische Werte:* 300 V, 100 mA, 3 W, 90 MHz, 25.	B 4/I
Langsame Leistungs-Transistoren	*Epibasis-Transistoren:* Basis ist hochohmige Epitaxieschicht (*pnp* und *npn* möglich). *Durchbruchspannung:* MESA-Strukturen (Vermeidung Oberflächen- und Kantendurchbruch) [8], dicke Basis (begrenzt allerdings f_T und B, daher maximal 10 μm) [10], zusätzliche Epitaxieschicht für Kollektor [11].	B 4/II
	Belastbarkeit: homogene Basisdotierung (wenig Defekte), dicke Basis (geringe thermische Verkopplung von Wärmequelle und Emitter) [10, 11], Emitterkammstruktur (Reduzierung der Randverdrängung) [6]. *Typische Werte:* 60 V (Bei Doppelepitaxie 250 V), 8 A, 60 W, 3 MHz, 25.	B 4/III
	Einfachdiffundierte Transistoren: Basis ist hochohmiges Substratmaterial. Emitter und Kollektor gleichzeitig diffundier *Durchbruchspannung:* MESA-Struktur und dicke Basis (20—30 μm). *Belastbarkeit:* MESA-Struktur und dicke Basis, Emittergegenkopplungswiderstand (ist technologisch bedingt und führt zur Erhöhung der inneren thermischen Stabilität) [12], Emitterkammstruktur. *Typische Werte:* 60 V, 15 A, 100 W, 1 MHz, 20.	B 4/IV

Epitaxie-Planar-Transistor durch die Dicke des hochohmigen (Epitaxie-) Gebietes begrenzt, da sich die Raumladungszone praktisch nur in diesen Bereich ausdehnen kann (eine weitere Erhöhung der Spannung bewirkt dann eine vernachlässigbare Ausdehnung der Raumladungszone in das hochdotierte Substrat hinein und führt demnach zu einer starken Erhöhung der Feldstärke). Die selektive Umdotierung der Oberfläche des Si zur Erzeugung der Basis führt zu geometrischen Veränderungen des *pn*-Übergangs (zylindrischer und sphärischer *pn*-Übergang), wodurch die Ausbreitung der Raumladungszone behindert wird. Damit entstehen dort Feldstärkespitzen (Kantendurchbruch). Diese Kantendurchbruchspannung sinkt mit abnehmender Tiefe und kleiner werdender Geometrie [2].
Außerdem führt das Vorhandensein von positiven Ladungen im Maskieroxid zur Anreicherung von Elektronen an der Halbleiteroberfläche. Bei *npn*-Transistoren wirkt das wie eine Erhöhung der Kollektordotierung, so daß an der Oberfläche ebenfalls eine Einengung der Raumladungszone und damit eine große Feldstärke zu verzeichnen ist [3].
Insbesondere die letzten beiden Effekte führen dazu, daß die Durchbruchspannung der

Bezeichnung	Maßnahmen und Eigenschaften	Typisches Bild
	Dreifachdiffundierte Transistoren: Basis ist diffundiert, Substrat dient als hochohmiges Kollektorgebiet, niederohmige Kollektor wird diffundiert. *Durchbruchspannung:* Schräge Seitenkonturen zur Vermeidung von Oberflächen- und Kantendurchbruch [8, 13] (auch bei Thyristoren [14]), dickes hochohmiges Kollektorgebiet (20—40 μm) [13]. *Belastbarkeit:* dicke Basis (5—10 μm), Basisdriftfeld (schnelles Abschalten) [13] Emitterkammstruktur. *Typische Werte:* 350 V, 10 A, 80 W, 20 MHz, 10.	B 4/V
Schnelle Leistungs-Transistoren	Epitaktische Planartransistoren. *Belastbarkeit:* Reduzierung der Randverdrängung durch Verwendung von viel Emitterrandlänge im Verhältnis zur Emitterfläche [6], Einhaltung von Mindestabständen (lateral) zur besseren thermischen Verkopplung Emittergebiete untereinander [6, 15, 16], Verbindung interner Einzeltransistoren durch Widerstandsnetzwerke (thermische Stabilisierung) [6], Verwendung dünner Substratmaterialien (bis 75 μm) zur besseren Wärmeabführung [6, 16, 17]. *Typische Werte:* 40 V, 2 A, 15 W, 500 MHz, 40.	B 4/VI

Bild 4. Ausführungsformen von bipolaren Silizium-Transistoren (Angabe der typischen Kennwerte in der Reihenfolge: Durchbruchspannung in Emitterschaltung, maximal zulässiger Kollektorstrom, maximal zulässige Verlustleistung, Transitgrenzfrequenz f_T, Stromverstärkung in Emitterschaltung B)

Kollektor-Basis-Strecke nur etwa 30 V bis 50 V beträgt. Dabei ist noch zu beachten, daß die Kollektor-Emitter-Durchbruchspannung etwa um die 4. Wurzel aus der Stromverstärkung kleiner ist als die Kollektor-Basis-Durchbruchspannung.

Maximale Ströme

Der maximal zulässige Kollektorstrom ist näherungsweise von der Fläche abhängig. Bedingt durch einige unerwünschte Effekte ist jedoch die Vergrößerung des Kollektorstroms nicht direkt der Flächenvergrößerung proportional. Eine erste Grenze ist die maximal zulässige Verlustleistung. Sie ist davon abhängig, wie die an der Kollektor-Basis-Strecke erzeugte Wärme abgeführt werden kann, so daß die Sperrschichttemperatur unterhalb eines maximal zulässigen Grenzwertes (bei Si etwa 150 °C bis 200 °C) bleibt. Ein Maß für die mögliche Wärmeabführung ist der thermische Innenwiderstand. Zum zweiten tritt bei Transistoren mit geringer Basisweite unter bestimmten Voraussetzungen eine Stromverdrängung auf [4]. Das bedeutet, daß der Emitter vorwiegend an seinen Randgebieten injiziert. Dieser Effekt nimmt zu mit steigendem Emitterstrom, kleiner werdender Basisbreite und geringer werdender Basisdotierung. Begrenzt wird dadurch der maximale Strom im Einzustand, da die Randverdrängung weitgehend vermieden werden muß, um Hochinjektion und lokale thermische Überlastung zu verhindern (der maximale Strom beträgt einige hundert mA, wobei für den Ein-Zustand Widerstände von etwa 100 Ω bei Planar-Transistoren und etwa 10 Ω bei Epitaxie-Planar-Transistoren erreicht werden).

Eine weitere Einschränkung ergibt sich durch die thermische Instabilität bei großflächigen Transistoren. Man versteht darunter eine ungleichmäßige Erwärmung der Sperrschicht. Ursache dafür können Defekte im Si sein, aber auch nichthomogene Dotierung oder Veränderungen in der Geometrie. Das führt dazu, daß lokal begrenzt größere Ströme als in der Umgebung auftreten können [5, 6, 16]. Hieraus folgt an dieser Stelle eine größere Erwärmung der Sperrschicht, die wiederum zu einem größeren Emitterstrom führt usw. Dieser Prozeß bewirkt also lawinenartig eine Stromeinschnürung, die an diesem Ort eine thermische Überlastung und damit einen irreversiblen Durchbruch zur Folge hat. Dieser Einschnüreffekt (2. Durchbruch) tritt vor allem bei großen Spannungen und kleinen Strömen auf und ist daher besonders beim Abschalten von Induktivitäten zu berücksichtigen.

Diese Einflüsse beschränken die Verlustleistungen konventioneller Transistoren auf Werte < 1 W.

Maßnahmen zur Erhöhung der Durchbruchspannung und des Kollektorstroms sowie der thermischen Belastbarkeit und die daraus resultierenden Ausführungsformen sind in Bild 4 zusammengestellt.

6.1.3. Sperrschichtfeldeffekttransistor (SFET)

Der SFET ist ein querschnittsgesteuertes Bauelement. Seine Wirkungsweise beruht auf der Flächenänderung durch in Sperrrichtung vorgespannte *pn*-Übergänge. Den schematischen Aufbau (*p*-Kanal-Transistor) und die typischen Kennlinien zeigt Bild 5. Häufigste Herstellungsart ist auch hier die Planartechnologie (Bild 7) [18].

Die zur Änderung des Drainstroms erforderliche Steuerleistung ist daher extrem klein (Produkt aus Gatespannung und Reststrom des Gate-Substratübergangs).

Der Ein-Zustand ist durch $U_{GS} \approx 0V$ charakterisiert, und der Aus-Zustand kann nur erreicht werden, wenn die Gate-Source-Spannung so groß ist, daß auch am Source-Kontakt eine Berührung der Raumladungszone stattfindet; ihre Polarität ist daher entgegengesetzt zur Spannung U_{DS}.

Die Restströme sind etwa vergleichbar mit denen des Bipolar-Transistors.

Die maximal mögliche Spannung wird durch den Durchbruch der Gate-Kanal-Strecke am Drain-Kontakt bestimmt (Bild 6a). Hierfür gelten die Aussagen, die beim Bipolartransistor für die Kollektor-Basis-Strecke gemacht wurden. Allerdings muß man be-

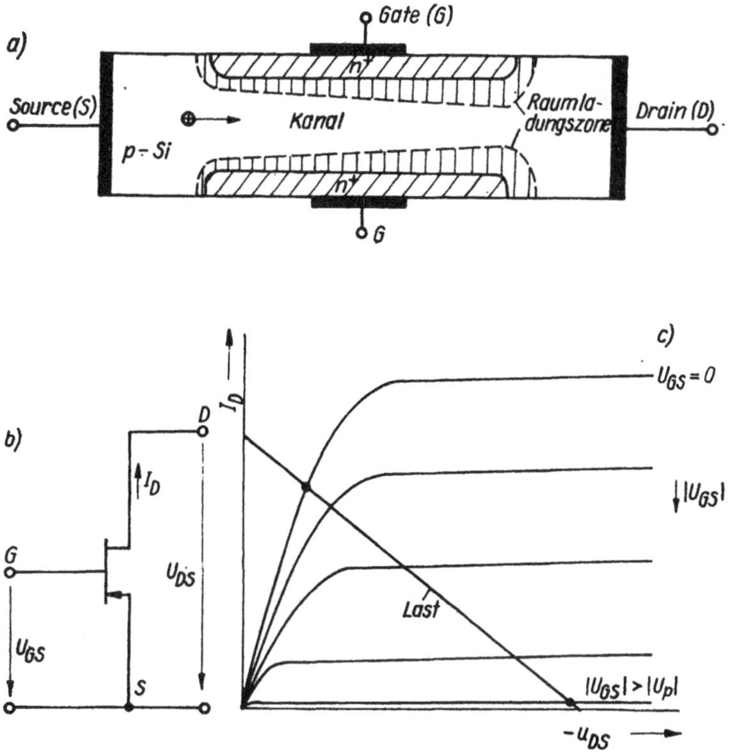

Bild 5. Sperrschichtfeldeffekttransistor
a) Wirkungsweise; b) Symbole; c) Kennlinien

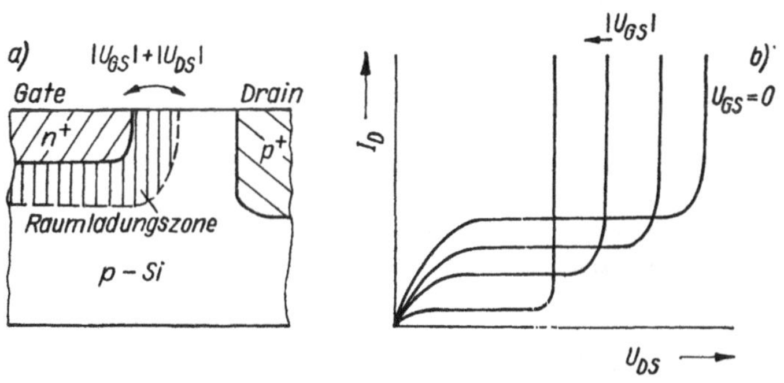

Bild 6. Sperrschichtfeldeffekttransistor
a) Spannungsbelastung; b) Durchbruchkennlinie

achten, daß über diesem *pn*-Übergang die betragsmäßige Summe von Gate- und Drainspannung abfällt, so daß die Drain-Source-Durchbruchspannung mit zunehmender Gatespannung abnimmt (Bild 6b) [18]. Der maximal zulässige Strom ist bei SFET bestimmt durch die Größe der Kanaldotierung und der Kanaldicke (beide können nicht unabhängig voneinander gewählt werden, da die Sperrfähigkeit des Transistors gewährleistet werden muß), der Kanallänge (sie wird nach kleinen Werten bei der Ausführung nach Bild 7a begrenzt durch den fotolithografischen Prozeß; eine Verbesserung etwa um den Faktor 2 bis 3 ist bei vertikaler Anordnung möglich, wie im Bild 7b gezeigt ist) und der Kanalbreite (sie kann aus Gründen der Ausfallrate beim technologischen Prozeß nicht beliebig groß gewählt werden). Thermische Überlastungen spielen daher im allgemeinen eine untergeordnete Rolle. n-Kanal-Transistoren sind auf Grund der höheren Ladungsträgerbeweglichkeit in dieser Beziehung günstiger als p-Kanal-Transistoren. Die maximalen Stromwerte liegen z. Zt. etwa bei 1,5 A (Planar-SFET) bzw. 5 A (Vertikal-SFET) [19].

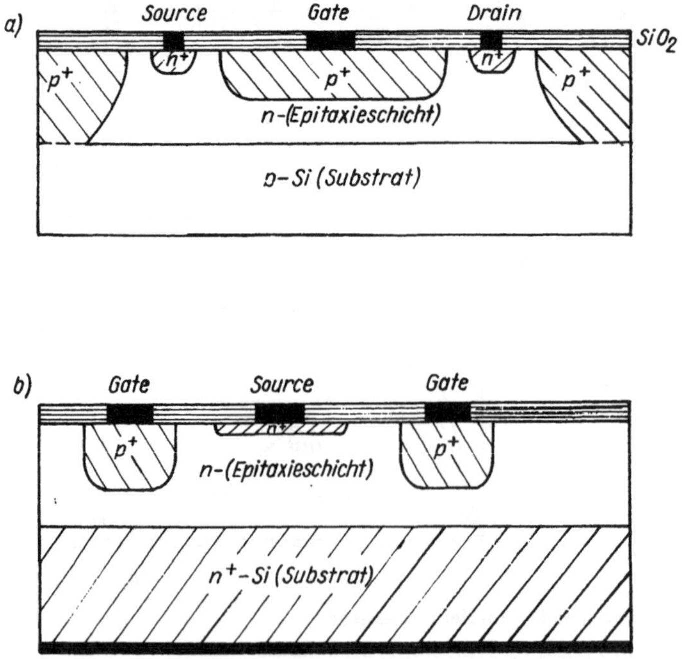

Bild 7. Ausführungsformen von Sperrschichtfeldeffekttransistoren
a) Epitaktischer Planar-Transistor; b) Vertikal-Transistor

Bezüglich kleinstmöglicher Spannungen im Ein-Zustand gelten die zum Strom gemachten Aussagen sinngemäß, da dieser Spannungswert umgekehrt proportional ist zum maximal möglichen Leitwert. Die Sättigungsspannungen liegen damit etwa in der Größenordnung von Epitaxial-Planar-Transistoren. Hieraus resultieren Ein-Widerstände von ca. 10 Ω bei Planar-SFET und bis herab zu 1 Ω bei Vertikal-SFET.

6.1.4. MIS-Transistoren (MISFET)

MISFET beruhen auf der Leitfähigkeitssteuerung eines Kanals infolge des Influenzeffekts. Da die Steuerung über ein isoliertes Gate erfolgt, ist die Steuerleistung nahezu Null. Den Aufbau und das Ausgangskennlinienfeld zeigt Bild 8 [18].
Die Eigenschaften des MISFET im Aus-Zustand sind vergleichbar mit denen des bipolaren Transistors (bezüglich der Spannungsbelastbarkeit entspricht die Kollektor-Basis-Strecke der Drain-Substrat-Strecke, sofern das Gate-Dielektrikum nicht eher durchbricht). Der maximale Strom ist hier vorwiegend konstruktiv bedingt und wird durch die Kanallänge und Kanalbreite (Einschränkungen wie beim SFET) festgelegt. Weitere Einflußfaktoren sind die Schwellspannung (Maß für das Einsetzen der Inversion und damit des Drainstroms) und die Beweglichkeit der Ladungsträger (sie ist geringer als beim SFET, weil Streueffekte an der Grenzschicht Si-SiO_2 auftreten). Die häufigste Ausführungsform ist der Planar-Transistor (Bild 9a), typisch sind Ströme bis

zu einigen 100 mA (kleiner als beim SFET infolge geringerer Beweglichkeit). Eine Verbesserung ergibt sich auch hier durch eine vertikale Anordnung, wodurch Kanallängen vergleichbar mit Basisweiten bipolarer Transistoren einstellbar sind (damit werden Ströme bis zu 2 A erreicht) [20]. Bild 9b zeigt eine solche Anordnung, wobei zu beachten ist, daß als Kanal nur die hochdotierte p-Schicht wirkt.

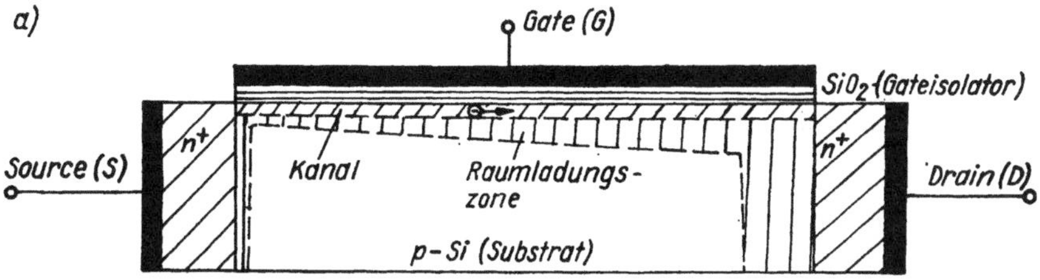

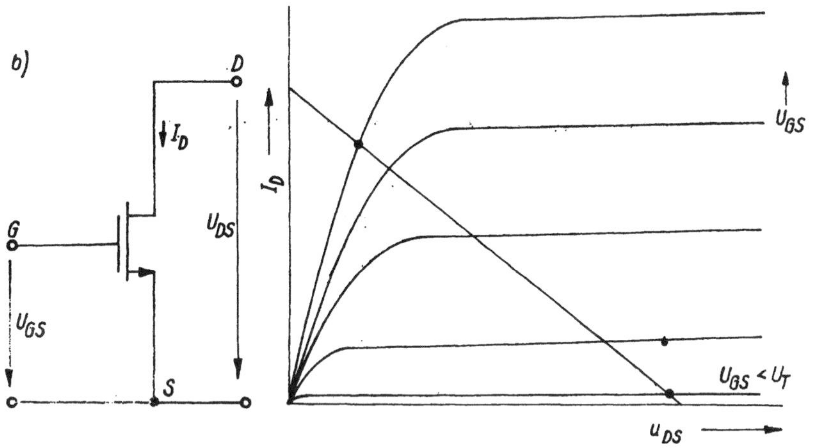

Bild 8. MIS-Transistor

a) Wirkungsweise; b) Symbole; c) Kennlinien

Die minimale Spannung im Ein-Zustand ist abhängig vom maximal möglichen Strom, so daß hier etwa gleiche Werte wie beim SFET erreichbar sind. Die Ein-Widerstände sind stark von der Gatespannung abhängig und variieren etwa zwischen 1 Ω und 50 Ω. Sehr kleine Widerstände erfordern jedoch sehr große Gatespannungen. Man unterscheidet Anreicherungstransistoren und Verarmungstransistoren. Erstere haben solche Schwellspannungen, daß erst eine bestimmte Gate-Source-Spannung gleicher Polarität wie die Drain-Source-Spannung angelegt werden muß, damit Stromfluß einsetzt (Sperrzustand: $U_{GS} \approx 0$, Ein-Zustand: $U_{GS} \approx U_{DS}$). Verarmungstransistoren weisen bei einer Gate-Source-Spannung von OV bereits einen Stromfluß auf und sperren erst bei Gate-Source-Spannungen entgegengesetzter Polarität zur Drain-Source-Spannung (Sperrzustand: $U_{GS} \approx -U_{DS}$, Ein-Zustand: $U_{GS} \approx 0$).

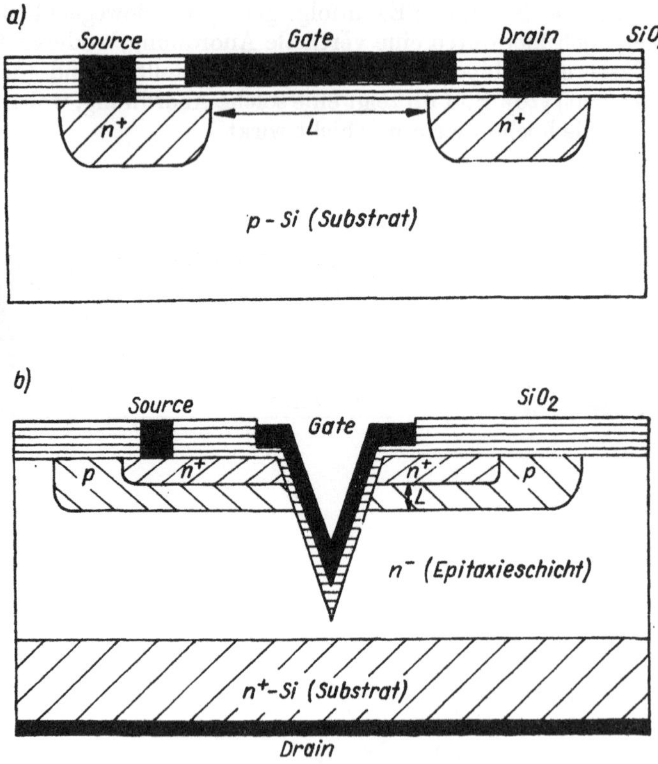

Bild 9. Ausführungsformen des MIS-Transistors
a) Planar-Transistor b) V-Gruben-Transistor

6.1.5. Thyristoren

Thyristoren sind Vierschichtanordnungen (z. B. pnpn), die zunächst bei Anlegen von genügend kleinen Spannungen beliebiger Polarität sperren (Bild 10a und 10b). Nach Überschreiten einer kritischen positiven Spannung (Nullkippspannung) werden Ladungsträger in den gesperrten *np*-Übergang geschwemmt und schalten den Thyristor in den Durchlaßzustand (Bild 10c). Diese Zündung kann auch erreicht werden durch Injektion von Ladungsträgern über eine zusätzliche Steuerelektrode G, wodurch der Thyristor auch bei kleineren Spannungen als der Nullkippspannung eingeschaltet werden kann (daher bezeichnet man den Thyristor auch als gesteuerten Gleichrichter). So ergeben sich die im Bild 10d angegebenen Kennlinien. Eine Besonderheit des Thyristors besteht darin, daß er im Durchlaßbereich bleibt, solange ein bestimmter Strom (Haltestrom) nicht unterschritten wird.
Thyristoren werden vorwiegend im Bereich großer Leistungen eingesetzt. Daher interessiert weniger der Reststrom (vergl. die Anmerkungen zum bipolaren Transistor), sondern die Größe der Nullkippspannung U_{BO}. Dieser Spannungswert ist abhängig von der sich ausbildenden Raumladungszone am mittleren *np*-Übergang. Da das mittlere *n*-Gebiet niedriger dotiert ist, wird sich die Raumladungszone in dieses Gebiet ausdehnen. Die maximal zulässige Spannung wird daher begrenzt durch den Lawinendurchbruch; sie nimmt mit abnehmender Dotierungskonzentration zu. Dann wächst allerdings auch die Sperrschichtbreite stark an, und sie kann zum *p*-Gebiet durchgreifen. Im Interesse einer hohen Nullkippspannung muß also die Breite des *n*-Gebiets groß gewählt werden,

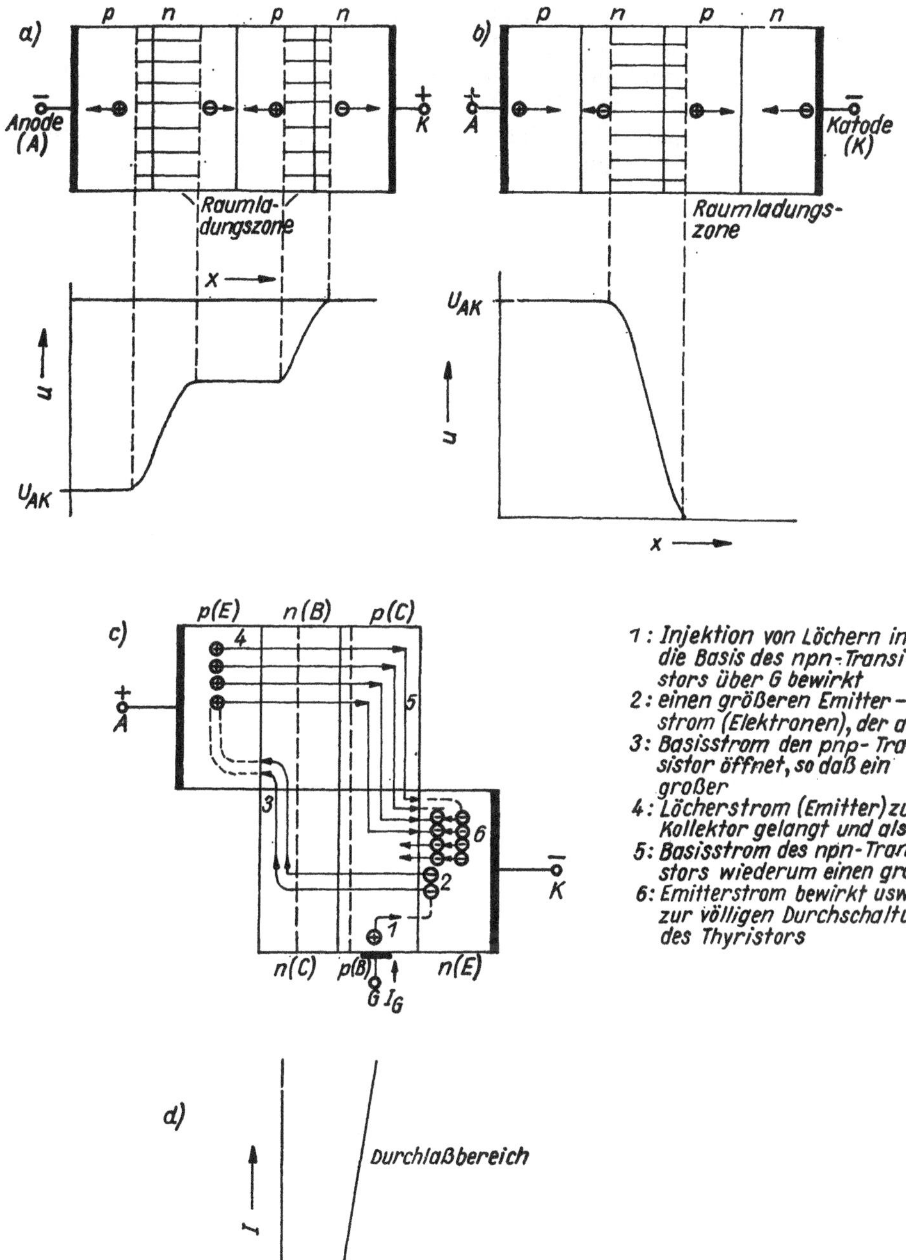

Bild 10. Wirkungsweise eines Thyristors

a) Sperren; b) Blockieren; c) Zündvorgang; d) Kennlinien

um eine hohe Durchgreifspannung zu erreichen. Bild 11a zeigt den Einfluß beider Mechanismen auf die Nullkippspannung [21]. Bei der Betrachtung ist vorausgesetzt, daß Kanten- und Oberflächendurchbrüche bereits durch andere Maßnahmen (MESA-ähnliche Strukturen) ausgeschaltet sind [14]. Der Durchlaßwiderstand (etwa kleiner als 1 Ω) wird festgelegt durch parasitäre Widerstände und den Querschnitt. Ersterer ist verantwortlich für die minimal mögliche Spannung. Er wird durch das mittlere n-Gebiet

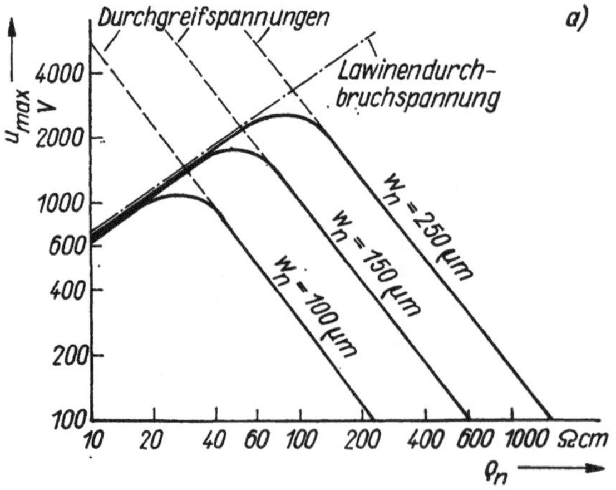

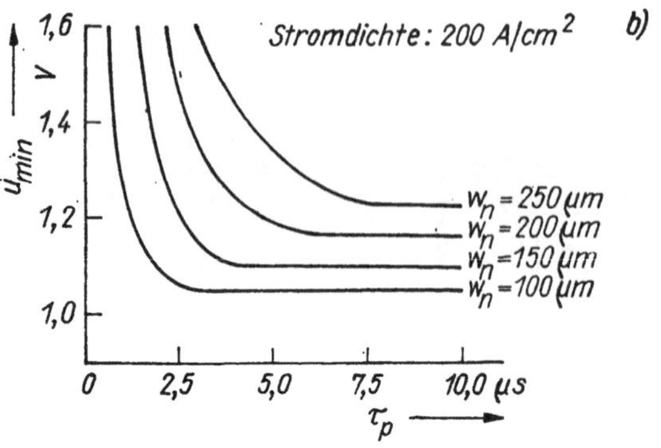

Bild 11. Sperr- und Durchlaßfähigkeit eines Thyristors in Abhängigkeit vom spezifischen Widerstand ϱ_n und der Breite W_n des mittleren n-Gebietes sowie der Trägerlebensdauer τ_p nach [21]

a) Sperrfähigkeit; b) Durchlaßfähigkeit

speziell durch die Transportvorgänge in diesem Bereich bestimmt. Um diesen Widerstand sehr klein zu halten, wählt man sehr große Trägerlebensdauern (größer 5 μs) und erreicht damit, daß sich der Abbau der Minoritätsstörung auf den gesamten n-Bereich erstreckt. Dadurch ist die Durchlaßspannung zumindest oberhalb einer gewissen Stromdichte nur noch von der Breite des n-Gebietes und der Trägerlebensdauer selbst abhängig. Sie liegt in der Größenordnung von 1 V. Vorteilhaft ist dabei, daß bei genügend großen Lebensdauerwerten nur noch eine geringe Zunahme mit zunehmender Schichtdicke (Bild 11b) des n-Gebietes zu verzeichnen ist [21]. Die Vergrößerung der Fläche im Interesse einer Stromerhöhung führt zu ähnlichen Schwierigkeiten wie beim Bipolartransistor. Begrenzend wirkt einmal die Abführung der entstehenden Verlustwärme (Verbesserungen werden erreicht durch beidseitige Kühlung und die Verwendung

von Kupfergehäusen) und die Gefahr lokaler Überhitzungen (zu ihrer Vermeidung ist eine sehr perfekte Kristallherstellung und u. U. auch Nachbehandlung wie z. B. durch Neutronenbestrahlung erforderlich [5]). Gegenwärtig werden etwa Scheibendurchmesser von 50 mm und Ströme von einigen 1000 A erreicht.
Neben der Kennlinie unterscheidet sich dieses Bauelement, da es speziell für hohe Leistungen ausgelegt ist, von den zuvor beschriebenen Transistoren durch zwei nachteilige Eigenschaften, die bei der Anwendung beachtet werden müssen.

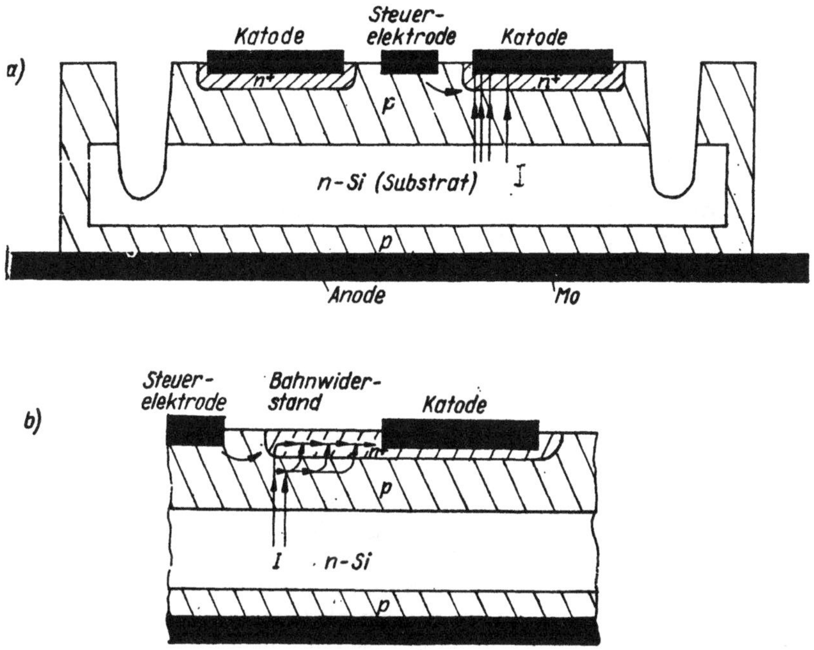

Bild 12. Aufbau eines Thyristors

a) Normaler Aufbau; b) Verbesserung durch Verwendung einer Querfeldemitterstruktur

Das betrifft zuerst das Zeitverhalten, und hier insbesondere die Wiedererlangung der Sperrfähigkeit (Freiwerdezeit). Dieser Vorgang (Abschalten) wird durch den Abbau der Ladungsträger im vorher überschwemmten Gebiet bestimmt. Dieser Abbau erfolgt durch Rekombinationsvorgänge, die dazu erforderliche Zeit ist auch von der Trägerlebensdauer abhängig. Als Richtwert gilt, daß die Freiwerdezeit etwa zehnmal so groß ist wie die Lebensdauer. Bauelemente für hohe Sperrspannungen und kleine Durchlaßspannungen haben demzufolge auch große Freiwerdezeiten, wodurch Schaltfrequenzen nur bis in den Hz- oder kHz-Bereich möglich sind. Schnelle Schaltthyristoren sind nur auf Kosten dieser Spannungsparameter realisierbar [21].
Der zweite Unterschied bezieht sich auf die thermische Belastbarkeit im Zusammenhang mit dem Übergang vom Sperr- in den Durchlaßzustand. Dieses Verhalten resultiert aus der Tatsache, daß der Zündvorgang mit einer endlichen lateralen Ausbreitungsgeschwindigkeit erfolgt. Unmittelbar nach der Zündung ist somit nur der Bereich in der Umgebung der Zündelektrode durchgeschaltet und muß den gesamten Strom aufnehmen, die Gefahr thermischer Zerstörung ist damit sehr groß. Der Lastkreis darf somit nur eine kleine Änderung des Stromes ($\mathrm{d}I/\mathrm{d}t$-Verhalten) zulassen. Ebenso wie bei der Freiwerdezeit wirken auch hier die Vergrößerung der Lebensdauer und der Breite des n-Gebietes ungünstig, da sie die Überschwemmung des mittleren *pn*-Überganges behin-

dern und damit den Zündvorgang verzögern. Hinzu kommt, daß dieser Effekt auch einer beliebigen Vergrößerung der Fläche entgegenwirkt, da die Erreichung der vollen Durchlaßfähigkeit dann immer größere Zeiten erfordert. Im Bild 12a ist dieses Verhalten veranschaulicht. Maßnahmen zur Verbesserung dieses Verhaltens sind die Vergrößerung der Randlänge von Zündelektrode und Emitter (Interdigitalstrukturen) und die Begrenzung des Stromes in unmittelbarer Nähe der Zündelektrode durch Bahnwiderstände (Querfeldemitterstruktur Bild 12b) [5, 14].

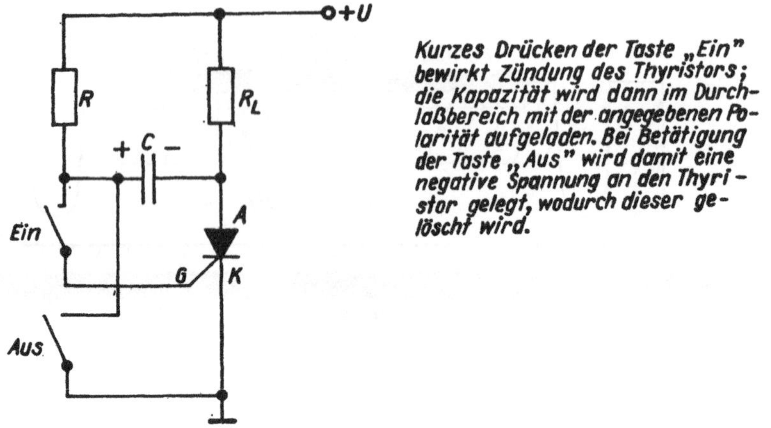

Bild 13. Schaltung bei Verwendung eines Thyristors als Gleichstromschalter

Thyristoren werden im Bereich hoher Leistungen vorwiegend als Stromrichter eingesetzt. Im allgemeinen wird dabei der Ausschaltvorgang durch den Nulldurchgang der Anoden-Katoden-Spannung (z. B. Netzkommutierung) erzwungen (bei dieser Betriebsart ist außerdem zu beachten, daß auch eine zu schnelle Änderung der Spannung einen Zündvorgang einleiten kann). Beim Einsatz als Gleichstromschalter (Bild 1) fehlt diese Möglichkeit, man muß daher zusätzliche schaltungstechnische Maßnahmen ergreifen, um den Thyristor zu sperren (Zwangskommutierung) [14]. Dies geschieht in der Regel durch eine Kondensatorspannung entsprechender Polarität, die zur Löschung über einen Schalter (oder anderen Thyristor) an Anode und Katode des Thyristors gelegt wird (Bild 13).

6.1.6. Integrierte Schaltungen

Neben dem im Bild 1 gezeigten Gleichstromschalterbetrieb gibt es noch eine Reihe weiterer Schalteranwendungen. Hierzu gehören:

— die Fortleitung bzw. Unterbrechung von Informationsflüssen in digitaler oder analoger Form,
— die Umschaltung auf verschiedene Spannungspegel, Signale oder Verbraucher in Abhängigkeit von der Polarität der Steuerspannung (polarisiertes Relais),
— die Verwendung von mehreren Schaltern gleicher Funktion (Relais mit mehreren Kontaktsätzen).

Insbesondere dann, wenn kleine Signale oder Spannungen verarbeitet, unterbrochen oder fortgeleitet werden sollen und an den Durchlaßwiderstand keine zu hohen Anforderungen gestellt werden, eignen sich für die obigen Anwendungsfälle (einschließlich Gleichstromschalter) insbesondere integrierte Schaltungen. Als Grundelement können dafür die in den Kapiteln 6.1.2. bis 6.2.4. beschriebenen Transistoren Verwendung finden. Bevorzugt werden allerdings MIS-Transistoren. Sie haben im Gegensatz zu den bipolaren integrierten Transistoren eine sehr gute Symmetrie bezüglich Stromflußrichtung, erlauben einen sehr hohen Integrationsgrad und gestatten die Realisierung komplementärer Anordnungen leichter. Vorteilhaft gegenüber den Sperrschichtfeldeffekttransistoren ist die unkompliziertere Ansteuerung der Schalter [22]. Von der Viel-

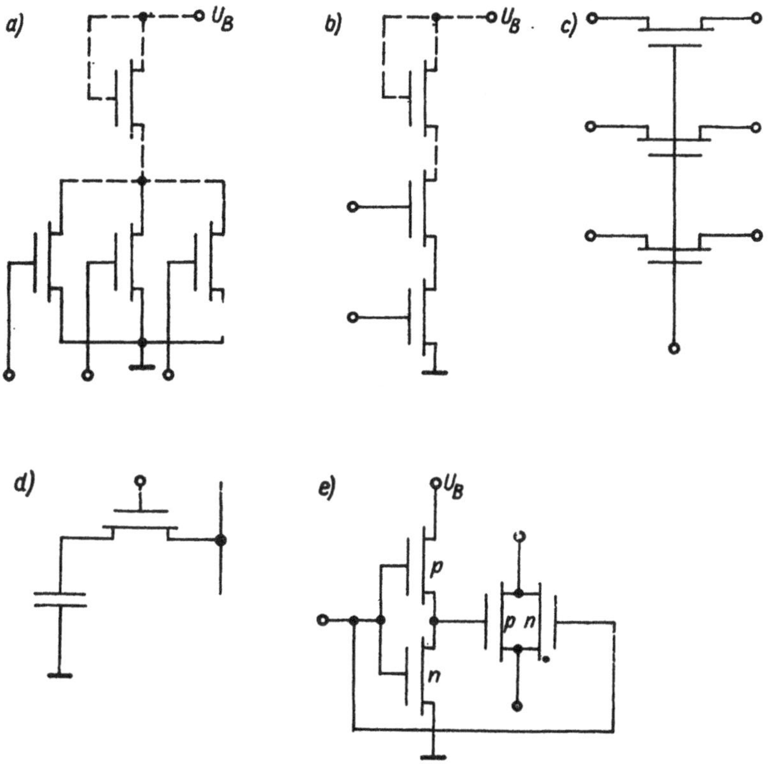

Bild 14. Integrierte MIS-Schalter

a) Parallelschaltung der zu steuernden Strecken; b) Reihenschaltung; c) Parallelschaltung der Steuerstrecken; d) Umladung von Kapazitäten; e) Analogschalter

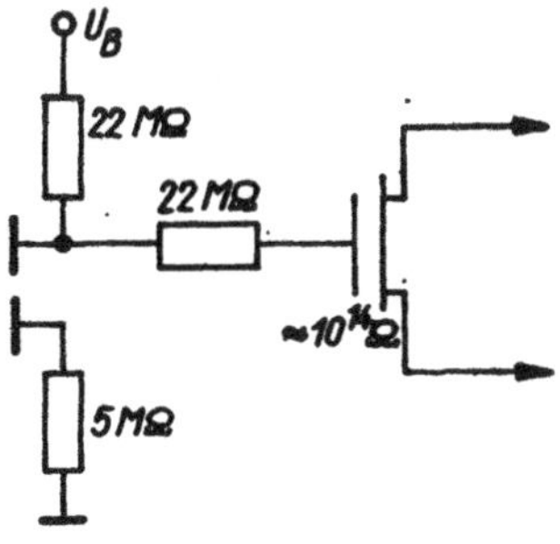

Bild 15. Berührungstaste mit MIS-Transistor

zahl der möglichen Schaltungsvarianten der MIS-Technik seien hier genannt: Realisierung logischer Verknüpfungen, Auf- und Entladung von Kapazitäten (z. B. in dynamischen Speichern), die Durchschaltung oder Verriegelung von Signalflußwegen (Analogschalter, Tristate — Ausgänge) und Betriebsspannungen, die zeitlich aufeinanderfolgende Durchschaltung von Signalflußwegen (Multiplexer) und die Steuerung von Widerstands- oder Kapazitätsketten (AD- und DA-Wandler). Einige Beispiele hierzu zeigt das Bild 14.

Gerade bei MIS-Transistoren ergibt sich darüber hinaus auf Grund des extrem hohen Eingangswiderstandes der Steuerstrecke (sehr viel größer als der Hautwiderstand) noch eine weitere Anwendungsmöglichkeit, nämlich die der Berührungstaste. Dabei wird ausgenutzt, daß Spannungsteiler im $M\Omega$-Bereich durch den Hautwiderstand beeinflußbar sind. Damit kann durch den Hautwiderstand die Leitfähigkeit eines MIS-Transistors gesteuert werden (Bild 15) [23].

6.1.7. Schlußfolgerungen

Aus den Ausführungen ist ersichtlich, daß Halbleiterbauelemente durchaus Eigenschaften haben (je nach Bauelementekonzeption mit unterschiedlicher Wertigkeit), die mit denen elektromechanischer Schalter vergleichbar sind. Wie die qualitative Bewertung in Tabelle 1 zeigt, sind Halbleiterbauelemente auf Grund ihres Aufbaues und ihrer Wirkungsweise bezüglich Lebensdauer, Schaltfrequenz und Integrationsfähigkeit dem mechanischen Schalter überlegen. Aber auch auf anderen Gebieten wie z. B. Ein- und Auswiderstand, Belastbarkeit usw. kommen Halbleiterbauelemente bereits beträchtlich in die Nähe mechanischer Schalter und sind zum Teil bereits gleichwertig. Die zukünftige Entwicklung der Halbleitertechnik (Verbesserung der Konstruktion, Perfektionierung der Technologie und Einbeziehung anderer oder neuer Wirkprinzipien) läßt aber auch in dieser Beziehung eine weitere Angleichung der Kenngrößen erwarten.

Tabelle 1. Qualitativer Vergleich verschiedener Schalter

Parameter	Bauelement				
	Relais	Bipolartransistor	Sperrschichtfeldeffekttransistor	MIS-Transistor	Thyristor
Auswiderstand	sehr hoch	hoch	hoch	hoch	hoch
Einwiderstand	sehr klein	mittel	mittel	mittel	klein
maximal zulässige Spannung	sehr hoch	hoch	gering	gering	sehr hoch
maximal zulässiger Strom	sehr hoch	hoch	mittel	mittel	sehr hoch
Steuerleistung	hoch	hoch	sehr gering (nur bei einer Spannungspolarität)	extrem gering	gering (zur Aufrechterhaltung keine)
Symmetrischer Betrieb	sehr gut	schlecht	gut	sehr gut	nicht möglich
Schaltfrequenz	klein	sehr hoch	hoch	hoch	mittel
Integrierfähigkeit	keine	mittel	gut	sehr gut	nicht sinnvoll
Lebensdauer	klein	sehr hoch	sehr hoch	sehr hoch	hoch

Literaturverzeichnis

[1] *Paul, R.:* Transistoren; Physikalische Grundlagen und Eigenschaften, Verlag Technik, Berlin 1964

[2] *Sze, S. M.:* Physics of Semiconductor Devices. Wiley-Interscience; New York 1969

[3] *Adam, G.:* Halbleiterbauelemente für höhere Spannungen. VDE-Fachtagung Elektronik 1968

[4] *Auth, J.:* Stand und Perspektive der physikalisch-technologischen Erkenntnisse bei der Herstellung von Halbleiterbauelementen; Probleme der Festkörperelektronik 1. Verlag Technik, Berlin 1969

[5] IEEE Transactions on Electron Devices ED-23, 8 (1976) Sonderheft über Leistungshalbleiterbauelemente
[6] *Gerstner, D.:* HF-Leistungstransistoren — Neue Entwicklungen mit Techniken der Mikroelektronik. Internationale Elektronische Rundschau **19**, 9 (1965) 495—501
[7] *Saraswat, K. C.,* u. a.: A High Voltage MOS-Switch. IEEE Journal of Solid-State Circuits SC-**10**, 3 (1975) 136—142
[8] *Rücker, D.:* Silizium-Transistoren für höhere Spannungen. VDE-Fachtagung Elektronik 1970
[9] *Dathe, J., Schrenk, H.:* Hochsperrende Videotransistoren. Siemens-Zeitschrift **46**, 3 (1972) 691—694
[10] *Schrenk, H.:* Eigenschaften von Silizium-Leistungstransistoren. Siemens-Zeitschrift **46**, 3 (1972) 180—184
[11] New Technology: Epibase Power Transistors. Planar News Mai 1971
[12] *Rücker, D.:* Neue einfachdiffundierte niederfrequente *npn*-Leistungstransistoren. Siemens-Zeitschrift **43**, 3 (1969) 400—402
[13] *Wölfle, R.:* Schnelle, hochsperrende Silizium-Leistungstransistoren in Dreifachdiffusionstechnik, Siemens-Zeitschrift **46**, 3 (1972) 177—179
[14] *Cießow, G.:* Gleichrichterzellen und Thyristoren. Handbuch der Hochfrequenz- und Elektro-Techniker VIII S. 179—234, Verlag für Radio—Foto—Kinotechnik GmbH, Berlin 1969
[15] *Casterline, E. T., Benjamin, J. A.:* Trends in Microwave Power Transistors. Solid-State Technology 4 (1975) 51—56
[16] *Gaur, S. P.,* u. a.: Transistor Design and Thermal Stability. IEEE Transactions on Electron Devices ED-**20**, 6 (1973) 527—534
[17] The Overlay Transistor. Part I—III, Electronics **39**, Aug. 23 (1965) 71—84
[18] *Paul, R.:* Feldeffekt-Transistoren. Verlag Technik, Berlin 1972
[19] *Cole, B.:* New FET's thunder into view. Electronics **49**, Sept. 16 (1976) 80—82
[20] *Kooi, M. V.. Ragle, L.:* MOS moves into higher power applications. Electronics **49**, June 24 (1976) 98—103
[21] *Herlet, A.:* Physikalische Grundlagen von Thyristoreigenschaften. Scientia Electrica **12**, 4 (1966) 105—122
[22] *Gazin, J. F.:* The MOS-Transistor — an Analogue Switching Device. Electronic Components **13**, 8 (1974) 11—16
[23] *Hundt, G.:* Die integrierte MOS-Schaltung U700D. radio—fernsehen—elektronik **23**, 19 (1974) 621—622

6.2. Technologie und Eigenschaften von Glashalbleitern

Von *H. J. Wierzba* und *P. Wroczyński*

Politechnika Gdanska

6.2.1. Einleitung

Amorphe Halbleitermaterialien sind die Basis für die Konstruktion von elektronischen Halbleitergeräten und dienen hauptsächlich zur Informationsmanipulation durch Schaltoperationen, zur Speicherung oder zur Wiedergabe aufgezeichneter Informationen. Die nichtkristalline Struktur ist die gemeinsame Eigenschaft aller amorphen Halbleitermaterialien. Deshalb werden sie auch des öfteren als Glashalbleiter bezeichnet.
Die Ausnutzung der amorphen Halbleitermaterialien als Informationsträger ist mit den Möglichkeiten einer Steuerung von umkehrbaren Parameterveränderungen verbunden. Parameter, die sich steuern ließen, wären der Leitwert, die dielektrische Permeabilität, der Brechungs- und Reflexionsfaktor von Licht. Im besonderen, d. h. bei der Konstruktion von Schaltelementen, nutzt man die sprunghafte Änderung des Leitwertes aus, diese Änderung kann durch eine Änderung der Spannung hervorgerufen werden [1].
Die Veränderungen der elektrischen und optischen Parameter von amorphen Halbleitermaterialien sind nicht nur mit den physikalischen Struktur- und Zustandsänderungen dieser Materialien, die unter dem Einfluß bestimmter Erregungen stattfinden, verbunden, sondern entstehen im Ergebnis der physikalischen Veränderungen. Die Struktur- und Zustandsänderungen, die in diesen Materialien während der Schaltoperationen auftreten, sind die Folge von Schmelz- und Erstarrungsprozessen. Während dieser Prozesse kann man einen Übergang des Materials vom amorphen zum kristallinen Zustand beobachten; genauer gesagt sind das umkehrbare Übergänge vom nichtgeordneten zum geordneten Strukturzustand unterschiedlichen Ausmaßes. Die Wärmeenergie, die zur Durchführung des Schmelzprozesses notwendig ist, kommt von der elektrischen Energie des Signals; es sind aber auch Konstruktionen von Schaltelementen mit zusätzlichen Heizelementen bekannt [2].
Die Erzeugung des geordneten Strukturzustandes und das Ausmaß desselben hängt von der Geschwindigkeit des sich Erhitzens und Abkühlens, vom Kristallbildungsprozeß sowie auch vom Grad der Homogenität und der Anzahl der Kristallisationszentren ab. Zusätzlich kann man den Prozeß zur Ausbildung eines geordneten Strukturzustandes mittels anderer Erregungen, wie zum Beispiel durch Licht, aktivieren [3].
Der Prozeß einer lokalen Kristallisation der Halbleitermaterialien entscheidet über die späteren Parameter des Schaltelementes. Die Geschwindigkeit des Kristallisationsprozesses hat generell einen Einfluß auf die Funktionsgeschwindigkeit des Elementes; das Ausmaß der Kristallisation hat dagegen einen Einfluß auf den Umfang der Änderungen der optischen und elektrischen Parameter. Die Zuverlässigkeit der Elemente ist ebenfalls eine Funktion der Kristallisation, d. h., sie wird durch die Anzahl der umkehrbaren Übergänge vom amorphen zum lokal geordneten Zustand bis zum nichtumkehrbaren Kristallzustand im gesamten Material bestimmt.
Außerdem ist die Kenntnis der Parameter und der Dynamik des Kristallisationsprozesses von amorphen Halbleitermaterialien unbedingt für die Konstruktion und Analyse von Schaltelementen nötig. Aus diesem Grund wird in der vorliegenden Arbeit der Zusammenhang zwischen der Charakteristik des Kristallisationsprozesses von Glashalbleitern und den Parametern der Schaltelemente erarbeitet.

6.2.2. Möglichkeiten einer Steuerung umkehrbarer Strukturveränderungen im Glas

6.2.2.1. Modell für den Aufbau des Glases

Eine Analyse der Schaltelemente erfordert vor allem eine Erklärung für die Vorgänge und die Dynamik der umkehrbaren Strukturveränderungen in glasartigen Materialien sowie der Leitungsvorgänge in den verschiedenen Strukturzuständen. Eine Lösung dieser beiden Probleme erfordert, sich für das Modell des inneren Aufbaus des Glases zu interessieren.
Bis jetzt wurden die Leitungsvorgänge in amorphen Halbleitermaterialien noch nicht mittels einer konsistenten Theorie gelöst. Die Theorie über die Leitungsvorgänge, welche für kristalline Halbleitermaterialien aufgebaut wurde, läßt sich nicht ohne weiteres auf amorphe Halbleitermaterialien wegen ihrer grundlegenden Eigenschaft erweitern. Sie besitzen nämlich kein Kristallgitter, wodurch die Anwendung des Bändermodells der Halbleiter unzulässig ist. Die gut ausgearbeitete Funktionstheorie für kristalline Halbleiter stellt eine große Versuchung dar, für die amorphen Materialien geordnete Zustände mit geringem Ausmaß vorauszusetzen und dann die Elemente der schon existierenden Theorie auf die amorphen Halbleitermaterialien zu übernehmen. Eine solche Art bevorzugt natürlich solche Modelle, die lokale, wenn auch noch ungeordnete Zustände voraussetzen.
Das zweite Problem besteht darin, die Vorgänge und die Dynamik der Strukturveränderungen leichter zu erklären. Das ist um so schätzenswerter, da einige Gebrauchsparameter der Schaltelemente im starken Maße von der Geschwindigkeit der Strukturveränderungen und von der Bilanz der energetischen Umwandlungen abhängig sind. Aus eigenen Erfahrungen auf dem Gebiet der Herstellungstechnologie von Glashalbleitermaterialien ergibt sich, daß man die Änderungsprozesse nicht nur im engen Maße mit folgenden physikalischen Wärmeveränderungstypen in Verbindung bringen kann, als da sind Schmelzen, Kristallisation und Erstarren. Man sollte dabei auch noch Änderungen der chemischen Bindungen, die Polymerisation und die Repolymerisation berücksichtigen. Auf Grund dieser Tatsache kann man annehmen, daß man das eigentliche Modell Glas als Polymer darstellen müßte [4].
Dieses Modell setzt voraus, daß die chemischen Verbindungen, die während eines schnellen Abkühlens das Glas bilden, eine polymere dreidimensionale, zweidimensionale oder lineare Struktur besitzen. Polymere setzen sich aus Strukturelementen zusammen, die in der Regel eine tedraedrische Form haben und die mittels Brücken, die von Elementen der VI- und VII- Gruppe des Periodensystems der Elemente gebildet werden, untereinander verbunden werden. Dieses Modell unterstreicht auch mit seiner Haupteigenschaft den ungeordneten Zustand, empfiehlt aber einige Regelmäßigkeiten mit geringem Ausmaß. Die Annahme eines polymerischen Aufbaus des Halbleiterglases erlaubt einerseits das Anwenden eines bänderähnlichen Modells, was für kristalline Halbleiter zutrifft, andererseits existieren experimentell bestätigte Möglichkeiten der Bildung von Kristallisationszentren und von Mischungen im metastabilen Zustand, der die Einschränkungen zum thermodynamischen Gleichgewicht im starkem Maße erhöht.

6.2.2.2. Arbeitsweise der Schwellwert- und Speicherschaltelemente

Die Arbeitsweise der Schwellwert- und Speicherschaltelemente beruht auf der Ausnutzung der sprunghaften Veränderung des Widerstandes von amorphen Halbleitermaterialien bei der Einwirkung eines Stromimpulses. Das Schaltelement wurde in Form einer dünnen Schicht (ungefähr 1 μm) gebildet. Die Widerstandsveränderungen betragen im allgemeinen vier Größenordnungen. Der niederohmige Zustand kann nach einem Übergang in denselbigen beliebig lang andauern (das betrifft Speicherschaltelemente). In einem Schwellwertschalter verschwindet er sofort, wenn der Durchlaßstrom auf einen geringeren Wert als auf den für das Material und für die Elektrodenanordnung charakteristischen Wert I_h begrenzt wird. In Bild 1 wurde die Strom-Spannungs-Kennlinie und der Arbeitszyklus eines Schwellwertschalters dargestellt; entsprechende Charakteristiken, aber für ein Speicherelement, sind in Bild 2 zu finden.

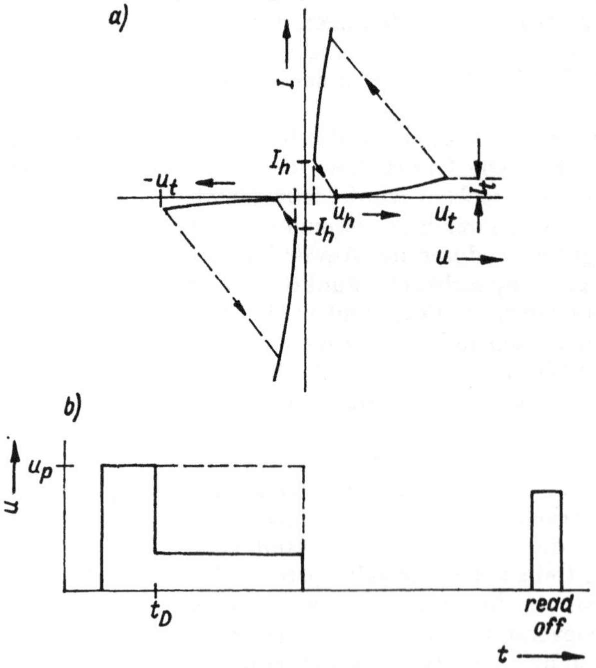

Bild 1. Schwellwertschalter
a) Strom-Spannungs-Kennlinie
b) Arbeitszyklus eines Schaltelementes

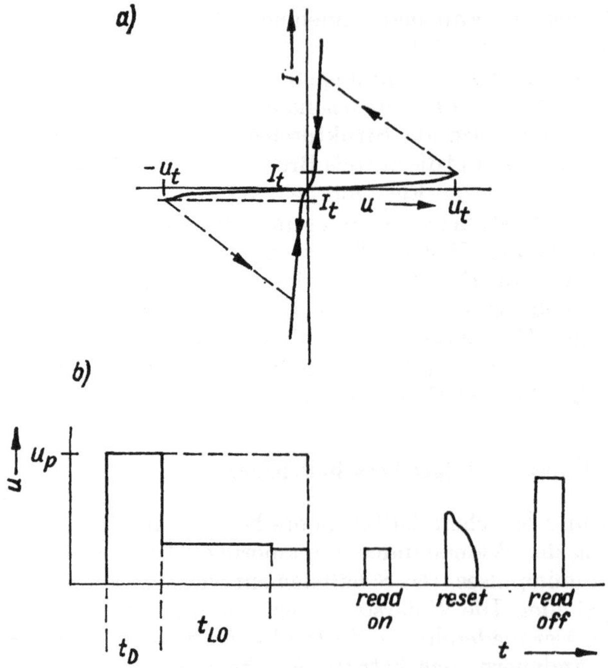

Bild 2. Speicherschaltelement
a) Strom-Spannungs-Kennlinie
b) Arbeitszyklus eines Schaltelementes

Die wichtigsten Anwendungsparameter der Schaltelemente wären folgende:

1. Schwellwertspannung — bei höheren Spannungen geht das Schaltelement in den niederohmigen Zustand über.
2. Verzögerungszeit — Zeitspanne zwischen dem Anlegen der Schwellwertspannung und dem Erreichen des niederohmigen Zustandes.
3. Einschreibzeit t_{LO} — dieser Parameter betrifft nur Speicherschaltelemente. Das ist die geringste Zeit, nach welcher sich das Schaltelement im niederohmigen Zustand durch äußere Erregung befinden muß, um ihn zu fixieren.

Auf Grund der Zusammenarbeit von Schwellwert- und Speicherschaltelementen mit integrierten Schaltungen strebt man eine Verringerung der Schwellwertspannung an, aber im Zusammenhang mit ihrer Verwendung in Speichern und in Automatisierungssystemen strebt man eine Verringerung der Zeiten t_D und t_{LO} an.
Der Wert der Schwellwertspannung hängt von verschiedenen Faktoren ab:

1. sie wächst liniear mit der Vergrößerung des Zwischenelektrodenabstandes,
2. sie verringert sich mit der Erhöhung der Umgebungstemperatur,
3. sie verringert sich mit einer Erhöhung der Schaltfrequenz.

Auf eine Verringerung der Verzögerungszeit hat hauptsächlich eine Erhöhung der Arbeitstemperatur und eine Verringerung des Zwischenelektrodenabstandes einen Einfluß.

6.2.2.3. Widerstandsveränderungen in glasartigen Materialien in Verbindung mit Veränderungen der Struktur

Die zahlreich auftretenden Erscheinungen beim Umschalten von Elementen, die auf der Grundlage von amorphen Halbleitermaterialien aufgebaut sind, kann man in zwei Gruppen teilen, das wären die elektrischen und die Wärmeerscheinungen. Zu den möglichen elektrischen Erscheinungen zählt man den lawinenartigen und den zenerartigen Durchbruch, ein starkes Anwachsen der Beweglichkeit der Ladungsträger, eine Injektion von Ladungsträgern u. a. m. Die grundlegende Wärmeerscheinung besteht in der Entstehung von Stromwärme und damit in einer starken Erwärmung des Materials. Daraus folgt ein schnelles Anwachsen der Leitfähigkeit, ein Absinken der Spannungsfestigkeit und der Übergang eines Materialbereiches mit sehr geringem Volumen in eine andere Strukturform. Das Material mit der anderen Strukturform bildet den sogenannten leitfähigen Kanal. Zur Zeit nimmt man an, daß der Schaltprozeß einen zusammengesetzten Charakter besitzt und daß die elektrischen und Wärmeerscheinungen gleichzeitig auftreten [5].
Jedoch kann man unabhängig von den auftretenden Schaltvorgängen immer die Bildung eines leitfähigen Kanals beobachten, der sich von der Anode zur Katode ausbildet. Die Temperatur dieses Kanals ist nicht größer als 400 °C. Diese Kanäle können in den Speicherschaltelementen eine dauerhafte Form annehmen. Untersuchungen des Querschnitts von Speicherschaltelementen, die sich im niederohmigen Zustand befinden, haben gezeigt, daß die Kanäle mit großen Kristallisationsgebilden ausgefüllt sind. Diese Tatsache beweist, daß die Schaltprozesse immer von strukturellen Veränderungen begleitet werden. Man kann daher vermuten, daß eine Steuerung der Veränderungsprozesse der Phasen durch eine Änderung der Anwendungsparameter von Schaltelementen erreicht werden kann. Die Möglichkeit einer Verbindung der Strukturveränderungen mit den Änderungen des Widerstandes zeigt Bild 3 (aus [6] übernommen).
Diese Zeichnung betrifft die Glaseigenschaften des TeGe-Systems mit einem eutektischen $Te_{85}Ge_{15}$-Gemisch und mit modifizierten Beimischungen (Sb, As).

Im oberen Teil des Bildes 3 befindet sich ein Diagramm, das die Widerstandsänderungen des Materials, die den astrukturellen Glasveränderungen im Bereich von 0 °C bis 500 °C entsprechen, darstellt. Den unteren Teil nehmen die DTA-Kurven ein, die bei verschiedenen Erwärmungs- und Abkühlungsbedingungen des Materials aufgenommen wurden.

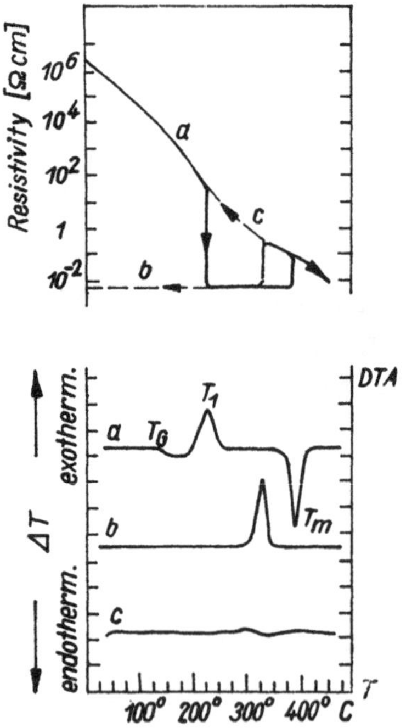

Bild 3. Widerstandsveränderungen und die DTA-Kurven für Materialien, die in den Speicherschaltelementen Einsatz finden (aus [6] entnommen)

Die mit dem Buchstaben a bezeichnete DTA-Kurve erhält man bei einer Erwärmung von 25 °C min^{-1}. An ihr kann man einen geringen endothermen Effekt oberhalb von $T_g = 125$ °C beobachten, der einer Verringerung der Viskosität entspricht. Danach tritt ein exothermer Effekt bei ungefähr $T_1 = 225$ °C und noch ein endothermer Effekt bei zirka $T_M = 375$ °C auf. Der zuletzt genannte Effekt signalisiert, daß das Glas schmilzt. Eine Röntgenanalyse der Materialstruktur in der Umgebung von T_1 zeigt ein Anwachsen und danach ein Ausfallen von Tellurkristallen aus der amorphen Phase. Ein Anwachsen der Tellurkristalle ist im Endeffekt durch das sie umgebende amorphe Germanium begrenzt. Diesem Bereich entspricht auf der Widerstandskurve das Gebiet mit dem sprunghaften Abfall (um 4 Größenordnungen) des Widerstandes.
Die mit dem Buchstaben b bezeichnete DTA-Kurve wurde während eines langsamen Abkühlens des Glases von der Temperatur T_M aufgenommen. Dabei kann man nur den Kristallisationseffekt beobachten. Auf der Widerstandskurve entspricht das dem Verbleiben im niederohmigen Zustand, d. h. „on“-Zustand des Speichers bei Zimmertemperatur. Dagegen führt ein schnelles Abkühlen zur Einhaltung des amorphen Zustandes (Kurve c) und zum Übergang in den hochohmigen Zustand.
Aus den oben aufgeführten Ergebnissen folgt, daß man eine Steuerung der Arbeit des Schaltelementes in eine Steuerung der Strukturveränderung des Glases umwandeln kann. Die Schwellspannung entspricht dabei der Temperatur der exothermen Spitze T_1, die Verzögerungszeit entspricht der Wachstumszeit der Kristalle im Kanal zwischen Anode und Kathode, die Haltezeit dagegen muß dem Zeitraum entsprechen, der zur Abstrahlung der im Material angesammelten Wärme notwendig ist. Dabei darf sich das Material nicht schneller als 25 °C min^{-1} abkühlen.

6.2.2.4. Modifikationen der DTA-Kurve

Ein Vergleich der DTA-Kurve mit der wirklichen Widerstandskurve von Glas zeigt, daß die sprunghaften Widerstandsveränderungen (der Schaltprozeß) in der Nähe der exothermen Spitze auftreten, also während der Bildung der kristallinen Zentren und der Kristallisation der Glasmikrophasen.

Wenn das so ist, dann kann man eine Verringerung der Schwellspannung durch Verlagerung der exothermen Spitze zu niedrigen Temperaturen erreichen. Eine Verringerung der Amplitude und eine Einengung der Spitze müßte eine Vergrößerung der Arbeitsgeschwindigkeit nach sich ziehen. Wie bekannt, sind die exothermen Effekte, die während der Untersuchung des Glases entstehen, das Ergebnis einer übermäßigen Wärmebildung, die bei der Umwandlung einer Glasstruktur in eine andere, mit kleinerem Energieinhalt, entsteht. Informationen über den Charakter und die Qualität erhält man sowohl aus der Lage der exothermen Spitze auf der Temperaturskale als auch durch ihre Form und durch ihre Amplitude. Aus diesen Parametern kann man quantitative Angaben über die Intensität des Prozesses, über die Materialmenge, die an diesem Prozeß teilnimmt, und über den Einfluß der äußeren Faktoren auf die Kristallisation des Glases entnehmen.

Außer der elementaren Aufzeichnung der Effekte bei der Strukturveränderung kann man auch den exothermen Effekt aufzeichnen, da er bei konstanter Temperatur nur eine Funktion der Zeit ist (s. Bild 4).

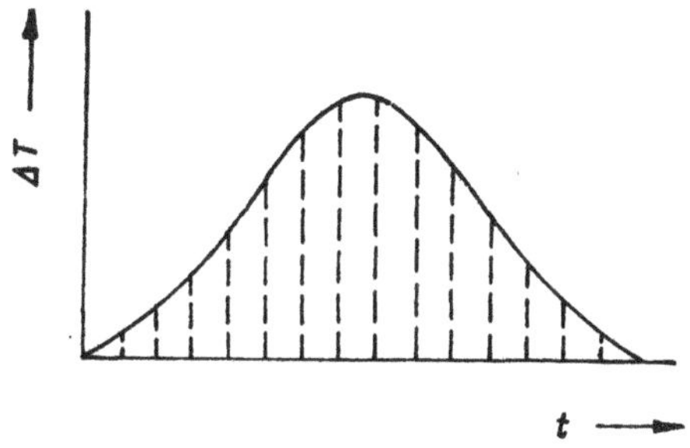

Bild 4. Thermogramm, entstanden durch eine isothermische Differentialanalyse

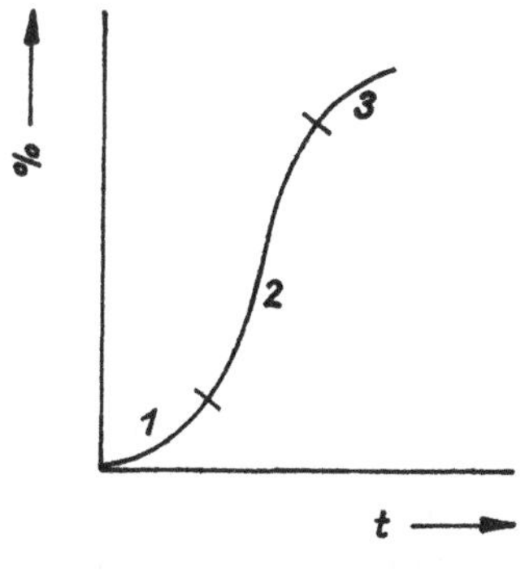

Bild 5. Kurve der Kristallwachstumsgeschwindigkeit

In diesem Thermogramm ist die Fläche unter der gaussähnlichen Kurve proportional der Materialmenge, die am Kristallisationsprozeß teilnahm. Die Breite dieser Kurve gibt über die Geschwindigkeit der Strukturveränderungen Auskunft. Das kann man noch besser erkennen, wenn man die Fläche unter der Kurve von Bild 4 in Abhängigkeit von der Zeit integriert; das zeigt Bild 5.

Im ersten Teil der Kurve von Bild 5 fand der Keimprozeß statt, im zweiten, dem linearen Abschnitt, wuchsen die Kristalle und im dritten wurde das Kristallwachstum langsam begrenzt.

Eine Verringerung der Amplitude der exothermen Spitze kann man durch eine Verringerung der kristallisierenden Materialmenge erreichen. In Schaltelementen ist diese Materialmenge ohnehin ziemlich gering; der Kanal hat einen Durchmesser von einigen μm. Einen deutlichen Effekt erhält man hier einzig und allein durch eine Verringerung des Abstandes der Elektroden, was bei einer konstanten Wachstumsgeschwindigkeit der Kristalle unter den gegebenen Bedingungen eine Verkürzung der Arbeitszeit des Schaltelementes erlauben würde.

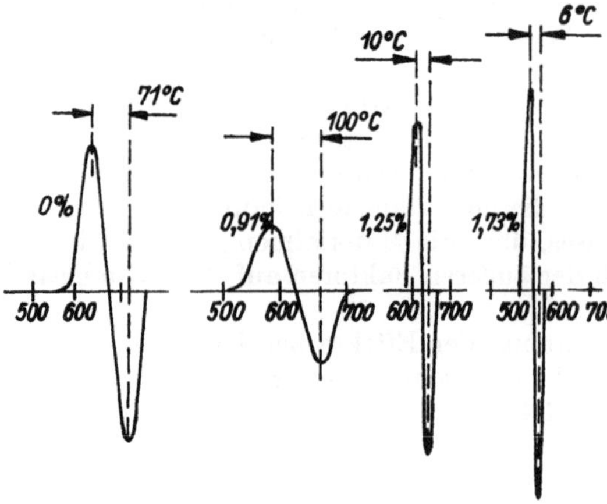

Bild 6. Thermogramme für Glas mit verschiedener Anzahl von Kristallisationszentren

Ein extremes Mittel, das gleichzeitig die exotherme Spitze in Richtung niedrigerer Temperaturen verschiebt und dabei noch die Dynamik des Prozesses erhöht, besteht in der Zugabe eines Kristallisationszentren bildenden Stoffes. In Bild 6 wurden Thermogramme für Glas mit wachsender Menge des Kristallisationszentren bildenden Mittels dargestellt.

Zusammen mit dem Anwachsen dieses Mittels ändert sich ganz deutlich der Charakter der Thermogramme. Es wird ein besonderes Anwachsen der Amplitude und eine Einengung des exothermen Effektes beobachtet, was auf eine Zunahme des Kristallisationsprozesses schließen läßt. Außerdem beobachtete man auch eine Verlagerung des exothermen Effektes in niedrigere Temperaturen, was auf einen bedeutenden Einfluß des Kristallisationszentren bildenden Mittels auf die Beweglichkeit der strukturellen Elemente schließen läßt.

Aus den vorgestellten Überlegungen, die auf der Grundlage von Erfahrungen des technologischen Herstellungsprozesses von normalem Glas angestellt wurden, geht die Möglichkeit zur Verbesserung der Gebrauchsparameter von Schaltelementen durch die Einführung von Kristallisationszentren hervor. Der Einfluß des Kristallisationszentren bildenden Mittels ist vielfältig; er verändert nicht nur die Dynamik der Kristallisation und die Temperatur der exothermen Spitze, sondern bewirkt auch Veränderungen des Widerstandes im amorphen Zustand und anderer dielektrischer Parameter.

Bei der Anwendung des Kristallisationszentren bildenden Mittels sollte man auch mit den Möglichkeiten eines stabilisierten Kristallzustandes rechnen, was sich wiederum ungünstig auf die Zuverlässigkeit des Schaltelementes auswirken würde. Noch durchzuführende Versuche werden zeigen, ob außer diesen Mitteln noch andere Modifikatoren, die eine Diffusion der auskristallisierten, glasartigen Mikrophasen und damit auch einen umkehrbaren Übergang vom amorphen zum kristallinen Zustand ermöglichen, eingesetzt werden sollten.

6.2.3. Amorphe Halbleitermaterialien

Das Fehlen einer strukturellen Ordnung des Glases ist der Grund dafür, das es nichtstöchiometrische Gemische gibt, die kein entsprechendes Gegenstück haben. Auf Grund dessen ist die Anzahl der möglichen amorphen Halbleitermaterialien sehr groß. Unter dem Gesichtspunkt der Anwendungsmöglichkeiten zur Konstruktion von Schaltelementen werden die Materialien in folgende zwei Gruppen unterteilt [7]

1. Materialien für Schwellwertschalter,
2. Materialien für Speicherschaltelemente.

Die Materialien der ersten Gruppe zeichnen sich durch eine stabile Struktur während des Schaltprozesses aus. Es verändert sich die Viskosität und im geringen Grad das Wärmevolumen. Das sind die sogenannten schwer schmelzbaren Gläser.
Materialien für Speicherschaltelemente sind solche Materialien, deren Struktur sich umkehrbar zwischen 2 Strukturzuständen (amorpher und kristalliner) verändern kann. Sehr gute elektrische Parameter zeigen leicht schmelzbare Chalkogengläser. Die Autoren führten eine Synthese und Untersuchungen von chalkogenen Gläsern durch, die den Speichereffekt dreifach zeigen. Das sind folgende Mischungen:

$$Te_{81}Ge_{15}X_4,$$

wobei X ein oder zwei Elemente der V. oder VI. Gruppe P, Sb, As, S sind. Diese Zusammenstellung folgte aus dem eutektischen Punkt $Te_{83}Ge_{17}$. Dieser Punkt ist besonders günstig für die Bildung von Glas unter dem Gesichtspunkt einer niedrigen eutektischen Temperatur von ungefähr 370 °C und einer großen Viskosität.
Die Zugabe des Elementes X zur reinen eutektischen Zusammenstellung stabilisiert den amorphen Zustand, ohne dabei die Kristallisierung, die auf Grund einer Stromimpulserregung auftritt, zu unterbinden.
Das synthetische Glas bestand aus Elementen eines sehr großen Reinheitsgrades; die Synthese selbst fand unter den Bedingungen eines trockenen Vakuums in einer Quarzampulle, innerhalb von 24 Stunden in einem Pendelofen, bei einer Temperatur von 1000 °C statt. Danach wurden die Ampullen bis auf die Temperatur von flüssigem Stickstoff abgekühlt.
Aus auf diese Art und Weise erhaltenem Material wurden Schaltstrukturen vom Typ „Sandwich" auf keramischen Unterlagen erzeugt; die Stärke des aktiven Materials betrug ungefähr 1 μm. Die Schwellwertspannung der Versuchsschalter lag im Bereich von 10 bis 20 V.
Die Beobachtung der abgekühlten Schichten und der Oberflächen der Quarzampullen ergaben viele Hinweise über die Modifikationsmöglichkeiten der Glaszusammensetzungen sowie über den Abkühlungsprozeß. Eine glatte, glänzende Oberfläche der Schicht, wobei sie gering aufgerauht sein kann, zeugt fast immer davon, daß man Material von einer fast idealen amorphen Struktur erhalten hat. Matte Oberflächen, die ziemlich rauh sind, entstehen bei zu langsamer Abkühlung oder bei der Absonderung eines Bestandteiles aus der Schmelze, was zeitweise mit seiner Kristallisation verbunden ist. Das tritt fast immer an der Oberfläche der Schicht oder an den Wänden der Ampulle auf. Die mit Hilfe einer Röntgenmikrosonde durchgeführte Analyse der Zusammensetzung der Oberflächenschichten erlaubte, die Zugabe von Modifikationsmitteln in die Schmelze mit großer Genauigkeit zu bestimmen.
Diese Hinweise wurden in weiteren Syntheseproben von Glas ausgenutzt und ermöglichten es, Schaltelemente mit geringen Streubereichen der Schwellwertspannung zu erhalten.

Literaturverzeichnis

[1] *Fritzsche, H.:* Amorphous and Liquid Semiconductors. Edited by J. Tanc, Plenum Press, New York 1973

[2] *Kenneth E.* van *Landingham:* Circuit Applications of Ovonic Switching Devices. IEEE Trans. on Electron Devices 4 (1973)

[3] *Evans, E. J., Helbers, J. H.:* Reversible Conductivity Transformations in Chalcogenide Alloy Films, J. of Non-Cryst Solids 2 (1970)

[4] *Balta, P., Balta, E.:* Dokład na sowieszczanije proswjaszczenoj Mendelejewu. Bukarestnij Universitat, Sientiabr 1969

[5] *Owen, A., Robertson, J.:* Electronic Conduction and Switching in Chalcogenide Glasses. IEEE Trans. on Electron Devices 4 (1973)

[6] *Ovshinsky, S. R., Fritzsche, H.:* Amorphus Semiconductors for Switching, Memory and Imaging Applications. IEEE Trans. on Electron Devices 4 (1973)

[7] *Korzo, W. F.:* Amorfnyje poluprowodniki w sowriemiennoj elektronike. Zarubieżnaja elektronika 6 (1973)

6.3. Stabilitätsuntersuchungen an monostabilen Chalkogenidglas-Schwellwertschaltern

Von *C. Dippmann*

Technische Hochschule Karl-Marx-Stadt

6.3.1. Einleitung

Amorphe Halbleiter, speziell die Schalteigenschaften in Chalcogenidgläsern, sind bezüglich ihrer Anwendungsmöglichkeiten in der modernen Elektronik vielfältig untersucht worden.
Trotz der relativ einfachen Herstellungstechnologie sind derartige Bauelementestrukturen kaum zur Anwendung gekommen.
Abgesehen von den ersten integrierten Festwertspeichern haben weitere Applikationen des Schalteffektes dieser neuen Bauelementekategorie kaum Bedeutung erlangt. Ihrer kommerziellen Anwendung steht bisher entgegen, daß Bauelemente in Si-Technologie ähnliches zu leisten vermögen. Bild 1 zeigt die typischen Strom-Spannung-Charakteristiken.

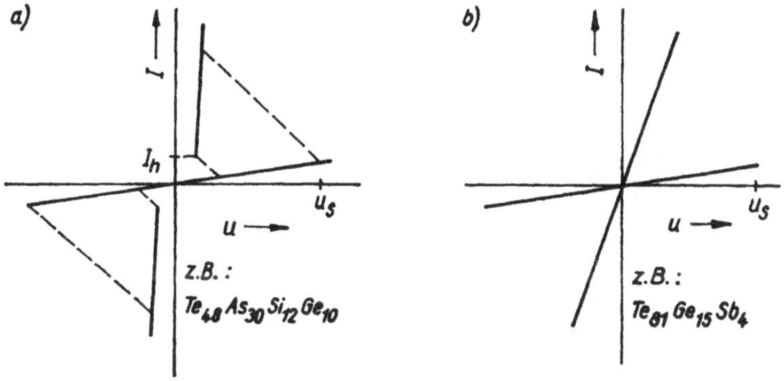

Bild 1. Kennlinien von Chalcogenidglas-Schwellwertschaltern
a) Monostabiler Schalter; b) Bistabiler Schalter

Die Ausnutzung der Schalt- und Speichereffekte für elektronische Bauelemente hängt hauptsächlich von deren Stabilität und Lebensdauer sowie von der Reproduzierbarkeit der Schaltparameter ab. Gerade mit diesen Faktoren hatte es zunächst auf Grund der unzureichenden Grundlagenkenntnisse Schwierigkeiten gegeben, so daß trotz frühzeitiger Publikation und patentrechtlicher Absicherungen erst 1972 die bereits genannten Speicherelemente auf den Markt kamen.

6.3.2. Modellbetrachtungen

Es fehlte nicht an Versuchen, den gemessenen phänomenologischen Eigenschaften Modellvorstellungen über die ablaufenden elektronischen und atomaren Prozesse zur Seite zu stellen.

Liegen bei den Speicherbauelementen, auch bistabile Schaltelemente genannt, ziemlich klare Vorstellungen vom physikalischen Prozeß vor, so ist bei den monostabilen Schwellwertschaltern die Theorie noch sehr umstritten.
Das bistabile Leitfähigkeitsverhalten an amorphen Halbleitern wird auf Strukturumwandlungen im Gefüge zurückgeführt. Phasenumwandlungen ließen sich eindeutig nachweisen. Nach Literaturangaben ist dieser Schaltprozeß technologisch gut beherrschbar. Für getestete Speicherbauelemente werden 10^8 fehlerfreie Umschaltzyklen angegeben.
Bei der bekanntgewordenen 256-bit-Speichermatrix tritt der erste Fehler frühestens nach $2 \cdot 10^3$ Umschaltungen auf. Gemäß den vorliegenden Angaben waren die Fehler nicht durch den Mechanismus bedingt, sondern nur auf Unzulänglichkeiten der Herstellung zurückzuführen.
Völlig anders verhält es sich bei dem monostabilen Schwellwertschalter.
Für diesen Schaltertyp gibt es eine Reihe verschiedenartiger Vorstellungen, die im allgemeinen nur bestimmte Züge des Effektes erklären können.
Grundsätzlich lassen sich die Modellvorstellungen in homogene und heterogene einteilen.
Bei den homogenen bleibt der Halbleiter beim Schalten homogen und amorph, bei den heterogenen spielt eine nichtreversible Strukturänderung während der ersten Schaltungen im Strompfad eine wichtige Rolle.
Die heterogenen Modelle stützen sich auf die Beobachtung der Änderung der Schaltparameter, speziell der Schwellspannung U_S, innerhalb der ersten Schaltzyklen.
Gemäß Bild 2 wurden Gefügeveränderungen in Form von Formierungsprozessen elektronenmikroskopisch nachgewiesen und bestätigt [1], obwohl nach Meinungen anderer Autoren diese Erscheinungen als nicht effektspezifisch angesehen werden [2]. Hier setzen die homogenen Modelle ein, die ohne atomare Transportvorgänge beim Schalten auskommen [3, 4].

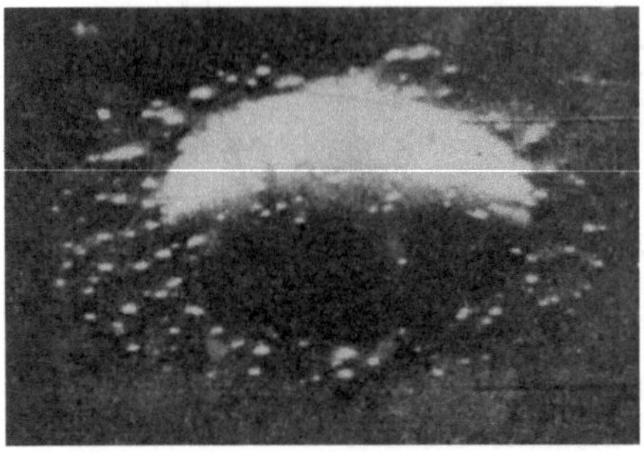

Bild 2. Formierter Stromkanal in einer amorphen Halbleiterschicht. Maßstab: 2,5 cm $\triangleq$ 2 μm

Sie lassen sich in 2 Gruppen einteilen, bei der einen wird den thermischen Prozessen der Vorrang eingeräumt, bei der anderen den elektronischen.
Weder eine rein thermische noch eine rein elektronische Theorie sind in der Lage, den Schalteffekt umfassend zu deuten; beide Seiten sind zu berücksichtigen.
Es unterliegt heute kaum mehr einem Zweifel, daß beim Schalteffekt bei hinreichend geringer Schichtdicke, nicht zu hoher Temperatur und wohl auch geeigneter Zusammensetzung des Glasfilms elektronische Vorgänge dominieren.
Diese Aussage stützt sich vor allem auf Untersuchungen zur Polarität des Schaltverhaltens unter Verwendung von Halbleiterelektroden sowie auf den Tatbestand, daß der Übergang in den hochleitenden Zustand die Akkumulation einer bestimmten Ladungsmenge erfordert. Demzufolge wären die Änderungen bzw. Streuungen der Parameter vermeidbar.
Da sich beim Schalten in jedem Fall ein Stromkanal ausbildet, in dem die Temperatur erheblich steigt, muß jede elektronische Theorie Aufheizungseffekte berücksichtigen. Je dicker die Probe wird, um so größeren Einfluß gewinnen die thermischen Effekte.

6.3.3. Stabilitätsprobleme

Von Bedeutung ist dieser Sachverhalt vor allem für die Klärung der Ursachen der Parameterstreuungen, speziell der Schwellspannung. Diese Angaben hierüber fehlen oder sind sehr allgemeiner Art, obwohl die Größe der Streubreite der Schaltparameter für die meisten Applikationen von entscheidender Bedeutung ist.
Streuungen in den Nenngrößen der Schaltelemente werden in zweifacher Hinsicht beobachtet.
Einmal handelt es sich um Streuungen der Schaltparameter eines einzelnen Schaltelementes, das unter nominell konstanten Bedingungen wiederholt geschaltet wird. Dieses Problem ist im gegenwärtigen Zeitpunkt der Entwicklung von vorrangigem Interesse, und nicht nur im Hinblick auf die Schwierigkeiten, die sich daraus für die Verwendbarkeit dieser Schalter als Bauelemente ergeben, sondern vor allem, weil man sich noch keineswegs darüber im klaren ist, ob es sich hier um eine in der Natur dieser Elemente liegende Grundeigenschaft handelt, oder ob diese Veränderlichkeit durch konstruktive Maßnahmen beseitigt werden kann. Die andere Art der Streuung ist bereits aus der Halbleiterfertigung bekannt.
Es sind Schwankungen, die von Element zu Element innerhalb einer auf einem gemeinsamen Substrat hergestellten Anordnung von nominell identischen Elementen auftreten.
Im Gegensatz zu erstgenannten Streuwerten sind diese mittels der experimentellen Optimierung technologischer Größen bereits beherrschbar geworden.
Ändert sich irgendein Schaltparameter, dann kann dies eine Veränderung im gesamten Schaltverhalten des Elementes bewirken. So ist zum Beispiel der Mittelwert der Schwellspannung abhängig von der zugeführten elektrischen Leistung.
Bei regelmäßig aufeinanderfolgenden Schaltzyklen stabilisieren sich die Kennwerte innerhalb der Grenzen einer definierbaren Streubreite.
Nach längerer Unterbrechung einer regelmäßigen Schaltzyklusfolge findet jedoch häufig eine Verschiebung zu einem neuen Streubereich statt.
Schließlich sei noch erwähnt, daß eine Veränderung der zugeführten Leistung nicht nur den Mittelwert der Schwellspannung U_S, sondern auch die Streubreite der Werte ändern kann.

6.3.4. Experimentelle Ergebnisse

6.3.4.1. Elektronenmikroskopische Untersuchungen

Elektronenmikroskopische Untersuchungen an Dünnschichtelementen nach Bild 3 zeigten, daß die Elektroden erheblichen mechanischen bzw. thermischen Belastungen ausgesetzt sind. Rißbildungen an der Elektrodenoberfläche nach Bild 4 waren keine Seltenheit. Schaltelemente mit diesen Merkmalen zeigten typische Formierungseffekte. Die in Bild 5 dargestellten formierten Stromkanäle waren vielen dieser Bauelementestrukturen gemeinsam.
Erwartungsgemäß sind diese Erscheinungen mit erheblichen Parameterstreuungen und Instabilitäten verbunden. Inwieweit der einfache Formierungsprozeß für mögliche Streuungen verantwortlich gemacht werden kann, ist gegenwärtig noch unklar.
An Bauelementestrukturen nach Bild 6 sind ebenfalls Formierungsprozesse beobachtbar, doch zeichnen sich diese nicht integrierfähigen Anordnungen durch extrem hohe zeitliche Stabilität der Parameter aus.
Wegen der guten mechanischen Stabilität der Elektroden sind es vor allem die günstigeren Wärmeableitungsbedingungen, die Mehrfachformierungen ausschließen und zu den besseren Betriebseigenschaften dieser BE-Struktur führen. Innerhalb von 10^8 Schaltzyklen ist die Streuung der Schwellspannung $U_S \pm 5\%$.

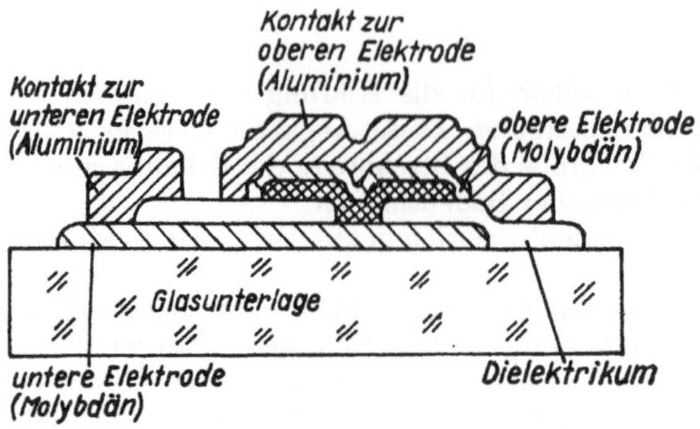

Bild 3. Sandwich-Bauelementestruktur

Bild 4. Rißbildungen an der Elektrodenoberfläche von Schaltelementen. Maßstab: 1 cm $\triangleq$ 120 μm

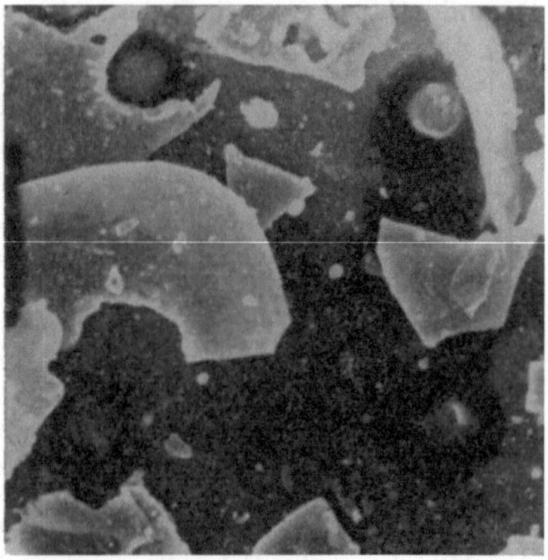

Bild 5. Mehrfachformierung an der Oberfläche der amorphen Halbleiterschicht. Maßstab: 1 cm $\triangleq$ 2 μm

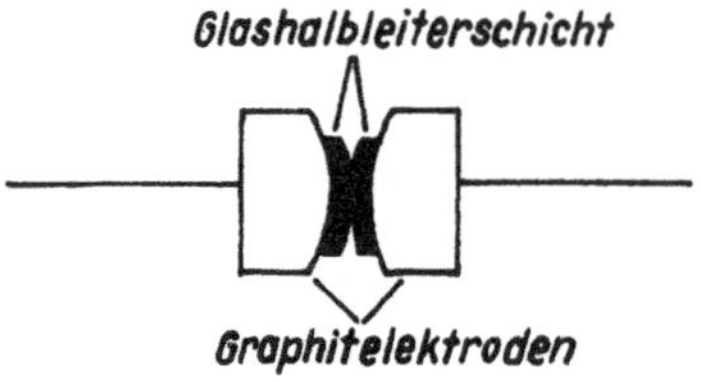

Bild 6. Hemisphären-Bauelementestruktur

6.3.4.2. Temperaturuntersuchungen

Direkte Temperaturmessungen an Schaltelementen lieferten hierzu erste Ansatzpunkte zu Aussagen über den Zusammenhang zwischen der Betriebstemperatur des Schaltelementes und der Stabilität der Schaltparameter, speziell der Schwellspannung.
Die Untersuchungen sind mit einer amorphen Halbleiterschicht bedampften Hemisphärenstruktur gemäß Bild 6 durchgeführt worden, die direkt mit 2 Mikrothermistoren verbunden war.
Auf Grund der zu erwartenden kleinen Temperaturänderungen mußten die Messungen im Hochvakuum durchgeführt werden.

Bei Unterschreiten einer elektrischen Mindestleistung von 2 mW zeigte die BE-Struktur extrem stabile Schalteigenschaften. Innerhalb von 10^7-Schaltzyklen war ein Temperaturverlauf nach Bild 7 zu beobachten.
Hingegen ergaben sich mit zunehmender elektrischer Belastung größere Streuwerte bei gleichzeitigem Absinken von U_S.
Bild 8 zeigt den dazugehörigen Temperaturverlauf. Kleine Temperatursprünge sind sichtbar, die auf Strukturveränderungen in der amorphen Halbleiterschicht während des Schaltprozesses hinweisen.

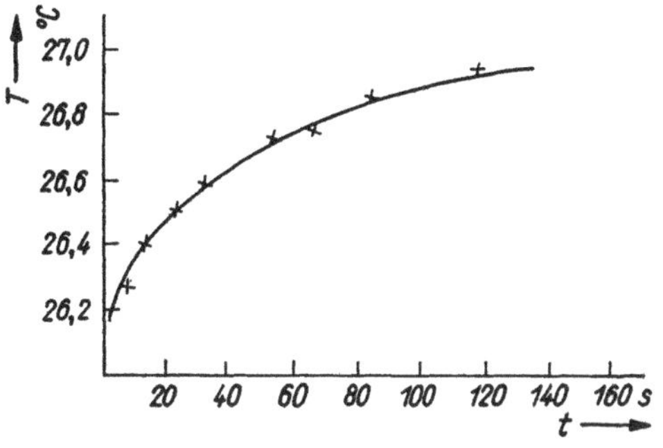

Bild 7. Temperaturverlauf am Schaltelement. Arbeitspunkt: $f = 5{,}1$ kHz, $U_S = 14$ V, $U_0 = 19$ V, $I_H = 0{,}3$ mA, $I_{max} = 1{,}7$ mA

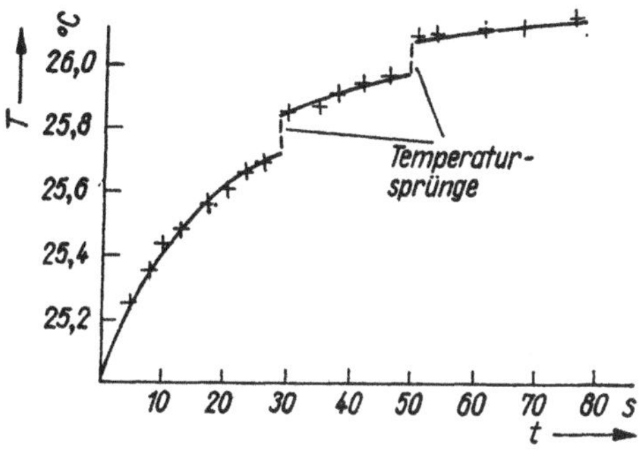

Bild 8. Temperaturverlauf am Schaltelement. Arbeitspunkt: $f = 2$ kHz, $U_S = 24$ V, $U_0 = 30$ V, $I_H = 0{,}5$ mA, $I_{max} = 2{,}7$ mA

Diese Temperatursprünge sind elektronenmikroskopisch nachgewiesene Phasenumwandlungen, deren Häufigkeit von der elektrischen Belastung der Bauelementestruktur abhängig ist. Aus Messungen des thermischen Widerstandes der Probe ließ sich eine maximal zulässige Temperatur der Halbleiterschicht während des Schaltprozesses von 70—90 °C ermitteln. Oberhalb dieses Temperaturbereiches ist, bedingt durch die Kinetik der verwendeten amorphen Halbleiterschichten, ein instabiles Schaltverhalten, d. h. eine große Streubreite der Schaltparameter, zu erwarten.

6.3.5. Anwendungsbilanz

Wie bereits eingangs erwähnt, ist die Anwendung dieser neuen Schaltelemente bisher kaum erfolgt.
Neben den Parameterstreuungen ist die Zurückhaltung zum Teil in dem Fehlen einer dritten Elektrode begründet, wodurch sich der Schaltungsentwurf ohne Zweifel kompliziert.
Eingehende Untersuchungen zu dieser Problematik werden seit langem an der Technischen Hochschule Karl-Marx-Stadt durchgeführt.
Es verbleiben 2 Vorzüge dieser Schaltelemente, die man ihren derzeitigen Nachteilen gegenüberstellen kann.
Diese Schaltelemente sind aktive Bauelemente, die in Dünnfilmtechnik auf großflächigen Substraten mittels einer Vielzahl von Verfahren wie Aufdampfen, Zerstäuben u. a. hergestellt werden können. Als bistabile Schalter stellen sie billige energieunabhängige Speicher dar, die eine nahezu unendlich große Relaxationszeit besitzen und gegen Stromausfall immun sind. Die Probleme der Kosten der Fertigung sind schätzungsweise durch den Wegfall der Si-Scheibe geringer als diejenigen, die heute in der Halbleiterindustrie akzeptiert werden. Die Fertigungsverfahren sind mit den in der Halbleitertechnik seit langem eingeführten Verfahren identisch und können nahezu unverändert übernommen werden.

Es gibt heute eine Reihe von Anwendungen, bei denen die Leistungsgrenzen der Glasschalter nicht störend sind, z. B. Kfz.-Technik [6].
Unter Einbeziehung geeigneter Steuerprinzipien für den Schalteffekt ist es möglich, die Streuungen der Schaltparameter zu verringern und das Prinzip der Anwendung zugänglicher zu machen [7].
Durch Parameteroptimierung ergeben sich Schaltelemente von besserer Reproduzierbarkeit und Stabilität.
Trotz einiger noch vorhandener Schwierigkeiten bei der technologischen Realisierung ist zu erwarten, daß für spezielle Zwecke, insbesondere dort, wo es bisher nichts Gleichartiges auf der Basis der Siliziumtechnologie gibt, amorphe Halbleiter zum Einsatz kommen werden.

Literaturverzeichnis

[1] *Thomas, C. B., Bosnell, J. R.:* The Switching Behavior of Thin Films of chalcogenide Glass. Phil. Mag. **26** (1972) 617–635

[2] *Henisch, H. K.*, u. a.: Characteristics and Mechanism of Threshold Switching. J. Non-Cryst. Solids 8–10 (1972) 415–421

[3] *Kroll, D. M., Lohen, M. H.:* Theory of Electrical Instabilities of Mixed Electronics. J. Non-Cryst. Solids 8–10 (1972) 544–551

[4] *Henisch, H. K.*, u. a.: A Qualitative Theory of Electrical Switching Processes in Monostable Amorphous Structures. J. Non. Cryst. Solids **2** (1970) 393–405

[5] *Ormondroyd, R. F.*, u. a.: Properties of Filaments in Amorphous Chalcogenide Semiconducting Threshold Switches. J. Non-Cryst. Solids **15** (1974) 310–328

[6] *Van Landingham, K. E.:* Circuit Applikations of Ovonic Switching Devices. IEEE Trans. ED-**20** (1973) 178–187

[7] *Höft, H., Dippmann, Chr.:* Realisierungsmöglichkeiten von Schwellwertschaltern auf der Basis von Glashalbleitern. Nachrichtentechnik/Elektronik **25** ,1 (1975) 28–29

6.4. Lösbare optoelektronische Koppler in elektronischen Schaltungen

Von *G. Voigt* und *H. Wedell*

Humboldt-Universität Berlin, Sektion Elektronik

6.4.1. Das optoelektronische Koppelprinzip

Mit den technischen Fortschritten auf den Gebieten der optoelektronischen Bauelemente und Glaslichtleiter häufen sich in jüngster Zeit die Einsatzfälle für die optoelektronische Signalübertragung. Neben der Problematik der optoelektronischen Nachrichtenübertragung tritt mehr und mehr die störfreie Signalübertragung über die optoelektronische Übertragungskette in den Vordergrund [1, 2, 3, 4]. Das Wirkprinzip beruht darauf, daß eine Lumineszenzdiode durch einen Flußstrom angeregt wird und Strahlung emittiert, die in ein Glaslichtleitbündel und/oder eine Luftstrecke als Übertragungskanal eingekoppelt und von einem Fototransistor oder einer Fotodiode empfangen wird. Ein solches auf der Photonenleitung beruhendes optoelektronisches Übertragungssystem muß mit einem herkömmlichen elektronischen kombinierbar sein. Dazu ist es erforderlich, die optoelektronische Kopplung lösbar zu machen, um Baugruppen bei Bedarf in üblicher Weise austauschen bzw. ankoppeln zu können. Das geschieht zweckmäßig durch lösbare Trennstellen im Übertragungskanal.

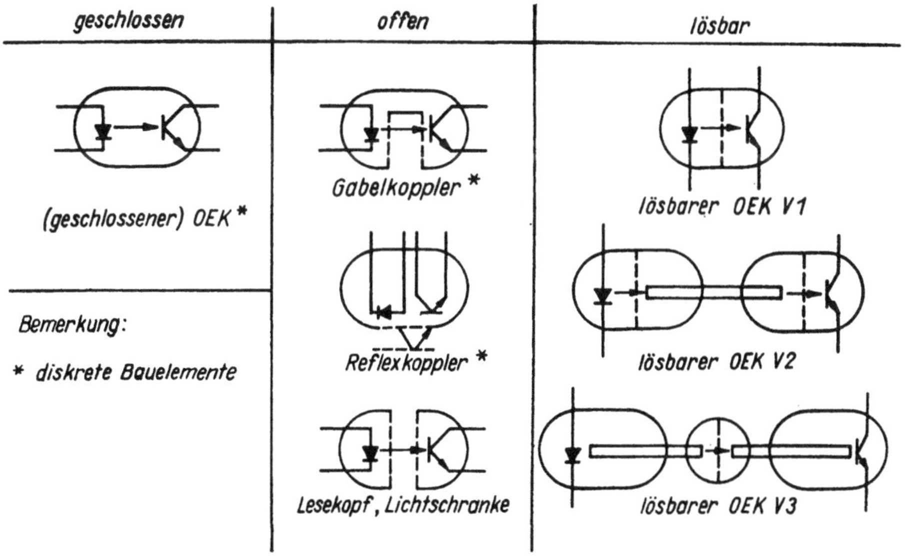

Bild 1. Arten von optoelektronischen Kopplern (OEK)

Im folgenden sollen die das optoelektronische Koppelprinzip realisierenden Elementekombinationen (ausgenommen optoelektronische Nachrichtensysteme) als optoelektronische Koppler bezeichnet werden. In die Palette bisher bekannter und gefertigter optoelektronischer Koppler in den Ausführungen geschlossen (Optokoppler) und offen (Gabel- und Reflexkoppler, Lichtschranke) läßt sich die lösbare Ausführung mit drei

Varianten einfügen (Bild 1). Während die Variante 1 aus sich unmittelbar lösbar gegenüberstehendem Emitter und Detektor besteht, wobei der Übertragungskanal durch eine Luftstrecke gebildet wird, enthalten die beiden anderen Varianten Lichtleitbündel. Bei der Variante 2 liegen die Trennstellen zwischen Lichtleitbündel und den anzukoppelnden optoelektronischen Bauelementen, bei der Variante 3 ist je ein Lichtleitbündel fest an Emitter und Detektor angekoppelt und die Koppelstelle liegt zwischen den beiden Lichtleitbündeln.
Es ist naheliegend, einen lösbaren optoelektronischen Koppler der Variante 1 als Steckverbinderersatz zu betrachten. Unter Berücksichtigung anwendungstechnischer Gesichtspunkte ist der Einsatz in Spezialfällen denkbar, z. B. dort, wo Signale über Steckeinheiten in agressiver Atmosphäre geleitet werden müssen.
Für die Signalübertragung durch elektromagnetische Störfelder bietet sich wegen seiner unbeeinflußbaren Photonenleitung ein lösbarer optoelektronischer Koppler der Variante 2 oder 3 an. Diese Problematik tritt immer häufiger dort auf, wo Signalleitungen (aus Preisgründen meist ungeschirmt) neben Starkstromleitungen zur Verlegung kommen. Das ist z. B. in Schaltschränken von rechnergesteuerten Anlagen, der Nahtstelle zwischen elektronischer und elektrotechnischer Steuerung, der Fall.

6.4.2. Der optoelektronische Koppler als Vierpol

Die charakteristische Größe für das statische Stromübertragungsverhalten eines optoelektronischen Kopplers ist der Koppel- oder Stromübertragungsfaktor als Verhältnis vom Ausgangs- zum Eingangsstrom

$$k = \frac{J_2}{J_1}. \tag{1}$$

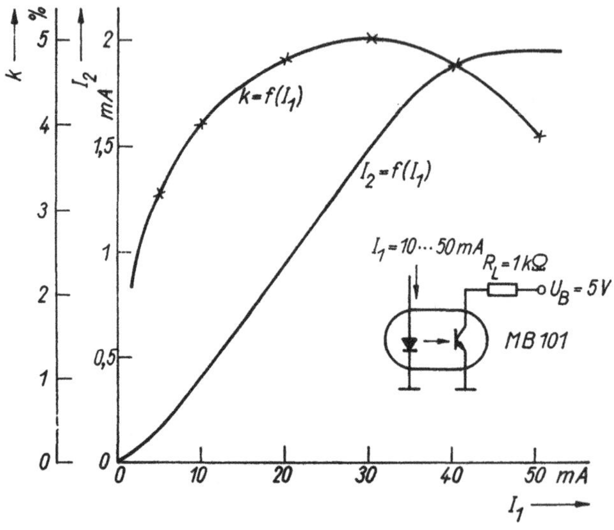

Bild 2. Stromübertragungskennlinie eines geschlossenen optoelektronischen Kopplers (MB 101)

Er ist strom- und spannungsabhängig, so daß die Stromübertragungskennlinie den nur bereichsweise linearen Zusammenhang zwischen Ausgangs- und Eingangsstrom besser beschreibt (Bild 2). Während der untere nichtlineare Bereich bauelementebedingt ist, wird der obere durch die anliegende Batteriespannung U_B und den Lastwiderstand R_L

bestimmt. Diese lineare Abhängigkeit zwischen der Ein- und Ausgangsgröße läßt eine analoge Übertragung im Kleinsignalbetrieb bei gleichstrommäßiger Einstellung des Arbeitspunktes zu. Die Ein- und Auskopplung des Signalstromes kann entweder induktiv oder kapazitiv, wie Bild 3 zeigt, erfolgen. In Analogie zum Transistor läßt sich ein optoelektronischer Koppler im Kleinsignalbetrieb als linearer Vierpol auffassen und zweckmäßig durch seine h-Parameter beschreiben [5, 6]. Auf Grund der Nichtbeeinflußbarkeit der Photonenleitung besteht zwischen Ein- und Ausgang zumindest für mittlere Frequenzen unter Vernachlässigung der Kapazitäten Rückwirkungsfreiheit ($h_{12} = 0$).

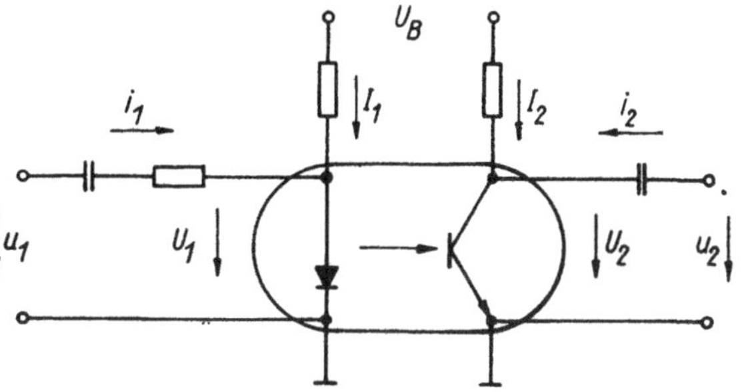

Bild 3. Wechselstromschaltung eines optoelektronischen Kopplers

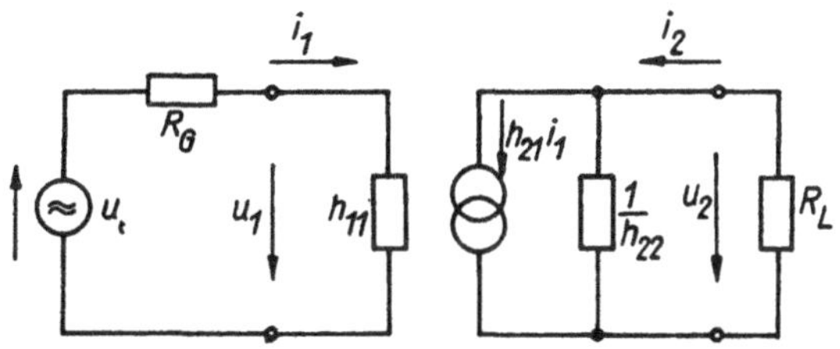

Bild 4. Vierpolersatzschaltbild mit Beschaltung für einen optoelektronischen Koppler

Es gilt nach dem Vierpol-Ersatzschaltbild (Bild 4) das Gleichungssystem

$$u_1 = h_{11} i_1 , \tag{2}$$

$$i_2 = h_{21} i_1 + h_{22} u_2 \tag{3}$$

mit den Vierpolparametern

h_{11} als Eingangswiderstand,
h_{21} als Kurzschlußstromverstärkung,
h_{22} als Leerlaufausgangsleitwert.

Die h-Parameter können direkt gemessen oder aus den Strom-Spannungs-Kennlinienfeldern (Bild 5) ermittelt werden. Es ergeben sich dann die folgenden Beziehungen einerseits aus dem obigen Gleichungssystem (2) und (3) und andererseits aus den Kennlinienfeldern als Anstiege zu

$$h_{11} = u_1/i_1 \quad \triangleq \Delta U_1/\Delta J_1 , \tag{4}$$

$$h_{21} = i_2/i_1 \,|_{u_2=0} \triangleq \Delta J_2/\Delta J_1 \,|_{U_2=\mathrm{const}} , \tag{5}$$

$$h_{22} = i_2/u_2 \,|_{i_1=0} \triangleq \Delta J_2/\Delta U_2 \,|_{J_1=\mathrm{const}} . \tag{6}$$

Wertemäßig ergibt sich für den linearen Bereich des optoelektronischen Kopplers nach Bild 5 für $h_{11} = 2{,}2\ \Omega$, $h_{21} = 0{,}0575$ und $h_{22} = 0{,}175$ mS.

Mit den h-Parametern lassen sich die Betriebsverhältnisse bei gegebenen Lastwiderständen durch die betrieblichen Strom- und Spannungsverstärkungen berechnen. Mit den Gleichungen (2) und (3) und der Beziehung $i_2 R_L = -u_2$ ergeben sich

$$v_i = \frac{i_2}{i_1} = f(R_L) = \frac{h_{21}}{1 + h_{22} R_L} \quad \text{und} \tag{7}$$

$$v_u = \frac{u_2}{u_1} = f(R_L) = \frac{-h_{21} R_L}{h_{11} h_{22} R_L + h_{11}}. \tag{8}$$

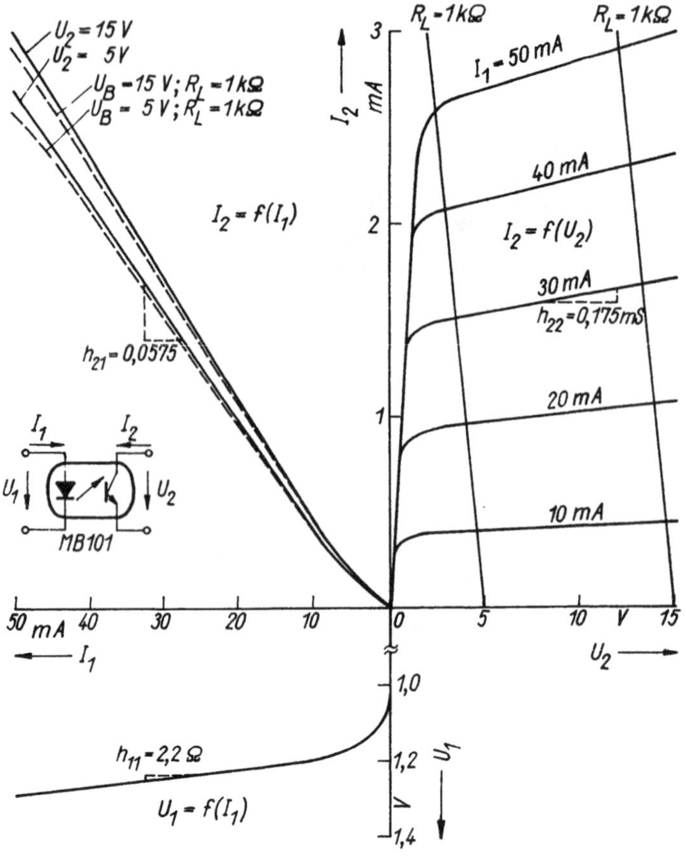

Bild 5. Strom-Spannungs-Kennlinienfelder eines geschlossenen optoelektronischen Kopplers (MB 101)

Trägt man in das J_2-U_2-Kennlinienfeld des Bildes 5 bei einer bestimmten Batteriespannung U_B die Widerstandsgerade R_L ein, so lassen sich die Betriebsverhältnisse graphisch ermitteln. Durch geeignete Wahl von U_B und R_L kann der obere Bereich weitestgehend linear gehalten werden.

Die bisherigen Betrachtungen galten für optoelektronische Koppler mit konstanten Koppelbedingungen. Eine Veränderung der Kennlinienfelder bzw. h-Parameter tritt jedoch schon durch Temperaturänderungen und den Streubereich der elektrisch/optischen Parameter von Emitter und Detektor auf. Für den lösbaren optoelektronischen Koppler kommt erschwerend hinzu, daß wegen der lösbaren und offenen Trennstelle und der Austauschbarkeit der Elemente Umgebungs- und geometrische Parameter als zusätzliche Einflußgrößen wirken.

6.4.3. Die Analyse der Betriebsbedingungen

6.4.3.1. Die Einführung des Koppelparameters $\varkappa$

Für die Analyse der Betriebsbedingungen des lösbaren optoelektronischen Kopplers soll im folgenden eine Methode beschrieben werden, die es gestattet, die Koppelbedingungen durch einen noch zu definierenden Koppelparameter $\varkappa$ zu erfassen.
Es ist davon auszugehen, daß für Analogübertragung in den linearen Bereichen der Ein-Ausgangs-Kennlinien von Emitter und Detektor gearbeitet wird. Diese Kennlinien als

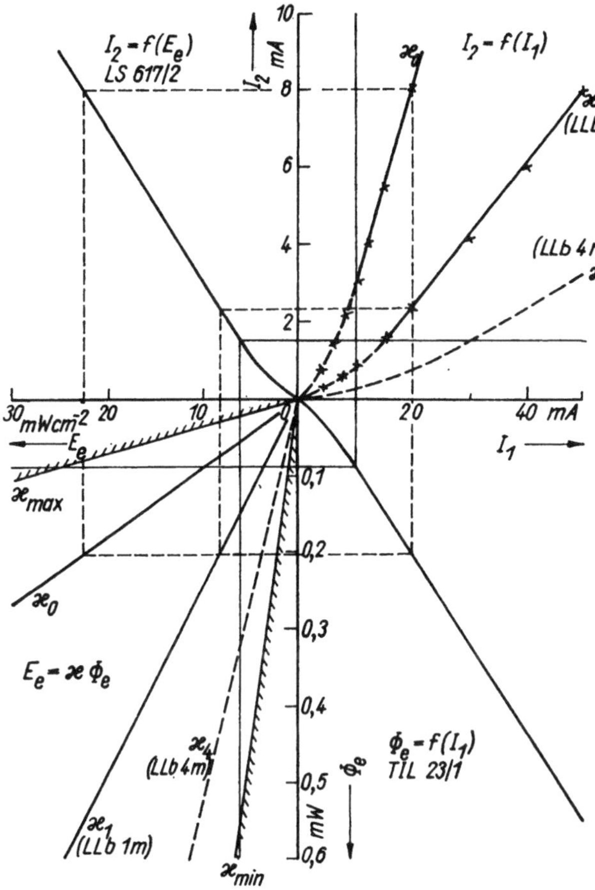

Bild 6. Kennlinienfelder zur Beschreibung der Koppelbedingungen bei lösbaren optoelektronischen Kopplern

Abhängigkeiten der Strahlungsleistung Φ_e vom Eingangsstrom J_1 des Emitters bzw. des Ausgangsstromes J_2 von der Bestrahlungsstärke E_e des Detektors bei bestimmten Parametern Batteriespannung U_B und Lastwiderstand R_L werden mit den minimalen und maximalen Grenzwerten ihrer linearen Bereiche als bekannt vorausgesetzt (Herstellerangaben oder Messung). Trägt man diese Kennlinien zur Beschreibung der Koppelbedingungen bei lösbaren optoelektronischen Kopplern als Φ_e-J_1- bzw. J_2-E_e-Kennlinien in die Kennlinienfelder des Bildes 6 ein, so ergibt sich je nach der Größe des Koppelparameters $\varkappa$ im E_e-Φ_e-Kennlinienfeld das J_2-J_1-Kennlinienfeld als Stromübertragungskennlinie mit $\varkappa$ als Parameter. In $\varkappa$ sind die Größen zusammengefaßt, die die Koppelbedingungen beeinflussen.

6.4.3.2. Die Zusammenhänge zwischen Koppelfaktor k, differentiellem Koppelfaktor k_i, h_{21}-Parameter und Koppelparameter $\varkappa$

Während die Gleichung (1) für den Koppelfaktor k im gesamten Strombereich Gültigkeit hat, läßt sich ein differentieller Koppelfaktor für den linearen Bereich im J_2-J_1-Kennlinienfeld bei vorgegebenen U_B und R_L definieren zu

$$k_i = \frac{\Delta J_2}{\Delta J_1} = \text{const} \quad \text{für } J_{1\min} < J_1 < J_{1\max}. \tag{9}$$

k_i stellt den vom Strom unabhängigen Anstieg der Kennlinie im linearen Bereich dar und ist mit der betrieblichen Stromverstärkung v_i nach Gleichung (7) bzw. bei $R_L = 0$ mit der Kurzschlußstromverstärkung h_{21} nach Gleichung (5) identisch. Mit

$$k_i = \frac{J_2 - J_{2\min}}{J_1 - J_{1\min}}$$

aus dem J_2-J_1-Kennlinienfeld und Gleichung (1) ergibt sich der Zusammenhang zwischen den Koppelfaktoren k und k_i zu

$$k = k_i\left(1 - \frac{J_{1\min}}{J_1}\right) + \frac{J_{2\min}}{J_2}. \tag{10}$$

Da k_i stets größer als $J_{2\min}/J_{1\min}$ ist, wird k nach Gleichung (10) stets kleiner als k_i sein. Beide nähern sich bei großem J_1 weitestgehend an.

Die Abhängigkeit des differentiellen Koppelfaktors k_i von den Koppelbedingungen zeigt die folgende Ableitung unter Zugrundelegung der Kennlinienfelder des Bildes 6. Es gilt:

$$J_2 = J_{22\min} + (E_e - E_{e\min}) \tan \alpha_2 \quad \text{für} \quad E_e \geqq E_{e\min},$$

$$E_e = \varkappa \Phi_e,$$

$$\Phi_e = \Phi_{e\min} + (J_1 - J_{11\min}) \tan \alpha_1 \quad \text{für } J_1 \geqq J_{11\min},$$

und damit wird

$$J_2 = J_{22\min} - E_{e\min} \tan \alpha_2 + \Phi_{e\min}\varkappa \tan \alpha_2 - J_{11\min}\varkappa \tan \alpha_1 \tan \alpha_2 + J_1 \varkappa \tan \alpha_1 \tan \alpha_2. \tag{11}$$

Vergleicht man diese Beziehung mit der Abhängigkeit aus dem J_2-J_1-Kennlinienfeld

$$J_2 = J_{2\min} + (J_1 - J_{1\min})\, k_i \quad \text{für} \quad J_1 \geqq J_{1\min}, \tag{12}$$

so ergibt sich für den differentiellen Koppelfaktor die Abhängigkeit vom Wirkungsgrad des Emitters (ausgedrückt durch $\tan \alpha_1$), von der Empfindlichkeit des Detektors (ausgedrückt durch $\tan \alpha_2$) und von den Koppelbedingungen (ausgedrückt durch $\varkappa$) zu

$$k_i = \varkappa \tan \alpha_1 \tan \alpha_2. \tag{13}$$

Da $\tan \alpha_2$ von U_B bzw. U_2 und R_L abhängig ist, gilt der jeweilige k_i-Wert nur für definierte Parameter. Mit den Gleichungen (7) und (13) erhält man

$$v_i(U_2, R_L) = \frac{h_{21}(U_2)}{1 + h_{22}(J_1) R_L} = k_i(U_2, R_L) = \varkappa \tan \alpha_1 \tan \alpha_2(U_2, R_L).$$

Für $U_2 = \text{const}$ und $R_L = 0$ wird

$$h_{21} = \varkappa \tan \alpha_1 \tan \alpha_{20}. \tag{14}$$

6.4.3.3. Die Grenzen des linearen Bereiches

Die Größe des linearen Bereiches im J_2-J_1-Kennlinienfeld (Bild 6) hängt von den Grenzwerten des linearen Bereiches der Einzelbauelemente und vom Koppelparameter $\varkappa$ ab. Mit den Gleichungen (11) und (13) und analogen Betrachtungen bezüglich der oberen Grenze läßt sich der Verlauf der unteren und oberen Grenzwerte $J_{1\min}$ bzw. $J_{1\max}$ in Abhängigkeit von $\varkappa$ ermitteln, wie Bild 7 zeigt.

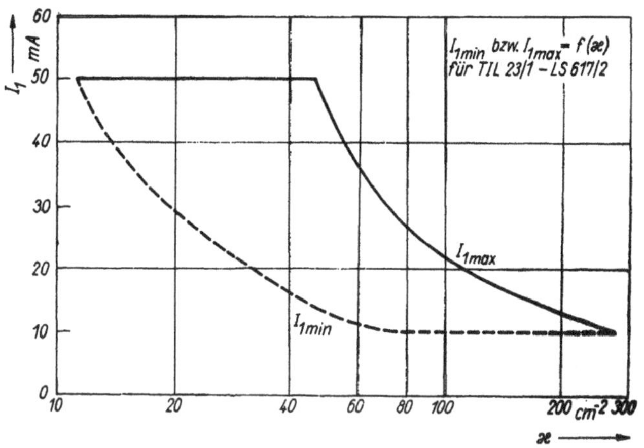

Bild 7. Unterer und oberer Grenzwert des linearen Bereiches eines lösbaren optoelektronischen Kopplers in Abhängigkeit von den Koppelbedingungen

6.4.3.4. Die Abhängigkeit des Koppelparameters $\varkappa$

Durch die Begrenzung der linearen Bereiche der Einzelbauelemente ergeben sich für den Koppelparameter $\varkappa$ die Grenzwerte

$$\varkappa_{\min} = \frac{E_{e\min}}{\Phi_{e\max}}, \qquad \varkappa_{\max} = \frac{E_{e\max}}{\Phi_{e\min}}. \tag{15}$$

Für die weiteren Betrachtungen wird zweckmäßig der optimale Koppelparameter $\varkappa_0$ als ein für eine bestimmte Bauelementekombination typischer, praktisch realisierbarer Wert unter optimalen Koppelbedingungen eingeführt. Die elektrisch/optischen und baulichen Parameter sollen ihre Nennwerte haben. Wenn die für den Detektor im linearen Bereich maximal zulässige Bestrahlungsstärke $E_{e\max}$ erst durch eine größere Strahlungsleistung Φ_e des Emitters erreicht wird, ist $\varkappa_0 < \varkappa_{\max}$, wenn durch die minimale Strahlungsleistung $\Phi_{e\min}$ des Emitters der Detektor bereits in die Sättigung kommt, ist $\varkappa_0 > \varkappa_{\max}$. Mit dem Koppelverlustfaktor $f \leqq 1$ ergibt sich die Beziehung

$$\varkappa = f\varkappa_0. \tag{16}$$

In $\varkappa_0$ sind die die Koppelbedingungen bestimmenden Nenngrößen enthalten: Strahlungs- und Empfangscharakteristik, Durchmesser der emittierenden und empfangenden Flächen bzw. der Linsen, Abstände innerhalb der Bauelemente von den Linsenspitzen bis zur emittierenden bzw. empfangenden Fläche. Der Koppelverlustfaktor f berücksichtigt die zusätzlichen Koppelverluste durch bauliche und geometrische Parameter und ihre Toleranzen, durch Umgebungsparameter und bei Verwendung von Lichtleitbündeln durch Einkopplung und Transmission.
Der Koppelparameter $\varkappa$ ist also nicht von elektrischen Parametern abhängig. Er bestimmt nach den Beziehungen (10), (13) und (14) den Koppelfaktor k, den differentiellen Koppelfaktor k_i und den h_{21}-Parameter.

6.4.4. Der Einfluß der Toleranzen

6.4.4.1. Die Toleranzen der elektrisch/optischen Parameter

Wegen der großen Streuung der elektrisch/optischen Parameter von Emittern und Detektoren werden die Bauelemente in Klassen eingeteilt. Die Streubreite in einer Klasse wird üblicherweise für die Strahlungsleistung Φ_e bzw. den Ausgangsstrom J_2 bei einem bestimmten vorgegebenen Eingangsgrößenwert J_1 bzw. E_e (bei U_2 und R_L) festgelegt [7, 8]. Mit den Toleranzangaben des Herstellers und den Kennlinienfeldern des Bildes 6, die als „Nennwerte" aufgefaßt werden, erhält man die Φ_e-J_1- bzw. J_2-E_e-Kennlinienfelder des Bildes 8.

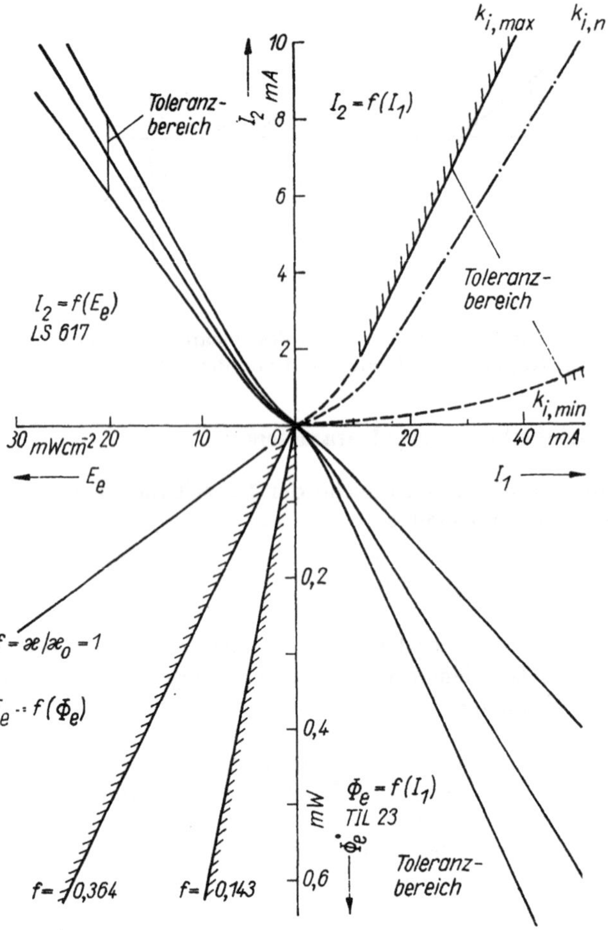

Bild 8. Kennlinienfelder zur Beschreibung der Koppelbedingungen bei lösbaren optoelektronischen Kopplern unter Berücksichtigung möglicher Toleranzen

6.4.4.2. Der zulässige Koppelverlustfaktor

Geht man davon aus, daß das Eingangssignal einen Effektivwert von ca. 5 mA haben soll, so ist ein minimal zulässiger Wert $\varkappa_{min,zul}$ bzw. f_{zul} festzulegen, bei dem lineare Verhältnisse bezüglich eines relativ breiten Eingangsstrombereiches vorliegen. Es ergibt sich für die gewählte Anordnung nach Bild 7

$$\varkappa_{\min,\mathrm{zul}} \approx 16\ \mathrm{cm}^{-2} \quad \text{bzw.} \quad f_{\mathrm{zul}} \approx 16/112 = 0{,}143.$$

Das bedeutet, daß bei Einhaltung der Bedingung $16 < \varkappa < 85$ bei einem Eingangsstrom von 42,5 mA eine lineare Aussteuerung um $\pm$ 7,5 mA mindestens möglich ist.
Im folgenden soll der Koppelverlustfaktor f für einen lösbaren optoelektronischen Koppler mit einem Lichtleitbündel (Variante 2) abgeschätzt werden. Bei konstanter Wellenlänge der Strahlung hat ein Lichtleitbündel einen längenabhängigen Transmissionsgrad τ, der sich nach [9] für Längen von 0; 1; 2; 3; 4 m zu $\tau = 0{,}6;\ 0{,}47;\ 0{,}36;\ 0{,}28;\ 0{,}22$ mit einer Toleranz von -8% ermitteln läßt.
Mit $\varkappa_0$ und $\varkappa_1$ (für 1 m Lichtleitbündel) aus dem E_e-Φ_e-Kennlinienfeld des Bildes 6 und dem bekannten Wert für τ wird ein Faktor $f_e = 0{,}775$ für zusätzliche Einkoppelverluste in das Lichtleitbündel berechnet, so daß sich ein konstanter Koppelverlustfaktoranteil zu

$$f_k = f_e \tau(L) \tag{17}$$

ergibt. Danach ist für eine Lichtleitbündellänge von 1 m $f_k = 0{,}364$. Der variable Koppelverlustfaktoranteil f_v berücksichtigt den Einfluß der baulichen und geometrischen Parameter Abstand, axialer Versatz und Kippwinkel (angenommener Faktor $f_G = 0{,}9$[6]), der Umgebungsparameter (angenommener Faktor $f_U = 0{,}8$) und der vom Lichtleitbündel herrührenden Toleranz (Faktor $f_L = 0{,}92$). Er ergibt sich zu

$$f_v = f_G \cdot f_U \cdot f_L, \tag{18}$$

und man erhält einen Wert von (0,391 bis 1).
Unter Berücksichtigung des zulässigen Koppelverlustfaktors ergibt sich mit den Gleichungen (17) und (18) für den Transmissionsgrad ein Wert von ca. 0,47, das entspricht einer zulässigen Länge des Lichtleitbündels von 1 m. Sind größere Längen erforderlich, so sind Emitter mit größerer Strahlungsleistung (z. B. TIL 24), Detektoren mit größerer Empfindlichkeit (z. B. LS 619) und Lichtleitbündel mit größerem Transmissionsgrad einzusetzen. Somit ergibt sich unter Verwendung eines Lichtleitbündels von 1 m Länge ein Koppelverlustfaktor von

$$f = (0{,}143 \ldots 0{,}364),$$

der im E_e-Φ_e-Kennlinienfeld des Bildes 8 dargestellt ist.

6.4.4.3. Die Auswirkungen aller Toleranzen

Im J_2-J_1-Kennlinienfeld des Bildes 8 sind die Auswirkungen der Gesamttoleranzen dargestellt. Für den differentiellen Koppelfaktor k_i ergibt sich nach Gleichung (10) für Nennbedingungen

$$k_{i,n} = \tan \alpha_{1,n} \tan \alpha_{2,n} f_k \varkappa_0. \tag{19}$$

Mit den Toleranzen der Bauelemente, berücksichtigt durch die Toleranzfaktoren g_1 und g_2, und dem variablen Koppelverlustfaktoranteil f_v erhält man

$$k_i = g_1 g_2 f_v k_{i,n}. \tag{20}$$

Mit den Toleranzfaktoren aus Bild 8 und dem bereits ermittelten Wert für f_v ergibt sich der variable Anteil von k_i zu (0,223 bis 1,524). Das bedeutet, daß bei lösbaren optoelektronischen Kopplern mit den beschriebenen Elementen k_i um den Faktor 6,8 variieren kann bei unterschiedlichen Exemplaren bzw. bei Austausch der Elemente unter Berücksichtigung der Umgebungsparameter.

6.4.5. Schlußfolgerungen

Der große Toleranzbereich von k_i hat entsprechende Auswirkungen auf die Schaltungstechnik. Ausgehend von der Schaltung nach Bild 3 wird der lösbare optoelektronische Koppler mit einem konstanten Eingangsgleichstrom J_1 vorgespannt und im Kleinsignalbetrieb mit einer Eingangssignalgröße i_1 in den Grenzen $i_{1\min}$ und $i_{1\max}$ betrieben. Der Ausgang liegt über einem konstanten Lastwiderstand R_L an der konstanten Batteriespannung U_B, so daß die dem Eingangssignal proportionale Ausgangssignalgröße i_2 übertragen wird. In Anlehnung an Gleichung (2) gilt unter Berücksichtigung aller Grenzbedingungen

$$i_2 = k_i i_1. \tag{21}$$

Die Erhöhung des Absolutwertes von k_i kann prinzipiell nur durch Verbesserungen

- des Wirkungsgrades des Emitters,
- der Empfindlichkeit des Detektors,
- des Transmissionsgrades von Lichtleitbündeln durch kürzere Längen oder verbesserte Materialien,
- der Koppelbedingungen

erreicht werden, was Gleichung (10) zeigt.

Ein Hauptanteil des großen Toleranzbereiches von k_i wird durch die elektrisch/optischen Parameter der optoelektronischen Bauelemente verursacht. Es ergibt sich allein schon

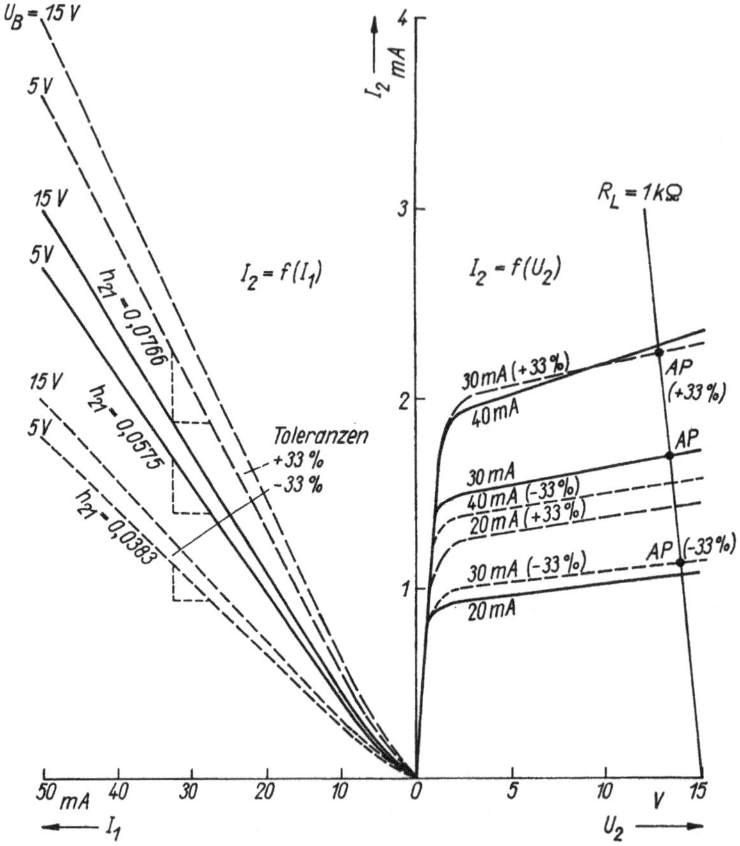

Bild 9. Strom-Spannungs-Kennlinienfelder eines geschlossenen optoelektronischen Kopplers (MB 101) unter Berücksichtigung möglicher Toleranzen

dadurch ein Faktor Maximal-/Minimalwert von 2,67, der nur durch bessere Selektion der Einzelbauelemente verkleinert werden kann. Für geschlossene optoelektronische Koppler ist ein Faktor von 2 bis 5 üblich [7, 8].

Die schaltungstechnischen Auswirkungen eines im Betrieb konstanten, bei Austausch jedoch um den Faktor 2 (Toleranzbereich ± 33%) tolerierenden differentiellen Koppelfaktors sollen am Beispiel des geschlossenen optoelektronischen Kopplers MB 101 gezeigt werden (Bild 9).

Durch Wahl von U_B und R_L stellt sich der Arbeitspunkt AP ein, wenn „Nenn"bedingungen vorliegen. Wird ein Austausch des optoelektronischen Kopplers vorgenommen, so verschiebt sich der Arbeitspunkt AP je nach Toleranz maximal zu AP (+ 33%) oder AP(— 33%). Der ursprüngliche AP kann bei mittlerer Lage des Eingangsstromes J_1 (30 mA) wieder erreicht werden durch Änderung von J_1 auf ca. 44 mA (— 33%) bzw. ca. 23 mA (+ 33%). Die Änderung des h_{21}-Parameters bzw. des differentiellen Koppelfaktors k_i läßt sich jedoch prinzipiell nicht ausgleichen, es sei denn, daß in der nachfolgenden Schaltung die Verstärkung geändert werden würde.

Beim lösbaren optoelektronischen Koppler ist der variable Koppelverlustfaktoranteil f_v in jedem Falle größer als beim geschlossenen. Er hängt wesentlich von konstruktiven Gesichtspunkten ab, die auch den Einfluß von Umgebungs- und geometrischen Parametern bestimmen [10].

Literaturverzeichnis

[1] *Voigt, G.:* Betrachtungen über lösbare optoelektronische Koppler. Vortrag auf dem Int. Symp. des KSG Gornsdorf, 31. 3. 76 Gelenau

[2] Neuartige Steckverbindersysteme für Lichtleiter — optische Signalübertragung macht Steuerungsanlagen störsicherer. Elektronik **25**, 4 (1976) 114

[3] *Armstrong, L.:* Fiber optic systems advance. Electronics, New York **48**, v. 7. 8. (1975) 73—74

[4] Fiber-optic system carries voice. TV and data signals Electronics, New York **48**, v. 16. 10. (1975) 29—30

[5] *Foit, J.:* Die Eigenschaften eines optoelektronischen Vierpols. Nachrichtentechnik, Elektronik — 23, 12 (1973) 461

[6] *Zimmerer, Hillig:* Untersuchungen an optoelektronischen Kopplern. Fernmeldetechnik 16, 1 (1976) 21—23

[7] Optoelektronische Bauelemente. AEG-Telefunken 1974

[8] The Optoelectronics Data Book. Texas Instruments 1975

[9] Flexible Licht- und Bildleitbündel. Prospekt des VEB Carl Zeiß Jena, Druckschrift-Nr. W 45—003—1

[10] *Schwarz, Gieseler, Voigt, Wedell:* Einfluß von Geometrie und Umgebung auf lösbare optoelektronische Koppler. Vortrag auf der V. Kontakttagung, Karl-Marx-Stadt 16.—19. 11. 1976.

6.5. Einfluß von Geometrie und Umgebung auf lösbare optoelektronische Koppler

Von *F. Schwarz*, *K. Gieseler*, *G. Voigt* und *H. Wedell*

Humboldt-Universität Berlin, Sektion Elektronik

Die Gestaltung von Steckverbindern wird wesentlich durch die Einflüsse der Umgebungsparameter auf das Kontaktverhalten bestimmt. Während die geometrischen Parameter so zu gestalten sind, daß immer eine ausreichende Kontaktkraft zur Verfügung steht, sind die kontaktwiderstandserhöhenden Auswirkungen der Umgebungsparameter Feuchtigkeit, aggressive Dämpfe und Gase, Stäube etc. zu minimieren. Mit dieser und der dazugehörenden Materialproblematik beschäftigt sich vorrangig die Kontaktforschung.
Anders gelagert sind die Einflüsse von Geometrie und Umgebung auf optoelektronische Koppelstrecken. Von den Umgebungsparametern wirkt die Temperatur unmittelbar auf die optoelektronischen Bauelemente, während eine meßbare Dämpfung von Signalen hauptsächlich durch Staubeinflüsse hervorgerufen wird. Die geometrischen Parameter Abstand, axialer Versatz und Kippwinkel und die baulichen Parameter beeinflussen wesentlich das Übertragungsverhalten der Koppelstrecke.
Auf diese Probleme soll im folgenden näher eingegangen werden.

6.5.1. Einflußgrößenschema

Bei jeder Signalübertragung über die optoelektronische Übertragungskette Emitter-Übertragungskanal-Detektor treten Verluste auf, die sich für den lösbaren optoelektronischen Koppler nach [1] klassifizieren lassen (siehe Tabelle 1). Danach werden die Grundverluste der optoelektronischen Kopplung vorrangig durch die elektrisch/optischen und baulichen Parameter der verwendeten Elemente Emitter, Detektor und Lichtleitbündel (bei entsprechender Variante des lösbaren optoelektronischen Kopplers) und durch die geometrischen Parameter an der Koppelstelle bestimmt.
Definitionsgemäß sollen hierbei die jeweiligen Nennwerte zugrunde gelegt werden. Auf Grund der Möglichkeit des Austausches seiner Elemente und der dazu notwendigen offenen und lösbaren Koppelstelle (n) wird der Koppelfaktor durch weitere Zusatzverluste herabgesetzt. Die Beeinflussung der Koppelbedingungen durch die geometrischen Parameter der Koppelstelle (n) Abstand, axialer Versatz und Kippwinkel und durch die Umgebungsparameter Staub, Feuchtigkeit, Dämpfe und Temperatur soll im folgenden für lösbare optoelektronische Koppler mit bestimmten Elementen untersucht werden.

6.5.2. Einfluß der geometrischen Parameter

6.5.2.1. Beschreibung der eingesetzten Elemente und der Koppelvorrichtung

Für die Untersuchungen des Einflusses von Geometrie und Umgebung auf lösbare optoelektronische Koppler wurden infrarotstrahlende Lumineszenzdioden (TIL 23, TIL 24) und Fototransistoren (TIL 650, LS 617) in Pillform mit Abmessungen von ca.

Tabelle 1. Verlustschema eines lösbaren optoelektronischen Kopplers

Verluste	Verursacht durch:	Bewirken:	Abhängig von: elektrisch/optischen Parametern	baulich-geometrischen Parametern	Umgebungsparametern
Grundverluste	die Signalwandlung in der optoelektronischen Übertragungskette (Einfluß der elektrisch/optischen und baulich/geometrischen Parameter bei bestimmten definierten Bedingungen)	einen bestimmten Grundkoppelfaktor	Strahlungs- und Empfangscharakteristik, Wirkungsgrad und Empfindlichkeit, Transmissionsgrad und Apertur, Wellenlänge, Ströme und Spannungen (Nennwerte)	Abmessungen, Abstand, axialer Versatz, Kippwinkel (Nennwerte)	Temperatur, Zeit (Alterung)
Zusatzverluste 1	die Austauschbarkeit von Emitter, Detektor und Lichtleitbündel (Einfluß der Toleranzen der elektrisch/optischen und baulich/geometrischen Parameter)	einen zusätzlichen Koppelfaktor, der je nach Lage der Toleranzen eine Vergrößerung oder Verkleinerung des gesamten Koppelfaktors hervorruft, der jedoch nach erfolgtem Austausch konstant bleibt	dto. wie oben (Toleranzen)	dto. wie oben (Toleranzen)	
Zusatzverluste 2	die offene Koppelstelle (Einfluß der atmosphärischen Umgebungsparameter)	einen zusätzlichen Koppelfaktor, der je nach Lagerung und Betriebsbedingungen eine Verkleinerung des Gesamtkoppelfaktors hervorruft (durch Wartung zu beseitigen)		Abstand, Abdeckung	Staub, Feuchtigkeit, Dämpfe, Temperatur
Zusatzverluste 3	die lösbare Koppelstelle (Einfluß der mechanischen Umgebungsparameter)	einen zusätzlichen Koppelfaktor, der eine konstruktiv bedingte bleibende oder eine betriebsbedingte, auf 0 zurückgehende Verkleinerung des Gesamtkoppelfaktors hervorruft		Befestigung	Schwingungen und Stöße

1,5 mm Durchmesser und ca. 3,5 mm Länge [2] und Glas-Lichtleitbündel mit 1 mm Durchmesser und verschiedener Länge [3] verwendet. Zur Variation der geometrischen Parameter diente eine spezielle Koppelvorrichtung (siehe Bild 1) [4]. In Prismen der Koppelvorrichtung werden die optoelektronischen Bauelemente bzw. die Lichtleitbündel eingespannt. Das eine Prisma ist mittels Objektführer in x-Richtung (axialer Versatz), y-Richtung (Höheneinstellung) und z-Richtung (Abstand) verstellbar, das andere ist um einen Drehpunkt gelagert (Kippwinkel in x-Ebene).

Bild 1. Koppelvorrichtung zur Variation der geometrischen Parameter

Somit lassen sich nach erfolgter Höheneinstellung die jeweiligen Elemente in ihrer optischen bzw. geometrischen Achse justieren und die geometrischen Parameter variieren. Die Messung der Parameter erfolgt mittels Meßuhren bzw. eines Winkelmessers oder einer Meßschraube über die Meßschenkel. Es wird davon ausgegangen, daß sich die räumlichen Strahlungs- und Empfangsverhältnisse aus Symmetriegründen auf ebene zurückführen lassen bzw. durch Drehung der Elemente um ihre optische Achse ermittelbar sind.

6.5.2.2. Experimentelle Untersuchungen

Der in [1] eingeführte Koppelparameter $\varkappa$ ist ein Maß für die Güte der Koppelbedingungen. Der optimale Koppelparameter $\varkappa_0$ läßt sich für optimale (Nenn-) Bedingungen unter Kenntnis der Ein- Ausgangs-Kennlinien von Emitter und Detektor durch Ein- ($I1$) und Ausgangs- ($I2$) Strommessungen bei sonst konstanten Parametern ermitteln. Durch Abweichungen von den optimalen Bedingungen wird $\varkappa < \varkappa_0$, d. h. der bei variierten geometrischen Parametern (a), axialer Versatz (v) und Kippwinkel (α) erreichbare Ausgangsstrom wird kleiner als der bei optimalen Koppelbedingungen sein. Es gilt:

$$I_{2\text{rel}} = I_2(a, v, \alpha)/I_{20} \tag{1}$$

Mit diesem relativen Ausgangsstrom und den Toleranzen der elektrisch/optischen Parameter von Emitter und Detektor lassen sich die in Tabelle 1 beschriebenen Zusatzverluste 1 ermitteln.

6.5.2.2.1. Kopplung Lumineszenzdiode-Fototransistor

Die unter 2.1. genannten optoelektronischen Bauelemente wurden in die beschriebene Koppelvorrichtung eingespannt und bei $a = 0$ in der optischen Achse auf optimale Kopplung justiert. Die Veränderung des Ausgangsstromes I_2 in Abhängigkeit von den einzelnen variierten Parametern Abstand, axialer Versatz und Kippwinkel wurden bei:

$I_1 = 15$ mA (TIL 23-LS 617),
$I_1 = 30$ mA (TIL 23-TIL 605),
$U_B = 5$ V,
$R_L = 100\,\Omega$,
$T_U = 25\,°C$

gemessen und in den Bildern 2 bis 4 dargestellt [5].

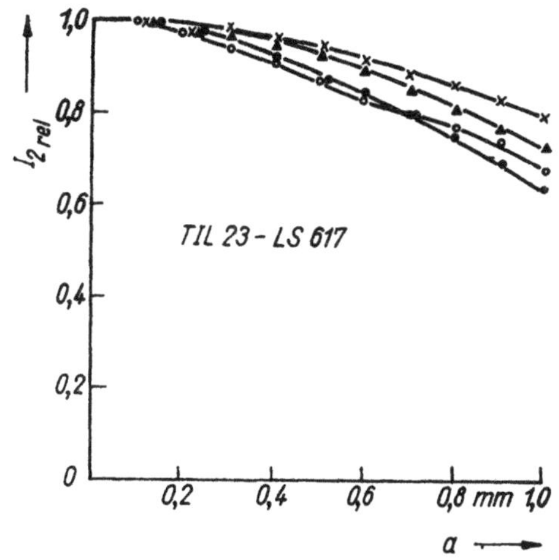

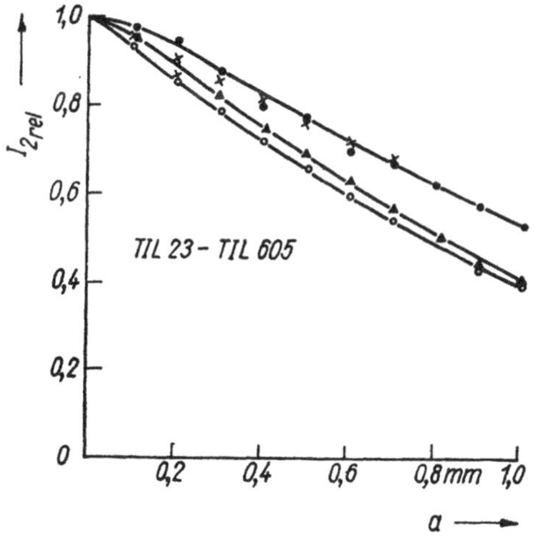

Bild 2. Abhängigkeit des Koppelverlustfaktors f_G bei Variation des Abstandes

Symbolik	Lumineszenz-diode	Foto-transistor	I_{20} in mA
◇	TIL 23/1	LS 617/1	12,0
□	TIL 23/1	LS 617/2	6,5
■	TIL 23/2	LS 617/1	10,3
●	TIL 23/2	LS 617/2	5,0
·	TIL 23/1	TIL 605/1	4,1
×	TIL 23/1	TIL 605/2	6,65
△	TIL 23/2	TIL 605/1	3,15
○	TIL 23/2	TIL 605/2	5,5

Die Bauelemente wurden willkürlich ausgewählt und miteinander kombiniert. Der Unterschied zwischen den Fototransistoren TIL 605 und LS 617 bezüglich ihrer elektrisch/optischen Parameter liegt einmal in der stark abweichenden Empfindlichkeit (Prospektwerte 1 : 14) und der unterschiedlichen Empfangscharakteristik. Die Halbwertswinkel (Winkel, bei denen die Empfindlichkeit auf die Hälfte ihres maximalen Wertes abgesunken ist) verhalten sich nach Prospektangaben wie 34° zu 25°. Die erhal-

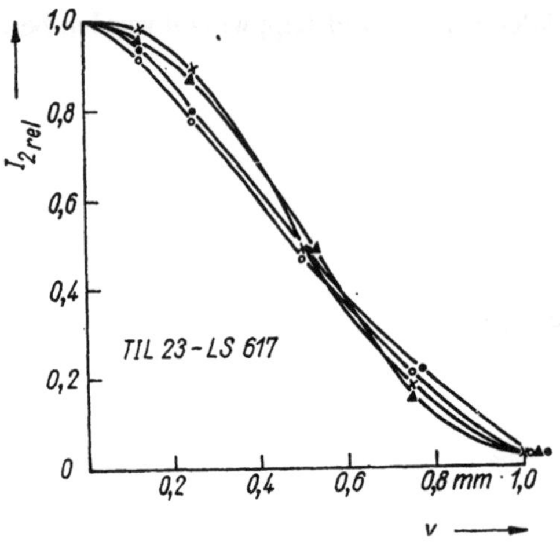

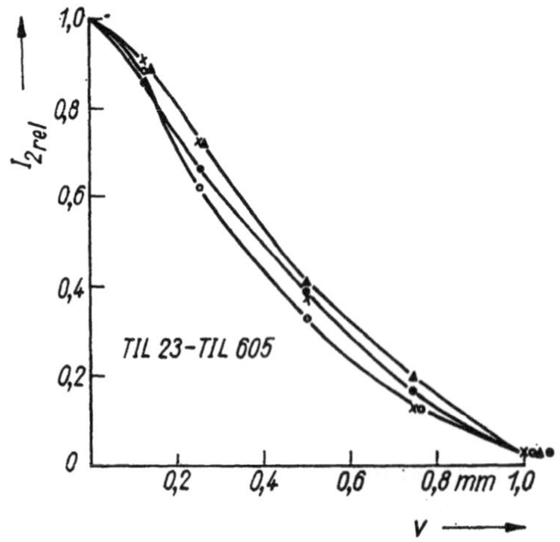

Bild 3. Abhängigkeit des Koppelverlustfaktors f_G bei Variation des axialen Versatzes

Symbolik	Lumineszenzdiode	Fototransistor	I_{20} in mA
◇	TIL 23/1	LS 617/1	12,0
□	TIL 23/1	LS 617/2	6,5
■	TIL 23/2	LS 617/1	10,3
●	TIL 23/2	LS 617/2	5,0
·	TIL 23/1	TIL 605/1	4,1
×	TIL 23/1	TIL 605/2	6,65
△	TIL 23/2	TIL 605/1	3,15
○	TIL 23/2	TIL 605/2	5,5

tenen Abhängigkeiten nach den Bildern 2, 3 und 4 gelten nur für die gewählten Kombinationen und stellen keine allgemeinen Grenzkurven dar. Legt man einen „zulässigen“ Abfall von 10% zugrunde, so ergeben sich für die Parameter folgende Streubereiche bzw. Mittelwerte:

Parameter	TIL 23-LS 617		TIL 23-TIL 605		Bild
	Streuber.	Mittelwert	Streuber.	Mittelwert	
a in mm	0,42—0,65	0,52	0,14—0,27	0,2	2
v in mm	0,14—0,24	0,19	0,09—0,13	0,11	3
α in °	5,5—12	9	4,5 —9,5	7	4

Es zeigt sich, daß der Fototransistor LS 617 mit Linse im Mittel bessere Werte bringt als der Fototransistor TIL 605 mit Planfenster. Diese mittleren Abweichungen sind als Toleranzgrenzen der geometrischen Parameter Abstand, axialer Versatz und Kippwinkel aufzufassen. Somit liegen diese für einen gewählten Abfall um 10% in einer Größenordnung, die konstruktiv beherrschbar erscheint.

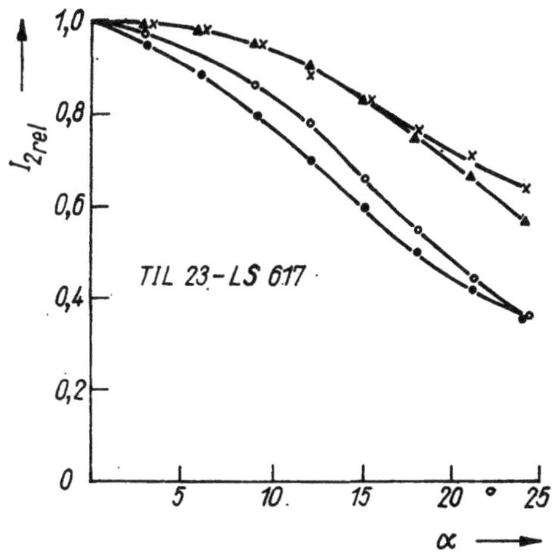

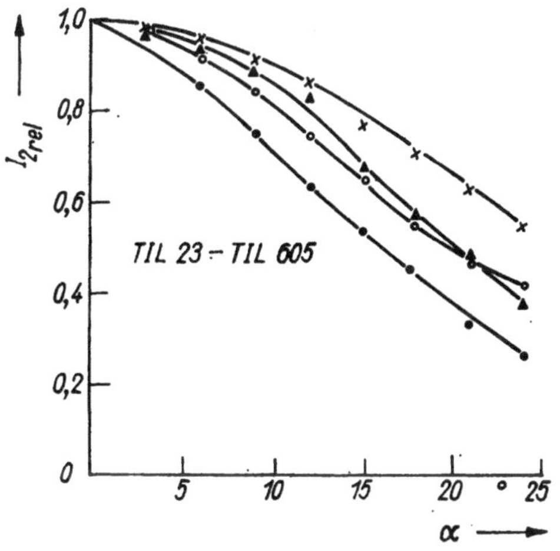

Bild 4. Abhängigkeit des Koppelverlustfaktors f_G bei Variation des Kippwinkels

Symbolik	Lumineszenzdiode	Fototransistor	I_{20} in mA
◇	TIL 23/1	LS 617/1	12,0
□	TIL 23/1	LS 617/2	6,5
■	TIL 23/2	LS 617/1	10,3
●	TIL 23/2	LS 617/2	5,0
·	TIL 23/1	TIL 605/1	4,1
×	TIL 23/1	TIL 605/2	6,65
△	TIL 23/2	TIL 605/1	3,15
○	TIL 23/2	TIL 605/2	5,5

6.5.2.2.2. Kopplung Lumineszenzdiode — Lichtleitbündel — Fototransistor

Die optoelektronischen Bauelemente TIL 24/1 (Emitter) und LS 617/2 (Detektor) wurden über ein Lichtleitbündel von 1 mm Durchmesser und 1000 mm Länge bei $I_1 = 10$ mA, $U_B = 5$ V, $R_L = 100\ \Omega$, $T = 25$ °C gekoppelt. Die Justage wurde so vorgenommen, daß jeweils im Abstand $a = 0$ die zu variierende Koppelstelle (einmal emitter-, zum anderen detektorseitig) in der Koppelvorrichtung nach Bild 1 in der optischen Achse und die andere Koppelstelle in der geometrischen Achse justiert wurden. Das Ergebnis ist im Bild 5 dargestellt.

Bei einem zulässigen Abfall von $I_{2rel} = 0{,}9$ ergeben sich für die Kombination TIL 24/1—LLb 1/1000—LS 617/2 folgende Richtwerte:

Parameter	variierte Koppelstelle emitterseitig	detektorseitig
a in mm	0,45	0,19
v in mm	0,19	0,13
α in °	0	7

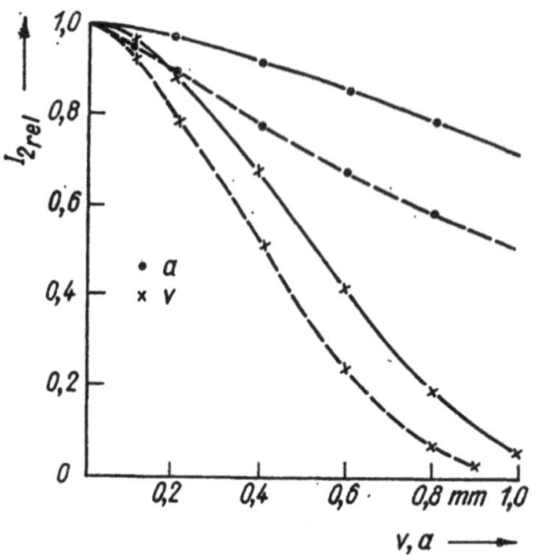

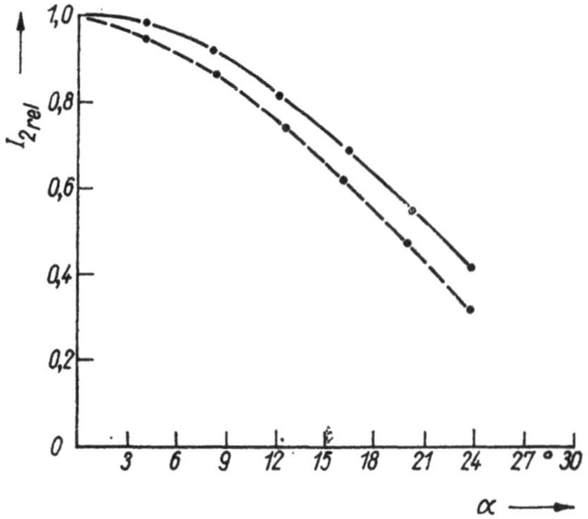

Bild 5. Abhängigkeit des Koppelverlustfaktors f_G bei Variation der geometrischen Parameter bei Verwendung eines Lichtleitbündels

Kurven	variierte Koppelstelle	I_{20} in mA
ausgezogen	emitterseitig	1,65
gestrichelt	detektorseitig	1,61

Es zeigt sich, daß bei detektorseitig variierter Koppelstelle der Abfall des relativen Ausgangsstromes in jedem Fall größer ist als bei emitterseitig variierter Koppelstelle. Die Begründung dürfte darin zu suchen sein, daß einmal die das Lichtleitbündel verlassende Strahlung eine andere „Strahlungscharakteristik" als die verwendete Lumineszenzdiode besitzt und zum anderen die Abmessungen der Flächen (Durchmesserverhältnis etwa 1,5 : 1) unterschiedlich sind. Bezüglich der Größenordnung der Toleranzen der geometrischen Parameter deckt sich das Ergebnis mit dem der vorherigen Messungen.

6.5.3. Einfluß der Umgebungsparameter

6.5.3.1. Beschreibung der Koppelvorrichtung und des Versuchsaufbaus

Zur Untersuchung der Einflußgrößen Temperatur, Feuchtigkeit und Staub wurde eine Koppelvorrichtung konstruiert und gebaut, die sich durch 3 Merkmale auszeichnet:

- Abstandsveränderung der optoelektronischen Bauelemente in Schritten von 0,1 mm im Bereich 0 bis 20 mm,

– axiale Verschiebungsmöglichkeit der Bauelemente um 5 mm, vertikal und horizontal,
– axiale Verkippung im Winkelbereich 0 bis 20°.

Die Koppelvorrichtung wurde unter dem Ziel konzipiert, einen maximalen Koppelfaktor jederzeit realisieren zu können.

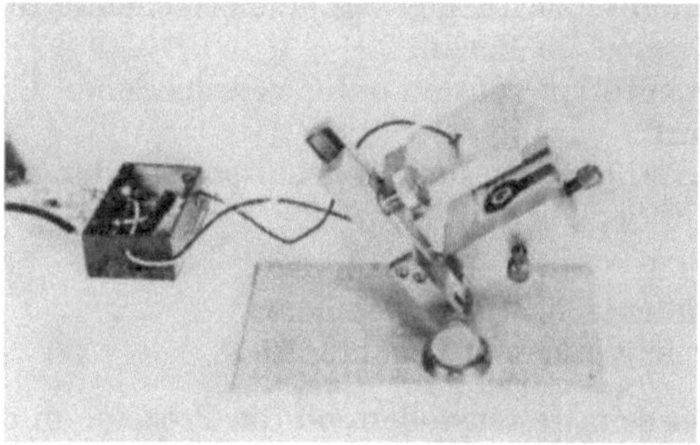

Bild 6. Koppelvorrichtung (geneigt) zur Messung des Staubeinflusses

Tabelle 2. Zusatzverluste durch Einfluß der Umgebungsparameter bei $a = 1$ mm, $U_B = 5$ V, $R_L = 100\ \Omega$, $I_{20} = 10$ mA, ausgedrückt durch I_{2rel}

Glasplättchen Nr.	Auslagerungslage	I_{2rel}	Masse/Fläche in $\mu g\ cm^{-2}$	Auslagerungsbedingungen	Auslagerungsort
1.1	—	0,17	3,7	$T = 18 \cdots 23\,°C$; $F_{rel} \approx 50\%$	Prüffeld
1.2	—	0,2	4,1	$V_R = 100 \times 40 \times 6\ m^3$	FWB
1.3	—	0,21	4,6		
2.1	—	0,24	2,1	$T \approx 20\,°C$; $F_{rel} \approx 40\%$	eigene
2.2	—	0,26	2,3	$V_R = 6 \times 4 \times 2{,}5\ m^3$	Wohnung
2.3	—	0,27	2,8		
3.1	—	0,41	3,2	$T \approx 40\,°C$	TV-Empfänger
3.2	—	0,45	3,4	$F_{rel} \approx 25\%$	
3.3	—	0,47	3,5		
4.1	—	0,49	4,3	$T = 0 \cdots 30\,°C$	Balkon
4.2	—	0,56	5,6	$F_{rel} = 35 \cdots 90\%$	Berlin,
4.3	—	0,60	7,1		Innenstadt
5.1	|	0,05	0,7		
5.2	|	0,055	0,75	$T = 18 \cdots 23\,°C$	Prüffeld
5.3	|	0,058	0,77	$F_{rel} = 40 \cdots 60\%$	FWB
6.1	=	0,03	0,4	$V_R = 100 \times 40 \times 6\ m^3$	
6.2	≡	0,034	0,4		
6.3	≡	0,039	0,45		
7.1	||	0,01	0,2	wie 5 und 6	
7.2	||	0,015	0,21		dto
7.3	||	0,018	0,23		

Zyklus 1: 20. 4.—20. 5. 1976
Zyklus 2: 20. 4.—20. 6. 1976
Zyklus 3: 20. 4.—20. 7. 1976

allgemeine Bedingungen:
– Glasplättchengröße 30 × 30 mm
– Zwei-Plättchenauslagerung im Abstand 1 mm, freier Zutritt des Aerosols,
– optimale Justage der Bauelemente TIL 23/LS 617,
– Konservierung der Plättchen nach Wägung und Auszählung mit Staubbinder 55

Damit sind die Möglichkeiten der Untersuchung von optoelektronischen Einzelbauelementen und Glasfaserbündeln sowie spezielle Untersuchungen von Staubsedimentationen auf Glasobjektträgern gegeben. Die Koppelvorrichtung wird im Bild 6 dargestellt.
Untersuchungen hinsichtlich des Einflusses von Temperatur und Feuchtigkeit werden in Klimaschränken Typ Feutron, Temperaturbereich -25 bis $+70°$ und Feuchtigkeitsbereich 20 bis 95% relative Luftfeuchte durchgeführt.
Der Prüfraum für die Schwebstaubuntersuchungen war eine bestehende Dreikammeranlage im Zentralinstitut für Arbeitsmedizin Berlin.
Weitere Versuche zur Staubsedimentation wurden unter verschiedenen Umgebungseinflüssen (siehe Tabelle 2) ausgeführt.
Die Bauelemente TIL 23 und LS 617, in Fassungen gehalten, wurden in der üblichen Grundschaltung betrieben.

6.5.3.2. Ergebnisse der experimentellen Untersuchungen der Einflußgrößen Temperatur und Feuchtigkeit

Zweck der Untersuchung sollte es sein, festzustellen, ob die Prozesse in der normalen, den Menschen umgebenden Atmosphäre Einfluß auf das Übertragungsverhalten der Infrarotstrahlung, $\lambda = 0{,}9\ \mu m$, über kürzeste Entfernungen haben.
Der Einfluß der molekularen Absorption, der schon in den Untersuchungen von *Kube* [7] zur optoelektronischen Nachrichtenübertragung über einige km zu vernachlässigen war, spielt bei der Entfernung von einigen mm der optoelektronischen Koppelstrecke keine Rolle. Gase und Dämpfe, in unterschiedlichen Konzentrationen in der Atmosphäre enthalten, zeigten ebenfalls keine meßbaren Dämpfungen.
Das Temperaturverhalten der optoelektronischen Bauelemente selbst wird umfassend in der Standardliteratur sowie in den Datenbüchern der Bauelementehersteller behandelt. (Optokochbuch von Texas — Instruments, Datenbuch von Texas — Instruments, Telefunken, VEB Werk für Fernsehelektronik Berlin, usw.)
Für diese Untersuchungen wird das typische Temperaturverhalten der Bauelemente als bekannt vorausgesetzt. Die resultierenden charakterisierenden Kurvenverläufe, Koppelfaktor als Funktion der Temperatur, änderten sich bei Variation der Temperatur im Übertragungsmedium und sonst konstanten Parametern Abstand, Lumineszenzdiodenstrom, konstanten Parametern auf der Empfängerseite Fototransistorspannung und relativer Luftfeuchtigkeit nicht.
Refraktion und Turbulenzen, d. h. die Änderung der Brechungsverhältnisse durch Luftdruck-, Temperatur- und Dampfdruckveränderungen haben über Entfernung von einigen mm auf die Übertragungseigenschaften der optoelektronischen Koppelstrecke keinen Einfluß.
Ebenfalls sind Dämpfungswertänderungen bei Variation der Luftfeuchtigkeit (bei Temperaturen von $-20\,°C$ und $+70\,°C$) in den Grenzen F_{rel} = 20 bis 95%, Wassertröpfchenbildung und Reifansatz, nicht nachweisbar.
Hier sind die grundlegenden theoretischen Untersuchungen von *Mie* [8] zur Streuung der Lichtstrahlen an Aerosolen zu nennen.
Die Untersuchungen von Wasserschichten auf Glasobjektträgerplättchen zur Infrarotdurchlässigkeit bestätigen die Erkenntnisse der Spektralanalyse von Leitungswasser bei der Wellenlänge $\lambda = 0{,}9\ \mu m$: Die Dämpfung der Wasserschicht ist zu vernachlässigen.
Zusammenfassend ist zu bemerken, daß die Einflüsse der den Menschen umgebenden Atmosphäre hinsichtlich Temperatur und Feuchtigkeit auf das Übertragungsverhalten der optoelektronischen Koppelstrecke keinen meßbaren Einfluß haben.
Dabei wurden 3 Zyklen (30, 60, 90 Tage) und Direktbestäubung gewählt, bei 4 verschiedenen Lagen der Plättchen. In Tabelle 2 sind die Ergebnisse, im Bild 9 die grafische Darstellung enthalten.

Wesentlich sind die Erkenntnisse, daß bei der Stellung 2 Plättchen senkrecht zur Adhäsion feinster Staubteilchen mit geringsten Koppelverlustfaktoren (Zusatzverluste) auftreten, wogegen bei waagerechter Bestäubungslage der Plättchen maximale Sedimentationen auftreten (siehe auch Bild 7 und 8) mit Zusatzverlusten bis zu 10 bis 15%. Die Kurvenverläufe von $I_{2\text{rel}}$. (Zusatzverluste) bzw. Gewicht pro Fläche als Funktion des zeitlichen Ganges entsprechen Exponentialfunktionen.

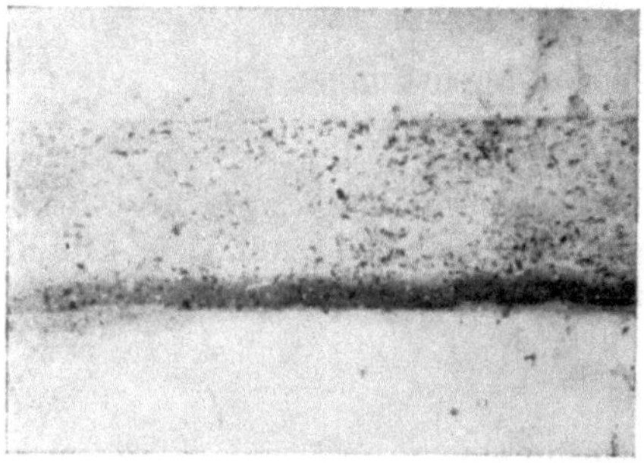

Bild 7a

Bild 7b

Bild 7. Ablagerungsdichten von Steinkohlenstaub ($d \leqq 5\mu$m) auf einem Glasobjektträger bei Aufstäubung

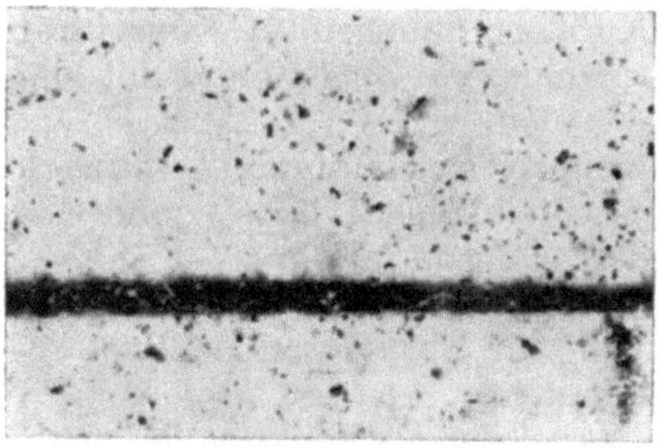

Bild 8. Ablagerungsdichten von atmosphärischem Staub auf einem Glasobjektträger bei freier Ablagerungsmöglichkeit auf einem Balkon im Stadtgebiet Berlin

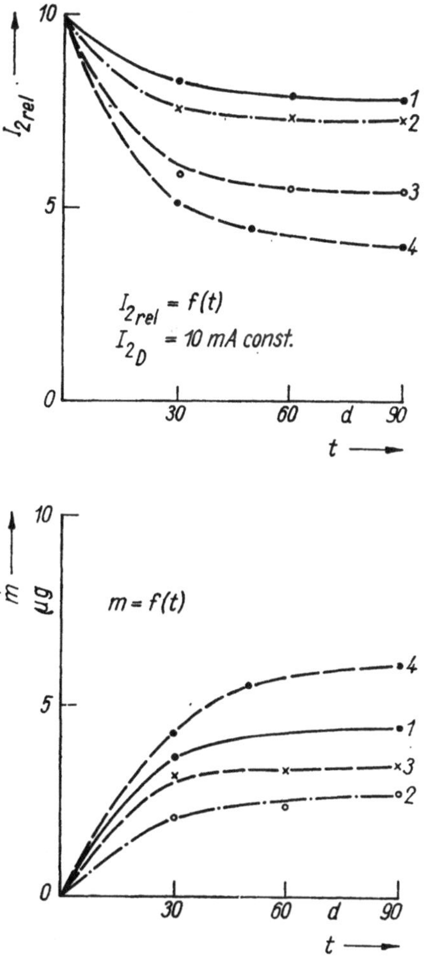

Bild 9. Abhängigkeit des Koppelverlustfaktors von der Zeit

Bei Konzentration größer 500 Teilchen pro cm^2, Korngrößenbereich 0 bis 10 μm, werden die Auszählmethoden auf Grund der Aggregatbildung der Aerosolpartikel unbrauchbar. Auszählung und gravimetrische Messung sind zwei gleichwertige Quantisierungsmethoden, die abhängig vom Ziel der Messung eingesetzt werden. Die Umrechnung der Teilchenzahl pro Fläche auf Gewicht pro Fläche bedingt bei einer Staubart eine nach Korngrößen fraktionierte Auszählung. An dieser Stelle sei dem Zentralinstitut für Arbeitsmedizin Berlin, Herrn Diplomphysiker *Türmer* für seine Unterstützung gedankt.

6.5.3.3. Ergebnisse der experimentellen Untersuchungen der Einflußgröße Staub [6]

Die Umgebungsparameter Temperatur, Feuchtigkeit, Dämpfe und Staub treten in realer Umgebung in komplexer, gleichzeitiger Wirkung auf. Die Simulation dieser Verhältnisse ist besonders bei Staubuntersuchungen schwierig.

6.5.3.3.1. Schwebestaubuntersuchungen

Staub ist die Dispersion eines festen Stoffes in einem gasförmigen Trägermedium. Aerosole bzw. Schwebestoffe sind durch die Partikelgröße 0 bis 5 μm und die Sedimentationsgeschwindigkeit gekennzeichnet. Die Dauer des Schwebezustandes wird wesentlich durch das spezifische Gewicht und die Luftbewegung bestimmt. Die Korngrößen liegen in den Bereichen $(10^{-2} \cdots 10^{+3})$ μm.

In der Staubkammer wurden Versuchsreihen mit 1 mm und 5 mm Luftspalt der optoelektronischen Koppelstrecke und Staubkonzentrationen von 20, 100, 200 mg/m^3 durchgeführt. Diese Konzentrationen übersteigen die Normalkonzentrationen in Prüffeldern bzw. in freier Stadtluft um zwei Größenordnungen [9]. Konzentrationsmessungen wurden mit dem Schwebestaubprobenahmegerät SPG 10 und mit dem Konimeter durchgeführt.

Die Ergebnisse zeigen keine meßbaren Koppelverlustfaktoren (Zusatzverluste) bei der maximalen Konzentration von 200 mg/m^3; Steinkohlen-, Asbest- und Quarzstaub, die für den Menschen schon stark gesundheitsschädigend wären.

Bestätigt werden diese Meßergebnisse durch die Tatsache, daß es zur Zeit im Weltmaßstab kein optoelektronisches Staubmeßgerät gibt, dessen Meßkopf aus einer Koppelstrecke mit Luftspalt von einigen mm besteht.

Stauban- und ablagerungserscheinungen lassen sich als Funktion des zeitlichen Ganges feststellen.

6.5.3.3.2. An- und Ablagerungsuntersuchungen

Eine quantitative Untersuchung der Partikelanlagerung an den Linsen der Bauelemente ist auf Grund der Form der Bauelemente schwer möglich. Daher wurden Glasobjektträger der Größe 30×30 mm und der Dicke 0,18 mm in definierten Zeiten ausgelagert, bestäubt, die Teilchenzahl (Fläche und das Gewicht) pro Fläche bestimmt und anschließend hinsichtlich der Durchlässigkeit nach Fixierung mit Staubbinderflüssigkeit untersucht. Die Dämpfung des Glasplättchens selbst wurde eliminiert.

6.5.3.3.3. Zusammenfassung

Die wesentlichen Ergebnisse dieser Untersuchungen sind:

- Gase, Dämpfe und molekulare Absorption der realen Atmosphäre bewirken keine Zusatzverluste der optoelektronischen Koppelstrecke bei Luftspalten bis 5 mm.
- Temperaturbeeinflussung auf die Koppelstrecke selbst wurde nicht festgestellt.
- Feuchtigkeit ($F_{rel} = 20$ bis 95%), Wasserdampf und Wasserschichten auf Glasobjektträgern zeigen keine meßbaren Zusatzverluste.

- Schwebstaub, in Konzentrationen zweihundertfach größer als real auftretend, ergibt ebenfalls keine Dämpfungen.
- An- und Ablagerungserscheinungen der Aerosolpartikel zeigen Einflüsse; bei einer annähernd realen Anordnung von zwei im Abstand von ca. 1 mm stehenden bzw. liegenden Plättchen wurde ein Koppelverlustfaktor von < 0,9 gemessen.

6.5.4. Schlußfolgerungen

Die durchgeführten experimentellen Untersuchungen zeigen, daß Zusatzverluste durch den Einfluß von geometrischen und Umgebungsparametern auf lösbare optoelektronische Koppler auftreten. Sie liegen in einer vertretbaren Größenordnung (ca. 10—20%) bei beherrschbaren Fertigungstoleranzen.
Der in [1] definierte Koppelverlustfaktor f ist nicht identisch mit der Gleichung (1). Er ist am zweckmäßigsten grafisch unter Kenntnis der Ein Ausgangs-Kennlinien von Emitter- und Detektor zu ermitteln. Er liegt um ca. 3% unter den nach Gleichung (1) ermittelten Werten. In weiteren Untersuchungen sind z. B. Abhängigkeit der Zusatzverluste von

- den Strahlungs- bzw. Empfangscharakteristiken der Bauelemente und Strahlstärkeindikatrix der Lichtleitbündel,
- den baulichen Parametern der Bauelemente und der Lichtleitbündel,
- den Umgebungsparametern bei realer Anordnung (Langzeituntersuchungen) zu klären.

Literaturverzeichnis

[1] *Voigt, Wedell:* Lösbare optoelektronische Koppler in elektronischen Schaltungen. Vortrag auf der V. Kontakttagung, Karl-Marx-Stadt 1976
[2] The Optoelectronics Data Book. Texas Instruments, 1975
[3] Flexible Licht- und Bildleitbündel. Prospekt des VEB Carl Zeiß Jena, Druckschrift Nr. W 45-003-1
[4] *Kühn:* Entwurf und Bau einer Meßeinrichtung für Untersuchungen an einer optoelektronischen Koppelstrecke. Diplomarbeit, Humboldt-Universität Berlin 1975
[5] *Gieseler:* Experimentelle Untersuchung des Verhaltens optoelektronischer Koppelstrecken bezüglich ihrer geometrischen Anordnung mittels einer vorhandenen Meßeinrichtung. Diplomarbeit, Humboldt-Universität Berlin 1976
[6] *Schwarz:* Experimentelle Untersuchung des Einflusses der Umgebungsparameter Temperatur, Feuchtigkeit, Dämpfe und Staub auf optoelektronische Koppelstrecken. Diplomarbeit, Humboldt-Universität Berlin, 1976
[7] *Kube:* Nachrichtenübertragung mit Lichtstrahlen in der Atmosphäre. NT 6/69
[8] *Mie:* Physikalische Mitteilungen **3** (1908)
[9] *Kaiser:* Schadstoffkonzentrationen in den technischen Betriebsräumen fernmeldetechnischer Einrichtungen der Deutschen Post. Vortrag auf der V. Kontakttagung, Karl-Marx-Stadt 1976

6.6. Dynamisches Verhalten lösbarer optoelektronischer Koppler

Von *U. Emich, G. Voigt* und *H. Wedell*

Humboldt-Universität Berlin, Sektion Elektronik

6.6.1. Eingrenzung des Untersuchungsgegenstandes

Auf der Grundlage experimenteller Untersuchungen wurde ermittelt, mit welchen Parametern eine möglichst originalgetreue Übertragung von periodischen Zeitfunktionen über lösbare optoelektronische Koppler möglich ist. Um den Meßaufwand einzugrenzen, erfolgte eine Beschränkung auf die Verwendung von sinus- und rechteckförmigen Signalen. Im Unterschied zu den Untersuchungen des dynamischen Verhaltens von Kopplern, bei denen empfängerseitig eine Signalregenerierung stattfindet (digitale Anwendungen) [1, 2], haben die nachstehend beschriebenen Messungen ausschließlich die *analoge Signalübertragung* über lösbare optoelektronische Koppler zum Gegenstand.
Die Untersuchungen konzentrierten sich auf die Ermittlung

- der Übertragungskennlinien (Übertragungsfaktor),
- der größten übertragbaren Signalamplituden (Klirrfaktor),
- der kleinsten übertragbaren Signalamplituden (Rauschen),
- des Einflusses verschiedener Faktoren auf die obere Grenzfrequenz

bei Koppelstrecken des Typs Infrarotlumineszenzdiode — Fototransistor für verschiedene Werte des Abstandes d.
Für Vergleichszwecke wurden die entsprechenden Messungen mit konstantem Abstand ($d = 0$) bei Koppelstrecken des Typs Infrarotlumineszenzdiode — Fotodiode mit Breitbandverstärker durchgeführt.

6.6.2. Übertragungskennlinien – Übertragungsfaktor

6.6.2.1. Übertragungsfaktor

Wegen des niedrigen differentiellen Widerstandes r_F der verwendeten Infrarotlumineszenzdioden ($r_F = 2$ bis $3\,\Omega$) müssen diese als stromgesteuertes Bauelement betrieben werden. Dies kann unter Verwendung spezieller Ansteuerschaltungen [3, 4] (die als Konstantstromquellen arbeiten) oder unter Verwendung eines einfachen Vorwiderstandes geschehen. Bei den durchgeführten Messungen erfolgte eine Beschränkung auf die Ansteuerung der *IR*-Lumineszenzdioden über einen entsprechenden Vorwiderstand R_F, dessen Größe sich nach dem gewünschten Eingangswiderstand richtet.
Wegen der erforderlichen Stromsteuerung wird als charakteristische Übertragungsgröße der differentielle Stromübertragungsfaktor k_i verwendet.
Bei Koppelstrecken mit Fototransistor ist der Kollektorstrom I_c eine Funktion des Lumineszenzdiodendurchlaßstromes I_F und des Koppelstreckenabstandes d:

$$I_c = f(I_F; d), \tag{1}$$

$$\left[\frac{\partial I_c}{\partial I_F}\right]_{d=\text{const}} = \lim_{\Delta I_F \to 0} \left[\frac{\Delta I_c}{\Delta I_F}\right]_{d=\text{const}}. \tag{2}$$

Läßt man die Δ-Größen sich periodisch (sinusförmig) ändern, so gilt unter der Voraussetzung, daß die Signalamplitude $\hat{\imath}_F$ hinreichend kleiner als der jeweilige Ruhestrom I_{F0} (Kleinsignalbedingung) ist:

$$\left[\frac{\partial I_c}{\partial I_F}\right]_{d=\text{const}} \approx \left[\frac{\hat{\imath}_c}{\hat{\imath}_F}\right]_{\hat{\imath}_F \ll I_{F0}} = k_i. \tag{3}$$

Dieser Stromübertragungsfaktor k_i ist arbeitspunktabhängig und wird zweckmäßig über die Messung des Effektivwertes der sinusförmigen Ströme ermittelt, die ihrerseits in Spannungseffektivwerte umgerechnet werden [5, S. 106]:

$$k_i = \frac{\hat{\imath}_c/\sqrt{2}}{\hat{\imath}_F/\sqrt{2}} = \frac{I_{c,\text{eff}}}{I_{F,\text{eff}}} = \frac{U_{a,\text{eff}}}{U_{e,\text{eff}}} \cdot \frac{R_F}{R_c} = \left[\frac{U_{a,\text{eff}}}{U_{e,\text{eff}}}\right]_{R_F = R_c}. \tag{4}$$

Bei Koppelstrecken mit Fotodiode kommt man zu den gleichen Beziehungen, wenn man den Kollektorstrom I_c durch den Fotostrom I_{Ph} ersetzt.

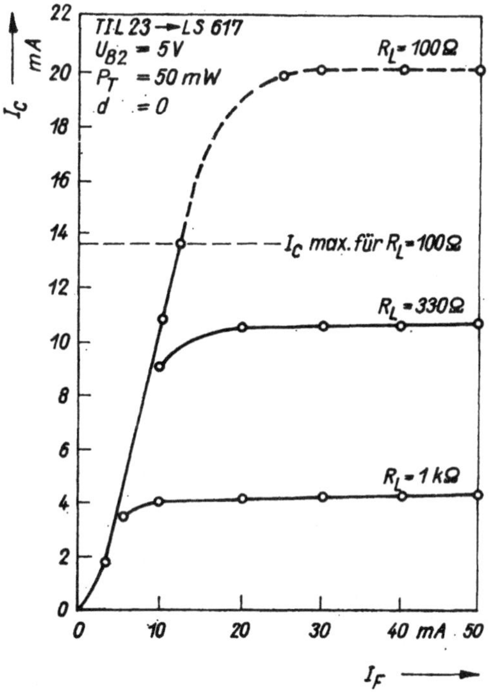

Bild 1. Kollektorstrom I_c als Funktion des Lumineszenzdioden-Durchlaßstromes I_F mit $R_c = R_L$ als Parameter bei der Transistor-Koppelstrecke TIL 23 → LS 617

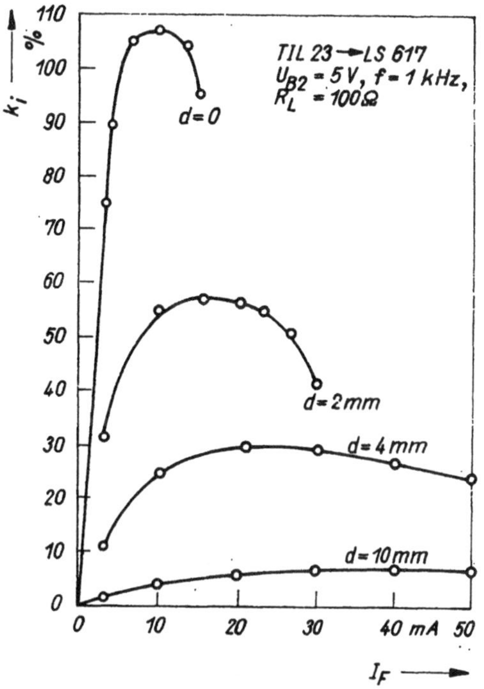

Bild 2. Differentieller Stromübertragungsfaktor k_i als Funktion des Lumineszenzdioden-Durchlaßstromes I_F mit dem Koppelstreckenabstand d als Parameter bei der Transistor-Koppelstrecke TIL 23 → LS 617

Die Zahlenwerte für k_i betragen bei den gemessenen Koppelstrecken

a) $k_i = 4$ bis 107% bei Transistorkoppelstrecken (s. Bilder 2 u. 6) und

b) $k_i \approx 0{,}5 \cdot 10^{-4}$ bis $0{,}5 \cdot 10^{-3}$ bei Diodenkoppelstrecken ohne Breitbandverstärker [5, S. 108].

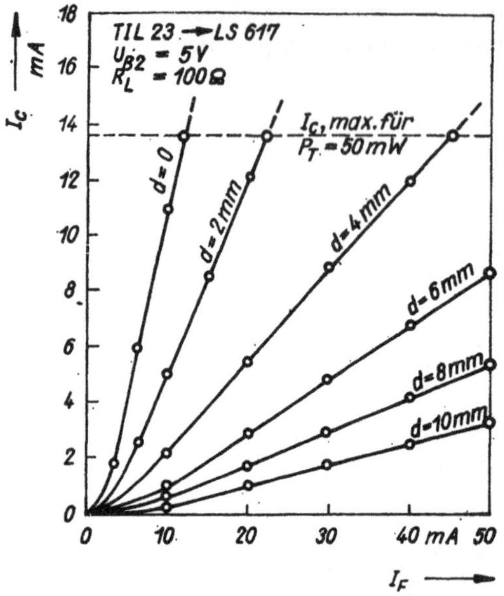

Bild 3. Kollektorstrom I_C als Funktion des Lumineszenzdioden-Durchlaßstromes I_F mit dem Koppelstreckenabstand d als Parameter bei der Transistor-Koppelstrecke TIL 23 → LS 617

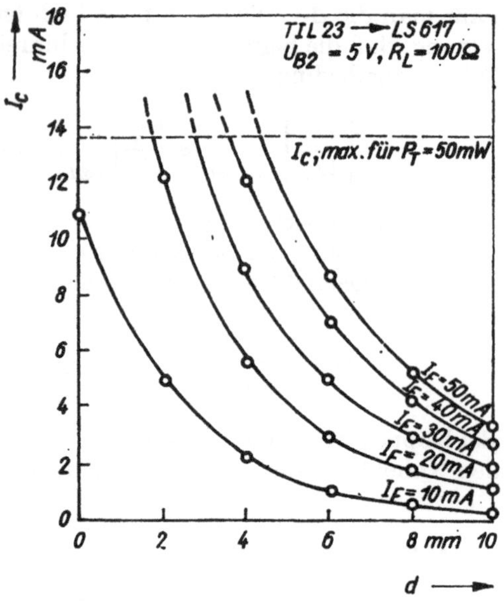

Bild 4. Kollektorstrom I_C als Funktion des Koppelstreckenabstandes d mit dem Lumineszenzdioden-Durchlaßstrom I_F als Parameter bei der Transistor-Koppelstrecke TIL → LS 617

6.6.2.2. Übertragungskennlinien

Bei allen Transistor-Koppelstrecken wurde zunächst für minimalen Abstand ($d = 0$) die Kennlinienschar $I_c = f(I_F)$ mit dem Lastwiderstand $R_c = R_L$ als Parameter gemessen und dargestellt (z. B. Bilder 1 u. 5), um zu überprüfen, wie groß R_L maximal werden darf, wenn bei der betreffenden Betriebsspannung U_{B2} (Transistorseite) noch ein linearer Verlauf der Funktion $I_c = f(I_F)$ gesichert sein soll.

Das charakteristischste Kennlinienfeld erhält man durch Darstellung der Kennlinienschar $I_c = f(I_F)$ mit dem Abstand d als Parameter (z. B. Bilder 3 u. 7). Die Linearität dieser Kennlinien in der Umgebung des gewählten Arbeitspunktes I_{F0} bestimmt entscheidend den Grad der nichtlinearen Verzerrungen.

Ermittelt man den Anstieg der einzelnen Kennlinien dieser Schar entsprechend Gleichungen (3) und (4) und stellt die Verläufe dar, so erhält man die zugehörigen Stromübertragungs-Kennlinienfelder (z. B. Bilder 2 u. 6).

Ihre Auswertung ergibt z. B., daß der Anstieg der Funktion $I_c = f(I_F)$ mit d als Parameter bei der Koppelstrecke VQ 110 → SP 201 erst für $I_F > 20$ mA ein ausreichend lineares Verhalten zeigt (Bild 6). Weiterhin erkennt man, daß bei der untersuchten Koppelstrecke TIL 23 → LS 617 bei $d = 0$ wegen des großen Stromübertragungsfaktors ($k_{i,\max} \approx 107\%$) bereits bei $I_F \geqq 13$ mA die Sättigung der Kurve $I_c = f(I_F)$ erreicht wird (Bild 2).

Bei der Dioden-Koppelstrecke VQ 110 → SP 101 wurden sehr geringe Schwankungen des Stromübertragungsfaktors gemessen: Bei Verwendung eines entsprechenden Breitbandverstärkers [5, S. 143] betrugen die Werte

$$k_i = 45 \text{ bis } 49\%,$$

wenn der Lumineszenzdioden-Durchlaßstrom im Bereich

$$I_F = 10 \text{ bis } 50 \text{ mA}$$

verändert wurde.

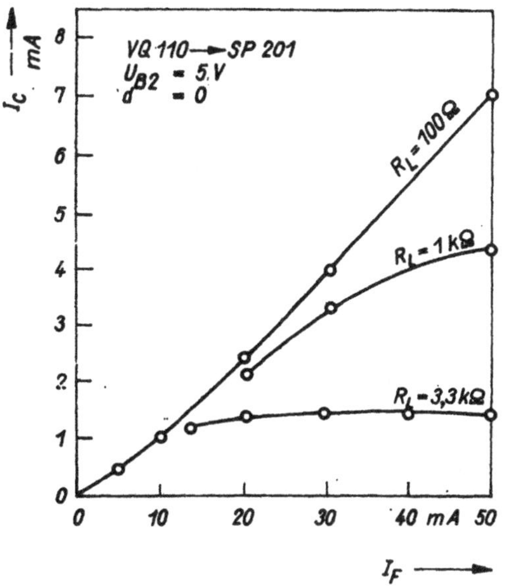

Bild 5. Kollektorstrom I_c als Funktion des Lumineszenzdioden-Durchlaßstromes I_F mit $R_c = R_L$ als Parameter bei der Transistor-Koppelstrecke VQ 110 → SP 201

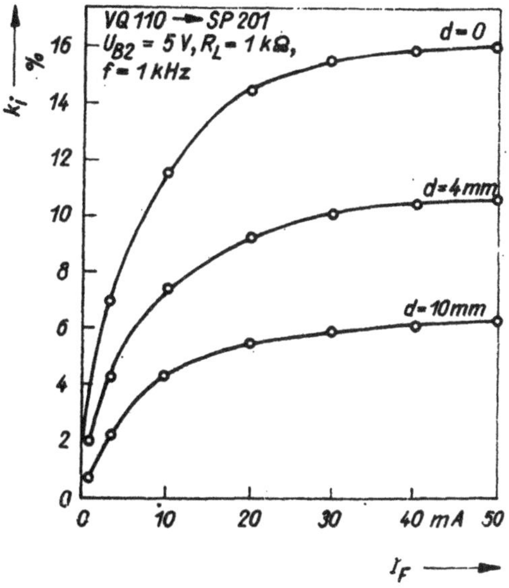

Bild 6. Differentieller Stromübertragungsfaktor k_i als Funktion des Lumineszenzdioden-Durchlaßstromes I_F mit dem Koppelstreckenabstand d als Parameter bei der Transistor-Koppelstrecke VQ 110 → SP 201

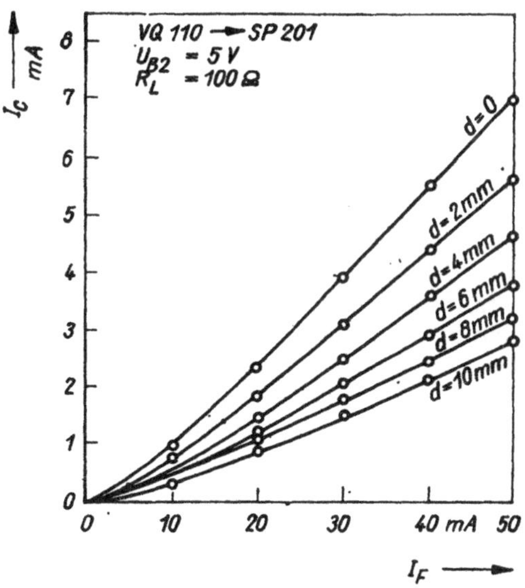

Bild 7. Kollektorstrom I_c als Funktion des Lumineszenzdioden-Durchlaßstromes I_F mit dem Koppelstreckenabstand d als Parameter bei der Transistor-Koppelstrecke VQ 110 → SP 201

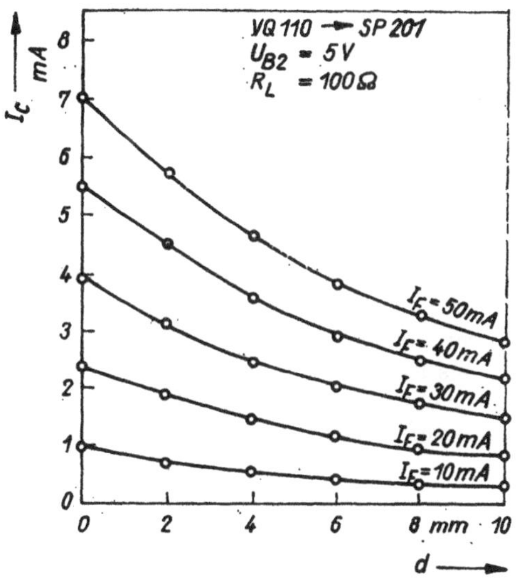

Bild 8. Kollektorstrom I_c als Funktion des Koppelstreckenabstandes d mit dem Lumineszenzdioden-Durchlaßstrom I_F als Parameter bei der Transistor-Koppelstrecke VQ 110 → SP 201

Betreibt man die Fotodiode im Elementbetrieb (Sperrspannung $U_R = 0$), so sind die Werte dieser Koppelstrecke etwas niedriger ($k_i = 42$ bis 45%), was auf die unterschiedlichen Innenwiderstände der Fotodiode SP 101 im Dioden- und im Elementbetrieb zurückzuführen ist.
Zum Abschluß der Kennlinienermittlung bei Transistor-Koppelstrecken erfolgte jeweils noch die Darstellung des Verlaufes $I_c = f(d)$ mit I_F als Parameter (z. B. Bilder 4 u. 8). Hierfür wurden die gleichen Meßpunkte verwendet, die in der Darstellung des Verlaufes $I_c = f(I_F)$ mit d als Parameter enthalten sind (Bilder 3 u. 7). Somit kann man für jeden Abstandswert im Bereich $d = 0$ bis 10 mm die entsprechenden Meßpunkte ablesen und weitere Kennlinien $I_c = f(I_F)$ konstruieren.

6.6.3. Ermittlung der nichtlinearen Verzerrungen

Zweck dieser Messungen ist die Überprüfung, bis zu welchen Aussteuerungsgrenzen (bei welchem Arbeitspunkt) die jeweilige optoelektronische Koppelstrecke noch als linear angesehen werden kann. Die Messungen ergaben, daß alle untersuchten Koppelstrecken bei Arbeitspunkten im Bereich

$$30\ \text{mA} \leqq I_{F0} \leqq 40\ \text{mA}$$

mindestens bis zur Aussteuerungsgrenze bzw. Rechteckamplitude (Spitze — Spitze) von

$$I_{e,\sqcap} = 20\ \text{mA}$$

als lineare Übertragungssysteme betrachtet werden können. So wurden zum Beispiel für einen Signal-Eingangsstrom (Spitze — Spitze) von $I_{e,ss} = 20$ mA bei einem Lumineszenzdioden-Ruhestrom von $I_{F0} = 40$ mA

a) bei der Transistor-Koppelstrecke VQ 110 → SP 201 ein Klirrfaktorwert von $k = 0{,}85\%$,
b) bei der Dioden-Koppelstrecke VQ 110 → SP 101 ein Wert von $k = 0{,}54\%$ (mit Breitbandverstärker)

gemessen.
Von den gemessenen Klirrfaktorwerten sind die Meßwerte von besonderem Interesse, die die Transistor-Koppelstrecken betreffen, da diese wegen ihres geringen Bauelemente-Aufwandes eine breite Anwendung versprechen.
Wie man z. B. aus den Bildern 2 und 6 entnehmen kann, führt eine Vergrößerung des Abstandes d zwar zu einer Verminderung des Stromübertragungsfaktors k_i, jedoch kommt es zu keiner Erhöhung des Klirrfaktors, sondern eher zu einer Verkleinerung wegen der einsetzenden Kennlinien-Linearisierung.
Dieses Ergebnis ist besonders für die praktische Ausführung von lösbaren Kopplern als optoelektronische Steckverbinder von Interesse, da dort sehr leicht Ankopplungsverluste auftreten, deren Auswirkungen einer Abstandsvergrößerung gleichkommen.

6.6.4. Rauschverhalten

Fordert man für eine ausreichend gute Signalübertragung einen Signal-Rausch-Spannungsabstand am Ausgang der Koppelstrecke (ggf. am Ausgang des einbezogenen Breitbandverstärkers) in Höhe von

$$A_u \geqq 4 \quad (12\ \text{dB}),$$

so gilt als minimal übertragbare Signalamplitude derjenige Wert am Eingang der Koppelstrecke, bei dem $A_u = 4$ ist. Diese Messungen führt man zweckmäßigerweise mit Recht-

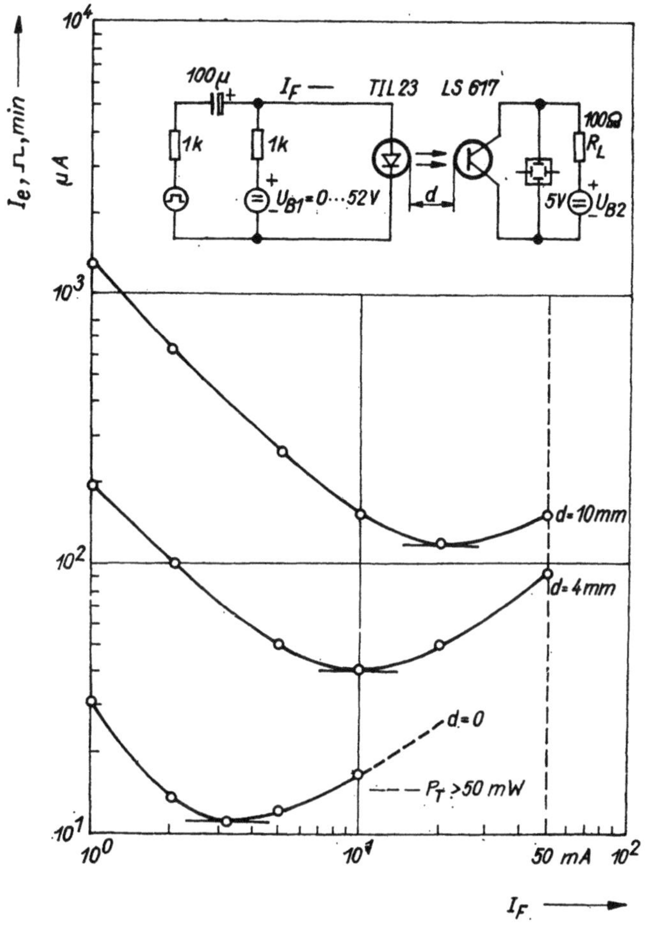

Bild 9. Minimal übertragbare Rechteckstrom-Amplitude $I_{e,⊓,min}$ als Funktion des Lumineszenzdioden-Durchlaßstromes I_F mit dem Koppelstreckenabstand d als Parameter bei der Transistor-Koppelstrecke TIL 23 → LS 617

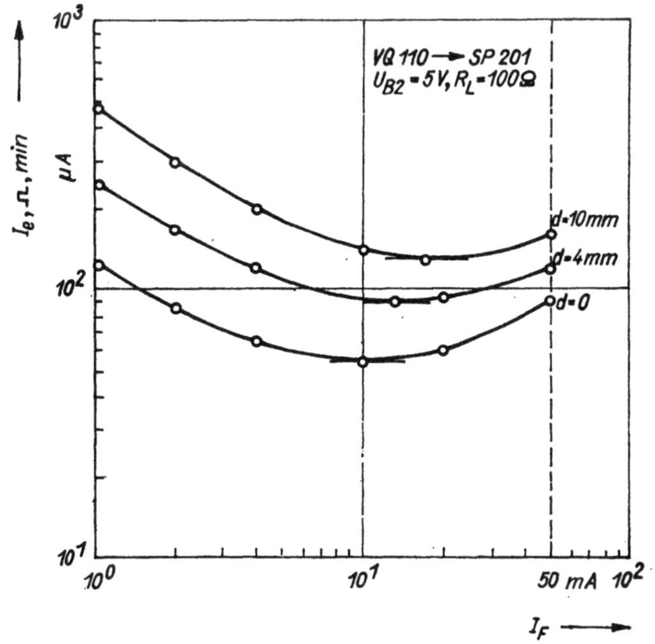

Bild 10. Minimal übertragbare Rechteckstrom-Amplitude $I_{e,⊓,min}$ als Funktion des Lumineszenzdioden-Durchlaßstromes I_F mit dem Koppelstreckenabstand d als Parameter bei der Transistor-Koppelstrecke VQ 110 → SP 201

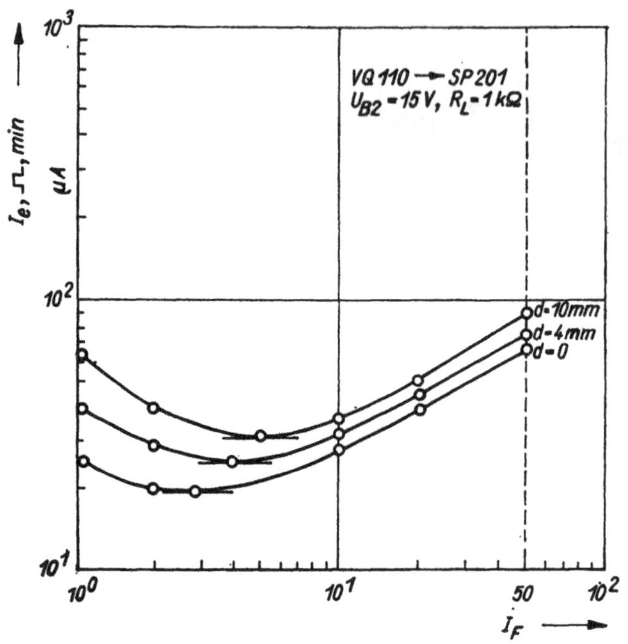

Bild 11. Minimal übertragbare Rechteckstrom-Amplitude $I_{e,⊓,min}$ als Funktion des Lumineszenzdioden-Durchlaßstromes I_F mit dem Koppelstreckenabstand d als Parameter bei der Transistor-Koppelstrecke VQ 110 → SP 201. (Transistorbetriebsspannung U_{B2} = 15 V, Lastwiderstand R_L = 1 kΩ)

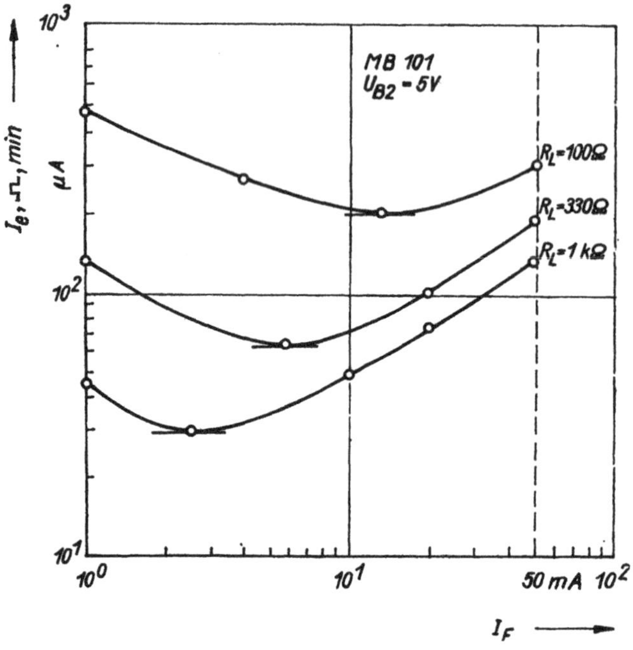

Bild 12. Minimal übertragbare Rechteckstrom-Amplitude $I_{e,⊓,min}$ als Funktion des Lumineszenzdioden-Durchlaßstromes I_F mit dem Lastwiderstand R_L als Parameter beim unlösbaren optoelektronischen Koppler MB 101 (enthält ebenfalls die Transistorkoppelstrecke VQ 110 → SP 201)

ecksignalen und mit Hilfe eines ausreichend empfindlichen Oszilloskops [6] durch. Die Ausgangsspannung des Rechteckgenerators mit definiert einstellbaren kleinen Spannungsamplitudenwerten [7] wurde von Null an so weit erhöht, bis auf dem Oszilloskop ein Signal-Rausch-Spannungs-(Amplituden)-Verhältnis von $A_u \approx 4$ abgelesen werden konnte (s. Bild 17). Die Signaleinspeisung erfolgte gemäß Bild 9 über einen 1 kΩ-Widerstand, so daß die am Rechteckgenerator abgelesene Spannung in mV einem Signalstrom in μA entsprach.

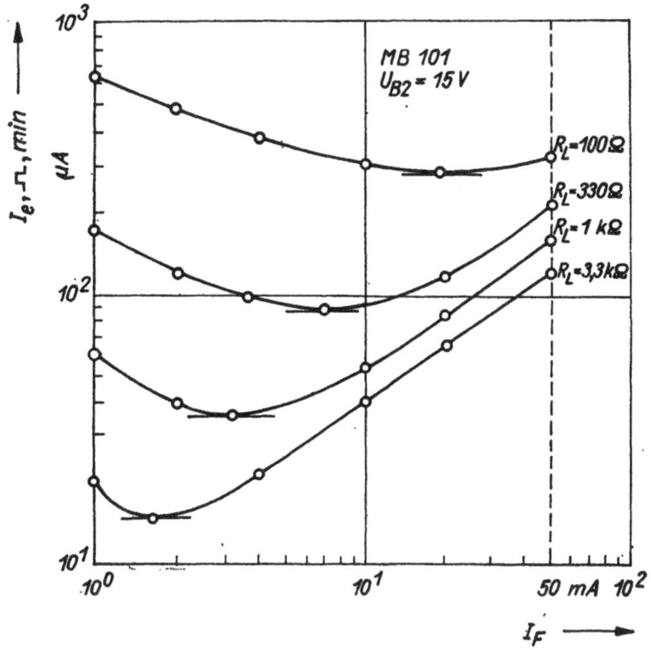

Bild 13. Minimal übertragbare Rechteckstrom-Amplitude $I_{e,\sqcap,\min}$ als Funktion des Lumineszenzdioden-Durchlaßstromes I_F mit dem Lastwiderstand R_L als Parameter beim unlösbaren optoelektronischen Koppler MB 101 (Transistorbetriebsspannung $U_{B2} = 15$ V)

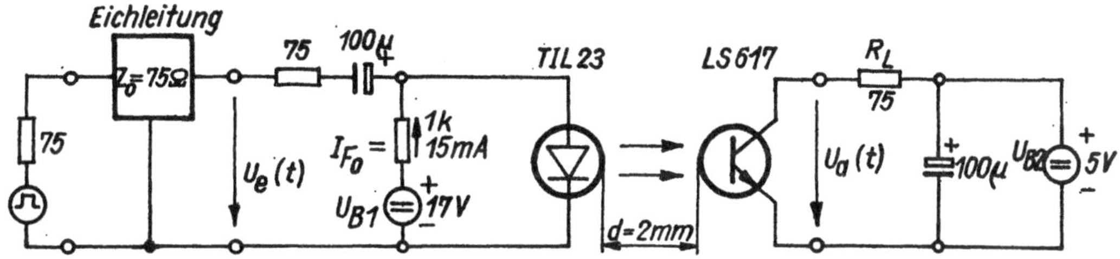

Bild 14. Meßaufbau zur Bestimmung der Anstiegszeiten von Transistor- und Diodenkoppelstrecken

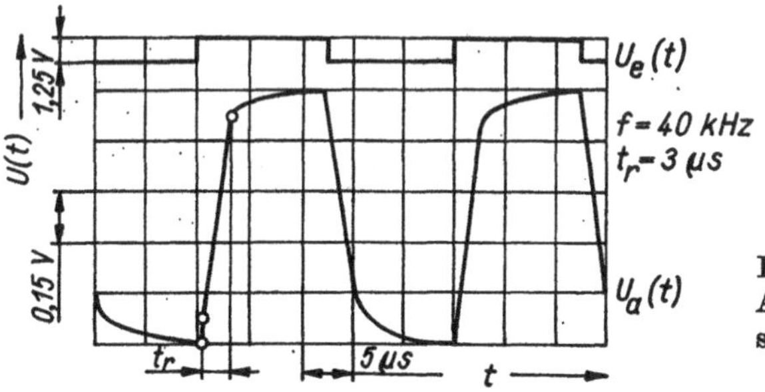

Bild 15. Oszilloskopische Messung der Anstiegszeit t_r bei der Transistor-Koppelstrecke TIL 23 → LS 617

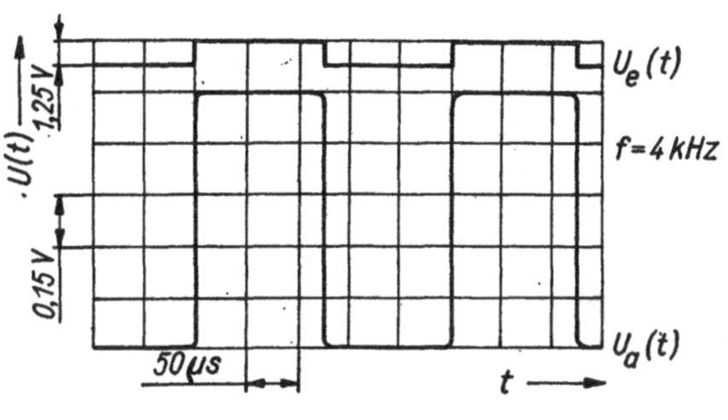

Bild 16. Maximale Impulsfolgefrequenz und maximale Rechteckstrom-Amplitude (1,25 V an 75 Ω), die von der Transistor-Koppelstrecke TIL 23 → LS 617 weitgehend originalgetreu übertragen werden

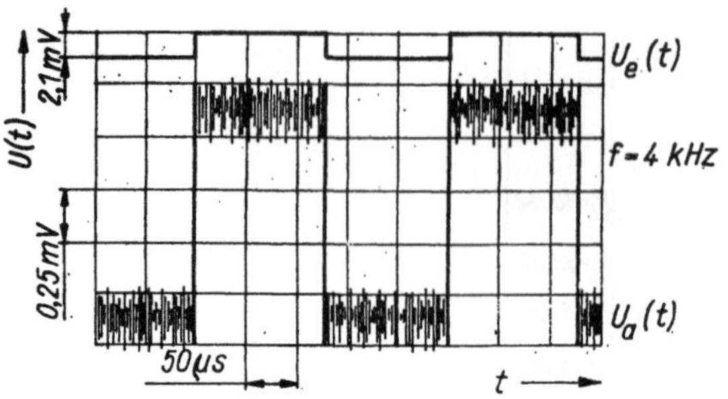

Bild 17. Minimale Rechteckstrom-Amplitude (2,1 mV an 75 Ω), die von der Transistor-Koppelstrecke TIL 23 → LS 617 mit einem Signal-Rausch-Spannungs-(Amplituden)-Verhältnis von $A_u \approx 4$ übertragen wird ($d = 2$ mm)

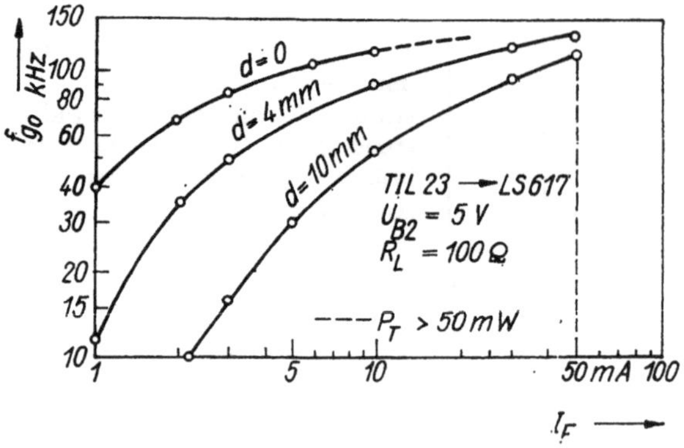

Bild 18. Obere Grenzfrequenz f_{go} als Funktion des Lumineszenzdioden-Durchlaßstromes I_F mit dem Koppelstreckenabstand d als Parameter bei der Transistor-Koppelstrecke TIL 23 → LS 617

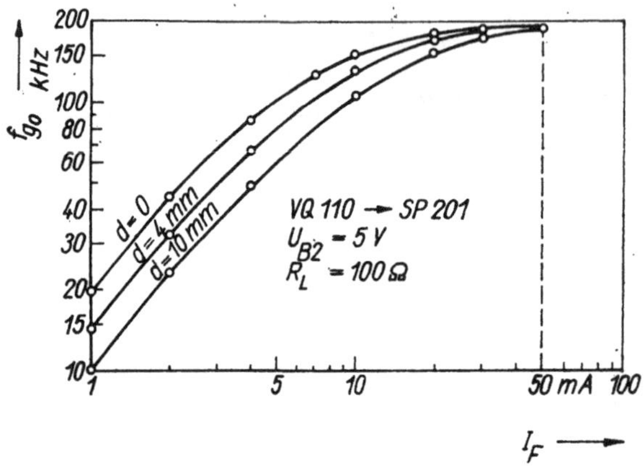

Bild 19. Obere Grenzfrequenz f_{go} als Funktion des Lumineszenzdioden-Durchlaßstromes I_F mit dem Koppelstreckenabstand d als Parameter bei der Transistor-Koppelstrecke VQ 110 → SP 201

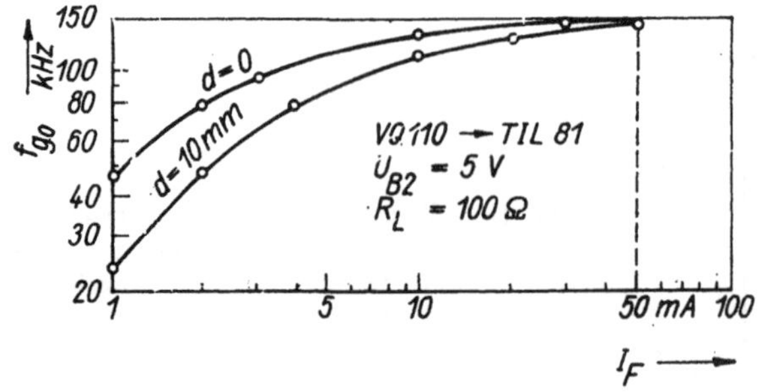

Bild 20. Obere Grenzfrequenz f_{go} als Funktion des Lumineszenzdioden-Durchlaßstromes I_F mit dem Koppelstreckenabstand d als Parameter bei der Transistor-Koppelstrecke VQ 110 → TIL 81

Während der Messung mußte die Koppelstrecke vor Fremdlicht (insbesondere vor Leuchtstoffröhrenlicht) abgeschirmt werden. Die Impulsfolgefrequenz durfte nicht zu hoch gewählt werden ($\approx$ 400 Hz), da bei kleinen Durchlaßströmen I_F die obere Grenzfrequenz f_{g0} der Transistor-Koppelstrecken stark abnimmt (s. Bilder 18 bis 20).
Die auf die beschriebene Weise gemessene, minimal übertragbare Rechteckamplitude $I_{e,\sqcap,min}$ ist eine Funktion

a) des Lumineszenzdioden-Durchlaßstromes I_F
b) des Fototransistor-Lastwiderstandes R_L
c) des Koppelstrecken-Abstandes d.

Das Maß der Einflüsse dieser Größen auf den Wert von $I_{e,\sqcap,min}$ kann man den Bildern 9 bis 13 entnehmen.
Aus den für die Transistor-Koppelstrecken ermittelten Meßkurven $I_{e,\sqcap,min} = f(I_F)$ mit d und R_L als Parameter können folgende Zusammenhänge abgelesen werden:

a) Je größer der Lastwiderstand R_L ist, desto kleiner wird $I_{e,\sqcap,min}$ (vorausgesetzt, daß keine Sättigung auftritt).
b) Mit größer werdendem Abstand d der Koppelstrecke wird auch $I_{e,\sqcap,min}$ größer, wobei sich je nach Ausführung der Bauelemente-Linsen gleiche Abstandsänderungen prozentual unterschiedlich auswirken.
c) Bei allen Parameter-Kombinationen besitzt die jeweilige Kurve $I_{e,\sqcap,min} = f(I_F)$ ein ausgeprägtes Minimum, das immer dann auftritt, wenn der Kollektorstrom I_c und die Kollektor-Emitter-Spannung U_{CE} des Fototransistors Werte annehmen, für die ein Rauschminimum auftritt. So nimmt mit steigendem Abstand d die Streustrahlung zu, wodurch das Minimum erst bei höheren Werten von I_F erreicht wird. Höhere Ströme durch die Lumineszenzdiode bewirken ihrerseits eine senderseitige Verschlechterung des Signal-Rausch-Spannungsverhältnisses, wodurch eine insgesamt höher liegende Kurve gemessen wird (s. Bilder 9 bis 11).

Analog kann man den Verlauf der Kurven auf den Bildern 12 und 13 erklären: Bei kleinerem Lastwiderstand R_L erreicht man den betreffenden Wert von U_{CE} erst bei höheren Strömen, die ihrerseits das Signal-Rausch-Spannungsverhältnis verschlechtern (der unlösbare Koppler MB 101 enthält ebenfalls eine Koppelstrecke des Typs VQ 110 $\rightarrow$ SP 201).
Faßt man die Ergebnisse der Messungen des Rauschverhaltens zusammen, so kommt man zu folgendem Resultat:

a) Die minimale Rechteckstromamplitude, die mit Transistor-Koppelstrecken übertragen werden kann, beträgt unter günstigen Betriebsbedingungen etwa $I_{e,\sqcap,min} \approx 20\,\mu A$ und verschlechtert sich beträchtlich mit der Abnahme des Lastwiderstandes sowie des Koppelfaktors (maximal etwa um den Faktor 20).
b) Wegen der wesentlich größeren Bandbreite rauschen Dioden-Koppelstrecken stärker, wodurch die untersuchten Koppelstrecken etwa um den Faktor 5 bis 30 ungünstigere Werte besaßen [5, S. 121].
c) Bei den untersuchten Transistor-Koppelstrecken gelang die analoge Signalübertragung mit einem Signal-Rausch-Spannungsverhältnis von $A_u \geqq 4$, wenn der Schwankungsbereich der Signalamplituden (Dynamikumfang D) nicht größer als

$$D = 100 \text{ bis } 1000 \qquad \text{(je nach Parameter)}$$

wird. Will man kleinere Rechteckstromamplituden als

$$I_{e,\sqcap,min} = 10 \text{ bis } 100\ \mu A$$

übertragen, so müssen diese erst verstärkt werden, bevor die Koppelstrecke angesteuert wird.

d) Bei den untersuchten Dioden-Koppelstrecken mußte die höhere Grenzfrequenz mit einer Verringerung des Dynamikumfanges auf

$$D = 50 \text{ bis } 100$$

erkauft werden.

6.6.5. Einfluß verschiedener Faktoren auf die obere Grenzfrequenz

Am Verlauf der Kurven $f_{g0} = g(I_F)$ mit d als Parameter (Bilder 18 bis 20) erkennt man, daß bei den kleinen Werten von I_F, bei denen im allgemeinen ein günstiges Rauschverhalten auftritt, gleichzeitig die obere Grenzfrequenz stark abnimmt. Die Ursache dieser Erscheinung liegt darin begründet, daß kleinere Durchlaßströme auch kleinere Kollektorströme bewirken, die ihrerseits eine höhere Sperrschichtkapazität des Fototransistors und damit eine niedrigere Grenzfrequenz zur Folge haben.
Aus dem gleichen Grunde erhält man einen ähnlichen Verlauf der Kurven $f_{g0} = g(I_F)$ mit dem Lastwiderstand R_L als Parameter, wenn R_L hinreichend klein ist (s. Bilder 21 u. 22). Dort, wo es bei größeren Durchlaßströmen wieder zu einem Abfall der Grenzfrequenz kommt, liegt die Ursache in der einsetzenden Begrenzung (s. Bilder 1 u. 5).

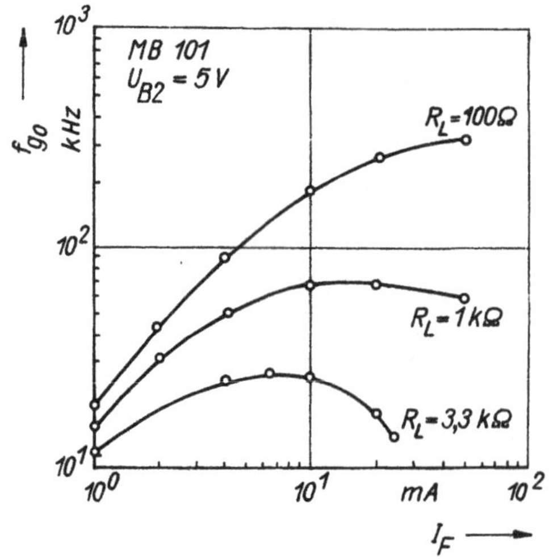

Bild 21. Obere Grenzfrequenz f_{g0} als Funktion des Lumineszenzdioden-Durchlaßstromes I_F mit dem Lastwiderstand R_L als Parameter beim unlösbaren optoelektronischen Koppler MB 101 (Transistor-Betriebsspannung $U_{B2} = 5$ V)

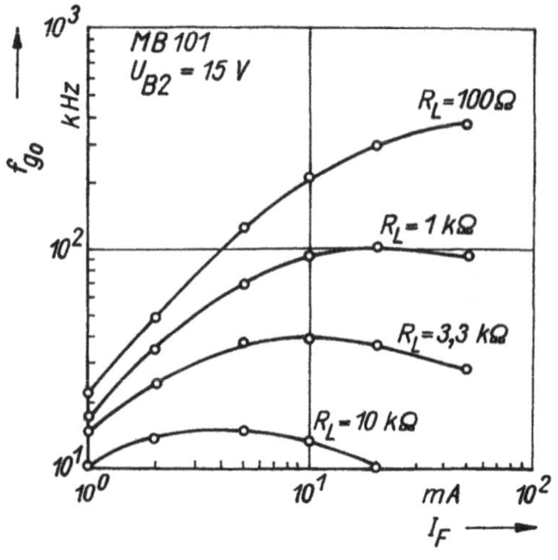

Bild 22. Obere Grenzfrequenz f_{g0} als Funktion des Lumineszenzdioden-Durchlaßstromes I_F mit dem Lastwiderstand R_L als Parameter beim unlösbaren optoelektronischen Koppler MB 101 (Transistor-Betriebsspannung $U_{B2} = 15$ V)

Die Ergebnisse der Grenzfrequenz-Messungen können wie folgt zusammengefaßt werden:

a) Die mit Transistor-Koppelstrecken erreichte Grenzfrequenz beträgt im Durchschnitt etwa $f_{g0} = 100$ kHz und nimmt mit kleiner werdendem Lumineszenzdiodendurchlaßstrom sowie mit kleiner werdendem Koppelfaktor — d wird größer — ab (maximal etwa um den Faktor 10).

b) Unter Einbeziehung eines selbstentwickelten Breitbandverstärkers [5, S. 143] gelang es, verstärkerbehaftete Diodenkoppelstrecken zu realisieren, deren obere Grenzfrequenz etwa $f_{g0} \approx 5$ MHz und deren Koppelfaktor $k_i \approx 50\%$ betragen.

c) Die untersuchten Dioden-Koppelstrecken mit Fotodiode im Elementbetrieb besitzen für einen genügend kleinen Lastwiderstand das gleiche Aussteuerungsverhalten wie beim Betrieb mit Sperrspannung, während die obere Grenzfrequenz etwa um den Faktor 3 kleiner ist.

6.6.6. Anstiegszeiten

Mit einem Meßaufbau nach Bild 14 wurde mit Hilfe eines Zweikanal-Breitbandoszilloskops [8] und eines entsprechenden Impulsgenerators [9], deren Anstiegszeiten genügend klein sind ($t_r < 6$ ns), bei Transistor-Koppelstrecken (z. B. Bild 15) die Anstiegszeiten $t_r = 2$ bis $3\ \mu$s gemessen.
Analoge Messungen bei Dioden-Koppelstrecken ergaben mit Breitbandverstärker Werte in Höhe von $t_r = 0{,}1$ bis $0{,}3\ \mu$s. Die gemessenen Werte für die Anstiegszeit t_r zeigen eine gute Übereinstimmung mit den über die Formel [10]

$$t_r = \frac{0{,}35}{f_{g0}} \tag{5}$$

errechneten Werten von t_r.
Damit konnte ein weiterer (indirekter) Beweis erbracht werden, daß die untersuchten optoelektronischen Koppelstrecken (auch die mit Breitbandverstärker) innerhalb der Aussteuerungsgrenzen als lineare Systeme betrachtet werden können.
Die maximale Impulsfolgefrequenz $f_{\sqcap,\max}$, bis zu der eine weitgehend originalgetreue Übertragung von mäanderförmigen Impulsen noch gesichert ist, kann man in erster Näherung über die empirische Formel

$$f_{\sqcap,\max} \approx \frac{1}{100 \cdot t_r} \tag{6}$$

berechnen. Einen optischen Eindruck, wie $f_{\sqcap,\max} = 4$ kHz von der Transistor-Koppelstrecke TIL 23 → LS 617 übertragen wird, vermittelt Bild 16. Gleichzeitig wird durch Bild 16 die maximal übertragbare Signalamplitude dargestellt, während Bild 17 die minimal übertragbare Signalamplitude (von Rauschen überlagert) zeigt.

Literaturverzeichnis

[1] *Thiem, G.:* Eine galvanisch entkoppelte Signalübertragungseinrichtung. Z. radio fernsehen elektronik **24**, 7 (1975) 233–234

[2] *Thiem, G.:* Einsatz optoelektronischer Koppler zur galvanischen Trennung digitaler Signalübertragungsstrecken. Z. radio fernsehen elektronik **25**, 2 (1976) 41–44

[3] Ansteuerung von Lumineszenzdioden. Z. Der Elektroniker **13**, 8 (1974) Opto 1 – Opto 3

[4] *Kahr, W.:* Schaltungsanordnung zur Verwendung in einer ein optoelektronisches Koppelelement enthaltenden Nachrichtenübertragungsstrecke. DT-AS 2147426, vom 22. 9. 71, Int. Cl.: H 04 b, 9/00

[5] *Emich, U.:* Experimentelle Untersuchung des Übertragungsverhaltens von optoelektronischen Koppelstrecken bei Impulsbetrieb. Diplomarbeit/Reg.-Nr. DF 71/167, Humboldt-Universität, Berlin 1976

[6] Speicheroszilloskop OG 2-31 (Gerätebeschreibung). VEB Meßelektronik, Berlin 1974

[7] *Emich, U.:* Entwurf und Aufbau eines stabilisierten Rechteckgenerators im mV-Bereich. Hochschulabschlußarbeit (Reg.-Nr. AF 71/66) Humboldt-Universität, Berlin 1975

[8] Oszilloskop Typ OS 150 mit Zweikanalverstärker OS 150-2 (Gerätebeschreibung). Unitra, Warschau 1974

[9] Impulsgenerator EMG-1157 (Gerätebeschreibung). EMG-Werk für elektronische Meßgeräte, Budapest 1975

[10] *Schröder, H., Feldmann, G., Rommel, G.:* Elektrische Nachrichtentechnik Bd. 3. 1. Aufl., Verlag für Radio–Foto–Kinotechnik GmbH, Berlin-Borsigwalde 1972

Teil II

Probleme an Kontakten der Starkstromtechnik

1. Einige Methoden zur rechnerischen Ermittlung der Temperatur von Linienkontakten

Von *J. Molnár*

Ganz Villamossági Müvek Budapest

1.1. Einleitung

Die Berechnung von Kontakttemperaturen ist gegenwärtig noch auf dem von R. Holm in der ersten Ausgabe seines Buches formulierten Stand [1]. Trotz der genialen und einfachen Art der Temperaturangabe bei Punktkontakten ergaben sich Schwierigkeiten bei der Bestimmung der Erwärmung an Linienkontakten.
Es wurde versucht, dieses Problem mit Hilfe eines Punktreihenkontakt-Modells zu lösen, doch konnten keine zufriedenstellenden Beziehungen bezüglich der Anzahl und der Größe der Punkte gefunden werden. Abgesehen davon wurde die Form der Stromfäden der Punkte als unverändert dargestellt und die Wärmeabgabe der Kontaktfläche an die Umgebung vernachlässigt. In der zweiten Publikation wurde der Versuch unternommen, mit Hilfe eines Vergleiches der Berechnungsergebnisse mit den Meßergebnissen eine analytische Näherungsfunktion zu finden. Nachstehend werden die Berechnungsmöglichkeiten mit Hilfe eines Computers demonstriert.

1.2. Erwärmungs-Differentialgleichung des Linienkontaktes

Die Differentialgleichung, die die Erwärmung beschreibt, wird nach dem in Bild 1 veranschaulichten vereinfachten Kontaktmodell aufgestellt: Die elektrischen Potentiallinien und die Wärmepotentiallinien bzw. -flächen decken sich mit den Flächen in Zylin-

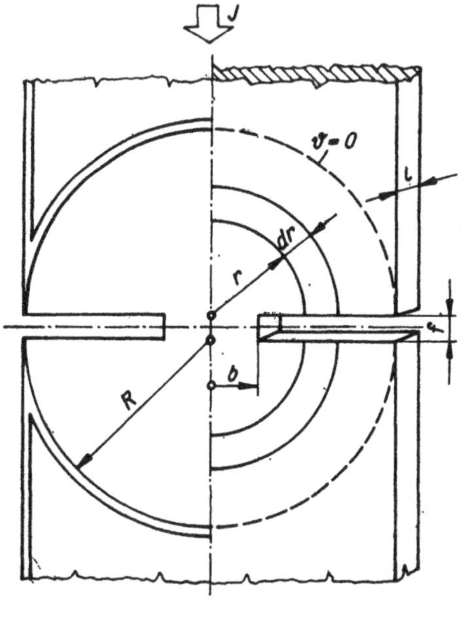

Bild 1. Vereinfachtes Kontaktmodell

derkoordinaten. Wenn durch das Kontaktmodell der Strom I fließt, kann als erster Versuch folgende Wärmeleitungs-Differentialgleichung aufgeschrieben werden

$$\frac{\partial\vartheta}{\partial t} = a^2 \Delta\vartheta + \frac{\varrho}{c} \frac{I^2}{r^2\pi^2l^2}, \tag{1}$$

wobei: $\frac{\partial\vartheta}{\partial t}$ — die zeitliche Änderung der Temperatur

a — die Wärmeleitzahl,

$\Delta\vartheta$ — die Laplacesche Gleichung der Temperaturverteilung,

$\varrho = \varrho_0(1 + \alpha\vartheta)$ — der spezifische Widerstand,

c — die spezifische Wärme,

$\frac{I^2}{r^2\pi^2l^2} = j_r$ — die Stromdichte

sind.

Die homogene Form dieser Differentialgleichung kann ohne weiteres für folgende Randbedingungen gelöst werden:

$$\text{für} \quad r = R \quad \text{sei} \quad \vartheta = 0,$$

$$\text{für} \quad r = b, \quad \text{sei} \quad \frac{\mathrm{d}\vartheta}{\mathrm{d}r} = 0. \tag{2}$$

Die Lösung für $r = b$ (wenn $f \approx 0$ ergibt):

$$\vartheta_{r=b} = \frac{1}{\alpha}\left[\frac{1}{\cos\left(\sqrt{\frac{\alpha}{\lambda}\frac{I^2\varrho_0}{\pi^2l^2}\ln\frac{R}{b}}\right)} - 1\right]. \tag{3}$$

Diese Formel ist ähnlich der in [3] für Punktkontakte ausgerechneten Beziehung, hat aber den großen Nachteil, die von der Temperatur der Kontaktfläche abhängige Größe zu enthalten. Die durch Gleichung (3) erhaltenen Temperaturen sind etwas höher als die Meßwerte, da die Konvektion der Kontaktfläche nicht berücksichtigt worden ist.

Bei dem zweiten Versuch wurde die Konvektionswärme berücksichtigt. Es wurde ein dünnes Meßmodell gewählt; die radiale Wärmeleitung kann dann vernachlässigt werden. Ein entsprechendes Differentialelement stellt Bild 2 dar.

Man erhält die Differentialgleichung:

$$\frac{\partial\vartheta}{\partial t} = a^2 \Delta\vartheta + \frac{\varrho}{c} j_r - \frac{2h}{cl} \vartheta. \tag{4}$$

Diese Differentialgleichung unterscheidet sich von Gleichung (1) nur durch den Konvektionsfaktor h. Die Lösung dieser Differentialgleichung ist in geschlossener Form nicht möglich. Ausschließlich durch Anwendung von Reihen kann ein Ergebnis näherungsweise erzeilt werden.

1.3. Temperaturbestimmung mit Hilfe des Wärmestromnetzes

Die vom Strom durchflossenen Teile eines elektrischen Kontaktes können als ein thermisches System betrachtet werden, das Wärmeenergie abgibt, aufnimmt und speichert. Unter Berücksichtigung des zuvor Gesagten kann ein elektrischer Kontakt durch ein aus Wärmequellen und verschiedenen Wärmewiderständen bestehendes Netz ersetzt werden. Bei richtiger Zerlegung kann ein vollständig gleichwertiges Netzsystem gebildet werden.

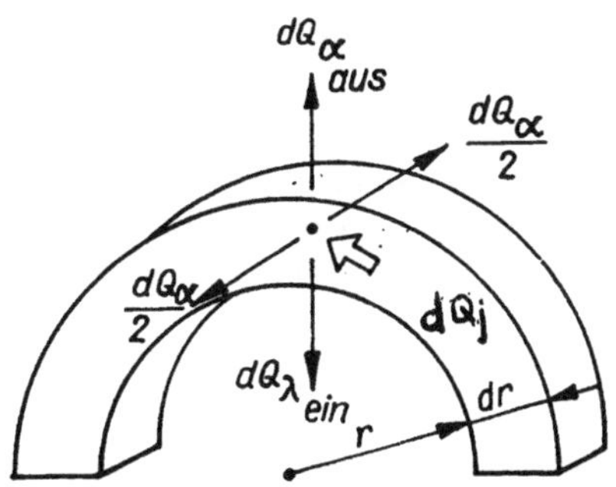

Bild 2. Differentialelement des Meßmodells

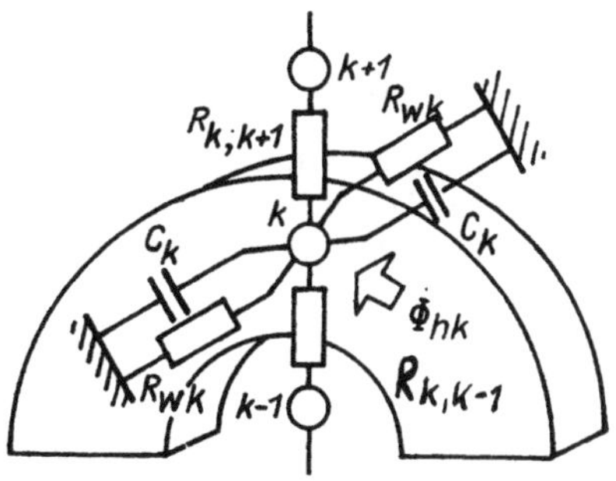

Bild 3. Wärmezelle k eines Linienkontaktes

Ein gleichwertiges Modell eines solchen Differentialelements, eine Wärmezelle k eines Linienkontaktes, zeigt Bild 3. Das Modell wurde nach der Berechnungsmethode von Netzknotenpunkten aufgebaut. Bei dieser Methode besteht das System aus den wenigsten Gleichungen. Den Wärmestromwert Φhk stellen wir uns im Knotenpunkt k vor. Dieser wird durch Leitung als $\Phi_{h,k-1}$ und $\Phi_{h,k+1}$ bzw. durch Konvektion als $\Phi_{h,kw}$ transportiert und wegen der Wärmekapazität des Differentialelements als Wärmestrom

$$c_k \frac{d\vartheta_k}{dt}$$

akkumuliert.
Die Matrix des Wärmezellensystems

$$\begin{pmatrix} G_1 & -\frac{1}{R_{21}} & 0 & 0 & 0 & 0 & 0 & 0 \\ -\frac{1}{R_{21}} & G_2 & -\frac{1}{R_{32}} & 0 & 0 & 0 & 0 & 0 \\ \cdot & \cdot & \cdot & \cdot & \cdot & \cdot & \cdot & \cdot \\ 0 & 0 & 0 & -\frac{1}{R_{k,k-1}} & G_k & -\frac{1}{R_{k,k+1}} & 0 & 0 \\ \cdot & \cdot & \cdot & \cdot & \cdot & \cdot & \cdot & \cdot \\ 0 & 0 & 0 & 0 & 0 & -\frac{1}{R_{n,n-2}} & G_{n-1} & -\frac{1}{R_{n,n-1}} \\ 0 & 0 & 0 & 0 & 0 & 0 & -\frac{1}{R_{n,n-1}} & G_n \end{pmatrix} \times \begin{pmatrix} \vartheta_1 \\ \vartheta_2 \\ \cdot \\ \vartheta_k \\ \cdot \\ \vartheta_{n-1} \\ \vartheta_n \end{pmatrix}$$

$$= \begin{pmatrix} \Phi_{h1} - c_1 \frac{d\vartheta_1}{dt} + \vartheta_w \left(\frac{1}{R_{w1}} + \frac{1}{R_1} \right) \\ \Phi_{h2} - C_2 \frac{d\vartheta_2}{dt} + \frac{\vartheta_w}{R_{w2}} \\ \cdot \; \cdot \; \cdot \; \cdot \; \cdot \; \cdot \; \cdot \\ \Phi_{hk} - C_k \frac{d\vartheta_k}{dt} + \frac{\vartheta_w}{R_{wk}} \\ \cdot \; \cdot \; \cdot \; \cdot \; \cdot \; \cdot \; \cdot \\ \Phi_{h,h-1} - C_{n-1} \frac{d\vartheta_{n-1}}{dt} + \frac{\vartheta_w}{R_{w,n-1}} \\ \Phi_{hn} - C_n \frac{d\vartheta_n}{df} + \vartheta_w \left(\frac{1}{R_{wn}} + \frac{1}{R_n} \right) \end{pmatrix}. \qquad (5)$$

kann in kurzer Form folgendermaßen aufgeschrieben werden

$$G\vartheta = \Phi . \tag{6}$$

Die Lösung des Gleichungssystems ist durch die Zeitableitungen im Wärmestromvektor erschwert. Diese Schwierigkeit kann überbrückt werden durch die Laplacesche Transformation. Das Wärmeleitungsgesetz kann in Operatorform folgendermaßen aufgeschrieben werden:

$$\Phi_h(s) = Y(s) \cdot \vartheta(s), \tag{7}$$

wobei $\Phi_h(s)$ der Wärmestrom, $\vartheta(s)$ die Laplacetransformation der Temperaturverteilung und $Y(s)$ der Operator der operativen thermischen Impedanz ist.
Unter Berücksichtigung der Gleichung (7) kann das aufgestellte Gleichungssystem in Matrixform analog zur Gleichung (6) geschrieben werden. Die Lösung des Gleichungssystems (Einzelheiten siehe im Anhang) ergibt die nachstehende Vektorfunktion:

$$\boldsymbol{\vartheta}_{(t)} = \boldsymbol{\vartheta}_{(\infty)} \left[\mathrm{E} + \exp^{\left(-\frac{t}{\underline{\underline{\mathrm{T}}}}\right)}\right]. \tag{8}$$

Sie ist die Vektorgleichung eines solchen Mehrknotenpunktsystems, das vor Beginn des Prozesses keinen Wärmegehalt hatte. In der Gleichung (8) ist der Temperaturvektor $\boldsymbol{\vartheta}_{(\infty)}$ identisch mit der stationären Temperatur, und $\underline{\underline{\mathrm{T}}}$ ist die Vektorfunktion der Zeitkonstante.

1.4. Vergleich der Berechnungs- und Meßergebnisse

Zum Vergleich der Rechenergebnisse mit den Meßergebnissen dient das in Bild 1 dargestellte Modell. Links von der Symmetrielinie liegt das Meßmodell, rechts das Berechnungsmodell.
Bei einem Radius von R = 5 des Modells wurde die Temperatur durch strömendes Eiswasser auf 0 °C gehalten.

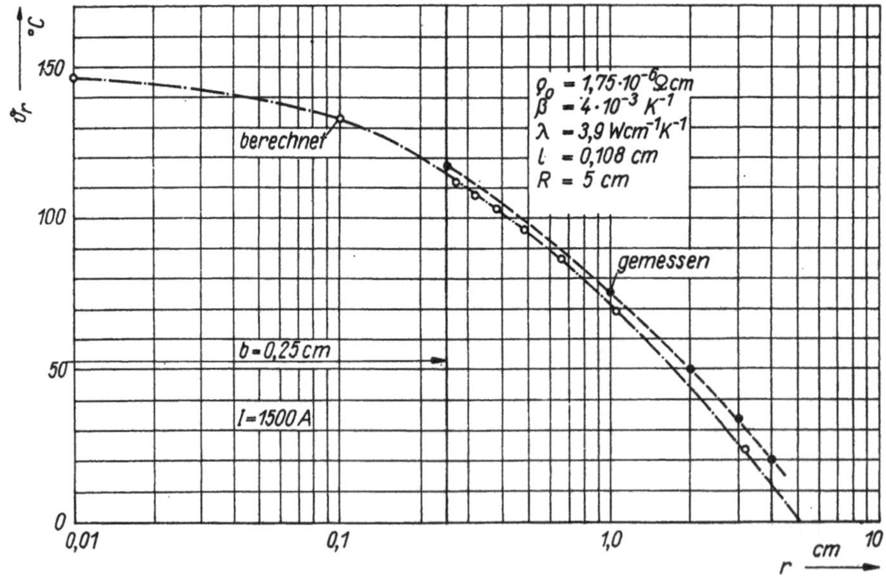

Bild 4. Temperaturverteilung im Kontakt

Die Erwärmung des Modells wurde mittels Gleichstrom von 1000 bis 1500 und 2000 A mit annähernd gleichen Sprungeinheiten vorgenommen, wobei die Breite $2b$ der die Einschnürung bildenden Brücke von Fall zu Fall 0,2, 0,5, 1,0 und 2,0 cm betrug. Die Brückentemperatur wurde bei der einen Meßserie mit auf der Brücke angebrachten Miniaturthermoelementen, die vom Mittelpunkt die Abstände 1, 2, 3 und 4 cm hatten, bei der zweiten Meßserie mit einer AGA-Thermovisions-Infrakammer gemessen.
Die Berechnungs- und Meßergebnisse stimmten gut überein. Bild 4 veranschaulicht die nach der Stabilisierung im Kontakt gemessene und berechnete Temperaturverteilung. Bild 5 zeigt die gemessene und berechnete transiente Temperatur desselben Kontaktes.

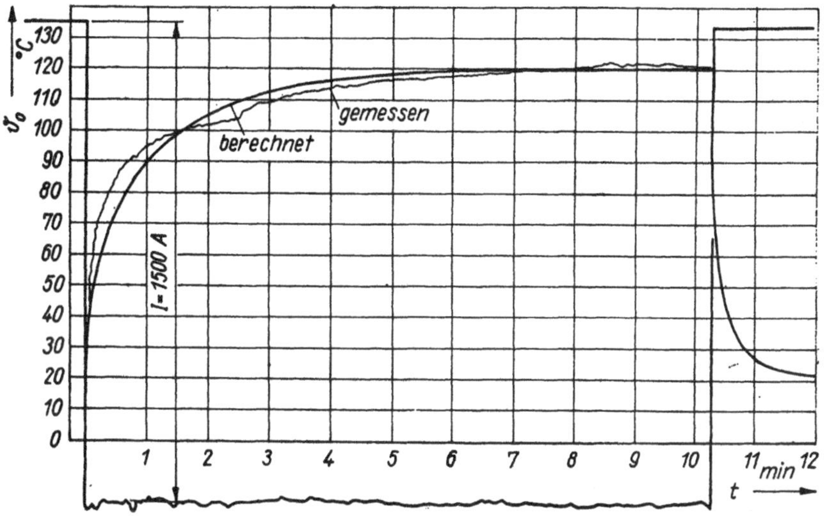

Bild 5. Transiente Temperaturverteilung im Kontakt

Aus den Ergebnissen geht hervor, daß diese Berechnungsmethode bei Anwendung eines entsprechend großen Computers auch für sehr komplizierte Stromleitungssysteme angewendet werden kann.

1.5. Anhang

Zur Berechnung der transienten Erwärmung wurde die aus der Gleichung des Wärmeleitgesetzes (7) abgeleitete Matrixgleichung verwendet. Die Elemente der Hauptdiagonale dieser operativen Admittanzmatrix $Y(s)$ unterscheiden sich von den Elementen $G_1, G_2, \ldots, G_n$ der Matrix G in der Gleichung (6) dadurch, daß sie auch die Wärmekapazitäts-Admittanzen enthalten. Zum Beispiel kann für den Knotenpunkt k aufgeschrieben werden:

$$Y_k(s) = G_k(s) + sCk. \tag{A.1}$$

Da die weiteren Elemente der Matrix $Y(s)$ mit denen der Matrix G übereinstimmen, kann aufgeschrieben werden

$$Y(s) = G + sC, \tag{A.2}$$

wobei C die Diagonalmatrix der in den einzelnen Knotenpunkten konzentrierten Wärmekapazitäten ist.
Die Matrixgleichung der Temperaturverteilung ist:

$$\Theta(s) = Y^{-1}(s) \cdot \Phi(s), \tag{A.3}$$

wobei $\Theta(s)$ die Laplacetransformierte des Temperaturvektors, gebildet aus den Knotenpunkttemperaturen Θ_i und $\Phi(s)$ die Laplacetransformierte des Vektors der Knotenpunktwärmequellenströme Φi ist.
Besagte Matrixgleichung ist aber nur bei homogenen Anfangsbedingungen gültig — diese Beschränkung besteht auch bei der skalaren Anwendung der operativen Admittanz — d. h., wenn $\Theta(-0) = 0$ und $\Phi(-0) = 0$ ist. Dieser Bedingung genügt das im Anfangsmoment wärmequellenfreie Wärmestromnetz. Darauffolgend ist bei dem Einheitssprung des Quellenwärmestromes folgendes gültig:

$$\Phi(t) = \Phi_0\, 1(t), \qquad \Phi(s) = \frac{\Phi_0}{s}. \tag{A.4}$$

Werden die Gleichungen (A.2) und (A.4) in die Gleichung (A.3) eingesetzt, ergibt sich:

$$\Theta(s) = \frac{(G + sC)^{-1}}{s}\,\Phi_0. \tag{A.5a}$$

Diese Gleichung kann durch Aushebungen folgendermaßen umgestaltet werden:

$$\Theta(s) = \frac{(CG + Es)^{-1}}{s}\,C^{-1}G\,G^{-1}\Phi_0. \tag{A.5b}$$

Führen wir nun die Zeitkonstantenmatrix $\frac{1}{C^{-1}G} = T$ ein, so kann unsere Gleichung in vereinfachter Form wie folgt aufgeschrieben werden:

$$\Theta(s) = \Theta_{(\infty)}\,\frac{(T^{-1} + Es)}{s}\,T^{-1}, \tag{A.5c}$$

wobei $\Theta_{(\infty)} = G^{-1}\Phi_0$ die Vektorgleichung der Stationärtemperatur ist.
Die inverse Laplacesche Transformation obigen operativen Ausdrucks kann nach der Analogie nachstehender Skalaridentität durchgeführt werden:

$$\mathcal{L}^{-1}\left[\frac{(\gamma + s)^{-1}}{s}\,\delta \cdot c\right] = \big(1 - \exp(-\gamma t)\big)C. \tag{A.6}$$

Mit Hilfe dieser erhalten wir nachstehende Temperaturvektorfunktion

$$\vartheta(t) = \vartheta_{(\infty)}\left[E - \exp\left(-\frac{t}{T}\right)\right], \tag{A.7}$$

die die Vektorgleichung eines solchen *Mehrknotenpunktsystems ist, in dem vor dem Anfangsmoment kein Wärmegehalt war.* Es soll noch bemerkt werden: der Eigenwert n der Zeitkonstantenmatrix ist die Eigenzeitkonstante n des Knotenpunktsystems n, und deren Reziproken ergeben die Eigenfrequenz des Systems (Eigenwerte der Matrix $\left.\frac{1}{T}\right)$.

Literaturverzeichnis

[1] *Holm, R.:* Die technische Physik der elektrischen Kontakte. Springer Verlag, Berlin 1941
[2] *Malnár, I.:* The Temperature-Rite of Keavy-Current Line Contacts. Vortrag. ICECP'76, Tokyo 1976
[3] Лысоь, Н. Е.: Об установувшемся нагреве и сопротивлении замкнутых электрических контактов. Известия тысшых узефных заведений. Электромеканика. 6 (1963) 743.
[4] *Máthé:* Berechnung der transienten Erwärmung elektrischer Anlagen mit Hilfe des Wärmestromnetzes. Elektrotechnika. 68, 3 (1975) 105—109.

2. Über die Kontaktspannung von geschlossenen Starkstromkontakten

Von *E. Walczuk*

Institut für Transformatoren, Elektrische Maschinen und Apparate
Technische Hochschule Łódź

2.1. Einführung

Mit den an elektrischen Kontakten bei Belastung mit Arbeitsstrom auftretenden Erscheinungen in der Schalttechnik befassen sich seit langem viele Wissenschaftler. Dabei ist die Kenntnis der Kontaktberührungsfläche und somit die Kenntnis des Kontaktwiderstandes von prinzipieller Bedeutung. Der durch die Kontakte fließende Strom mit zeitlich veränderlichem Wert (z. B. während der Dauer einer Halbwelle der Netzfrequenz bei großer Strombelastung) bewirkt eine Änderung der Kontaktberührungsfläche und somit des Kontaktwiderstandes. Dies kann zum Verschweißen der Kontaktstücke führen.

Bei quantitativen Untersuchungen ist es vorteilhafter, nicht den Kontaktwiderstand, sondern die Kontaktspannung zu betrachten und ihre Änderung in Abhängigkeit vom zeitabhängigen Stromwert zu analysieren. Besonders interessant sind hierbei die Strom-Spannungs-Kennlinien der Kontakte bei Halbwellenstrom.

Die an hochbelasteten Kontakten gemessene Spannung war Gegenstand vieler Arbeiten (so z. B. [1 bis 5]). Die Untersuchungen wurden an Kupfer- und Silberkontaktwerkstoffen durchgeführt.

In diesem Beitrag werden Untersuchungen von Kontaktspannungen anderer in der Schalttechnik verwendeter Werkstoffe dargestellt.

2.2. Untersuchungsmethodik

Bild 1 stellt ein Schema zum Messen von Strom-Spannungs-Kennlinien an Kontakten dar. Die zu prüfenden Kontakte (6) liegen im Sekundärkreis des Hochstromtransformators (4) mit einer Nennleistung von 33 kVA. Im Primärkreis dieses Transformators

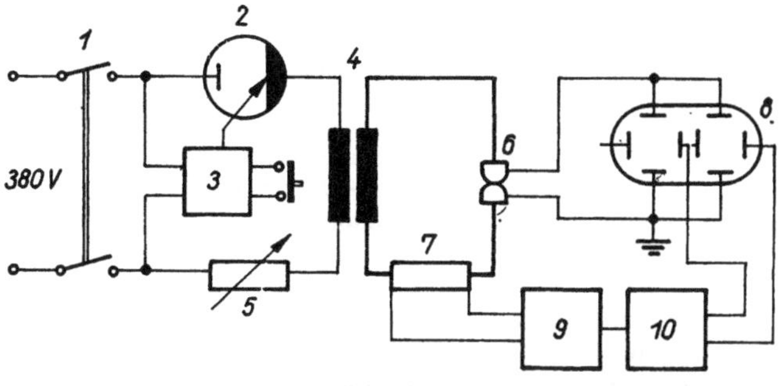

Bild 1. Schema des Prüfstromkreises zum Untersuchen der Kontaktspannung. 1 — Belastungsschalter, 2 — Ignitron, 3 — Zündgerät, 4 — Hochstromtransformator, 5 — Widerstand, 6 — geprüfte Kontakte, 7 — Meßshunt, 8 — Kathodenoszillograph, 9 — Differenzverstärker, 10 — Gleichstromverstärker

befinden sich ein Schütz (1), ein Ignitron (2) und ein Widerstand (5) zum Einstellen des Prüfstromwertes. Das Ignitron wird einmalig durch das Zündgerät (3) mit einstellbarem Zündwinkel gezündet. Der Zündwinkel ist so gewählt, daß der Halbwellenstrom einen sinusförmigen Verlauf hat. Zur Untersuchung von Strom-Spannungs-Charakteristiken an den Kontakten wurde ein Zweistrahl-Katoden-Oszillograph eingesetzt. Der zweite Strahl dieses Oszillographen diente zur Registrierung des zeitlichen Verlaufs der Kontaktspannung. Der Spannungsabfall am Meßshunt (7) wurde durch den Differenzverstärker (9) und den gewöhnlichen Verstärker (10) verstärkt.
Die Untersuchungen der Kontaktspannung wurden an flachen Kontakten ($r \geqq 100$ mm) mit einer Kontaktkraft von 30 N ausgeführt. Die Kontaktoberfläche wurde vor den Versuchen mit feinkörnigem Schleifpapier (Körnung 500) poliert. Man kann also annehmen, daß die Kontaktoberflächen praktisch oxidfrei waren.

2.3. Strom-Spannungs-Kennlinien der Kontakte

Bild 2 zeigt die Oszillogramme der typischen Verläufe der Strom-Spannungskennlinien der Kontakte und die zeitlichen Verläufe der Kontaktspannung für drei verschiedene Scheitelwerte des Stromes. Die Gestalt der Kurven der Kontaktspannung hängt von

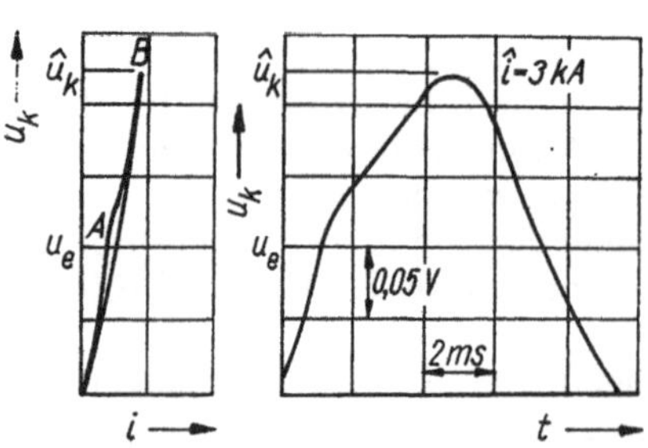

Bild 2a

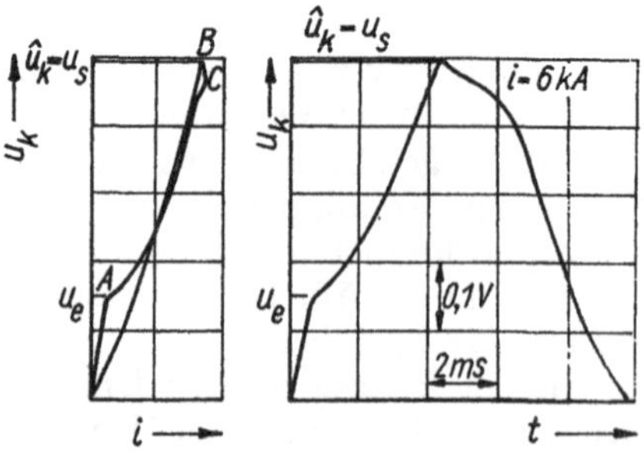

Bild 2b

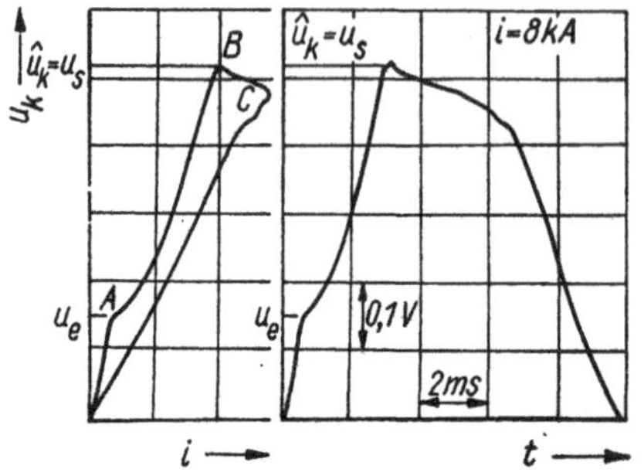

Bild 2c

Bild 2. Oszillogramme von Strom-Spannungs-Kennlinien der Kontakte und zeitlicher Verlauf der Kontaktspannung. u_e — Entfestigungsspannung, u_s — Schmelzspannung, $\hat{u}_k$ — Maximalwert der Kontaktspannung

den Erscheinungen im Berührungsgebiet ab; sie ist in Verbindung mit dem Schweißprozeß zu untersuchen. Die Kurvenverläufe für Strombelastungen, die ein Warmschweißen bewirken, stellt Bild 2a dar. Die Zunahme des Stromwertes geht bis zum leichten Knick der Kurve $u_k = f(i)$ (Punkt A). Dieser Punkt entspricht dem Beginn des Entfestigungsprozesses und somit der Gestaltsänderung der Berührungsfläche. Er bestimmt die Entfestigungsspannung. Bei einer weiteren Zunahme des Stromwertes steigt die

Kontaktspannung bis zum Maximalwert $\hat{u}_k$ (Punkt B). Der Rücklauf der Kontaktspannungskurve bis zu $i = 0$ verläuft anfangs oberhalb, danach unterhalb der Kurve für den steigenden Stromwert i. Der Kurventeil im Bereich großer Stromwerte ist eine relativ regelmäßig verlaufende Kurve, nur ein wenig abweichend von der Sinusform.
Den Verlauf der Kurven der Funktionen $u_k = f(i)$ und $u_k = f(t)$ zeigen die Bilder 2b und 2c. Sie entsprechen dem Schmelzschweißen der Kontaktwerkstoffe. Große Stromwerte führen zu einer Temperaturzunahme bis zur Schmelztemperatur von Kontaktwerkstoffen an der Berührungsfläche der Kontaktstücke. Der Beginn des Schmelzprozesses findet bei einem kleineren Stromwert als bei dem maximalen statt. Die Kontaktspannung u_k nimmt den der Schmelzspannung u_s des Kontaktwerkstoffes (Punkt B) entsprechenden Wert an. Eine weitere Zunahme des Stromes i bewirkt keine Zunahme der Kontaktspannung mehr, sondern eine Abnahme (Punkt C). Der Grund dafür liegt im Prozeß einer schnellen Änderung der Gestalt und einer Vergrößerung der tatsächlichen Berührungsfläche. Die Länge des Kurventeils zwischen den Punkten B und C nimmt mit der Zunahme des Scheitelwertes des Stromes zu (Bild 2c). Die einer Stromabnahme bis $i = 0$ entsprechende Kurve verläuft unterhalb der Kurve für den steigenden Stromwert i und bildet eine charakteristische Schleife für die Strombelastung der Kontakte.
Die gemessene Schweißkraft der Kontakte bei einer Strombelastung von 3 kA (Bild 2b) war unbedeutend und betrug 2 N. Bei einer Belastung von 6 kA (Bild 2b) betrug diese Kraft schon 205 N und bei einer Belastung von 8 kA (Bild 2c) 315 N. Der letzte Wert der Schweißkraft liegt in der Größenordnung des Maximalwertes, der beim Schmelzschweißen bei geschlossenen Kontakten und einer Kontaktkraft von 30 N erreichbar war.

2.4. Entfestigungs- und Schmelzspannung

In Bild 3 wird die Abhängigkeit der maximalen Kontaktspannung, der Entfestigungs und der Schmelzspannung vom Scheitelwert des Stromes für Kupfer-Kontaktstücke und 5 andere Kontaktwerkstoffe auf Silberbasis gezeigt[1]).

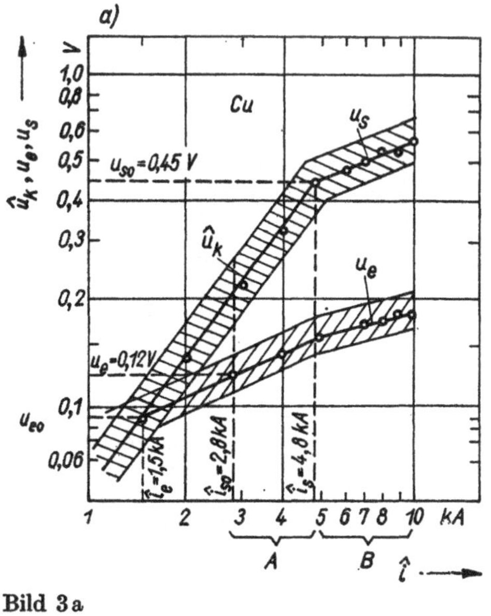

Bild 3a

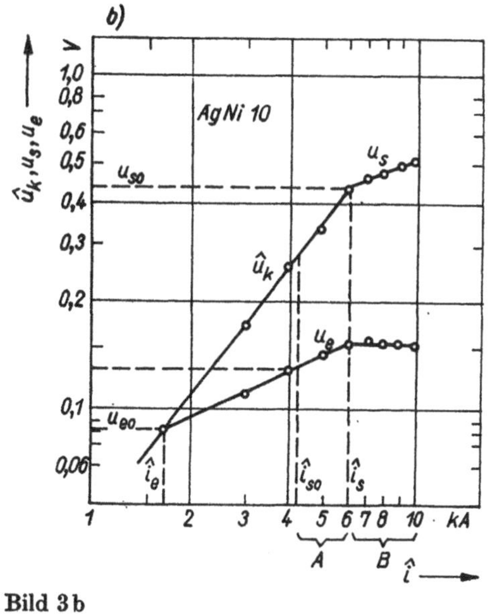

Bild 3b

[1]) Kontaktwerkstoffe DODUCO, K.G., Pforzheim

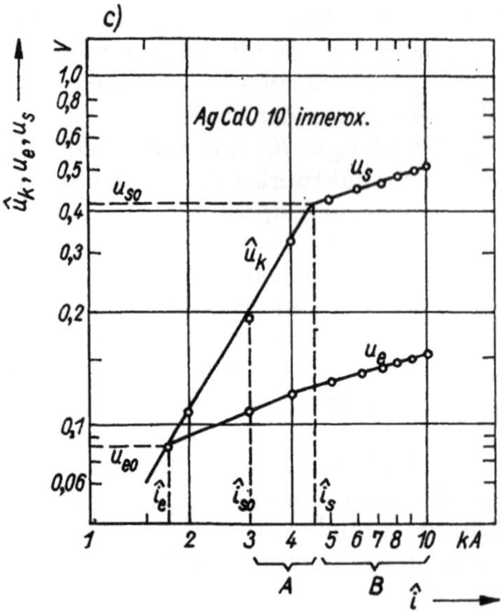

Bild 3c

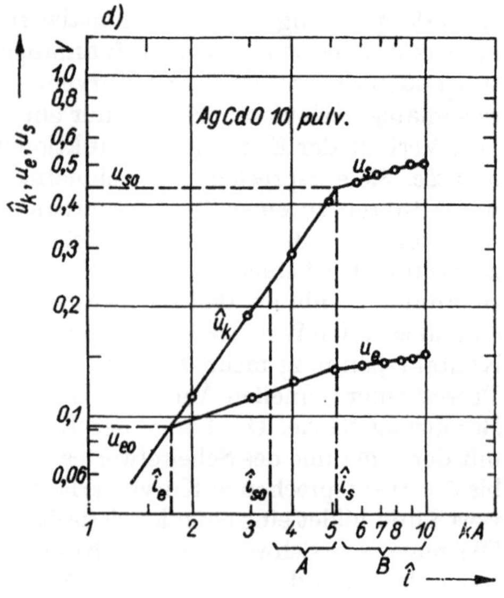

Bild 3d

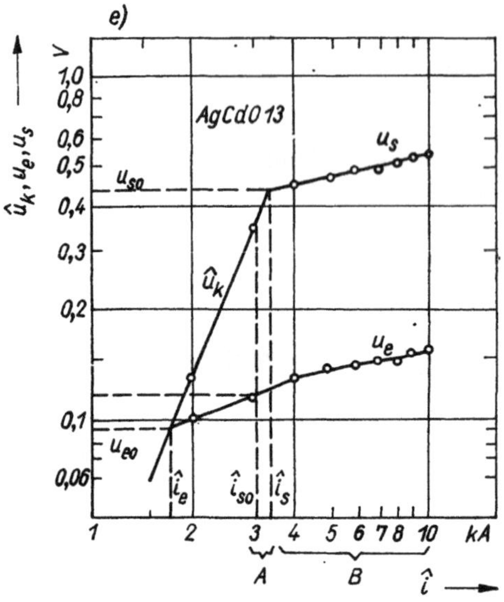

Bild 3e

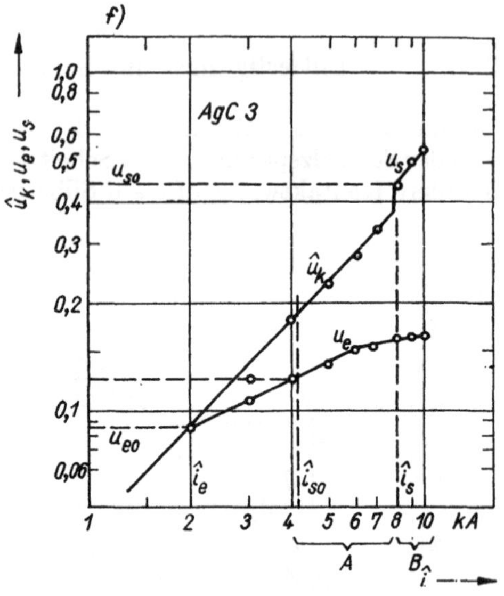

Bild 3f

Bild 3. Abhängigkeit der Kontaktspannung, Entfestigungs- und Schmelzspannung vom Scheitelwert des Stromes bei verschiedenen Kontaktwerkstoffen. $\hat{i}_e$ — Wert des Scheitelstromes im Falle eines Auftretens erster Entfestigungsspuren der Kontaktwerkstoffe ($\hat{u}_k = \hat{u}_e$), $\hat{i}_{so}$ — Anfangsschweißstrom, $\hat{i}_s$ — Wert des Scheitelstromes im Falle eines Auftretens erster Schmelzspuren des Werkstoffes an Kontaktstücken ($\hat{u}_k = u_s$), A — Gebiet des Warmschweißens, B — Gebiet des Schmelzschweißens.

Jeder Meßpunkt stellt einen arithmetischen Mittelwert aus 6—10 Messungen dar. Der linear steigende Teil der Kurven zeigt den Maximalwert der Kontaktspannung, die mit der Zunahme des Scheitelwertes des Stromes bis zum Wert der Schmelzspannung u_s anwächst. Der Entfestigungsprozeß des Werkstoffes beginnt bei einem bedeutend kleineren Scheitelwert des Stromes $\hat{\imath}_e$. Sowohl die Schmelzspannung als auch die Entfestigungsspannung bilden keine konstanten Werte für den betreffenden Werkstoff des Kontaktstückes, sondern nehmen ein wenig mit dem Strom zu. Dies stimmt mit den schon früher von Mau [3] getroffenen Beobachtungen für Kupfer- und Silber-Kontaktstücke überein. Der Beginn des Kontaktschweißens entspricht dem Scheitelwert des Stromes $\hat{\imath}_{s0}$, welcher größer als der Stromwert $\hat{\imath}_e$ ist.
Für die untersuchten Kontaktwerkstoffe verläuft die Kurve $u_s = f(\hat{\imath})$ am höchsten für den intern oxydierten Werkstoff AgCdO. Dieser Werkstoff zeichnet sich gleichzeitig durch ein großes Gebiet des Schmelzschweißens aus. Die Spannungsabhängigkeit des Schmelzens vom Strom für den Werkstoff AgC3 verläuft steil. Die Kurven der Schmelzspannung für die übrigen Kontaktwerkstoffe decken sich.
Tabelle 1 stellt die oben besprochenen charakteristischen Strom- und Spannungswerte für die untersuchten Kontaktwerkstoffe dar. Es ist zu ersehen, daß die Kontaktspannung bei der die ersten Schmelzspuren auftreten, beinahe bei sämtlichen Kontaktwerkstoffen konstant ist (etwa 0,44 V).

Tabelle 1. Charakteristische Strom- und Spannungswerte der Kontakte für verschiedene Kontaktwerkstoffe

Kontaktwerkstoff	Firmenbezeichnung	$\hat{\imath}_e$ in kA	$\hat{\imath}_{s0}$ in kA	$\hat{\imath}_s$ in kA	u_{e0} (u_e bei $\hat{\imath}_e$) in V	u_e bei $\hat{\imath}_{s0}$ in V	u_{s0} (u_s bei $\hat{\imath}_s$) in V
Cu	—	1,50	2,8	4,8	0,080	0,120	0,450
AgNi10	SINIDUR 10	1,65	4,2	6,0	0,081	0,130	0,435
AgCdO10 innerox.	DODURIT CDO 10 ZH	1,75	3,0	4,5	0,082	0,110	0,415
AgCdO10 pullv.	DODURIT CDO 10 PZ	1,75	4,0	5,2	0,092	0,125	0,440
AgCdO13 innerox.	SICADOX	1,70	3,1	3,4	0,093	0,120	0,440
AgC3	—	2,00	4,05	8,0	0,085	0,123	0,450

Die Kurven der Entfestigungsspannung gleichen einander mehr als die Kurven der Schmelzspannung. Der Kontaktwerkstoff Ag CdO13 weicht ein wenig von den anderen Kontaktwerkstoffen bei kleinen Strombelastungen ab; er weist die höchste Entfestigungsspannung auf. Ein zusätzliches Merkmal besteht in der Gleichheit der Entfestigungsspannung (etwa 0,12 V) der beschriebenen Werkstoffe auf Silberbasis, sowie bei Kupfer beim Anfangsschweißstrom $\hat{\imath}_{s0}$.

2.5. Statistik der Kontaktspannung

Zur statistischen Bestimmung der Kontaktspannung wurde eine oszillographische Meßreihe unter festgesetzten Prüfbedingungen mit dem Werkstoff AgCdO13 durchgeführt, die 200 Meßwerte von Schmelz- und Entfestigungsspannungen umfaßt. Die Meßreihe kann mit einer logarithmischen Normalverteilung am besten beschrieben werden. Bild 4 stellt die Meßergebnisse der Schmelzspannung auf dem Verteilungsnetz dar.

Dieses Netz ergibt eine Abhängigkeit der Summenhäufigkeit der Wahrscheinlichkeit diverser Werte der Schmelzspannung. Die Gruppenanordnung der abgelesenen Meßwerte entlang der geraden Linie bestätigt die Richtigkeit der angenommenen statistischen Verteilung. Das Verteilungsnetz besitzt außerdem noch den Vorteil, daß wichtige Parameter, wie Mittelwert und Streuung ohne Rechnung direkt aus der graphischen Darstellung entnommen werden können. Beachtenswert wäre noch die verhältnismäßig geringe Meßwertstreuung der Schmelzspannung $\sigma = 0{,}008$ V, ($< 2\%$ des Mittelwertes). Für die Entfestigungsspannung haben sich dieselben Aussagen als richtig erwiesen.

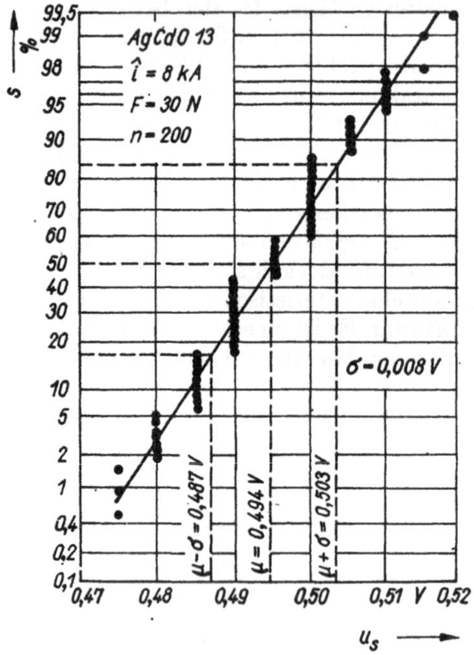

Bild 4. Summenhäufigkeitskurven der Schmelzspannung der Kontakte. μ — Mittelwert, σ — Streuung

Literaturverzeichnis

[1] *Holm, R.:* Electric contacts handbook. 3. Aufl. Springer-Verlag, Berlin 1958

[2] *Hilgarth, G.:* Zusammenhang zwischen Kontaktspannung und Kontaktstellentemperatur bei kurzzeitig belasteten Starkstromkontakten. ETZ-A 79 (1958) 464

[3] *Mau,, H. J.:* Über die Kontaktspannung und die Stromdichte in der Strommenge hochbelasteter Kontakte. 2. Intern. Kontakttagung, Graz 1964

[4] *Hohlbein, W.:* Beitrag zur Klärung der Schweißvorgänge an geschlossenen Starkstromkontakten. XIII. Intern. Wiss. Koll. TH Ilmenau 1968

[5] *Degot, X.:* Investigation on welding and erossion of high current electrical contacts. III. Intern. Res. Symp. on Electric Contact Phenomena, Maine/Orono 1966

[6] *Walczuk, E.:* Strom-Spannungscharakteristiken und Widerstand geschlossener Starkstromkontakte beim Verschweißen. 8. Intern. Kontakttagung, Tokyo 1976 (Doduco-Information)

3. Die Wiederverfestigungsspannung des Kontaktsystems mit Doppelunterbrechung in mit Stickstoff gefüllten Schaltkammern

Von *K. Moschekov* und *D. Tscherneva*

BRV — EA Plovdiv

3.1. Einleitung

In dem folgenden Beitrag wird die Wiederverfestigungsspannung des Kontaktsystems mit Doppelunterbrechung in Schaltkammern aus Glas, gefüllt mit Stickstoff, untersucht. Die Versuche sind mit Kupferkontaktschaltstücken bei einer Kontaktstrecke von 3 mm, bei Strömen von 50 bis 100 A und bei einem Druck von $9{,}81 \cdot 10^4$ Pa durchgeführt worden. Der Einfluß der eigenen Magnetfeldblasung ist extra untersucht worden. Die durchgeführten Untersuchungen sind in gewisser Weise eine Fortsetzung der in [2, 3, 4] angeführten Arbeiten mit Kontaktsystemen mit Einzelunterbrechung und einer großen Schaltkammer.

3.2. Versuchsanordnung und Untersuchungsbedingungen

Zur Ermittlung der Wiederverfestigungsspannung sind die Methode der Wiederkehrspannung (WKS), bekannt auch als *Hochreiner*-Methode und eine in [1] beschriebene elektrische Blockschaltung verwendet worden.

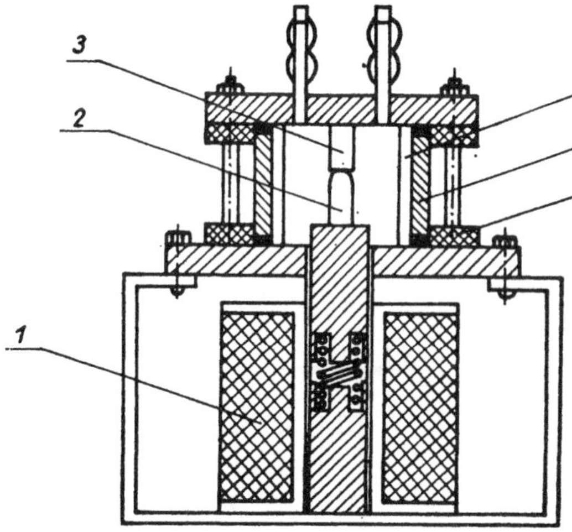

Bild 1. Versuchseinrichtung. 1 — Elektromagnetantrieb, 2 — Bewegliche Kontaktstücke, 3 — Festkontaktstück, 4 — Quarzrohr, 5 — Messingrohr, 6 — Gummidichtung

Die Versuchseinrichtung ist in Bild 1 gezeigt, das Kammervolumen beträgt 38 cm^3 [1].

Die Untersuchungen sind mit Kupferelektroden in Stickstoffatmosphäre (technisch reiner Stickstoff) bei einer Kontaktstrecke von 3 mm, einer Speisespannung von 660 V

und bei Strömen von 50 bis 100 A durchgeführt worden. Die Lichtbogendauer ist für alle Prüfungen gleich und beträgt 10 ms. Die Festkontaktteile sind in Rundform mit einem Durchmesser von 5 mm ausgeführt, der Durchmesser der Kontaktniete auf der Kontaktbrücke beträgt ebenfalls 5 mm, ihr Abstand beträgt 15 mm. Zum Erreichen einer brauchbaren Reinheit des Gases (99,5%) wird die Kammer vor den einzelnen Einfüllungen bis auf 13 Pa evakuiert. Die Säuberung und Entölung der Kontaktoberflächen erfolgt bei jedem einzelnen Elektrodenwechsel in der Kammer.
Die Kennlinien der Wiederverfestigungsspannung sind aus 10 und mehr Versuchen bei einer bestimmten Frequenz der Wiederkehrspannung bestimmt worden und stellen Ummantelungskurven dar, die unter sämtlichen Durchschlagswerten liegen.

3.3. Versuchsergebnisse

Die Bilder 2a, b, c zeigen die einzelnen Versuchswerte und die ermittelten Kennlinien der Wiederverfestigungsspannung eines Kontaktsystems mit Doppelunterbrechung ohne die Zusatzwirkung der Eigenmagnetblasung bei Strömen von 50, 60 und 70 A. Die Bilder 3a, b zeigen die genannten Kennlinien bei Strömen von 70 A und 100 A eines Kontaktsystems mit Doppelunterbrechung, aber in einem Aufbau, bei welchem die eigene Magnetblasung effektiv wirkt.

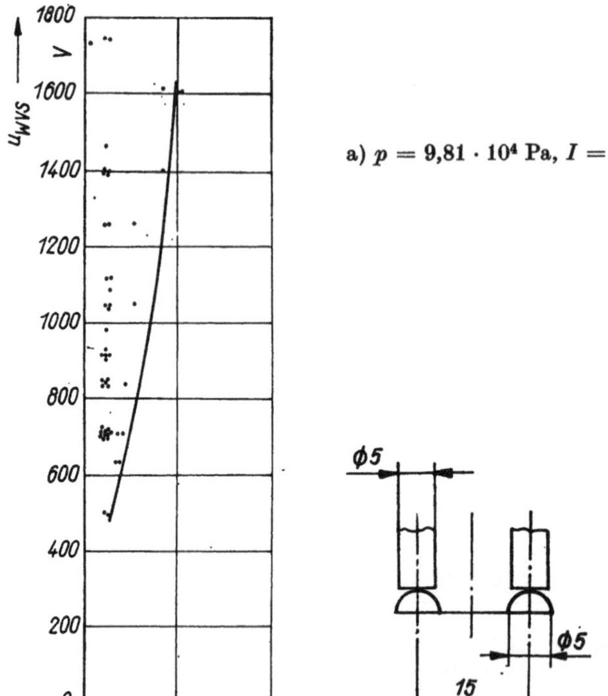

a) $p = 9{,}81 \cdot 10^4$ Pa, $I = 50$ A

Bild 2a

Bild 2. Kennlinie der Wiederverfestigungsspannung bei Doppelunterbrechung. Kontakte Cu, Kontaktstrecke 3 mm, Gas N_2

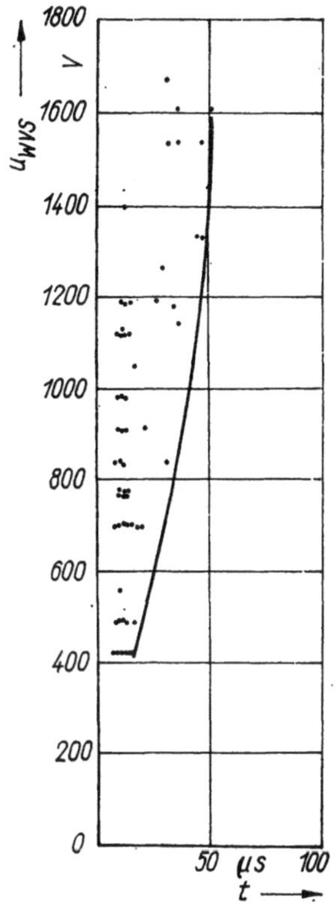

b) $p = 9{,}81 \cdot 10^4$ Pa, $I = 60$ A

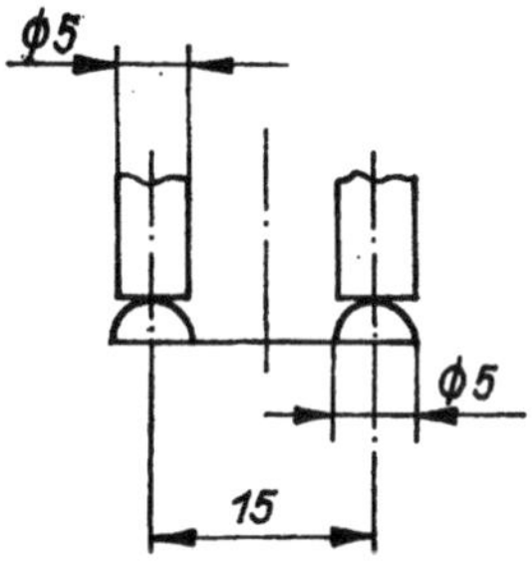

Bild 2b

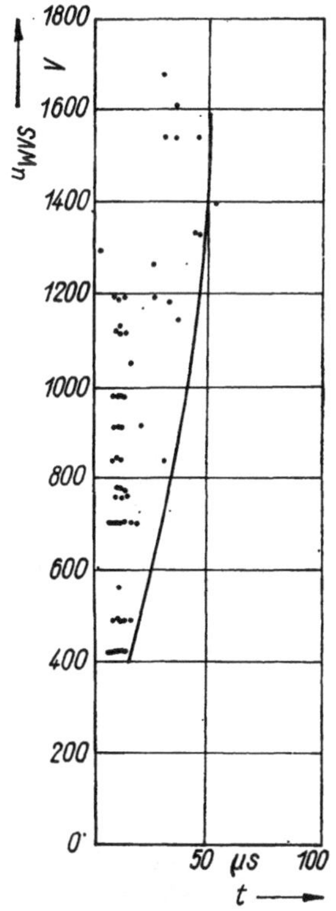

c) $p = 9{,}81 \cdot 10^4$ Pa, $I = 70$ A

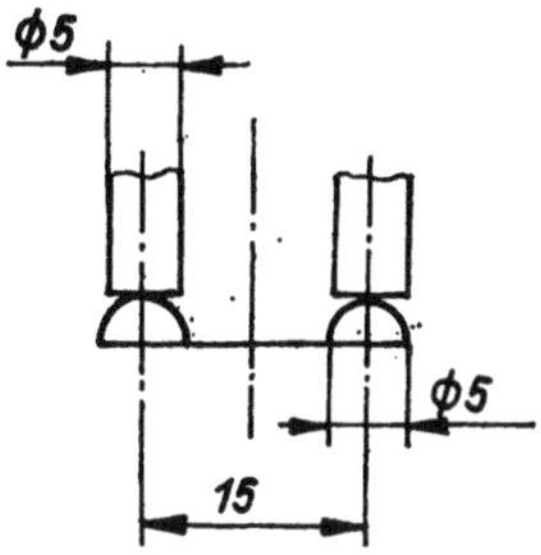

Bild 2c

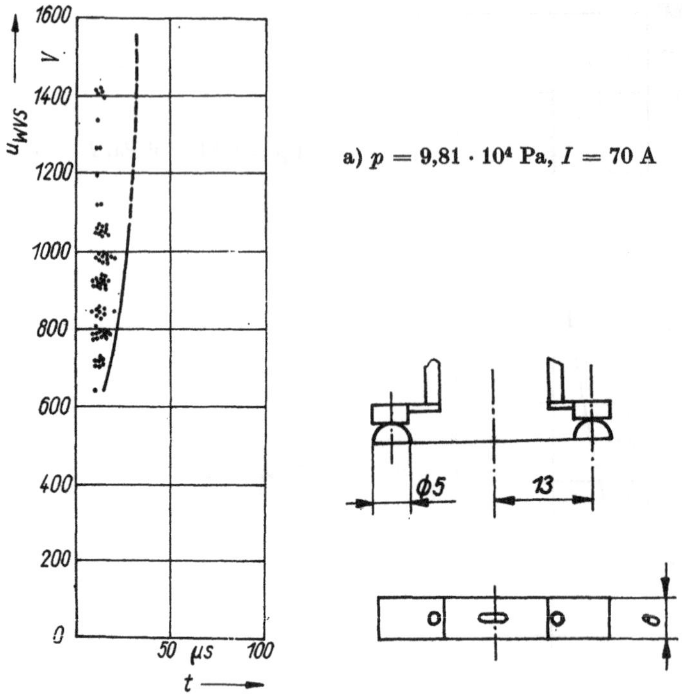

a) $p = 9{,}81 \cdot 10^4$ Pa, $I = 70$ A

Bild 3a

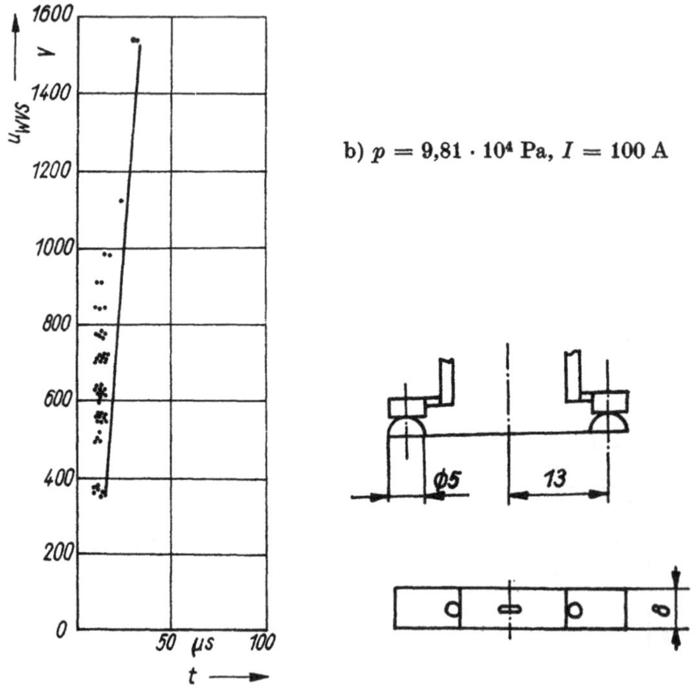

b) $p = 9{,}81 \cdot 10^4$ Pa, $I = 100$ A

Bild 3b

Bild 3. Kennlinie der Wiederverfestigungsspannung bei Doppelunterbrechung unter Einfluß der Eigenmagnetblasung. Kontakte Cu, Kontaktstrecke 3 mm, Gas N_2

Das Bild 4 zeigt zum Vergleich die Kennlinien der beiden Kontaktsysteme bei gleichen Stromwerten sowie die Kennlinie des Kontaktsystems mit Einzelunterbrechung unter denselben Versuchsbedingungen [1].

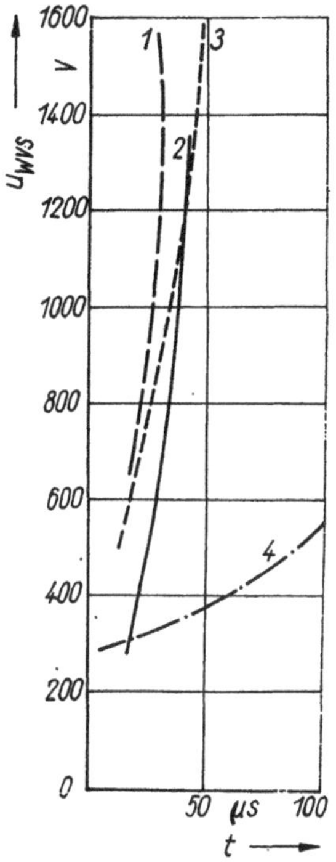

Bild 4. Kennlinie der Wiederverfestigungsspannung in Abhängigkeit von Ausschaltstrom, Unterbrechungszahl und Magnetblasung. 1 — $I = 70$ A, Doppelunterbrechung, Eigenmagnetblasung, 2 — $I = 70$ A, Doppelunterbrechung, ohne Eigenmagnetblasung, 3 — $I = 50$ A, Doppelunterbrechung, ohne Eigenmagnetblasung, 4 — $I = 50$ A, Einzelunterbrechung

3.4. Diskussion der Versuchsergebnisse

Die Doppelunterbrechung des Kontaktsystems in Stickstoff führt wie in Luft zur Erhöhung der Wiederverfestigungsspannung. Die Steilheit der Kennlinie ist bei Doppelunterbrechung (Ausschaltstrom 50 A) um ein Mehrfaches größer. Hinsichtlich der Anfangs-Wiederverfestigungsspannung unterscheidet sie sich in bezug auf die Unterbrechungszahl und den Stromwert nur unwesentlich und liegt im Bereich von 300—400 V. Einen stärkeren Einfluß auf die Steilheit der Kennlinie der Wiederverfestigungsspannung bewirkt die Magnetblasung des Eigenmagnetfeldes, die bei einer besonderen Ausführung des Kontaktsystems erreicht wird (Bild 3). Bemerkenswert ist der Einfluß des Eigenmagnetfeldes auch auf den Wert der Anfangs-Wiederverfestigungsspannung, die bei einem Strom von 70 A größer als 600 V ist und bei einem Strom von 100 A etwa 350 V beträgt; allerdings liegt sie für mehrere Versuchspunkte zwischen 500 und 600 V.

Ein interessantes Ergebnis ist der bemerkenswerte Einfluß der Schalthäufigkeit, d. h. der Einfluß der Dauer der Pause zwischen zwei Versuchen auf die Kennlinie der Wiederverfestigungsspannung. Die niedrigsten Punkte auf den Bildern sind bei einer Pause von 5 bis 6 s zwischen zwei Versuchen, die höheren Punkte jedoch bei einer Pause von 1 min gemessen worden.

Literaturverzeichnis

[1] *Moschekov, K., Swiratschev, D., Tscherneva, D.:* Die Wiederverfestigungsspannung kurzer Wechselstromlichtbögen in mit Stickstoff gefüllten Schaltkammern. ELEKTRIE (im Druck)

[2] *Moschekov, K., Swiratschev, D., Tscherneva, D.:* Wiederverfestigung kurzer Wechselstromlichtbögen unter Gas beim Druck tiefer als 760 Torr. II. Internat. Symposium über Lichtbogen, Lodz 1973

[3] *Moschekov, K., Swiratschev, D., Tscherneva, D.:* Wiederverfestigung kurzer Wechselstromlichtbögen bei Drücken unter 760 Torr. II. Internat. Symp. SIELA'74, Plovdiv 1974

[4] *Moschekov, K., Swiratschev, D., Tscherneva, D., Kukuschev, St.:* Einfluß der Kontaktmasse und des Lichtbogenlöschraumes auf die Wiederverfestigung kurzer Wechselstromlichtbögen unter Stickstoff. II. Internat. Symp. SIELA'74, Plovdiv 1974

4. Kennlinienvergleich von Ag-CdO- und Ag-Ni-Kontaktschaltstücken in Gleichstromschützen

Von *I. Tschalakov*, *I. Kasakov*, *A. Krastev* und *P. Burova*

BRV-EA Plovdiv

4.1. Einleitung

Die ständig steigende Tendenz der Entwicklung und Verwendung elektrischer Niederspannungsschaltgeräte mit höherer Lebensdauer, kleineren Abmessungen und niedrigem Preis stellen an die Kontaktwerkstoffe im Schaltgerätebau folgende wichtige Forderungen:

a) Einen niedrigen, möglichst konstant bleibenden Kontaktwiderstand und damit eine Vermeidung unzulässiger Erwärmung.
b) Eine genügende Festigkeit gegen Verschweißung, um mit dem Gerät ein hohes Schaltvermögen erzielen zu können.
c) Eine hohe Abbrandfestigkeit, um längere Schaltstücklebensdauern zu erzielen.
d) Günstige technologische Eigenschaften für eine rationelle Fertigung.
e) Eine Verminderung des Silbergehaltes, d. h. einen möglichst niedrigen Preis.

Ein idealer Kontaktwerkstoff, der allen diesen sich manchmal sehr widersprechenden Forderungen entspricht, existiert nicht. Die Auswahl des jeweils günstigen Kontaktwerkstoffes stellt sehr oft einen Kompromiß dar, bei dem eine Forderung nur durch einen teilweisen Verzicht auf eine andere zu verwirklichen ist. Die oben genannten Forderungen hängen aber nicht nur von den Werkstoffeigenschaften ab [1, 2]. Sie sind auch durch konstruktive Maßnahmen, wie Kontaktkraft, Öffnungsgeschwindigkeit, Form und Größe der Kontaktstücke [3], Löscheinrichtung usw. beeinflußbar.
Die nach sintertechnischen Verfahren hergestellten Verbundwerkstoffe Silber-Kadmiumoxyd und Silber-Nickel finden im Schaltgerätebau bereits in großem Umfang als Kontaktwerkstoffe Verwendung. G. Burkhard [4] gibt unter dem Gesichtspunkt der Feldemission eine physikalische Erklärung für das günstige Abbrandverhalten von Silberverbundwerkstoffen Ag-Cd und Ag-CdO mit Feindispersionsstruktur. In [5] wird der günstige Einfluß der Feindispersionsstruktur auf die Eigenschaften der Silberverbundwerkstoffe noch einmal experimentell bestätigt.
Die Aufgabe der vorliegenden Arbeit besteht darin, einen Vergleich des Abbrandverhaltens sowie der Änderung des Kontaktwiderstandes von Silberverbundwerkstoffen Ag-CdO und Ag-CdO und Ag-Ni als Kontaktwerkstoff in Gleichstromschützen durchzuführen.

4.2. Versuchsbedingungen

Die Untersuchungen wurden an Gleichstromschützen für Elektrokarren durchgeführt. Die Spannung der Stromquelle betrug 80 V, was der Praxis entspricht. Die Versuche sind an ein- und zweipoligen Schützen für 100 A vorgenommen worden, wobei folgende Daten eingehalten wurden:

Einschaltstrom $= 2{,}5 \cdot I_n$,
Ausschaltstrom $= I_n$,

Schalthäufigkeit = 600 Sch/h,
Zeitkonstante des Kreises = 10 ms.

Der Gewichtsverschleiß ist mittels einer Präzisionswaage mit einer Genauigkeit von 0,1 mg gemessen worden. Es wurde auch der Spannungsabfall auf den Schaltstücken, der auf den Kontaktwiderstand hinweist, gemessen.

4.3. Versuchsergebnisse

Die Geräte wurden bei den Prüfungen mit einer Nennstromstärke von 10, 25, 40, 63, 80 und 100 A belastet. Bei allen diesen Werten sind je 4 Geräte geprüft worden. Jeder Prüfling wurde bis zu 600000 Schaltspielen ausgesetzt. Die Messungen der Abbrandverluste erfolgten in einem Abstand von 50000 Schaltungen. Die mittleren Werte des Abbrandes sind als Funktion der Schaltspiele und der Lichtbogen-Stromstärke graphisch in Bild 1 und Bild 2 dargestellt. Die Bilder zeigen, daß die Abbrandverluste bei Schaltstücken aus Ag-Ni 70/30 fast gleich oder sogar kleiner sind als bei Schaltstücken aus Ag-CdO 85/15.

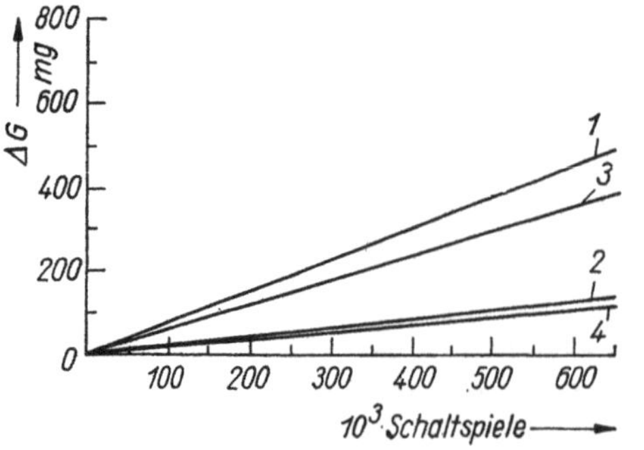

Bild 1. Abbrandverluste der Schaltstücke in Abhängigkeit von der Zahl der Schaltspiele.
1 — AgCdO 85/15, $I = 100$ A, 2 — AgCdO 85/15, $I = 63$ A, 3 — AgNi 70/30, $I = 100$ A, 4 — AgNi 70/30, $I = 63$ A

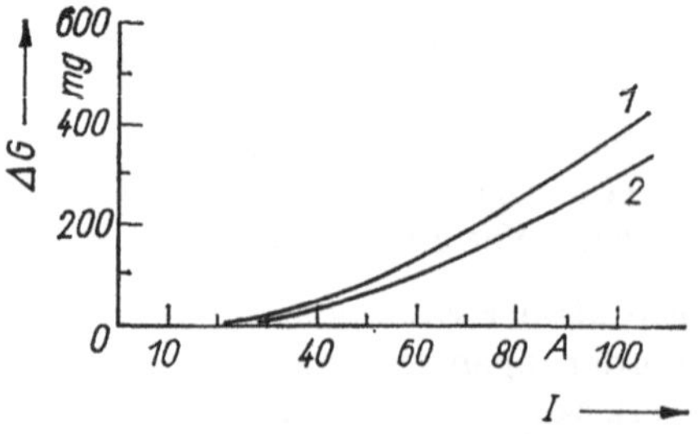

Bild 2. Abbrandverluste der Schaltstücke nach $5 \cdot 10^5$ Schaltspielen in Abhängigkeit von der Lichtbogenstromstärke.
1 — AgCdO 85/15, 2 — AgNi 70/30

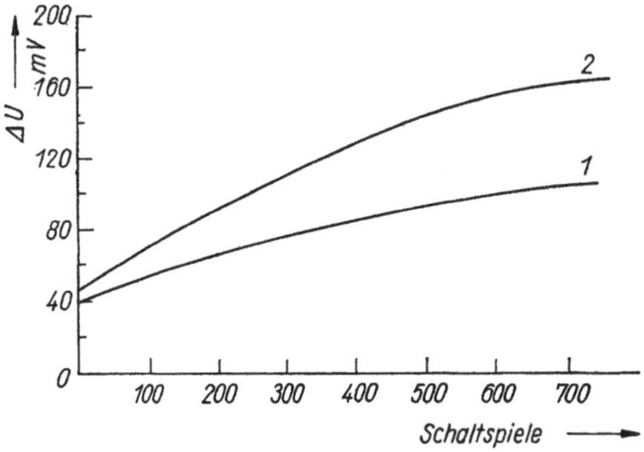

Bild 3. Spannungsabfall in Abhängigkeit von der Zahl der Schaltspiele bei $I_n = 100$ A. 1 — AgCdO 85/15, 2 — AgNi 70/30

Es wurde zusätzlich der Spannungsabfall über den Schaltstücken gemessen. Die Meßergebnisse sind im Bild 3 graphisch dargestellt. Es ist ersichtlich, daß der Spannungsabfall bei den Schaltstücken aus Ag-Ni 70/30 größer ist als bei Ag-CdO 85/15. Das bedeutet, daß der Kontaktwiderstand der Schaltstücke aus Ag-Ni 70/30 schneller wächst als der der Schaltstücke aus Ag-CdO, d. h., die Erwärmung bei Ag-Ni nimmt auch schneller zu.

4.4. Diskussion der Versuchsergebnisse

Das günstige Abbrandverhalten dieser Kontaktwerkstoffe kann man durch ihre Feinstruktur erklären. Die feine Verteilung des CdO im Silber begünstigt den Feldemissionsmechanismus bei der Abschaltung. Auf den Inseln von CdO [4] sind die Bedingungen für Feldemission bereits bei Temperaturen unter der Siedetemperatur des Silbers erfüllt. Somit verliert das Schaltstück aus Ag-CdO weniger Material.
Je feiner die Verteilung des Ni im Silber ist, desto kleiner sind die Schmelzzonen im Lichtbogenfußpunkt. Das vermindert das „Verspratzen" von flüssigem Metall und vermindert damit den Gesamtabbrand des Ag-Ni-Schaltstückes. Durch die feine Struktur erhöht sich die Dichte und die Härte des Werkstoffes, was auch mit einer Verminderung des Abbrandes verbunden ist.
Das etwas ungünstigere Verhalten des Kontaktwiderstandes bei Ag-Ni läßt sich infolge einer Verarmung von Silber durch das Verspritzen während des Schaltvorganges erklären. Bei Ag-CdO tragen sich die beiden Komponenten etwa gleichmäßig ab. Dank des Feldemissionsmechanismus ist es auch möglich, eine Verarmung am CdO zu erwarten.
Wie Bild 3 zeigt, verläuft der Zuwachs des Spannungsabfalles und auch des Kontaktwiderstandes regressiv. Wenn die Erwärmung der Schaltstücke nicht sehr hoch liegt, kann die Anwendung vom Kontaktwerkstoff Ag-Ni 70/30 zu einer Einsparung von Silber führen.

Literaturverzeichnis

[1] *Tschalakov, I.:* Über das Abbrandverhalten von Starkstromkontaktstücken beim Ausschaltvorgang. Diss., TH Ilmenau 1971

[2] *Tschakarov, D., Tschalakov, I.:* L'étude des quelques facteurs dans l'obtention des corps des contact frittés en argentoxyde cadmique avec une structure finement dispersée. 7. ITK, Paris 1974

[3] *Tschalakov* u. a.: Einfluß der Abmessungen der Schaltstücke und der Kontaktanordnung auf dem Abbrand. 6. ITK, Chicago 1972

[4] *Burkhard, G.:* Über den Zusammenhang zwischen Abbrandverhalten und Kathodenmechanismus von Silber Verbundwerkstoffen. СИЕЛА'71, Пловдив 1971

[5] *Бродов, В. А.* и др.: Свойтва и производство металокерамических контактов серебро-окис кадмия, серебро-никел с мелкодисперсной структурой. Сборник Эликтрические контакты, Энергия, Москва 1967

5. Die Verwendung der Kontaktwerkstoffe AgC, AgNi und AgW in Leistungsschutzschaltern für 100 A Nennstrom und 500 V

Von *K. Moschekov, L. Pejtschev, G. Christov* und *M. Kasakov*

BRV-EA Plovdiv

5.1. Einleitung

Die vielfältigen Anforderungen an Leistungsschalter für einen Nennstrom von 100 A, wie z. B. gutes Schaltvermögen, eine hohe elektrische Lebensdauer und Verschweißfestigkeit, einen niedrigen und konstanten Kontaktwiderstand, eine entsprechend geringe Erwärmung in den Grenzen der Normanforderungen beim Dauerbetrieb und während des elektrischen Schaltvorganges, das Fehlen negativer Einflußfaktoren auf die elektrische Festigkeit der umgebenden Isolationswerkstoffe und nicht zuletzt ein niedriger Selbstkostenpreis und die Einsparung von Silber sind bei der Auswahl eines Kontaktpaares zu berücksichtigen. Die Kenntnisse über das Verhalten der bekannten Konstruktionen von Leistungsschaltern im Betrieb genügen für eine optimale Auswahl nicht, da einerseits verschiedenartige Lösungen bekannt sind, andererseits aber auch die Werkstoffqualität und die Schaltparameter einen Einfluß auf die optimale Auswahl ausüben. Die vorliegenden Untersuchungen dienen der Ermittlung einer Reihe von Angaben und Kennlinien, deren Kenntnis eine optimale Auswahl eines Kontaktpaares für Leistungsschalter für einen Nennstrom von 100 A ermöglicht. Eine besondere Aufmerksamkeit wird dabei den verschiedenen Verbundwerkstoffen für den beweglichen und den festen Kontakt geschenkt.

5.2. Methodik und Untersuchungsbedingungen

Die vorliegenden Untersuchungen umfassen die Aufnahme der Lebensdauerkennlinien bei einem Ausschaltstrom von 100 A und einer Spannung von 380 V ($\cos \zeta = 1$) sowie die Bestimmung der Abhängigkeit des Kontaktwiderstandes von der Kontaktkraft und der Zahl der Schaltspiele beim Abbrand. Im Untersuchungsprogramm sind auch die Aufnahme der Verschweißkennlinie und die Erwärmungs-, Lebensdauer- und Schaltvermögensprüfungen an Leistungsschaltern enthalten.
Gegenstand der Untersuchungen sind die Kontaktwerkstoffe: AgW 50/50 (VRB), AgNi 60/40 (UdSSR), AgC 95/5 (UdSSR), AgNi 70/30 (BRD), AgC 95/5 (BRD — stranggepreßt) bei folgenden Kontaktpaarungen: AgW-AgW, AgNi-AgNi, AgW-AgNi, AgNi-AgC, AgW-AgC, wobei in einzelnen Fällen die Werkstoffe des beweglichen und des festen Kontaktes ausgetauscht wurden.
Die Abbrandkennlinien werden auf einer speziellen Mehrpositionseinrichtung (Mehrfacheinrichtung) für gemeinsame Prüfung von 6 Kontaktpaaren aufgenommen. Es besteht die Einstellmöglichkeit folgender Parameter: Kontaktdruck, Einschalthäufigkeit, Öffnung u. a. [1].

5.3. Untersuchungsergebnisse

Im Bild 1 ist die Kontaktwiderstandskennlinie in Abhängigkeit von der Kontaktkraft $R_k = f(P_k)$ für den Bereich 0,25—3,0 kp dargestellt.

In den Bildern 2a und 2b sind die Kennlinien der elektrischen Lebensdauer in Abhängigkeit von der Zahl der Schaltspiele beim Ausschalten eines 100-A-Stromes bei 380 V und $\cos \zeta = 1$ angegeben.
In den Bildern 3a und 3b ist der Kontaktwiderstand als Funktion der Schaltspielzahl dargestellt.

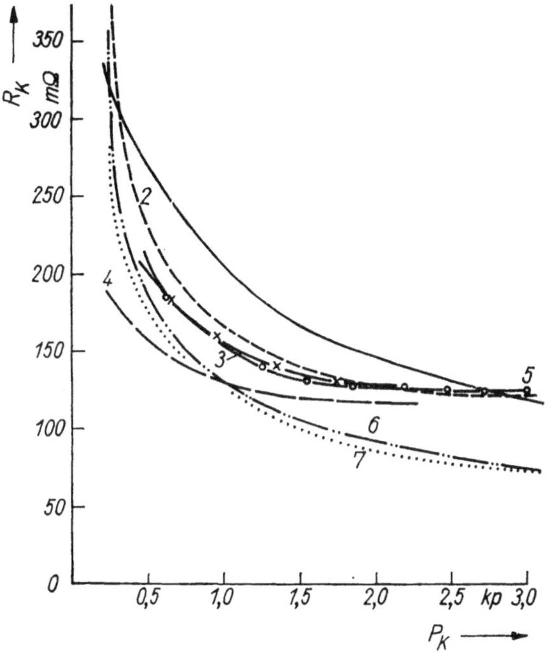

Bild 1. Die Abhängigkeit des Kontaktwiderstandes von dem Kontaktdruck ($R_k = f(P_k)$. 1 — Kontaktpaar AgW (VRB) — AgC (UdSSR), 2 — Kontaktpaar AgNi (UdSSR) — AgNi (UdSSR), 3 — Kontaktpaar AgW (VRB) — AgNi (UdSSR), 4 — Kontaktpaar AgW (VRB) — AgC (BRD), 5 — Kontaktpaar AgW (VRB) — AgW (VRR), 6 — Kontaktpaar AgNi (UdSSR) — AgC (UdSSR), 7 — Kontaktpaar AgNi (BRD) — AgC (BRD)

5.4. Analyse der Untersuchungsergebnisse

Als untersuchte Kontaktwerkstoffe wurden die Werkstoffe ausgewählt, die am häufigsten in der Leistungsschalter-Produktion Verwendung finden, seitdem die negativen Eigenschaften des AgW-AgW-Paares und der größere Silberaufwand in dem AgNi-AgC-Paar in Betracht gezogen werden.
Für die konstruktive Ausführung des Kontaktsystems der Leistungsschalter für 100 A ist es üblich, daß separate Lichtbogenlöschkontakte fehlen und die Hauptkontakte lichtbogenlöschend wirken. Das heißt, daß die Schaltstücke sowohl dem Einfluß des Lichtbogens beim Ausschalten als auch der Erwärmung infolge der Belastung mit Nennstrom im Dauerbetrieb unterliegen. Daraus leitet sich die wichtige Forderung ab, daß der Kontaktwiderstand sowohl am Anfang als auch nach elektrischen Schaltungen im Nennbetrieb genügend niedrig liegt, um eine erhöhte Erwärmung zu vermeiden. Wie aus den Bildern 3a und 3b zu ersehen ist, geben die Untersuchungen diesbezüglich interessante Angaben über das Verhalten der untersuchten Kontakte. Interessant ist das Ergebnis für das Paar AgW-AgW. Dieser Werkstoff ist heute einer der verbreitetsten für diesen Zweck. Er wird charakterisiert durch verhältnismäßig gute Verschleißfestig-

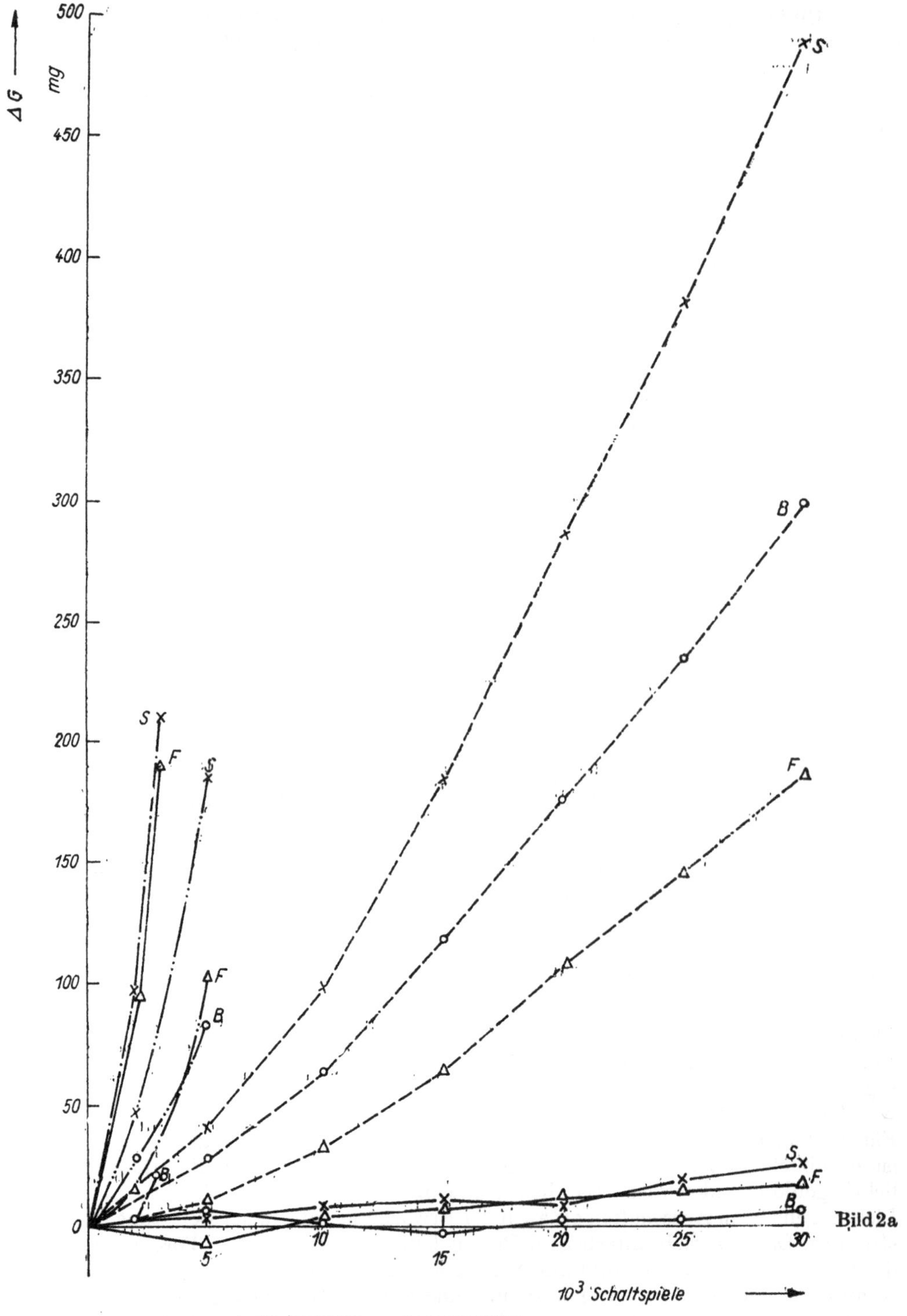

a) ——— Kontaktpaar AgNi (UdSSR) — AgC (UdSSR)
— · — Kontaktpaar AgNi (BRD) — AgNi (BRD)
— — — Kontaktpaar AgW (VRB) — AgW (VRB)
— ·· — Kontaktpaar AgW (VRB) — AgC (UdSSR)

Bild 2. Kontaktverschleiß in Abhängigkeit von den Schaltspielen. Bezeichnungen: F — Festkontaktverschleiß, B — Verschleiß des beweglichen Kontaktes, S — Summenverschleiß

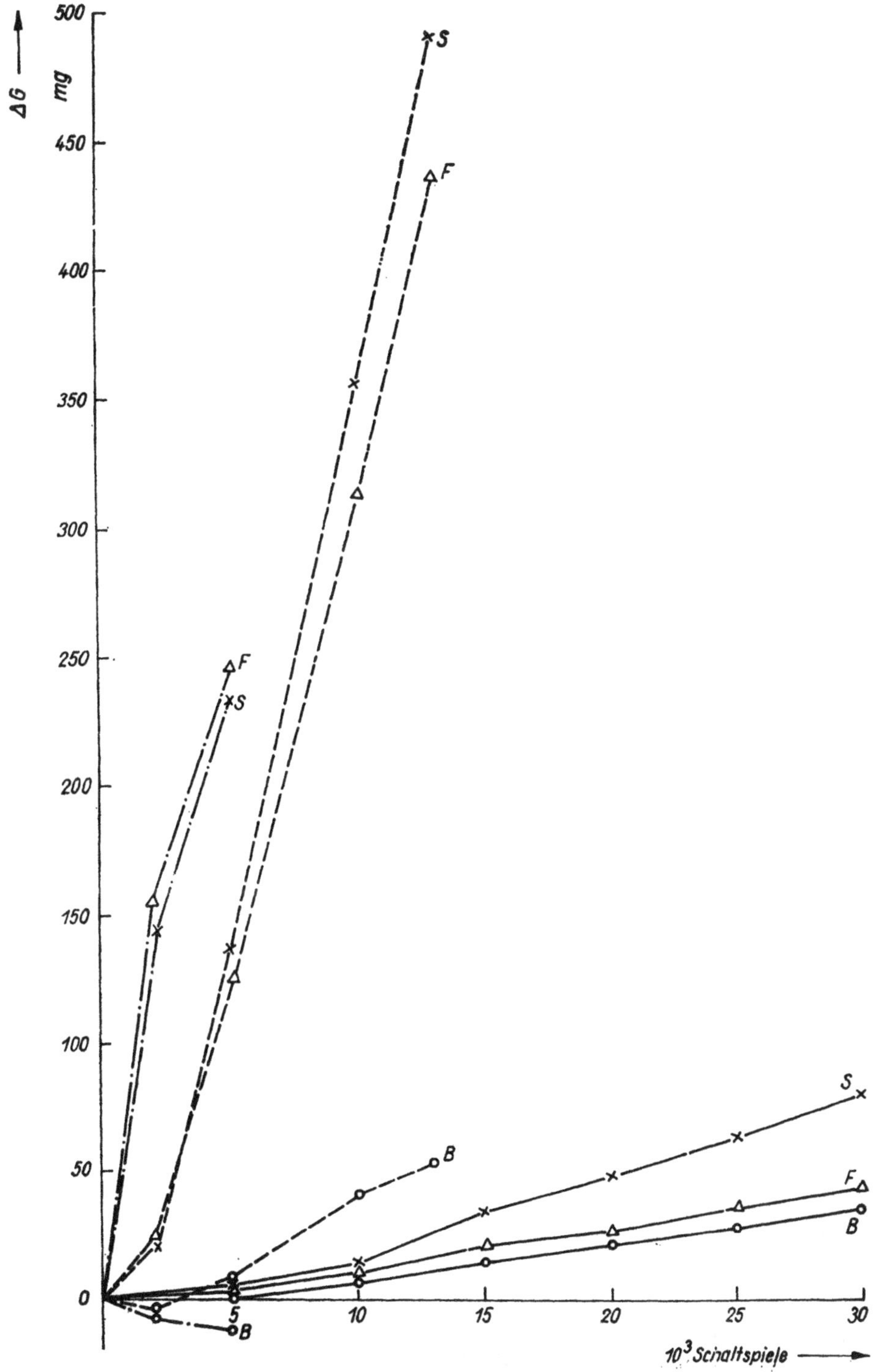

Bild2b

b) ——— Kontaktpaar AgNi (UdSSR) — AgNi (UdSSR)
– – – Kontaktpaar AgW (VRB) — AgNi (UdSSR)
— · — Kontaktpaar AgC (BRD) — AgW (VRB)

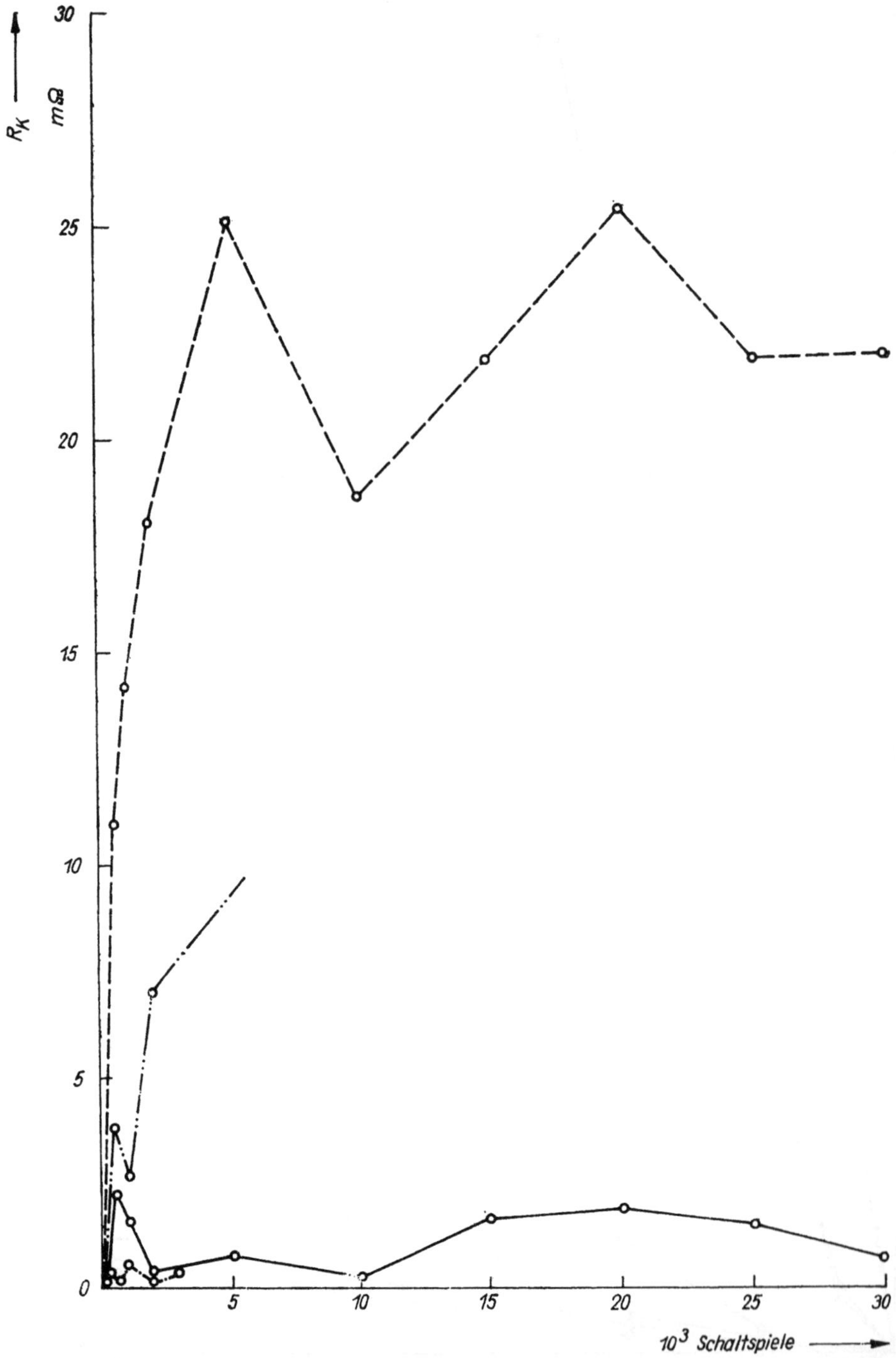

Bild 3a

a) ——— Kontaktpaar AgNi (UdSSR) — AgC (UdSSR)
— · — Kontaktpaar AgNi (BRD) — AgC (BRD)
— — — Kontaktpaar AgW (VRB) — AgW (VRB)
— ·· — Kontaktpaar AgW (VRB) — AgC (UdSSR)

Bild 3. Kontaktwiderstand in Abhängigkeit von elektrischen Schaltspielen bei einem Ausschaltstrom von 100 A

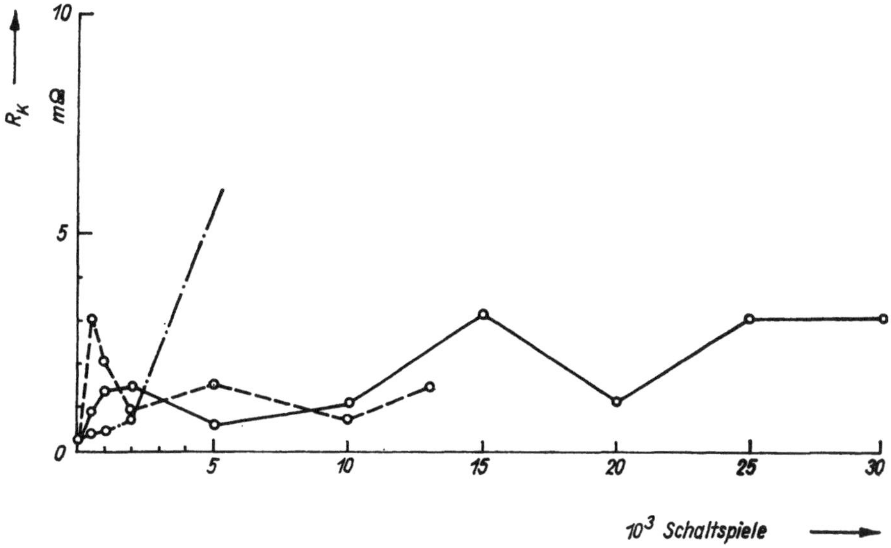

Bild 3b

b) ——— Kontaktpaar AgNi (UdSSR) — AgNi (UdSSR)
------ Kontaktpaar AgW (VRB) — AgNi (UdSSR)
— · — Kontaktpaar AgC (BRD) — AgW (VRB)

keit (auch bei hohen Leistungen), kleine Verschweißneigung, aber mit einer Neigung zur Ausbildung von Schlackeschichten aus Silber-Wolfram-Oxyden und Silber-Wolframaten, und durch Korrosionsneigung unter dem Einfluß bestimmter Kunststoffe. Charakteristisch ist der große Anstieg des Kontaktwiderstandes dieses Kontaktpaares im Bild 3a. Wird von dem Kontaktpaar ein AgW-Kontakt gegen einen AgNi- bzw. AgC-Kontakt ausgewechselt, dann steigt der Kontaktwiderstand schon wesentlich weniger an.

Viel tiefere Werte weist der Kontaktwiderstand bei den Paaren AgNi-AgC, AgNi-AgNi auf. Die Erklärung dieses Ergebnisses beruht sowohl auf der niedrigeren Härte dieser Werkstoffe als auch auf deren verhältnismäßig kleinere Neigung zu Schichtbildung sowie auch auf der reduzierenden Wirkung des Kohlenstoffs. Charakteristisch ist, daß der Anfangskontaktwiderstand des Paares AgW-AgW nicht den höchsten Wert aufweist (Bild 1), das Paar AgNi-AgNi zeigt einen größeren Kontaktwiderstand im Neuzustand. Bezüglich der Lebensdauerkennlinien weist das Paar AgNi-AgC von UdSSR-Hersteller einen sehr kleinen fast konstanten Abbrand während 30000 Schaltungen auf. Kennzeichnend ist, daß dasselbe Paar vom BRD-Hersteller, wobei das Material AgC stranggepreßt ist, einen sehr viel größeren und steil ansteigenden Abbrand aufweist. Ein verhältnismäßig kleiner Abbrand liegt auch bei dem Paar AgNi-AgNi vor. Der Abbrand des Paares AGW-AgW ist mittelstark. Die Werkstoffkombinationen AgW mit den Werkstoffen AgNi und AgC weisen größeren Abbrand auf, wobei der Austausch von beweglichem und festem Kontakt keinen sichtbaren Einfluß aufweist. Aus den Bildern ist zu ersehen, daß in einzelnen Fällen eine Wanderung des Kontaktwerkstoffes von dem beweglichen auf den festen Kontakt — aus AgC und AgNi und AgW und zurück bei AgNi-AgC beobachtet wird. Bei dem letzten Fall wandert das Material von AgNi auf AgC.

Die durchgeführten oben erwähnten Volumenuntersuchungen zeigen, daß die Paare AgNi-AgC und AgNi-AgNi wesentlich geeigneter sind. Das letzte Paar hat Vorteile, sowohl aus ökonomischer Sicht als auch hinsichtlich der Einsparung der Defizitwerkstoffe Ag und W. Weitere Untersuchungen, auch der Kombinationen AgW-AgC und AgW-AgNi, sind zweckmäßig.

Selbstverständlich kann eine abschließende Bewertung zur optimalen Auswahl erst nach Beendigung des gesamten Untersuchungsprogramms, d. h. auch Berücksichtigung von Verschweißungen und Schaltvermögen, erfolgen. Dies wird aber Gegenstand einer folgenden Arbeit sein.

Literaturverzeichnis

[1] *Pantscheva, M., Pejtschev, L., Kalajdjieva, T.:* Warchu iznoswaneto na kontaktni tela pri izklütschwane na elektritscheka daga. I. Nat. Konferenz „Physik-Produktion", Kazanlik (VRB) 1974

[2] *Taev, J. S.:* Elektritscheskie kontakti i dugogasitelni ustrojstwa apparatow nizkovo naprjagenija. Energija, Moskau 1973

[3] *Kuznetzov, R. S.:* Apparati raspredelenija elektritscheskoj energii na naprjagenija do 1000B. Energija, Moskau 1970

6. Zum Verhalten von Starkstromkontakten aus Sintermetallen unter flüssigem Stickstoff

Von *B. Müller* und *H. Wessel*

Technische Hochschule Ilmenau, Sektion Elektrotechnik

Gegenwärtig werden weltweit Untersuchungen zur Schaffung der wissenschaftlich-technischen Voraussetzungen für eine Übertragung von Elektroenergie bei tiefen Temperaturen durchgeführt. Besonderes Interesse rufen dabei Lösungen hervor, bei denen die Arbeitstemperatur 77 K (Temperatur des siedenden flüssigen Stickstoffs bei 1 at) beträgt. Solche Energieübertragungssysteme werden nicht frei von Kontaktstellen sein, es sind Festkontakte (Verschraubungen usw.), aber auch Schaltkontakte (Trennstellen) denkbar.
In Hinblick auf einen möglichen Einsatz von sintermetallurgisch hergestellten Kontaktwerkstoffen wurden wichtige Vertreter dieser Materialien auf ihre Eignung für Kontaktanordnungen bei 77 K untersucht. Vor allem kam es den Verfassern auf einen Vergleich des Kontaktverhaltens bei Zimmertemperatur und der tiefen Temperatur an. Untersucht wurde ausschließlich der ruhende Punktkontakt hinsichtlich seines Kontaktwiderstandes und seiner Stromtragfähigkeit.

6.1. Theoretische Aspekte

Die Veränderung des Kontaktwiderstandes beim Übergang zu tiefen Temperaturen wird beeinflußt durch die Temperaturabhängigkeit des spezifischen elektrischen Widerstandes ϱ, der Kontakthärte und des Fremdschichteinflusses.
Diese einzelnen Faktoren wirken unterschiedlich auf die Veränderung von R_K ein. Während ϱ mit kleiner werdender Temperatur sinkt (Verkleinerung von R_K), bewirken die Zunahme der Kontakthärte und des Fremdschichteinflusses ein Ansteigen des Widerstandes.
Es konnte schon früher [2] gezeigt werden, daß es nur bei einigen Metallen zu einer brauchbaren Verbesserung des Kontaktwiderstandes kommt, weil die Verbesserung der Leitfähigkeit bei ihnen einen dominierenden Einfluß hatte.
Der Kontaktwiderstand hat eine große Bedeutung, weil er bestimmend für den Energieumsatz in der Kontaktstelle und damit für die Belastbarkeit (Stromtragfähigkeit) des Kontakts ist. Der Kontaktwiderstand von Punktkontakten ist aber nur dann näherungsweise berechenbar, wenn der Fremdschichteinfluß vernachlässigbar ist. Deshalb kann besonders bei tiefen Temperaturen auf Messungen nicht verzichtet werden.
Unter einer Reihe von Voraussetzungen und der Berücksichtigung der Ergebnisse von *Greenwood* und *Williamson* [3] (Stationärer Fall, Vernachlässigung der Temperaturabhängigkeit der Wärmeleitfähigkeit, Linearisierung der Temperaturabhängigkeit von ϱ) erhält man eine temperaturunabhängige Stromtragfähigkeit zwischen Normaltemperatur und 77 K (vgl. [2]). Es gilt für die Grenzstromstärke $\hat{I}_{gT}$ bei der Temperatur T

$$\hat{I}_{gT} = \pi \sqrt{\varrho_{293}\lambda_{293}(293\,\mathrm{K} - T_0)}\;\frac{1}{R_{K293}}, \qquad (1)$$

(ϱ_{293} — spez. elektr. Widerstand bei 293 K; λ_{293} — Wärmeleitfähigkeit bei 293 K; T_0 — theoretischer Schnittpunkt der linearisierten $\varrho(T)$-Funktion mit der Temperatur-Achse; R_{K293} — Kontaktwiderstand bei 293 K) oder mit dem Kontaktwiderstand R_{KT} bei der Arbeitstemperatur T:

$$\hat{I}_{gT} = \pi \sqrt{\frac{\varrho_T \lambda_{293}}{\alpha_T}} \frac{1}{R_{KT}} \tag{2}$$

(ϱ_T — spez. elektr. Widerstand, α_T — Temperaturkoeffizient des spez. elektr. Widerstandes, beide bei der Temperatur T).

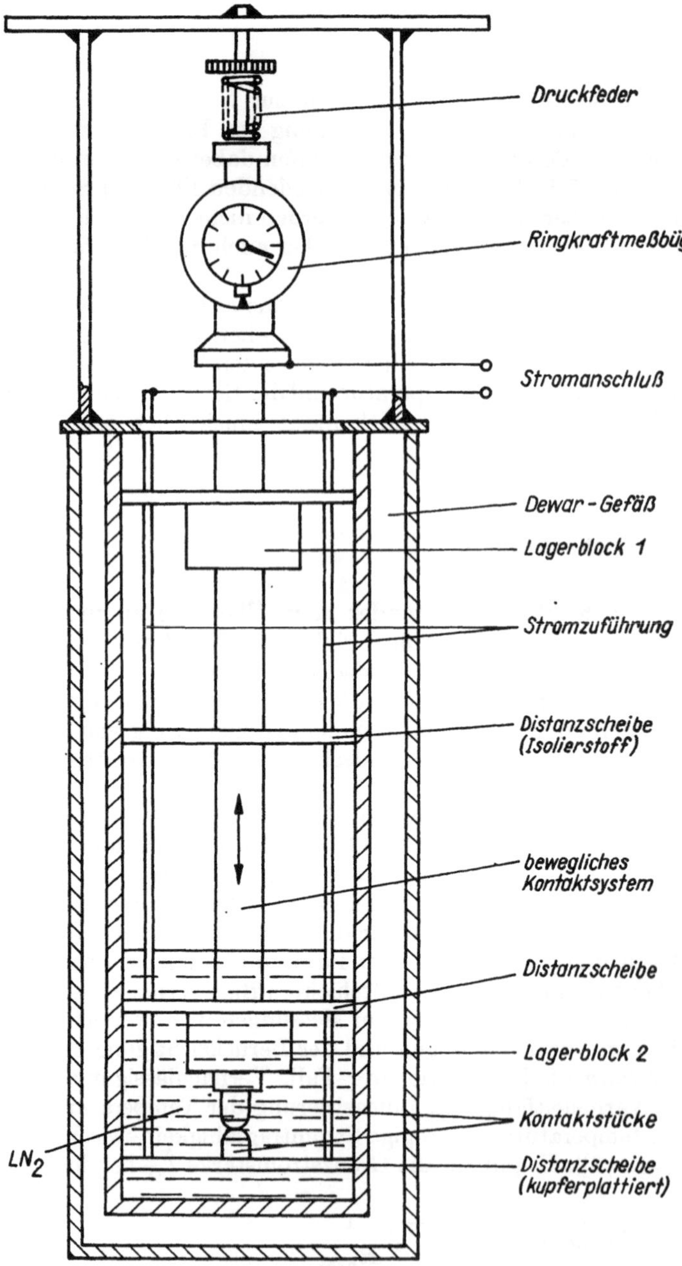

6.2. Versuchseinrichtung

Für die Durchführung der Messungen wurde ein Dewar-Gefäß verwendet, in das eine Kontaktprüfeinrichtung (Bild 1) hineingelassen wurde. Entsprechend der Arbeitstemperatur wurde das Dewar-Gefäß mit flüssigem Stickstoff gefüllt oder nicht. Die Kontaktprüfeinrichtung hatte einen säulenförmigen Aufbau, der die Messung der Kontaktkraft außerhalb des Tieftemperaturbereiches mit einem Ringkraftmeßbügel gestattete.
Der Belastungsstrom (sinusförmige Halbwelle) wurde über ein Ignitron in Verbindung mit einem Hochstromtrafo erzeugt, die Ermittlung des Kontaktwiderstandes erfolgte über eine Strom-Spannungs-Messung in einem Gleichstromkreis.
Bei den Messungen wurden zylindrische Kontaktstücke mit einem Balligkeitsradius der Stirnflächen von $r_B = 10$ mm verwendet. Die Lagerzeit zwischen Herstellung der Kontaktstücke und Messung überstieg 15 min nicht.

6.3. Meßergebnisse

6.3.1. Kontaktwiderstand

Prinzipiell kann festgestellt werden, daß sich der Kontaktwiderstand R_{K77} als Funktion der Kontaktkraft genau wie bei Normaltemperatur verhält. Mit steigender Kraft fällt R_{K77} (Bilder 2, 3). Dies muß unter LN_2 nicht so sein, wie Messungen an Al [2] ergaben.

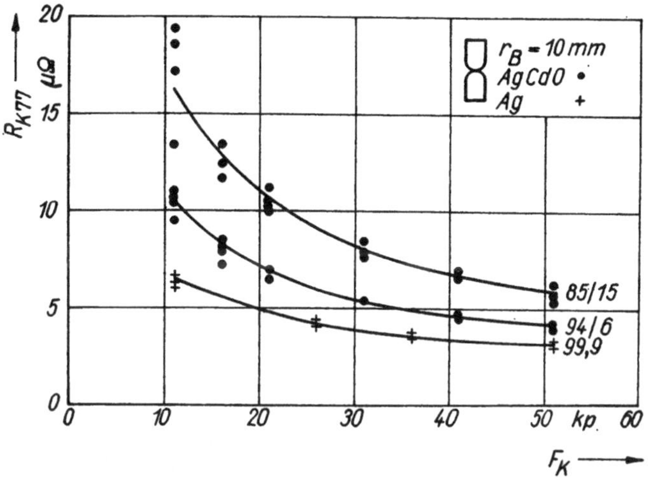

Bild 2. Kontaktwiderstand von AgCdO-Kontakten bei 77 K (zum Vergleich reines Silber)

Der Vergleich der Kurven mit der von reinem Silber zeigt, daß die kleinsten Widerstände (nur ca. 25% größer als Ag) von AgCdO 94/6 erreicht werden (Bild 2). Mit steigendem CdO-Gehalt wächst sowohl R_K als auch die Streubandbreite. WAg-Kontakte haben absolut gesehen viel höhere Widerstände (Bild 3), die R_K-Werte liegen zwischen denen von W und Ag, die sich um knapp zwei Zehnerpotenzen unterscheiden. Ähnliche Ergebnisse liegen für WCu und WAgNi vor. Wegen ihrer größeren Härte und schlechteren Leitfähigkeit haben WCu-Kontakte, die mit legiertem Kupfer getränkt sind, höhere Widerstände als solche, die mit ECu getränkt sind.

Bild 1. Schema der Versuchseinrichtung

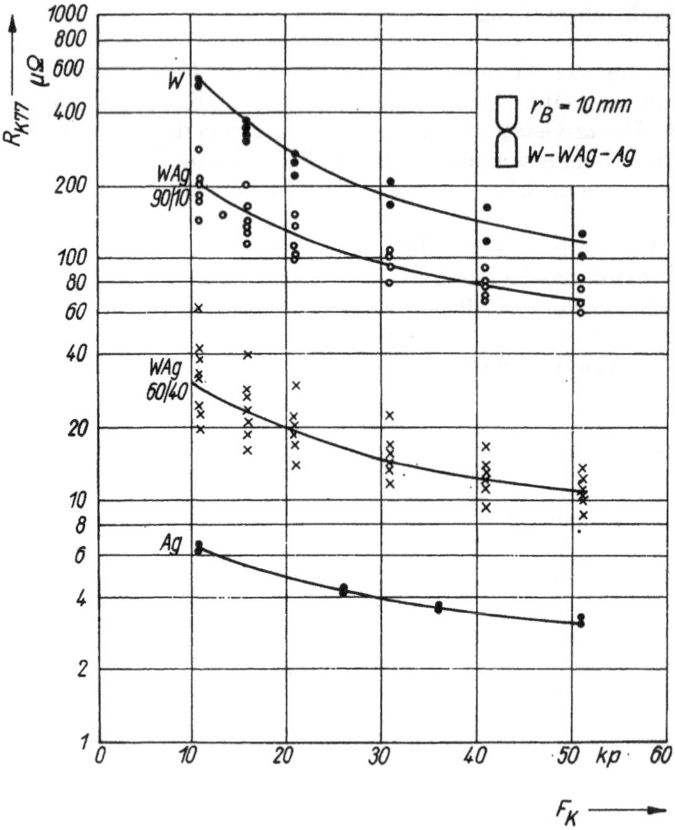

Bild 3. Kontaktwiderstand von W-, WAg- und Ag-Kontakten bei 77 K

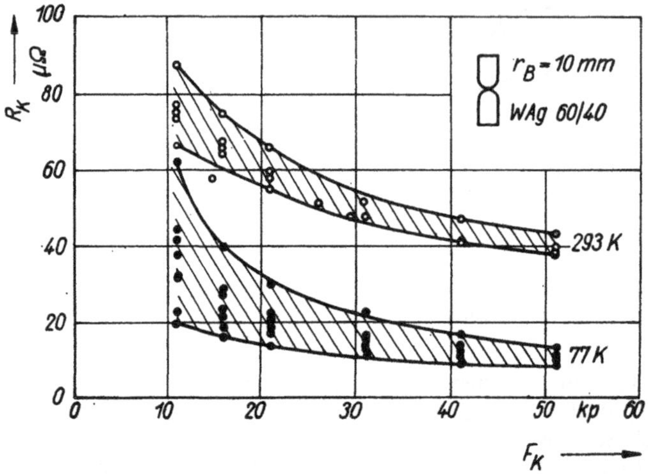

Bild 4. Vergleich der Kontaktwiderstände bei 77 K und 293 K als Funktion der Kontaktkraft für WAg-Kontakte

Wichtig für die Einschätzung der Kontaktwerkstoffe bei tiefen Temperaturen ist der Vergleich der Kontaktwiderstände bei 77 K und 293 K unter gleicher Geometrie und Kontaktkraft. Bild 4 zeigt am Beispiel WAg 60/40 typische Verläufe R_{K293} und R_{K77}

$= f(F_K)$. Zunächst fällt auf, daß bei 77 K die Streubandbreite zunimmt. Dabei kann es sogar zu Überschneidungen der Streubänder bei kleinen Kräften kommen. Letzteres bedeutet, daß es Fälle gibt, bei denen der Kontaktwiderstand R_{K77} gleich oder größer als R_{K293} ist. Grund ist die relative Zunahme des Fremdschichteinflusses beim Übergang zu tiefen Temperaturen. Quetsch- und Frittvorgänge scheinen bei 77 K behindert. Diese Überschneidungen traten vor allem bei wolframhaltigen Materialien mit einem W-Anteil > 70% auf.

Zur Beurteilung der Kontaktwerkstoffe soll deshalb das Verhältnis der Widerstände bei 293 K und 77 K gebildet werden. Da die R_K-F_K-Kurven Streubänder darstellen, sollen zwei dieser Verhältnisse betrachtet werden. $R_{K77max}/R_{K293min}$ ist das schlechteste (maximale) Verhältnis, das möglich ist. Es wird nur im Extremfall auftreten, denn ein Kontakt, der bei 77 K sehr ungünstige Werte besitzt, dürfte kaum bei 293 K zu den besten gezählt haben. $R_{K77min}/R_{K293min}$ ist das Verhältnis der besten Kontakte bei beiden Temperaturen. Tendenzmäßig sagen beide Verhältnisse gleiches aus.

Wären Fremdschichteinfluß und Kontaktflächengröße temperaturunabhängig, so müßten beide Verhältnisse gleich dem Verhältnis der spezifischen elektrischen Widerstände sein (etwa zwischen 0,12 und 0,25 für bekannte Kontaktstoffe).

Das gemessene Widerstandsverhältnis ist eine Funktion der Kontaktkraft, wenn Fremdschichten das Kontaktverhalten beeinflussen. Bei den untersuchten Sintermetallkontakten nimmt R_{K77}/R_{K293} mit steigender Kontaktkraft ab. Stärkere Drücke im Bereich der Kontaktfläche und damit ausgeprägtere Fließvorgänge sind die Ursache für eine Abnahme des ausgeprägteren Fremdschichteinflusses bei 77 K mit zunehmender Kraft. Bild 5 zeigt typische Verläufe wiederum am Beispiel WAg 60/40.

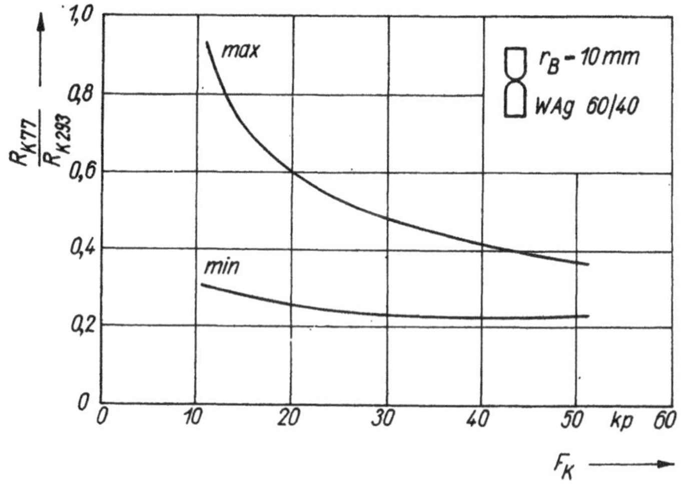

Bild 5. Kontaktwiderstandsverhältnis R_{K77}/R_{K293} für WAg-60/40-Kontakte

Die Lage der Kurven $R_{K77}/R_{K293} = f(F_K)$ wird vor allem durch den Anteil anlauffreudiger Komponenten des Sinterwerkstoffs bestimmt. Bild 6 zeigt bei einer Kontaktkraft von 51 kp Widerstandsverhältnisse der WAg-Reihe. Reine sintermetallurgisch hergestellte W-Kontakte zeigen noch bei dieser hohen Kontaktkraft eine Überschneidung der $R_K = f(F_K)$-Bänder bei beiden Temperaturen. Schon geringe Zusätze von Ag beseitigen diesen Effekt. Ähnlich verhält sich WAgNi, während bei WCu-Kontakten eine Abhängigkeit des Widerstandsverhältnisses von der W-Konzentration nicht erkennbar ist, da beide Komponenten anlauffreudig sind.

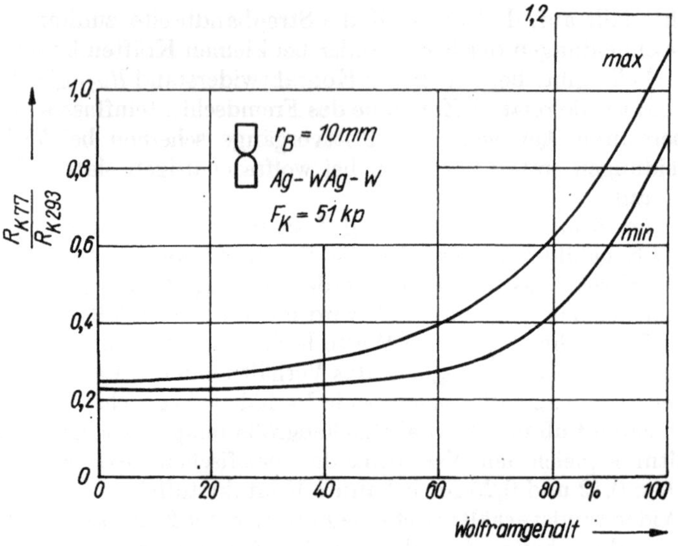

Bild 6. Einfluß des Wolframanteils auf das Kontaktwiderstandsverhältnis R_{K77}/R_{K293}

6.3.2. Stromtragfähigkeit

Die nach einer Strombelastung mit einer sinusförmigen Halbwelle entstandenen Kontaktwiderstände als Funktion des Scheitelwertes der vorangegangenen Stromhalbwelle zeigt Bild 7 (Beispiel AgCdO 90/10). Alle beobachteten Verläufe der Sintermetall-Kon-

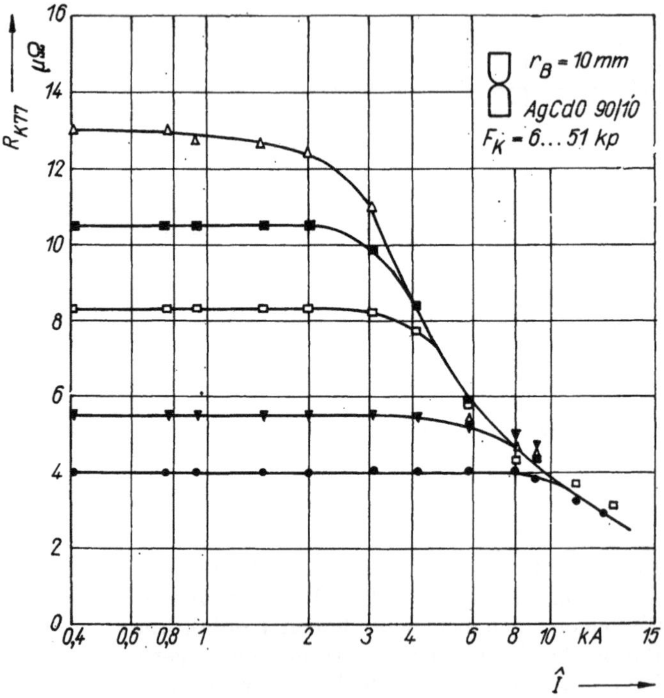

Bild 7. $R_{K77} = f(\hat{I})$ für AgCdO 90/10

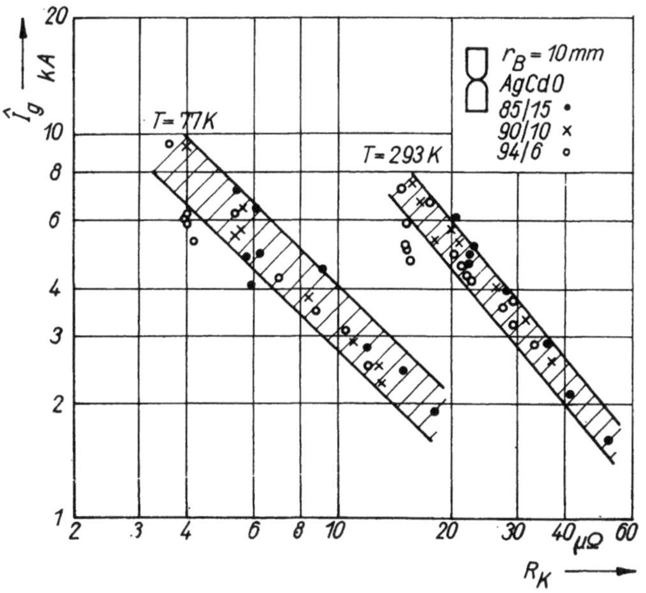

Bild 8. Stromtragfähigkeit in Abhängigkeit vom Ausgangswiderstand von AgCdO-Kontakten

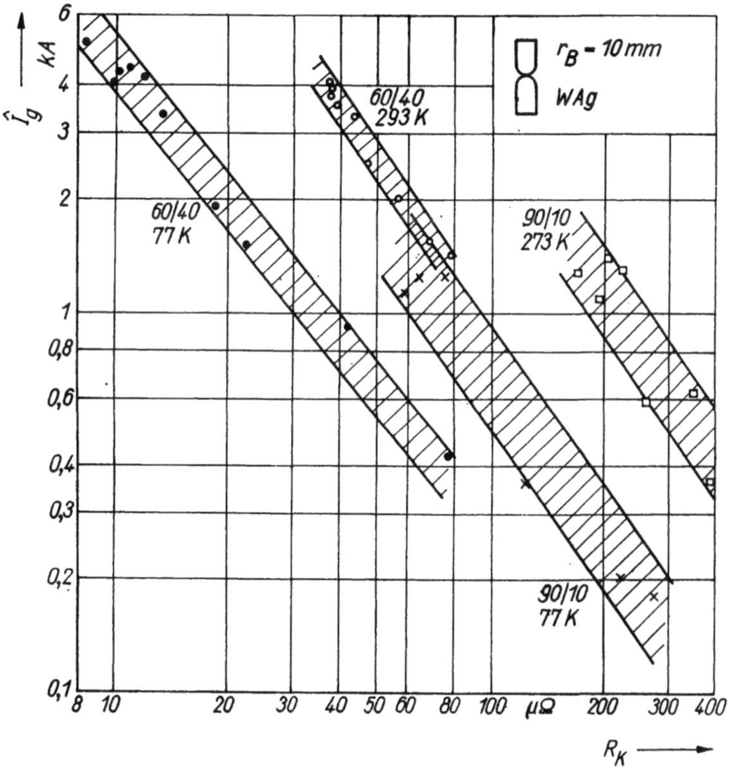

Bild 9. Stromtragfähigkeit in Abhängigkeit vom Ausgangswiderstand von WAg-Kontakten

takte sind vom Normaltyp, d. h. der Übergang in den Bereich erster irreversibler Widerstandsänderungen erfolgt stetig ohne Knickpunkte, nicht wie etwa bei Messing [1], obwohl es sich bei den Sintermetallen überwiegend um Mehrkomponentenwerkstoffe handelt. Aus diesen Verläufen, die von Kurve zu Kurve durch Variation der Kontaktkraft entstanden sind, wird die Grenzstromstärke $\hat{I}_g$ als Funktion von R_{K77} (Ausgangswert) ermittelt. Entsprechend der Definition handelt es sich bei der Grenzstromstärke um denjenigen Strom, der gerade eine bleibende Widerstandsänderung hervorruft. Es hat sich bei der Auswertung als günstig erwiesen, hier eine 5%ige Widerstandsabsenkung als Ausgangspunkt zu wählen.

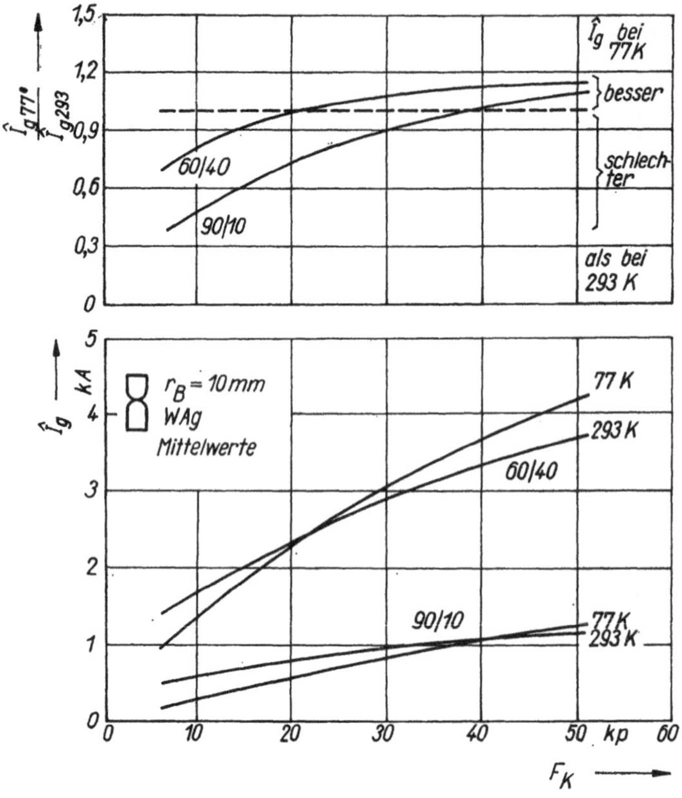

Bild 10. Vergleich der Grenzstromstärken bei 293 K und 77 K

Wird so verfahren, so erhält man die auf dem Bild 8 (Beispiel AgCdO) gezeigten Kurven $\hat{I}_g = f(R_{K77})$ und $\hat{I}_g = f(R_{K293})$. Nach der Theorie wird die Lage der Verläufe nach Formel (2) vor allem durch die Ausdrücke $\pi \sqrt{\varrho_{77} \cdot \lambda_{293}/\alpha_{77}}$ für 77 K bzw. $\pi \sqrt{\varrho_{293}\lambda_{293}/\alpha_{293}}$ für 293 K, die die Dimension einer Spannung besitzen, bestimmt. Sind diese fiktiven Spannungen für Kontakte mit verschiedenen Konzentrationen der Komponenten gleich, so müssen auch die Kurven bei gleicher Temperatur identisch sein, z. B. AgCdO (Bild 8) und WCu. Ist diese Spannung eine Funktion der Konzentration einer Komponente, so unterscheiden sich die Streubänder (z. B. WAg, Bild 9). Bei Kenntnis dieser Kurven kann zu einem über eine einfache Messung gewonnenen Kontaktwiderstand sofort die Stromtragfähigkeit bestimmt werden. Die Ausdrücke $\pi \sqrt{\varrho_T \lambda_{293}/\alpha_T}$ sind gegenwärtig für die Sintermetallkontakte nicht berechenbar, da die erforderlichen Materialfunktionen bei tiefen Temperaturen nicht bekannt sind. Beim Übergang zur Arbeitstemperatur 77 K sollte sich die Stromtragfähigkeit theoretisch kaum verändern. Um dies experimentell zu überprüfen, ist auf Bild 10 unten für WAg bei zwei W-Konzentrationen der Verlauf der gemittelten Stromtragfähigkeiten als Funktion der Kontaktkraft aufgetragen. Man erkennt, daß sich die Kurven bei 77 K und 293 K jeweils schneiden. Oberhalb einer Kontaktkraft F_{K1} ist die mittlere Stromtragfähigkeit bei 77 K etwas größer als bei 293 K. Auf Bild 10 oben wird diese Verbesserung in dem Verhältnis der mittleren Grenzstromstärken deutlich. Die Verbesserung ist gegenüber der Theorie erklärbar durch die bei der Rechnung gemachten Vereinfachungen (z. B. stationärer Fall, $\lambda \neq \lambda(T)$). Die Verschlechterung unterhalb der Kraft F_{K1} wird verursacht wiederum durch den erhöhten Fremdschichteinfluß bei 77 K und bei kleineren Kontaktkräften. F_{K1} ist kleiner, wenn der W-Anteil abnimmt. Bei AgCdO-Kontakten ist nur eine geringe Verschlechterung ($\hat{I}_{g77}/\hat{I}_{g293} > 0{,}8$) bei kleinen Kräften zu beobachten, während alle wolframhaltigen Kontakte ein ähnliches Verhalten wie das auf Bild 10 gezeigte aufweisen.

6.4. Zusammenfassung

- Die Kontaktwiderstände von Sintermetallkontakten bei 77 K sind bei AgCdO-Kontakten besser als bei 293 K, bei wolframhaltigen Kontakten können sie, insbesondere bei kleineren Kontaktkräften, gleich oder größer als bei 293 K sein.
- Der Fremdschichteinfluß nimmt mit fallender Temperatur zu.
- Die Stromtragfähigkeit von AgCdO-Kontakten verändert sich bei 77 K nur wenig gegenüber 293 K; bei wolframhaltigen Kontakten und kleineren Kontaktkräften treten z. T. erhebliche Verringerungen der Stromtragfähigkeit auf.
- Für den Einsatz bei 77 K ist vor allem von den untersuchten Sintermaterialien AgCdO zu empfehlen, wolframhaltige Werkstoffe sind ungünstig hinsichtlich ihrer Kontaktwiderstände und Stromtragfähigkeit. Die Verschlechterung der Eigenschaften steigt mit dem W-Gehalt.

Literaturverzeichnis

[1] *Mau, H.-J., Müller, B.:* Eine Methode zur Bestimmung der Stromtragfähigkeitsgrenze ruhender Kontakte. Tagungsber. 8. Int. Tagung über elektr. Kontakte, Tokio 1976, S. 251–256

[2] *Müller, B.:* Zum Verhalten ruhender Starkstromkontakte unter flüssigem Stickstoff. Tagungsber. 8. Int. Tagung über elektr. Kontakte, Tokio 1976, S. 41–46

[3] *Greenwood, J. A., Williamson, J. B. P.:* Electrical conduction in solids, II. Theory of temperature dependent conductors. Proc. of the Royal Society, A **246** (1958) 13–31

7. Verhalten von Kupferkontakten in Stickstoffatmosphäre bei Dauerbetrieb

Von *K. Moschekov* und *T. Iwantschev*

BRV-EA Plovdiv

7.1. Einleitung

Die in letzter Zeit durchgeführten Untersuchungen im VEB Kombinat Schaltelektronik, Oppach, im Institut für Elektroindustrie in Sofia und in der Entwicklungsstelle für automatische Niederspannungsschaltgeräte BRV EA, Plovdiv, weisen reale Entwicklungsmöglichkeiten von elektrischen Schaltgeräten wie Schützen, Relais u. a. für einen Nennstrom von 10 bis 16 A und eine Nennspannung bis 380 V unter Verwendung von Kupferkontaktsystemen in gekapselten, mit Stickstoff gefüllten Kammern auf. Die bis heute ermittelten Ergebnisse sind interessant und versprechen eine Einsparung von Silber. Grundsätzlich umfassen die bisherigen Untersuchungen die Lebensdauer und die Wärmeverfestigung und behandeln nicht das Kontaktverhalten unter Dauerbelastung und die damit korrespondierenden Kennlinien des Kontaktwiderstandes unter Last und im Leerlauf, im geöffneten und im geschlossenen Zustand, in reinem Stickstoff sowie auch bei Anwesenheit einer gewissen Menge von Sauerstoff.
Die vorliegende Arbeit betrachtet diese Fragen und bringt die Kennlinien, die notwendig sind zur Bewertung der Verwendbarkeit von in Stickstoff gekapselten Kontaktsystemen.

7.2. Methodik und Untersuchungsbedingungen

Die Untersuchungen werden an einem Kontaktsystem in einer Versuchskammer, wie sie in [1] beschrieben ist, mit folgenden Parametern durchgeführt: Kontakte: Elektrolytkupfer 99,9%, ⌀ 8 mm, Kontaktkraft: 118 N, Gasmedium: Stickstoff technisch 99,9%, Stickstoff mit 2% Sauerstoff und Stickstoff mit 5% Sauerstoff, Strom: 10 A und 16 A, Dauer und Zyklusfolge der Belastung: verschieden (ist aus den weiter im Text dargestellten Kennlinien zu ersehen).
Bei den Untersuchungen wird der Wert des Kontaktwiderstandes und seine Änderung in Abhängigkeit von der Zeit im geöffneten und geschlossenen Zustand des Kontaktsystems, bei einer Strombelastung von 10 A und 16 A sowie im Leerlauf bei verschiedenen Zusammensetzungen der Kammeratmosphäre gemessen. Die Änderung der Zusammensetzung der Atmosphäre richtete sich nach den bisher erhaltenen Untersuchungsergebnissen bezüglich der elektrischen Lebensdauer. Sie zeigen, daß das Abbrandminimum bei einer Sauerstoffkonzentration zwischen 0% und 5% liegt. Die Reinheit des Gasgemisches in der Kammer wird durch deren Evakuierung vor jedem Versuch bis auf einen Druck von 13 Pa und die nachfolgende Füllung erreicht. Jeder Widerstandswert ist eine arithmetische Durchschnittszahl aus mehreren Messungen.

7.3. Versuchsergebnisse

Auf den Bildern 1 und 2 sind die Kennlinien des Kontaktwiderstandes in technisch reiner (99,2%) Stickstoffatmosphäre gezeigt. Bild 1 stellt den Kontaktwiderstand eines ständig geschlossenen Kontaktsystems bei einer Strombelastung von 10 A dar, die durch Pausen von unterschiedlicher Dauer unterbrochen wird. Bild 2 zeigt den Kontaktwiderstand bei mehrfacher Veränderung des Kontaktsystemzustandes bei einer Strombelastung wie in Bild 1.

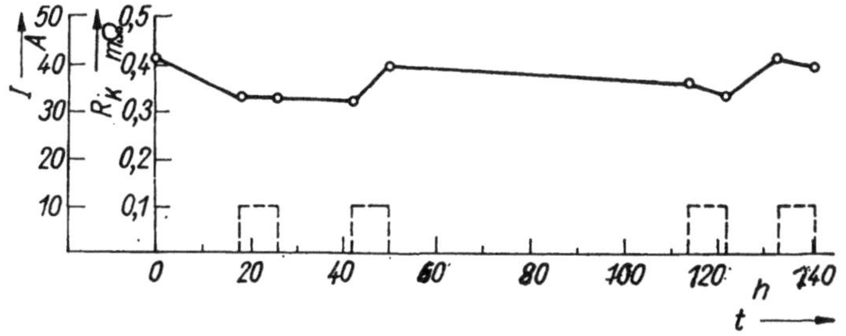

Bild 1. Kontaktwiderstand des geschlossenen Kontaktsystems in Abhängigkeit von der Zeit bei unterbrochener Strombelastung in N_2-Atmosphäre
——— Kontaktwiderstand,
– – – Strombelastung

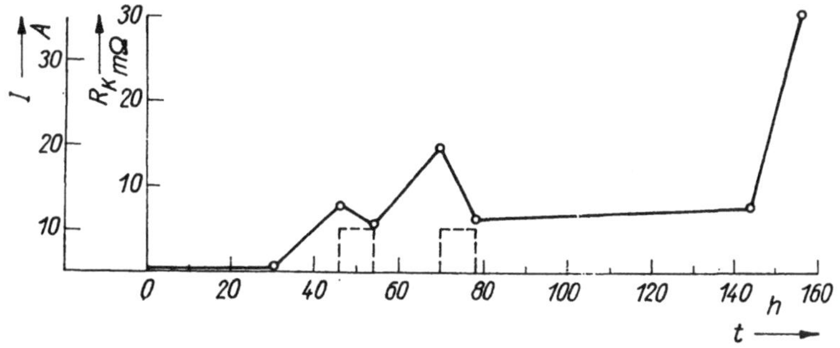

Bild 2. Kontaktwiderstand in Abhängigkeit von der Zeit und dem Kontaktsystemzustand bei unterbrochener Strombelastung in N_2-Atmosphäre. S — Geschlossenes Kontaktsystem, Ö — Geöffnetes Kontaktsystem
——— Kontaktwiderstand,
– – – Strombelastung

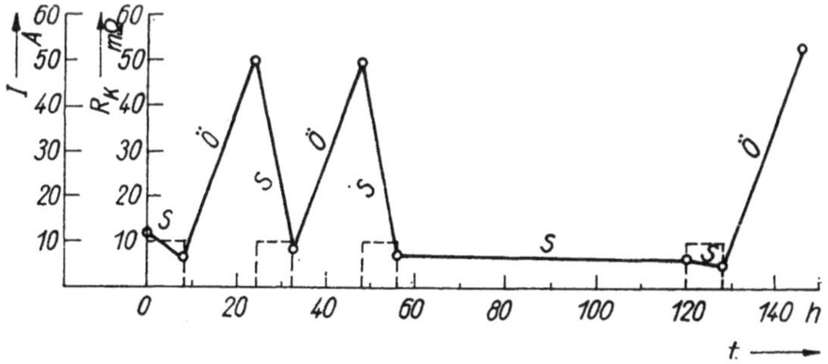

Bild 3. Kontaktwiderstand in Abhängigkeit von der Zeit und dem Kontaktsystemzustand bei unterbrochener Strombelastung in (N_2 + 2%O_2)-Atmosphäre. S — Geschlossenes Kontaktsystem, Ö — Geöffnetes Kontaktsystem
——— Kontaktwiderstand,
– – – Strombelastung

Auf Bild 3 sind die Kennlinien des Kontaktwiderstandes in einem Gasgemisch aus 99,2% Stickstoff und 2% Sauerstoff bei mehrfacher Veränderung des Kontaktsystemzustandes mit einer unterbrochenen Strombelastung von 10 A zu sehen.

Bild 4 zeigt die Änderungen des Kontaktwiderstandes bei einem Gasgemisch aus 99,2% Stickstoff und 5% Sauerstoff bei mehrfacher Zustandsänderung des Kontaktsystems und einer unterbrochenen Strombelastung von 10 A und 16 A. Bild 5 stellt die Kennlinie des Kontaktwiderstandsabfalles nach Einschalten des Kontaktsystems und einer Strombelastung von 10 A dar.

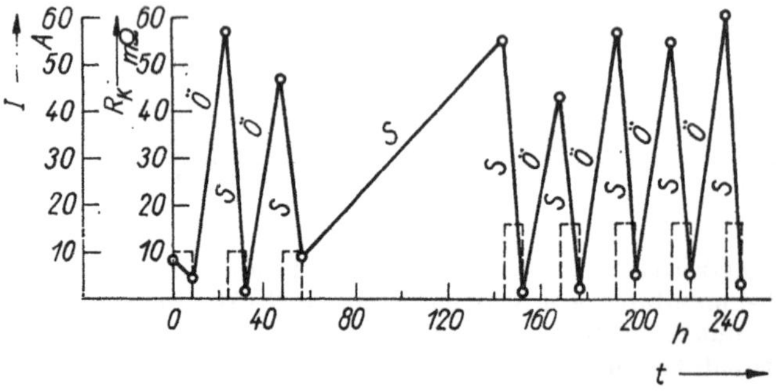

Bild 4. Kontaktwiderstand in Abhängigkeit von der Zeit und dem Kontaktsystemzustand bei unterbrochener Strombelastung in (N_2 + 5% O_2)-Atmosphäre. S — Geschlossenes Kontaktsystem, Ö — Geöffnetes Kontaktsystem
——— Kontaktwiderstand,
------- Strombelastung

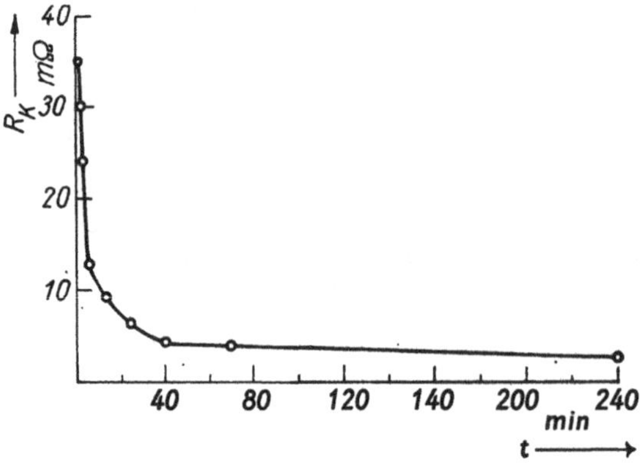

Bild 5. Kontaktwiderstand in Abhängigkeit von der Zeit beim Einschalten des Kontaktsystems und einer Strombelastung von 10 A

Die Untersuchungen zeigen, daß der Kontaktwiderstand von Kupferkontakten in reiner Stickstoffatmosphäre (99,2)% unter den oben erwähnten Versuchsbedingungen bei geschlossenem Kontaktsystem sowie bei einem Laststrom von 10 A im wesentlichen niedrige Werte mit unbedeutenden zeitlichen Schwankungen aufweist. Das Öffnen der Kontakte und ihr Verbleiben in diesem Zustand während einer gewissen Zeit unter den besprochenen Bedingungen führen zu einem mehrfachen Anstieg des Kontaktwiderstandes; nach Einschalten und einer Strombelastung von 10 A jedoch nimmt der Widerstand wieder ab und stellt sich auf einen neuen Wert ein, der zwar höher als der Anfangswert liegt, aber selbst nach mehrfachem Aus- bzw. Einschalten der Kontakte in dessen Nähe verbleibt.
Untersuchungen mit Sauerstoff zeigen, daß der Wert des Kontaktwiderstandes beim Ausschalten des Kontaktsystems viel mehr ansteigt als bei reinem Stickstoff, aber das Einschalten sowie die Strombelastung der Kontakte mit 10 bzw. 16 A bewirken nach

einer gewissen Zeit sein Abnehmen auf Werte, wie sie am Anfang des Versuches gemessen wurden. Beim Vorhandensein von 2% Sauerstoff und geschlossenem Kontaktsystem bleibt der Kontaktwiderstand unverändert, aber er steigt beim Vorhandensein von 5% Sauerstoff um ein mehrfaches an, auch bei eingeschaltetem Kontaktsystem. Beim Beobachten der Kontaktoberflächen in bezug auf Schichtbildungen und Farbänderungen der Oberflächen wurden keine sichtbaren Oxyderscheinungen oder andere chemische Verbindungen festgestellt. Die Untersuchungen des Frittungseffektes haben gezeigt, daß die Spannungswerte der Frittung um einiges tiefer als 1 V liegen.

7.4. Diskussion der Versuchsergebnisse

Da Stickstoff ein neutrales Gas ist, bildet er mit Kupfer keine Verbindungen. Die Untersuchungen des Kontaktwiderstandes bestätigen dies. Sie zeigten aber, daß das Vorhandensein von Sauerstoff selbst in kleinen Mengen einen wesentlichen Einfluß auf das Zunehmen der Werte des Kontaktwiderstandes hat, die aber nach Einschalten und Belasten wieder abnehmen. Die Dauerbelastung von solchen Kontakten mit 10 bzw. 16 A führt zu keinem merklichen Anstieg der Erwärmung, da die gebildeten Schichten unbeständig sind. Infolge des mechanischen Druckes, des elektrischen Durchschlags und der elektrischen Belastung nimmt die Kontaktoberfläche zu und reinigt sich selbst.
Diese Erscheinung wird bei flachen Stirnkontakten beobachtet sowie in Luft an selbstreinigenden Friktionskontakten. Der Kontaktwiderstandsabfall erfolgt nach einer hyperbelähnlichen Kennlinie, d. h. verhältnismäßig schnell. Dies erklärt auch seine niedrige Erwärmung unabhängig von dem höheren Anfangswiderstand.
Die gemessenen Kontaktwiderstände zeigen bei den genannten Bedingungen und Parametern tiefe Werte; die entsprechenden Erwärmungen bei Nennströmen von 10 und 16 A sind niedrig (etwa 40—45 °C).
Die Untersuchungen lassen die Schlußfolgerung zu, daß Kontaktsysteme aus Kupferkontakten und den oben angegebenen Parametern in Stickstoff und in einem Gemisch aus Stickstoff mit bis zu 5% Sauerstoff auch bei Dauerbelastung erfolgreich arbeiten können.

Literaturverzeichnis

[1] *Moschekov, K., Tscherneva, D.:* Die Wiederverfestigungsspannung des Kontaktsystems mit Doppelunterbrechung in mit Stickstoff gefüllten Schaltkammern. V. Kontakttagung der DDR, TH Karl-Marx-Stadt 1976

[2] *Dekabrun, J., Stremberg, T.:* Pritschini otkasow kontaktow kommutiruistich slabototschnie zepi. Elektritscheskie kontakti, Verlag Nauka, Moskau 1975

[3] *Galle, G.:* Zur Kontaktsicherheit bei Steuerschützen. Klöckner-Moeller-Post 1 (1964)

8. Einige Anwendungsbereiche für Niederspannungs-Hybridschalter

Von *M. Mintschev* und *Zl. Kemalova, I. Kasakov, A. Krastev, I. Tschalakov*

Technische Hochschule Sofia und BRV – EA Plovdiv

Die Anforderungen an die Betriebssicherheit, die erreichbare Schalthäufigkeit und die Lebensdauer moderner Schaltgeräte wachsen stetig an. Eine entscheidende Erhöhung dieser Kennwerte bewirkt das lichtbogenlose Ausschalten durch Verwendung von Halbleiterelementen in Hybridschaltern. Im Niederspannungsbereich, bei Schwerbetrieb und bei Schaltströmen bis 1000 oder 1500 A hat sich diese Schalterart sehr gut bewährt. Die Kombination von Schützen für Leichtbetrieb und Halbleiterelementen ergibt Hybridschalter, die mit einer hohen Schalthäufigkeit im Schwerbetrieb arbeiten und deren Lebensdauer in der gleichen Größenordnung wie bei mechanischen Schaltern liegt. Besonders effektiv sind diese Schalter bei Gleichstrom. Die Schaltungslösungen für Hybridschalter sind sehr verschiedenartig. In der vorliegenden Arbeit wird keine Übersicht dieser Lösungen gegeben. Es werden vielmehr die Ergebnisse einer konkreten Schaltung eines Gleichstromhybridschützes nach zweijährigem Betrieb angeführt.

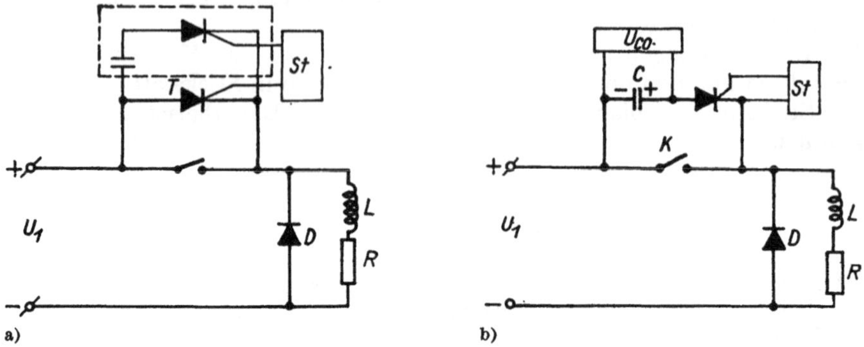

Bild 1. Grundsätzliche Schaltung eines Gleichstromhybridschalters
a) mit paralleler Strombahn, die einen Hilfsthyristor und einen Löschkondensator enthält
b) mit paralleler Strombahn, die einen Thyristor und einen aufgeladenen Kondensator in Reihenschaltung enthält

Die bekannten Gleichstromhybridschaltungen lassen sich in zwei große Gruppen einteilen [2]. Charakteristisch für die erste Gruppe ist ein lichtbogenloses Schalten durch einen zum Kontaktsystem parallel liegenden Thyristor (Bild 1a), der mit Hilfe einer zusätzlichen Schaltung, die meistens aus einem löschenden Kondensator und einem Hilfsthyristor besteht, ausgeschaltet wird.
Bei der zweiten Schaltungsgruppe löscht man den elektrischen Bogen durch eine parallele Strombahn, die aus einem Kondensator und einem Thyristor in Reihenschaltung (Bild 1b) besteht. Der Kondensator ist mit einer Spannung von U_{co} vorgeladen. Nach der Trennung der Schaltstücke brennt in dem Kontaktspalt ein Lichtbogen. Beim Einschalten des Thyristors T entlädt sich der Kondensator über den Lichtbogen. Der Strom

fällt dabei bis auf Null ab. Die Kontaktspannung ändert ihr Vorzeichen. Der Lichtbogenlöschvorgang verläuft also wie in einem Wechselstromkreis beim Nulldurchgang (in diesem Fall braucht man keine Hilfsschaltung). Sowohl bei allen Gleichstromthyristorschaltern als auch bei $L \neq 0$ wird parallel zur Last eine Freilaufdiode angeschlossen, womit alle Schwierigkeiten, die sich aus der Anhäufung von elektromagnetischer Energie in der Lastinduktivität ergeben, überwunden werden.

Die Lösung der zweiten Schaltungsgruppe ist wesentlich leichter und mit weniger Bauelementen realisierbar. Für ihre Arbeit ist die Aufrechterhaltung des elektrischen Lichtbogens an den Kontakten während einer gewissen Zeit notwendig. Bei diesem Schaltungstyp kommt es zu einem intensiveren Abbrand. Aus Beobachtungen der Arbeit der Schaltungen beider Grundgruppen von Hybridschaltern folgt, daß die elektrische Lebensdauer auch bei dieser Schaltungsgruppe bis zum Niveau der mechanischen Lebensdauer zunimmt. Bei den Schaltungen der ersten Gruppe (Bild 1a) läßt sich eine elektrische Lebensdauer der Kontaktschaltstücke erreichen, die der mechanischen gleicht.

In der Praxis ist das nur bei besonderen Anforderungen notwendig. Infolgedessen waren die Versuche auf das Untersuchen des zweiten Schaltungstyps (Bild 1b) gerichtet.

Für das Schalten des Hybridschützes ist der Kondensator C bis zu einer Spannung von U_{co} zu laden, bevor die Trennung des Kontaktsystems K beginnt. Nach der Trennung setzt ein elektrischer Lichtbogen ein. Der Thyristor T von der Parallelstrombahn wird mit einer gewissen Verspätung $\Delta t = t_1 - t_0$ eingeschaltet, was notwendig ist, damit sich

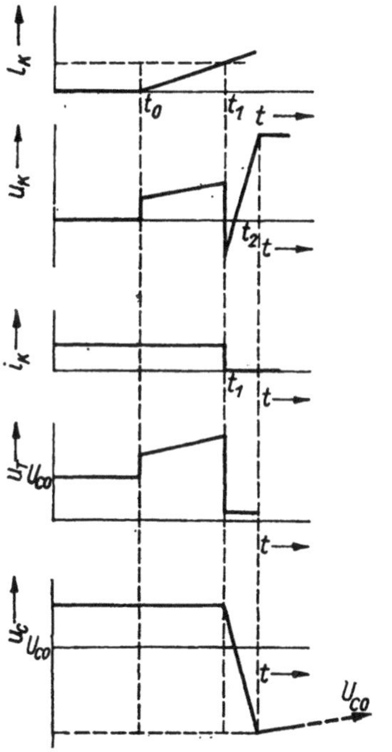

Bild 2. Diagramm der Ausschaltvorgänge eines Hybridschalters nach Bild 1b. l_k — Abstand zwischen den Kontakten, i_k, U_k — Strom und Spannung an den Kontakten, U_T — Spannung am Thyristor T, U_c — Spannung am Kondensator C

die Kontaktstücke um einen genügenden Abstand l_{k1} wegen der elektrischen Festigkeit des Kontaktspaltes voneinander entfernen (Bild 2). Nach Einschalten des Thyristors T ändert die Spannung U_k am Kontaktsystem ihre Polarität, und der Strom fällt entscheidend ab (wenn die Schaltvorgänge vernachlässigt werden). Bis zum Zeitpunkt t_2 fließt der Laststrom durch T und C, und die Spannung am Kondensator U_c ändert sich praktisch linear (bei Aktivlast exponentiell) bis zur Netzspannung U_1.

Wenn die Grundvorgänge berücksichtigt werden, kann man folgenden Einfluß von Δt und U_{co} vermuten: Bei Verminderung der Verzögerungszeit Δt, mit welcher der Thyristor T eingeschaltet wird, wird die Stromunterbrechung durch die Kontaktsysteme K bei kleinem Abstand zwischen den Kontaktstücken l_{k1} eintreten, wodurch ein Durchschlag sowohl in Rückrichtung (Zeitpunkt t_1) als auch in Vorwärtsrichtung möglich ist, d. h. ein Wiederzünden des Lichtbogens. Das bewirkt eine Effektivitätsabnahme der Schaltung. Bei einer Vergrößerung der Verzögerung $\Delta t = t_1 - t_0$ brennt der elektrische Lichtbogen länger. Infolgedessen ist ein Abnehmen der elektrischen Schaltstückspaltfestigkeit zu beobachten. Es ist einleuchtend, daß für jeden Schütz ein optimaler Verzögerungswert ΔT existiert.

Die Spannung U_{co}, auf welche der Kondensator aufgeladen wird, beeinflußt stark die Ausschaltvorgänge. Sehr tiefe Werte von U_{co} erschweren das Ausschalten durch die Stromschaltung vom Kontaktsystem zum Thyristor und durch die kurze Zeit, die das Kontaktsystem zur Verfügung hat, um seine elektrische Festigkeit wieder zu erreichen. Sehr große Werte von U_{co} sind wegen der Möglichkeit von Rückdurchschlägen beim Einschalten des Thyristors T (Zeitpunkt t_1) ungünstig.

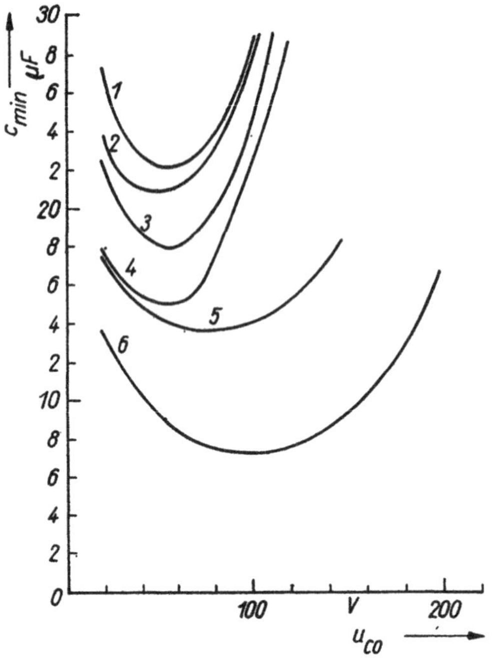

Bild 3. Minimalwert des Kondensators C_{min} als Funktion von U_{co}. 1 — $t = 30 \mu s$, 2 — $t = 40 \mu s$, 3 — $t = 55 \mu s$, 4 — $t = 80 \mu s$, 5 — $t = 100 \mu s$, 6 — $t = 140 \mu s$

Auf günstige U_{co}-Werte haben die Schützparameter und die ausgewählte Verzögerung Δt, mit welcher der Thyristor T eingeschaltet wird, Einfluß. Die generelle Aufgabe bei der Entwicklung eines Hybridschalters nach der behandelten Schaltung ist die geeignete Auswahl von Δt, C, U_{co}. Im Bild 3 sind einige Ergebnisse der experimentellen Untersuchungen über den Einfluß der verschiedenartigen Faktoren beim Ausschalten eines Kreises mit einer Nennspannung von $U = 220$ V, einem Nennstrom $I_n = 60$ A und einer Last mit einer Zeitkonstante $L = 5 \cdot 10^{-3}$ s gezeigt. Die Abhängigkeitsfamilien $C_{min} = f(U_{co})$ wurden durch Variation des Parameters Δt von $30 \mu s$ auf $140 \mu s$ ermittelt. Die durchgeführten Beobachtungen der Arbeitsweise eines Gleichstromhybridschalters haben gezeigt, daß der Ausschaltvorgang sehr wesentlich von der Schaltstück-Trennungsgeschwindigkeit beeinflußt wird. Durch die unvermeidlichen Geschwindigkeitsänderungen bei den einzelnen Ausschaltungen ist es unmöglich, den Kapazitätswert nahe C_{min} zu wählen. Es ist notwendig, mit einer gewissen Reserve zu arbeiten. Diese Beobachtungen wurden an einem Schalter durchgeführt, bei dem die Verzögerung Δt zum Einschalten des Thyristors konstant ist und das Steuersignal des Thyristors T aus einer zusätzlichen Verzögerungsschaltung gewonnen wird, die von der Lichtbogenspannung des Kontaktsystem K betätigt wird. Bei solcher Steuerweise wird bei Veränderung der Schaltstück-Trennungsgeschwindigkeit nach Ablauf der Verzögerungszeit Δt der Abstand zwischen den Kontaktschaltstücken l_{k1} bei den verschiedenen Schaltungen verschieden sein. Im wesentlichen werden der Rückdurchschlag (im Zeitpunkt t_1) sowie die Geschwindigkeit der Zunahme der elektrischen Festigkeit von diesem Abstand bestimmt. Wenn die Steuerschaltung ein Signal zum Einschalten des Thyristors T erzeugt, ist die Verzögerung Δt nach der Bildung des Lichtbogens nicht konstant. Ein Signal, das dann wirkt, wenn der Abstand zwischen den Kontaktschaltstücken einen definierten Wert l_{k1} erreicht hat, wird den Schalter stabiler arbeiten lassen.

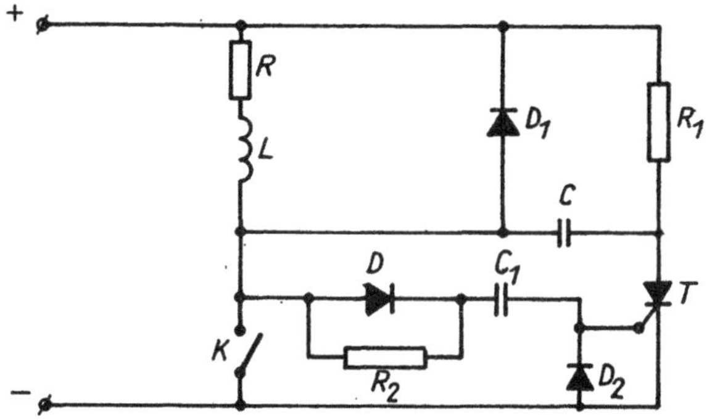

Bild 4. Schaltung eines Gleichstromhybridschalters

Zur Realisierung einer solchen Schaltung ist der Zusammenhang zwischen Lichtbogenspannung und Lichtbogenlänge benutzt worden. Der Steuerblock erzeugt das Einschaltsignal für den Thyristor T, wenn die Spannung am Kontaktsystem einen definierten Wert erreicht.

Im Bild 4 ist eine Schaltung gezeigt, die auf dieser Grundlage [3] arbeitet.

Der Hybridschalter nach Bild 4 wirkt folgendermaßen: Beim Einschalten des Kontaktsystems wird der Kondensator C bis zu der Lastspannung durch den Widerstand R, aufgeladen. Mit der Vergrößerung des Abstandes zwischen den Kontakten wächst auch die Spannung zwischen ihnen. Wenn sie gleich der Einschaltspannung des Dynistors D wird, schaltet er ein, und der Thyristor T erhält ein Steuersignal durch den Kondensator C_1. Der aufgeladene Kondensator C liegt nach dem Einschalten des Thyristors T parallel zum Kontaktsystem und verursacht einen dem Laststrom entgegengerichteten Strom. Durch die Wirkung des Dynistors D und des Kondensators C_1 erfolgt das Einschalten des Thyristors bei einer streng definierten Lichtbogenspannung entsprechend dem Abstand zwischen den Kontakten.

Entsprechend der Schaltung in Bild 4 wurden vier Hybridgeräte in den Prüfschaltungen zur Untersuchung der elektrischen Lebensdauer im Betrieb AC4 der Gleichstromschütze für Elektrokarren aufgebaut. Die Hybridgeräte werden als Hilfsgeräte zum Ausschalten des Anlaßstromes verwendet und arbeiten mit doppelter Schalthäufigkeit (1200 Sch/h).

Die Hybridschalter enthalten Gleichstromschütze des Typs KPD-7 für einen Nennstrom von 250 A und unterbrückte Strombahnen, die dem Ausschaltstrom angepaßt sind.

Die Hybridschalter arbeiten bei einer Spannung von 80 V und schalten entsprechend einen Strom von 315 A, 500 A, 800 A und 1250 A ab. Die Induktionslast ist aktiv ($t = 7{,}5 \cdot 10^{-3}$ s). Die Kontaktschaltstücke sind aus AgCdO hergestellt.

In diesem Betrieb funktionieren die Hybridgeräte bereits das zweite Jahr normal, wobei sie schon 2 · 10^6 Schaltspiele ohne Kontaktaustausch ausführten.
Die Einführung der Hybridgeräte führte zu:

- einer wesentlichen Vergrößerung der Arbeitssicherheit des Prüfsystems;
- einer Bedienungszeitverkürzung;
- einer wesentlichen Verminderung der Lichteffekte; das Niveau des Störungslärms fiel um ein mehrfaches;
- einer 20fachen Verminderung der Luftverschmutzung der Umgebung durch Cadmium enthaltende Metalldämpfe;
- einer wesentlichen Einsparung des Kontaktwerkstoffes Ag-CdO.

Die Vorteile der Hybridgeräte sind sichtbar, und gewiß werden durch die Vergrößerung der Zuverlässigkeit der Thyristoren und Erniedrigung ihrer Preise viele Schwierigkeiten der modernen Kontakttechnik gelöst.

Literaturverzeichnis

[1] *Spiridonov, V. I., Prihodjko, B. P., Tkatschenko, Ü. S.:* Povischenije otklütschaüstej sposobnosti emkostnoj sistemi kommutazii. Elektrotechnitscheskaja promischlenost. Ap. n.n. vip. I (1970)

[2] *Mintschev, M. S.:* Bezdugovo izklütschvane v verigi s hizko napreschenie. Diss., Sofia 1972

[3] *Mintschev, M. S., Kemalova, Zl., Kasakov, E., Krastev, A.:* Hibriden prekasvatsch za postojanen tok. Avt. sv. NRB

9. Lebensdauerverhalten der Kontaktschaltstücke von Hybridschützen

Von *Zl. Kemalova, I. Tschalakov* und *M. Mintschev*

BRV-EA Plovdiv und Technische Hochschule für Maschinenbau und Elektrotechnik Sofia

Eine effektive Maßnahme zur Erhöhung der Lebensdauer von Niederspannungsschaltgeräten, insbesondere ihrer elektrischen Lebensdauer, ist die Verkürzung der Lichtbogenbrennzeit zwischen den Schaltstücken.

In der gegenwärtigen Entwicklung besitzen die Hybridschalter eine große Perspektive. Sie stellen Kombinationen von Kontaktsystemen, überbrückt mit Halbleiterelementen wie Dioden und Thyristoren, dar. Praktisch verwirklichen die Hybridschalter ein lichtbogenloses Ausschalten der elektrischen Kreise. Sie sind deshalb durch eine hohe elektrische Lebensdauer, sogar im schweren Arbeitsbetrieb, gekennzeichnet.

Eine Reihe von Untersuchungen über die elektrische Lebensdauer der Hybridschütze [3, 4, 5, 6] wurde bereits veröffentlicht. Die Untersuchungen wurden unter verschiedenen Arbeitsbedingungen durchgeführt. Deshalb ist ein Vergleich schwierig. Der vorwiegende Teil dieser Untersuchungen wurde bei Wechselstrom mit elektromagnetischen Schützen durchgeführt. Wie bekannt, besitzt der Ausschaltpunkt der Kontaktsysteme mit elektromagnetischen Schützen rein zufälligen Charakter mit einer Verteilung, die für jeden Schütztyp verschieden ist [7].

Jedes Ausschalten des Schützes erfolgt bei einem anderen Stromwert. Deshalb können die aus der Literatur bekannten Ergebnisse für genauere und generellere Schlußfolgerungen nicht verwendet werden.

Um diesen Nachteil zu vermeiden, wurden bei der vorliegenden Arbeit die untersuchten Kontaktsysteme in einen Gleichstromkreis geschaltet. Die Untersuchungsergebnisse können auch zur Auswertung der Lebensdauer von Gleichstromhybridschützen verwendet werden, falls das Verteilungsgesetz des Ausschaltpunktes des Schützes bekannt ist.

Das Ziel der Arbeit ist der Vergleich des Schaltstückabbrandes von Kupfer und Silber bei dem für die Hybridschütze typischen Betrieb.

Unabhängig davon, daß man den Abbrand bei Hybridschaltern sehr oft als lichtbogenlos bezeichnet, ist er im strengsten Sinne des Wortes an das Auftreten (wenn auch nur für sehr kurze Zeit) des elektrischen Bogens [2] gebunden. Zwei Faktoren definieren diese Lichtbogendauer. Der erste ist die Zeit zur Bildung einer hohen Leitfähigkeit im Halbleiterbauelement (Diode, Thyristor), das parallel zum Kontaktsystem geschaltet ist; der zweite ist die Stromschaltung vom Kontaktsystem zu dem parallel geschalteten Halbleiterbauelement. Die Schaltspannung ist in diesem Fall die Lichtbogenspannung U_B. Der Lichtbogen ist notwendig, damit die Stromschaltung erfolgt.

Die Stromschaltungsdauer t_k wird wie folgt bestimmt [2]:

$$t_k = \frac{L_e}{R_e} \ln \frac{U_B - U_S}{U_B - U_S - I_0 R_e},$$

wobei $L_e = L_1 + L_2 - 2M_{12}$ — äquivalente Induktivität der Strombahn, L_1, L_2 — die Induktivitäten der Strombahnen des Kontaktsystems und der Halbleiterschaltungsbahn;

M_{12} — die gesamte Induktivität der beiden Strombahnen;
U_S — Spannungsabfall am Halbleiterelement;
I_0 — Stromwert im Ausschaltpunkt des Kontaktsystems;
R_e — äquivalenter Widerstand der Strombahn des Kontaktsystems und der Halbleiterelemente
bedeuten.

Die Werte der Größen in der oben erwähnten Formel können so festgelegt werden, daß die Schaltzeit auf ein Minimum reduziert wird (5 bis 10 μs).
Um geringere Abbrandwerte zu erreichen, wurde eine Versuchsanordnung verwendet, mit welcher 5 Kontaktsysteme gleichzeitig untersucht werden könnten. Jedes Kontaktsystem wurde bei einer anderen Lichtbogendauer ausgeschaltet (Bild 1). Eine höhere

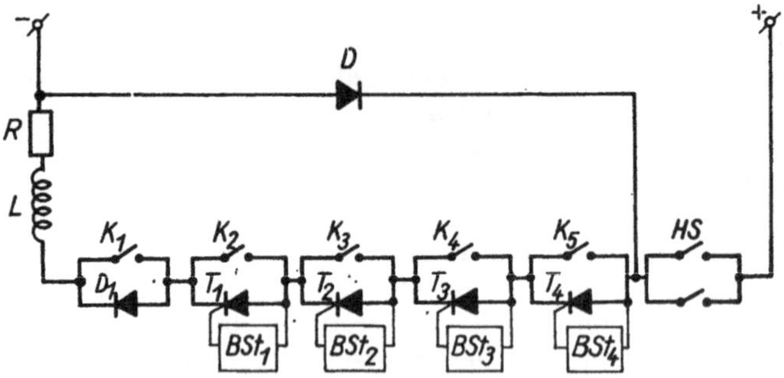

Bild 1. Schema der Versuchseinrichtung

Lichtbogenbrennzeit erreicht man nicht durch eine größere Schaltdauer, sondern durch Verlangsamen des Einschaltens der parallelgeschalteten Halbleiterelemente (bis auf 400 μs). Die Untersuchung ist an Kontaktsystemen der Schütztypen KVPD-160, EAZ-Plovdiv-Produktion, durchgeführt worden.
Auf Bild 1 werden die untersuchten Kontaktsysteme mit K_1 bis K_5 bezeichnet. Die parallelen Strombahnen, die aus der Diode (D_1) und den Thyristoren (T_1 bis T_4) bestehen, werden (beim Ausschalten der Kontaktsysteme) mit verschiedener Verzögerung mittels der Steuerblöcke (SB_1—SB_4) realisiert. Die Belastung hat ohmschen und induktiven Charakter. Die Zeitkonstante L_t/R_t wird so definiert, daß der Strom durch die Kontakte beim Ausschalten der Kontaktsysteme vom Zeitpunkt der Kontakttrennung bis zur Lichtbogenlöschung einen konstanten Wert hat.
Die Versuchseinrichtung arbeitet nach folgendem Prinzip: Beim Einschalten der Netzspannung sind die Kontaktsysteme K_1 bis K_5 geschlossen. Erst nach Einschalten des Hilfsschalters HS fließt Strom. Nach dem Einstellen des Stromes schaltet eines der Kontaktsysteme die Last aus. Das Wiedereinschalten des Kontaktsystems erfolgt nach dem Ausschalten des Hilfsschalters HS, wenn der Strom im Kreis gleich Null ist. Nach einer kleinen Pause schaltet der Hilfsschalter den Laststrom durch die Kontaktsysteme wieder ein, um seine Ausschaltung durch das nächste Kontaktsystem vorzubereiten.
Durch den Hilfsschalter HS und die Steuerschaltung (sie ist nicht im Bild gezeigt) schalten die Kontaktsysteme also im Leerlauf ein und schalten den Gleichstrom zu verschiedenen Zeitpunkten in einer bestimmten Folge aus.
Die gemessenen Werte der durch die Schaltungen der überbrückten Strombahnen vorgegebenen Zeiten der Lichtbögen sind aus Tab. 1 für die Kontaktwerkstoffe Kupfer und Silber bei einem Ausschaltstrom von 250 zu entnehmen. Separat wird der Abbrand beim Ausschalten des Anoden- und Kathodenschaltstückes mittels eines Wägeverfahrens untersucht.

Die Untersuchungsergebnisse sind grafisch gezeigt. Die Abbrandgrößen ΔG, die einer Anhäufung vom erodiertem Material entsprechen, wurden als negativ angenommen.

Tabelle 1

Lfd. Nr.	Kontakt-system	Lichtbogenbrennzeit (μs)	
		Cu	Ag
1	K_1	6,08	4,7
2	K_2	40	37
3	K_3	47	40
4	K_4	280	145
5	K_5	400	230

Auf den Bildern 2 und 3 sind die Lebensdauerabhängigkeiten der Anoden- und Kathodenschaltstücke für Kupfer und Silber als Funktion der Schaltspielzahl bei einem Gleichstrom von 250 A und einer Zeitkonstante von $L/R = 15$ ms gezeigt. Bild 4 stellt zum Vergleich den gesamten Wägeabbrand dieser Kontakte in Abhängigkeit von der Schaltspielzahl für verschiedene Lichtbogenbrennzeiten entsprechend Tab. 1 dar.

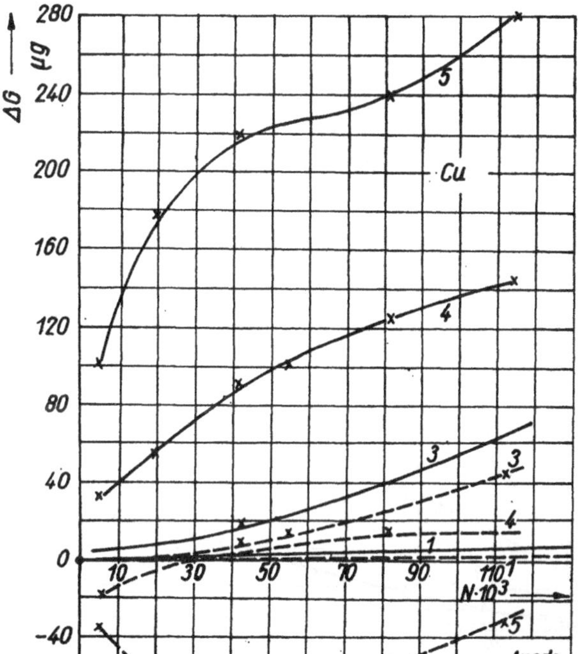

Bild 2. Abbrand der Kontaktschaltstücke aus Cu als Funktion der Schaltspielzahl (N) bei $I = 250$ A und 1 — $t_1 = 6{,}08\ \mu s$, 3 — $t_3 = 47\ \mu s$, 4 — $t_4 = 280\ \mu s$, 5 — $t_5 = 400\ \mu s$

Die Analyse der Diagramme zeigt, daß bei Kupferkontakten (Bild 2) bei einer Lichtbogenbrennzeit von 6 bis 280 μs der Abbrand der Anode 1,5- bis 15fach größer als der Abbrand der Kathode ist (bzw. mit dem Zunehmen der Lichtbogenbrenndauer kommt der Anteil des Anodenschaltstückabbrandes im Vergleich zur gesamten erodierten Materialmenge von 60% auf 90% zu). Oberhalb 280 μs wird die Wanderung gerichtet — 25% von der gesamten Wägemenge des am Erosionsvorgang beteiligten Materials wandern von der Anode zur Kathode.

Bei Silberkontakten (Bild 3) beobachtet man im gesamten Bereich der Lichtbogenbrennzeit eine klar ausgeprägte gerichtete Wanderung — 30% von der gesamten am Erosionsvorgang teilnehmenden Materialmenge wandern von der Anode zur Kathode.
Das Bild des gesamten Abbrandes (Bild 4) weist für Kupfer eine höhere Lebensdauer bei Lichtbogenbrennzeiten bis zu 280 μs auf.

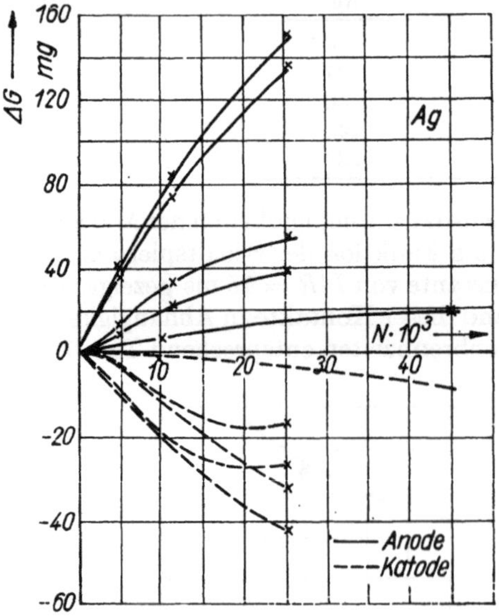

Bild 3. Abbrand der Kontaktschaltstücke aus Ag als Funktion der Schaltspielzahl (N) bei $I = 250$ A und $1 - t_1 = 4{,}7\ \mu$s, $2 - t_2 = 37\ \mu$s, $3 - t_3 = 40\ \mu$s, $4 - t_4 = 145\ \mu$s, $5 - t_5 = 230\ \mu$s

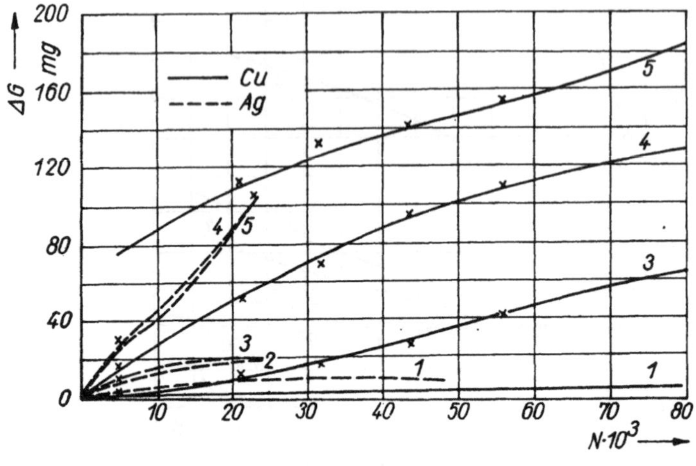

Bild 4. Abbrand der Kontaktschaltstücke als Funktion der Schaltspielzahl N bei $I = 250$ A (die Werte der Lichtbogenbrennzeit t sind aus Tabelle 1 zu entnehmen)

Auf Bild 5 ist die Abhängigkeit des Wiegeabbrandes der Kathode und der Anode beim Ausschaltstrom von 250 A und $N = 20 \cdot 10^3$ Sch. als Funktion der Lichtbogenbrennzeit an den Kontakten gezeigt. Der gesamte Kontaktabbrand der beiden Materialarten (Bild 6) stieg mit dem Zunehmen der Lichtbogenbrennzeit an. Der Anstieg des Abbrandes bei Kupferschaltstücken im Vergleich zu denen aus Silber erfolgt langsamer und bleibt bei höheren Werten der Brennzeit (bis 400 μs) tiefer als bei Silber (bis 3 μg/Sch). Dem langsamen Anstieg des Silberkontaktabbrandes bis 50 μs folgt ein steilerer Anstieg oberhalb dieser Werte. Der Abbrand von Silberkontaktschaltstücken bis 50 μs Brennzeit und von Kupferkontaktschaltstücken bis 100 μs Brennzeit ist klein (Größenordnung 1 μg/Sch.).

Auf Bild 7 ist der gesamte Abbrand, auch der der Anoden- und Kathodenkontaktschaltstücke als Funktion der Lichtbogenbrenndauer bei einem Ausschaltstrom von $I = 250$ A und $N = 100 \cdot 10^3$ Sch. gezeigt. Auf den Bildern 5 und 7 ist der Charakter des

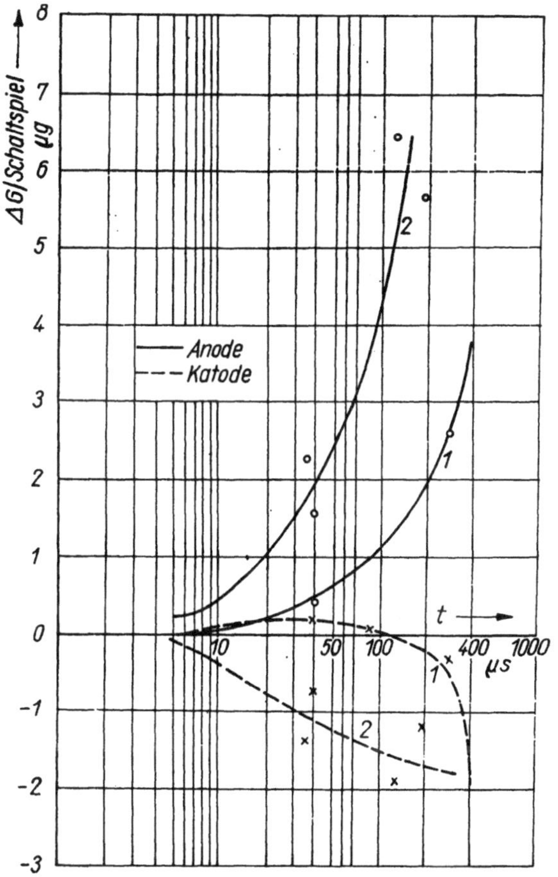

Bild 5. Abbrand der Kontaktschaltstücke als Funktion der Lichtbogenbrennzeit bei $N = 20 \cdot 10^3$ Schaltspielen und $I = 250$ A (1 — Cu, 2 — Ag)

Abbrandes bei den gegebenen Arbeitsbedingungen für die beiden untersuchten Werkstoffe klar erkennbar. Die stark ausgeprägte gerichtete Wanderung bei Silber führt bis zur Ausbildung von Spitzen auf der Kathode und Kratern auf der Anode schon bei einer sehr kleinen Zeit von Schaltspielen, im Gegensatz zu Schwachstromkontakten, bei denen diese Erscheinung erst bei einer größeren Schaltzahl auftritt. Der Trend zur Ausbildung von Spitzen bei Cu und Ag bei den Hybridgeräten bis 250 A ist ungefähr so, wie *Holm* ihn für Schwachstromkontakte in Luft angibt (0 und 1 für Cu, 3 (starker Trend) für Ag).

Auch die Richtung der Wanderung der von uns untersuchten Werkstoffe beim Ausschalten von Hybridgeräten sowie die des Brückenstadiums und die des Stadiums des kurzen Lichtbogens ist gleich der bei Schwachstromkontakten — in den meisten Fällen von der Anode zur Kathode.

Also kann der Weg, der in der Literatur gezeigt und theoretisch von *Omeltschenko* [8] für einen gemeinsamen Betrieb von Schwachstromkontakten aus verschiedenartigen Materialien begründet wurde, auch bei Hybridgeräten gegen eine gerichtete Wanderung eingesetzt werden.

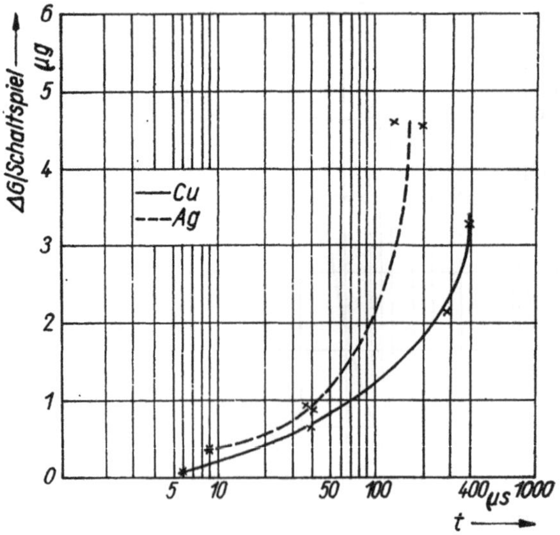

Bild 6. Abbrand der Kontaktschaltstücke ΔG als Funktion der Lichtbogenbrennzeit t bei $N = 20 \cdot 10^3$ Schaltspielen und $I = 250$ A

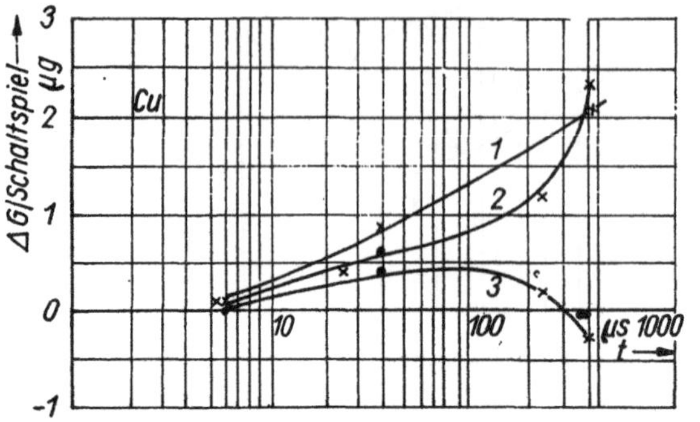

Bild 7. Abbrand ΔG als Funktion der Lichtbogenbrennzeit t bei $N = 100 \cdot 10^3$ Schaltspielen und $I = 250$ A

Die kleine Lichtbogendauer, die Größe und der Charakter des Abbrandes bei Hybridgeräten führen dazu, daß einige Autoren den Abbrand beim Ausschalten von Hybridgeräten als Brückenabbrand des Kontaktwerkstoffes ansehen. In [9] stellt die Einrichtung zum Bestimmen des Brückenabbrandes eines Kontaktwerkstoffes bei Strömen über 20 A ein mit einem Thyratron überbrücktes Kontaktsystem dar. Auch hier wird die Brücke von Lichtbogenerscheinungen begleitet, die die Kontakterosion bestimmen.
Zur Beseitigung dieses Fehlers macht man hier einen Vorschlag, durch Extrapolation der Lebensdauergrafiken $\Delta G = f(t_B)$ bei kleinen Lichtbogenwerten bis 50 μs bei $t_B = 0$ einen reinen Brückenabbrand des auch bei höheren Strömen untersuchten Werkstoffes zu erhalten.

Für die auf o.g. Weise ermittelten Volumenwerte des Brückenabbrandes bei dem untersuchten Cu-Werkstoff ergab sich:

Werkstoff	Ausschaltstrom(A)	V/cm³/Sch
Cu	100	$3 \cdot 10^{-8}$

Schlußfolgerung

Die Ergebnisse der Untersuchung der Kontaktschaltstücklebensdauer von Hybridschaltern zeigen, daß der Kontaktschaltstückabbrand von Silber bei Lichtbogenbrennzeiten bis 50 μs und von Kupfer bis 100 μs unwesentlich ist.
Die Untersuchung zur Bestätigung der Anwendungsmöglichkeit von Cu-Kontakten in Hybridgeräten ist weiterzuführen, um eine Einsparung von Silber zu realisieren.

Literaturverzeichnis

[1] *Melchert, F.:* Über das Verhalten von Kontakten bei lichtbogenfreiem Schalten sehr großer Ströme. Diss., TH Braunschweig 1957

[2] *Mintschev, M.:* Bezdugovo izklütschvane vav verigi s nizko napreschenije. Diss., Sofia 1972

[3] *Kemalova, Zl., Vutschev, S., Kasakov, I.:* Kombinirani kontaktori za nizko napreschenije. SIELA'71

[4] *Mintschev, M., Schetschev, D., Derschanov, P.:* Izsledvane na hibridni prekasvatschi za promenliv tok. SIELA'74

[5] *Wedel, H. M., Härtig, G.:* Lichtbogenlöschung in Schaltstrecken mit parallelgeschalteten Dioden. XIII. Kolloquium, TH Ilmenau 3 (1968)

[6] *Amft, D., Drummer, G.:* Höhere Schaltstücklebensdauer durch Hybridschütztechnik. Elektrie 24, 5 (1970)

[7] *Dimitrov, D., Balevska, I., Stefanov, St.:* Izsledvane na momenta na razdeljane na kontaktite na elektritscheski komutazionni aparati s promenlivotokovo zadvischvasto ustrojstvo. SIELA' 74

[8] *Omeltschenko, V.O.:* O mechanisme iznosa kommutiruüstich slabotokovich kontaknich sistem SIELA'71, Plovdiv

[9] *Rachovski, V. I.:* Fizitscheskie osnovi kommutazii elektritscheskovo toka v vakuume. izd. Nauka, Moskva 1970

Sachwortverzeichnis